Rainer Dittmar
Advanced Process Control

Weitere empfehlenswerte Titel

Ereignisdiskrete Systeme, 3. Auflage
J. Lunze, 2017
ISBN 978-3-11-048467-0, e-ISBN (PDF) 978-3-11-048471-7,
e-ISBN (EPUB) 978-3-11-048501-1

Automatisierungstechnik, 4. Auflage
J. Lunze, 2016
ISBN 978-3-11-046557-0, e-ISBN (PDF) 978-3-11-046562-4,
e-ISBN (EPUB) 978-3-11-046566-2

Computational Intelligence, 2. Auflage
A. Kroll, 2016
ISBN 978-3-11-040066-3, e-ISBN (PDF) 978-3-11-040177-6,
e-ISBN (EPUB) 978-3-11-040215-5

at-Automatisierungstechnik
G. Bretthauer (Editor in Chief), 12 Hefte/Jahr
ISSN 0178-2312

Rainer Dittmar

Advanced Process Control

PID-Basisregelungen, Vermaschte Regelungsstrukturen, Softsensoren Model Predictive Control

DE GRUYTER
OLDENBOURG

Autor
Prof. Dr.-Ing. Rainer Dittmar
Fachhochschule Westküste
Automatisierungstechnik
Fritz-Thiedemann-Ring 20
25746 Heide
dittmar@fh-westkueste.de

ISBN 978-3-11-049997-1
e-ISBN (PDF) 978-3-11-049957-5
e-ISBN (EPUB) 978-3-11-049723-6
Set-ISBN 978-3-11-049958-2

Library of Congress Cataloging-in-Publication Data
A CIP catalog record for this book has been applied for at the Library of Congress.

Bibliografische Information der Deutschen Nationalbibliothek
Die Deutsche Nationalbibliothek verzeichnet diese Publikation in der Deutschen Nationalbibliografie; detaillierte bibliografische Daten sind im Internet über http://dnb.dnb.de abrufbar.

Coverabbildung: genkur/iStock/thinkstock
Satz: le-tex publishing services GmbH, Leipzig
Druck und Bindung: CPI books GmbH, Leck
♾ Gedruckt auf säurefreiem Papier
Printed in Germany

www.degruyter.com

Vorwort

Verfahrenstechnische Produktionsanlagen in der Prozessindustrie unterliegen vielen ökonomischen und technischen Einflussfaktoren. Diese resultieren in hohen Anforderungen an die Prozessverfügbarkeit und -flexibilität, an einen effizienten Rohstoff- und Energieeinsatz, eine hohe und gleichbleibende Produktqualität, und an eine schnelle Reaktion auf wechselnde Marktsituationen hinsichtlich der zur Verfügung stehenden Rohstoffe und Energieträger sowie der nachgefragten Produkte. Hinzu kommen eine Fülle gesetzlicher Auflagen für Umweltschutz, Anlagensicherheit und Produkthaftung. Prozesse und Anlagen sind daher kontinuierlich zu verbessern, das Ziel heißt „operational excellence".

An der Erreichung dieses Ziels sind viele Fachdisziplinen und Personengrupen in den Unternehmen beteiligt. Ein wichtiges Teilgebiet der Prozessführung ist das Arbeitsgebiet „Advanced Process Control" (APC), das den Gegenstand dieses Buches bildet. APC-Anwendungen werden von vielen Betreibern als ein attraktives Mittel angesehen, Prozessanlagen kostengünstiger zu betreiben. Das belegt die stetig steigende Zahl erfolgreich durchgeführter Advanced-Control-Projekte. War die Anwendung von APC-Technologien zunächst im Wesentlichen auf den Raffineriesektor und die petrochemische Industrie beschränkt, gibt es inzwischen erfolgreiche Einsatzfälle auch in solchen Branchen wie der chemischen Industrie, der Nahrungsgüter-, der Zellstoff-, der Glas- oder der Zementindustrie. Damit geht einher, dass die Planung, Einführung und Betreuung von APC-Anwendungen nicht mehr ausschließlich Sache weniger Spezialisten in großen Unternehmen der Prozessindustrie oder bei APC-Ingenieurunternehmen ist. Es gibt eine Reihe von Beispielen dafür, dass APC-Projekte nicht mehr nur von Fachleuten mit einer vertieften regelungstechnischen Ausbildung bis hin zur Promotion, sondern auch von Verfahrens- oder Automatisierungsingenieuren mit Diplom-, Bachelor- oder Masterabschluss verantwortet werden, darunter auch von Fachhochschul-Absolventen.

Das für die erfolgreiche Durchführung von APC-Projekten erforderliche Wissen wird – von einigen bemerkenswerten Ausnahmen abgesehen – nicht im Studium vermittelt (weder an Fachhochschulen noch an Universitäten). Das kann angesichts des breiten Spektrums an APC-„Techniken" auch nicht verwundern. Hinzu kommt, dass der „ideale" APC-Ingenieur möglichst nicht nur über Kenntnisse in Mathematik, Systemtheorie und Regelungstechnik verfügen sollte. Unabdingbar sind ebenso gute Kenntnisse über den Betrieb der betroffenen verfahrenstechnischen Prozesse und Anlagen und der für deren Automatisierung eingesetzten Prozessleittechnik und IT-Infrastruktur. Im beruflichen Alltag steht oft nicht die Zeit zur Verfügung, sich die notwendigen Kenntnisse aus weit verstreuten und mitunter schwer zugänglichen Quellen selbständig zu beschaffen. Schulungen bei Anbietern von APC-Software und -Dienstleistungen, die naturgemäß stark auf das jeweils einzusetzende Werkzeug fokussiert sind, sind dann oft die hauptsächlich genutzte Informationsquelle.

https://doi.org/10.1515/9783110499575-201

Bisher gibt es im deutschen Sprachraum keine zusammenhängende Darstellung des Arbeitsgebiets „Advanced Process Control“. Dieses Buch will hier Abhilfe schaffen. Es ist weder als Lehrbuch konzipiert noch präsentiert es eigenständige Forschungsergebnisse. Es versucht, das für eine erfolgreiche Industrietätigkeit auf dem Gebiet „Advanced Process Control“ erforderliche Wissen zusammenzustellen und für Ingenieure, die mit der Planung und Durchführung von APC-Projekten betraut sind, aufzubereiten. Es will eine Brücke schlagen zwischen den in einem einschlägigen Ingenierstudium vermittelten Kenntnissen und Fertigkeiten und der Tätigkeit eines APC-Ingenieurs in der Industrie. Ein Beispiel mag das verdeutlichen: Jeder Ingenieur lernt im Lauf seines Studiums den PID-Regelalgorithmus und Einstellregeln für PID-Regler kennen. Das reicht aber nicht aus, um einen PID-Regelkreis auf einem Prozessleitsystem zu entwerfen, einzustellen, in Betrieb zu nehmen und im Dauerbetrieb zu pflegen. Dazu sind weitere Kenntnisse erforderlich: Regler-Betriebsarten und stoßfreie Umschaltung, Varianten der Sollwertverarbeitung, moderne Methoden der Bestimmung günstiger Reglerparameter, Vorgaben für die Filterung von Istwert und D-Anteil, Methoden des Control Performance Monitoring und andere.

Das Buch wendet sich in erster Linie an in der Prozessindustrie tätige Verfahrens- und Automatisierungsingenieure, die mit Advanced-Process-Control-Projekten befasst sind. Aber auch Studierende von Masterstudiengängen der Verfahrens- und Automatisierungstechnik, die an einer Tätigkeit auf dem Gebiet der Prozessautomatisierung interessiert sind, können davon profitieren. Für die Stoffauswahl maßgebend waren die Erfahrungen des Autors aus einer vieljährigen Tätigkeit auf dem Gebiet der Prozessautomatisierung in der Industrie, insbesondere bei der Durchführung von APC-Projekten im Raffineriebereich, und bei der APC-Schulung von Ingenieuren und Anlagenfahrern. Daher konzentriert sich das Buch auf die in der Praxis dominierenden APC-Themen: Optimierung und Management der PID-Basisregelungen, praxiserprobte erweiterte Regelungsstrukturen, die Entwicklung von Softsensoren und die modellbasierten prädiktiven Regelungen. Auswahl bedeutet auch Beschränkung: obwohl auch zum Arbeitsgebiet APC gehörend, werden einige Themen nicht behandelt, u. a. Operator-Trainingssysteme (OTS), Real Time Optimization (RTO), Prozessdiagnose und Störungsfrüherkennung, oder die Steuerung/Regelung komplexer Batch-Prozesse.

Für das Verständnis des Buchs werden Kenntnisse aus den Bereichen Mathematik, Signal- und Systemtheorie und Regelungstechnik vorausgesetzt, wie sie im Bachelor- und z. T. im Masterstudium technischer Studiengänge an Universitäten und Fachhochschulen vermittelt werden. Grundlagenwissen wie z. B. verschiedene Formen von mathematischen Modellen des dynamischen Verhaltens von Systemen (Differenzial- und Differenzengleichungen, Übertragungsfunktionen, Zustandsmodelle) wird daher nicht noch einmal dargestellt. Je nach Vorkenntnissen und Zielen mögen manche Leser den Text als zu „mathematiklastig“ empfinden, andere hingegen theoretischen Tiefgang vermissen. Der Autor hat versucht, einen Kompromiss zwischen mathematisch fundierter Herleitung der APC-Methoden einerseits und unmittelbarer praktischer Anwendbarkeit andererseits zu finden. Inwieweit das gelungen ist, muss dem Urteil des Lesers überlassen bleiben. Um den Umfang des Buchs nicht zu stark anwachsen zu lassen, wurde der Detailliertheitsgrad der Darstellung im zweiten, mathematisch naturgemäß schwiereigeren Teil (Kapitel 6 und 7) bewusst reduziert.

Einige Abschnitte des Buchs haben den Charakter eines Wissensspeichers: Obwohl die Gefahr besteht, dass solche Informationen schnell veralten, enthalten nahezu alle Abschnitte eine Auflistung kommerzieller (und teilweise auch nichtkommerzieller) Programmpakete und Werkzeuge für verschiedene APC-Aufgaben. Ebenso wurde Wert gelegt auf ein umfangreiches Verzeichnis der vertiefenden Spezialliteratur, auf die in den Abschnitten „Weiterführende Literatur" hingeweisen wird. Und schließlich macht das Buch auf viele weitere Informationsquellen zum Thema APC aufmerksam, darunter auf Lernsoftware, APC-Blogs und Internet-Foren.

Teile des Manuskripts sind im Rahmen von Aufenthalten an der University of Auckland (Prof. Vojislav Kecman, Prof. Brent Young), der University of Stellenbosch (Prof. Chris Aldrich) und der University of Ottawa (Prof. Jules Thibault) entstanden. Für die Einladung, die ausgezeichneten Arbeitsmöglichkeiten und die anregenden Fachgespräche sei den genannten Kollegen herzlich gedankt.

Wertvolle Hinweise zur Gestaltung des Manuskripts haben Prof. Gunter Reinig (Ruhr-Universität Bochum), Thomas Seestädt (Bilfinger Greylogix) und Peter Pawlak (früher Yara) gegeben. Dank gebührt auch Matthias Scheel (FH Westküste) für die Unterstützung bei der Formatierung der Textvorlage, sowie Gerhard Pappert und Leonardo Milla vom Verlag de Gruyter für die freundliche und konstruktive Zusammenarbeit.

Rainer Dittmar — Heide, im Mai 2017

Inhalt

Verzeichnis der Abkürzungen

ABK	Anzeige- und Bedienkomponente
AIC	Akaike's Information Criterion
AKF	Autokorrelationsfunktion
APC	Advanced Process Control
ARC	Advanced Regulatory Control
ARMAX	Auto-Regressive Moving-Average with Exogeneous Signal
ARX	Auto-Regressive with Exogeneous Signal
BIC	Bayesian Information Criterion
BJ	Box-Jenkins
CPM	Control Performance Monitoring
CPU	Central Processing Unit
CV	Control Variable
DV	Disturbance Variable
EK	Engineering-Komponente
EKF	Extended Kalman Filter
ERP	Enterprise Resource Planning
FIR	Finite Impulse Response
FSR	Finite Step Response
GBN	Generalized Binary Noise
IAE	Integrated Absolute Error
ITAE	Integral of Time-weighted Absolute Error
ISE	Integral of Squared Error
IMC	Internal Model Control
KKF	Kreuzkorrelationsfunktion
KNN	Künstliches Neuronales Netz
LIMS	Labordaten-Informations- und Managementsystem
LMPC	Model Predictive Control mit linearem Prozessmodell
LP	Linear Programming
MES	Manufacturing Execution System
MHE	Moving Horizon Estimation
MIMO	Multiple Input, Multiple Output
MKQ	Methode der kleinsten Quadrate
MLR	Multiple lineare Regression
MP	Minimalphasig(es System)
MPC	Model Predictive Control
MV	Manipulatd Variable
NMP	Nichtminimalphasig(es System)
NMPC	Model Predictive Control mit nichtlinearem Prozessmodell
OE	Output Error
OP	Output (Stellgröße des Reglers)
OPC	Open Platform Communication
OTS	Operator Training System
PCA	Principle Components Analysis
PCR	Principle Components Regression
PEM	Prediction Error Method
PIMS	Prozessdaten-Informations- und Managementsystem

https://doi.org/10.1515/9783110499575-202

PLS	Prozessleitsystem, Partial Least Squares
PNK	Prozessnahe Komponente
PPI	Prädiktiver PI-Regler
PRBS	Pseudorandom Binary Signal
PRESS	Predicted residual error sum of squares
PV	Process Value (Istwert der Regelgröße)
QP	Quadratic Programming
RGA	Relative Gain Array
RTO	Real Time Optimization
SISO	Single Input, Single Output
SP	Setpoint (Sollwert der Regelgröße), Smith Predictor
SPC	Statistical Process Control
SPS	Speicherprogrammierbare Steuerung
SQP	Sequential Qadratic Programming
SVD	Singular Value Decomposition
UKF	Unscented Kalman Filter
VOA	Virtual Online Analyzer (Softsensor)

1 Einleitung

1.1 Prozessautomatisierung

Der Begriff Prozessautomatisierung bezieht sich auf *verfahrenstechnische* Prozesse, in denen Rohmaterialien durch mechanische, thermische, chemische oder biologische Vorgänge in Zwischen- und Fertigprodukte umgewandelt werden. Die Industriebereiche, in denen Produktionsprozesse dieser Art stattfinden, werden daher auch unter den Namen „Prozessindustrie“ oder „stoffwandelnde Industrie“ zusammengefasst. Dazu gehören u. a. die chemische und petrochemische Industrie, die pharmazeutische Industrie, die Lebensmittelindustrie, die Papier- und Zellstoffindustrie, die Glas- und Keramikindustrie, die Zementindustrie und die Stahlindustrie. Im Gegensatz zu Produkten der Fertigungsindustrie (man denke an technische Konsumgüter, Autos oder Flugzeuge) sind die Produkte der Prozessindustrie weder Träger von Automatisierungsgeräten noch von Regel- und Steueralgorithmen. Die „Produktintelligenz“ ist eingebaut in die chemische, physikalische oder morphologische Struktur der Materialien (Schuler, 2006). Nichtsdestoweniger spielt die Automatisierung in der Prozessindustrie eine große und wachsende Rolle. Sie trägt auf indirekte Weise zum Produktionserfolg und zur Sicherung der Wettbewerbsfähigkeit der Unternehmen bei.

Automatisierungsziele sind in diesem Bereich die Einstellung und Aufrechterhaltung vorgegebener Werte für Prozessgrößen wie Durchfluss, Temperatur, Druck usw. und die Sicherung einer vorgegebenen Reihenfolge von Produktionsschritten. Darüber hinaus liefert die Prozessautomatisierung Beiträge

- zu einer möglichst effizienten Nutzung der eingesetzten Rohstoffe und Energieträger und damit zur Verringerung der spezifischen Produktionskosten,
- zur Maximierung des Durchsatzes absetzbarer Produkte bei Einhaltung von Anlagen-Nebenbedingungen,
- zu einer genauen und gleichmäßigen Einhaltung vorgegebener Produktspezifikationen und Qualitätsparameter, zur Senkung bzw. Vermeidung von Ausschussproduktion und Nachbearbeitung,
- zur Einhaltung gesetzlicher Auflagen für Umweltschutz, Anlagensicherheit und Produkthaftung,
- zu einer schnelleren und flexibleren Reaktion auf sich ändernde Marktbedingungen hinsichtlich verfügbarer Rohstoffe und Energieträger, aber auch nachgefragter Produkte und Preisentwicklungen.

Die Automatisierungstechnik kann diese Aufgaben nur in Zusammenarbeit mit anderen Fachdisziplinen (u. a. Chemie und Verfahrenstechnik, Maschinen-, Apparate- und Anlagenbau) lösen. Die Automatisierungsfunktionen werden traditionell in verschiedenen Schichten angeordnet, oft als „Hierarche der Automatisierungsfunk-

https://doi.org/10.1515/9783110499575-001

Tab. 1.1: Hierarchie der Funktionen der Prozessautomatisierung.

Ebene	Automatisierungsfunktion	Zeithorizont
Unternehmens-Leitebene	Planung und Scheduling, Supply Chain Management, längerfristige Produktionsplanung, Kostenanalyse, andere betriebswirtschaftlich orientierte Funktionen	Tage...Monate
Betriebs-Leitebene	Online-Prozessoptimierung mit theoretischen Prozessmodellen (**Real Time Optimization – RTO**) – statische Arbeitspunktoptimierung Trajektorien-Optimierung für An- und Abfahrprozesse sowie Umsteuerungsvorgänge – dynamische Optimierung **Koordinierung von MPC-Regelungen** **Regelgüte-Management (CPM)** Prozessdiagnose und Statistical Process Control (SPC) Alarm- und Event-Management Asset Management von Feldgeräten Erweiterte Protokollierung und Betriebsdaten-Archivierung (Prozess- und Labor-Informationssysteme) Rezeptur-Erstellung und – verwaltung Kurzfristige Produktionsplanung	Stunden... Tage
Prozess-Leitebene II	**Model Predictive Control** (mit integrierter lokaler Arbeitspunktoptimierung) Modellgestütztes Messen (**Softsensoren**) Rezeptur- und Ablaufsteuerungen	Minuten... Stunden
Prozessleit-Ebene I	**Vermaschte Regelungen** (Kaskaden-, Verhältnis-, Split-Range-, Override-, Entkopplungs-Regelung, Störgrößenaufschaltung, Gain Scheduling usw.) PID-Basisregelungen inkl. Selbsteinstellung auf Anforderung Schutz- und Verriegelungsfunktionen Registrieren/Protokollieren, Generierung von Alarmen/Meldungen Bedienen und Beobachten	< 1 Sekunde... Sekunden
Feldebene	Erfassung und Beeinflussung von Prozessgrößen mit (zunehmend intelligenten) Mess- und Stelleinrichtungen	< 1 Sekunde

tionen“ oder „Automatisierungspyramide“ bezeichnet. Eine mögliche Gliederung zeigt Tab. 1.1.

In der Tabelle sind auch die Zeithorizonte angegeben, in denen diese Aufgaben gelöst werden. Die in diesem Buch besprochenen Advanced-Control-Strategien sind durch Fettdruck hervorgehoben. Die Funktionen der Unternehmensleitebene und betriebswirtschaftlich orientierte Funktionen der Betriebsleitebene werden häufig auch mit den Begriffen „Manufacturing Execution Systems (MES)“ und „Enterprise Resource Planning (ERP)“ bezeichnet.

Die in Tab. 1.1 gezeigte Hierarche der Automatisierungsfunktionen findet ihre Entsprechung in der hierarchischen Struktur moderner digitaler Automatisierungssyste-

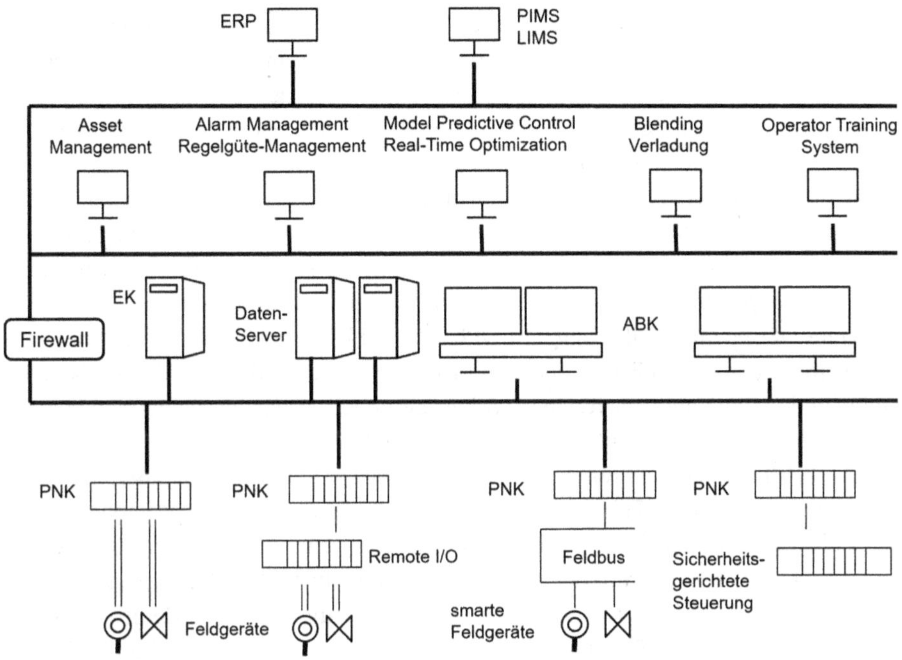

Abb. 1.1: Architektur eines Prozessleitsystems.

me oder Prozessleitsysteme (PLS), vgl. (De Prada, 2015). In Abb. 1.1 ist die Architektur eines Prozessleitsystems vereinfacht beispielhaft dargestellt.

Auf der unteren Ebene finden sich als „Prozessnahe Komponenten" (PNK) bezeichnete Mikrorechner mit Prozessperipherie, an die Sensoren und Aktoren angeschlossen sind. Das geschieht alternativ

- auf konventionelle Art und Weise, z. B. über 4...20 mA-Analogsignale, evtl. überlagert durch die Übertragung weiterer Geräte-Informationen über eine HART-Schnittstelle,
- durch Ankopplung der Feldgeräte an Remote-I/O-Systeme, die ihrerseits über Busanschaltung mit dem PLS verbunden werden,
- über direkte Ankopplung „smarter" Sensoren und Aktoren über einen Feldbus, z. B. Profibus PA oder Foundation Fieldbus oder
- durch drahtlose Informationsübertragung, z. B. über Wireless HART.

PLS-Hersteller bieten auch Komponenten zur Realisierung sicherheitsgerichteter Steuerungsfunktionen an. In vielen Fällen werden diese jedoch über gerätetechnisch getrennte Sicherheitssysteme spezialisierter Hersteller realisiert, von denen dann ausgewählte Informationen an das PLS übertragen werden. Auf den prozessnahen Komponenten (PNK) werden die Funktionen der Messwertverarbeitung inkl. Generierung von Alarmen und Meldungen, der PID-Basisregelungen und vermaschten Regelungen, und der Binärsteuerung (Verknüpfungs- und Ablaufsteuerungen) implementiert. Diese werden mit Hilfe herstellerspezifischer Programmbaustein-Bibliotheken auf dedizierten PCs (Engineering-Komponenten, EK) konfiguriert und parametriert.

In einer weiteren Ebene sind Anzeige- und Bedienkomponenten (ABK) angeordnet, die eine Bedienerschnittstelle für die Anlagenfahrer in einer zentralen Messwarte bereitstellen. Die grafischen Oberflächen für die Bedienung und Beobachtung werden ebenfalls mit Hilfe von Engineering-Komponenten projektiert. In dieser Ebene sind oft auch Server integriert, in dem alle Prozessdaten gesammelt, verwaltet und archiviert werden. Komponenten in übergeordneten Schichten können auf diese Datenbanken über eine OPC-Schnittstelle zugreifen. OPC ist die Abkürzung für „Open Platform Communication" (früher „OLE for Process Control"), eine standardisierte Software-Schnittstelle für den Datenaustausch zwischen Anwendungen unterschiedlicher Hersteller in der Automatisierungstechnik.

In der dritten Ebene finden sich u. a. dedizierte Rechner für Aufgaben des Asset Managements (zentrale Feldgeräteverwaltung), des Alarm- und Eventmanagements, der Anlagensimulation (z. B. für Operator-Trainingssysteme (OTS)), der Automatisierung von Blending- und Verladeprozessen, der modellbasierten Mehrgrößenregelung (Model Predictive Control, MPC) als Herzstück der Advanced-Process-Control-Funktionen, und in selteneren Fällen der betriebswirtschaftlichen Arbeitspunktoptimierung (Real-Time Optimization, RTO). In dieser Ebene können auch Rechner und Applikationen für das Regelgüte-Management und die Prozessdiagnose angeordnet sein. In der obersten Ebene sind schließlich Rechner zu finden, die Daten und Funktionen für betriebswirtschaftliche Aufgaben der Produktionsplanung und – abrechnung bereitstellen. Die Langzeitarchivierung und Analyse von Prozessdaten geschieht in „Historians" oder „Prozessdaten-Informations- und Management-Systemen" (PIMS), bezogen auf Labordaten in „Labordaten-Management- und Informationssystemen (LIMS)".

Die Informationen innerhalb und zwischen den Systemen werden durch unterschiedliche Bussysteme übertragen. Eine zunehmende Rolle spielt dabei die IT-Sicherheit: der Schutz vor unberechtigten Zugriffen auf Daten und vor Eingriffen in das PLS oder direkt in die Produktionsprozesse.

Mit dem Begriff „Prozessführung" bezeichnet man „die Gestaltung und Beherrschung des Verhaltens eines Prozesses durch zielgerichtete technische Maßnahmen (z. B. Verfahrenstechnik, Automatisierungstechnik und andere technische Disziplinen) sowie durch die Tätigkeit der Anlagenfahrer" (Schuler, 1999). Prozessführung ist also ein sehr weit gefasster Begriff und nicht mit Regelungstechnik oder Prozessoptimierung gleichzusetzen. „Advanced Process Control" ist ein wichtiges Teilgebiet der Prozessführung (Krämer & andere, 2008), (Hagenmeyer & Piechottka, 2009).

Verfahrenstechnische Prozesse weisen Merkmale und Besonderheiten auf, die ihre Beherrschung aus automatisierungstechnischer Sicht schwierig gestalten. Zu diesen Merkmalen gehören (Schuler, 1992), (Rhinehart, Darby, & Wade, 2011):

- Nichtlinearität der Zusammenhänge zwischen Stell- und Regelgrößen in einer engen Umgebung des Arbeitspunkts (z. B. pH-Wert-Regelung) oder beim Betrieb der Anlage in einem weiten Arbeitsbereich,
- Komplizierte Prozessdynamik durch große Totzeiten (im Verhältnis zu den Verzögerungszeitkonstanten), Inverse-Response-Verhalten, integrierendes oder instabiles Streckenverhalten, unterschiedliche Dynamik für verschiedene Prozessgrößen einer Prozesseinheit,
- Instationäres Prozessverhalten: bei Batch-, Fed-Batch- und zyklischer Anlagenfahrweise in der Natur der Prozesse begründet; bei kontinuierlichen Prozessen bedingt durch Wechsel der Rohstoffe (z. B. des eingesetzten Rohöls) oder der Produktspezifikation (z. B. Dichte/Schmelzindex bei Polymeren), Fouling von Wärmeübertragern, Katalysator-Deaktivierung bei Reaktionsprozessen, Alterung von Prozesseinheiten,
- Mehrgrößencharakter mit z. T. starken Wechselwirkungen zwischen den Stell- und Regelgrößen; ungleiche Zahl von Stell- und Regelgrößen,
- Einzuhaltende Nebenbedingungen für Ausrüstungen (Kavitation, Vibration, Ventilposition, Förderleistung von Pumpen, zulässige Drücke und Temperaturen für Werkstoffe, Vakuum), Zwischenspeicher (Behälterstände), Sicherheitsgrenzen (Druck, Temperatur, Explosionsgefahr),
- ausgeprägte Individualität der Anlagen trotz Verwendung von standardisierten Komponenten und Package Units: im Gegensatz zur (nahezu) identischen Automatisierung z. B. von Autos oder Flugzeugen derselben Serie ist die Automatisierung selbst von Prozessanlagen desselben Typs (nahezu) immer einzigartig,
- Auswahl und Montage von Sensoren unter den Gesichtspunkten von Kostenersparnis, einfacher Wartung und Sicherheit ohne ausreichende Beachtung der damit erzielbaren Regelgüte, mitunter unzureichende Messgenauigkeit, falsche Sensor-Anordnung; hohe Invest- und Wartungskosten für Analysenmesseinrichtungen,
- Vielfalt von Störgrößen mit unterschiedlicher Charakteristik, davon viele nicht messbar; Fehlfunktionen von Sensoren (Drift, Kalibrierung, Ausfall), Aktoren (Stiktion, Instrumentenluft), Prozessstörungen (Verstopfung, mechanischer Verschleiß), Prozessleitsystem (Überlastung von CPU oder Bussystem, Alarmflut),
- Aufwändige Modellbildung und -pflege,
- Erfahrung und Training des Anlagenpersonals, Transparenz und Verständlichkeit des Bediener-Interface, Komplexität der Prozesse und der Automatisierungsstrategien.

Unter Berücksichtigung dieser Herausforderungen besteht die Aufgabe für den APC-Ingenieur darin, eine technisch und ökonomisch angemessene Lösung aus dem verfügbaren Werkzeugkasten auszuwählen, zusammenzustellen oder zu entwickeln.

1.2 Zum Begriff „Advanced Process Control“

Advanced Process Control und Advanced Regulatory Control

Der inzwischen in der internationalen Prozessindustrie eingebürgerte englische Begriff „Advanced Process Control“ (APC) wird im deutschen Sprachraum mit „gehobene Methoden der Prozessführung“ oder enger „gehobene Regelungsverfahren“ übersetzt (Schuler und Holl, 1998). Da bisher eine allgemein akzeptierte Definition fehlt, wird er sehr subjektiv, abhängig vom Ausbildungs- und Erfahrungshintergrund des Anwenders, ausgelegt. In (Seborg, 1999) wird die eher scherzhaft gemeinte Ansicht zitiert, „that an advanced control strategy is any technique which a process engineer has not actually used“. Verschiedene Ansichten gibt es u. a. darüber, ob solche vermaschten (oder erweiterten) Regelungsstrukturen wie die Kaskadenregelung, die Verhältnisregelung oder die Störgrößenaufschaltung bereits als „advanced control“ zu bezeichnen sind. Diese Regelungsstrukturen sind schon vor der Einführung von Prozessleitsystemen entwickelt und in geringerem Umfang auch mit analog wirkenden (pneumatischen und elektronischen) Automatisierungssystemen realisiert worden. Im angloamerikanischen Sprachraum werden vermaschte Regelungsstrukturen heute mit dem Begriff „Advanced Regulatory Control“ (ARC) zusammengefasst (Wade, 2004), (Rhinehart, Darby, & Wade, 2011). Mitunter findet man auch die Bezeichnungen „traditional advanced control“ oder „enhanced PID control“.

Kontrovers wird auch die Frage diskutiert, ob zu „Advanced Process Control“ nur *Regelungs*strategien (feedback control) zu zählen sind, oder ob der Begriff weiter gefasst werden soll und u. a. auch solche Arbeitsgebiete wie das Regelgüte-Management (Control Performance Monitoring, CPM), Softsensoren und Operator-Trainingssysteme umfassen soll. In diesem Buch wird APC weiter gefasst als moderne oder „gehobene“ Regelungsverfahren.

Schließlich wird die Ansicht vertreten, dass „Advanced Process Control“ nicht schlechthin eine Sammlung moderner Regelungsstrategien oder anderer moderner Methoden im Umfeld der Prozessautomatisierung ist, sondern eine auf die Verbesserung der Prozessführung gerichtete ingenieurmäßige Vorgehensweise darstellt, die Elemente aus verschiedenen Teilgebieten der Automatisierungstechnik nutzt und zielgerichtet integriert. Dieser letzten Auffassung schließt sich der Autor nachdrücklich an. Sie kommt am besten in folgenden Aussagen zum Ausdruck:

> „Advanced control is the intelligent, well managed use of process control technology, systems and tools, based on sound process knowledge, to enable and to benefit from operations improvements in a most cost and time effective way.“ (Eder, 2003c)

> „We prefer to regard advanced control as more than just the use of multi-processor computers or state-of-the-art software environments. Neither does it refer to the singular use of sophisticated control algorithms. It describes a practice which draws upon elements from many disciplines ranging from Control Engineering, Signal Processing, Statistics, Decision Theory, Artificial Intelligence to hardware and software engineering. Central to this philosophy is the

requirement for an engineering appreciation of the problem, an understanding of process plant behaviour coupled with the judicious use of, not necessarily state-of-the art, control technologies." (Willis & Tham, 2009).

APC hat also verschiedene Facetten: ein wichtiger Aspekt der Arbeit eines APC-Ingenieurs ist die Kenntnis und die zielgerichtete Auswahl der Methoden und Werkzeuge, die für die Lösung der jeweiligen Aufgabenstellung angemessen ist. Hinzu kommen

- ein möglichst gründliches Prozessverständnis und das Erfassen der ökonomischen Ziele und Randbedingungen der Anlagenfahrweise,
- die Kenntnis der vorhandenen Automatisierungsgeräte und -systeme und der IT-Infrastruktur,
- eine gut organisierte Planung, Durchführung und Pflege von APC-Projekten, und nicht zuletzt
- die Einbeziehung und Weiterbildung der APC-Nutzer (Anlagenfahrer, Prozessingenieure, Führungspersonal).

APC-Werkzeugkasten

Eine Übersicht über die in der Industrie für die Automatisierung kontinuierlicher verfahrenstechnischer Prozesse am häufigsten eingesetzten APC-Werkzeuge gibt Abb. 1.2. In dieser Abbildung sind die traditionellen APC-Strategien (besser: ARC) hellgrau hinterlegt, die modernen dunkelgrau.

Viele APC-Funktionen stützen sich auf eine Schicht der Basisautomatisierung, in deren Zentrum ein System einschleifiger **PID-Regelkreise** steht (Ebene 1). Einschlei-

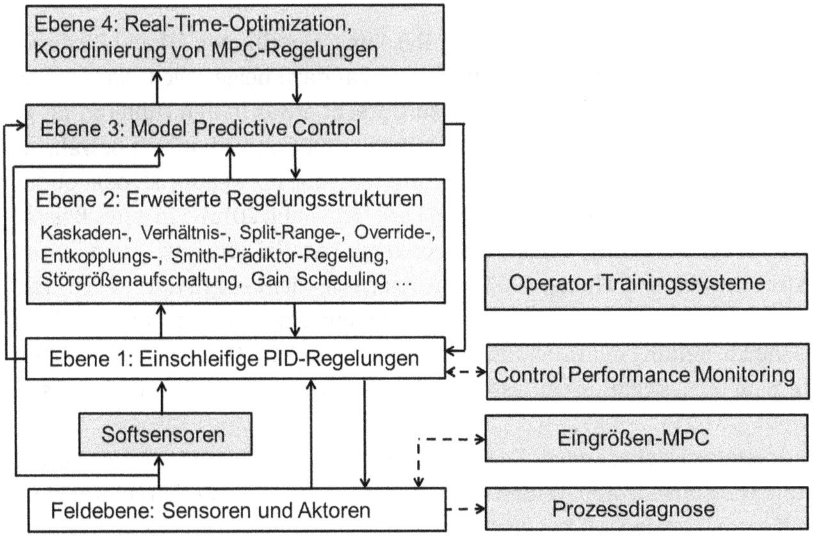

Abb. 1.2: In der Prozessindustrie verbreitet eingesetzte APC-Werkzeuge.

fige PID-Regelungen zählen weder zu den traditionellen noch zu den modernen APC-Strategien. Wie die praktische Erfahrung zeigt, sind gut funktionierende PID-Basisregelungen jedoch eine Voraussetzung für den Erfolg von APC-Anwendungen. Zu den APC-Funktionen gezählt werden hier hingegen die für die Überwachung, Bewertung und Diagnose von PID-Regelkreisen entwickelten Methoden und Werkzeuge des **Regelgüte-Managements** (Control Performance Monitoring, CPM). Zu APC gerechnet werden auch Alternativen zu PID-Regelalgorithmen, die für manche Regelungsaufgaben auf der Ebene 1 eingesetzt werden. Dazu gehören zum Beispiel Eingrößen-MPC-Regler wie z. B. Predictive Functional Control (PFC) oder adaptive Regelalgorithmen.

In einer zweiten Ebene angeordnet sind die bereits erwähnten **erweiterten Regelungsstrukturen** (ARC), die sich mit Hilfe von Software-Funktionsbausteinen auf den PNK des Leitsystems realisieren lassen. In der Praxis verbreitet sind insbesondere

- Kaskadenregelung
- Störgrößenaufschaltung
- Verhältnisregelung
- Split-Range-Regelung
- Ablösende Regelung (Override Control)
- Pufferstandregelung

und in geringerem Umfang

- Smith-Prädiktor-und prädiktive PI-Regelung
- Gain Scheduling
- Valve Position Control
- Entkopplungsstrukturen bei Mehrgrößensystemen

Die Verbreitung modellbasierter prädiktiver Regelungsalgorithmen (Model Predictive Control, MPC) in den beiden letzten Jahrzehnten hat dazu beigetragen, dass die mit dem Einsatz von ARC erreichbaren Effekte zu Unrecht etwas in den Hintergrund gedrängt worden sind (Friedman, 2008a), (Friedman, 2008b). Es hat sich bewährt zu prüfen, ob der Einsatz von MPC für eine Regelungsaufgabe notwendig ist, oder ob sich das Ziel mit einfacheren Methoden erreichen lässt (Forsman, 2016). Ein gutes Beispiel dafür ist das „Pass Balancing" bei Industrieöfen mit parallel geführten aufzuheizenden Stoffströmen (Wang & Zheng, 2007). Das Regelungsziel besteht dort in der Erzielung möglichst gleicher Ausgangstemperaturen der einzelnen Ströme und wird durch automatische Einstellung der Durchflussverhältnisse erreicht. Obwohl sich diese Aufgabe mit einem MPC-Regler lösen lässt, ist eine einfachere ARC-Lösung hier ausreichend.

Ein **Softsensor** ist eine andere Bezeichnung für ein modellgestützte Messverfahren. Mit Hilfe von Softsensoren werden über ein mathematisches Modell schwer messbare Qualitätsgrößen wie Stoff-Konzentrationen geschätzt, die sonst nur über Online-Analysatoren oder Labormessungen zugänglich sind. Softsensor-Größen können für die Prozessüberwachung herangezogen werden. Oft sind sie aber auch Regelgrößen, und die Einhaltung von Sollwerten oder Grenzwerten für diese Größen ist ein wichtiges Ziel der Prozessführung. Die Vorhersagegenauigkeit von Softsensoren bestimmt häufig wesentlich den Erfolg von MPC-Applikationen.

Eine zentrale Rolle im APC-Werkzeugkasten spielt ohne Zweifel die in der dritten Ebene platzierten modellbasierte prädiktive (Mehrgrößen-)Regelung (**Model Predictive Control**, MPC). MPC-Regelungen sind heute das „Arbeitspferd“ für die Lösung anspruchsvoller Mehrgrößen-Regelungsaufgaben unter Berücksichtigung von Beschränkungen für die Stell- und Regelgrößen. MPC ist in der Prozessindustrie „die“ regelungstechnische Innovation der letzten Jahrzehnte, zumindest was kontinuierlich betriebene Prozessanlage betrifft. Kein anderes modernes Regelungsverfahren hat eine solche Verbreitung gefunden. Seit den Pilot-Anwendungen Mitte der 70er Jahre ist die Zahl der Applikationen stark angestiegen (Qin & Badgwell, 2003), (Dittmar & Pfeiffer, 2006). Die Zahl aktiver MPC-Regler (mit mittlerer bis großer Zahl von Stell und Regelgrößen) kann inzwischen auf 15.000 ... 20.000 weltweit geschätzt werden. Der Anteil der Erdölraffinerien und der Petrochemie daran ist immer noch hoch, aber prozentual rückläufig, d. h. es finden sich zunehmend MPC-Anwendungen auch in anderen Zweigen der Prozessindustrie. Weit über 95 % der in der Industrie eingesetzten MPC-Regler stützen sich auf lineare dynamische Prozessmodelle, die durch Anlagentests und Prozessidentifikation ermittelt werden. Langsam zunehmend ist der Einsatz von MPC-Reglern mit nichtlinearen Modellen (NMPC).

In sehr großen Prozessanlagen wie z. B. Olefinanlagen muss die Arbeit der einzelnen MPC-Regler untereinander koordiniert werden (Ebene 4). In dieser Ebene wird auch die ebenfalls in großen Prozessanlagen anzutreffende Funktion der statischen, betriebswirtschaftlich orientierten **Arbeitspunktoptimierung** (Real-Time Optimization, RTO) angeordnet. RTO-Applikationen nutzen – in ihrer am weitesten entwickelten Form – ein in bestimmten Zeitabständen aktualisiertes, theoretisches, nichtlineares Modell des statischen Anlagenverhaltens, um betriebswirtschaftlich optimale Sollwerte für die unterlagerten MPC-Regler zu finden. Es kann geschätzt werden, dass die Gesamtzahl der installierten RTO-Applikationen weltweit weniger als 400 beträgt, In-House-Entwicklungen eingeschlossen (Canney, 2003), (Darby, Nikolaou, Jones, & Nicholson, 2011). Während es kaum ein Raffinerieunternehmen der entwickelten Industrieländer gibt, das keine MPC-Anwendungen vorweisen kann, trifft das auf RTO-Applikationen nicht zu. Ein Grund dafür ist sicher in dem vergleichsweise hohen Aufwand für Entwicklung und Pflege solcher Systeme und in den Anforderungen an die Qualifikation des damit betrauten Personals zu suchen (Camara, Quelhas, & Pinto, 2016).

In Abb. 1.2 sind auch APC-Strategien genannt, die nicht unmittelbar der Regelungstechnik zuzuordnen sind. Mit dem Begriff **Prozessdiagnose** werden Methoden und Werkzeuge bezeichnet, mit deren Hilfe Störungen und kritische Zustände in Prozessanlagen rechtzeitig erkannt und diagnostiziert werden können. Charakteristisch sind dabei eine Arbeitsweise im Online-Betrieb und in Echtzeit, sowie die Extraktion bzw. Nutzung von Prozessinformationen, die am Einzelsignal nicht zu erkennen sind (NAMUR, 2002). Dabei kommen unterschiedliche Verfahren zum Einsatz, z. B. datengetriebene Methoden der multivariaten Statistik und der Schwingungsanalyse oder solche, die auf theoretischen Prozessmodellen beruhen (Isermann, 2006), (Ding, 2013). Für die Diagnose von Fehlern an rotierenden Maschinen (Pumpen, Kompressoren) werden solche Methoden in der Industrie bereits häufig eingesetzt. Noch nicht so stark verbreitet ist hingegen ihr Einsatz zur Störungsfrüherkennung an verfahrenstechnischen Apparaten und Anlagen.

Operator-Trainingssysteme (OTS) nutzen auf theoretischen Prozessmodellen basierende Dynamik-Simulatoren zu einer möglichst genauen Nachbildung des Zeitverhaltens von Prozessanlagen mit dem Ziel, Anlagenfahrern das Training der Reaktion auf Störsituationen, von An- und Abfahrprozessen, Fahrweisenwechseln usw. zu ermöglichen. Die Arbeitsweise des Prozessleitsystems wird dabei teilweise oder vollständig emuliert (Schaich & Friedrich, 2003), (Kroll, 2003a), (Kroll, 2003b). OTS besitzen einen engen Bezug zu APC, weil sie außer für das Training der Anlagenfahrer auch für folgende Aufgaben genutzt werden können:
- Validierung der auf dem PLS projektierten Software für Regelungen und Steuerungen,
- Erprobung neu entwickelter ARC/APC-Strukturen vor ihrer Nutzung im Anlagenbetrieb,
- Test von MPC-Regelungen, die reglerintern ein lineares Prozessmodell verwenden, in einer realistischen (nichtlinearen) Simulationsumgebung,
- Durchführung von virtuellen Anlagentests für die Entwicklung von MPC-Prozessmodellen und Softsensoren.

Die auf der oberen Ebene der Automatisierungspyramide angesiedelten betriebswirtschaftlich orientierten Funktionen der Planung und operativen Lenkung der Produktion („Planning and Scheduling“) spielen unter den gegenwärtigen ökonomischen Bedingungen eine wachsende Rolle. Das hängt mit Faktoren zusammen wie schwankenden Rohstoff- und Energiepreisen, notwendiger kurzfristiger Reaktion auf Marktanforderungen hinsichtlich Produktmengen und -qualitäten und damit verbundenen kürzeren Produktionskampagnen und häufigeren Fahrweisenwechseln. Es ist zu erwarten, dass die Produktionsplanung in Zukunft wesentlich stärker als bisher mit Advanced-Control-Funktionen integriert werden, um weitere wirtschaftliche Reserven zu erschließen (Lu, 2014), (Engell & Harjunkoski, 2012), (Baldea & Harjunkoski, 2014).

Weitere „gehobene“ Regelungsstrategien und -algorithmen sind nicht in Abb. 1.2 aufgelistet, weil sie nach der Erfahrung des Autors nicht in so großem Umfang in der Prozessindustrie angewendet werden. Dazu gehören Fuzzy-Regelungen und Fuzzy-Methoden für andere Aufgaben der Prozessführung (Pfeiffer & andere, 2002a), (Pfeiffer & andere, 2002b), adaptive Regelungen mit fortlaufender Adaption der Reglerparameter (Landau, Lozano, M’Saad, & Karimi, 2011), nichtlineare Regelungskonzepte wie die exakte Linearisierung (Engell, 1995) oder flachheitsbasierte Ansätze (Rothfuß, Rudolph, & Zeitz, 1997), und optimale Zustandsregelungen. Das nimmt diesen Verfahren jedoch nichts von ihrer Bedeutung für besondere Einsatzfälle und auch für andere Anwendungsbereiche als die Prozessindustrie.

1.3 Advanced Process Control – Kosten und Nutzen

Im Jahr 2007 wurde eine weltweite Umfrage unter APC-Experten durchgeführt, der die wichtigsten Bereiche der Prozessindustrie umfasste (Bauer & Craig, 2008). Nach dieser Studie entsteht der ökonomische Nutzen von APC-Funktionen (in der angegebenen Reihenfolge) vor allem aus

- einer Erhöhung des Anlagendurchsatzes und der Erzeugung absatzfähiger Produkte,
- der Verringerung des spezifischen Energieverbrauchs,
- der Erhöhung der Ausbeute wertvoller Produkte,
- der Verringerung von „quality giveaway“ durch schärferes Anfahren von Spezifikationsgrenzen (z. B. Oktanzahl bei Benzin, Restfeuchte bei Trockenprodukten),
- einer Kombination der vorher genannten Nutzenskomponenten.

Ähnliche Ergebnisse wurden in einer japanischen Studie präsentiert (Kano & Ogawa, 2010). Je nach Ausgangssituation variieren die erreichten prozentualen Verbesserungen. Es wird geschätzt, dass im Mittel durch APC-Projekte ein ökonomischer Nutzen erreicht wird, der einer 4%igen Kapazitätserhöhung der Anlagen entspricht (Canney, 2003). Im Raffineriebereich und in der Petrochemie gilt als Regel, dass APC-Projekte eine Amortisationsdauer („Return on Investment“, ROI) von durchschnittlich 6 Monaten aufweisen. Vereinzelt wurden 3 Monate erreicht. In anderen Bereichen liegt die Amortisationsdauer höher, jedoch werden nur selten APC-Projekte genehmigt, wenn nicht in einer Benefits-Studie ein ROI von weniger als 2 Jahren nachgewiesen wird. In Tab. 1.2 sind Zahlen über den Nutzen von APC-Projekten für ausgewählte Raffinerieanlagen zusammengestellt. In allen Fällen beruht der Nutzen auf einer Kombination aus Durchsatzerhöhung und Sicherung einer gleichmäßig hohen Produktqualität.

Tab. 1.2: Ökonomischer Nutzen von APC-Projekten in Raffinerieanlagen.

Anlage	**Ökonomischer Nutzen durch APC ($/Barrel)**
Rohöldestillation	0,05...0,10
Alkylierung	0,05...0,10
Hydrocracking	0,15...0,30
Fluidized Catalytic Cracking (FCC)	0,23...0,30
Coker	0,20...0,35
Katalytische Reformierung	0,10...0,30
Aromatenherstellung	0,10...0,30
MTBE	0,15...0,30

Bemerkenswert ist auch das Ergebnis einer durch die Beratungsfirma Solomon Associates durchgeführten Studie zur Profitabilität von Raffinerien, nach der die Intensität der Nutzung von APC-Technologien und der Ausbildungsstand der Mitarbeiter die statistisch signifikantesten Faktoren für den wirtschaftlichen Erfolg sind (Eder, 2005).

Kostenfaktoren sind nach (Bauer & Craig, 2008) – ebenfalls in der angegebenen Reihenfolge

- Personalkosten für externe APC-Ingenieure
- Lizenzgebühren
- Kosten für Software-Upgrades
- Kosten für interne APC-Ingenieurleistungen
- Kosten für Hardware-Upgrades (z. B. neue Mess- und Stelleinrichtungen)
- Wartungskosten

Im Raffineriebereich werden die mittleren APC-Projektkosten auf 450.000 $ geschätzt (Canney, 2003). Durch eine Reihe von Entwicklungen sind die relativen APC-Projektkosten in den letzten beiden Jahrzehnten deutlich zurückgegangen, u. a. durch

- die Bereitstellung leistungsfähiger und leichter handhabbarer Werkzeuge zur experimentellen Modellbildung,
- ausgereifte und ohne wesentliche Anpassungsarbeiten auf viele Prozesse anwendbare MPC-Programmpakete,
- einfachere Kommunikation zwischen Prozessleitsystem und APC-Software über standardisierte Schnittstellen (OPC),
- Verwendung vorgefertigter browser-basierter Visualisierungswerkzeuge,
- eine bewährte, die Einhaltung des Kosten- und Zeitrahmens sichernde Projektorganisation,
- APC-Dienstleister, die die Projektdurchführung z. T. zu günstigeren Preisen anbieten können als die Anbieter von APC-Programmpaketen, und
- Einführung von Werkzeugen für das Performance Monitoring von Advanced-Control-Technologien, die auf eine nachhaltige Sicherung des ökonomischen Nutzens gerichtet sind.

Der zu erwartende Nutzen und die Kosten von APC-Projekten werden in aller Regel in Benefits-Studien vorab ermittelt. In den meisten Fällen werden für diese Aufgabe statistische Methoden, verknüpft mit einfachen verfahrenstechnisch-ökonomischen Modellen, verwendet. In vielen Fällen wird dabei eine „Squeeze and shift“-Strategie verfolgt: durch verbesserte Regelung wird die Streuung wichtiger Prozessgrößen verringert, was es erlaubt, den Mittelwert (Sollwert) in Richtung einer ökonomisch vorteilhaften Fahrweise zu verschieben. Eine übliche (und erfahrungsgemäß konservative) Annahme ist es dabei, dass sich die Standardabweichung durch Einsatz von APC-Methoden mindestens halbieren lässt. Die Grundidee wird in Abb. 1.3 demonstriert.

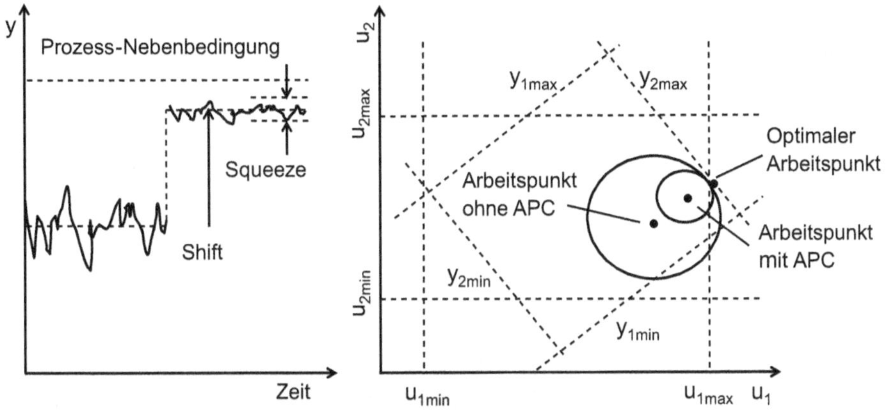

Abb. 1.3: Zur Ermittlung des Nutzens der Anwendung von APC.

Im linken Bildteil ist eine Situation dargestellt, die häufig auftritt, wenn das Ziel in einer Durchsatz- oder Ausbeute-Maximierung besteht: eine Verringerung der Standardabweichung der geregelten Größe durch Anwendung von APC-Technologien erlaubt es in diesem Fall, Betriebsgrenzen schärfer anzufahren. Im rechten Bildteil ist eine Situation dargestellt, bei der für die Stell- und Regelgrößen obere und untere Grenzwerte vorgegeben sind, das betriebswirtschaftliche Optimum liegt am Schnittpunkt zweier dieser Grenzwerte. Lässt sich durch APC der Variationsbereich der Größen reduzieren (angedeutet durch den kleineren Durchmesser des den Arbeitspunkt umschließenden Kreises), kann eine bessere Annäherung an das ökonomische Optimum erfolgen.

In (Martin & Dittmar, 2005) werden Methoden zur Vorabschätzung des Nutzens von APC-Funktionen beschrieben und anhand von praktischen Beispielen illustriert. Wie die Praxis zeigt, kann der bei der Einführung von APC-Technologien zunächst erreichte ökonomische Nutzen relativ schnell wieder fallen, wenn nicht ausreichend Mittel und Kapazitäten für Wartung und Pflege eingeplant werden. Ursachen für den Rückgang des Nutzens sind u. a.

- Änderungen an wesentlichen Ausrüstungen oder an der Anlagenfahrweise, die zu Abweichungen zwischen Modell und realem Verhalten führen können,
- Wechsel des Personals (Anlagenfahrer, Prozessingenieure) ohne adäquate APC-Schulung,
- Änderungen im System der Basisautomatisierung (andere Reglereinstellung, Änderungen an Mess- und Stelleinrichtungen, geringere Vorhersagegenauigkeit von Softsensoren).

Gerade in den letzten Jahren ist daher sowohl von Anwendern als auch von Anbietern von APC-Technologien das verstärkte Bemühen zu erkennen, den ökonomischen

Erfolg von APC nachhaltig zu sichern. Ein Ausdruck dafür ist die Entwicklung von Werkzeugen für das APC-Performance-Monitoring.

1.4 Zum Inhalt dieses Buches

Abb. 1.4 gibt eine Übersicht über die Gliederung des Buchs. Die Auswahl des Stoffs beruht auf den Erfahrungen des Autors bei der Realisierung vieler APC-Projekte in der Raffinerie- und petrochemischen Industrie und bei der projektbegleitenden Schulung von Anlagenfahrern und Ingenieuren der Verfahrens- und Automatisierungstechnik.

Zu diesen Erfahrungen gehört, dass viele APC-Projekte mit einer Überprüfung und meist auch Ertüchtigung der von APC-Funktionen betroffenen PID-Regelkreise beginnen, und dass der Nutzen von APC-Projekten mitunter zu einem nicht geringen Teil dieser Projektphase geschuldet ist (Darby und Nikolaou, 2012). Daher werden in Abschnitt 3 Anforderungen an PID-Regelkreise zusammengestellt, Besonderheiten der Implementierung von PID-Reglern auf PLS erläutert und in den letzten Jahren entwickelte, verbesserte Einstellregeln für PID-Regler angegeben. Ein weiterer Teil dieses Abschnitts widmet sich dem Regelgüte-Management, das in den letzten Jahren zunehmend in Unternehmen der Prozessindustrie eingesetzt wird.

Die herausgehobene Bedeutung von MPC innerhalb der APC-Strategien hat dazu geführt, dass mitunter APC mit MPC gleichgesetzt wird. Die Fähigkeiten und Erfahrun-

Abschnitt 2 – Einfache Modelle verfahrenstechnischer Prozesse
• Strecken mit und ohne Ausgleich
• Auswertung aus Sprungantworten
• Rechnergestützte Prozessidentifikation
Abschnitt 3 – PID-Basisregelungen
• Anforderungen an PID-Regelkreise
• Einstellregeln für PID-Regler
• Rechnergestützte Reglereinstellung
• Control Performance Monitoring
Abschnitt 4 – Erweiterte Regelungsstrukturen
• Kaskaden-, Verhältnis-, Split-Range-, Override-, Entkopplungs-Regelung
• Störgrößenaufschaltung, Gain Scheduling, Valve Position Control
• Smith-Prädiktor-Regelung
• Pufferstandregelung
Abschnitt 5 - Softsensoren
• Lineare und nichtlineare Regression
• PCA, PCR und PLS
• Vorgehensweise zur Entwicklung von Softsensoren
Abschnitt 6 – LMPC-Regelung
• Prädiktion
• Dynamische Optimierung
• Integrierte Arbeitspunktoptimierung
• Stör- und Zustandsschätzung
• MPC-Tools und -Trends
Abschnitt 7 – NMPC-Regelung
• Erweiterungen von LMPC
• NMPC mit empirischen nichtlinearen Modellen
• NMPC mit theoretischen Modellen
• Nichtlineare Zustandsschätzung
• NMPC-Tools

Abb. 1.4: Gliederung des Buchs.

gen, mit traditionellen Regel- und Rechenschaltungen (Breckner, 1999) prozessspezifische Automatisierungsaufgaben zu lösen, sind in den letzten Jahren etwas „verkümmert“. In Abschnitt 4 werden daher die am häufigsten eingesetzten erweiterten Regelungsstrukturen anhand von Praxisbeispielen erläutert.

Sowohl die Einstellung von PID-Reglern als auch der Entwurf vermaschter Regelungen setzt die Beschreibung des statischen und dynamischen Prozessverhaltens mit einfachen mathematischen Modellen voraus. Daher ist Abschnitt 2 vorangestellt, der eine Übersicht über deren wichtigste Forme gibt und Methoden der Kennwertermittlung durch Auswertung einfacher Experimente zusammenstellt. Da immer mehr Programme zur rechnergestützten Kennwertermittlung zur Verfügung stehen, wird auch eine kurze Einführung in das Gebiet der Prozess-Identifikation gegeben.

Einen Schwerpunkt des Buchs bilden naturgemäß die Abschnitte 5 und 6, die der Entwicklung von Softsensoren und MPC-Regelungen mit linearen Prozessmodellen gewidmet sind. Der Abschnitt 5 konzentriert sich auf die in der Praxis am häufigsten angewendete Form von Softsensoren, die durch empirische Modellbildung unter Nutzung historischer und durch aktive Experimente gewonnener Messdatensätze entwickelt werden. Es werden sowohl die Vorgehensweise bei der Entwicklung und Anwendung von Softsensoren beschrieben als auch die angewendeten mathematischen Methoden erläutert. Abschnitt 6 ist modellprädiktiven Mehrgrößenregelungen gewidmet, die sich auf lineare Prozessmodelle für das dynamische Verhalten stützen. In der Industrie eingesetzte MPC-Programmpakete realisieren nicht nur eine Regelungsfunktion, sondern beinhalten auch eine statische Arbeitspunktoptimierung. Daher wird auf beide Teilaufgaben eingegangen. Zusätzlich werden gegenwärtige Entwicklungen erläutert, die die industrielle Anwendung weiter erleichtern und wirtschaftlicher gestalten sollen.

Abschnitt 7 stellt MPC-Regelungskonzepte in den Mittelpunkt, die für nichtlineare Prozesse geeignet sind. Darunter befinden sich solche, die bereits in der Industrie regelmäßig eingesetzt werden, aber auch solche, deren industrielle Anwendung gerade beginnt. Insbesondere vom Einsatz theoretischer Prozessmodelle und der Integration von Regelung und betriebswirtschaftlicher Optimierung kann zukünftig erwartet werden, dass sich die „APC-Landschaft“ wandeln wird und neue Anwendungsgebiete erschlossen werden können.

Die Behandlung einiger Themengebiete, die ebenfalls zu APC gehören oder zumindest einen engen Bezug dazu aufweisen, wird der Leser möglicherweise vermissen. Sie hätte den Rahmen dieses Buches gesprengt. Dazu gehören

- Besonderheiten der Steuerung, Regelung und Optimierung von Batch- und Fed-Batch-Prozessen oder von ständig instationär betriebenen Prozessanlagen und damit verbundenen Arbeitsgebiete wie der Entwurf komplexer Ablaufsteuerungen bei Chargenprozessen, die Berechnung optimaler Zeitverläufe von Prozessgrößen durch dynamische Optimierung, die Anwendung von MPC auf Batch-Prozesse, Iterative Learning Control oder Überwachung von diskontinuierlich ablaufenden Prozesse mit multivariaten statistischen Methoden,

- die statische Arbeitspunktoptimierung (RTO),
- die Entwicklung und der Einsatz von Operator-Trainingssysteme (OTS),
- Advanced-Control-Strategien, die in der Prozessindustrie bisher nicht eine so starke Verbreitung gefunden haben (z. B. Fuzzy-Systeme und Fuzzy-Regelung sowie andere Verfahren der „computational intelligence“, Advanced Disturbance Rejection Control (ADRC), fortlaufend adaptive Regelalgorithmen, nichtlineare Regelungskonzepte wie flachheitsbasierte Regelungen, robuste und stochastische MPC-Regelungen),
- Softsensoren auf der Grundlage theoretischer Prozessmodelle inkl. solcher, die sich auf Verfahren der Zustandsbeobachtung und -schätzung stützen.
- Methoden der Prozessdiagnose und Störungsfrüherkennung (fault detection, isolation and diagnosis)
- Methoden, die dem Bereich Planung und operative Lenkung der Produktion zuzuordnen sind.

Am Abschnitt 1.6 sind einige Literaturhinweise zu diesen Arbeitsgebieten aufgenommen worden.

1.5 Informationsquellen zu APC

Bücher

Tab. 1.3 gibt eine Übersicht über die inhaltlichen Schwerpunkte von Büchern zum Thema APC. Dabei wurden nur diejenigen aufgenommen, die mehr als eine der hier behandelten APC-Strategien abdecken. Fachbücher zu Einzelthemen wie MPC oder Softsensoren finden sich in den Literaturverzeichnissen der entsprechenden Abschnitte.

Kurzgefasste Abschnitte zu APC-Themen enthalten das

- Instrument Engineer’s Handbook. Band 2 – Process Control and Optimization. (Hrsg. Bela L. Liptak). 4th edition. CRC Press 2006

und die Bände 2 (Control System Applications) und 3 (Control System Advanced Methods) des Kompendiums

- The Control Handbook. Three volume set. 2nd edition. Editor: William S. Levine. CRC Press 2010

APC-Anwendungen für wichtige verfahrenstechnische Grundoperationen werden in (Liptak, 1998) dokumentiert. Eine Sammlung von Aufsätzen zu APC und dessen Integration in die Prozessleittechnik bietet (Abel, Epple, & Spohr, 2008).

Zeitschriften

Wissenschaftliche Zeitschriften, in denen regelmäßig Aufsätze zu APC-Methoden und -Anwendungen erscheinen, sind

Tab. 1.3: Schwerpunkte ausgewählter Bücher zum Thema Advanced Process Control.

	PID	ARC	VOA	MPC	NMPC	RTO	Andere
(Aström & Hägglund, 2006)	x	x		x			
(Blevins, McMillan, Wojsznis, & Brown, 2003)	x		x	x			
(Blevins, Wojsznis, & Nixon, 2012)							
(Breckner, 1999)	x	x					
(Dittmar & Pfeiffer, 2004)				x	x		x
(Kane, 1999)		x	x	x		x	x
(King, 2011)	x	x	x	x			
(Roffel & Betlem, 2003)				x	x	x	
(Smith C. L., 2010)	x	x		x			x
(Shinskey, 1996)	x	x					x
(Tatjewski, 2007)				x		x	x
(Wade, 2004)	x	x					

Bezeichnungen: PID – PID-Regelung inkl. Reglereinstellung und Performance Monitoring, ARC – Advanced Regulatory Control, VOA – Virtual Online Analyzer (Softsensor), MPC – Model Predictive Control (mit linearen Modellen), NMPC – Nonlinear Model Predictive Control, RTO – Real Time Optimization, Andere – weitere APC-Themen wie z. B. Kosten-Nutzen-Analyse

- Journal of Process Control
- Control Engineering Practice
- Computers and Chemical Engineering
- Industrial and Engineering Chemistry Research
- AIChE Journal
- ISA Transactions

Für Methoden zur Entwicklung von Softsensoren und Anwendungen aus dem Bereich der chemischen und pharmazeutischen Industrie sind zusätzlich die Zeitschriften

- Journal of Chemometrics und
- Chemometrics and Intelligent Laboratory Systems

von Interesse.

In deutscher Sprache finden sich APC-Aufsätze in unregelmäßigen Abständen in den Zeitschriften

- Automatisierungstechnik at (Theorie und Methoden)
- Automatisierungstechnische Praxis atp edition (Anwendungen)

Internet-Quellen

Umfangreiche Informationen zu APC mit dem Fokus auf den Raffinerie- und Petrochemiesektor finden sich auf der von der britischen Firma ocaso Ltd. betriebenen Webseite www.apc-network.com. Sie beinhalten u. a.

- APC-Produkte und -Dienstleistungen und deren Anbieter,
- APC-Training,

- APC-Publikationen, geordnet nach Themengebieten,
- Ankündigungen von Web-Seminaren und anderen Weiterbildungsveranstaltungen zu APC,
- eine Übersicht über industrielle APC-Projekte.

Die Nutzung des größten Teils dieser Angebote ist kostenpflichtig.

Von Gregory K. McMillan, Terry Blevins und Mark Nixon wird seit einigen Jahren der Web-Blog www.modelingandcontrol.com unterhalten, in dem sich viele praxisnahe Informationen und Tipps zu Prozessführung, Prozessleittechnik und Advanced Control finden lassen. Das gilt auch für den „Control Talk Blog" der Zeitschrift „Control", der im Wesentlichen ebenfalls von Greg McMillan verantwortet wird (http://www.controlglobal.com/blogs/controltalkblog/)

Viele – nicht nur produktgebundene – Informationen zu APC finden sich auf den Webseiten der Anbieter von APC-Produkten und Dienstleistungen, die in den folgenden Abschnitten dieses Buches aufgelistet sind.

Tagungen und Organisationen

Im Abstand von drei Jahren wird von der IFAC (International Federation of Automatic Control) das „International Symposium on „Advanced Control of Chemical Processes" (kurz ADCHEM) veranstaltet. Die letzten Symposien haben 2009 in Istanbul (Türkei), 2012 in Singapore und 2015 in Whistler (Kanada) stattgefunden. Ebenfalls von der IFAC wird die Symposiumsreihe „Dynamics and Control of Process Systems" (kurz DYCOPS) veranstaltet. DYCOPS-Symposien haben zuletzt in 2010 in Leuven (Belgien), 2013 in Mumbai (Indien) und 2016 in Trondheim (Norwegen) stattgefunden. Beiträge zu IFAC-Tagungen sind frei zugänglich und können von der Webseite http://www.ifac-papersonline.net/ bzw. der Zeitschrift IFAC-PapersOnLine des Elsevier-Verlags heruntergeladen werden.

Den Entwicklungsstand des Fachgebiets dokumentieren auch die „International Conferences on Chemical Process Control" (CPC). Die Proceedings der CPC-V und CPC-VI sind in der Reihe AIChE Syposium Series erschienen (Kantor, Garcia, und Carnahan, 1997) und (Rawlings, Ogunnaike, und Eaton, 2002), die Beiträge zur CPC-VII und CPC-VIII in Sonderheften der Zeitschrift „Computers and Chemical Engineering" (vol. ***30***(2006), Heft 10–12 bzw. ***51***(2013)).

Stärker anwendungsorientiert sind die Tagungen „Advanced Control of Industrial Processes" (ADCONIP), die vom IEEE ausgerichtet werden (zuletzt 2008 in Jasper (Kanada), 2011 in Huangzhou (China) und 2014 in Hiroshima (Japan)).

In Deutschland haben sich der Fachausschuss „Prozessführung und gehobene Regelungsverfahren" (FA 6.22) der Gesellschaft für Mess- und Automatisierungstechnik (GMA) des VDI, und der Arbeitskreis „Prozessführung" (AK 2.2) der NAMUR (Interessengemeinschaft Automatisierungstechnik der Prozessindustrie) des Themas Advanced Process Control angenommen. Informationen dazu finden sich im Internet unter www.namur.net und www.vdi.de. Beide Gremien arbeiten an Richtlinien und Empfehlungen, die Orientierungen für die Arbeit auf diesem Gebiet geben. Aus ihrer Arbeit entstehen Veröffentlichungen in der Zeitschrift atp edition (DIV Deutscher Industrieverlag München), auf GMA-Kongressen, der jährlichen NAMUR-Hauptsitzung und anderen Veranstaltungen.

Sehr informativ sind die von der ARC Advisory Group (www.arcweb.com) in regelmäßigen Abständen veröffentlichen, allerdings kostenpflichtigen Marktstudien (ARC Advisory Group, 2003), (ARC Advisory Group, 2012). Sie enthalten nicht nur Zahlen zur ökonomischen Entwicklung bei Produkten und Dienstleistungen auf den Gebieten „Advanced Process Control“, „Online Optimization“ und „Training and Control System Validation“, sondern auch Profile der wichtigsten Anbieter.

Weiterbildungsangebote
Im deutschsprachigen Raum gibt es derzeit, soweit bekannt, keine nicht-kommerziellen Weiterbildungsangebote, die das Gebiet Advanced Process Control auch nur annähernd vollständig abdecken. Masterstudiengänge mit starkem Bezug zu APC werden an der Universität Dortmund (Chemical Engineering – Process Systems Engineering) und der RWTH Aachen (Automatisierungstechnik) angeboten. Direkt auf APC ausgerichtete europäische Masterangebote gibt es u. a. an der University of Manchester (MSc. in Advanced Control and Systems Engineering), der Newcastle University (MSc. in Applied Process Control), an den TU Delft und Eindhoven (MSc. in Systems and Control) und am Telemark University College Porsgrunn, Norwegen (MSc. in Systems and Control Engineering).

Mehrtägige, aufeinander abgestimmte Kurse zu verschiedenen APC-Themen werden vom Applied Control Technology Consortium der Industrial Systems and Control Ltd. angeboten, die mit der Strathclyde University Glasgow kooperieren (www.actc-control.com, www.isc-ltd.com). Ähnlich strukturiert ist das Kursangebot der „Partnership in Automation and Control Training“ (PACT) an der Newcastle University (www.ncl.ac.uk/pact)

1.6 Weiterführende Literatur

Einführungen in die Prozessleittechnik enthalten (Herb, 1999), (Felleisen, 2001), (Maier & Tauchnitz, 2009), (Früh, Maier, & Schaudel, 2014) und (Winter & Thieme, 2015).

Hinweise zu möglichen Definitionen und zur Abgrenzung des Begriffs „Advanced Process Control“ finden sich in (Kurz, 1988), (Litz, 1989), (Schuler, 1992), (Kane, 1999), (Seborg, 1999), (Eder, 2003a), (Eder, 2003b), (Eder, 2003c), (Friedman, 2005a), (Friedman, 2005b), (Friedman, 2005c), (Willis & Tham, 2009) und (Rhinehart, Darby, & Wade, 2011).

Der ökonomische Nutzen verbesserter Prozessautomatisierung wird in (Shunta, 1995) und (Martin, 2015) thematisiert. Methoden zur Vorabschätzung des Nutzens von APC-Funktionen werden in (Latour, Sharpe, & Delaney, 1986), (Marlin, Perkins, Barton, & Brisk, 1987), (Marlin, Perkins, Barton, & Brisk, 1991), (Martin, Turpin, & Cline, 1991), (Latour, 1992), (Schuler, 1994), (Latour, 1996), (Martin, 2004), (Martin & Dittmar, 2005), (Canney, 2005) und (Di Nello, 2010) beschrieben. Mathematisch anspruchsvollere Verfahren zur Nutzensberechnung findet man in (Craig & Henning, 2000), (Muske, 2003), (Bauer, Craig, Tolsma, & de Beer, 2007) und (Zhao, Zhao, Su, & Huang, 2009).

Wie die Durchführung von Advanced-Control-Projekten erfolgreich und nachhaltig gestaltet werden kann, wird in (King, 1992), (Friedman, 1992), (Schuler & Holl, 1998), (Sanders, 1998), (Bonavita, Martini, & Grosso, 2003), (Singh & Seto, 2002), (Blevins, McMillan, Wojsznis, & Brown, 2003), (Grosdidier, 2004), (Dittmar & Pfeiffer, 2006), (Latour, 2006), (Friedman, 2006b), (Friedman, 2010d) und (Wang, 2011) diskutiert. Der Entwurf von APC-Funktionen unter dem Gesichtspunkt der Minimierung des Wartungsaufwands wird in (Latour, 2009a), (Latour, 2009a), (Friedman, 2010a), (Friedman, 2010b), (Friedman, 2010c) und (Kern, 2009) thematisiert.

2 Einfache mathematische Modelle verfahrenstechnischer Regelstrecken

Mathematische Modelle zur Beschreibung des Systemverhaltens spielen beim Entwurf, der Simulation und dem Betrieb von Advanced-Control-Anwendungen eine wichtige Rolle. Dabei kommen Modelle unterschiedlicher Form und Komplexität zum Einsatz. Diese Vielfalt ist bedingt durch die Vielfalt der Prozesseigenschaften, die sie abbilden sollen, durch den Anwendungszweck des Modells, aber auch durch die für die Modellbildung eingesetzten Werkzeuge und Vorgehensweisen. So sind für den Entwurf und die Einstellung von PID-Regelkreisen (Abschnitte 3 und 4) einfache dynamische Modelle niedriger Ordnung oft ausreichend, während in nichtlinearen MPC-Regelungen (Abschnitt 7) inzwischen auch umfangreiche differential-algebraische Gleichungssysteme verwendet werden.

Es wird unterstellt, dass der Leser mit den Grundlagen der Systemtheorie und Regelungstechnik vertraut ist. Daher werden Begriffe wie Übertragungsfunktion, Frequenzgang mit seinen grafischen Darstellungen Bode-Diagramm und Ortskurve, Sprungantwort und Impulsantwort (und ihre normierten Formen Übergangsfunktion und Gewichtsfunktion), Stabilität u. v. a. hier nicht noch einmal eingeführt. Wo es notwendig erscheint, werden Erläuterungen dazu an passender Stelle gegeben.

Im Folgenden werden Modellformen und deren Merkmale zusammengestellt, die insbesondere in den Abschnitten 3 und 4 von Bedeutung sind. Außerdem wird eine kurze Einführung in die experimentelle Modellbildung (Identifikation) gegeben.

2.1 Einführung

Abb. 2.1 zeigt zur Erklärung der in diesem Buch verwendeten Symbole ein Blockschaltbild eines Prozesses (im Fall eines geregelten Prozesses einer Regelstrecke) und die darin auftretenden Größen. Darin bezeichnen

- $\boldsymbol{u}(t) = [u_1(t) \ \dots \ u_{n_u}(t)]^T$ einen Vektor von n_u Stellgrößen,
- $\boldsymbol{d}(t) = [d_1(t) \ \dots \ d_{n_d}(t)]^T$ einen Vektor von n_d nicht gemessenen Störgrößen,
- $\boldsymbol{z}(t) = [z_1(t) \ \dots \ z_{n_z}(t)]^T$ einen Vektor von n_z gemessenen Störgrößen,
- $\boldsymbol{\theta}(t) = [\theta_1(t) \ \dots \ \theta_{n_p}(t)]^T$ einen Vektor von n_p Modellparametern
- $\boldsymbol{x}(t) = [x_1(t) \ \dots \ x_{n_x}(t)]^T$ einen Vektor von n_x Zustandsgrößen
- $\boldsymbol{y}(t) = [y_1(t) \ \dots \ y_{n_y}(t)]^T$ einen Vektor von n_y Ausgangsgrößen (Regelgrößen)
- $\boldsymbol{n}(t) = [n_1(t) \ \dots \ n_{n_y}(t)]^T$ einen Vektor von n_y Störgrößen am Streckenausgang.

Im Falle von Eingrößensystemen werden die Symbole u, d, z, n und y verwendet.

Alle Größen sind von der Zeit t abhängig. Die am Streckeneingang wirkenden Störgrößen werden im Folgenden in der Regel als deterministische Signale (z. B. Sprung-

https://doi.org/10.1515/9783110499575-002

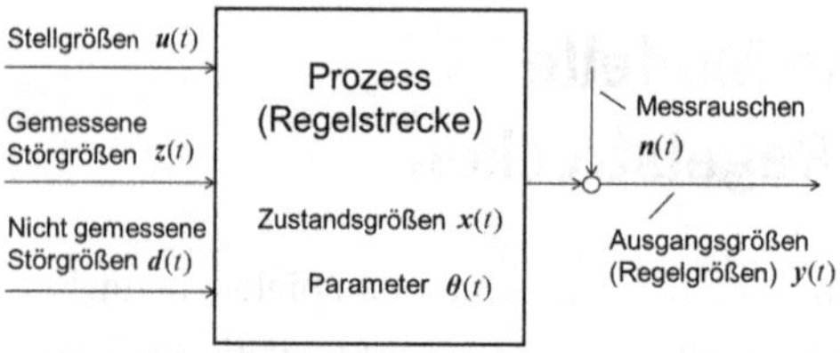

Abb. 2.1: Zur Bezeichnung der Prozessgrößen.

funktionen) aufgefasst, und es wird weiter zwischen gemessenen und nicht gemessenen Störgrößen (z bzw. d) unterschieden. Die am Streckenausgang wirkenden Störgrößen n werden als stochastische Signale aufgefasst und beschreiben das Messrauschen. Die Ausgangsgrößen y sind meist gleichzeitig Regelgrößen.

Statisches und dynamisches Verhalten, stabile und instabile Regelstrecken

Statische Modelle widerspiegeln das Prozessverhalten im Beharrungszustand. Eine häufig gewählte Modellform ist die statische Kennlinie, bei der der Zusammenhang zwischen den Ausgangs- und Eingangsgrößen im stationären Zustand grafisch dargestellt wird. Abbildung 2.2 zeigt mögliche statische Kennlinien für den Zusammenhang zwischen Stell- und Regelgröße eines Prozesses am Beispiel eines Eingrößensystems.

Die Kenntnis des statischen Verhaltens ist wichtig für die Beantwortung verschiedener regelungstechnischer Fragen. Sie gibt Hinweise darauf, in welchem Bereich die Stellgröße verändert werden muss, um die Regelgröße in dem gewünschten Betriebsbereich zu beeinflussen, sie hilft bei der Auslegung der Stelleinrichtung und der Aus-

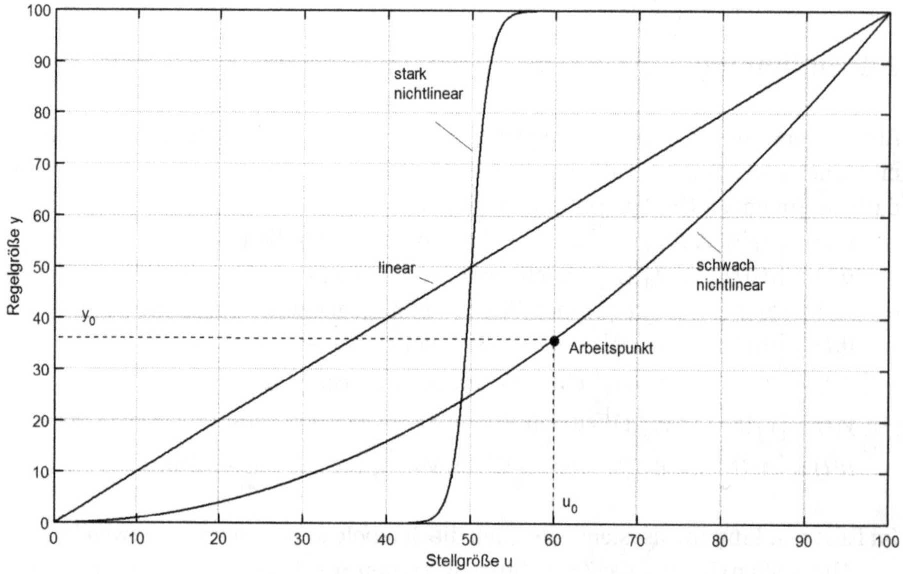

Abb. 2.2: Statische Kennlinien von Regelstrecken.

wahl der Messeinrichtung. Kontinuierliche Prozesse werden oft in einer engen Umgebung eines festen Arbeitspunktes (u_0, y_0) betrieben. Bei diskontinuierlichen Prozessen (Batch-Prozessen) ist der Arbeitspunkt zeitveränderlich.

Der Anstieg der statischen Kennlinie im Arbeitspunkt wird als statische Streckenverstärkung K_S bezeichnet. Größere Änderungen der Streckenverstärkung im interessierenden Betriebsbereich machen die Regelungsaufgabe schwieriger.

Man kann eine statische Kennlinie auf experimentellem Weg ermitteln, indem man die Stellgröße u auf unterschiedliche konstante Werte einstellt, jeweils abwartet, bis die Regelgröße y einen neuen stationären Wert angenommen hat und die resultierenden Wertepaare in ein u–y-Diagramm einträgt. Nicht in jedem Fall erreicht die Ausgangsgröße des Prozesses einen stationären Zustand. Dann besteht eine Alternative darin, die Regelgröße y durch einen Regler konstant zu halten, den Sollwert mehrfach zu verstellen, die Stellgröße u im stationären Zustand abzulesen und danach ein u–y-Diagramm zu konstruieren. Wenn aktive Experimente in einem größeren Betriebsbereich nicht zulässig sind, kann man die Information über das statische Verhalten evtl. aus Aufzeichnungen von Betriebsdaten über einen längeren Zeitraum gewinnen.

Das dynamische Verhalten beschreibt den zeitlichen Zusammenhang $y(t) = f[u(t)]$ zwischen den Ein- und Ausgangsgrößen eines Prozesses. Dynamische Prozessmodelle sind schwieriger zu bestimmen, ihre Kenntnis, und sei es in vereinfachter Form, ist aber für den Entwurf und die Analyse von Regelungen erforderlich. Modelle für das dynamische Verhalten von Regelstrecken stehen daher im Mittelpunkt der weiteren Abschnitte dieses Kapitels. Eine qualitative Charakteristik des dynamischen Verhaltens erlaubt die Betrachtung von Sprungantworten, wie sie für verschiedene verfahrenstechnische Regelstrecken in Abb. 2.3 dargestellt sind.

Regelstrecken, deren Sprungantworten einen neuen stationären Zustand erreichen, werden als stabil bezeichnet. Das trifft in Abb. 2.3 auf die Fälle 1 bis 4 zu. In den Fällen 1 und 2 ist der Verlauf der Sprungantworten monoton oder aperiodisch. Im Fall 1 ist ein hervorstechendes Merkmal das Auftreten einer Totzeit, die durch Transportprozesse verursacht wird. Nach Ablauf der Totzeit ist das Übergangsverhalten in diesem Fall durch eine Verzögerung erster Ordnung gekennzeichnet, die Sprungantwort weist keinen Wendepunkt auf. Im Fall 2 liegt eine Verzögerung höherer Ordnung vor, die Sprungantwort weist einen Wendepunkt auf. Die Ordnung eines Systems wird durch die Zahl der in ihm vorhandenen Massen- und Energiespeicher bestimmt. Länger anhaltende Oszillationen der Regelgröße um den neuen Endwert wie im Fall 3 treten bei Sprungantworten verfahrenstechnischer Regelstrecken nicht so häufig auf. (Dies kann durch unterlagerte Regelkreise, oder durch Ausgleichsvorgänge in kompressiblen Medien wie z. B. Gasen verursacht werden.) Oszillierende Sprungantworten sind häufiger bei mechanischen oder mechatronischen Systemen anzutreffen. Eine ebenfalls selten auftretende Sprungantwort ist im Fall 4 dargestellt. Die Regelgröße bewegt sich hier zu Beginn in die „falsche“ Richtung. Eine solche Erscheinung ist das Ergebnis der Überlagerung zweier physikalischer Effekte mit unterschiedlicher Wirkungsrichtung und

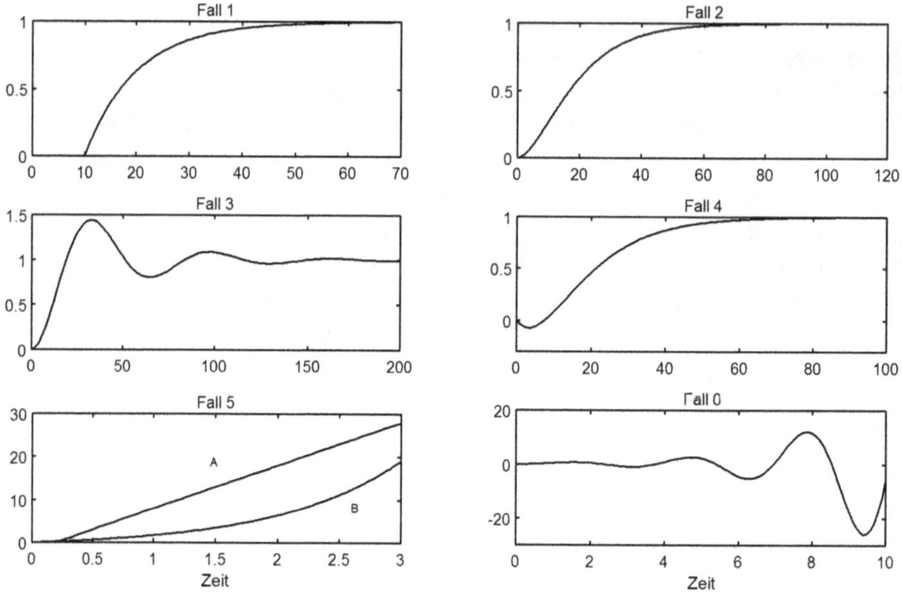

Abb. 2.3: Sprungantworten verfahrenstechnischer Regelstrecken.

Schnelligkeit. Im englischen Sprachraum wird dieses Verhalten anschaulich mit dem Begriff „inverse response" gekennzeichnet.

Regelstrecken, deren Sprungantworten keinen neuen stationären Zustand erreichen, werden als instabil bezeichnet. In Abb. 2.3 sind das die Fälle 5 und 6. Im Fall 5 spricht man von monotoner, im Fall 6 von oszillatorischer Instabilität. Die Sprungantwort integrierender Regelstrecken (Fall 5, Kurve A in Abb. 2.3) ist dadurch gekennzeichnet, dass ihr Anstieg gegen einen konstanten Wert strebt. Sie werden auch als grenzstabil bezeichnet und kommen z. B. bei Füllstandsregelungen oder auch bei Druckregelungen in geschlossenen Behältern vor. Die Begriffe Stabilität und Instabilität beschreiben hier zunächst Eigenschaften der Regelstrecke selbst. Stabilität und Instabilität spielen aber auch im geschlossenen Regelkreis eine wichtige Rolle (Abschnitt 3). Dabei ist von Bedeutung, dass eine im offenen Kreis instabile Regelstrecke in Kombination mit einem geeignet entworfenen Regler einen stabilen Regelkreis ergeben kann und soll. Umgekehrt kann ein Regelkreis durch Wahl einer ungeeigneten Reglerstruktur oder falscher Reglerparameter auch dann instabil werden, wenn die Regelstrecke selbst stabil ist.

Theoretische und empirische Modelle

Die Unterscheidung zwischen theoretischen und empirischen Modellen bezieht sich auf die Vorgehensweise bei der Modellbildung.

Theoretische Prozessmodelle werden durch Anwendung von Gesetzmäßigkeiten der Natur- und Ingenieurwissenschaften entwickelt. Sie werden in der Literatur auch als „rigorose“, „physikalisch-chemische“ oder „First-principles“-Modelle bezeichnet. In der Verfahrenstechnik wird bei der theoretischen Modellbildung von den Erhaltungssätzen bzw. Bilanzen für Masse, Energie und Impuls ausgegangen. Diese werden durch Verknüpfungsbeziehungen („phänomenologische Gleichungen“) aus verschiedenen Disziplinen, z. B. der mechanischen und thermischen Verfahrenstechnik, der chemischen Reaktionstechnik usw. ergänzt. Vernachlässigt man die Ortsabhängigkeit oder teilt das System in Teilbereiche mit homogenen Zustandsgrößen auf, ergeben sich als mathematische Modelle Systeme gewöhnlicher, im Allgemeinen nichtlinearer Differentialgleichungen, bzw. differential-algebraische Gleichungssysteme (DAE-Systeme).

Empirische Prozessmodelle entstehen hingegen durch die Auswertung von Messdaten, die in der Regel durch aktive Experimente am Prozess gewonnen werden. Zu diesem Zweck werden die manipulierbaren Eingangsgrößen gezielt verändert, d. h. der Prozess wird mit Testsignalen beaufschlagt und die Reaktion des Prozesses wird beobachtet. Anschließend werden Struktur und Parameter eines Prozessmodells so bestimmt, dass das Modell „möglichst gut“ das Prozessverhalten widerspiegelt. Die experimentelle Bestimmung dynamischer Prozessmodelle inklusiver der Planung geeigneter Testsignale wird auch als Prozess- oder Systemidentifikation bezeichnet (vgl. Abschnitte 2.3 und 2.4).

Tab. 2.1 stellt wichtige Merkmale der theoretischen und experimentellen Modellbildung einander gegenüber. Auf Grund dieser Unterschiede ist es nahe liegend, beide Vorgehensweisen miteinander zu kombinieren, was in der Praxis der Modellbildung auch regelmäßig geschieht. So werden im Anschluss an eine theoretische Modellbildung oftmals ausgewählte Modellparameter experimentell bestimmt. Umgekehrt werden bei der experimentellen Vorgehensweise Annahmen über die Modellstruktur getroffen, die aus theoretischen Überlegungen stammen können.

Tab. 2.1: Gegenüberstellung der theoretischen und experimentellen Modellbildung.

Theoretische Prozessmodelle	Empirische Prozessmodelle
mittlerer bis großer Aufwand für die Erstellung	kleiner bis mittlerer Aufwand für die Erstellung
extrapolationsfähig	nur im Bereich der Messdaten gültig
Modellparameter physikalisch interpretierbar	Modellparameter selten physikalisch interpretierbar
Ein-/Ausgangs- und Zustandsverhalten beschrieben	meist nur Ein-/Ausgangsverhalten beschrieben
nichtlineares Modell ist „natürliches“ Ergebnis der Modellbildung	Ausgebaute Theorie und Entwicklungswerkzeuge für lineare Modelle
hoher Rechenaufwand bei der Nutzung für Simulation und Regelung	geringer Rechenaufwand bei der Nutzung für Simulation und Regelung

Lineare, zeitinvariante Systeme

Viele Aufgaben der Prozessregelung lassen sich einfacher lösen, wenn man die Regelstrecken als lineare, zeitinvariante Systeme (LTI-Systeme) auffasst. Dabei bedeutet zeitinvariant, dass sich das Systemverhalten im Lauf der Zeit nicht verändert. Anders ausgedrückt hängt der Verlauf der Ausgangsgrößen (bei gleichem Eingangsgrößenverlauf) nicht davon ab, zu welchem Zeitpunkt die Eingangsgrößenänderung vorgenommen wird. Eine Regelstrecke, deren Übertragungsverhalten zwischen Stell- und Regelgröße durch den Zusammenhang $y(t) = F[u(t)]$ beschrieben wird, heißt linear, wenn das Überlagerungs- oder Superpositionsprinzip

$$\begin{aligned} y_1(t) &= F[u_1(t)]\,, \quad y_2(t) = F[u_2(t)] \\ y(t) &= ay_1(t) + by_2(t) = F[au_1(t) + bu_2(t)] \end{aligned} \tag{2.1}$$

erfüllt ist. Das bedeutet, dass die sich Reaktion der Strecke auf eine Linearkombination von Eingangssignal-(Stellgrößen-)änderungen $u_1(t)$ und $u_2(t)$ als Linearkombination der einzelnen Ausgangssignal-(Regelgrößen-)änderungen $y_1(t)$ und $y_2(t)$ darstellen lässt. Für $u_2(t) \equiv 0$ folgt daraus das Verstärkungs- oder Homogenitätsprinzip

$$y(t) = F[ku(t)] = kF[u(t)]\,, \tag{2.2}$$

das für lineare Systeme ebenfalls erfüllt sein muss.

Bei linearen Regelstrecken ist die Streckenverstärkung konstant und nicht abhängig vom Arbeitspunkt. Die statische Kennlinie, die den Zusammenhang zwischen Ein- und Ausgangsgröße des Prozesses im Beharrungszustand beschreibt, ist dann im Eingrößenfall eine Gerade (vgl. Abbildung 2.2).

Jedes physikalische System, auch jede verfahrenstechnische Regelstrecke, ist bei genauer Betrachtung nichtlinear und zeitvariant. Linearität und Zeitinvarianz sind also immer Idealisierungen bei der Modellbildung. Die Annahme der Linearität ist häufig gerechtfertigt, wenn ein kontinuierlicher Prozess im Wesentlichen in einem unveränderlichen Arbeitspunkt betrieben wird. Das ist zum Beispiel bei vielen Raffinerieprozessen, Prozessen der Petrochemie und der Grundstoffchemie der Fall. In anderen Fällen, z. B. bei häufigen Arbeitspunktänderungen (Mehrproduktanlagen) oder bei Batch-Prozessen, aber auch bei stark nichtlinearen Prozessen wie Reinstdestillationen oder Neutralisationen (pH-Wert) ist Linearität des Prozessverhaltens nicht gegeben. Die Annahme der Zeitinvarianz ist dann gerechtfertigt, wenn sich die Systemparameter im Verhältnis zur Prozessdynamik nur sehr langsam verändern wie z. B. bei der Katalysator-Deaktivierung in katalytischen Reaktionsprozessen oder bei der Verschlechterung des Wärmeübergangs infolge von Ablagerungen.

Die theoretische Modellbildung führt bei verfahrenstechnischen Prozessen auf nichtlineare Prozessmodelle, die dann in einem gegebenen Arbeitspunkt linearisiert werden können. Traditionelle Methoden der Prozessidentifikation zielen hingegen meist von vornherein darauf ab, ein lineares dynamisches Prozessmodell zu entwickeln.

Die in linearen Modellen für das dynamische Verhalten auftretenden Größen sind immer als Abweichungen von einem gegebenen Arbeitspunkt aufzufassen. Bezeichnet zum Beispiel y_{phys} die physikalische Ausgangsgröße eines Prozesses und y_0 ihren Arbeitspunkt, dann geht in das lineare Prozessmodell die Größe $y = y_{\text{phys}} - y_0$ ein. Im Unterschied dazu werden in nichtlinearen Prozessmodellen die physikalischen Größen y_{phys} direkt eingesetzt.

Lineare, zeitinvariante Prozesse mit einer Eingangs- und einer Ausgangsgröße lassen sich durch Differenzialgleichungen n-ter Ordnung mit konstanten Parametern a_i und b_i

$$a_n \frac{d^n y(t)}{dt^n} + a_{n-1} \frac{d^{n-1} y(t)}{dt^{n-1}} + \ldots + a_1 \frac{dy(t)}{dt} + a_0 y(t) = b_m \frac{d^m u(t)}{dt^m} + \cdots + b_1 \frac{du(t)}{dt} + b_0 u(t) \tag{2.3}$$

mit der Ordnung n und $n > m$ beschreiben. Tritt infolge von Transportvorgängen eine Totzeit T_t auf, wird diese vom Zeitargument aller Eingangsgrößen-Terme auf der rechten Seite der Gleichung subtrahiert:

$$\cdots + a_1 \frac{dy(t)}{dt} + a_0 y(t) = \cdots + b_1 \frac{du(t - T_t)}{dt} + b_0 u(t - T_t)\,. \tag{2.4}$$

Nach Laplace-Transformation ergibt sich die zugehörige Übertragungsfunktion zu

$$G(s) = \frac{Y(s)}{U(s)} = \frac{b_m s^m + b_{m-1} s^{m-1} + \cdots + b_1 s + b_0}{a_n s^n + a_{n-1} s^{n-1} + \cdots + a_1 s + a_0} e^{-sT_t}\,. \tag{2.5}$$

Wenn die Zähler- und Nennerpolynome nur reelle Nullstellen aufweisen, ist eine Faktorisierung in die Pol-Nullstellen-Form

$$G(s) = K_S^* \frac{(s - s_{01})(s - s_{02}) \cdots (s - s_{0m})}{(s - s_1)(s - s_2) \cdots (s - s_n)} e^{-sT_t} \tag{2.6}$$

mit den (Zähler-)Nullstellen $s_{01} \ldots s_{0m}$ und den Polen (Nennernullstellen) $s_1 \ldots s_n$ bzw. die Zeitkonstanten-Form

$$G(s) = K_S \frac{(T_{01} s + 1)(T_{02} s + 1) \cdots (T_{0m} s + 1)}{(T_1 s + 1)(T_2 s + 1) \cdots (T_n s + 1)} e^{-sT_t} \tag{2.7}$$

mit den Zähler-Zeitkonstanten $T_{01} \ldots T_{0m}$ und den Nenner-Zeitkonstanten $T_1 \ldots T_n$ möglich. $K_S = b_0 / a_0$ bezeichnet wiederum die statische (Strecken-)Verstärkung.

Zeitkontinuierliche und zeitdiskrete Modelle

Verfahrenstechnische Prozesse laufen in kontinuierlicher Zeit ab. Die in ihnen auftretenden Signale $u(t)$, $y(t)$ usw. stehen im Prinzip zu jedem beliebigen Zeitpunkt t zur Verfügung und können innerhalb bestimmter Wertebereiche jeden beliebigen Amplitudenwert annehmen.

Zur Automatisierung verfahrenstechnischer Prozesse werden heute in der Regel digitale Automatisierungssysteme eingesetzt. Deren Arbeitsweise ist dadurch gekennzeichnet, dass Messgrößen zeitdiskret erfasst (abgetastet) und ihre Amplituden über Analog-Digital-Umsetzer quantisiert werden. Stellgrößen werden ebenfalls zu bestimmten (diskreten) Zeitpunkten berechnet und an den Prozess bzw. die Stelleinrichtung über einen Digital-Analog-Umsetzer ausgegeben. Zwischen zwei Abtastzeitpunkten werden die Werte der Stellgrößen konstant gehalten. Abbildung 2.4 zeigt die prinzipielle Arbeitsweise eines solchen Systems.

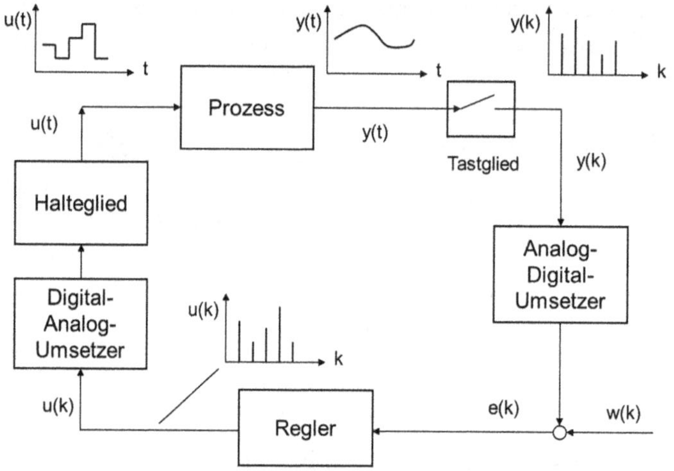

Abb. 2.4: Prinzip der digitalen Regelung.

In diesem Buch wird davon ausgegangen, dass die Abtastung der Ein- und Ausgangsgrößen zeitsynchron mit einer festen Abtastzeit T_0 erfolgt, und dass der Quantisierungsfehler des A/D-Wandlers klein gegenüber dem Messrauschen ist. Um die zeitdiskrete Arbeitsweise zu kennzeichnen, wird die diskrete Zeit k mit $k = 0, 1, 2\dots$ eingeführt, die abgetasteten Signale werden durch $u(k) = u(kT_0)$ usw. gekennzeichnet.

2.2 Einfache Prozessmodelle verfahrenstechnischer Regelstrecken

Viele verfahrenstechnische Prozesse lassen sich durch Übertragungsfunktionen niedriger Ordnung mit reellen Polen und Nullstellen ausreichend genau beschreiben. Dabei ist zu unterscheiden zwischen stabilen Stecken (auch Regelstrecken „mit Ausgleich" genannt), z. B. mit der Übertragungsfunktion

$$G(s) = K_S \frac{(T_{01}s + 1)}{(T_1 s + 1)(T_2 s + 1)} e^{-sT_t} \tag{2.8}$$

und integrierenden Strecken (auch als Regelstrecken „ohne Ausgleich“ bezeichnet), z. B. mit der Übertragungsfunktion

$$G(s) = K_S \frac{(T_{01}s + 1)}{s(T_1 s + 1)(T_2 s + 1)} e^{-sT_t}, \tag{2.9}$$

also einem Pol bei $s = 0$. Wenn $T_{01} < 0$ ist, weist der Prozess „Inverse-Response“-Verhalten auf. Wie bereits erwähnt, treten in der Verfahrenstechnik instabile Strecken mit Polstellen in der rechten Halbebene ($Re\{s\} > 0$) oder Prozesse mit Schwingungsverhalten relativ selten auf. In letzterem Fall würde die Übertragungsfunktion mindestens ein konjugiert-komplexes Polpaar aufweisen und einen Term der Form

$$\frac{1}{T^2 s^2 + 2DTs + 1} \quad \text{mit} \quad 0 < D < 1 \tag{2.10}$$

enthalten, dessen Nenner sich nicht in zwei Faktoren wie in Gl. (2.8) oder (2.9) aufspalten lässt. Im Folgenden werden die wichtigsten dieser für den Entwurf von Prozessregelungen verwendeten einfachen Modelle verfahrenstechnischer Regelstrecken zusammengestellt. Wie deren Kennwerte oder Modellparameter experimentell ermittelt werden können, ist Gegenstand von Abschnitt 2.3.

2.2.1 Strecken mit Verzögerungsverhalten und Totzeit

PT_1T_t-Approximation

Viele Prozesse sind dadurch gekennzeichnet, dass ihre Sprungantwort einen neuen stationären Zustand erreicht, und dass der Übergangsvorgang aperiodisch (ohne Überschwingen) verläuft. Ein Beispiel zeigt der durch Messrauschen überlagerte Sprungantwortverlauf in Abb. 2.5.

Regelstrecken dieser Art lassen sich vereinfacht als Verzögerungsglieder erster Ordnung mit Totzeit, kurz PT_1T_t-Glieder, modellieren. Deren Übertragungsfunktion lautet

$$G(s) = \frac{K_S}{T_1 s + 1} e^{-sT_t} \tag{2.11}$$

mit den Parametern

- $K_S = G(0) \ldots$ (statische) Streckenverstärkung,
- $T_1 \quad \ldots$ Verzögerungszeitkonstante und
- $T_t \quad \ldots$ Totzeit.

Die Übergangsfunktion oder „Einheits“sprungantwort $h(t)$ bezeichnet die auf die Eingangssprunghöhe bezogene, also normierte Sprungantwort

$$h(t) = \frac{y(t) - y(t = 0)}{\Delta u}. \tag{2.12}$$

Sie lässt sich für $t \geq T_t$ mit Hilfe von

$$h(t) = K_S(1 - e^{-(t-T_t)/T_1}) \tag{2.13}$$

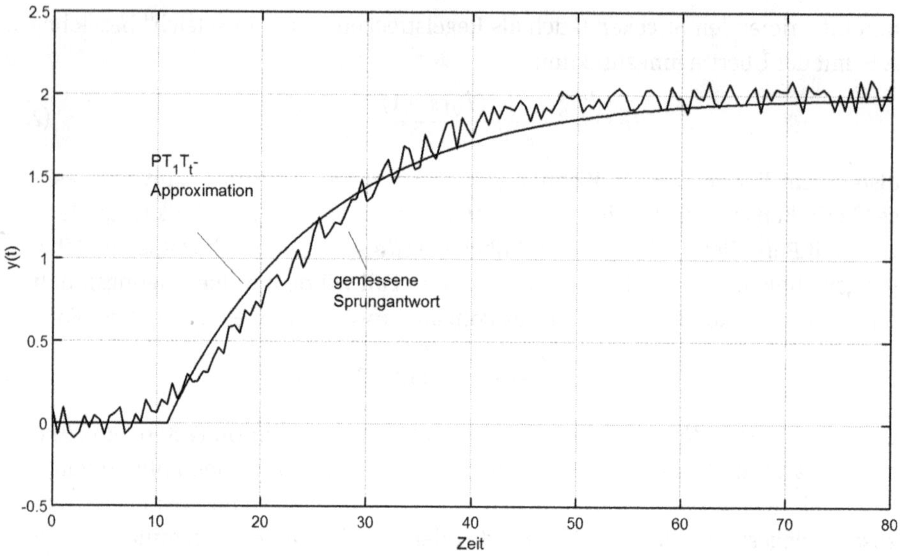

Abb. 2.5: Aperiodische Übergangsfunktion einer Regelstrecke mit Verzögerung höherer Ordnung, Annäherung durch $PT_1 T_t$-Verhalten.

berechnen und nimmt nach der Zeit $T_1 + T_t$ den Wert

$$h(T_1 + T_t) = K_S(1 - e^{-1}) \approx 0{,}63 K_S \tag{2.14}$$

an. Das heißt, ungefähr 63 % des Endwerts der Sprungantwort werden nach Ablauf der Zeit $T_1 + T_t$ erreicht. Der Endwert der Übergangsfunktion ist die statische Verstärkung, d. h. $h(t \to \infty) = K_S$. Das Verhältnis

$$\tau = \frac{T_t}{T_1 + T_t} \tag{2.15}$$

wird auch als „normierte Totzeit" bezeichnet. Es ist ein Maß für die „Regelbarkeit" einer Strecke: Regelstrecken mit kleinem τ sind einfacher, Regelstrecken mit großem τ schwerer mit einem PID-Regler zu regeln. Der Einfluss von τ auf den Verlauf der Übergangsfunktion ist in Abb. 2.6 dargestellt, dabei wurde die Abszisse auf $h(t)/K_S$ normiert. Für $\tau = 1$ entsteht ein reines Totzeitglied, für $\tau = 0$ ein Verzögerungsglied erster Ordnung ohne Totzeit (PT_1-Verhalten).

Summenzeitkonstante, mittlere Verweilzeit

Eine Möglichkeit der Charakterisierung der Schnelligkeit des Übergangsverhaltens stabiler Regelstrecken ist die Angabe der Summenzeitkonstante oder mittleren Verweilzeit. Man kann sie folgendermaßen aus der Übergangsfunktion $h(t)$ bestimmen:

$$T_\Sigma = \frac{\int_0^\infty (h(\infty) - h(t))\, dt}{K_S} = \frac{A}{K_S}\,. \tag{2.16}$$

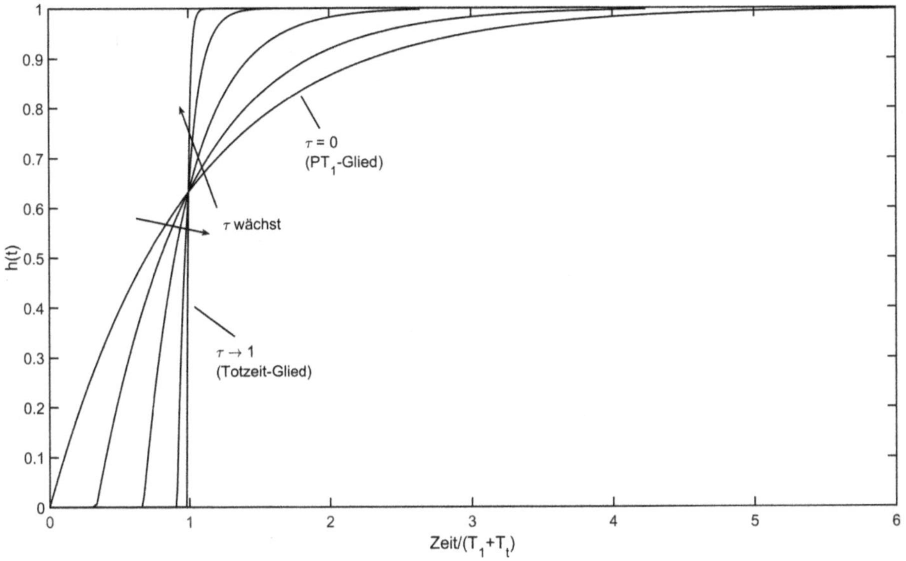

Abb. 2.6: Normierte Übergangsfunktionen eines PT_1T_t-Glieds.

Darin bedeutet A die Fläche zwischen der Übergangsfunktion $h(t)$ und ihrem Endwert $h(\infty) = K_S$. Für ein Verzögerungsglied erster Ordnung (PT_1-Glied) ergibt sich $T_\Sigma = T_1$, für ein reines Totzeitglied $T_\Sigma = T_t$, für ein PT_1T_t-Glied gilt die Beziehung $T_\Sigma = T_1 + T_t$. Für Regelstrecken mit der allgemeineren Übertragungsfunktion

$$G(s) = K_S \frac{(T_{01}s + 1) \cdots (T_{0m}s + 1)}{(T_1s + 1)(T_2s + 1) \cdots (T_ns + 1)} e^{-sT_t} \tag{2.17}$$

ist die Summenzeitkonstante wie folgt definiert:

$$T_\Sigma = T_1 + T_2 + \cdots + T_n + T_t - T_{01} - \cdots - T_{0m} \,. \tag{2.18}$$

Kritische Verstärkung und kritische Periodendauer

Die bisher genannten Kennwerte bzw. Merkmale des dynamischen Verhaltens bezogen sich auf die Sprungantwort. Nützliche Informationen über das Systemverhalten ergeben sich aber auch aus der Betrachtung des Frequenzgangs der Regelstrecke. Bezeichnet man mit ω_φ die Frequenz, bei der die Phasenverschiebung φ Grad beträgt, dann ist

$$K_{S,\varphi} = K_S(\omega_\varphi) = |G_S(j\omega_\varphi)| \tag{2.19}$$

die Streckenverstärkung bei der Frequenz ω_φ. Im Zusammenhang mit der PID-Regelung sind besonders die Frequenzen ω_{90} und ω_{180} und die Streckenverstärkungen $K_{S,90}$ und $K_{S,180}$ von Interesse. ω_{90} und ω_{180} sind die Frequenzen, bei denen die Ortskurve des Frequenzgangs der Strecke die negative imaginäre bzw. die reelle Achse schneidet (Abb. 2.7).

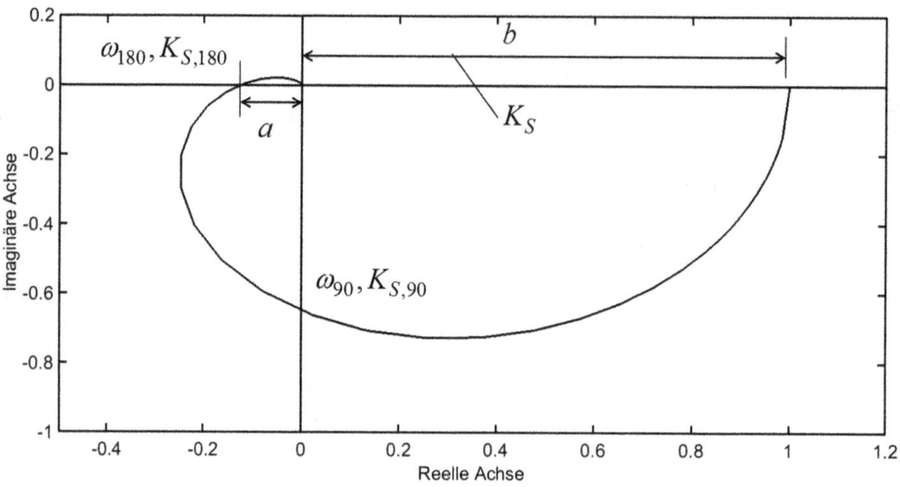

Abb. 2.7: Ortskurve des Frequenzgangs einer PT_3-Regelstrecke.

Der Frequenzgang lässt sich nicht nur für die Regelstrecke, sondern auch für den geschlossenen Regelkreis und die offene Kette, also das Produkt aus Regler- und Streckenübertragungsfunktion $G_0(j\omega) = G_S(j\omega)G_R(j\omega)$ angeben. Wenn eine stabile Regelstrecke höherer Ordnung mit einem P-Regler gekoppelt wird und man die Reglerverstärkung schrittweise erhöht, beginnt der Regelkreis zu schwingen. Die Stabilitätsgrenze wird erreicht, wenn die Reglerverstärkung $K_{P,\text{krit}} = 1/K_{S,180}$ beträgt. Sie wird als kritische Reglerverstärkung bezeichnet.

Die Periodendauer der Schwingung der Regelgröße ist dann $T_{P,\text{krit}} = 1/\omega_{180}$. Das Verstärkungsverhältnis

$$\kappa = \frac{K_{S,180}}{K_S} = \frac{|G(j\omega_{180})|}{G(0)} \tag{2.20}$$

ist ein weiterer Kennwert, der wichtige Systeminformationen liefert. Es liegt gewöhnlich im Bereich $\kappa = [0, 1]$ und lässt sich geometrisch als das Verhältnis der Strecken a und b in der Ortskurve des Frequenzgangs interpretieren. Die Größe κ ist ebenso wie die normierte Totzeit τ ein Maß für die Schwierigkeit der Regelung. Prozesse mit kleinem κ sind einfach zu regeln, die Schwierigkeit der Regelung steigt mit wachsendem Verstärkungsverhältnis κ.

Verzögerung höherer Ordnung

Die Übertragungsfunktion einer aperiodischen, stabilen Regelstrecke mit Verzögerung zweiter Ordnung ohne Totzeit (PT_2-Verhalten) lautet

$$G(s) = \frac{K_S}{(T_1 s + 1)(T_2 + 1)} \,. \tag{2.21}$$

Falls die beiden Zeitkonstanten gleich sind, wird daraus

$$G(s) = \frac{K_S}{(T_1 s + 1)^2} \, . \tag{2.22}$$

Beide Übertragungsfunktionen weisen ausschließlich reelle Polstellen auf. Sie sind daher nicht in der Lage, oszillierendes Verhalten zu beschreiben. Zwar kommen Regelstrecken mit oszillierendem Verhalten in der Verfahrenstechnik nur selten vor, ein PT_2-System mit Schwingungsverhalten eignet sich aber gut als Modell für das gewünschte Führungsverhalten eines Regelkreises. Die Übertragungsfunktion eines schwingenden PT_2-Glieds ist

$$G(s) = \frac{K}{T^2 s^2 + 2DTs + 1} \tag{2.23}$$

mit der Dämpfungskonstante $0 < D < 1$. In Abb. 2.8 sind Übergangsfunktionen von PT_2-Gliedern für verschiedene Werte der Dämpfungskonstante dargestellt.

Die Dämpfungskonstante hängt mit der Überschwingweite zusammen. Sie ist der Abstand zwischen dem Maximalwert der Übergangsfunktion und ihrem Endwert, wird häufig auf die Sprunghöhe des Eingangssignals bezogen und in Prozent angegeben. Überschwingweite und Dämpfung hängen nach der Beziehung

$$\Delta h \, [\%] = e^{-\frac{\pi D}{\sqrt{1-D^2}}} \cdot 100\,\% \tag{2.24}$$

zusammen. Eine kleinere Dämpfung bedeutet also eine größere Überschwingweite und umgekehrt.

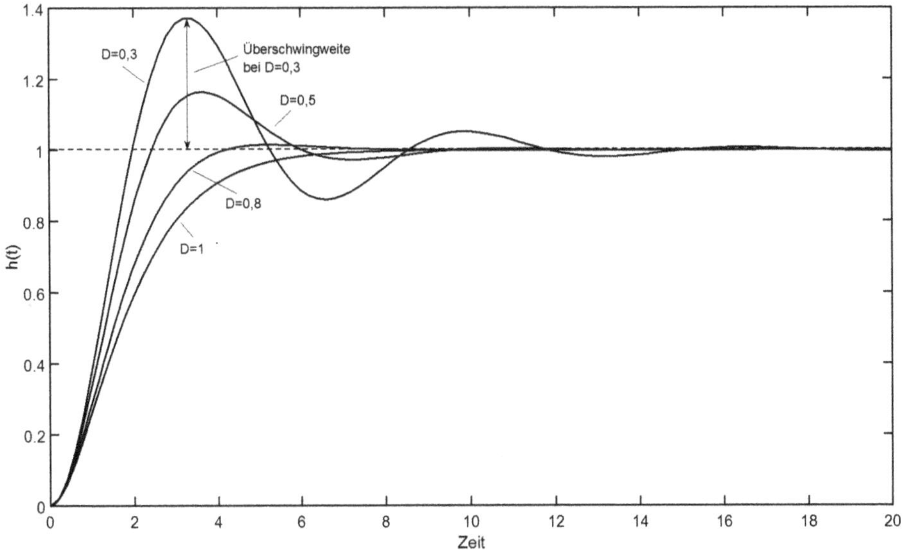

Abb. 2.8: Übergangsfunktionen von PT_2-Gliedern.

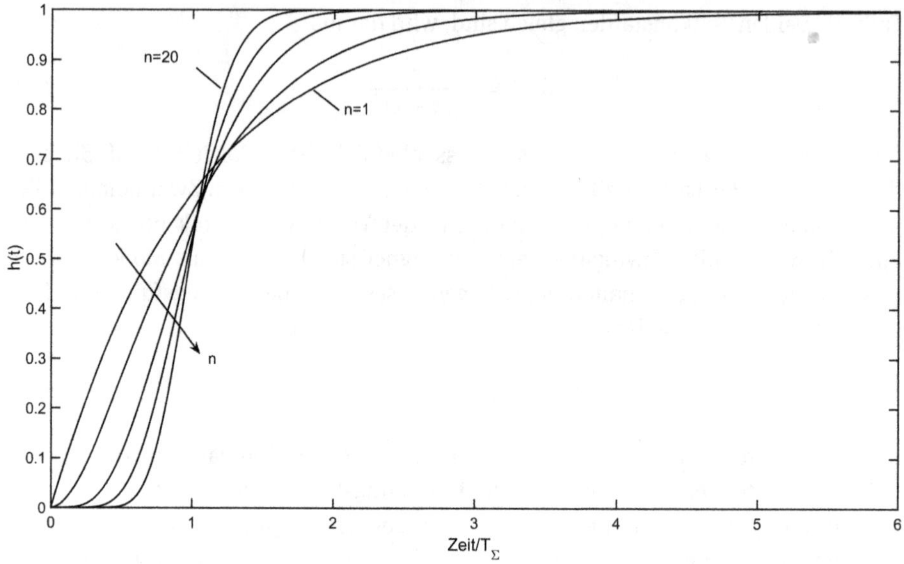

Abb. 2.9: Normierte Übergangsfunktionen für Regelstrecken höherer Ordnung mit gleichen Zeitkonstanten.

Regelstrecken mit Verzögerung n-ter Ordnung und aperiodischem Übergangsverhalten haben die Übertragungsfunktion

$$G(s) = \frac{K_S}{(T_1 s + 1)^n}, \tag{2.25}$$

wenn gleiche Zeitkonstanten vorliegen, sonst

$$G(s) = \frac{K_S}{(T_1 s + 1)(T_2 + 1) \cdots (T_n s + 1)}. \tag{2.26}$$

Für den ersten Fall sind in Abb. 2.9 normierte Übergangsfunktionen $h(t)$ für verschiedene Werte der Ordnung n dargestellt.

Aus dem Bild ist ersichtlich, dass mit steigender Ordnung der Grad der Anfangsverzögerung (auch „scheinbare Totzeit" genannt) wächst. Gleichzeitig wächst der Anstieg von $h(t)$ im Wendepunkt. Je größer n, desto „totzeitähnlicher" wird das Übergangsverhalten, und desto schwieriger ist eine solche Strecke zu regeln.

2.2.2 Integrierende und andere instabile Regelstrecken

Wie bereits erwähnt, weisen einige verfahrenstechnische Regelstrecken Integralverhalten (I-Verhalten) auf, zum Beispiel Füllstandsstrecken bei Behältern, deren Abfluss durchflussgeregelt ist. Die Sprungantwort solcher Strecken erreicht keinen neuen stationären Zustand. Nicht die Regelgröße selbst, sondern ihre Änderungsgeschwindigkeit strebt für $t \to \infty$ gegen einen konstanten Wert. Prozesse mit sehr großen Zeitkonstanten reagieren zu Beginn einer Sprung-antwort ähnlich wie Strecken mit Integralverhalten. Regelstrecken mit I-Verhalten werden auch als „Regelstrecken ohne Ausgleich" bezeichnet. Einfache Modelle solcher Strecken haben die Übertragungsfunktion

$$G(s) = \frac{K_{IS}}{s} e^{-sT_t} \quad \text{oder} \quad G(s) = \frac{K_{IS}}{s(T_1 s + 1)} e^{-sT_t} \tag{2.27}$$

(I-Verhalten mit Totzeit (IT_t) oder IT_1-Verhalten mit Totzeit ($IT_1 T_t$). Das Integralverhalten ist in der Übertragungsfunktion daran zu erkennen, dass ein Pol bei $s = 0$ auftritt. Neu gegenüber Gl. (2.11) ist der Parameter „Integralverstärkung" K_{IS}. Er gibt an, mit welcher Geschwindigkeit sich die Ausgangsgröße für $t \to \infty$ ändert. Grafisch lässt er sich als die Steigung der Asymptoten der Übergangsfunktion $h(t)$ für $t \to \infty$ interpretieren und besitzt daher die Maßeinheit [1/Zeiteinheit].

Seltener als I-Strecken treten in der Verfahrenstechnik „echte" instabile Regelstrecken auf, z. B. bei exothermen Reaktionsprozessen („Runaway"-Prozesse). Instabile Strecken werden durch Übertragungsfunktionen beschrieben, die Pole in der rechten Halbebene aufweisen, also z. B.

$$G(s) = \frac{K_S^*}{s - a} \tag{2.28}$$

mit einem Pol bei $s = +a$. Da die Lösung der zugehörigen Differenzialgleichung

$$\dot{y}(t) - ay(t) = K_S^* u(t) \tag{2.29}$$

einen Term e^{+at} aufweist, wächst $y(t)$ exponentiell, die Übergangsfunktion eines solchen Systems strebt also weder gegen einen stationären Endwert, noch geht sie für $t \to \infty$ in eine Asymptote mit konstanter Steigung über.

2.2.3 Regelstrecken mit Nichtminimalphasen-Verhalten

Die in den Abschnitten 2.2.1 und 2.2.2 betrachteten Regelstrecken hatten Übertragungsfunktionen ohne Zähler-Nullstellen. Überlagern sich bei einer Regelstrecke physikalische Teileffekte mit unterschiedlichem Vorzeichen der Verstärkung und unterschiedlichen Zeitkonstanten, kann es zu einem Gesamtverhalten kommen, dass durch Zählernullstellen gekennzeichnet ist. Diese können einen signifikanten Einfluss auf das Übergangsverhalten aufweisen.

Betrachtet man zum Beispiel zwei Teilprozesse mit den PT_1-Übertragungsfunktionen $G_1(s) = \frac{2}{5s+1}$ und $G_2(s) = -\frac{1}{s+1}$, die sich zu einer Gesamt-Übertragungsfunktion der Regelstrecke nach der Vorschrift $G(s) = G_1(s) + G_2(s)$ verbinden, dann ergibt sich hier

$$G(s) = \frac{2}{5s+1} - \frac{1}{s+1} = \frac{2(s+1) - 1(5s+1)}{(5s+1)(s+1)} = \frac{-3s+1}{5s^2+6s+1} . \tag{2.30}$$

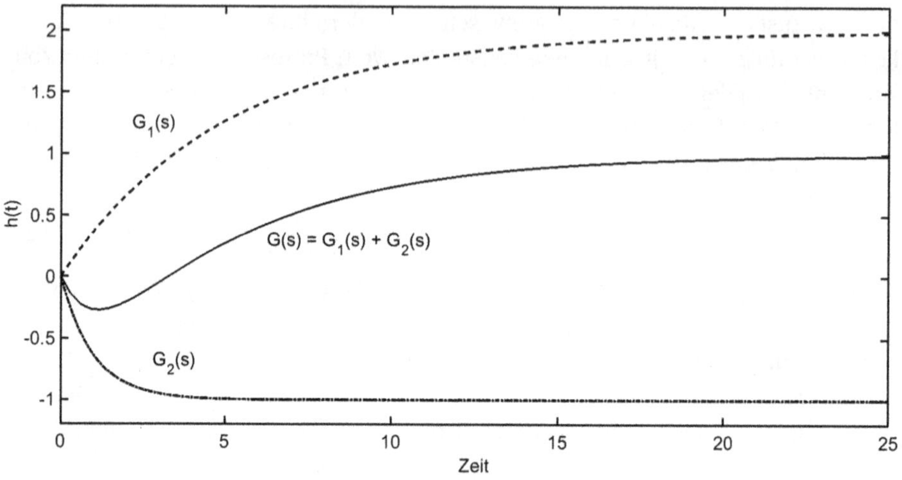

Abb. 2.10: Entstehung des „Inverse-Response"-Verhaltens.

Diese Übertragungsfunktion hat eine (positive) Zählernullstelle $s_{01} = +0{,}33 > 0$ bzw. eine negative Zähler-Zeitkonstante $T_{01} = -3$. In Abb. 2.10 sind die Sprungantworten der Teilübertragungsfunktionen $G_1(s)$ und $G_2(s)$ sowie ihrer Summe $G(s)$ grafisch dargestellt.

Man beachte, dass die Sprungantwort des Gesamtsystems $G(s)$ zunächst fällt, bevor sie nach Schneiden der Zeitachse positive Werte annimmt. Diese Erscheinung entsteht dadurch, dass zu Beginn der schnellere Teilprozess $G_2(s) = -\frac{1}{s+1}$ mit negativer Verstärkung und kleiner Zeitkonstante dominiert, während für $t \to \infty$ der langsamere Teilprozess $G_1(s) = \frac{2}{5s+1}$ überwiegenden Einfluss hat.

Wie bereits erwähnt, wird ein solches Verhalten im Englischen anschaulich als „Inverse-Response"-Charakteristik bezeichnet. (Regelstrecken dieser Art werden – ebenso wie totzeitbehaftete Strecken – auf Grund bestimmter Frequenzgangeigenschaften auch als „nichtminimalphasige" oder NMP-Systeme bezeichnet. Totzeitfreie Systeme, deren Pole und Nullstellen ausschließlich in der rechten Halbebene liegen, sind hingegen „minimalphasig"). Regelstrecken dieser Art treten in der Verfahrenstechnik relativ selten auf. Ihre Regelung gestaltet sich noch schwieriger als die Regelung totzeitbehafteter Prozesse. Ursache dafür ist, dass sich als Folge einer „richtigen" Verstellung der Stellgröße die Regeldifferenz vorübergehend erhöht. Je kleiner der Betrag der Zähler-Nullstelle s_{01} ist (d. h. je dichter sie an der imaginären Achse liegt) bzw. je größer der Betrag der Zählerzeitkonstante T_{01} ist, desto größer ist die Unterschwingweite. Abbildung 2.11 zeigt beispielhaft den Verlauf der Übergangsfunktion einer Regelstrecke mit $G(s) = \frac{-T_{01}s+1}{50s^2+15s+1}$ für verschiedene Werte von T_{01}.

Verwendet man nicht die konkreten Übertragungsfunktionen $G_1(s)$ und $G_2(s)$ des obigen Beispiels, sondern allgemeine PT_1-Übertragungsfunktionen der Form $G_1(s) = \frac{K_1}{T_1s+1}$ und $G_2(s) = \frac{K_2}{T_2s+1}$ mit $K_1 > K_2 > 0$, so ergibt sich als Differenz

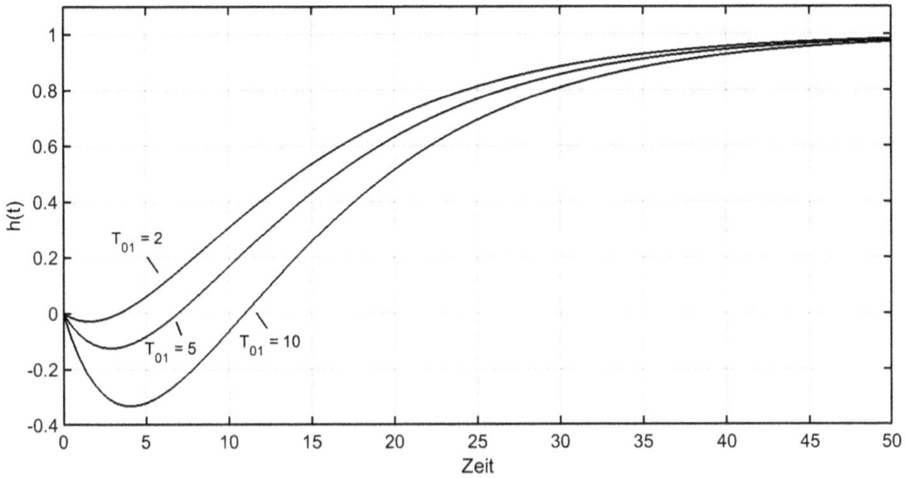

Abb. 2.11: Zusammenhang zwischen der Lage der Zähler-Nullstelle und der Unterschwingweite.

$$G(s) = \frac{K_1}{T_1 s + 1} - \frac{K_2}{T_2 s + 1} = \frac{K_1(T_2 s + 1) - K_2(T_1 s + 1)}{(T_1 s + 1)(T_2 s + 1)} = \frac{(K_1 - K_2)\left(\frac{K_1 T_2 - K_2 T_1}{K_1 - K_2} s + 1\right)}{(T_1 s + 1)(T_2 s + 1)} \tag{2.31}$$

Die Bedingung für das Auftreten von „Inverse-Response"-Verhalten ist dann eine negative Zählerzeitkonstante

$$\frac{K_1 T_2 - K_2 T_1}{K_1 - K_2} < 0\,. \tag{2.32}$$

Diese Bedingung ist erfüllt, wenn sich die Verstärkungen und Zeitkonstanten der Teilprozesse wie

$$\frac{K_2}{K_1} > \frac{T_2}{T_1} \tag{2.33}$$

zueinander verhalten.

Gilt hingegen $\frac{K_2}{K_1} < \frac{T_2}{T_1}$, dann wird die Zählernullstelle negativ bzw. die Zählerzeitkonstante positiv, und es ergibt sich ein minimalphasiges System.

Welche Wirkung eine positive Zählerzeitkonstante hat, ist aus Abb. 2.12 zu ersehen, in dem die Übergangsfunktionen des Systems (PDT_2-Verhalten)

$$G(s) = \frac{T_{01} s + 1}{50 s^2 + 15 s + 1} \tag{2.34}$$

für verschiedene Werte von $T_{01} = 2, 5, 10, 15, 20$ dargestellt sind.

Wie zu erkennen ist, weist die Übergangsfunktion für größere Werte von T_{01} keinen Wendepunkt, aber Überschwingen auf. Man beachte, dass dieses Überschwingen nicht durch einen konjugiert-komplexen Pol im Nenner der Übertragungsfunktion, sondern durch die Zählernullstelle bedingt ist.

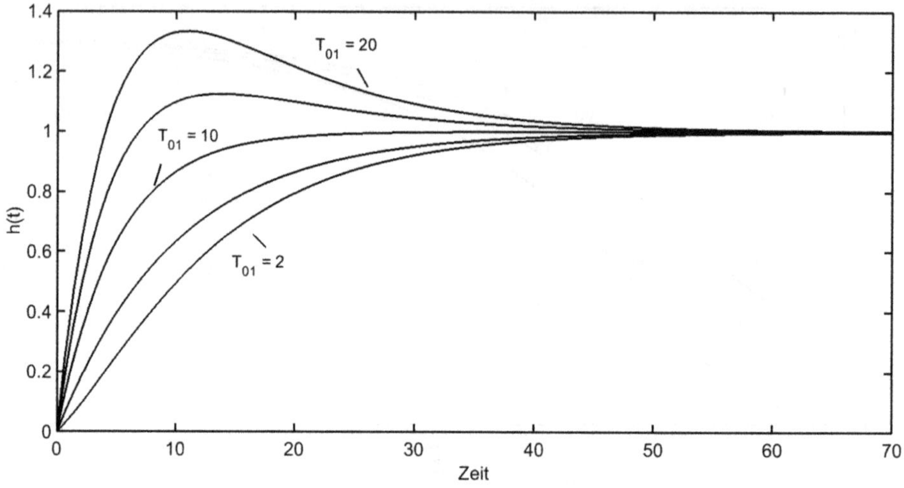

Abb. 2.12: Übergangsfunktion einer PDT_2-Regelstrecke für unterschiedliche Werte der Zählerzeitkonstante.

2.2.4 Modellvereinfachung nach der Halbierungsregel

Mitunter ergeben sich aus der theoretischen und experimentellen Modellbildung Übertragungsfunktionen höherer Ordnung zur Beschreibung des dynamischen Verhaltens der Regelstrecke. Die Frage ist dann, wie man daraus einfachere Modelle niedriger Ordung, z. B. erster oder zweiter Ordnung mit Totzeit, gewinnen kann, die das Prozessverhalten näherungsweise beschreiben. Diese Aufgabe ergibt sich zum Beispiel bei der Anwendung von Einstellregeln für PID-Regler (vgl. Abschnitt 3.3.1) oder beim Entwurf modellbasierter erweiterter Regelungsstrukturen. Mathematisch anspruchsvolle Methoden der Modellvereinfachung wurden im Rahmen des Arbeitsgebiets „control-relevant identification" entwickelt, vgl. (Codrons, 2005), (Hjalmarsson, 2005) und (Alvarez & andere, 2013).

Vergleichsweise einfache Regeln für die Modellvereinfachung, deren Anwendung weder vertiefte regelungstechnische Kenntnisse noch speziell für diese Aufgabe entwickelte Software voraussetzen, wurden von (Skogestad, 2003) entwickelt:

Das kompliziertere Prozessmodell höherer Ordnung liege als Übertragungsfunktion

$$G_S(s) = K_S \frac{\left(-T_{10}^{\text{inv}} s + 1\right) \cdots \left(-T_{m0}^{\text{inv}} s + 1\right)}{(T_{10}s + 1)(T_{20}s + 1) \cdots (T_{n0}s + 1)} e^{-sT_{t0}} \tag{2.35}$$

vor. Darin bedeuten K_S die Streckenverstärkung, T_{i0} $(i = 1 \dots n)$ die Verzögerungszeitkonstanten, $T_{j0}^{\text{inv}} > 0$ $(j = 1 \dots m < n)$ die Zählerzeitkonstanten und T_{t0} die Totzeit. Die Zeitkonstanten werden nach fallendem Absolutbetrag geordnet. Die Zählerzeitkonstanten $T_{j0}^{\text{inv}} > 0$ führen zu Nullstellen in der rechten Halbebene, was sich in der Sprungantwort durch „Inverse-Response"-Verhalten ausdrückt. Skogestad's

Halbierungsregel („half rule") besagt, dass die größte zu vernachlässigende Verzögerungszeitkonstente gleichmäßig auf die Totzeit und die kleinste im Modell verbleibende Zeitkonstante aufgeteilt wird. Will man das Originalmodell (2.35) durch ein PT_1T_t-Ersatzmodell annähern, ergeben sich dessen Totzeit und Zeitkonstante zu

$$T_t = T_{t0} + \frac{T_{20}}{2} + \sum_{i \geq 3} T_{i0} + \sum_j T_{j0}^{\text{inv}} + \frac{T_0}{2} \tag{2.36}$$

und

$$T_1 = T_{10} + \frac{T_{20}}{2} \,. \tag{2.37}$$

Soll die Approximation durch ein PT_2T_t-Ersatzmodell erfolgen, ergeben sich

$$T_t = T_{t0} + \frac{T_{30}}{2} + \sum_{i \geq 4} T_{i0} + \sum_j T_{j0}^{\text{inv}} + \frac{T_0}{2} \tag{2.38}$$

als effektive Totzeit und

$$\begin{aligned} T_1 &= T_{10} \\ T_2 &= T_{20} + \frac{T_{30}}{2} \end{aligned} \tag{2.39}$$

als Nennerzeitkonstanten. Die effektive Totzeit T_1 des vereinfachten Modells setzt sich also aus der Totzeit T_{t0} des Originalmodells, der Hälfte der größten vernachlässigten Zeitkonstante ($T_{20}/2$ oder $T_{30}/2$), der Summe aller kleineren Zeitkonstanten, der Summe der Zähler-Zeitkonstanten T_{j0}^{inv} und der Hälfte der Abtastzeit T_0 zusammen.

Für das Originalmodell $G(s) = \frac{1}{(5s+1)(2s+1)}$ ergibt sich nach dieser Regel (unter Vernachlässigung der Abtastzeit) $T_t = 0 + 2/2 = 1$ und $T_1 = 5 + 2/2 = 6$ und damit die PT_1T_t-Approximation $G(s) = \frac{1}{(6s+1)}e^{-1s}$. Die Übertragungsfunktion 4. Ordnung mit Totzeit $G(s) = \frac{1}{(2s+1)^4}e^{-2s}$ lässt sich mit $T_t = 2+2/2+2 = 5$, $T_1 = 2$ und $T_2 = 2+2/2 = 3$ durch ein PT_2T_t-Ersatzmodell $G(s) = \frac{1}{(3s+1)(2s+1)}e^{-5s}$ annähern.

Für den Fall positiver Zählerzeitkonstanten, die z. B. bei einem PDT_2T_t-Streckenmodell auftreten, werden in (Skogestad, 2003) und (Lee, Cho, & Edgar, 2014) ebenfalls Regeln für die Modellvereinfachung angegeben.

2.3 Identifikation des dynamischen Verhaltens

Prozess- oder Systemidentifikation nennt man die Gewinnung mathematischer Prozessmodelle für das statische und dynamische Verhalten unter Nutzung experimentell gewonnener Messdaten. Teilaufgaben der Identifikation des dynamischen Verhaltens sind

- die Wahl geeigneter Testsignale und die Durchführung von Anlagentests,
- die Auswahl und Aufbereitung der Messwertsätze,
- die Auswahl einer sinnvollen Modellklasse zur Beschreibung des Prozessverhaltens

- die Bestimmung der Modellparameter und
- die Bewertung der Modellgüte (Modellvalidierung).

In den meisten praktischen Fällen führt nur ein iteratives Vorgehen zum Erfolg, bei dem einer oder mehrere dieser Schritte unter Beachtung der bis dahin erzielten Ergebnisse wiederholt werden müssen. Zu unterscheiden ist zwischen einer Identifikation im offenen Regelkreis, d. h. durch Auswertung von Versuchen an der Regelstrecke, und im geschlossenen Regelkreis. Im ersten Fall werden bei geöffnetem Regelkreis (Hand-Betrieb des Reglers) Testsignale auf die Stellgröße gegeben. Im zweiten Fall werden bei geschlossenem Regelkreis (Automatik-Betrieb) Testsignale auf den Sollwert gegeben und/oder zu der vom Regler berechneten Stellgröße addiert.

Für „grobe" Prozessmodelle niedriger Ordnung, die für die Bestimmung günstiger PID-Reglerparameter nach Einstellregeln erforderlich sind, können im offenen Kreis einfache Testsignale wie Sprungfunktionen und Rechteckimpulse verwendet werden. Eine Alternative ist die Anwendung der Relay-Feedback-Methode im geschlossenen Regelkreis. Die Bestimmung genauer Prozessmodelle, die z. B. für modellbasierte Regelungen benötigt werden, erfordert in der Regel kompliziertere Testsignale wie z. B. pseudostochastische Binärsignale (Pseudo Random Binary Signals, PRBS).

Die Bestimmung der Modellparameter kann für grobe Prozessmodelle manuell erfolgen, z. B. durch Kennwertermittlung aus Sprungantworten oder durch Auswertung von Schwingungen im geschlossenen Regelkreis. Für genauere Prozessmodelle ist die Nutzung rechnergestützter Identifikationswerkzeuge sinnvoll.

Für die Bewertung der Modellgüte ist der Verwendungszweck des Modells maßgebend. Der Vergleich der experimentell gewonnenen Messdaten mit den Ergebnissen, die die Simulation der Reaktion des Prozessmodells auf die Testsignale liefert, ist dabei nur einer von mehreren Aspekten. Wenn das Modell für den Regelungsentwurf verwendet wird oder gar als Bestandteil des Reglers Verwendung findet, dann ist die Genauigkeit des Modells in dem für die Regelung wichtigen Frequenzbereich entscheidend. Der Vergleich von gemessenen und über das Modell berechneten Ausgangssignalen muss daher durch andere Maße für die Modellgüte ergänzt werden.

In den folgenden Abschnitten wird zunächst auf die Kennwertermittlung einfacher Prozessmodelle eingegangen. Anschließend werden Hinweise zur Nutzung rechnergestützter Identifikationsmethoden gegeben.

2.3.1 Kennwertermittlung im offenen Regelkreis

Die einfachste Möglichkeit der experimentellen Untersuchung des dynamischen Verhaltens von Regelstrecken ist die Aufnahme und Auswertung von Sprungantworten. Es ist erfahrungsgemäß sinnvoll, vor Beginn der Aufnahme einer Sprungantwort einen möglichst stationären Zustand der Regelgröße abzuwarten. Die Amplituden der Stellgrößensprünge sollen nicht zu groß sein, um den normalen Anlagenbetrieb nicht zu stark zu stören und in der Nähe des interessierenden Arbeitspunkts der Regelung zu bleiben. Sie dürfen aber auch nicht zu klein sein, damit der Effekt der Verstellung nicht im Messrauschen oder in anderen stochastischen Prozessstörungen „untergeht“. Im Allgemeinen wird ein Signal-/Rausch-Verhältnis von 3:1 bis 5:1 empfohlen, d. h. dass die durch das Testsignal bewirkte Änderung der Regelgröße drei- bis fünfmal größer ist als die Amplitude ihrer normalen stochastischen Schwankungen. (Die Größe des Stellgrößensprungs muss natürlich auch sichern, dass sich die Stelleinrichtung überhaupt bewegt, d. h. dass die Haftreibung überwunden wird). Es ist überdies sinnvoll, wenigstens zwei Versuche in unterschiedlicher Richtung und mit unterschiedlicher Amplitude durchzuführen, um evtl. vorhandene Nichtlinearitäten des Streckenverhaltens zu erkennen. Bei stabilen Regelstrecken mit kleinen bis mittleren Zeitkonstanten sollte der Übergang in den neuen stationären Zustand abgewartet werden. Bei Strecken mit sehr großen Zeitkonstanten empfiehlt es sich, statt der Sprungantwort Impulsantworten aufzunehmen. Die Aufnahme von Sprungantworten im offenen Regelkreis ist bei entsprechender Vorsicht auch bei integrierenden Strecken, nicht jedoch bei instabilen Regelstrecken möglich.

Stabile Regelstrecken mit Verzögerung erster Ordnung und Totzeit

Die Vorgehensweise soll am Beispiel einer Durchfluss-Regelstrecke erläutert werden, deren Sprungantwort in Abb. 2.13 dargestellt ist. Sie soll durch ein PT_1T_t-Verhalten mit der Übertragungsfunktion $G(s) = \frac{K_S}{T_1 s+1} e^{-sT_t}$ approximiert werden.

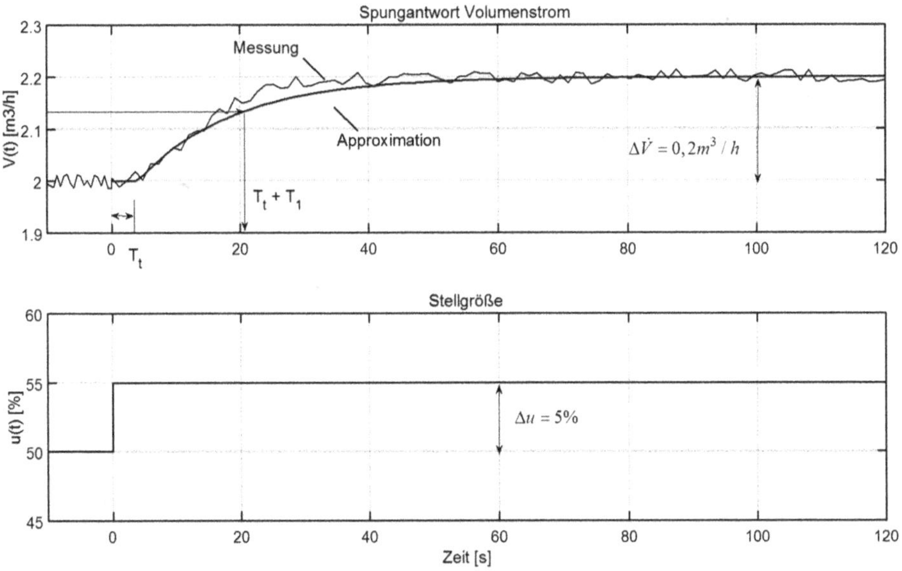

Abb. 2.13: Sprungantwort einer Regelstrecke mit PT_1T_t-Verhalten.

Wie man sieht, wurde zum Zeitpunkt $t = 0$ das Stellsignal von 50 auf 55 %, d. h. um $\Delta u = 5\,\%$ erhöht. Dies hat im stationären Zustand eine Änderung des Durchflusses um $\Delta y = 0{,}2\,\mathrm{m}^3/\mathrm{h}$ zur Folge. Daraus ergibt sich eine (statische) Streckenverstärkung von

$$K_S = \frac{\Delta y}{\Delta u} = \frac{0{,}2\,\mathrm{m}^3/\mathrm{h}}{5\,\%} = 0{,}04\,\frac{\mathrm{m}^3/\mathrm{h}}{\%}\,. \tag{2.40}$$

Soll die Streckenverstärkung später verwendet werden, um die (bei vielen Automatisierungssystemen dimensionslos anzugebende!) Reglerverstärkung eines Industriereglers zu ermitteln, muss sie ebenfalls dimensionslos bzw. in %/% angegeben werden. Das geschieht dadurch, dass man die Änderung der Regelgröße auf ihren Messbereich und die Änderung der Stellgröße auf den Stellbereich bezieht. Ist der Durchflussmessbereich zum Beispiel $\mathrm{MB}_y = 0\ldots 4\,\mathrm{m}^3/\mathrm{h}$, ergibt sich im vorliegenden Fall als dimensionslose Streckenverstärkung

$$K_S = \frac{\Delta y/\mathrm{MB}_y}{\Delta u/100} = \frac{0{,}2/4}{5/100} = 1\,. \tag{2.41}$$

Man beachte den großen Unterschied zwischen dem dimensionsbehafteten und dem dimensionslosen Wert der Verstärkung. Würde man den Fehler begehen, die nach Gl. (2.40) berechnete Streckenverstärkung K_S zur Bestimmung der Reglerversärkung zu verwenden, ergäbe sich in der Praxis ein instabiler Regelkreis!

Die Totzeit kann aus der Sprungantwort unmittelbar abgelesen werden. Sie beträgt hier $T_\mathrm{t} \approx 4\,\mathrm{s}$. Die Zeitkonstante T_1 kann man z. B. aus der Zeit, bei der die Sprungantwort 63 % ihres Endwerts im stationären Zustand erreicht hat, bestimmen. Da die Totzeit zu berücksichtigen ist, ergibt sich die Zeitkonstante T_1 hier zu $T_1 = T_{63\,\%} - T_\mathrm{t} \approx 21\,\mathrm{s} - 4\,\mathrm{s} = 17\,\mathrm{s}$.

Eine genauere Bestimmung von Totzeit und Zeitkonstante ist möglich, wenn man mehr als einen Zeitprozentkennwert verwendet. Von (Strejc, 1959) wurde ein Verfahren angegeben, bei dem man Zeitkonstante und Totzeit so bestimmt, dass die gemessene Sprungantwort in zwei Punkten geschnitten wird. Normiert man die Sprungantwort auf die Übergangsfunktion $h(t)$ und bestimmt zu zwei Zeitpunkten t_1 und t_2 die Werte $h(t_1)$ und $h(t_2)$, dann ergeben sich die gesuchten Kennwerte aus der Umstellung von Gl. (2.13) zu

$$\begin{aligned} T_1 &= \frac{t_2 - t_1}{\ln \frac{K_S - h(t_1)}{K_S - h(t_2)}} \\ T_\mathrm{t} &= t_1 + T_1 \ln\left(1 - \frac{h(t_1)}{K_S}\right)\,. \end{aligned} \tag{2.42}$$

Der kleinste Approximationsfehler wird erreicht, wenn man die Zeitprozentkennwerte $T_{35\,\%}$ und $T_{85\,\%}$ verwendet, also die Zeiten misst, bei der die Sprungantwort 35 % bzw. 85 % ihres Endwertes erreicht hat (Sundaresan & Krishnaswamy, 1978). In diesem Fall ergeben sich folgende Beziehungen für die Kennwertermittlung:

$$\begin{aligned} T_1 &= 0{,}675\,(T_{83\,\%} - T_{35\,\%}) \\ T_\mathrm{t} &= 1{,}294 T_{35\,\%} - 0{,}294 T_{83\,\%}\,. \end{aligned} \tag{2.43}$$

Verbreitet, wenn auch etwas weniger genau, ist die Verwendung der Zeitprozentkennwerte $T_{25\,\%}$ und $T_{75\,\%}$. Mit ihnen lassen sich Zeitkonstante und Totzeit nach

$$\begin{aligned} T_1 &= 0{,}9\,(T_{75\,\%} - T_{25\,\%}) \\ T_t &= T_{75\,\%} - 1{,}4\,T_1 \end{aligned} \tag{2.44}$$

nährungsweise bestimmen.

Stabile Regelstrecken mit Verzögerung höherer Ordnung

Eine seit langem gebräuchliche Möglichkeit zur Charakterisierung des dynamischen Verhaltens von Regelstrecken höherer Ordnung ist die Kennwertermittlung mit Hilfe des Wendetangentenverfahrens. Wie in Abb. 2.14 gezeigt, kann man mit seiner Hilfe zwei Zeitkonstanten bestimmen, die Verzugszeit T_u und die Ausgleichszeit T_g. Die Streckenverstärkung kann wie vorher beschrieben ermittelt werden.

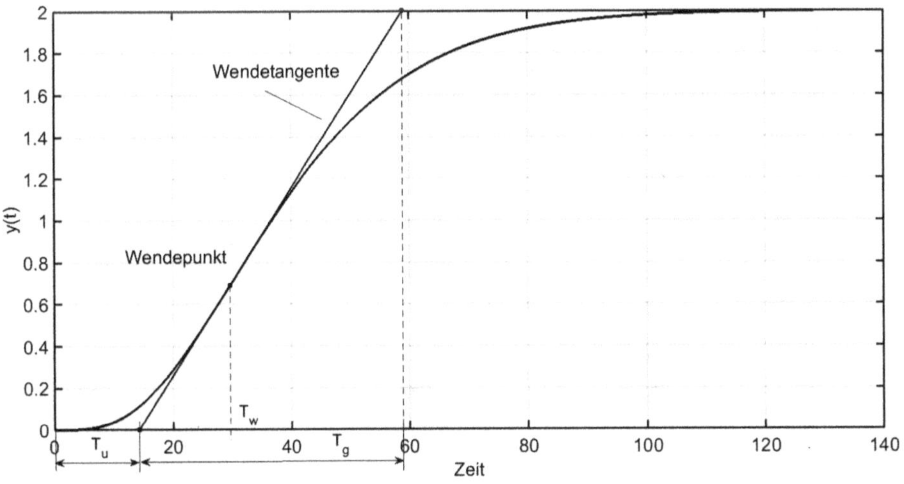

Abb. 2.14: Ermittlung von Kennwerten nach dem Wendetangentenverfahren.

Ist $T_g/T_u > 10$, kann das Verhalten der Regelstrecke mit Hilfe eines aperiodischen PT_2-Glieds mit der Übertragungsfunktion

$$G(s) = \frac{K_S}{(T_1 s + 1)(T_2 s + 1)} \tag{2.45}$$

angenähert werden. Bestimmt man aus der Sprungantwort zusätzlich die Zeit T_w, bei der der Wendepunkt auftritt, so kann man die Zeitkonstanten T_1 und T_2 des PT_2-Glieds durch Lösung des nichtlinearen Gleichungssystems

$$\begin{aligned} T_w &= \frac{T_1 T_2}{T_1 - T_2} \ln \frac{T_1}{T_2} \\ T_u + T_g - T_w &= T_1 + T_1 \end{aligned} \tag{2.46}$$

ermitteln (Lunze, 2014). In der Praxis der Prozessregelung erweist sich dieses Verfahren bei mit Messrauschen überlagerten Signalen aber als sehr ungenau und wird daher kaum verwendet.

Die SIMC-Einstellregel für PID-Regler verlangt die Approximation des Streckenverhaltens durch ein $PT_2 T_t$-Modell (vgl. Abschnitt 3.3.1) mit der Übertragungsfunktion

$$G(s) = \frac{K_S}{(T_1 s + 1)(T_2 s + 1)} e^{-T_t s} \,. \tag{2.47}$$

Eine Möglichkeit, ein solches Modell aus der Sprungantwort zu bestimmen, geht wiederum auf (Strejc, 1959) zurück. Voraussetzung ist, dass der Prozess durch zwei voneinander verschiedene Zeitkonstanten T_1 und T_2 mit $T_1 > T_2$ charakterisiert wird. Die Vorgehensweise zeigt Abb. 2.15.

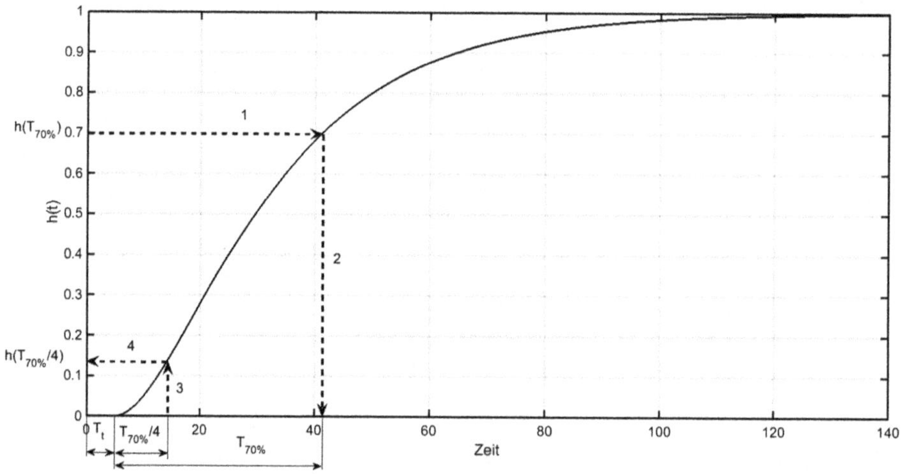

Abb. 2.15: Zur Approximation einer Sprungantwort durch ein $PT_2 T_t$-Modell nach (Strejc, 1959).

Nach der Ermittlung der Totzeit T_t wird in den Schritten 1 und 2 zunächst der Zeitprozentkennwert $T_{70\,\%}$ bestimmt, d. h. die Zeit, die (nach Ablauf der Totzeit!) vergeht, bis die Sprungantwort 70 % ihres Endwerts erreicht hat. Danach bestimmt man den Wert $T_{70\,\%}/4$ und über Schritt 3 und 4, auf wieviel Prozent des Endwerts die Sprungantwort bei $T_{70\,\%}/4$ gestiegen ist. In der normierten Darstellung ist dieser Wert mit $h\,(T_{70\,\%}/4)$ bezeichnet. Dieser Wert ist vom Verhältnis der beiden Zeitkonstanten abhängig. Ist $h\,(T_{70\,\%}/4)$ bekannt, kann man T_2/T_1 aus Tab. 2.2 entnehmen. Zwischenwerte können linear interpoliert werden.

Die größere der beiden Zeitkonstanten T_1 kann aus der Gleichung

$$T_1 = \frac{T_{70\,\%}}{1{,}2\,(1 + T_2/T_1)} \tag{2.48}$$

Tab. 2.2: Zur Ermittlung des Verhältnisses T_2/T_1.

$h(T_{70\%}/4)$	0,260	0,20	0,174	0,15	0,135	0,131	0,126	0,125	0,124	0,123	0,123
T_2/T_1	0	0,1	0,2	0,3	0,4	0,5	0,6	0,7	0,8	0,9	1

bestimmt werden, die kleinere Zeitkonstante T_2 folgt dann aus dem bereits bekannten Verhältnis T_2/T_1. Die dimensionslose Streckenverstärkung wird wieder nach Gl. (2.41) ermittelt. Im vorliegenden Fall ergibt sich eine Totzeit von $T_t = 5$ Zeiteinheiten, $T_{70\%}$ ergibt sich zu $T_{70\%} \approx 42 - T_t \approx 37$ Zeiteinheiten, woraus $T_{70\%}/4 \approx 9{,}25$ folgt. Man kann dann $h(T_{70\%}/4) \approx 0{,}13$ ablesen und erhält schließlich $T_2/T_1 \approx 0{,}5$. Die Zeitkonstanten sind dann $T_1 \approx 37/(1{,}2 \cdot (1 + 0{,}5)) \approx 20{,}5$ und $T_2 = 10{,}25$ Zeiteinheiten.

Man beachte, dass in Abb. 2.15 eine auf den Bereich (0...1) normierte Sprungantwort (die Übergangsfunktion) gezeigt ist. Wenn in der Praxis eine Sprungantwort aufgenommen wird, trägt die Ordinate die Maßeinheit der Regelgröße. Handelt es sich z. B. um die Sprungantwort einer Temperatur und verändert diese sich von einem Anfagswert von 200 °C auf einen Endwert von 220 °C, dann entspräche $h(T_{70\%})$ einer Temperatur von 214 °C. Würde man über die Schritte 1 bis 4 bei $T_{70\%}/4$ einen Temperaturwert von 202,5 °C ablesen, entspräche das $h(T_{70\%}/4) = 0{,}125$.

Die Summenzeitkonstante T_Σ eines Prozesses (vgl. Abschnitt 2.2.1) lässt sich schließlich dadurch abschätzen, dass man eine Parallele zur Ordinatenachse so lange verschiebt, bis die Fläche A_1 zwischen Zeitachse und Sprungantwort ebenso groß ist wie die Fläche A_2 zwischen der Sprungantwort und der Ausgleichsgeraden $y(t \to \infty)$, siehe Abb. 2.16.

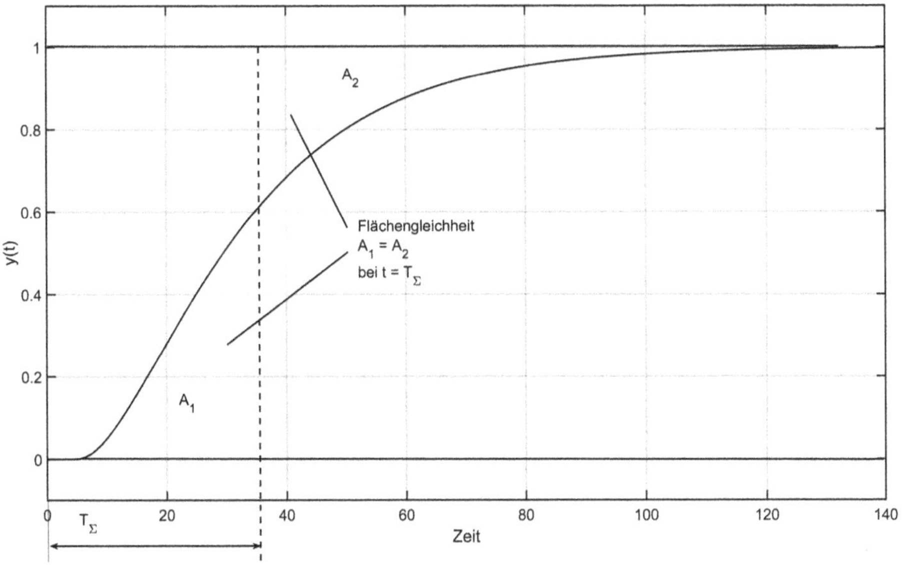

Abb. 2.16: Zur Ermittlung der Summenzeitkonstante.

Wie die praktische Erfahrung zeigt, ist die Berechnung der Zeitkonstanten von Regelstrecken mit Verzögerung zweiter und höherer Ordnung auf der Grundlage von Sprungantworten mit einfachen Methoden oft nicht mit ausreichender Genauigkeit möglich. Dies gilt insbesondere dann, wenn die Messdatensätze der Sprungantwort stark verrauscht sind. Man ist dann gezwungen, kompliziertere Testsignale und rechnergestützte Identifikationswerkzeuge zu verwenden.

Integrierende Regelstrecken mit Verzögerung erster Ordnung und Totzeit

Zunächst soll die Kennwertermittlung von integrierenden Regelstrecken mit Totzeit (IT_t-Verhalten) am Beispiel der in Abb. 2.17 dargestellten Sprungantwort einer Füllstands-Regelstrecke gezeigt werden. Die Übertragungsfunktion eines solchen Systems ist $G(s) = \frac{K_{IS}}{s} e^{-s\,T_t}$, es sind daher die Integralverstärkung K_{IS} und die Totzeit T_t zu bestimmen. Gerade bei integrierenden Strecken lässt sich oft nicht gewährleisten, dass zu Beginn eines Experiments stationäre Bedingungen herrschen. Die Stellgröße (in diesem Beispiel der zufließende Volumenstrom!) wurde hier zum Zeitpunkt $t = 100\,\mathrm{s}$ von 50 auf 55 %, also um $\Delta u = 5\,\%$ erhöht. Der zunächst fallende Füllstand steigt nach Ablauf der Totzeit wieder an.

Die Totzeit kann aus der Sprungantwort mit $T_t = 10$ Zeiteinheiten abgeschätzt werden. Die Integralverstärkung des Prozesses ergibt sich als Differenz der beiden Anstiege zu Beginn und zum Ende des Versuchs, es gilt

$$K_{IS} = \frac{[(\Delta y/\Delta t)_2 - (\Delta y/\Delta t)_1]\,/MB_y}{(\Delta u/100\,\%)}\,. \tag{2.49}$$

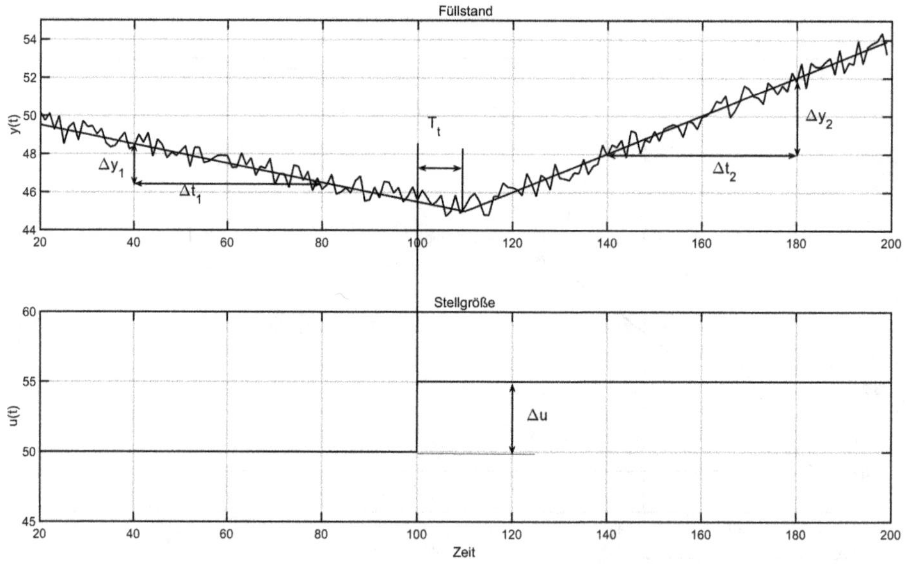

Abb. 2.17: Kennwertermittlung aus der Sprungantwort einer integrierenden Füllstands-Regelstrecke.

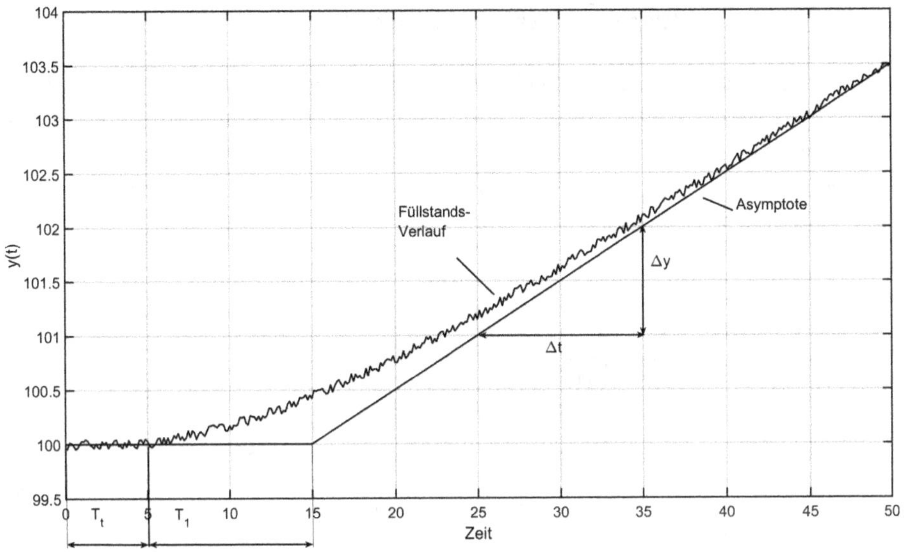

Abb. 2.18: Sprungantwort einer integrierenden Strecke mit Totzeit und Verzögerung.

Wenn der Messbereich der Regelgröße Füllstand (0...100 %) beträgt, dann ergibt sich die Integralverstärkung hier zu $K_{IS} = [4/40 - (-2/40)]/5 = 0{,}03$ mit der Maßeinheit [1/Zeiteinheit].

Die SIMC-Einstellregel für PID-Regler verlangt bei integrierenden Strecken die Approximation durch ein IT_1T_t-Modell (vgl. Abschnitt 3.3.1) mit der Übertragungsfunktion

$$G(s) = \frac{K_{IS}}{s(T_1 s + 1)} e^{sT_t} . \tag{2.50}$$

Dann muss zusätzlich zu Integralverstärkung K_{IS} und Totzeit T_t die Zeitkonstante T_1 bestimmt werden. Abb. 2.18 zeigt die Sprungantwort einer integrierenden Temperaturstrecke, bei der hier zu Beginn stationäre Bedingungen vorliegen. Die Stellgrößenänderung wurde zum Zeitpunkt $t = 0$ vorgenommen.

Die Integralverstärkung K_{IS} ist aus dem – auf die Eingangssprunghöhe Δu bezogenen – Anstieg der Asymptoten zu ermitteln:

$$K_{IS} = \frac{\Delta y/MB_y}{\Delta t \cdot \Delta u/SB_u} . \tag{2.51}$$

Mit den Annahmen $MB_y = (0\ldots200)\,°\mathrm{C}$, $SB_u = (0\ldots100)\,\%$ und $\Delta u = 5\,\%$ ergäbe sich hier eine Verstärkung von $K_{IS} = (1/200)/(10\cdot(5/100)) = 0{,}01$ in der Maßeinheit [1/Zeiteinheit]. Die Totzeit kann unmittelbar aus der Sprungantwort abgelesen werden, sie wird hier mit $T_t = 5$ Zeiteinheiten abgeschätzt. Die Zeitkonstante T_1 kann man aus dem Zeitpunkt ermitteln, in dem die Asymptote den Anfangswert der Regelgröße schneidet. Von dieser Zeit ist jedoch die Totzeit zu subtrahieren. Hier ergeben sich $T_1 = 15 - 5 = 10$ Zeiteinheiten.

2.3.2 Kennwertermittlung im geschlossenen Regelkreis

Von Aström und Hägglund wurde eine Methode zur (modellfreien) Selbsteinstellung von PID-Reglern entwickelt, die auch zur Bestimmung der Kennwerte von Regelstrecken verwendet werden kann. Dazu wird, wie in Abb. 2.19 oben dargestellt, der Regelkreis vorübergehend als Regelkreis mit Zweipunktregler betrieben (im Englischen als „Relay-Feedback“ bezeichnet).

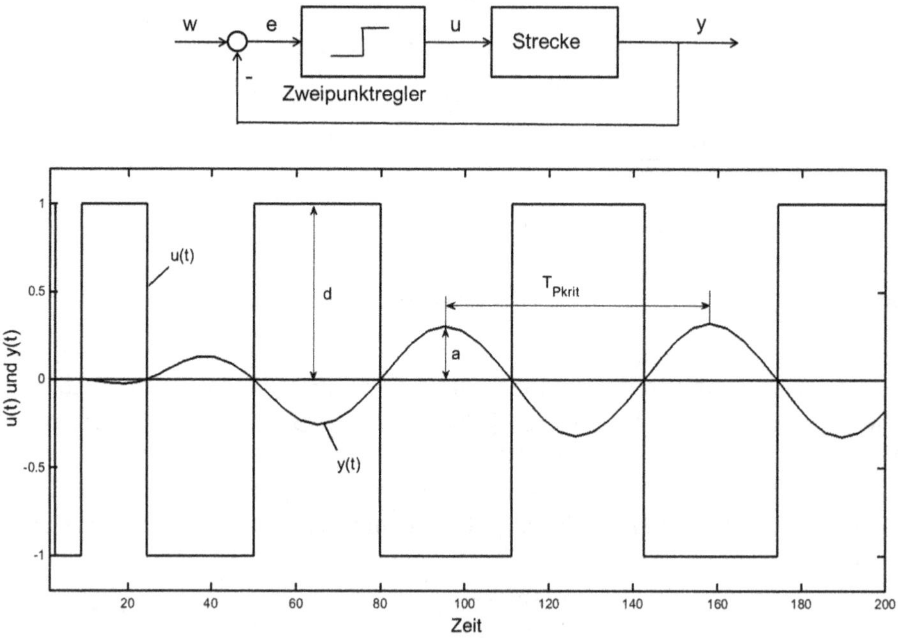

Abb. 2.19: Relay-Feedback-Versuch zur Bestimmung der kritischen Verstärkung und Periodendauer.

Die Anwendung dieser Methode hat einige Vorteile: die Regelgröße entfernt sich nicht weit vom Sollwert bzw. Arbeitspunkt, der Prozess verbleibt im Bereich einer angenähert linearen statischen Kennlinie, und für Prozesse mit großem Verhältnis zwischen Zeitkonstante(n) und Totzeit ist die Versuchsdauer kürzer als bei der Auswertung von Sprungantworten. So gilt für PT_1T_t-Strecken mit $T_1/T_t > 0{,}28$ die Beziehung

$$T_{95\,\%} \approx 3T_1 > 3T_{P,\mathrm{krit}}\,, \tag{2.52}$$

d. h. das Erreichen eines neuen stationären Zustands nach einem Sprung der Stellgröße dauert länger als drei Perioden der durch das Zweipunktglied erzeugten Schwingung, eine Zeit, die für die Auswertung des Relay-Feedback-Tests im Allgemeinen ausreichend ist (Yu, 2006).

Die resultierenden Zeitverläufe der Regel- und Stellgröße sind im unteren Teil von Abb. 2.19 angegeben. Der Anwender muss die Amplitude d des Zweipunktglieds vorgeben. Sie ist so zu wählen, dass einerseits der Prozess nicht zu stark gestört wird, andererseits die Amplitude der sich ergebenden Schwingung der Regelgröße messbar, d. h. deutlich größer als das Messrauschen ist. Stell- und Regelgröße haben entgegengesetzte Phasen, d. h. die Frequenz der Schwingung entspricht

$$\omega_{180} = \omega_{\mathrm{krit}} = \frac{2\pi}{T_{P,\mathrm{krit}}} \,. \tag{2.53}$$

Durch Fourier-Reihenentwicklung der Rechteckwelle der Stellgröße und Vernachlässigung der Terme mit höheren Frequenzen kann man herleiten, dass sich die Streckenverstärkung bei dieser Frequenz zu

$$K_{180} = \frac{1}{K_{P,\mathrm{krit}}} = \frac{\pi a}{4d} \tag{2.54}$$

ergibt. Darin bezeichnet a die Amplitude der resultierenden Schwingung der Regelgröße. Durch Umstellung dieser Gleichung lässt sich die kritische Reglerverstärkung eines P-Reglers berechnen:

$$K_{P,\mathrm{krit}} = \frac{4d}{\pi a} \,. \tag{2.55}$$

(Würde man einen P-Regler mit dieser Einstellung einsetzen, würde der geschlossene Regelkreis Schwingungen mit konstanter Amplitude ausführen, d. h. sich gerade an der Stabilitätsgrenze befinden). Mit K_{180} und ω_{180} sind dann Frequenzganginformationen für eine wichtige Frequenz vorhanden, die für die Reglereinstellung genutzt werden können.

Kennwertermittlung für Regelstrecken durch Auswertung des Relay-Feedback-Tests
Aus dem Amplitudenverhältnis a/d und der Periodendauer des Relay-Feedback-Tests lassen sich auch die Kennwerte einfacher Prozessmodelle gewinnen. In (Yu, 2006) wird dazu ein Verfahren angegeben, das sich auf Prozesse erster und höherer Ordnung mit Totzeit anwenden lässt (allerdings nicht auf Prozesse mit Inverse-Response- und Schwingungsverhalten). Betrachtet man die Zeitverläufe der Regelgröße bei einem Relay-Feedback-Test, lassen sich drei charakteristische Typen unterscheiden, die in Abb. 2.20 dargestellt sind.

Der links dargestellte Verlauf (Typ A) lässt sich einem Prozess mit $PT_1\,T_t$-Verhalten zuordnen. Er ist dadurch gekennzeichnet, dass jeweils nach Ablauf der Totzeit eine scharf ausgeprägte Richtungsänderung der Regelgröße zu erkennen ist. Eine stationäre Schwingung wird bereits nach einer Periode erreicht. Wie sich zeigt, liefern Prozesse zweiter und dritter Ordnung mit großem Verhältnis von $T_t/T_1 > 5$ ähnliche Zeitverläufe – allerdings mit nicht so stark ausgeprägten „Kanten" –, weshalb sie sich durch $PT_1\,T_t$ – Modelle approximieren lassen.

In der Mitte ist ein Verlauf dargestellt (Typ B), wie er durch Prozesse zweiter Ordnung mit sehr kleinem Verhältnis von T_t/T_1 hervorgebracht wird. Er ist durch eine Schwingung wachsender Amplitude gekennzeichnet, die erst allmählich in eine stationäre Schwingung übergeht.

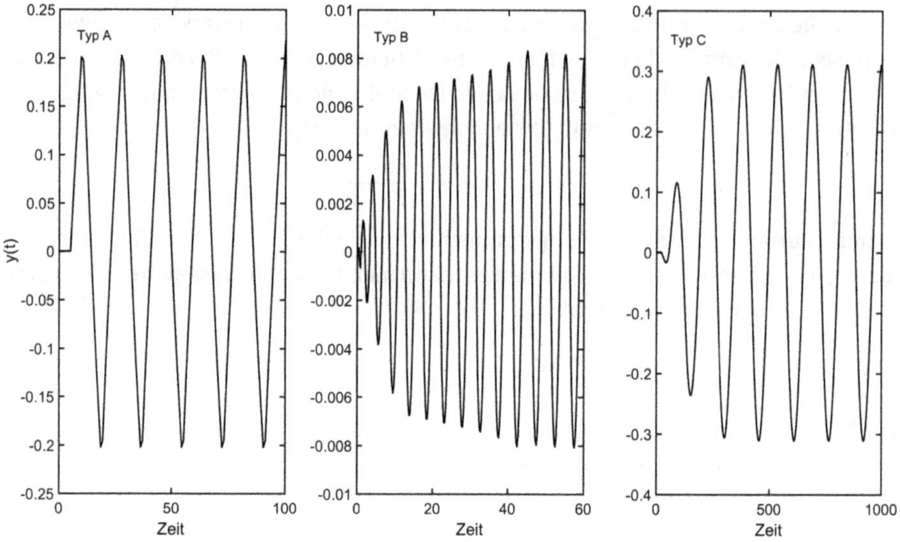

Abb. 2.20: Drei Typen von Regelgrößenverläufen bei einem Relay-Feedback-Test.

Rechts ist schließlich ein Verlauf gezeigt (Typ C), wie er von Regelstrecken höherer Ordnung erzeugt wird. Typisch ist der sinusförmige Verlauf, wobei nach wenigen Perioden eine stationäre Schwingung erreicht wird.

Für Typ A (Prozess mit $PT_1 T_t$ -Verhalten) kann man dann bei der Bestimmung der Regelstrecken-Kennwerte wie folgt vorgehen. Zuerst wird die Totzeit T_t bestimmt. Sie ergibt sich aus der Differenz zwischen dem Umschaltzeitpunkt des Zweipunktglieds und dem Erreichen des Spitzenwerts der Regelgröße und entspricht gleichzeitig der Hälfte der Periodendauer, die sich am einfachsten aus dem Stellsignalverlauf bestimmen lässt. Die Zeitkonstante T_1 und die Streckenverstärkung K_S lassen sich dann aus folgenden Beziehungen ermitteln (Yu, 2006):

$$T_1 = \frac{T_{P,\mathrm{krit}}/2}{\ln(2e^{T_t/T_1} - 1)} \tag{2.56}$$

$$K_S = \frac{A}{d(1 - e^{-T_t/T_1})} \,. \tag{2.57}$$

Man beachte, dass die erste der beiden Gleichungen die Zeitkonstante T_1 implizit enthält, sie muss daher iterativ mit Hilfe eines Suchverfahrens bestimmt werden. Ein guter Startwert für die Suche ist

$$T_1 = \frac{\tan(\pi - T_t\omega_{\mathrm{krit}})}{\omega_{\mathrm{krit}}} \,. \tag{2.58}$$

Für Regelstrecken höherer Ordnung hat es sich als günstig erwiesen, ein Modell der Form

$$G(s) = \frac{K_S}{(T_1 s + 1)^n} \tag{2.59}$$

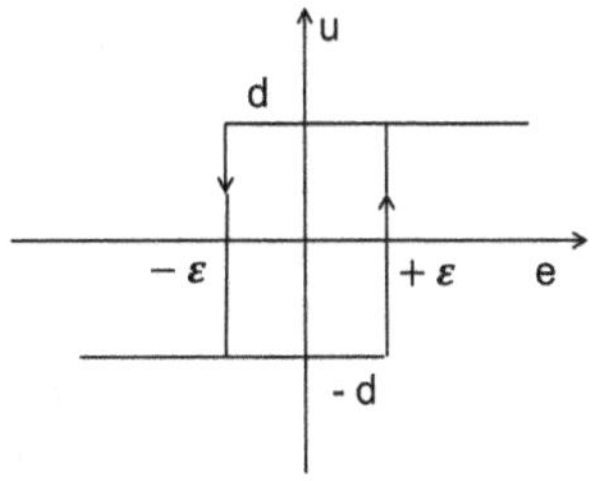

Abb. 2.21: Zweipunktglied mit Hysterese.

mit $n = 5$ anzunehmen und die Parameter unter Verwendung folgender Gleichungen zu bestimmen:

$$T_1 = \frac{\tan(\pi/n)}{\omega_{\text{krit}}}$$
$$K_S = \frac{\left(1 + (T_1 \omega_{\text{krit}})^2\right)^{n/2}}{K_{P,\text{krit}}} \,. \tag{2.60}$$

Wenn Amplitude und Periodendauer der Schwingung der Regelgröße sowie Amplitude des Zweipunktglieds bekannt sind, lassen sich ω_{krit} und $K_{P,\text{krit}}$ aus den Gl. (2.53) und (2.54) bestimmen, mit $n = 5$ danach aus Gl. (2.59) die Zeitkonstante T_1 und die Streckenverstärkung K_S. Für die Bestimmung der Streckenkennwerte anderer Prozesstypen wird auf (Yu, 2006) verwiesen.

Es hat sich gezeigt, dass die einfache Relay-Feedback-Methode empfindlich gegenüber Messrauschen ist. Daher sind in den vergangenen Jahren verbesserte Methoden entwickelt worden. Eine Möglichkeit ist die Verwendung eines Zweipunktglieds mit einer Hysterese ε nach Abb. 2.21, mit dessen Hilfe wiederum eine Schwingung im Regelkreis erzeugt wird. Bei einem PT_1T_t-Prozess können Totzeit und Zeitkonstante wie folgt aus dieser Schwingung besitmmt werden, wenn die Streckenverstärkung bekannt ist (Wang, Hang, & Zou, 1997):

$$T_1 = \frac{1}{2} T_{P,\text{krit}} \left(\ln \frac{d \cdot K_s + a}{d \cdot K_s - a} \right)^{-1} \tag{2.61}$$

$$T_t = \frac{1}{2} T_{P,\text{krit}} \left(\ln \frac{d \cdot K_s - \varepsilon}{d \cdot K_s - a} \right) \left(\ln \frac{d \cdot K_s + a}{d \cdot K_s - a} \right)^{-1} \,. \tag{2.62}$$

Darin bedeuten d und a wiederum die Amplituden des Zweipunktglieds und der mit ihm erzeugten Schwingung, ε bezeichnet die am Zweipunktglied eingestellte Hysterese, und $T_{P,\text{krit}}$ ist die gemessene Periodendauer der Schwingung im stationären Zustand. Eine zusätzliche Möglichkeit besteht in der Einbeziehung geeignet entworfener Filter sowohl für die durch das Zweipunktglied erzeugte Stellgröße als auch für die Regelgröße (Lee & andere, 2011).

2.3.3 Rechnergestützte Identifikation

Die in den Abschnitten 2.3.1 und 2.3.2 angegebenen Methoden zur experimentellen Ermittlung von Streckenmodellen liefern naturgemäß nur ungenaue Ergebnisse. Genauere Prozessmodelle kann man durch Anwendung rechnergestützter Identifikationswerkzeuge erhalten. Diese unterstützen in der Regel alle in der Einleitung zu Abschnitt 2.3 aufgelisteten Schritte der experimentellen Modellbildung, zu denen im Folgenden in der Reihenfolge der Vorgehensweise Hinweise gegeben werden. Sie beschränken sich auf die Identifikation linearer Systeme.

Testsignalplanung

Die Testsignale, mit denen der Prozess angeregt wird, spielen eine bedeutende Rolle bei der Identifikation des dynamischen Verhaltens. Unter systemtheoretischen Gesichtspunkten sollten Testsignale so gewählt werden, dass sie den Prozess im interessierenden Frequenzspektrum ausreichend anregen. Jedes Testsignal lässt sich durch sein Frequenzspektrum charakterisieren, das den „Energieinhalt" in Abhängigkeit von der Frequenz beschreibt. So ist z. B. ein Sprungsignal dadurch charakterisiert, das sein Energieinhalt bei kleinen Frequenzen besonders hoch ist. Sprungförmige Testsignale eignen sich daher gut für die Identifikation des statischen Prozessverhaltens, aber nicht so gut für die Identifikation kleiner Zeitkonstanten. Als besonders brauchbar haben sich pseudostochastische Binärsignale (PRBS) und verallgemeinerte binäre Zufallssignale (Generalized Binary Noise, GBN) (Tulleken, 1990) erwiesen. Sie erlauben kleinere Amplituden, regen ein breiteres Frequenzspektrum des Prozesses an und führen daher zu genaueren Modellen. Sie sind weniger empfindlich gegenüber Störungen während der Anlagentests oder einer vorübergehenden Unterbrechung der Tests, wenn dies aus betrieblichen Gründen notwendig ist. Abbildung 2.22 zeigt den Zeitverlauf eines PRBS.

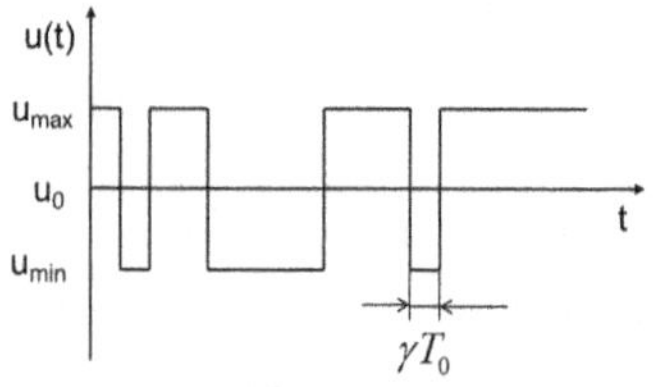

Abb. 2.22: Pseudostochastisches Binärsignal (PRBS).

PRBS-Testsignale können als eine Folge von Rechteckimpulsen unterschiedlicher Länge aufgefasst werden, wobei zwischen zwei Amplitudenwerten zu bestimmten (pseudozufälligen) Zeitpunkten umgeschaltet wird. Entwurfsparameter von PRBS sind

- die beiden Amplituden $u_{\min}$ und $u_{\max}$, die symmetrisch zum Arbeitspunkt u_0 gelegt werden. Für die Wahl der Amplituden sind dieselben Gesichtspunkte maßgebend wie bei der Aufnahme von Sprungantworten (vgl. Abschnitt 2.3.1),
- die kürzeste Impulsdauer γT_0 (die kürzeste Umschaltzeit zwischen den beiden Amplitudenwerten),
- die Periodendauer $n_{\text{per}}\gamma T_0$. Im Gegensatz zu binären Zufallsignalen, bei denen die Umschaltung zwischen den Amplitudenwerten zu rein zufälligen Zeitpunkten erfolgt, sind PRBS deterministische Signale, die sich aber ähnlich einem stochastischen Signal verhalten. Das drückt sich darin aus, dass sich die Impulsfolge nach $n_{\text{per}}\gamma T_0$ Zeiteinheiten wiederholt. Die Wahl von n_{per} bestimmt auch die Dauer des längsten im PRBS enthaltenen Impulses.

Eine Faustregel für die Wahl der kürzesten Impulsdauer eines PRBS ist $\gamma T_0 \leq 2{,}8 T_{\text{dom}}^L/\alpha$. Darin bedeuten T_{dom}^L einen unteren Schätzwert für die dominierende Zeitkonstante des Prozeses und α einen ganzzahligen Wert, der das Verhältnis von Ausregelzeit zur $T_{95\,\%}$–Zeit der Strecke beschreibt (also das Verhältnis der Regelkreis- zur Streckendynamik). Eine Faustregel für die Wahl der Periodendauer ist $n_{\text{per}} \geq 2\pi\beta T_{\text{dom}}^H/(\gamma T_0)$. Darin bedeuten T_{dom}^H einen oberen Schätzwert für die dominierende Zeitkonstante des Prozeses und β einen ganzzahligen Wert, der mit den Zeitprozent-Kennwerten der Strecke zusammenhängt ($T_{95\,\%}$ entspricht $\beta = 3$, $T_{99\,\%}$ entspricht $\beta = 5$ usw.). Die Anwendung dieser Faustregeln sichert, dass der Prozess in dem Frequenzbereich $1/(\beta T_{\text{dom}}^H) \leq \omega \leq \alpha/T_{\text{dom}}^L$ ausreichend angeregt wird (Rivera & Jun, 2000). Der längste Impuls sollte außerdem so gewählt werden, dass die resultierende Antwort des Prozesses annähernd einen neuen stationären Zustand erreicht. Bei kommerziell verfügbaren Identifikationswerkzeugen wird die Impulslängenverteilung des PRBS in der Regel auf der Grundlage von Nutzerangaben über die Zeitprozent-Kennwerte der Regelstrecke (z. B. $T_{95\,\%}$-Zeit) festgelegt.

Aufbereitung der Messwertsätze

Die Wahl der Abtastzeit T_0 für die Aufzeichnung der Messdaten richtet sich nach der Signal- bzw. Prozessdynamik. Eine Faustregel besagt, dass sie 10 bis 20mal kleiner sein sollte als die $T_{95\,\%}$-Zeit des zu identifizierenden Prozesses. Soll das Modell später in einem MPC-Regler eingesetzt werden, ist zwischen der Abtastzeit des Reglers und der Abtastzeit der Datenaufzeichnung für die Identifikation zu unterscheiden. Eine typische Vorgehensweise besteht darin, die Datenaufnahme zunächst mit einer höheren Abtastrate (Faustregel zwei- bis viermal häufigere Abtastung) durchzuführen und im Lauf des Identifikationsprozesses nach Vorverarbeitung der Messdaten offline einen neuen Datensatz mit der Abtastzeit des Reglers zu erzeugen, indem nur jeder n-te Wert aus den Originaldaten herausgegriffen wird. Ausführliche praktische Hinweise zur Wahl der Abtastzeit werden in (Isermann, 1992) und (Isermann & Münchhof, 2011) gegeben.

Vor der Weiterverwendung der aufgenommenen Messwertsätze ist es meist notwendig, eine Datenvorverarbeitung durchzuführen. Dazu gehören u. a. folgende Aufgaben:

- Auswahl geeigneter Datensätze, die keine größeren Anlagenstörungen enthalten und das Verhalten in der Umgebung des Arbeitspunktes beschreiben, Reservierung eines Teils der Datensätze für die Modellvalidierung,
- Detektion und Entfernung von „Ausreißern“, d. h. Messdaten, deren Amplituden stark von denen benachbarter Messungen abweichen, und die z. B. durch Fehler in der Mess- und Übertragungstechnik entstehen können,
- Trendelimination (z. B. durch Hochpassfilterung), d. h. Entfernung überlagerter langsam zeitveränderlicher Signale, die bei langen Messreihen durch Umgebungseinflüsse, wechselnde Rohstoffzusammensetzung usw. entstehen können,
- Entfernung hochfrequenter Störsignale (z. B. Messrauschen) vom Nutzsignal, durch digitale Tiefpassfilterung.

Weitere Hinweise zur Datenvorverarbeitung werden im Abschnitt 5 gegeben.

Wahl des Modelltyps und Parameterschätzung in Differenzengleichungen

Da sich rechnergestützte Identifikationsverfahren auf zeitdiskret erfasste Messdaten stützen, ist es naheliegend, auch eine zeitdiskretes Modell zur Beschreibung des dynamischen Verhaltens zu verwenden. Die zeitliche Diskretisierung eines Modells für das Verhalten eines linearen, zeitinvarianten Systems führt auf eine lineare Differenzengleichung der Form

$$y(k) + a_1 y(k-1) + \cdots + a_n y(k-n) = b_1 u(k-1-d) + \cdots + b_n u(k-n-d)\,. \quad (2.63)$$

Darin sind $u(i)$ und $y(i)$ zeitdiskret abgetastete Werte der Ein- und Ausgangsgröße des Prozesses. Die Modell„struktur“ wird durch die Systemordnung n und die (zeitdiskrete) Totzeit d charakterisiert. Eine sinnvolle Vorgabe der Systemordnung ist oftmals aus theoretischen Überlegungen möglich. Als Alternative bietet sich an, verschiedene Modellordnungen auszuprobieren und eine endgültige Entscheidung auf der Basis der besten Identifikationsergebnisse zu treffen. Die Totzeit kann nach den unten beschriebenen Methoden ebenfalls vorab ermittelt werden. Es verbleibt dann die Schätzung der Modellparameter (a_i, b_i).

Zur Lösung dieser Aufgabe werden Regressionsverfahren eingesetzt. Die Vorgehensweise soll am Beispiel eines einfachen PT_1T_t-Modell gezeigt werden. In zeitdiskreter Schreibweise ergibt sich

$$y(k) + a_1 y(k-1) = b_1 u(k-1-d)\,. \quad (2.64)$$

Darin sind (a_1, b_1) Modellparameter, die von Streckenverstärkung, Zeitkonstante und Abtastzeit abhängen, und d bezeichnet hier die zeitdiskrete Totzeit (als ganzzahliges Vielfaches der Abtastzeit, d. h. $d = T_t/T_0 = 0, 1, 2, \ldots$). Stellt man diese Gleichung um, ist eine Vorhersage der Ausgangsgröße $y(k)$ auf der Grundlage von Messungen bis zum Zeitpunkt $(k-1)$ möglich:

$$\hat{y}(k|k-1) = -a_1 y(k-1) + b_1 u(k-1-d)\,. \tag{2.65}$$

Die Modellparameter werden nun so bestimmt, dass eine möglichst gute Übereinstimmung zwischen den über das Modell vorhergesagten Werten $\hat{y}(k|k-1)$ und den am realen Prozess gemessenen Werten der Ausgangsgröße erreicht wird. Das kann man über die Minimierung der Fehlerquadratsumme

$$\min_{a_1,b_1}\left\{J = \sum_{i=1}^{N} e^2(i|a_1,b_1) = \sum_{i=1}^{N}\left(y_{\text{mess}}(i) - \hat{y}(i|a_1,b_1)\right)^2\right\} \tag{2.66}$$

erreichen, worin N die Zahl der Messwertsätze bezeichnet. Da man die Differenz $e(i|a_1,b_1) = y_{\text{mess}}(i) - \hat{y}(i|a_1,b_1)$ auch als Vorhersagefehler auffassen kann, werden Regressionsmethoden zur Minimierung dieses Fehlers auch Prediction-Error-Methoden (PEM) genannt.

Fasst man die Parameter zu einem Vektor $\boldsymbol{\theta} = [a_1\ b_1]^T$ und die zurückliegenden Messwerte der Aus- und Eingangsgrößen zu einem Vektor $\boldsymbol{\varphi}^T(k) = [-y(k-1)\ u(k-d-1)]$ zusammen, kann man Gl. (2.65) auch in der Form

$$\hat{y}(k|\boldsymbol{\theta}) = \boldsymbol{\varphi}^T(k)\boldsymbol{\theta} \tag{2.67}$$

schreiben. Diese Gleichung gilt für alle Messungen, daher lässt sie sich mehrfach hinschreiben, wie oft, hängt von N und d ab:

$$\begin{bmatrix} y(d+2) \\ \vdots \\ y(N-1) \\ y(N) \end{bmatrix} = \begin{bmatrix} -y(d+1) & u(1) \\ \vdots & \vdots \\ -y(N-2) & u(N-d-2) \\ -y(N-1) & u(N-d-1) \end{bmatrix} \begin{bmatrix} a_1 \\ b_1 \end{bmatrix}. \tag{2.68}$$

In Matrix- bzw. Vektorschreibweise ergibt sich

$$\boldsymbol{y} = \boldsymbol{\Phi}\boldsymbol{\theta} \tag{2.69}$$

mit

$$\boldsymbol{y} = \begin{bmatrix} y(d+2) \\ \vdots \\ y(N-1) \\ y(N) \end{bmatrix} \quad \text{und} \quad \boldsymbol{\Phi} = \begin{bmatrix} -y(d+1) & u(1) \\ \vdots & \vdots \\ -y(N-2) & u(N-d-2) \\ -y(N-1) & u(N-d-1) \end{bmatrix}.$$

Die optimalen Modellparameter, die die Fehlerquadratsumme minimieren, lassen sich hier explizit analytisch bestimmen. Sie ergeben sich zu

$$\hat{\boldsymbol{\theta}} = \begin{bmatrix} \hat{a}_1 \\ \hat{b}_1 \end{bmatrix} = \left[\boldsymbol{\Phi}^T\boldsymbol{\Phi}\right]^{-1}\boldsymbol{\Phi}^T\boldsymbol{y}\,. \tag{2.70}$$

Bei höherer Systemordnung, bleibt die Vorgehensweise dieselbe, es ändert sich die Dimension der „Messwertmatrix“ $\boldsymbol{\Phi}$. Die Lösung ist hier deshalb so einfach, weil die Ausgangsgröße $\hat{y}(k|\boldsymbol{\theta})$ eine lineare Funktion der Parameter (a_i, b_i) ist. Eine explizite Lösung erhält man auch für die Schätzung der Stützstellen der Einheitsimpulsantwort oder Gewichtsfunktion $g(i)$ im FIR-Modell

$$y(k) = \sum_{i=1}^{n_M} g(i)u(k-i)\,. \tag{2.71}$$

Kompliziertere Modelle beschreiben nicht nur den Zusammenhang zwischen Stellgröße u und Regelgröße y, sondern beinhalten auch ein gesondert zu schätzendes Störmodell. Eine kompakte Notation ermöglicht die Schreibweise mit (zeitdiskreten) Übertragungsfunktionen $G(q)$, die sich ergeben, wenn man Verschiebeoperatoren q einführt:

$$u(k-i) = q^{-i}u(k)\,, \quad y(k-i) = q^{-i}y(k)\,. \tag{2.72}$$

Dann lässt sich z. B. Gl. (2.63) schreiben

$$y(k)\left[1 + a_1q^{-1} + \cdots + a_nq^{-n}\right] = u(k)\left[b_1q^{-1-d} + \cdots + b_nq^{-n-d}\right]\,, \tag{2.73}$$

und die zugehörige zeitdiskrete Übertragungsfunktion heißt

$$G(q) = \frac{y(k)}{u(k)} = \frac{b_1q^{-1} + \cdots + b_nq^{-n}}{1 + a_1q^{-1} + \cdots + a_nq^{-n}}q^{-d}\,. \tag{2.74}$$

Beim Box-Jenkins-Modell wird angenommen, dass der Ausgangsgröße der Regelstrecke $y(k)$ ein stochastisches Störsignal $n(k)$ additiv überlagert ist, dass sich als „gefiltertes weißes Rauschsignal“ darstellen lässt.

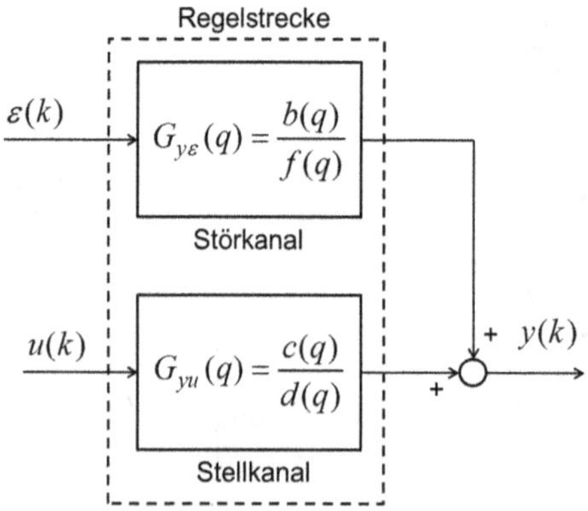

Abb. 2.23: Box-Jenkins-Modell.

Es ergibt sich

$$y(k) = G_{yu}(q, \boldsymbol{\theta})u(k) + n(k) = G_{yu}(q, \boldsymbol{\theta})u(k) + G_{y\varepsilon}(q, \boldsymbol{\theta})\varepsilon(k) \tag{2.75}$$

mit der Streckenübertragungsfunktion im Stellkanal

$$G_{yu}(q,\boldsymbol{\theta}) = \frac{b(q)}{f(q)} = \frac{b_1 q^{-1} + \cdots + b_{n_b} q^{-n_b}}{1 + f_1 q^{-1} + \cdots + f_{n_f} q^{-n_f}} \tag{2.76}$$

und der im Störkanal

$$G_{y\varepsilon}(q,\boldsymbol{\theta}) = \frac{c(q)}{d(q)} = \frac{1 + c_1 q^{-1} + \cdots + c_{n_c} q^{-n_c}}{1 + d_1 q^{-1} + \cdots + d_{n_d} q^{-n_d}} . \tag{2.77}$$

Die Parameter (b_i, f_i) bzw. (c_i, d_i) sind in $G(q,\boldsymbol{\theta})$ jeweils zu einem Vektor $\boldsymbol{\theta}$ zusammengefasst. Das weiße Rauschen selbst – eine Folge gleichverteilter, statistisch voneinander unabhängiger Zufallszahlen – ist mit $\varepsilon(k)$ bezeichnet und wird als Modell eines Zufallsprozesses verwendet. Er ist dadurch gekennzeichnet, dass seine Autokorrelationsfunktion (AKF) den Wert Null für alle $k \neq 0$ hat:

$$AKF(k) = \hat{r}_{\varepsilon\varepsilon}(k) = \frac{1}{N-|k|} \sum_{i=0}^{N-|k|-1} \varepsilon(i)\varepsilon(i+k) = \begin{cases} 1 & k=0 \\ 0 & k \neq 0 \end{cases} . \tag{2.78}$$

Die Elemente der stochastischen Signalfolge sind also untereinander nicht korreliert. Die spektrale Leistungsdichte ist beim weißen Rauschen für alle Frequenzen konstant, d. h. es sind alle Frequenzen mit gleicher „Stärke" repräsentiert.

Die Modellparameter (b_i, f_i, c_i, d_i) treten im BJ-Modell nicht mehr linear in den Modellgleichungen auf. Ihre Bestimmung gelingt jetzt nur noch mit Hilfe numerischer Suchverfahren. Das gilt auch für die Parameter des Output-Error- oder OE-Modells

$$y(k) = \frac{b_1 q^{-1} + \cdots + b_{n_b} q^{-n_b}}{1 + f_1 q^{-1} + \cdots + f_{n_f} q^{-n_f}} u(k) + \varepsilon(k) = \frac{b(q)}{f(q)} u(k) + \varepsilon(k) , \tag{2.79}$$

bei dem angenommen wird, dass das weiße Rauschsignal direkt auf die Ausgangsgröße wirkt (d. h. $G_{y\varepsilon}(q,\boldsymbol{\theta}) \equiv 1$ ist), und für das ARMAX-Modell

$$\begin{aligned} y(k) &= \frac{b_1 q^{-1} + \cdots + b_{n_b} q^{-n_b}}{1 + a_1 q^{-1} + \cdots + a_{n_a} q^{-n_a}} u(k) + \frac{1 + c_1 q^{-1} + \cdots + c_{n_c} q^{-n_a}}{1 + a_1 q^{-1} + \cdots + a_{n_a} q^{-n_a}} \varepsilon(k) \\ &= \frac{b(q)}{a(q)} u(k) + \frac{c(q)}{a(q)} \varepsilon(k) , \end{aligned}$$

bei dem angenommen wird, dass Stell- und Störkanal den gleichen Nenner $a(q)$ aufweisen. Eine weitere Vereinfachung ($c(q) \equiv 1$) führt schließlich auf das ARX-Modell

$$\begin{aligned} y(k) &= \frac{b_1 q^{-1} + \cdots + b_{n_b} q^{-n_b}}{1 + a_1 q^{-1} + \cdots + a_{n_a} q^{-n_a}} u(k) + \frac{1}{1 + a_1 q^{-1} + \cdots + a_{n_a} q^{-n_a}} \varepsilon(k) \\ &= \frac{b(q)}{a(q)} u(k) + \frac{1}{a(q)} \varepsilon(k) \end{aligned} \tag{2.80}$$

bzw.

$$a(q)y(k) = b(q)u(k) + \varepsilon(k) . \tag{2.81}$$

Tab. 2.3: Gebräuchliche Formen zeitdiskreter linearer E/A-Modelle.

Modelltyp	Stellkanal $G_{yu}(q, \theta)$	Störkanal $G_{y\varepsilon}(q, \theta)$	Gleichung
ARX	$\frac{b(q)}{a(q)}$	$\frac{1}{a(q)}$	$a(q)\,y(k) = b(q)\,u(k) + \varepsilon(k)$
OE	$\frac{b(q)}{f(q)}$	1	$y(k) = \frac{b(q)}{f(q)}\,u(k) + \varepsilon(k)$
ARMAX	$\frac{b(q)}{a(q)}$	$\frac{c(q)}{a(q)}$	$a(q)\,y(k) = b(q)\,u(k) + c(q)\,\varepsilon(k)$
BJ	$\frac{b(q)}{f(q)}$	$\frac{c(q)}{d(q)}$	$y(k) = \frac{b(q)}{f(q)}\,u(k) + \frac{c(q)}{d(q)}\varepsilon(k)$

Das entspricht der oben angegebenen Differenzengleichung (2.63)

$$y(k) + a_1 y(k-1) + \cdots + a_n y(k-n) = b_1 u(k-1-d) + \cdots + b_n u(k-n-d) + \varepsilon(k)\,, \quad (2.82)$$

deren Parameter ohne Suchverfahren wie in Gl. (2.70) geschätzt werden können.

In Tab. 2.3 werden die für die Identifikation linearer zeitdiskreter Systeme gebräuchlichen Modellformen noch einmal gegenübergestellt.

In der Praxis hat es sich bewährt (Ljung, 2015b),
- zunächst die Totzeit zu ermitteln,
- danach ARX-Modelle mit unterschiedlichen Ordnungen zu schätzen und die Modellordnung auf der Basis des „besten Fits“ festzulegen,
- abschließend zu prüfen, ob sich mit komplizierteren Modellformen (Box-Jenkins-, Output-Error-, ARMAX-Modelle mit einem Störfilter erster oder zweiter Ordnung) bessere Ergebnisse erzielen lassen. Dabei eignen sich ARX- und ARMAX-Modelle dann gut, wenn man weiß, dass die Störgrößen am Eingang der Regelstrecke angreifen.

Ein besonderes Problem ist die Ermittlung der Totzeit. Dafür ist oft eine Kombination mehrerer Verfahren sinnvoll, u. a.
- Auswertung von Sprungantworten,
- Durchführung überschlägiger verfahrenstechnische Berechnungen auf der Grundlage von Durchsatz und Verweilzeit,
- Schätzung eines FIR-Modells,
- Schätzung von ARX-Modellen niedriger Ordnung mit verschiedenen angenommen Totzeiten, Auswahl der geeignetsten Totzeit auf der Grundlage des „besten Fits“
- Einsatz speziell für die Totzeitschätzung entwickelter Identifikationsmethoden, vgl. (Björklund & Ljung, 2003).

Ein pragmatischer Ansatz wird in dem Identifikations-Tool zum Entwurf von MPC-Reglern der Fa. Honeywell verfolgt (Honeywell, 2010). Aus einer Sprungantwort werden

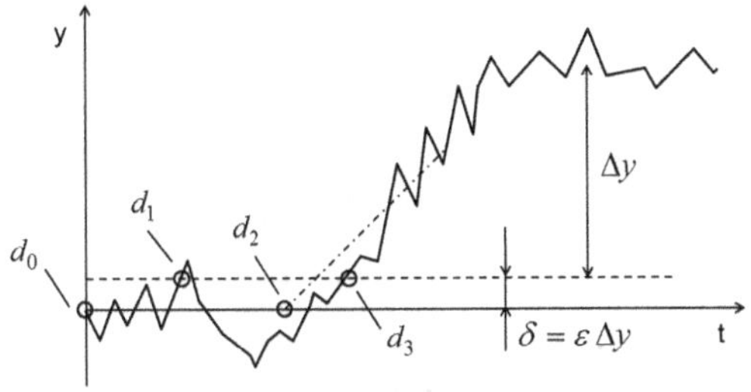

Abb. 2.24: Zur Bestimmung der Totzeit.

zunächst vier „Kandidaten" für die Totzeit ermittelt: 1) $d_0 = 0$, 2) d_1 als die Zeit, bei der die Sprungantwort erstmalig ein vorgegebenes Toleranzband verlässt, 3) d_2 als die Totzeit, die sich ergibt, wenn man die Sprungantwort durch ein PT_1T_t-Modell approximiert, und 4) d_4 als die Zeit, bei der das Toleranzband letztmalig verlassen wird. Das Toleranzband wird je nach Größe des Messrauschens durch den Anwender festgelegt, z. B. als 5 % des Betrags der Differenz von Anfangs- und Endwert der Regelgröße in der Sprungantwort.

Mit diesen Kandidaten werden dann jeweils ARX- und OE-Modelle geschätzt. Zuletzt wird die Totzeit gewählt, die zum kleinsten Vorhersagefehler führt.

Modellvalidierung

Der letzte Schritt in der Prozessidentifikation ist die Beurteilung der Güte des identifizierten Prozessmodells und die Untersuchung von dessen Eigenschaften (Modellvalidierung).

Die einfachste und gebräuchlichste Möglichkeit zu testen, ob das gewonnene Modell das gemessene Prozessverhalten widerspiegelt, ist eine Simulation des Prozessmodells: das Modell wird mit dem Testsignalverlauf (z. B. PRBS) beaufschlagt und der berechnete Verlauf der Ausgangsgröße $\hat{y}(k|\hat{\boldsymbol{\theta}})$ mit den Messwerten $y(k)$ für $k = 1 \ldots N$ verglichen. Dies geschieht üblicherweise grafisch, Abb. 2.25 zeigt ein Beispiel.

Dieser Vergleich sollte unbedingt mit Validierungsdaten und nicht (nur) mit den Messwerten durchgeführt werden, die während der Identifikation verwendet wurden. Damit soll getestet werden, ob das identifizierte Modell das Prozessverhalten auch in anderen Situationen (für andere Datensätze) ausreichend genau beschreibt. Eine gute Übereinstimmung zwischen $y(k)$ und $\hat{y}(k|\hat{\boldsymbol{\theta}})$ ist bei einem großen Nutz-/Störsignalverhältnis meist ein guter Indikator für eine ausreichende Modellgüte.

Wenn eine große Anzahl von Messwertsätzen vorhanden ist, die zu unterschiedlichen Zeitpunkten bzw. unter unterschiedlichen Bedingungen aufgenommen wurden, sollte man die Modellbildung mehrfach mit unterschiedlichen Datensätzen wiederholen und untersuchen, ob die Ergebnisse reproduzierbar sind. Als aussagekräftig kann sich auch der Vergleich von Modellierungsergebnissen erweisen, die mit unterschiedlichen Methoden gewonnen wurden. Wenn z. B. parametrische Modelle identifiziert wurden, kann man aus diesen die Sprungantwort berechnen und mit vorhandenen

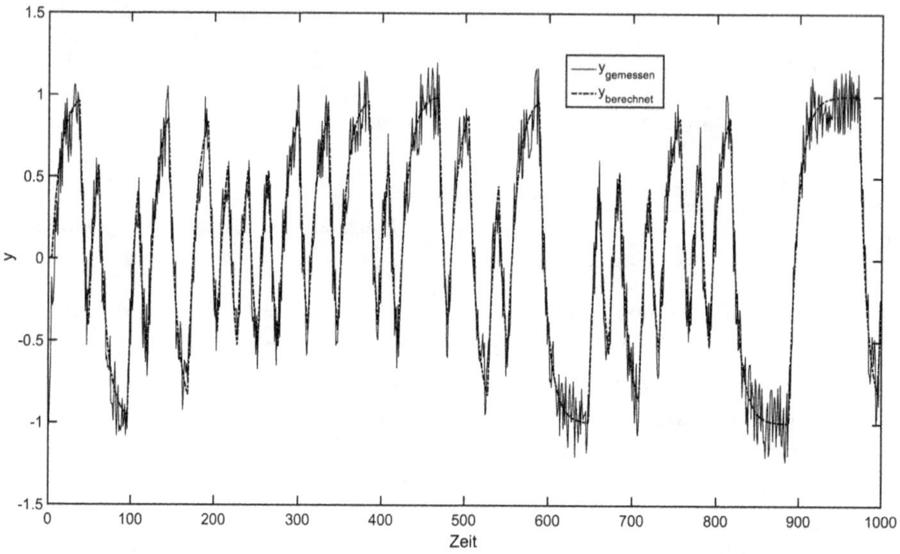

Abb. 2.25: Modellvalidierung: Vergleich gemessener und berechneter Verläufe der Prozessgröße.

Prozesskenntnissen in Beziehung setzen. Dies gilt z. B. für Vorkenntnisse hinsichtlich der Streckenverstärkung und der $T_{95\,\%}$-Zeit.

Aussagekräftig ist auch eine statistische Analyse der Prädiktionsfehler oder Residuen $e(k|\boldsymbol{\theta}) = y(k) - \hat{y}(k|\boldsymbol{\theta})$. Bei einem „guten" Prozessmodell aus der Klasse der zeitdiskreten Übertragungsfunktionen (vgl. Tab. 2.3) sollten die Residuen zwei Bedingungen erfüllen:

a) Sie sollten sich wie weißes Rauschen verhalten. Das lässt sich prüfen, indem man die Autokorrelationsfunktion der Residuen berechnet und prüft ob $|\hat{r}_{ee}(k)| \approx 0$ für $k \neq 0$ gilt.
b) Sie sollten statistisch unabhängig von der Eingangsgröße $u(k-i)$, also dem verwendeten Testsignal, sein. Das kann man testen, indem man die Kreuzkorrelationsfunktion zwischen Residuen und Eingangssignal

$$KKF(k) = \hat{r}_{\mathrm{eu}}(k) = \frac{1}{N - |k|} \sum_{i=1}^{N-|k|-1} e(i+k)u(i) \tag{2.83}$$

schätzt und prüft, ob deren Werte nahe Null sind. Üblicherweise wird die KKF in einem Diagramm zusammen mit zwei Geraden bei $\pm 3\sqrt{\sigma_{\mathrm{eu}}^2}$, also einem Vertrauensbereich, dargestellt (ein Beispiel zeigt Abb. 2.26, im Bild ist auch die AKF der Residuen dargestellt).

Darin bezeichnet σ_{eu}^2 die Varianz der KKF, die ihrerseits aus den Residuen und dem Eingangssignal geschätzt werden kann. Liegen Werte der KKF für bestimmte k außerhalb dieses Vertrauensbereichs, ist ein statistischer Zusammenhang zwischen $u(k)$

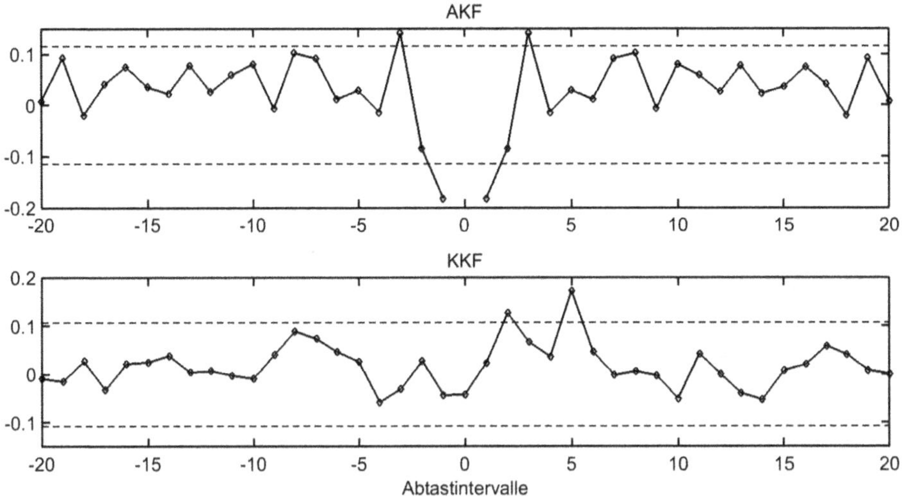

Abb. 2.26: Autokorrelationsfunktion der Residuen; Kreuzkorrelationsfunktion zwischen Eingangssignal und Residuen der Regelgröße.

und $e(k)$ für diese Werte von k wahrscheinlich. Wenn die Analyse der KKF eine Korrelation für negative Werte von k ergibt, ist das ein Indiz dafür, dass die Messungen in einem geschlossenen Regelkreis durchgeführt wurden, da dann $e(k)$ einen Zusammenhang mit $u(k+j)$aufweist.

Im Zusammenhang mit der Beurteilung der Modellgüte spielen die Begriffe „bias error" und „variance error" eine besondere Rolle. „Bias errors" sind systematische Abweichungen der Modellparameter von ihren unbekannten, „wahren" Werten, die durch Mängel in der Modellstruktur zustande kommen. So kann z. B. ein dynamisches Prozessmodell erster Ordnung nicht die Erscheinungen beschreiben, die in einem realen Prozess zweiter Ordnung auftreten können – ein „Bias" würde sogar dann auftreten, wenn man die Identifikation mit Signalen durchführen könnte, die frei von Messrauschen sind. Bias-Fehler machen sich dadurch bemerkbar, dass man unterschiedliche Identifikationsergebnisse (Modelle) bekommt, wenn unterschiedliche Messwertsätze verwendet werden. Man kann mathematisch zeigen, dass bei Prediction-Error-Modellen für $N \to \infty$ die Schätzwerte der Modellparameter $\hat{\boldsymbol{\theta}}$ gegen deren „wahren" Werte streben. Diese Eigenschaft wird auch als „Konsistenz" der Parameterschätzung bezeichnet. Das heißt, eine Vergrößerung von N verbessert tendenziell die Approximation für das gegebene Prozessmodell.

„Variance errors" sind zufällige Modellfehler, die durch den Einfluss von Zufallssignalen auf den Prozess und die Messungen entstehen. Sie können i. A. durch die Verwendung längerer Messwertreihen reduziert werden. Man kann zeigen, dass für

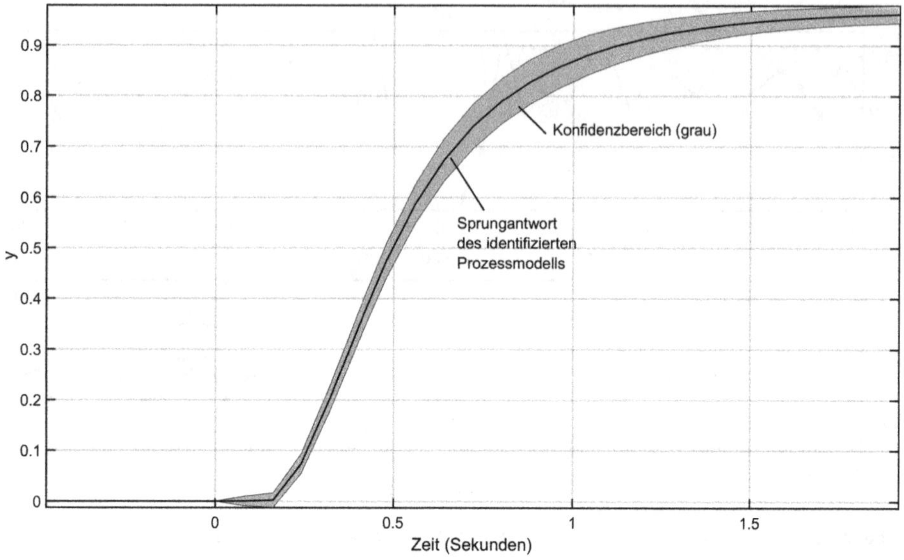

Abb. 2.27: Sprungantwort-Modell mit Konfidenzband zur Beschreibung der Modellunsicherheit.

die Varianz der Modellparameter die Beziehung

$$\sigma_\theta^2 \approx \frac{p}{N}\frac{\sigma_n^2}{\sigma_u^2} \tag{2.84}$$

gilt (Ljung, 1999). Das heißt, eine Erhöhung der Anzahl der Messdatensätze N und eine Vergrößerung der Amplitude des Eingangssignals u erhöhen die Genauigkeit des Prozessmodells (oder verringern die Varianz der Modellparameter). Umgekehrt wirken sich eine Erhöhung der Zahl der Modellparameter mit steigender Systemordnung und eine größere Varianz des Rauschsignals negativ auf die erreichbare Genauigkeit aus.

Die Unsicherheit des geschätzten Prozessmodells lässt sich gut veranschaulichen, indem die Sprungantwort des Prozesses und/oder das Bode-Diagramm zusammen mit einem Vertrauensbereich dargestellt werden. Bei einem nichtparametrischen Prozessmodell, z. B. einem FSR-Modell, kann dieses Konfidenzband über die geschätzte Streuung von dessen Stützstellen konstruiert werden. Ein Beispiel zeigt Abb. 2.27.

Ein schmales Konfidenzband ist ein Hinweis darauf, dass sich die mit Hilfe des geschätzten Prozessmodells berechnete Sprungantwort nicht wesentlich verändern würde, wenn man die Versuche wiederholt. Eine noch genauere Beurteilung der Modellgüte erlaubt die Betrachtung des Frequenzgangs, bei dem die Konfidenzbänder aus den Leistungsdichtespektren der gemessenen Signale und des Vorhersagefehlers berechnet werden können (Zhu, 2001). Sollen die identifizierten Prozessmodelle für eine Regelung eingesetzt werden, ist der Frequenzbereich in der Umgebung der Nyquist-Frequenz (also bei einer Phasenverschiebung von – 180°) von besonderem Interesse. Ein Beispiel zeigt Abb. 2.28.

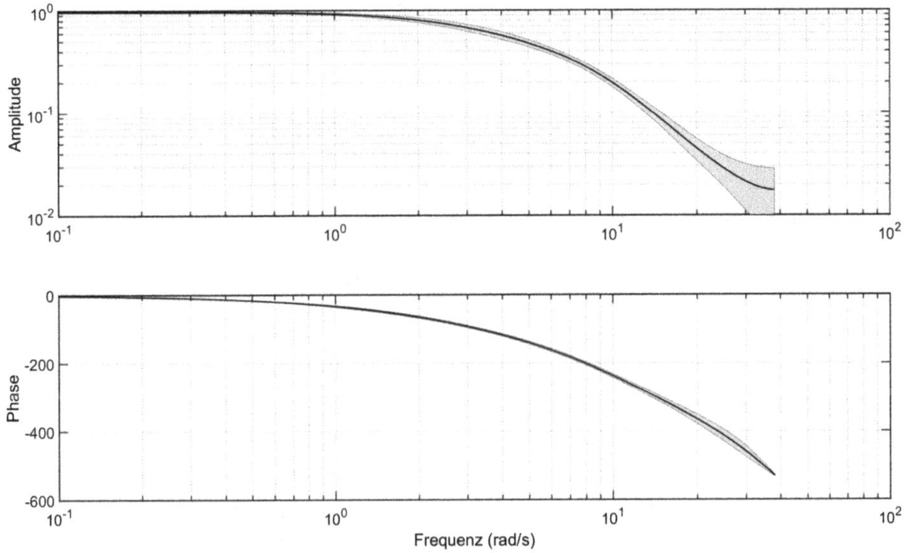

Abb. 2.28: Bode-Diagramm eines geschätzten Prozessmodells mit Konfidenzband.

Identifikation von Zustandsmodellen

Im Zusammenhang mit modellbasierten Regelungen hat in den letzten Jahren hat die direkte Identifikation von linearen Zustandsmodellen eine größere Bedeutung erlangt. Neben den auch bei E/A-Modellen verwendeten Prediction-Error-Methoden (PEM) werden dafür auch Subspace-Identifikationsmethoden verwendet. Bei Verwendung von PEM werden die Parameter eines linearen, zeitdiskreten, stochastischen Zustandsmodells (mit Prozessrauschen $\boldsymbol{w}(k)$ und Messrauschen $\boldsymbol{v}(k)$)

$$\begin{aligned} \boldsymbol{x}(k+1) &= \boldsymbol{A}(\boldsymbol{\theta})\boldsymbol{x}(k) + \boldsymbol{B}(\boldsymbol{\theta})\boldsymbol{u}(k) + \boldsymbol{w}(k) \\ \boldsymbol{y}(k) &= \boldsymbol{C}(\boldsymbol{\theta})\boldsymbol{x}(k) + \boldsymbol{D}(\boldsymbol{\theta})\boldsymbol{u}(k) + \boldsymbol{v}(k) \end{aligned} \tag{2.85}$$

durch Minimierung des Vorhersagefehlers Gl. (2.66) unter Verwendung der Messdaten für die Ein- und Ausgangsgrößen geschätzt. Das führt mathematisch auf die Lösung eines im Allgemeinen komplizierten, nichtlinearen Optimierungsproblems, wenn die Modellstruktur unbekannt ist und alle Elemente der Matrizen $\boldsymbol{A}(\boldsymbol{\theta})$, $\boldsymbol{B}(\boldsymbol{\theta})$, $\boldsymbol{C}(\boldsymbol{\theta})$, $\boldsymbol{D}(\boldsymbol{\theta})$ bestimmt werden müssen. Oft ist es sinnvoll und möglich, durch Einbeziehung von Vorwissen Elemente dieser Matrizen vorher festzulegen und sie nicht mitzuschätzen. Eine weitere Alternative ist die Verwendung kanonischer Formen der Zustandsmodelle (z. B. der Regelungsnormalform), bei denen wesentlich weniger Parameter zu schätzen sind.

Ein anderes Herangehen wird bei Subspace-Identifikationsmethoden gewählt. Nimmt man (vorübergehend) an, dass nicht nur Messwerte für die Ein- und Ausgangsgrößen vorliegen, sondern dass auch alle Zustandsgrößen messbar sind, dann kann man die Messgrößen wie folgt in Matrizen $\boldsymbol{Y}$ und $\boldsymbol{\Phi}$ anordnen:

$$\boldsymbol{Y}(k) = \begin{bmatrix} \boldsymbol{x}(k+1) \\ \boldsymbol{y}(k) \end{bmatrix}, \quad \boldsymbol{\Phi}(k) = \begin{bmatrix} \boldsymbol{x}(k) \\ \boldsymbol{u}(k) \end{bmatrix}. \tag{2.86}$$

Dann lässt sich aber schreiben

$$\boldsymbol{Y}(k) = \begin{bmatrix} \boldsymbol{A} & \boldsymbol{B} \\ \boldsymbol{C} & \boldsymbol{D} \end{bmatrix} \boldsymbol{\Phi}(k) + \begin{bmatrix} \boldsymbol{w}(k) \\ \boldsymbol{v}(k) \end{bmatrix}. \tag{2.87}$$

Die Parameter der Matrizen $\boldsymbol{A}(\boldsymbol{\theta})$, $\boldsymbol{B}(\boldsymbol{\theta})$, $\boldsymbol{C}(\boldsymbol{\theta})$, $\boldsymbol{D}(\boldsymbol{\theta})$ ließen sich dann durch lineare Regression schätzen, da (wie z. B. bei einem ARX-Modell) die Ausgangsgrößen $\boldsymbol{Y}(k)$ linear von den Modellparametern abhängig sind. Nun liegen aber i. A. keine Messwerte für die Zustandsgrößen vor. Man kann aber zeigen (Ljung, 1999), dass diese sich als Linearkombinationen von j-Schritt-Vorhersagen der Ausgangsgrößen $\hat{\boldsymbol{y}}(k+j|k)$ berechnen lassen, die wiederum mit ARX-Modellen gefunden werden können. Die Lösung des nichtlinearen Optimierungsproblems wird dadurch vermieden, auch wenn mehrere Rechenschritte gegangen werden müssen.

Identifikation im geschlossenen Regelkreis

Bisher wurde davon ausgegangen, dass eine Identifikation des Streckenverhaltens auf der Grundlage von Versuchen an der Regelstrecke erfolgt. Dabei werden die Stellgrößen mit Testsignalen beaufschlagt und die auf sie reagierenden Ausgangsgrößen nicht geregelt. Man spricht von einer Identifikation im offenen Regelkreis. Eine Alternative besteht in der Durchführung von Versuchen im geschlossenen Regelkreis. Dabei werden der Sollwert und/oder die Stellgröße mit Testsignalen beaufschlagt. Diese Variante hat mehrere Vorteile:

- sie erlaubt eine einfachere Identifikation von instabilen Strecken,
- da die Regelung aktiv bleibt, wird der Prozess in geringerem Maß gestört,
- die durch Identifikation im geschlossenen Regelkreis gewonnenen Modelle sind im Allgemeinen besser für den Reglerentwurf geeignet. Das trifft besonders dann zu, wenn die Modelle unmittelbar im Regler Verwendung finden wie bei MPC (Hjalmarsson, Gevers, & de Bruyne, 1996).

In Abb. 2.29 ist die Identifikation im offenen und im geschlossenen Regelkreis einander gegenübergestellt.

Für die Identifikation im geschlossenen Regelkreis gibt es grundsätzlich zwei Vorgehensweisen:

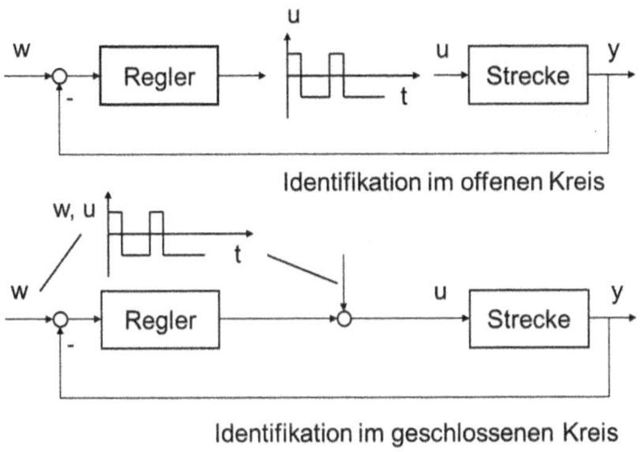

Abb. 2.29: Identifikation im offenen und im geschlossenen Regelkreis.

Bei der *direkten* Methode werden genau wie im Fall der Identifikation im offenen Regelkreis Messreihen der Steuer- und Regelgrößen aufgezeichnet und daraus ein Modell der Strecke geschätzt. Reglertyp und Reglerparameter müssen im Einzelnen nicht bekannt sein, und die Tatsache der Regler-Rückführung wird praktisch ignoriert. Es konnte gezeigt werden, dass aus den im geschlossenen Regelkreis gewonnenen Datensätzen eine Identifikation der Regelstrecke möglich ist, wenn bestimmte Bedingungen eingehalten werden (Ljung, 1999). Unter anderem müssen die Testsignale den Regelkreis ausreichend anregen und die Modelle für Stell- und Störstrecke müssen von ihrer Struktur her so geartet sein, dass sie in der Lage sind, das wahre Prozessverhalten adäquat zu beschreiben.

Die Grundidee *indirekter* Methoden besteht darin, zunächst ein Modell für den geschlossenen Regelkreis zu schätzen und aus diesem im zweiten Schritt ein Modell der Regelstrecke zu ermitteln. Die Anwendung der indirekten Methode setzt allerdings voraus, dass die Reglerübertragungsfunktion bekannt ist, und dass die Rückrechnung der Streckenübertragungsfunktion aus dem Regelkreis-Modell möglich ist. Diese Methode ist daher z. B. nicht einsetzbar, wenn sich ein MPC-Regler im Regelkreis befindet.

In der Literatur wird empfohlen, zunächst direkte Methoden für die Identifikation im geschlossenen Regelkreis einzusetzen. Dabei ist es von besonderer Bedeutung, Testsignale zu wählen, die in dem für die Regelung interessierenden Frequenzbereich einen großen Signal-Rausch-Abstand haben, d. h. das Verhältnis der Leistungsdichtespektren von Stell- und Störsignalen muss $\Phi_u/\Phi_n \gg 1$ sein. Ist hingegen $\Phi_u/\Phi_n \ll 1$, besteht die Gefahr, dass aus den Messdaten nicht das gewünschte Modell der Regelstrecke $G_S(s)$, sondern die Inverse der Regler-Übertragungsfunktion $1/G_R(s)$ approximiert wird (Guzman, Rivera, Berenguel, & Dormido, 2014).

Identifikation mit dem Ziel der Regelung („control-relevant“ identification)
Wenn Prozessmodelle für den Entwurf von PID-Regelungen oder als Bestandteil modellbasierter Regelungen verwendet werden sollen, ist es sinnvoll, Erfordernisse der späteren Regelung von vornherein bei der Systemidentifikation zu berücksichtigen. Das bedeutet, statt eines sequentiellen Vorgehens „Identifikation → Regelungsentwurf“ ein integriertes Vorgehen „Identifikation + Regelungsentwurf“ zu wählen. Dieser Ansatz wird in der Literatur als „control-relevant identification“ bezeichnet. Bei vielen Identifikationsprogrammsystemen werden im ersten Schritt ARX-Modelle höherer Ordnung geschätzt, z. B. bei Tai-Ji ID (Zhu & Ge, 1997) oder ITCRI (Alvarez & andere, 2013). Das hat zwei Vorteile: die Identifikationsergebnisse haben die Eigenschaft der Konsistenz, und es lassen sich rechenzeitsparende Methoden der linearen Regression anwenden. Die so gewonnenen Modelle eignen sich jedoch oft nicht unmittelbar für die Bemessung von PID-Reglern oder den Entwurf modellbasierter erweiterter Regelungsstrukturen. Sie müssen daher vereinfacht oder (bezogen auf ihre Ordnung) „reduziert“ werden. Bei der Modellreduktion sollten die Eigenschaften erhalten bleiben, die in dem für die Regelung wichtigen Frequenzbereich wesentlich sind. Dieses Problem lässt sich als Optimierungsaufgabe der Form $\min\limits_{G_{\text{red}}(j\omega)} \{J = F\left[W(j\omega) \cdot f(G_{\text{orig}}(j\omega) - G_{red}(j\omega))\right]\}$ auffassen (Rivera & Jun, 2000). Das vereinfachte Prozessmodell $G_{\text{red}}(j\omega)$ wird dabei so bestimmt, dass eine mit $W(j\omega)$ gewichtete Abweichung zwischen dem originalen Modell hoher Ordnung und dem reduzierten Modell minimiert wird. Die Gewichte berücksichtigen das gewünschte Verhalten des geschlossenen Regelkreises für Führungs- und Störverhalten. Ein Lösungsverfahren für diese Optimierungsaufgabe geht auf (Rivera & Morari, 1987) zurück.

2.4 Software-Werkzeuge für die Identifikation

Software-Werkzeuge für die Prozessidentifikation beinhalten folgende Komponenten
- Testsignalplanung auf der Grundlage von Vorinformationen über das Zeitverhalten der Regelstrecke,
- Datenakquisition aus Prozessleitsystemen oder Prozessinformationssystemen über verschiedene Schnittstellen, in letzter Zeit verstärkt über OPC,

Tab. 2.4: Kommerzielle Software-Werkzeuge für die Prozessidentifikation (Auswahl).

Name des Programmsystems	Anbieter	Webseite
TaiJi ID	TaiJi Control	www.taijicontrol.com
ADAPT$_X$	Adaptics, Inc.	www.adaptics.com
MATLAB System Identification Toolbox	The Mathworks, Inc.	www.mathworks.com
Xmath Interactive System Identification Module	National Instruments	www.ni.com

Tab. 2.5: An Universitäten entwickelte Identifikationswerkzeuge (Auswahl).

Name des Programmpakets	Entwickler
CUEDSID	Cambridge University System Identification Toolbox
CONTSID	Continous Time System Identification Toolbox, Universite de Lorraine, Nancy
CAPTAIN	Computer-Aided Program for Time-series Analysis and Identification of Noisy Systems, University of Lancaster
UNIT	University of Newcastle System Identification Toolbox
PATS	Closed-loop Subspace System Identification, University of Alberta, Edmonton
ITCRI	Multivariable Control-Relevant System Identification, University of Almeria, Arizona State University
ITCLI	Interactive Tool for Closed-Loop Identification, University of Almeria, Arizona State University

- Datenvorverarbeitung (Visualisierung und manuelle Auswahl geeigneter Test- und Validierungsdaten, Ausreißererkennung und – elimination, Trendelimination, Dezimierung, digitale Filterung, Spektralanalyse),
- Auswahl von Modelltyp und Modellordnung,
- Parameterschätzung,
- Modellvalidierung (Vergleich gemessener und simulierter Messdaten, Darstellung von Übergangsfunktion und Frequenzgang, statistische Analyse der Modellgenauigkeit, Residuenanalyse).

Tab. 2.4 gibt eine Übersicht über ausgewählte am Markt verfügbare Software-Werkzeuge für die Prozessidentifikation. Darüber hinaus beinhalten viele der in den Abschnitten 3.3.4, 5.5 und 6.9 aufgelisteten Software-Werkzeuge für die PID-Reglereinstellung, für die Entwicklung von Softsensoren und den Entwurf von MPC-Regelungen ein Modul zur Identifikation von Ein- bzw. Mehrgrößensystemen.

In Tab. 2.5 sind ausgewählte Software-Werkzeuge zur Systemidentifikation zusammengestellt, die an Universitäten entwickelt wurden und in der Regel kostenlos im Zusammenhang mit einer Matlab-Lizenz genutzt werden können.

2.5 Weiterführende Literatur

Eine große Zahl von Büchern beschäftigt sich mit der theoretischen Modellbildung verfahrenstechnischer Prozesse. Gute Einführungen mit Bezug zur Regelungstechnik geben (Brack, 1972), (Kecman, 1988), (Bequette, 1998), (Cameron & Hangos, 2001), (Haugen, 2004a), (Himmelblau & Riggs, 2012), (Mikles & Fikar, 2007), (Roffel & Betlem, 2006) und (Skogestad, 2008). Grundprinzipien der theoretischen Prozessanalyse werden auch in vielen Regelungstechnik-Lehrbüchern behandelt, die auf die Aus- und

Weiterbildung von Verfahrenstechnikern gerichtet sind, u. a. (Marlin, 2000), (Seborg, Edgar, Mellichamp, & Doyle III, 2011) und (Ogunnaike & Ray, 1994).

Ältere Methoden der Kennwertermittlung von Prozessen zweiter und höherer Ordnung durch Auswertung von Sprungantworten findet man in (Schwarze, 1968), (Strobel, 1975), (Lorenz, 1976) und (Reinisch, 1996).

Eine Übersicht über die in jüngerer Zeit entwickelten Methoden zur Kennwertberechnung aus Sprungantworten und der Auswertung von Relay-Feedback-Versuchen enthalten (Hang, Aström, & Wang, 2002), (Wang, Lee, & Lin, 2003), (Johnson & Moradi, 2005), (Visioli, 2006), (Yu, 2006), (Liu, Wang, & Huang, 2013), (Liu & Gao, 2012) und (Berner, Hägglund, & Aström, 2016). Techniken zur Modellvereinfachung für den Reglerentwurf werden in (Obinata & Anderson, 2000), (Skogestad, 2003) und (Visioli, 2006) angegeben.

Eine einführende Übersicht in das Problem der Systemidentifikation gibt (Ljung, 2015a). Methoden der rechnergestützten Prozessidentifikation werden in (Wernstedt, 1989), (Isermann, 1992), (Ljung, 1999), (Ljung & Glad, 1994), (Nelles, 2001), (Unbehauen, 2000), (Wang & Cluett, 2000), (Zhu, 2001), (Codrons, 2005), (Garnier & Wang, 2008), (Isermann & Münchhof, 2011), (Young, 2011), (Tangirala, 2014) und (Box, Jenkins, Reinsel, & Ljung, 2015) behandelt. Eine kompakte und praxisorientierte Einführung mit Bezug zur MATLAB System Identification Toolbox bietet (Ljung, 2015b). Eine gute Übersicht über den Zusammenhang von Prozessidentifikation und Regelungsentwurf gibt (Hjalmarsson, 2005).

Mit der Identifikation im geschlossenen Regelkreis beschäftigen sich (Forsell & Ljung, 1999), (Hjalmarsson, Gevers, & de Bruyne, 1996), (Landau, 2001), (Zhu & Butoyi, 2002) und (Guzman, Rivera, Berenguel, & Dormido, 2014). Ein bei der BASF entwickeltes Werkzeug für die Identifikation von Eingrößensystemen im geschlossenen Regelkreis wird in (Koitka, Kahrs, van Herpen, & Hagenmeyer, 2009) vorgestellt. Eine Übersicht über die in letzter Zeit verstärkt eingesetzten Subspace-Identifikationsverfahren zur Identifikation von Zustandsmodellen enthalten (Qin, 2006), (Favoreel, de Moor, & van Overschee, 2000) und (Juricek, Seborg, & Larimore, 2002). Eine Übersicht über die direkte Identifikation zeitkontinuierlicher Modelle aus abgetasteten Messreihen geben (Rao & Unbehauen, 2006), (Garnier & Wang, 2008) und (Garnier, 2015).

Testsignale für die Systemidentifikation werden– besonders unter dem Aspekt der Modellbildung für MPC-Regler – in (Darby & Nikolaou, 2014) und (Conner & Seborg, 2004) behandelt. Besonders „anlagenfreundlich“, aber praktisch bisher noch wenig verbreitet, ist die Verwendung von Multisinus-Signalen (Rivera, Lee, Mittelmann, & Brown, 2009). Hinweise zur günstigen Gestaltung von PRBS-Signalen geben (Rivera & Jun, 2000) und (Guzman, Rivera, Dormido, & Berenguel, 2012). GBN-Signale werden in (Tulleken, 1990) vorgestellt und mit PRBS verglichen. Fragen der Datenvorverarbeitung für die Anwendung von Identifikationsverfahren werden in (Pearson, 2011) besprochen.

Eine Übersicht über Software für die Systemidentifikation gibt (Ninnes, 2015).

3 PID-Basisregelungen

Die Realisierung von Advanced-Process-Control-Funktionen stützt sich auf eine Schicht der Basisautomatisierung, in deren Mittelpunkt das System der Basisregelkreise steht. Für die Prozessindustrie wird geschätzt, dass mehr als 97 % aller Basisregelkreise eine Form des PID-Algorithmus verwenden (Desborough & Miller, 2002). Nicht selten werden PID-Regler mit Logik-Bausteinen, Rechengliedern und anderen Funktionsbausteinen verknüpft, um eine bestimmte Automatisierungsaufgabe zu lösen. Vor 1975 wurde das System der Basisregelungen in der Prozessindustrie mit Hilfe pneumatischer bzw. elektronischer Einzelregler instrumentiert. Elektronische Systeme sind in älteren Anlagen manchmal noch anzutreffen. Heute überwiegt die mikrorechnergestützte Realisierung in Form von digitalen Kompaktreglern, speicherprogrammierbaren Steuerungen (SPS) bzw. Prozessleitsystemen (PLS). Die Dominanz des PID-Algorithmus ist davon aber unberührt geblieben.

Die praktischen Erfahrungen zeigen, dass ein großes Potential zur Verbesserung der Arbeitsweise von PID-Regelungen besteht (vgl. Abschnitt 3.4). Das gilt zunächst unabhängig von APC-Funktionen. Klar ist aber ebenso, dass die Realisierung von Advanced-Control-Strategien und der damit zu erzielende ökonomische Nutzen ohne ein solides Fundament, d. h. ohne ein zuverlässiges, gut funktionierendes System von PID-Basisregelkreisen nicht denkbar ist.

Nach einer kurzen Zusammenstellung regelungstechnischer Begriffe und Sachverhalte werden daher im Abschnitt 3.1 Anforderungen beschrieben und quantifiziert, die ein „guter" PID-Regelkreis in einer verfahrenstechnischen Anlage zu erfüllen hat. Abschnitt 3.2 ist praktischen Fragen der Realisierung von PID-Regelalgorithmen auf modernen Automatisierungssystemen gewidmet. In Abschnitt 3.3 wird auf klassische und neue Methoden die Ermittlung günstiger PID-Reglerparameter eingegangen. Neben Einstellregeln werden auch Fragen der Selbsteinstellung und der Einsatz rechnergestützter Werkzeuge zur Regelkreisoptimierung behandelt. Abschnitt 3.4 widmet sich der Überwachung, Bewertung und Diagnose von PID-Regelungen im laufenden Betrieb (Control Performance Monitoring).

3.1 Regelkreis mit PID-Regler

3.1.1 PID-Regelkreis – Struktur, Signale, Übertragungsfunktionen

In Abb. 3.1 oben ist der detaillierte Wirkungsplan eines für die verfahrenstechnische Prozessregelung typischen Eingrößen-Regelkreises dargestellt.

Er besteht aus folgenden Komponenten:

- Messeinrichtung (Messfühler und Messumformer)
- Regeleinrichtung (Regler und Vergleichsglied)

https://doi.org/10.1515/9783110499575-003

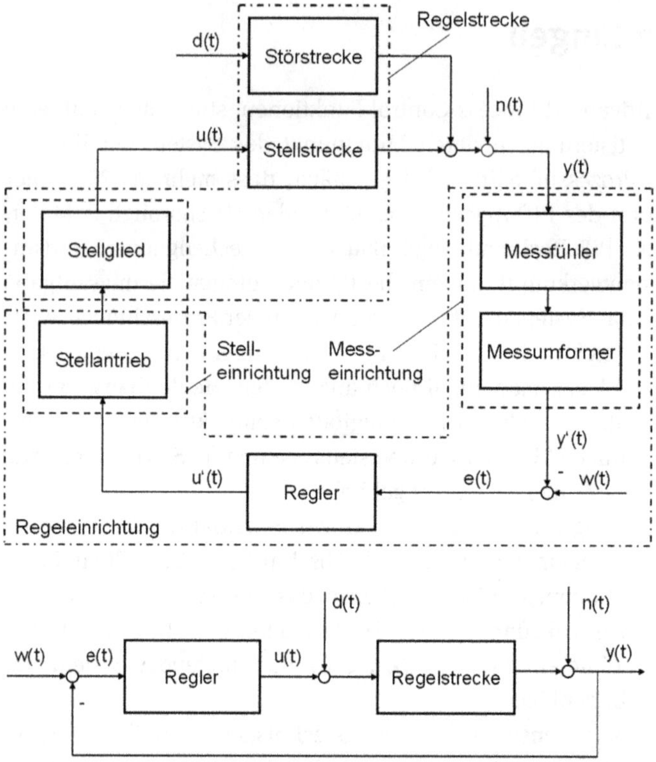

Abb. 3.1: Detaillierter (oben) und vereinfachter (unten) Wirkungsplan eines PID-Regelkreises.

- Stelleinrichtung (Stellantrieb und Stellglied)
- Regelstrecke (Stör- und Stellstrecke)
- Einrichtungen der Informationsübertragung

Für die in diesem Wirkungsplan auftretenden Signale werden folgende Bezeichnungen und Symbole vereinbart:
- (Istwert der) Regelgröße $y(t)$ und ihr gemessener, zurückgeführter Wert $y'(t)$
- Führungsgröße oder Sollwert $w(t)$
- Regeldifferenz $e(t)$, im Folgenden immer als $e(t) = w(t) - y(t)$ aufgefasst
- Reglerausgangsgröße oder Steuergröße $u'(t)$
- (Strecken-)Stellgröße $u(t)$
- Störgröße $d(t)$ – in der Regel wirken mehrere Störgrößen auf die Regelstrecke ein
- Messrauschen $n(t)$

Für die weiteren Betrachtungen in diesem Abschnitt ist es nicht erforderlich, den Wirkungsplan eines Regelkreises mit einem solchen Grad an Detailliertheit darzustellen. Einen vereinfachten Wirkungsplan, den „Standardregelkreis“, zeigt Abb. 3.1 unten.

In diesem vereinfachten Wirkungsplan sind nur noch die Regeleinrichtung und die Regelstrecke als Blöcke dargestellt, die anderen Regelkreiselemente werden ihnen zugeordnet. So werden die Messeinrichtung und der Stellantrieb zur Regeleinrichtung gezählt, und das Stellglied wird der Regelstrecke zugerechnet. Der Einfachheit halber wird hier angenommen, dass die Störgröße am Eingang der Regelstrecke angreift. Zur Beschreibung des Verhaltens der Regelkreisglieder werden im Folgenden die Übertragungsfunktionen $G_S(s)$ für die Regelstrecke und $G_R(s)$ für den Regler verwendet.

Mit drei Eingangsgrößen (Sollwert $w(t)$, Störgröße am Streckeneingang $d(t)$ und Messrauschen $n(t)$) und drei Zwischen- bzw. Ausgangsgrößen (Regeldifferenz $e(t)$, Stellgröße $u(t)$ und Regelgröße $y(t)$) des Regelkreises ergeben sich für die Beschreibung des Regelkreisverhaltens folgende Beziehungen, mit deren Hilfe man das Regelkreisverhalten im Laplace-Bereich beschreiben kann, wenn die Übertragungsfunktionen des Reglers und der Regelstrecke bekannt sind:

$$\begin{aligned}
Y(s) &= \frac{G_S(s)G_R(s)}{1+G_S(s)G_R(s)}W(s) + \frac{G_S(s)}{1+G_S(s)G_R(s)}D(s) + \frac{1}{1+G_S(s)G_R(s)}N(s) \\
E(s) &= \frac{1}{1+G_S(s)G_R(s)}W(s) - \frac{G_S(s)}{1+G_S(s)G_R(s)}D(s) - \frac{1}{1+G_S(s)G_R(s)}N(s) \\
U(s) &= \frac{G_R(s)}{1+G_S(s)G_R(s)}W(s) - \frac{G_S(s)G_R(s)}{1+G_S(s)G_R(s)}D(s) - \frac{G_R(s)}{1+G_S(s)G_R(s)}N(s)\,.
\end{aligned} \tag{3.1}$$

Um Aussagen im Zeitbereich zu treffen, muss eine Laplace-Rücktransformation erfolgen. Die nähere Betrachtung zeigt, dass insgesamt nur vier voneinander verschiedene Übertragungsfunktionen kennzeichnend für das Verhalten des geschlossenen Regelkreises sind:

$$\begin{aligned}
G_{yn}(s) = G_{ew}(s) = -G_{en}(s) &= \frac{1}{1+G_S(s)G_R(s)} = S(s) \\
G_{yw}(s) = -G_{ud}(s) &= \frac{G_S(s)G_R(s)}{1+G_S(s)G_R(s)} = T(s) \\
G_{yd}(s) = -G_{ed}(s) &= \frac{G_S(s)}{1+G_S(s)G_R(s)} = S_d(s) \\
G_{uw}(s) = -G_{un}(s) &= \frac{G_R(s)}{1+G_S(s)G_R(s)} = S_u(s)\,.
\end{aligned} \tag{3.2}$$

Die beiden Indizes der Übertagungsfunktionen auf der linken Seite dieser Gleichungen zeigen an, zwischen welchen Regelkreisgrößen jeweils ein Zusammenhang hergestellt wird, also z. B. bei $G_{yw}(s)$ zwischen der Regelgröße y und dem Sollwert w. $G_{yw}(s)$ und $G_{yd}(s)$ werden auch mit den Namen „Führungs- “ bzw. „Störübertragungsfunktion des geschlossenen Regelkreises“ bezeichnet.

Alle oben genannten Übertragungsfunktionen weisen den gleichen Nenner $1 + G_S(s)G_R(s) = 1 + G_0(s)$ auf. Das Produkt der Regler- und Streckenübertragungsfunktionen $G_0(s) = G_S(s)G_R(s)$ wird auch als „Übertragungsfunktion der offenen Kette“ bezeichnet. Die Gleichung

$$1 + G_S(s)G_R(s) = 1 + G_0(s) = 0 \tag{3.3}$$

heißt „charakteristische Gleichung“ des geschlossenen Regelkreises. Aus ihren Lösungen, den Polen der Regelkreisübertragungsfunktionen, können wichtige Eigenschaften des Regelkreises bestimmt werden. Das gilt zum Beispiel für die Stabilität des Regelkreises. Sie ist dann gegeben, wenn alle Lösungen der charakteristischen Gleichung negative Realteile besitzen. Sind alle Polstellen reell, weisen die Sprungantworten des Regelkreises aperiodisches Verhalten auf; sind konjugiert-komplexe Polstellen vorhanden, treten darin Schwingungen auf.

Die o. g. Übertragungsfunktionen werden auch als „Empfindlichkeitsfunktion“

$$S(s) = \frac{1}{1 + G_S(s)G_R(s)} = \frac{1}{1 + G_0(s)} \tag{3.4}$$

„komplementäre Empfindlichkeitsfunktion“

$$T(s) = \frac{G_S(s)G_R(s)}{1 + G_S(s)G_R(s)} = \frac{G_0(s)}{1 + G_0(s)} \tag{3.5}$$

„Störgrößen-Empfindlichkeitsfunktion“

$$S_d(s) = \frac{G_S(s)}{1 + G_S(s)G_R(s)} = \frac{G_S(s)}{1 + G_0(s)} \tag{3.6}$$

und „Stellgrößen-Empfindlichkeitsfunktion“

$$S_u(s) = \frac{G_R(s)}{1 + G_S(s)G_R(s)} = \frac{G_R(s)}{1 + G_0(s)} \tag{3.7}$$

bezeichnet. Sie eignen sich gut, um Anforderungen an das Verhalten von Regelkreises quantitativ zu beschreiben (siehe unten).

Für $S(s)$ und $T(s)$ gilt der Zusammenhang $S(s) + T(s) = 1$, daher sind sie zueinander „komplementär“. Einer der Gründe, warum $S(s)$ den Namen „Empfindlichkeitsfunktion“ trägt, wird klar, wenn man den Einfluss kleiner Änderungen im Prozess auf das Verhalten der Regelgröße im geschlossenen Kreis betrachtet. Die Führungsübertragungsfunktion des geschlossenen Regelkreises ist

$$G_{yw}(s) = \frac{G_S(s)G_R(s)}{1 + G_S(s)G_R(s)} . \tag{3.8}$$

Differenzieren nach $G_S(s)$ liefert (zur Vereinfachung der Schreibweise wurde die Laplace-Variable s weggelassen)

$$\begin{aligned} \frac{dG_{yw}}{dG_S} &= \frac{G_R(1 + G_S G_R) - G_S G_R^2}{(1 + G_S G_R)^2} = \frac{G_R}{(1 + G_S G_R)^2} = \\ &= \frac{1}{1 + G_S G_R} \frac{G_R}{1 + G_S G_R} = S \frac{G_R}{1 + G_S G_R} = S \frac{G_{yw}}{G_S} . \end{aligned} \tag{3.9}$$

Durch Umstellung folgt

$$\frac{dG_{yw}}{G_{yw}} = S \frac{dG_S}{G_S} . \tag{3.10}$$

Das heißt aber, dass die relative Änderung der Übertragungsfunktion des geschlossenen Regelkreises proportional zur relativen Änderung der Streckenübertragungsfunktion ist. Die Empfindlichkeitsfunktion tritt als Proportionalitätsfaktor in Erscheinung. Das bedeutet, dass bei Frequenzen, für die $S(j\omega)$ klein ist, sich Prozessänderungen (oder Unsicherheiten im Prozessmodell) nur wenig auf das Regelkreisverhalten auswirken.

Die Empfindlichkeitsfunktion $S(s)$ hat in der Regelungstechnik auch eine weitere wichtige Bedeutung: Wenn das System nicht geregelt ist, wirkt sich eine Störung am Streckeneingang nach der Beziehung $Y_{\text{ungeregelt}}(s) = G_S(s)D(s)$ auf die Regelgröße aus; im geschlossenen Regelkreis nach der Beziehung $Y_{\text{geregelt}}(s) = \frac{G_S(s)}{1+G_S(s)G_R(s)}D(s)$. Setzt man diese Größen in Beziehung zueinander, erfährt man etwas darüber, in welchem Maße Schwankungen der Regelgröße durch den Regelkreis (im Verhältnis zum ungeregelten System) beeinflusst werden:

$$\frac{Y_{\text{geregelt}}(s)}{Y_{\text{ungeregelt}}(s)} = \frac{\frac{G_S}{1+G_S G_R}D(s)}{G_S D(s)} = \frac{1}{1+G_S G_R} = \frac{1}{1+G_0(s)} = S(s)\,. \tag{3.11}$$

Die Empfindlichkeitsfunktion $S(s)$ liefert also gerade diese Aussage. Das bedeutet: Störgrößen in einem Frequenzbereich, in denen $|S(j\omega)| < 1$ gilt (Gegenkopplungsbereich), werden durch die Regelung unterdrückt, in einem Frequenzbereich mit $|S(j\omega)| > 1$ (Mitkopplungsbereich) hingegen verstärkt. Eine grafische Darstellung des Amplitudengangs von $S(j\omega)$ (Abb. 3.2 links) gibt eine Information, in welchem Frequenzbereich eine Regelung wirksam ist. Die Empfindlichkeitsfunktion wird auch „dynamischer Regelfaktor" genannt. Da $S(s)$ nur von $G_0(s)$ abhängig ist, kann man die Empfindlichkeit auch in der Ortskurve des Frequenzgangs von $G_0(j\omega)$ veranschaulichen (Abb. 3.2 rechts): $1 + G_0(j\omega)$ ist der Vektor vom kritischen Punkt $(-1, 0j)$ an die Ortskurve, der Betrag dieses Vektors ist der Kehrwert des Betrags der Empfindlichkeitsfunktion. Sie ist kleiner als Eins für alle Frequenzen, in denen die Ortskurve außerhalb des Einheitskreises um den kritischen Punkt verläuft, für diese Frequenzen

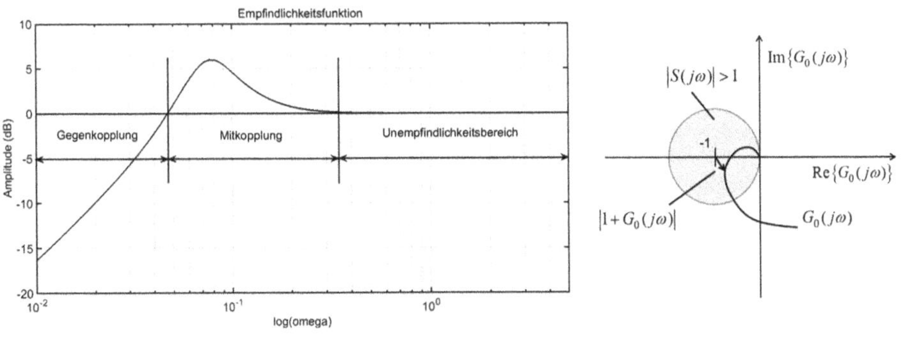

Abb. 3.2: Gegen- und Mitkopplungsbereich im Amplitudengang der Empfindlichkeitsfunktion und in der Ortskurve des Frequenzgangs der offenen Kette.

werden Störgrößen unterdrückt. Das Innere des Einheitskreises entspricht dagegen dem Mitkopplungsbereich.

3.1.2 Forderungen an den Regelkreis

Die Forderungen, die an einen Regelkreis gestellt werden, lassen sich in fünf Kategorien zusammenfassen:

- der Regelkreis soll stabil sein,
- er soll (in den meisten Fällen) keine bleibende Regeldifferenz aufweisen, also „stationär genau“ sein,
- das Übergangsverhalten der Regel- und der Stellgröße nach der Änderung eines Sollwerts oder als Reaktion auf Störgrößenänderungen soll vorgegebene Merkmale aufweisen,
- der Einfluss höherfrequenten Messrauschens, insbesondere auf den Stellsignalverlauf, soll begrenzt sein,
- der Regelkreis soll robust gegenüber Änderungen des Streckenverhaltens sein.

Diese Forderungen werden im Folgenden erläutert und im Abschnitt 3.1.3 quantifiziert.

A) Stabilitätsforderung

Vereinfacht ausgedrückt bedeutet Stabilität eines Regelkreises, dass bei einer endlichen Änderung des Sollwerts oder der Störgrößen auch die Stell- und Regelgröße nur endliche Änderungen erfahren. Diese Größen dürfen also weder monoton noch oszillatorisch gegen Unendlich (bzw. gegen Grenzwerte, die durch das technische System gesetzt sind) streben. In Abb. 3.3 sind typische stabile bzw. instabile Verläufe von Regelkreisgrößen dargestellt.

Ursache für eine monotone Instabilität im Regelkreis ist ein falsches Vorzeichen bei der Rückführung der Regelgröße. Sie kann durch geeignete Wahl des Regler-Wirkungssinns (siehe Abschnitt 3.2) immer vermieden werden. Oszillatorische Instabilität („Aufschwingen“ der Regelkreisgrößen) lässt sich hingegen durch geeignete Wahl der Reglerparameter verhindern (siehe Abschnitt 3.3).

Zu beachten ist, dass die Regelkreisgrößen physikalisch begrenzt sind. So kann sich z. B. die Stellgröße nur zwischen 0 % und 100 % bewegen. Pendelt oder schaltet sie zwischen diesen Grenzwerten hin und her, kommt es zu Schwingungen der Regelgröße mit konstanter Amplitude, die natürlich ebenfalls nicht wünschenswert sind.

B) Stationäre Genauigkeit, Vermeidung der bleibenden Regeldifferenz

Unter stationärer Genauigkeit eines Regelkreises versteht man, dass nach Abklingen der Übergangsvorgänge Istwert und (meist als konstant angenommener) Sollwert der Regelgröße übereinstimmen, d. h. dass die Regeldifferenz im stationären Zustand des

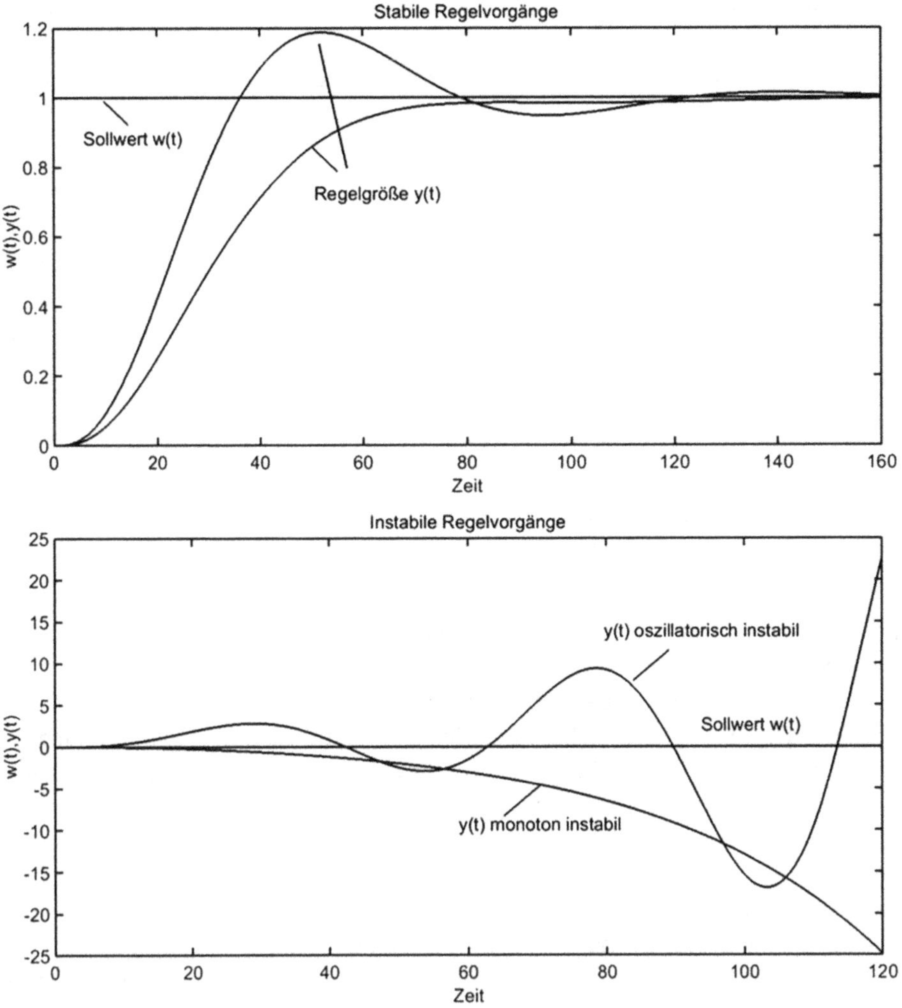

Abb. 3.3: Stabile und instabile Verläufe der Regelgröße.

Systems gegen Null strebt, mathematisch ausgedrückt

$$e(t \to \infty) = w - y(t \to \infty) = 0\,. \tag{3.12}$$

Die Regeldifferenz nach Abklingen der Übergangsvorgänge $e(t \to \infty)$ wird als „bleibende Regeldifferenz“ bezeichnet.

Die Forderung nach Vermeidung der bleibenden Regeldifferenz wird an die meisten Regelungen in der Verfahrenstechnik gestellt, so z. B. an Durchfluss-, Druck-, Temperatur- und Qualitätsregelungen. Eine Ausnahme bilden diejenigen Füllstandsregelungen, bei denen es nicht darauf ankommt, einen Füllstandssollwert exakt einzuhalten (siehe Abschnitt 4.6). Bei Kaskadenregelungen (siehe Abschnitt 4.1) wird

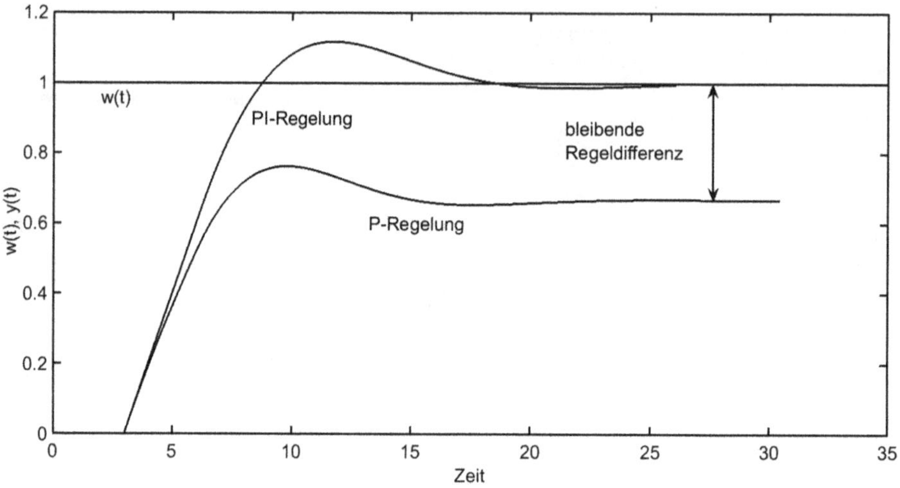

Abb. 3.4: Verlauf der Regelgröße nach sprungförmiger Verstellung des Sollwerts in einem Regelkreis mit P- bzw. PI-Regler und PT_1T_t-Strecke.

beim Folge- bzw. Hilfsregelkreis mitunter eine bleibende Regeldifferenz toleriert, aber nicht beim Führungs- bzw. Hauptregelkreis.

Die stationäre Genauigkeit wird durch Wahl des richtigen „Reglertyps" (d. h. P-, PD-, PI- oder PID-Regler) gesichert. Die wichtigste Maßnahme ist die Verwendung eines I-Anteils im Regler, die für den in der Verfahrenstechnik am häufigsten vorkommenden Fall, dass die Regelstrecke selbst keinen I-Anteil hat und sprungförmige Sollwert- bzw. Störgrößenänderungen betrachtet werden, die bleibende Regeldifferenz beseitigt. (Für andere Fälle – z. B. I-Anteil in der Strecke oder andere Führungs- und Störsignale – muss nach dem „Inneren-Modell-Prinzip" bestimmt werden, welcher Reglertyp die stationäre Genauigkeit sichert (Lunze, 2014).

Abb. 3.4 zeigt als Beispiel die Reaktion der Regelgröße auf eine sprungförmige Sollwertänderung, ein einem Regelkreis mit P- bzw. PI-Regler und PT_1T_t-Strecke.

C) Forderungen an das Übergangsverhalten

Die Erfüllung der vorgenannten Forderungen nach Stabilität und stationärer Genauigkeit des Regelkreises liefern noch keine Aussage darüber, wie die Zeitverläufe der Regelkreisgrößen im Einzelnen aussehen, wenn sich Sollwert und/oder Störgröße(n) ändern. Dazu müssen Entwurfsvorschriften für das dynamische Verhalten des Regelkreises vorgegeben und nach Möglichkeit eingehalten werden.

Das *Führungsverhalten* eines Regelkreises beschreibt die Reaktion der Regelkreisgrößen auf eine Änderung des Sollwerts. In der Verfahrenstechnik überwiegen *sprungförmige* Sollwertänderungen, weniger häufig und vor allem bei Batch-Prozessen werden Sollwertrampen oder kompliziertere Sollwertverläufe vorgegeben. Das

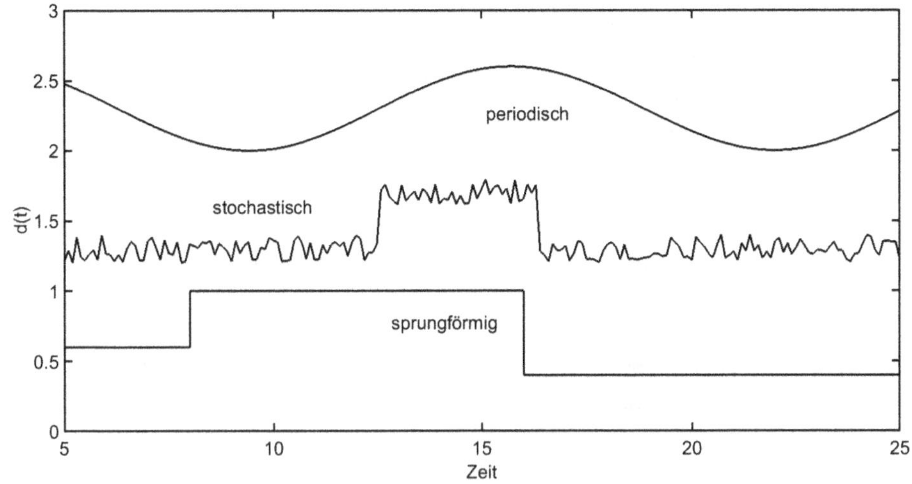

Abb. 3.5: Unterschiedliche Störsignale bei Prozessregelungen.

Störverhalten beschreibt die Reaktion der Regelkreisgrößen auf eine Änderung der Störgröße(n). Bei Prozessregelungen können die Störgrößen an unterschiedlichen Orten im Regelkreis angreifen, zum Beispiel am Eingang der Regelstrecke, wie in der vereinfachten Regelkreisdarstellung in Abb. 3.1 (unten) angenommen („Versorgungsstörung"). In diesem Fall sind Stell- und Störstrecke identisch. Störgrößen können aber auch am Streckenausgang („Laststörung") oder an einem anderen Ort („zwischen" Ein- und Ausgang der Regelstrecke) angreifen. Der letzte und allgemeinste Fall ist in der detaillierten Regelkreisdarstellung in Abb. 3.1 (oben) angegeben. Er ist dadurch gekennzeichnet, dass für Stell- und Störstrecke unterschiedliche Übertragungsglieder – $G_{Su}(s)$ für die Stellstrecke und $G_{Sd}(s)$ für die Störstrecke – angegeben werden müssen. Nicht nur der Angriffsort der Störgröße(n) kann variieren, sondern auch die Signalcharakteristik: verbreitet sind deterministische sprungförmige oder periodische, aber auch stochastische Störsignale bzw. Kombinationen der unterschiedlichen Formen. In Abb. 3.5 sind typische Störsignale grafisch dargestellt. Beispiele sind Änderungen der Zusammensetzung von Roh- und Hilfsstoffen (sprungförmig), der Umgebungstemperatur (periodisch) oder der Heizleistung eines Brennstoffs (sprungförmig/stochastisch).

Wenn nichts anderes angegeben ist, sollen – wie im „Standard"regelkreis nach Abb. 3.1 unterstellt – aus Gründen der Vereinfachung im Folgenden nur zwei „Arten" von Störgrößen angenommen werden: sprungförmige Störungen am Eingang der Regelstrecke und stochastische Störungen am Streckenausgang („Messrauschen"). Der Regelkreis soll sowohl die niederfrequenten Störgrößen am Streckeneingang ausregeln als auch für eine ausreichende Dämpfung des höherfrequenten Rauschsignals am Streckenausgang sorgen. Dabei ist nicht nur das Verhalten der Regelgröße, sondern auch das der Stellgröße in die Betrachtung einzubeziehen.

In der Prozessregelung ist das Störverhalten des Regelkreises meist von größerem Interesse als das Führungsverhalten, da insbesondere bei kontinuierlichen Prozessen die Sollwerte oft über lange Zeit konstant sind und nur selten geändert werden. Mit der einfachen Regelungsstruktur nach Abb. 3.1 lässt sich nicht gleichzeitig ein sehr gutes Führungs- und ein sehr gutes Störverhalten erzielen. Dafür sind Erweiterungen des Standardregelkreises, z. B. ein Sollwertfilter als zusätzliches Regelkreisglied, erforderlich.

Oft vernachlässigt wird die Tatsache, dass für die Bewertung der Regelgüte nicht nur das Verhalten der Regelgröße, sondern auch das der Stellgröße herangezogen werden muss. So können bei Verknüpfung des P- und/oder des D-Anteils von PID-Reglern (siehe Abschnitt 3.2, Sollwert-Wichtung) mit der Regeldifferenz bei Sollwertänderungen unerwünscht große Stellgrößenamplituden auftreten. Rauschsignale können zu überhöhter Stellaktivität führen, was mit negativen Folgen für die Prozessführung selbst, überhöhtem Verschleiß der Stelleinrichtungen und Verbrauch von Instrumentenluft verknüpft ist.

D) Robustheit

Die Robustheit der Regelung gibt darüber Auskunft, in welchem Maße sie tolerant ist gegenüber Änderungen des statischen und dynamischen Verhaltens der Regelstrecke. Das bedeutet, ob und in welchem Maße die vorgenannten Forderungen nach Stabilität und einem guten dynamischen Verhalten auch dann erfüllt werden, wenn die Eigenschaften der Regelstrecke von denen abweichen, die ursprünglich beim Reglerentwurf angenommen wurden. Das beim Reglerentwurf unterstellte Verhalten der Regelstrecke wird auch als „Nominalverhalten" bezeichnet. Wenn das Nominalverhalten durch ein mathematisches Modell der Regelstrecke beschrieben wird, dann werden Abweichungen vom Nominalverhalten im laufenden Anlagenbetrieb durch den englischen Begriff „plant-model mismatch" gekennzeichnet.

Abweichungen vom Nominalverhalten der Regelstrecke sind in der Prozessregelung eine ganz normale Erscheinung. Sie entstehen durch so unterschiedliche Ursachen wie Durchsatzänderungen, Wechsel von Roh- und Hilfsstoffen sowie Energieträgern, wechselnde Produktspezifikationen, Verschleiß und Alterung, „Faulen" von Wärmeübertragern, Katalysatordeaktivierung in katalytischen Reaktionsprozessen, konstruktive Änderungen an Apparaten oder Modifikationen im Stoff- und Energiefluss der Anlage. Art und Größe dieser Abweichungen vom Nominalverhalten können dabei je nach Prozessanlage und wirtschaftlichen Rahmenbedingungen des Anlagenbetriebs sehr unterschiedlich ausfallen.

Eine größere Robustheit kann erreicht werden durch eine vorsichtigere Reglereinstellung. Das führt jedoch im Allgemeinen zu einer langsameren Ausregelung von Störungen bzw. zu einer trägeren Sollwertfolge. In der Praxis muss also immer ein Kompromiss zwischen Regelkreisdynamik und Robustheit gefunden werden.

3.1.3 Quantifizierung der Forderungen an PID-Regelkreise

Die im vorangegangenen Abschnitt diskutierten Anforderungen an einen Regelkreis sollen im Folgenden quantifiziert werden. Dabei ist zwischen traditionellen Gütemaßen und solchen zu unterscheiden, die im Zuge der Entwicklung der modernen Regelungstechnik in jüngerer Zeit entwickelt worden sind.

Traditionelle Maße zur Beschreibung der Güte einer Regelung

Traditionelle Maße für die Beschreibung des Übergangsverhaltens im Regelkreis und gleichzeitig für einen Aspekt der Regelgüte sind die An- und Ausregelzeit und die Überschwingweite. In Abb. 3.6 sind diese Größen sowohl für das Führungs- als auch für das Störverhalten des Regelkreises veranschaulicht.

Während die Anregelzeit T_{an} die Schnelligkeit der Reaktion eines Regelkreises auf eine Sollwert- oder Störgrößenänderung *zu Beginn* des Übergangsprozesses beschreibt, ist die Ausregelzeit T_{aus} ein Maß für die *Dauer* des Übergangsvorgangs. Für die Definition der Ausregelzeit wird ein Toleranzband um den Sollwert vereinbart. Beim Führungsverhalten wird die Überschwingweite auf die Sollwertänderung bezogen und in Prozent angegeben. Ob und in welchem Maße ein Überschwingen zulässig ist, hängt von der konkreten Regelungsaufgabe und von der Position des Regelkreises in der Prozessanlage ab.

An- und Ausregelzeit sowie Überschwingweite hängen einerseits von der Wahl des Regler„typs“ (also ob z. B. ein PI- oder PID-Regler verwendet wird), andererseits von der Wahl der Reglerparameter ab. Leider gibt es keine einfachen quantitativen

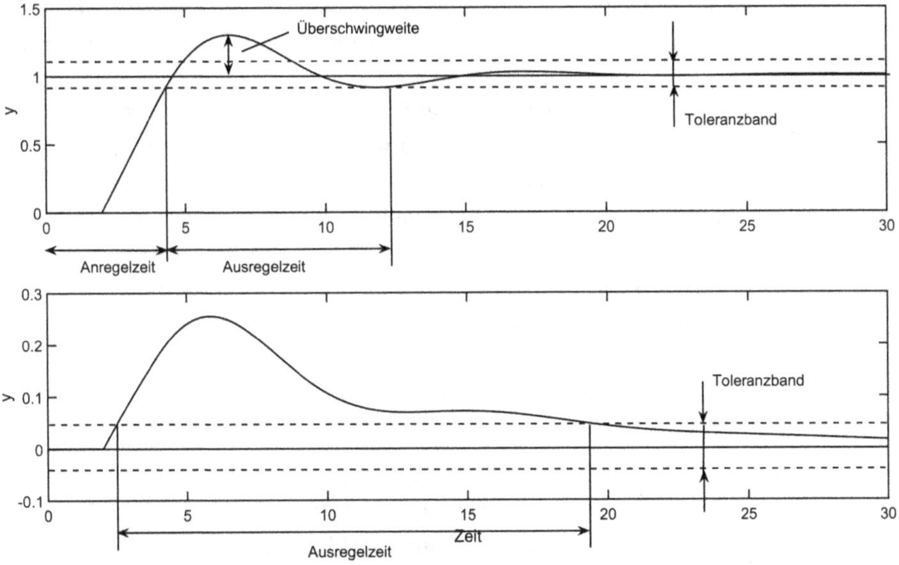

Abb. 3.6: An- und Ausregelzeit, Überschwingweite für Führungs- und Störverhalten.

Tab. 3.1: Integralkriterien zur Beschreibung der Regelgüte.

Bezeichnung	**Kriterium**
IAE-Kriterium (Betragslineare Regelfläche)	$\int_0^\infty \lvert e(\tau)\rvert\, d\tau$
ISE-Kriterium (Quadratische Regelfläche)	$\int_0^\infty e^2(\tau) d\tau$
ITAE-Kriterium (Zeitbewertete betragslineare Regelfläche)	$\int_0^\infty t \cdot \lvert e(\tau)\rvert\, d\tau$
Verallgemeinertes ISE-Kriterium (Berücksichtigung der Stellgröße)	$\int_0^\infty \left[e^2(\tau) + \beta u^2(\tau)\right] d\tau$

Zusammenhänge zwischen der Wahl der Reglerstruktur/der Reglerparameter einerseits und den Merkmalen des Übergangsverhaltens andererseits. Die im Abschnitt 3.3 angegebenen Einstellregeln sind eine einfache Möglichkeit, ein günstiges Übergangsverhalten ohne hohen Zeitaufwand und tiefere regelungstechnische Kenntnisse zu erzielen.

Eine andere, seit langem gebräuchliche Möglichkeit zur Beschreibung der Regelgüte ist die Verwendung sogenannter „Integralkriterien“. Dabei werden nicht einzelne Merkmale des Übergangsverhaltens wie Überschwingweite oder Ausregelzeit herausgegriffen, sondern es wird das *gesamte* Übergangsverhalten betrachtet. So ist zum Beispiel die „betragslineare Regelfläche“ $\int_0^\infty \lvert e(\tau)\rvert\, d\tau$, d. h. der Absolutbetrag der Fläche zwischen Sollwert und Regelgröße, ein Maß für die Regelgüte. Eine „perfekte“ Regelung würde diese Fläche zu Null machen, was aufgrund der Verzögerungen und Totzeiten der Regelstrecke natürlich nicht möglich ist. Eine optimale Regelung wäre dann eine Regelung mit minimaler betragslinearer Regelfläche. Gebräuchliche Integralkriterien sind in Tab. 3.1 zusammengefasst.

Hervorzuheben ist das vierte Kriterium (verallgemeinerte quadratische Regelfläche), weil hier nicht nur der Zeitverlauf der Regelgröße, sondern auch der Zeitverlauf der Stellgröße in die Bewertung einbezogen wird. Denn aus praktischer Sicht kommt es nicht nur darauf an, den Übergangsverlauf der Regelgröße optimal zu gestalten, sondern auch den dafür erforderlichen Stellaufwand bzw. die in den Prozess einzubringende Stellenergie klein zu halten. Mit Hilfe des Faktors β kann diesem Aspekt der Regelgüte ein größeres oder kleineres Gewicht verliehen werden.

Integralkriterien der genannten Art können verwendet werden, um optimale Reglerparameter zu bestimmen. Es ist dann (im Folgenden für die verallgemeinerte quadratische Regelfläche angegeben) die nichtlineare Optimierungsaufgabe

$$\min_{K_P, T_N, T_V} \int_0^\infty \left[e^2(\tau) + \beta u^2(\tau)\right] d\tau \qquad (3.13)$$

zu lösen. Das verlangt den Einsatz eines numerischen Suchverfahrens zur Bestimmung optimaler Reglerparameter und die numerische Simulation des Regelkreisverhaltens zur Bestimmung der Zeitverläufe der Regeldifferenz $e(t)$ und der Stellgröße $u(t)$.

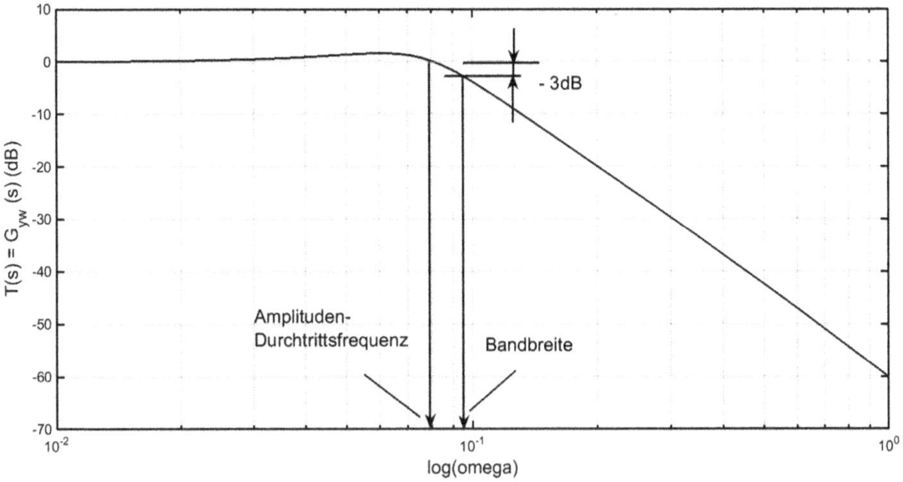

Abb. 3.7: Bandbreite und Amplituden-Durchtrittsfrequenz des geschlossenen Regelkreises.

Für die Charakterisierung des Verlaufs der Stellgröße werden folgende Kennwerte verwendet:

- der Betrag der Stellgrößenänderung unmittelbar nach einem Sollwertsprung,
- die maximale Abweichung der Stellgröße von ihrem stationären Endwert,
- der integrierte absolute Stellweg (auch „total variation" genannt) $\text{TV} = \sum_{i=1}^{\infty} |u_{i+1} - u_i|$.

Spezifikationen für die Regelgüte lassen sich auch im Frequenzbereich angeben. Ein wichtiger Begriff ist in diesem Zusammenhang die Bandbreite. In Abb. 3.7 ist ein typischer Verlauf des Amplitudengangs der Führungsübertragungsfunktion des geschlossenen Regelkreises $|G_{yw}(j\omega)|$ – gleichzeitig die komplementäre Empfindlichkeitsfunktion $|T(j\omega)|$ – dargestellt. Man beachte, dass wegen der Forderung nach Verschwinden der bleibenden Regeldifferenz $|G_{yw}(0)| = 1$ bzw. $|G_{yw}(0)|_{dB} = 0$ gilt. Als Bandbreite des Regelkreises bezeichnet man die kleinste Frequenz ω_B, bei der der Amplitudengang – also die Verstärkung des Regelkreises – auf $1/\sqrt{2}$ oder – 3dB gefallen ist. Zwischen der Bandbreite und der Anregelzeit besteht die Beziehung $T_{\text{an}}\omega_B \approx 2$, weshalb sich die Bandbreite als Maß für die „Schnelligkeit" des Regelkreises interpretieren lässt.

Quantitative Robustheitsmaße für eine Regelung lassen sich am anschaulichsten im Frequenzbereich darstellen. Für Regelstrecken ohne Pole in der rechten Halbebene (also für die in der Verfahrenstechnik überwiegend auftretenden stabilen Strecken) gilt als Stabilitätsbedingung die Linke-Hand-Regel oder das vereinfachte Nyquist-Kriterium: Ein Regelkreis ist stabil, wenn der kritische Punkt $(-1, 0j)$ in Richtung wachsender Frequenzen links von der Ortskurve des Frequenzgangs der offenen Kette $G_0(j\omega) = G_S(j\omega)G_R(j\omega)$ liegt. Bekannte Maße für den Abstand von der

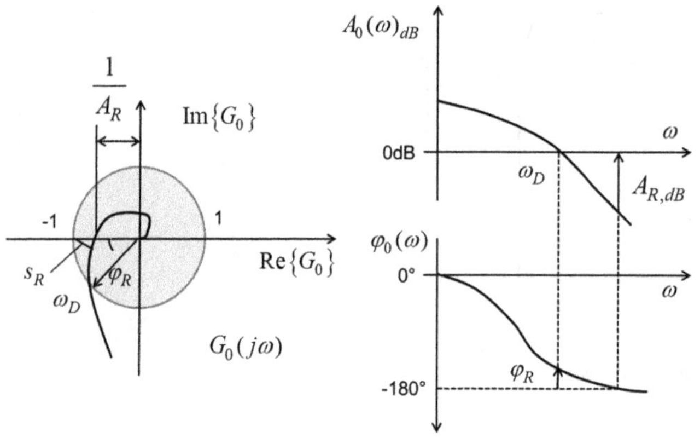

Abb. 3.8: Stabilitätsreserven in den Kennlinien des Frequenzgangs der offenen Kette.

Stabilitätsgrenze sind die Amplitudenreserve

$$A_R = \frac{1}{|G_0(j\omega_{180})|} \tag{3.14}$$

und die Phasenreserve

$$\varphi_R = \pi + \arg G_0(j\omega_D)\,. \tag{3.15}$$

Sie sind in Abb. 3.8 in der Ortskurve des Frequenzgangs und im Bode-Diagramm der offenen Kette veranschaulicht.

Die Amplitudenreserve sagt aus, um welchen Betrag das Produkt aus Regler- und Streckenverstärkung, die Kreisverstärkung $K_0 = K_P K_S$, erhöht werden darf, bevor der Regelkreis instabil wird. Das wäre dann der Fall, wenn die Ortskurve durch den kritischen Punkt verläuft. Die Phasenreserve sagt aus, welche Phasenverschiebung dafür nötig ist. Die Stabilitätsreserve s_R, der kürzeste Abstand der Ortskurve vom kritischen Punkt, fasst beide Größen zu einer einzigen zusammen. Praktisch gebräuchliche Werte für diese Größen sind $s_R = 0{,}5 \ldots 0{,}8$, $\varphi_R = 30° \ldots 60°$ und $A_R = 2 \ldots 5$.

Instruktiv ist auch die Darstellung von „Robustheitsplots“. Darin werden die Stabilitätsgrenzen des Regelkreises in den Koordinaten Streckenverstärkung K_S und Totzeit T_t sowie ein Bereich dargestellt, der sich ergibt, wenn man eine Halbierung bzw. Verdopplung von K_S und T_t gegenüber ihren Nominalwerten annimmt (Abb. 3.9). Im Beispiel ist eine ausreichende Robustheit gegeben. Würde der dargestellte Bereich die Stabilitätsgrenze schneiden, wäre das nicht der Fall.

Grafische Darstellungen, die eine gleichzeitige Bewertung von Regelgüte und Robustheit in Abhängigkeit von den Reglerparametern erlauben, sind von (Garpinger, Aström, & Hägglund, 2014) entwickelt worden.

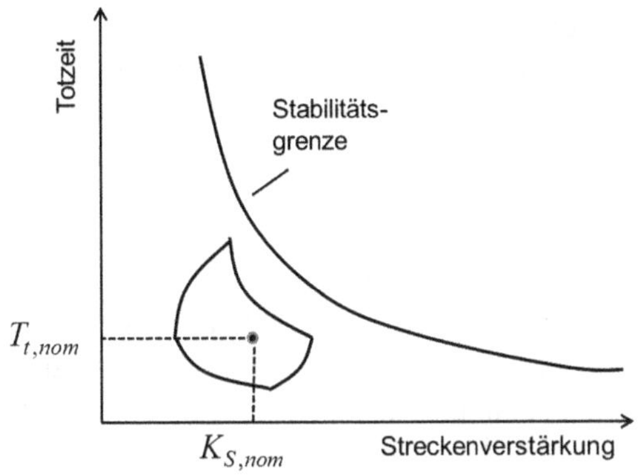

Abb. 3.9: Robustheitsdiagramm eines Regelkreises.

Nicht-traditionelle Gütemaße

Zu den „klassischen" Maßen zur Bewertung der Regelgüte sind in jüngerer Zeit weitere, meist als mathematische Normen formulierte, Gütekriterien hinzugekommen:

A) Unterdrückung niederfrequenter Störsignale

Wie bereits diskutiert, besteht bei Prozessregelungen das primäre Ziel meist darin, niederfrequente Störsignale ausreichend gut auszuregeln. Diese Forderung lässt sich mathematisch dadurch beschreiben, dass man versucht, den Ausdruck

$$J_d = \max_{\omega} \left| \frac{1}{s} G_{yd}(s) \right| = \left\| \frac{1}{s} G_{yd}(s) \right\|_{\infty} = \left\| \frac{1}{s} S_d(s) \right\|_{\infty} \tag{3.16}$$

möglichst klein zu halten. Darin bedeutet $G_{yd}(s)$ die Störübertragungsfunktion des geschlossenen Regelkreises (gleichzeitig die Störgrößen-Empfindlichkeitsfunktion $S_d(s)$), der Ausdruck $\frac{1}{s} G_{yd}(s)$ beschreibt die Reaktion der Regelgröße auf eine sprungförmige Störgrößenänderung ($1/s$ ist die Bildfunktion der Einheits-Sprungfunktion). Der Maximalwert des Betrags bzw. des Amplitudengangs dieser Funktion ist J_d. Die Notation $\|\ldots\|_{\infty}$ bedeutet eine Norm und ist eine abgekürzte Schreibweise für $\max_{\omega} |\ldots|$. Die zu minimierende Größe J_d bedeutet also die im gesamten Frequenzbereich größtmögliche Reaktion der Regelgröße auf eine sprungförmige Störgrößenänderung am Streckeneingang. Eine Minimierung von J_d ist daher gleichbedeutend mit einer möglichst effektiven Unterdrückung niederfrequenter Störgrößen.

Für kleine Frequenzen ($s \rightarrow 0$) lässt sich bei einem Regler mit I-Anteil durch Grenzwertbetrachtung zeigen, dass näherungsweise $S_d \approx \frac{s}{K_I}$ und daher $J_d \approx \frac{1}{K_I}$ gilt (Åström und Hägglund, 2006). Darin bedeutet K_I die Integralverstärkung des Reglers (siehe Abschnitt 3.2). Die Minimierung von J_d lässt sich dann näherungsweise durch eine Maximierung der Integralverstärkung des Reglers erreichen. Dabei muss allerdings beachtet werden, dass auch andere Kriterien (z. B. als Nebenbedingungen aufgefasst) einzuhalten sind.

B) Robustheit im mittleren Frequenzbereich

Die Stabilitätsreserve s_R kann man auch durch die Empfindlichkeitsfunktion $S(j\omega) = \frac{1}{1+G_0(j\omega)}$ ausdrücken: Die Größe $1 + G_0(j\omega)$ lässt sich wie beschrieben als Vektor vom kritischen Punkt $(-1, 0j)$ an die Ortskurve von $G_0(j\omega)$ interpretieren. Die größte Empfindlichkeit

$$M_S = \max_{\omega} |S(j\omega)| = \max_{\omega} \left| \frac{1}{1 + G_0(j\omega)} \right| , \tag{3.17}$$

d. h. die größtmögliche Verstärkung von Störungen durch eine Regelung im Verhältnis zur offenen Steuerung, tritt bei der Frequenz auf, bei der der Abstand der Ortskurve zum kritischen Punkt am kleinsten ist (vgl. Abbildung 3.8), es gilt

$$s_R = \frac{1}{M_S} . \tag{3.18}$$

Daher ist auch die maximale Empfindlichkeit M_S ein Maß für die Stabilitätsreserve und damit für die Robustheit eines Regelkreises. Maximalempfindlichkeit M_S, Amplitudenreserve A_R und Phasenreserve φ_R hängen über die Beziehungen

$$A_R \geq \frac{M_S}{M_S - 1} \tag{3.19}$$

und

$$\varphi_R \geq 2 \arcsin\left(\frac{1}{2M_S}\right) \tag{3.20}$$

zusammen. Eine Vorgabe von $M_S = 2$ ist zum Beispiel gleichbedeutend mit $A_R \geq 2$ und $\varphi_R \geq 29°$, für $M_S = 1{,}4$ ergibt sich $A_R \geq 3{,}5$ und $\varphi_R \geq 41°$.

In welchem Maße größere Abweichungen des Prozesses vom Nominalverhalten zulässig sind, lässt sich mit Hilfe der komplementären Empfindlichkeitsfunktion $T(s)$ beschreiben. Ändert sich die Übertragungsfunktion des Prozesses von $G_S(s)$ zu $G_S(s) + \Delta G_S(s)$, wobei $\Delta G_S(s)$ ebenfalls eine stabile Übertragungsfunktion ist, dann ergibt sich eine veränderte Ortskurve von $G_0(j\omega)$. Diese veränderte Ortskurve erreicht aber dann nicht den kritischen Punkt, d. h. der Regelkreis bleibt stabil, wenn gilt

$$|G_R(j\omega)\Delta G_S(j\omega)| < |1 + G_0(j\omega)| . \tag{3.21}$$

Daraus lässt sich die Stabilitätsbedingung

$$\left| \frac{\Delta G_S(j\omega)}{G_S(j\omega)} \right| < \frac{1}{|T(j\omega)|} \tag{3.22}$$

ableiten. Aus Ungleichung (3.22) geht hervor, dass umso größere Abweichungen des Prozesses vom Nominalverhalten bzw. umso größere Modellunsicherheiten erlaubt sind, je kleiner $|T(j\omega)|$ ist. Eine konservative Abschätzung der zulässigen Modellunsicherheit ist $1/M_T$ mit

$$M_T = \max_{\omega} |T(j\omega)| = \max_{\omega} \left| \frac{G_0(j\omega)}{1 + G_0(j\omega)} \right| . \tag{3.23}$$

Wegen $T(j\omega) = G_{yw}(s)$ ist die Maximalempfindlichkeit M_T gleichzeitig die größte im Frequenzbereich auftretende Verstärkung der Führungsübertragungsfunktion des geschlossenen Regelkreises. Da die Ungleichung (3.22) auch

$$|\Delta G_S(j\omega)| < \left|\frac{G_S(j\omega)}{T(j\omega)}\right| \tag{3.24}$$

geschrieben werden kann, folgt, dass die zulässige Modellunsicherheit $\Delta G_S(s)$ klein ist, wenn $|G_S(j\omega)| < |T(j\omega)|$ ist. Eine hohe Modellgenauigkeit wird für Frequenzen gefordert, für die die Verstärkung des geschlossenen Regelkreises größer als die der Regelstrecke ist.

Robustheitsforderungen lassen sich daher als obere Schranken für die maximalen Empfindlichkeit M_S und M_T angeben. Alternativ ist auch eine „verallgemeinerte Maximalempfindlichkeit"

$$GM_S = \max\left(\|S\|_\infty, \alpha\,\|T\|_\infty\right) \tag{3.25}$$

vorgeschlagen worden, die beide Forderungen miteinander vereint. Typische Vorgaben sind $M_S = 1{,}7$ und $M_T = 1{,}3$. Sinnvolle Werte liegen im Bereich $1{,}2 \le GM_S \le 2$, was einer Amplitudenreserve im Bereich $6 \ge A_R \ge 2$ und einer Phasenreserve im Bereich $49^\circ \ge \varphi_R \ge 29^\circ$ entspricht. Robustheitsforderungen werden in der Regel für den mittleren Frequenzbereich im Bereich der Bandbreite des geschlossenen Regelkreises gestellt.

C) Stellaktivität und Unterdrückung von Rauschsignalen

Neben einer geeigneten Filterung des Messsignals sind auch Anforderungen an das Reglerverhalten im höheren Frequenzbereich zu stellen. Ein geeignetes Maß hierfür ist die maximale Stellgrößenempfindlichkeit

$$J_u = \max_\omega |S_u(j\omega)| = \|S_u(s)\|_\infty = \|G_{un}(s)\|_\infty\,. \tag{3.26}$$

Dieses Maximum tritt in der Regel etwas oberhalb der Bandbreite des geschlossenen Regelkreises auf. Dabei gelten für PI-Regelkreise die Näherung $J_u \approx K_P M_S$, und für PID-Regelkreise $J_u \approx K_D/T_1$ (Aström & Hägglund, 2006). Dadurch wird eine Beziehung zwischen diesem Kriterium und den Reglerparametern hergestellt. Wie zu erwarten, wird die maximale Stellgrößenempfindlichkeit mit kleinerer Verstärkung des D-Anteils bzw. größerer Vorhaltzeitverzögerung (vgl. Abschnitt 3.2) geringer.

3.2 Praktische Implementierung des PID-Algorithmus

In (O'Dwyer, 2009) werden 31 Varianten des PI- und PID-Regelalgorithmus aufgelistet, die in Gerätesystemen führender Anbieter von Automatisierungssystemen implementiert sind. Leider ist die zur Beschreibung dieser Varianten verwendete Nomenklatur international und unter den verschiedenen Herstellern nicht einheitlich. Daher wird im Folgenden versucht, die praktisch wichtigsten Aspekte der Implementierung von PID-Regelalgorithmen zusammenzustellen.

Die Lehrbuchversion des zeitkontinuierlichen PID-Regelalgorithmus wird durch die Gleichungen

$$u(t) = K_P\left(e(t) + \frac{1}{T_N}\int_0^t e(\tau)d\tau + T_V\frac{de(t)}{dt}\right) \tag{3.27}$$

oder

$$u(t) = K_P e(t) + K_I\int_0^t e(\tau)d\tau + K_D\frac{de(t)}{dt} \tag{3.28}$$

mit $K_I = K_P/T_N$ und $K_D = K_P T_V$ beschrieben.

Die Stellgröße ergibt sich aus einer Summe von drei Anteilen: dem P-Anteil (Stellgröße proportional zur aktuellen Regeldifferenz), dem I-Anteil (Stellgröße proportional zum Integral und damit zur „Vergangenheit" der Regeldifferenz) und dem D-Anteil (Stellgröße proportional zur zeitlichen Ableitung, zum zeitlichen Gradienten oder zur Änderungsgeschwindigkeit der Regeldifferenz). Die Reglerparameter sind die Reglerverstärkung (Proportionalverstärkung) K_P für den P-Anteil, die Integralverstärkung K_I bzw. die Nachstellzeit T_N für den I-Anteil und die Differentialverstärkung K_D bzw. die Vorhaltzeit T_V für den D-Anteil des Reglers. In industriellen Gerätesystemen wird aus historischen Gründen nahezu ausschließlich die erste Version (Gl. (3.27)) verwendet. Man beachte, dass in dieser Version eine Veränderung der Reglerverstärkung nicht nur den P-Anteil, sondern auch den I- und den D-Anteil des Reglers beeinflusst. Die Reglerverstärkung K_P wird im Allgemeinen dimensionslos angegeben. Das bedeutet, dass das Reglereingangssignal auf den Messbereich und das Reglerausgangssignal auf den Stellbereich bezogen wird und damit $K_P = \frac{\Delta u/\text{Stellbereich}}{\Delta e/\text{Messbereich}}$ gilt. In manchen Automatisierungssystemen wird alternativ zur Reglerverstärkung das „Proportionalband" *PB* angegeben, beide Parameter lassen sich mit Hilfe der Beziehung $\text{PB} = 100/K_P$ ineinander überführen.

Wie später näher erläutert wird, muss die Streckenverstärkung K_S in die Formeln für die Ermittlung günstiger Reglerparameter (Einstellregeln) ebenfalls in dimensionsloser Form eingesetzt werden (vgl. Abschnitt 3.3). Die Nachstellzeit T_N und die Vorhaltzeit T_V werden in Abhängigkeit vom verwendeten Gerätesystem in Sekunden oder Minuten angegeben. Im angloamerikanischen Sprachraum werden alternativ die Bezeichnungen „controller gain" oder „proportional gain" für die Reglerverstärkung, „integral time" oder „reset time" für die Nachstellzeit und „derivative time" oder „rate" für die Vorhaltzeit verwendet.

Die Wirkung eines PID-Reglers besteht also aus einer Summe von drei Anteilen: er reagiert auf den aktuellen Wert der Regeldifferenz $e(t)$ (P-Anteil), auf die in der Vergangenheit wirksame Regeldifferenz (I-Anteil) und auf eine Vorhersage der zukünf-

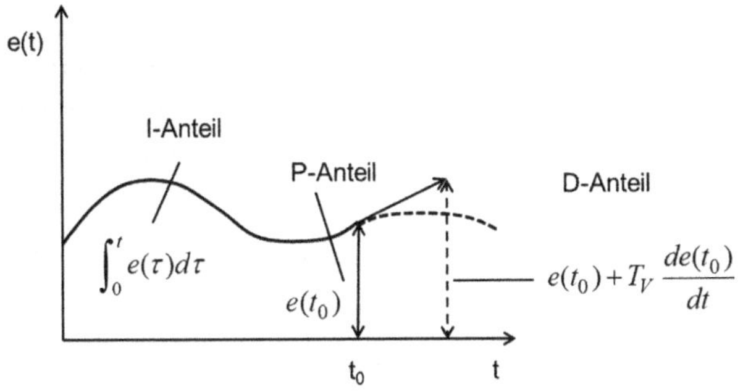

Abb. 3.10: Zur Bedeutung der Anteile des PID-Reglers.

tigen Regeldifferenz durch lineare Extrapolation (D-Anteil). Dies wird in Abb. 3.10 illustriert, in der ein angenommener Zeitverlauf der Regeldifferenz dargestellt ist. Der I-Anteil ist proportional zur Fläche unter der Kurve $e(t)$. Der Term $e(t)+T_V\frac{de(t)}{dt}$ stellt eine Vorhersage der Regeldifferenz über T_V Zeiteinheiten dar. Er sorgt für eine Reaktion der Stellgröße auch auf betragsmäßig kleine, aber sich schnell ändernde Regeldifferenzen.

Aus Gl. (3.27) lassen sich durch Vereinfachung andere Reglertypen ableiten. Die Gleichung des PI-Reglers ergibt sich zu

$$u(t) = K_P\left(e(t) + \frac{1}{T_N}\int_0^t e(\tau)d\tau\right), \tag{3.29}$$

wenn die Vorhaltzeit T_V gleich Null gesetzt wird. Ein I-Regler ergibt sich zu

$$u(t) = K_I\int_0^t e(\tau)d\tau = \frac{K_P}{T_N}\int_0^t e(\tau)d\tau\,. \tag{3.30}$$

Reine I-Regler werden in der Verfahrenstechnik nur selten verwendet, da sie zu einem sehr trägen Regelkreisverhalten führen. Die Hauptfunktion des I-Anteils ist die Sicherung der stationären Genauigkeit der Regelung, d. h. die Beseitigung der bleibenden Regeldifferenz für sprungförmige Sollwert- oder Störgrößenänderungen. Der D-Anteil dient in erster Linie der Verbesserung der Stabilitätseigenschaften des Regelkreises. Wegen der Trägheit der Regelstrecke dauert es immer erst eine gewisse Zeit, bis eine Änderung der Stellgröße wirksam wird, ein Regler ohne D-Anteil kommt „zu spät" in der Reaktion auf eine Regeldifferenz. Die Einbeziehung eines D-Anteils wirkt wie eine Stellgrößenänderung proportional zur *vorhergesagten* Regelgröße. Besonders wirksam ist die Einführung eines D-Anteils bei Regelstrecken, deren Dynamik durch große Verzögerungszeitkonstanten gekennzeichnet ist. Bei totzeitdominierten Regelstrecken ist der Vorteil der Hinzunahme eines D-Anteils hingegen nicht so groß (Aström & Hägglund, 2006).

Ein P-Regler entsteht, wenn im PID-Regler die Vorhaltzeit T_V gleich Null und die Nachstellzeit T_N auf den größten im Gerätesystem zulässigen Wert gesetzt werden (manche Gerätesysteme lassen eine Abschaltung des I- und des D-Anteils zu, ohne dass bestimmte Parameterwerte für T_N und T_V vorgegeben werden müssen). Die Gleichung des P-Reglers lautet dann

$$u(t) = K_P e(t) + u_0 = K_P\,(w(t) - y(t)) + u_0\,. \tag{3.31}$$

Man beachte, dass in dieser Gleichung ein weiterer Parameter auftritt, der bisher bewusst weggelassen wurde. Dabei handelt es sich um den sogenannten Arbeitspunktwert der Stellgröße u_0. Das ist der Wert der Stellgröße, der dem Arbeitspunktwert der Regelgröße y_0 – also dem für den Auslegungszustand der Prozessanlage vorgesehenen Wert – zugeordnet ist (vgl. Abschnitt 2.1 statische Kennlinie). Der Wert y_0 ist auch gleich dem Sollwert w der Regelgröße im Auslegungszustand. Als Arbeitspunktwert ist z. B. $u_0 = 50\,\%$ zu wählen, wenn sich bei einer Durchflussregelung der Arbeitspunktwert $y_0 = 2\,\mathrm{m}^3/\mathrm{h}$ bei halb geöffnetem Stellventil ergeben soll.

Bei vielen Gerätesystemen ist für den Arbeitspunktwert $u_0 = 0\,\%$ voreingestellt. Soll der Regler als P-Regler betrieben werden, muss daher in diesen Fällen ein anderer Wert für u_0 parametriert werden, wenn er nicht geräteintern automatisch ermittelt und eingestellt wird! Die Bedeutung dieses Parameters kann man sich leicht anhand eines Gedankenexperiments veranschaulichen. Man nehme an, der Regler werde zunächst in der Betriebsart „HAND" betrieben und der Anlagenfahrer stellt einen Wert der Stellgröße u ein, der die Regelgröße y auf ihren Arbeitspunktwert y_0 bringt, der auch als Sollwert w eingestellt ist. Dann ist die Regeldifferenz $e = 0$. Wenn nun der Regelkreis geschlossen wird (Umschaltung von „HAND"- auf „AUTOMATIK"-Betrieb), und es ist $u_0 = 0\,\%$ eingestellt, dann wird nach Gl. (3.31) eine Stellgröße von $u(t) = 0$ berechnet und an die Stelleinrichtung ausgegeben. Das ist normalerweise nicht erwünscht: im obigen Beispiel der Durchflussregelung würde die Stelleinrichtung zunächst schlagartig geschlossen werden. Richtig ist dagegen, beim Umschalten auf „AUTOMATIK"-Betrieb den Wert der Stellgröße u_0 auszugeben, der entsprechend der statischen Kennlinie zum Sollwert der Regelgröße gehört.

Der Einsatz eines P-Reglers führt bei dem in der Verfahrenstechnik häufigsten Fall von Regelstrecken ohne Integralverhalten und bei sprungförmigen Signaländerungen zu einer bleibenden Regeldifferenz. Dies lässt sich u. a. aus der Gleichung des P-Reglers erklären. Stellt man Gl. (3.31) nach der Regeldifferenz e um, ergibt sich

$$e(t) = \frac{u(t) - u_0}{K_P}\,. \tag{3.32}$$

Die Regeldifferenz e kann nur verschwinden, wenn entweder

- $u(t) = u_0$ gilt, oder
- die Reglerverstärkung $K_P \to \infty$ geht.

Die zweite Forderung lässt sich praktisch nicht erfüllen, da bei zu großer Reglerverstärkung das dynamische Verhalten des Regelkreises beeinträchtigt wird bzw. oszillatorische Instabilität auftritt. (Theoretisch kann die Reglerverstärkung beliebig groß gemacht werden, wenn die Regelstrecke von erster oder zweiter Ordnung ohne Totzeit ist. Dies ist aber praktisch nie der Fall, weil nicht nur die eigentliche Regelstrecke, sondern auch die Mess- und Stelleinrichtungen Verzögerungen aufweisen. Bei digitaler Regelung entsteht überdies allein durch die Signalverarbeitung im Regler eine, wenn auch kleine, Totzeit.) Eine zu groß gewählte Reglerverstärkung führt außerdem zu erhöhter Empfindlichkeit gegenüber Messrauschen. Die erste Forderung ($u(t) = u_0$) ist gleichbedeutend damit, dass die bleibende Regeldifferenz bei einer P-Regelung nur für den Fall verschwindet, dass der eingestellte Sollwert w gleich dem Arbeitspunktwert der Regelgröße y_0 ist, und dass auch der zu y_0 gehörige Arbeitspunktwert der Stellgröße u_0 in der Regeleinrichtung parametriert ist. Überdies dürfen keine Störungen der Strecke vorhanden sein, die eine Arbeitspunktabweichung verursachen.

Man kann die Wirkungsweise einer P-Regelung, die Entstehung und Reduktion einer bleibenden Regeldifferenz auch grafisch veranschaulichen. In Abb. 3.11 sind sowohl die statische Kennlinie einer Regelstrecke mit positiver Streckenverstärkung (Regelgröße steigt mit steigender Stellgröße) als auch die Reglerkennlinie (hier mit invertierendem Wirkungssinn, d. h. fallender Wert der Stellgröße bewirkt ein Ansteigen der Regelgröße) eingezeichnet. Sie schneiden sich in einem Gleichgewichtszustand mit der Stellgröße u_0 und der Regelgröße y_0 – dem Arbeitspunkt. Ist als Sollwert $w = y_0$ eingestellt, ergibt sich keine bleibende Regeldifferenz. Tritt jedoch im Prozess eine Störung auf, die sich in einer Verschiebung der statischen Kennlinie der Regelstrecke (gestrichelt dargestellt) ausdrückt, entsteht ein neuer Gleichgewichtszustand, und es kommt zu einer (bleibenden) Abweichung der Regelgröße vom Sollwert. Es gibt nun drei Möglichkeiten, diese Abweichung zu beeinflussen: a) Einstellung eines „künstlichen" erhöhten Sollwerts (gleichbedeutend mit einer Anhebung der Reglerkennlinie); b) Einstellung eines neuen Arbeitspunktwerts u_0 der Stellgröße; c) Änderung der Reglerverstärkung (z. B. führt eine Erhöhung der Reglerverstärkung zu einer flacheren Reglerkennlinie – man beachte, dass die Stellgröße die Abszisse darstellt – und damit

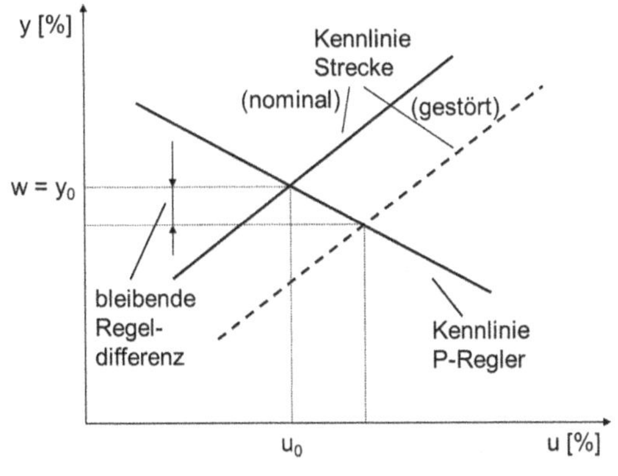

Abb. 3.11: P-Regelung und bleibende Regeldifferenz.

Tab. 3.2: Reglergleichungen und Regler-Übertragungsfunktionen.

Reglertyp	Gleichung im Zeitbereich	Übertragungsfunktion
P-Regler	$u(t) = K_P e(t) + u_0$	$G_R(s) = K_P$
I-Regler	$u(t) = K_I \int_0^t e(\tau)d\tau$	$G_R(s) = \frac{K_I}{s}$
PI-Regler	$u(t) = K_P\left(e(t) + \frac{1}{T_N}\int_0^t e(\tau)d\tau\right)$	$G_R(s) = K_P\left(1 + \frac{1}{T_N s}\right)$
PD-Regler	$u(t) = K_P\left(e(t) + T_V\frac{de(t)}{dt}\right) + u_0$	$G_R(s) = K_P(1 + T_V s)$
PID-Regler	$u(t) = K_P\left(e(t) + \frac{1}{T_N}\int_0^t e(\tau)d\tau + T_V\frac{de(t)}{dt}\right)$	$G_R(s) = K_P\left(1 + \frac{1}{T_N s} + T_V s\right)$

zu einer Verringerung der bleibenden Regeldifferenz). Es ist leicht einzusehen, dass alle drei Möglichkeiten im laufenden Betrieb einer Regelung unpraktikabel sind.

Der in der Verfahrenstechnik selten eingesetzte PD-Regelalgorithmus ergibt sich zu

$$u(t) = K_P\left(e(t) + T_V\frac{de(t)}{dt}\right) + u_0\,. \tag{3.33}$$

Auch beim PD-Regler ist der Arbeitspunktwert der Stellgröße u_0 zu parametrieren bzw. im Algorithmus vorzugeben. Im Übrigen gelten die für den P-Regler getroffenen Aussagen. Ist ein I-Anteil im Regler vorhanden (I-, PI- oder PID-Regler), kann die Vorgabe des Arbeitspunktwerts der Stellgröße u_0 entfallen, weil die Integration dafür sorgt, dass dieser Wert (passend zum eingestellten Sollwert) selbsttätig „gefunden" bzw. für $t \to \infty$ angenommen wird.

Häufig werden neben den Reglergleichungen im Zeitbereich auch die Regler-Übertragungsfunktionen $G_R(s)$ angegeben, die durch Laplace-Transformation entstehen. Sie sind für die oben genannten Reglertypen in Tab. 3.2 zusammengestellt.

Wie bereits angemerkt, werden in der Prozessautomatisierung heute überwiegend digitale Gerätesysteme eingesetzt, die Regelalgorithmen in zeitdiskreter Form realisiert. Die Signalverarbeitung in einem digital realisierten Regelkreis wurde bereits in Abb. 2.4 dargestellt.

Die PID-Regelalgorithmen verarbeiten zeitlich abgetastete und im Analog-Digital-Umsetzer der Analogeingabebaugruppen amplitudenquantisierte Werte der gemessenen Regelgröße. Der Regelalgorithmus selbst ist in einem vorgefertigten Software-Funktionsbaustein hinterlegt, der mit einer vom Anwender vorzugebenden Abtastzeit T_0 abgearbeitet wird. Die Abtastzeit hängt von der Prozessdynamik ab und reicht in der Verfahrenstechnik von 0,1 s für Durchflussregelungen bis zu einigen Sekunden für langsamere Prozessgrößen. Antriebsregelungen werden hingegen mit Abtastzeiten im Millisekundenbereich betrieben. Die Reglergleichung für eine digitale PID-Reglung entsteht durch zeitliche Diskretisierung der zeitkontinuierlichen Gl. (3.27). Die einfachste Form entsteht, wenn der I-Anteil durch numerische Integration mit Hilfe der Rechteckregel angenähert wird, und wenn der Differenzialquotient des D-Anteils durch einen Differenzenquotienten erster Ordnung ersetzt wird. Die resultierende Reglergleichung für den PID-Regler lautet dann

$$\begin{aligned}\Delta u(k) &= u(k) - u(k-1) = \\ &= K_P(1 + T_V/T_0)e(k) - K_P(1 + 2T_V/T_0 - T_0/T_N)e(k-1) + K_P T_V/T_0 e(k-2)\,.\end{aligned} \tag{3.34}$$

Darin bedeutet $k = 0, 1, 2\ldots$ die diskrete Zeit, und $u(k)$ bzw. $e(k)$ sind die aktuellen Werte der Stellgröße bzw. der Regeldifferenz. Andere Approximationen des I- und des D-Anteils führen zu modifizierten zeitdiskreten Regelalgorithmen. Es ist zu erkennen, dass im zeitdiskreten PID-Regelalgorithmus neben den bekannten Reglerparametern K_P, T_N und T_V auch die Abtastzeit T_0 auftritt. In diesem Abschnitt wird im Folgenden unterstellt, dass die Abtastzeit klein im Verhältnis zur Streckendynamik ist. Auf weitere Fragen der digitalen Realisierung wird daher nicht näher eingegangen.

Verzögerung des D-Anteils (Vorhaltverzögerung)

Der D-Anteil im PID-Regler hat den Nachteil, dass Signale mit hoher Frequenz (z. B. Messrauschen) erheblich verstärkt werden. Überlagern sich beispielsweise Nutz- und Störsignal bei einer Regelgröße nach dem Zusammenhang $y(t) = \sin(t) + a\sin(\omega t)$, so führt die Differenziation durch den D-Anteil zu $K_P T_V \frac{dy(t)}{dt} = K_P T_V\,(\cos(t) + \omega a \cos(\omega t))$. Während das Verhältnis von Rausch- zu Nutzsignalamplitude des Originalsignals gleich a ist, beträgt es beim differenzierten Signal ωa. Selbst bei kleinem a ergeben sich also große Stellgrößenschwankungen bei großen Frequenzen ω. Dies führt zu einer unnötig großen Belastung der Stelleinrichtung und zu erhöhtem Verschleiß.

Daher wird in der Praxis der D-Anteil verzögert, meist durch ein Verzögerungsglied erster Ordnung, und damit die Wirkung der Differenziation abgeschwächt. Man bezeichnet dies auch als „Vorhaltverzögerung". Während die Gleichung des unverzögerten D-Anteils

$$u_D(t) = K_P T_V \frac{de(t)}{dt} \tag{3.35}$$

lautet, führt eine Verzögerung erster Ordnung zu

$$T_1 \frac{du_D(t)}{dt} + u_D(t) = K_P T_V \frac{de(t)}{dt}\,. \tag{3.36}$$

Die Übertragungsfunktion des so modifizierten PID-Reglers lautet

$$G_R(s) = K_P\left(1 + \frac{1}{T_N s} + \frac{T_V s}{T_1 s + 1}\right)\,. \tag{3.37}$$

Er wird auch als „realer" PID-Regler oder PIDT_1-Regler bezeichnet. Die Verzögerungszeitkonstante des D-Anteils T_1 steht bei vielen Automatisierungssystemen entweder in einem festen Verhältnis zur Vorhaltzeit T_V – oft wird $T_1 = T_V/N$ mit $N = 5$ oder $N = 10$ gewählt – oder sie ist durch den Anwender in gewissen Grenzen frei parametrierbar.

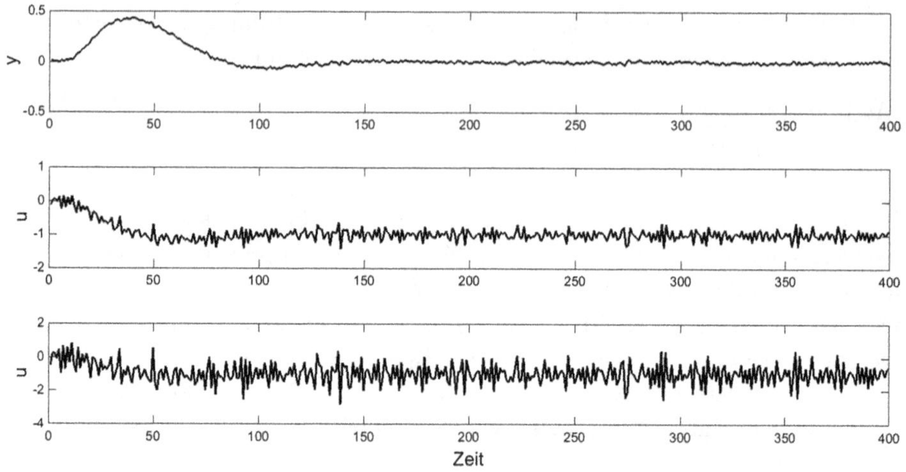

Abb. 3.12: Regelkreisverhalten mit und ohne Vorhaltverzögerung (Oben: Regelgröße, Mitte: Stellgröße mit $T_1 = T_V/10$, Unten: Stellgröße mit $T_1 = T_V/100$).

Die Wirkung der Vorhaltverzögerung im geschlossenen Regelkreis bei verrauschtem Messsignal zeigt Abb. 3.12. Im mittleren und unteren Teil des Bildes sind die Stellgrößenverläufe mit normaler ($N = 10$) und sehr kleiner ($N = 100$) Vorhaltverzögerung des D-Anteils dargestellt. Eine sehr geringe (oder keine) Vorhaltverzögerung führt zu wesentlich größeren Schwankungen der Stellgröße.

Bis heute wird die Verzögerungszeitkonstante des D-Anteils meistens unabhängig von den anderen Reglerparametern auf heuristischer Basis festgelegt. Jüngere Untersuchungen haben jedoch gezeigt, dass sich das Regelungsverhalten verbessern lässt, wenn der D-Filter systematisch in die Reglerparametrierung einbezogen wird (Isaksson & Graebe, 2002), (Visioli, 2006). Neu entwickelte Einstellregeln geben daher auch Hinweise für die Festlegung von T_1 (Kristiansson & Lennartson, 2002), (Kristiansson & Lennartson, 2006b).

Filterung des Istwerts

Viele digitale Automatisierungssysteme stellen eine Funktion der Filterung des Istwerts durch ein Exponentialfilter 1. Ordnung

$$G_F(s) = \frac{1}{T_f s + 1} \tag{3.38}$$

im Rahmen der primären Messwertverarbeitung bereit. Diese verfolgt ebenfalls das Ziel, die durch Messrauschen verursachte Stellaktivität zu verringern. Zu starke Filterung führt allerdings zu einer größeren Phasenverschiebung des Nutzsignals und damit zu Verlust an Regelgüte. Mit dem Filter wird die Reglerübertragungsfunktion zu $G_R(s) = G_F(s)G_{\text{PID}}(s)$ erweitert. Die Istwertfilterung wirkt sowohl bei einem PI- als auch bei einem PID-Regler (dort zusätzlich zur Filterung des D-Anteils). In der Pra-

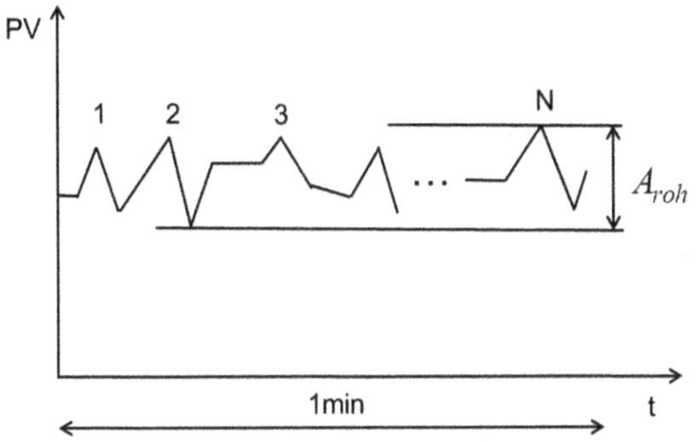

Abb. 3.13: Zur Bestimmung der Filterzeitkonstante (Smuts, 2011).

xis wird die Filterzeitkonstante T_f oft empirisch in Abhängigkeit von der Größe des Messrauschens gewählt. In (Smuts, 2011) wird vorgeschlagen, die Filterzeitkonstante so zu wählen, dass sich eine bestimmte Verringerung der Rauschamplitude des Rohsignals gegenüber der des gefilterten Signals ergibt. Abbildung 3.13 verdeutlicht die Vorgehensweise.

Am Rohsignal wird die Anzahl der Maxima N über den Zeitraum einer Minute gemessen, daraus $T_{\text{Messrauschen}} = 1/N[\text{min}]$ bestimmt. Die Filterzeitkonstante T_f ergibt sich dann aus

$$T_f = \frac{A_{\text{roh}}}{A_{\text{filt}}} \cdot \frac{T_{\text{Messrauschen}}}{2\pi} \,. \tag{3.39}$$

Darin bedeuten A_{roh} die (ebenfalls gemessene) Rauschamplitude des Rohsignals und A_{filt} die gewünschte Rauschamplitude des gefilterten Signals. T_f sollte im Bereich $3T_0 \leq T_f \leq T_t/3$ liegen, d. h. mindestens dreimal so groß wie die Abtastzeit und kleiner als die Prozesstotzeit sein. In jedem Fall sollte sichergestellt werden, dass die Istwertfilterung nicht mehrfach an verschiedenen Stellen (z. B. im Sensor selbst, in der Analogeingabebaugruppe und im Messwertverarbeitungs- oder PID-Regler-Software-Funktionsbaustein) erfolgt.

Besser für die Istwertfilterung geeignet ist die Verwendung eines Filters 2. Ordnung mit der Übertragungsfunktion

$$G_F(s) = \frac{1}{1 + sT_f + s^2 T_f^2/2} \tag{3.40}$$

mit einer besser begründeten Wahl der Filterzeitkonstante T_f, die nicht nur Aspekte der Rauschunterdrückung, sondern auch der Regelgüte (im Sinne einer guten Ausregelung von Störungen am Streckeneingang) und der Robustheit berücksichtigt. In (Segovia, Hägglund, & Aström, 2014) werden Regeln für die Wahl von T_f angegeben, die diese Anforderungen erfüllen. Ausgangspunkt ist die Bestimmung günstiger Reglerparameter (K_P, T_N und T_V) mit Hilfe von Einstellregeln (hier SIMC und AMIGO, vgl. Abschnitt 3.3.1) anhand eines Streckenmodells (ohne Berücksichtigung der Istwertfilterung). In Tab. 3.3 sind die Empfehlungen für die Wahl von T_f zusammengestellt.

Tab. 3.3: Ermittlung der Filterzeitkonstante nach (Segovia, Hägglund, & Aström, 2014).

Reglertyp	Einstellregel	Filterzeitkonstante T_f	
PI	SIMC	$(6{,}5\tau^2 - 1{,}2\tau + 0{,}34)\,\alpha T_N$	
	AMIGO	$(18\tau^2 + 1{,}7\tau + 0{,}26)\,\alpha T_N \quad \tau < 0{,}35$	
		$(-2\tau^2 - 7{,}5\tau + 0{,}7)\,\alpha T_N \quad \tau \geq 0{,}35$	
PID	SIMC	$(4{,}7\tau^2 - 0{,}8\tau + 0{,}3)\,\alpha T_N$	$5/(1 - \tau^3) \cdot \alpha T_V$
	AMIGO	$(3{,}9\tau^2 + 0{,}6\tau + 0{,}46)\,\alpha T_N$	$4{,}3/(1 - \tau^3) \cdot \alpha T_V$

In dieser Tabelle bedeuten $\tau = T_t/(T_t + T_1)$ normierte Streckentotzeit und α einen durch den Anwender zu wählenden Entwurfsparameter, der die Filterzeitkonstante zur Amplitudendurchtrittsfrequenz ω_D der offenen Kette (vgl. Abschnitt 3.1.3) in Beziehung setzt: $T_f = \alpha/\omega_D$. Empfohlen wird ein Bereich von $0{,}01 \leq \alpha \leq 0{,}05$. In (Garpinger & Hägglund, 2015) wird das Matlab-basierte Softwarepaket SWORD beschrieben, mit dessen Hilfe man optimale PID-Reglerparameter unter Einschluss der Filterzeitkonstante T_f durch Lösung eines nichtlinearen Optimierungsproblems mit Nebenbedingungen für Robustheit und Empfindlichkeit gegenüber Messrauschen bestimmen kann.

Parallele und serielle Form des PID-Reglers

Bisher wurde angenommen dass sich der PID-Regler aus einer additiven Verknüpfung bzw. einer Parallelschaltung von P-, I- und D-Anteil ergibt. Diese Form des PID-Reglers wird daher auch als „additive“ Form bezeichnet. Eine andere verbreitete Bezeichnung für diese Form ist „nicht-interaktiv“ (non-interacting). Sie resultiert daraus, dass hier eine Veränderung der Vorhaltzeit nicht den I-Anteil, und umgekehrt eine Veränderung der Nachstellzeit nicht den D-Anteil beeinflusst. Die additive oder nicht-interaktive Form ist heute die bevorzugte Variante der Realisierung von PID-Regelalgorithmen auf digitalen Automatisierungssystemen. Auch der Begriff „parallele“ Form findet sich in der Literatur. Er wird jedoch nicht einheitlich verwendet: manche Autoren bezeichnen damit einen Regler nach Gl. (3.27), andere reservieren diesen Begriff für einen Regler mit der Übertragungsfunktion $G_R(s) = K_P + \frac{K_I}{s} + K_D s$, (eine Form, die in industriellen Automatisierungssystemen nur selten anzutreffen ist) und verwenden dann aber für Gl. (3.27) den Begriff „ideale Form“.

Aus der Vergangenheit resultiert eine andere Art der Realisierung, die „serielle“ oder „multiplikative“ Form des PID-Reglers. Sie wurde ursprünglich gewählt, weil sie sich mit analogen (elektronischen oder pneumatischen) Bauelementen einfacher realisieren ließ. Beim Übergang zu digitalen Automatisierungssystemen hat man diese Form dann zunächst beibehalten, sie wird auch heute noch in manchen Automatisierungssystemen zusätzlich zur additiven Form angeboten. Sie ist dadurch gekennzeichnet, dass das PID-Verhalten durch eine Reihenschaltung eines PI- und eines PD-

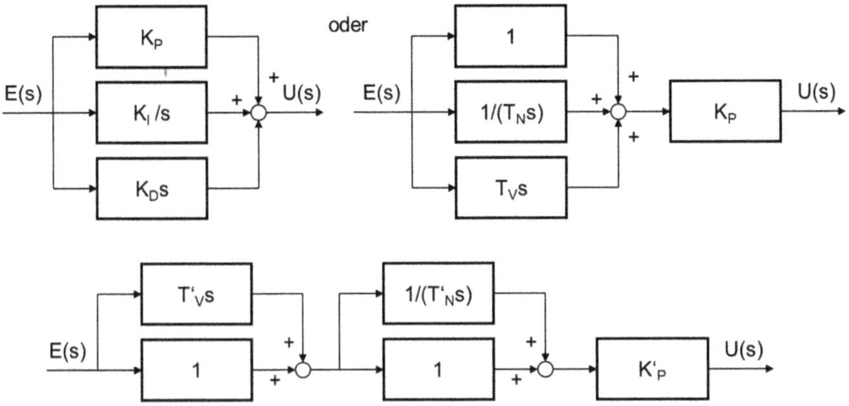

Abb. 3.14: Formen der Realisierung von PID-Reglern: Oben: Additive/parallele/nicht-interaktive Form, Unten: multiplikative/serielle/interaktive Form.

Gliedes erzeugt wird. Die Übertragungsfunktion ist dann

$$G_R(s) = G_{\mathrm{PI}}(s)G_{\mathrm{PD}}(s) = K'_P\left(1 + \frac{1}{T'_N s}\right)\left(1 + T'_V s\right) . \tag{3.41}$$

Als weitere Bezeichnung für diese Form hat sich „interaktiv" (interactive) eingebürgert, da sich hier eine Veränderung der Vorhaltzeit auch auf den I-Anteil auswirkt, wie man durch Ausmultiplizieren zeigen kann.

In Abb. 3.14 sind die beiden Formen der Realisierung des PID-Reglers einander gegenübergestellt. Man beachte, dass die Reglerparameter in der additiven und der multiplikativen Form nicht identisch sind. Sie müssen also ineinander umgerechnet werden, wenn man von der einen auf die andere Form übergeht. Das kann zum Beispiel bei Projekten eine Rolle spielen, bei denen ein älteres Automatisierungssystem (multiplikative Form) durch ein neueres (additive Form) ersetzt wird. Das spielt jedoch nur dann eine Rolle, wenn sowohl der I- als auch der D-Anteil verwendet werden (PID-Regler), nicht jedoch beim P-, PI- oder PD-Regler. Dabei kann die multiplikative Form stets durch die additive ausgedrückt werden. Die Umkehrung gilt nicht: die additive kann nur dann in die multiplikative Form umgerechnet werden, wenn $T_N \geq 4T_V$ ist. In Tab. 3.4 sind die Formeln für die Umrechnung angegeben.

Formeln zur Umrechnung der Reglerparameter unter Berücksichtigung der Vorhaltverzögerung finden sich in (Lutz & Wendt, 2014). Mitunter wird die Bedingung $T_N \geq 4T_V$ als generelle Einstellempfehlung für PID-Regler interpretiert (in den Einstellregeln nach Ziegler und Nichols wird z. B. $T_N = 4T_V$ vorgeschlagen), um komplexe Reglernullstellen zu vermeiden. Es wurde jedoch gezeigt, dass optimale PID-Reglerparameter auch komplexe Regler-Nullstellen ergeben können (Kristiansson & Lennartson, 2006a).

Tab. 3.4: Umrechnung der Reglerparameter von PID-Reglern verschiedener Struktur.

Reglerparameter	multiplikativ → additiv	additiv → multiplikativ
Verstärkung	$K_P = K'_P \dfrac{T'_N + T'_V}{T'_N}$	$K'_P = \dfrac{K_P}{2}\left(1 + \sqrt{1 - 4T_V/T_N}\right)$
Nachstellzeit	$T_N = T'_N + T'_V$	$T'_N = \dfrac{T_N}{2}\left(1 + \sqrt{1 - 4T_V/T_N}\right)$
Vorhaltzeit	$T_V = \dfrac{T'_N T'_V}{T'_N + T'_V}$	$T'_V = \dfrac{T_N}{2}\left(1 - \sqrt{1 - 4T_V/T_N}\right)$

Sollwert-Wichtung

Die bisher vorgestellten PID-Regelalgorithmen sind dadurch gekennzeichnet, dass alle drei Anteile des PID-Reglers die Regeldifferenz e verarbeiten, man spricht auch von Rückführung der Regeldifferenz. Eine flexiblere Struktur ergibt sich, wenn der Sollwert und der Istwert der Regelgröße im Regelalgorithmus unterschiedlich verarbeitet werden. Der so modifizierte PID-Regelalgorithmus lautet

$$u(t) = K_P \left(e_P(t) + \frac{1}{T_N} \int_0^t e(\tau) d\tau + T_V \frac{de_D(t)}{dt} \right) . \tag{3.42}$$

Im P-Anteil wird die modifizierte Regeldifferenz $e_P(t) = bw(t) - y(t)$ verarbeitet, im D-Anteil $e_D(t) = cw(t) - y(t)$. Im I-Anteil muss die ursprüngliche Regeldifferenz $e(t) = w(t) - y(t)$ verwendet werden, um stationäre Genauigkeit zu sichern.

Die Parameter b und c werden Sollwertgewichte genannt. Die Reaktion eines solchen PID-Reglers auf Sollwertänderungen (das Führungsverhalten) ist von der Wahl der Gewichte abhängig, während die Wahl unterschiedlicher Gewichte keinen Einfluss auf das Störverhalten des Regelkreises hat.

Während die freie Wahl der Sollwertgewichte durch den Anwender in PID-Funktionsbausteinen marktgängiger Automatisierungssysteme bisher die Ausnahme ist, sind die beiden Spezialfälle

- Fall 1: $b = 1$ und $c = 0$ (manchmal PI-D-Struktur oder auch „Derivative-on-PV" genannt) und
- Fall 2: $b = 0$ und $c = 0$ (manchmal I-PD-Struktur oder auch „Proportional-on-PV" genannt)

seit langem verbreitet. Im Fall 1 sind sowohl P- als auch I-Anteil mit der Regeldifferenz e verknüpft, während der D-Anteil nur auf die Änderung des Istwerts der Regelgröße, nicht aber des Sollwerts reagiert. Im Falle einer sprungförmigen Sollwertänderung wird die Differenziation dieses Sprungs unterdrückt und damit der sogenannte „derivative kick" der Stellgröße vermieden. Im Fall 2 ist nur noch der I-Anteil mit der Regeldifferenz e verknüpft, sowohl der P- als auch der D-Anteil reagieren nur auf Istwert-, aber nicht auf Sollwertänderungen. Außer dem „derivative kick" wird nun auch der „proportional kick" der Stellgröße unterdrückt. In Abb. 3.15 sind die unterschiedlichen Fälle einander gegenübergestellt.

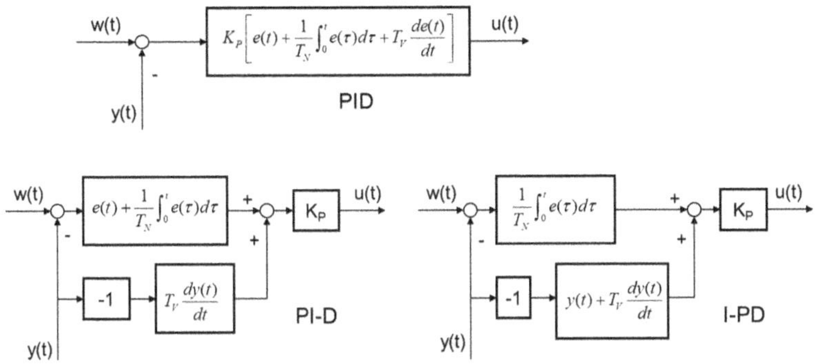

Abb. 3.15: PID-, PI-D- und I-PD-Struktur.

Die Wirkung unterschiedlicher Wahl der Sollwertgewichte (hier nur für die genannten Spezialfälle) auf das Verhalten des geschlossenen Regelkreises zeigen die in Abb. 3.16 dargestellten Simulationsergebnisse. In allen simulierten Fällen wurden identische Reglerparameter verwendet. Man kann erkennen, dass die schnellere Reaktion auf Sollwertänderungen im Fall der PID- und der PI-D-Struktur durch vergleichsweise aggressive (nahezu impulsförmige bei PID-Struktur, sprungförmige bei PI-D-Struktur) Stellgrößenänderungen erkauft wird. Hingegen hat die Wahl der Sollwertgewichtung keinen Einfluss auf das Störverhalten. Der Nachteil der langsameren Regelkreisdynamik im Fall der Verwendung der I-PD-Struktur lässt sich Einstellung anderer Reglerparameter zum Teil ausgleichen.

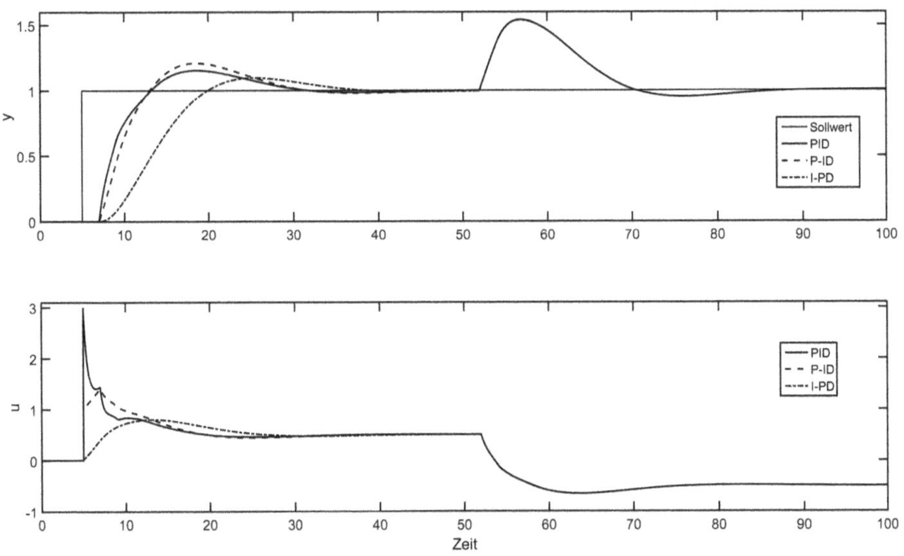

Abb. 3.16: Führungs- und Störverhalten von Regelkreisen mit unterschiedlichen Sollwertgewichten.

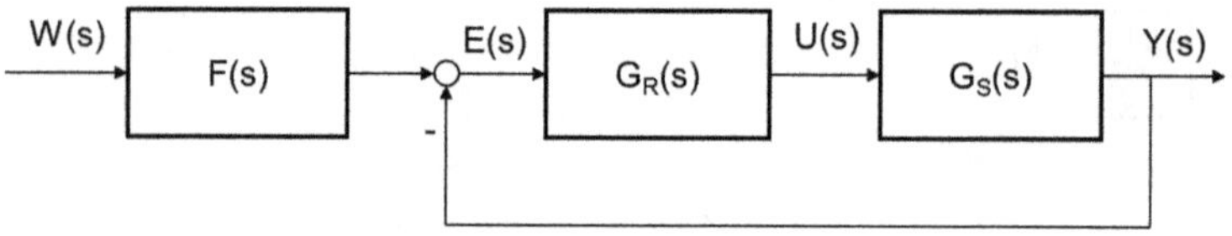

Abb. 3.17: Regelkreis mit PID-Regler und Sollwertfilter.

Es wird empfohlen, im Regelfall die I-PD-Struktur zu verwenden, d. h. die Reaktion des P- und des I-Anteils auf Sollwertänderungen zu unterdrücken (leider ist diese Variante bei den meisten Automatisierungssystemen nicht voreingestellt). Dies schont nicht nur die Stelleinrichtungen, sondern ist in vielen Fällen auch günstiger für die Prozessführung. Ist der Regler Folgeregler einer Kaskaden- oder Verhältnisregelung, oder wird sein Sollwert von einem übergeordneten MPC-Regler manipuliert, sollte alternativ die Verwendung der P-ID-Struktur erwogen werden, d. h. der P-Anteil mit der Regeldifferenz und nicht mit der Regelgröße verknüpft werden.

Die hier besprochene Erweiterung des PID-Reglers durch Sollwertwichtung lässt sich nicht mehr mit dem in Abb. 3.1 dargestellten Wirkungsplan darstellen. Man kann aber einen modifizierten Wirkungsplan angeben (siehe Abb. 3.17), der diese Erweiterung beinhaltet.

Der PID-Regler hat die bekannte Übertragungsfunktion

$$G_R(s) = K_P\left(1 + \frac{1}{T_N s} + T_V s\right), \tag{3.43}$$

während sich für den neu eingeführten Block „Sollwertfilter“ die Übertragungsfunktion

$$F(s) = \frac{b + \frac{1}{T_N s} + cT_V s}{1 + \frac{1}{T_N s} + T_V s} = \frac{cT_N T_V s^2 + bT_N s + 1}{T_N T_V s^2 + T_N s + 1} \tag{3.44}$$

ergibt, wie man leicht zeigen kann: Die Stellgröße ergibt sich nämlich (im Bildbereich) zu

$$\begin{aligned} U(s) &= (F(s)W(s) - Y(s))\, G_R(s) = \\ &= \left(\frac{b + \frac{1}{T_N s} + cT_V s}{1 + \frac{1}{T_N s} + T_V s} W(s) - Y(s)\right)\left(1 + \frac{1}{T_N s} + T_V s\right) = \\ &= \left(b + \frac{1}{T_N s} + cT_V s\right) W(s) - \left(1 + \frac{1}{T_N s} + T_V s\right) Y(s)\,. \end{aligned} \tag{3.45}$$

Der Signalweg vom Sollwert zur Stellgröße ist also verschieden vom Signalweg des Istwerts der Regelgröße zur Stellgröße.

Regelkreise mit der in Abb. 3.1 dargestellten Struktur werden auch als Systeme mit einem Freiheitsgrad bezeichnet. In solchen Systemen wird versucht, alle Anforderungen an das Führungs- und Störverhalten des Regelkreises mit einem einzigen Mechanismus zu erfüllen. Das Ergebnis wird immer ein Kompromiss sein, da man mit einer solchen Struktur nicht gleichzeitig ein möglichst gutes Führungs- und ein möglichst gutes Störverhalten erzielen kann. Demgegenüber wird das in Abb. 3.17 dargestellte System auch als „System mit zwei Freiheitsgraden" bezeichnet. Mit einem solchen System kann das Störverhalten des Regelkreises unabhängig vom Führungsverhalten ausgelegt werden. Man kann z. B. den Regelkreis aggressiv auf gute Störunterdrückung einstellen und danach ein zu starkes Überschwingen bei Sollwertänderungen durch die Wahl der Sollwertgewichte *b* und *c* unterdrücken.

Betriebsarten und Wirkungssinn

Der Wirkungssinn eines Reglers (auch „Reglerwirkung" genannt) gibt an, in welcher Richtung sich die Reglerausgangsgröße verändern soll, wenn die Regeldifferenz $e = w - y$ entweder positiv oder negativ ist. Dieser Reglerparameter ist bei Universalreglern erforderlich, um das Vorzeichen der Reglerverstärkung an das Vorzeichen der Streckenverstärkung anzupassen. Eine „invertierende" Reglerwirkung muss parametriert werden, wenn bei einer negativen Regeldifferenz (d. h. wenn der Istwert *größer* als der Sollwert ist) das Reglerausgangssignal kleiner werden soll, um den Sollwert zu halten. Eine „direkte" Reglerwirkung muss eingestellt werden, wenn in diesem Fall (negative Regeldifferenz) das Reglerausgangssignal wachsen soll. Anders ausgedrückt muss gelten: Wenn die Streckenverstärkung positiv ist ($K_S > 0$), muss ein invertierender Wirkungssinn eingestellt werden, wenn sie negativ ist ($K_S < 0$), muss ein direkter Wirkungssinn eingestellt werden. Dabei ist zu beachten, dass hier als Regelstrecke der Zusammenhang von Reglerausgangssignal $u'(t)$ und zurückgeführtem Istwert der Regelgröße $y'(t)$ aufgefasst wird! Wenn also zum Beispiel ein steigendes Reglerausgangssignal zum Schließen einer Stelleinrichtung führt, so muss das in der Streckenverstärkung K_S mit berücksichtigt werden.

Die Festlegung der Reglerwirkung soll an zwei Beispielen verdeutlicht werden (siehe Abb. 3.18). Im ersten Beispiel (Durchflussregelung) führe eine Erhöhung des Reglerausgangssignals zum Öffnen des Stellventils und daher zum Ansteigen des Durchflusses, d. h. die Streckenverstärkung ist positiv. Oder: Wenn der Istwert des Durchflusses größer als der Sollwert ist, muss das Ventil schließen, um den Durchfluss auf Sollwert zu halten. Daher muss ein invertierender Wirkungssinn eingestellt werden. Im zweiten Beispiel (Temperaturregelung) führt eine Erhöhung des Reglerausgangssignals ebenfalls zum Öffnen des Stellventils, damit zur einem stärkeren

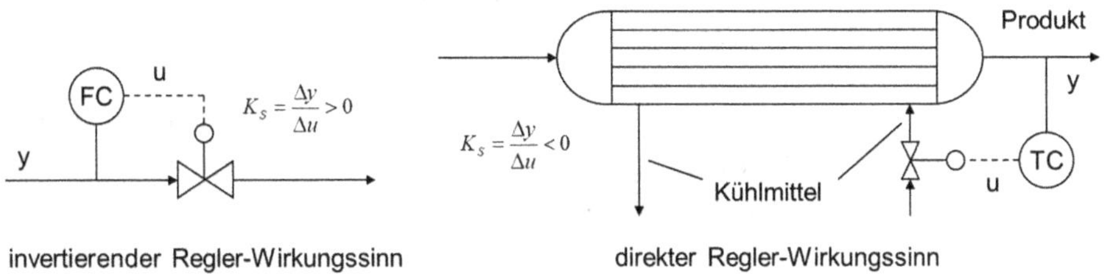

Abb. 3.18: Zur Festlegung des Wirkungssinns.

Kühlmittelzufluss und schließlich zu fallender Temperatur. Oder: Wenn der Temperatur-Istwert höher ist als der Sollwert, muss mehr gekühlt werden, um den Sollwert wieder zu erreichen. Daher muss ein direkter Wirkungssinn eingestellt werden.

Bei den meisten Gerätesystemen ist die Reglerwirkung als „invertierend“ voreingestellt. Eine falsche Festlegung des Wirkungssinns führt zu monotoner Instabilität im Regelkreis, d. h. die Regelgröße „läuft in eine Richtung weg“, wenn der Regelkreis geschlossen wird. Man beachte, dass die Definitionen für „direkt“ und „invertierend“ international ebenso wenig genormt sind wie die Definition der Regeldifferenz (manche Automatisierungssysteme verwenden $e = y - w$), im Zweifel ist die Dokumentation des jeweiligen Automatisierungssystems zu Rate zu ziehen. Bei den meisten Automatisierungssystemen wird die Reglerwirkung über einen Software-Schalter parametriert.

Die wichtigsten Regler-Betriebsarten sollen mit Hilfe von Abb. 3.19 erläutert werden.

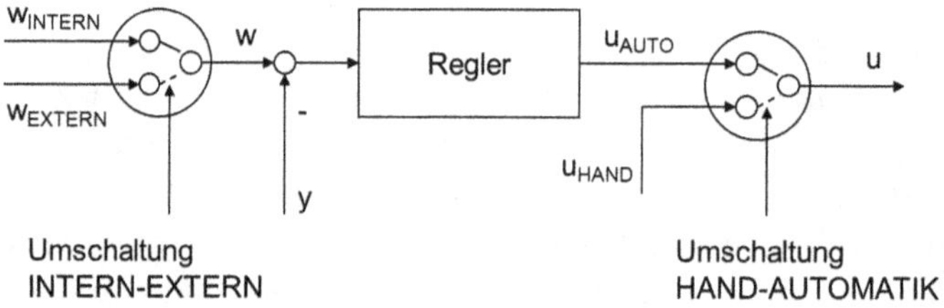

Abb. 3.19: Zur Erläuterung der Regler-Betriebsarten.

Betriebsart HAND: die Stellgröße wird durch den Bediener vorgegeben, der Regelkreis ist nicht geschlossen

Betriebsart AUTOMATIK: die Stellgröße wird durch den Regelalgorithmus bestimmt, der Regelkreis ist geschlossen

Im AUTOMATIK-Betrieb ist weiter zu unterscheiden zwischen

INTERN = interner Sollwert, d. h. der Sollwert wird durch den Bediener vorgegeben

EXTERN = externer Sollwert, d. h. der Sollwert wird durch eine übergeordnete Einrichtung bestimmt, meist durch einen weiteren, übergeordneten Regler (Kaskadenregelung), einen Verhältnis-Baustein (Verhältnisregelung) oder andere Funktionsbausteine – aus diesem Grund wird für diese Betriebsart oft auch die Bezeichnung CAS (für „Cascade“) verwendet

In Abhängigkeit vom eingesetzten Automatisierungssystem sind weitere Betriebsarten möglich. Dazu gehört u. a. der Nachführbetrieb. Darunter wird einerseits die sogenannte „Sollwert-Nachführung“ verstanden: sie bedeutet, dass der Sollwert dem Istwert der Regelgröße angeglichen wird, wenn der Regler im HAND-Betrieb ist. Dadurch wir die aktuelle Regeldifferenz zu Null gemacht und eine stoßfreie Umschaltung von HAND auf AUTOMATIK gewährleistet. Nachteilig ist, dass bei längerem Handbetrieb der zuletzt eingestellte Sollwert „verloren geht" und durch den Bediener evtl. erst wieder eingegeben werden muss. Ob man eine stoßfreie HAND/AUTOMATIK-Umschaltung haben möchte, ist in der Regel einstellbar. Der Begriff Nachführbetrieb kann sich aber auch auf die Nachführung der Stellgröße beziehen, zum Beispiel beim Führungsregler einer Kaskadenregelung. Der Stellgrößenwert, auf den nachgeführt werden soll, wird dann im Automatisierungssystem selbst bestimmt.

Anti-Windup

Bei großen sprungförmigen Sollwertänderungen oder größeren, länger anhaltenden Anlagenstörungen kann es dazu kommen, dass die Reglerausgangsgröße Grenzwerte des Stellbereichs erreicht (z. B. Stellventil vollständig geöffnet). Damit ist der Regelkreis de facto geöffnet und die Regeldifferenz kann nicht beseitigt werden. Hat der Regler einen I-Anteil, wird die immer noch anstehende Regeldifferenz weiterhin integriert, und die Reglerausgangsgröße wird (bei positiver Reglerdifferenz) weiter erhöht. Die Streckenstellgröße verändert sich jedoch nicht. Erst nach Beseitigung der Ursache und länger anhaltender negativer Regeldifferenz kann der Regelkreis in den Normalbetrieb zurückkehren. Die Konsequenz sind lang anhaltende Übergangsvorgänge mit großen Regeldifferenzen.

Diese Problematik hat schon vor langer Zeit zur Entwicklung von Anti-Windup-Mechanismen (auch: „anti-reset-windup") geführt. Eine Übersicht und einen Vergleich findet man in (Glattfelder & Schaufelberger, 2003) und in (Visioli, 2006). Viele Hersteller von Automatisierungssystemen setzen heute die Methode der bedingten Integration ein. Dabei wird der I-Anteil im Regelalgorithmus abgeschaltet, wenn

- die Regeldifferenz sehr groß ist, und/oder
- wenn sich die Stellgröße in der Sättigung befindet (d. h. einen ihrer Grenzwerte erreicht hat), *und*
- wenn der I-Anteil die Stellgröße weiter in der Richtung integriert, in der sie bereits begrenzt ist (also z. B. weiter erhöht, wenn der obere Grenzwert bereits erreicht wurde).

Andere Hersteller bieten in ihren PID-Funktionsbausteinen auch als „back calculation" und „external reset feedback" bekannte Struktur an, die in Abb. 3.20 dargestellt sind.

Wenn das Reglerausgangssignal gesättigt ist (also z. B. seinen oberen Grenzwert erreicht hat), wird in dem links dargestellten Mechanismus der I-Anteil des Reglers so neu berechnet, dass der Grenzwert ausgegeben und das „wind up" verhindert wird. Das geschieht allerdings nicht sofort, sondern verzögert mit einer Zeitkonstante T_{track}. Dazu wird die Differenz des Reglerausgangssignals u und der (gemessenen oder über ein Modell berechneten) Ausgangsgröße der Stelleinrichtung u' gebildet und dem Integrator über eine Verstärkung $1/T_{\mathrm{track}}$ zugeführt. Die Differenz ist gleich Null, wenn

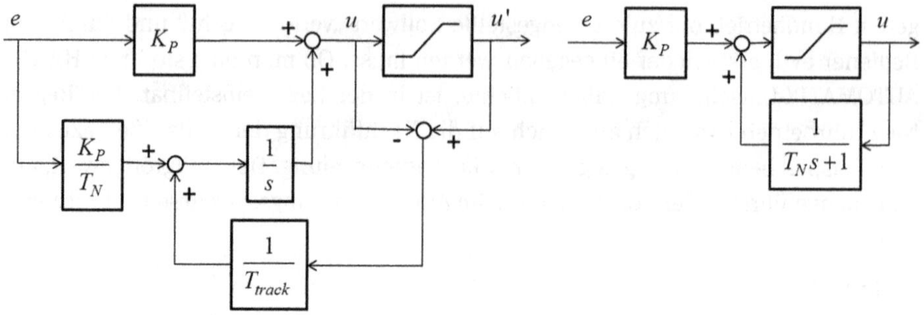

Abb. 3.20: Anti reset-windup durch „back calculation" (links) und durch „external reset feedback" (rechts) nach (Aström & Hägglund, 2006).

keine Sättigung vorliegt, und hat in diesem Fall keinen Einfluss auf die Arbeitsweise des Reglers.

Die Wirkung dieser Maßnahme ist in Abb. 3.21 zu erkennen, in dem Simulationsergebnisse ohne (gestrichelt) und mit (durchgezogen) Anti-Windup-Mechanismus dargestellt sind. Für die Simulation wurde eine I-Regelstrecke mit der Übertragungsfunktion $G_S = 1/s$ und ein PI-Regler mit $G_S = (1 + s)/s$ angenommen, die Stellgröße ist zwischen $-0{,}1 \leq u \leq 0{,}1$ begrenzt. Ohne Anti-Windup steigt der Ausgang des I-Anteils des Reglers bis auf den Wert $u_I(t) = 5$, bevor er wieder fällt, wenn der Istwert der Regelgröße den Sollwert übersteigt und sich das Vorzeichen der Regeldifferenz umkehrt. Da die aktuelle Stellgröße auf 0,1 begrenzt ist, steigt die Regelgröße zunächst weiter an. Insgesamt dauert es sehr lange, bis die Stellgröße in ihren erlaubten Bereich zurückkehrt und die Regeldifferenz schließlich beseitigt wird. Anders mit Windup-Mecha-

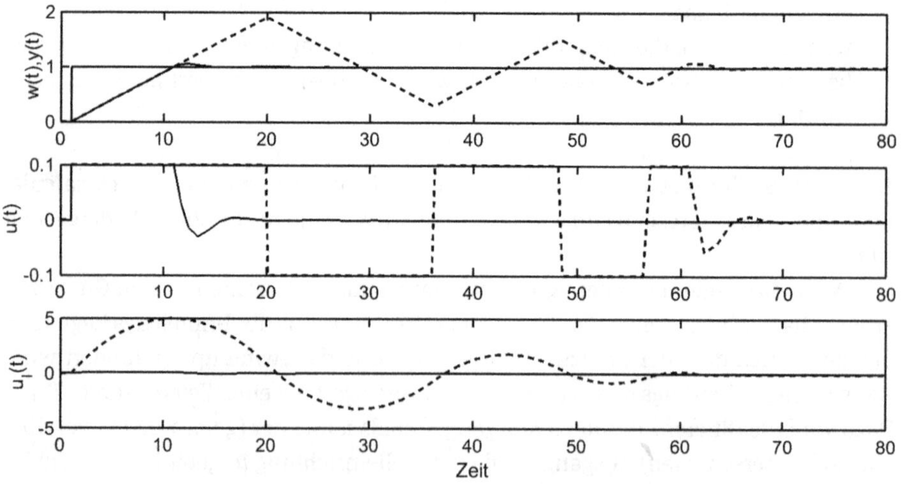

Abb. 3.21: Regelung mit und ohne Anti-Windup-Mechanismus (Oben: Sollwert und Istwert der Regelgröße, Mitte: Stellgrößenverlauf, Unten: durch den I-Anteil bewirkte Stellgröße).

nismus (hier „back calculation"): auch hier ist die Stellgröße zunächst begrenzt, der I-Anteil des Reglers wird aber schnell zurückgesetzt, was zu einer schnellen Rückkehr in den Normalbereich der Stellgröße und zur Beseitigung der Regeldifferenz führt. Insgesamt führt die Einführung eines Anti-Reset-Mechanismus zu einer drastischen Verbesserung der Regelgüte.

In (Aström & Hägglund, 2006) wird vorgeschlagen, die Zeitkonstante T_{track} größer als die Vorhaltzeit und kleiner als die Nachstellzeit des PID-Reglers zu wählen, z. B. $T_{\text{track}} = \sqrt{T_N T_V}$. Wird kein D-Anteil verwendet, kann man $T_{\text{track}} = T_N$ wählen.

Die in Abb. 3.20 rechts dargestellte Schaltung zeigt zunächst, dass ein PI-Regler auch realisiert werden kann, wenn man die Stellgröße über ein PT_1-Glied mit der Nachstellzeit T_N als Verzögerungszeitkonstante positiv zurückkoppelt. Wenn die Stellgröße nicht gesättigt ist, ergibt sich die Reglerausgangsgröße dann zu

$$U(s) = K_P E(s) + \frac{1}{T_N s + 1} U(s)\,. \tag{3.46}$$

Durch Auflösung nach $U(s)$ folgt

$$U(s) = K_P E(s) \frac{T_N s + 1}{T_N s} \tag{3.47}$$

und daraus das Reglergesetz eines PI-Reglers

$$G_R(s) = \frac{U(s)}{E(s)} = K_P \frac{T_N s + 1}{T_N s} = K_P \left(1 + \frac{1}{T_N s}\right)\,. \tag{3.48}$$

Man nennt diese Schaltung auch „internal reset feedback": Wird die Rückführung unterbrochen und als externes Signal der Grenzwert der Stellgröße u_{lim} aufgeschaltet, folgt hingegen

$$U(s) = K_P E(s) + \frac{1}{T_N s + 1} u_{\text{lim}}\,. \tag{3.49}$$

Die Regeldifferenz wird also nicht mehr weiter integriert und es stellt sich verzögert ein konstanter Wert der Stellgröße $u = K_P e + u_{\text{lim}}$ ein. Diese Struktur kann nicht nur als Anti-Windup-Mechanismus für einen einschleifigen PI-Regelkreis verwendet werden, sondern auch erweiterte Regelungsstrukturen wie z. B. Auswahlregelungen und Kaskadenregelungen unterstützen (Shinskey, 2006).

3.3 Ermittlung günstiger Reglerparameter

Um die in Abschnitt 3.1 genannten Forderungen an einen PID-Regelkreis zu erreichen, müssen der richtige Reglertyp ausgewählt und geeignete Reglerparameter eingestellt werden.

Für die Auswahl des Reglertyps bzw. des Regelalgorithmus können folgende Regeln herangezogen werden, die sich in der Praxis der Prozessregelung über einen langen Zeitraum bewährt haben:

- P-Regler sollten dort eingesetzt werden, wo eine bleibende Regeldifferenz toleriert werden kann. Das gilt für solche Füllstandsregelungen, bei denen größere Füllstandsschwankungen und Sollwertabweichungen bewusst in Kauf genommen werden, um durch Ausnutzung des Puffervolumens eine dynamische Entkopplung zwischen Teilanlagen zu erreichen. P-Regler können auch als Hilfsregler in Kaskadenregelungen eingesetzt werden, wenn davon auszugehen ist, dass die Kaskade in der Regel aktiviert ist und der Führungsregler die bleibende Regeldifferenz für die Hauptregelgröße beseitigt (vgl. Abschnitt 4.1),
- Der PI-Regler ist der in der Verfahrenstechnik am häufigsten eingesetzte Reglertyp. Er sichert stationäre Genauigkeit und in vielen Fällen auch eine ausreichende Regelgüte,
- PID-Regler sollten für Regelstrecken mit großen Verzögerungszeitkonstanten und geringem Messrauschen eingesetzt werden. Das trifft zum Beispiel auf die meisten Temperaturregelkreise, aber auch auf viele Konzentrations- und andere Qualitätsregelungen zu. Die Verwendung des D-Anteils hat hingegen nur einen geringen Effekt bei totzeitdominierten Strecken,
- PD-Regler sind besonders geeignet, wenn die Regelstrecke bereits einen I-Anteil enthält und keine Störungen am Streckeneingang zu erwarten sind. Solche Situationen treten zum Beispiel in mechanischen Servosystemen auf: In der Prozessregelung sind sie eher selten zu finden. Reine I-Regler werden ebenfalls selten eingesetzt, weil das resultierende Regelkreisverhalten im Allgemeinen zu träge ist.

Für die Bestimmung günstiger Reglerparameter sind prinzipiell folgende Herangehensweisen möglich und auch gebräuchlich:
- Reglereinstellung auf der Grundlage von Erfahrungswerten, Feineinstellung durch systematisches (!) Probieren. Wertvolle Hinweise zur Vorgehensweise finden sich u. a. in (McMillan, 2015) und in den Fragen der Reglereinstellung gewidmeten Einträgen des „Control Talk Blogs“ (http://www.controlglobal.com/blogs/controltalkblog/). Dieser Weg ist häufig zeitaufwändig, die Ergebnisse von der Erfahrung des Ingenieurs oder Technikers abhängig. Seine Anwendung wird nur erfahrenen Anwendern empfohlen und daher hier nicht weiter verfolgt,
- Reglereinstellung auf der Grundlage von Einstellregeln durch (überwiegend manuelle oder durch einfache Hilfsmittel unterstützte) Auswertung von Experimenten an der Regelstrecke (Abschnitt 3.3.1) oder im geschlossenen Regelkreis (Abschnitt 3.3.2). Dabei wird im Folgenden besonders auf die Methoden eingegangen, die in jüngerer Zeit entwickelt worden sind,
- Nutzung von Selbsteinstellfunktionen (Auto-Tuning), die heute mit vielen Automatisierungssystemen ohne Aufpreis mitgeliefert werden. Sie werden in Abschnitt 3.3.3 erläutert,
- Reglereinstellung unter Nutzung von modernen Software-Werkzeugen. Die Anwendung solcher Tools setzt ein höheres regelungstechnisches Qualifikationsni-

veau voraus, kann aber auch zu wesentlich besseren Ergebnissen führen. Eine Übersicht wird in Abschnitt 3.3.4 gegeben.

3.3.1 Auswertung von Versuchen an der Regelstrecke

Methoden dieser Gruppe verlangen, dass der Regelkreis vorübergehend aufgetrennt, d. h. dass der Regler in die Betriebsart HAND genommen wird, dass eine oder mehrere sprungförmige Verstellungen der Stellgröße vorgenommen werden und der resultierende Zeitverlauf der Regelgröße beobachtet und aufgezeichnet wird. Es wird danach zunächst ein einfaches Modell der Regelstrecke ermittelt. Die Kennwerte der Regelstrecke werden anschließend verwendet, um günstige Reglerparameter nach Einstellregeln zu bestimmen.

Die Literatur zur Ermittlung günstiger Reglerparameter ist inzwischen auch für den Spezialisten nicht mehr überschaubar, allein das Handbuch (O'Dwyer, 2009) listet über 200 Einstellregeln auf. Die im Folgenden erläuterten Regeln stellen nur eine kleine und natürlich subjektive Auswahl dar. Es wurden solche Regeln ausgewählt, die

- in der Prozessregelung eine größere Verbreitung gefunden haben bzw. in einer Reihe dort verwendeter Software-Werkzeuge enthalten sind (nicht betrachtet werden die häufig bei Antriebsregelungen angewendeten Einstellregeln nach der Methode des Betragsoptimums oder des symmetrischen Optimums),
- für eine größere Gruppe von Regelstrecken geeignet sind (im Gegensatz von Einstellregeln, die auf ganz bestimmte Regelstreckentypen zugeschnitten sind).

Traditionell im deutschen Sprachraum verwendete Einstellregeln für PID-Regler können in vielen Regelungstechnik-Lehrbüchern und im Internet nachgeschlagen werden. Sie werden daher an dieser Stelle nicht noch einmal aufgelistet. Zu ihnen gehören die Einstellregeln nach (Ziegler & Nichols, 1942), (Oppelt, 1951), (Chien, Hrones, & Reswick, 1952), (Reinisch, 1964), (Pandit, Walter, & Klein, 1992), (Latzel, 1993) und die T-Summen-Regel (Kuhn, 1995).

Reglereinstellung durch Anwendung direkter Syntheseverfahren

Eine Reihe von Einstellregeln für PID-Regler stützt sich auf die direkte (analytische) Berechnung der Reglerparameter durch Vorgabe (und evtl. Vereinfachung) eines Streckenmodells und des gewünschten Verhaltens des geschlossenen Regelkreises. Der Weg wird hier zunächst für eine PT_1T_t-Regelstrecke mit der Übertragungsfunktion

$$G_S(s) = \frac{K_S}{T_1 s + 1} e^{-sT_t} \tag{3.50}$$

gezeigt. Das gewünschte Führungsverhalten des geschlossenen Regelkreises werde ebenfalls durch $PT_1 T_t$-Verhalten, aber mit der Übertragungsfunktion

$$G_{yw}(s) = \left(\frac{Y(s)}{W(s)}\right)_{\text{gewünscht}} = \frac{1}{T_R s + 1} e^{-sT_t} \tag{3.51}$$

beschrieben. Darin ist eine Verstärkung von Eins gewählt, weil die Regelgröße im stationären Zustand gleich dem Sollwert sein soll (keine bleibende Regeldifferenz), die Zeitkonstante T_R ist eine Entwurfsvariable, mit deren Hilfe die Dynamik des Regelkreises vorgeschrieben werden kann: der Übergangsvorgang soll nach einer Sollwertänderung in ungefähr $(5T_R + T_t)$ Zeiteinheiten abgeschlossen sein. Für kleine T_R ergibt sich also eine schnelle Annäherung an den Sollwert, für große T_R ein langsameres Übergangsverhalten. Ein größeres T_R sichert auch eine größere Robustheit. T_t ist die Streckentotzeit, die auch im geschlossenen Regelkreis unvermeidbar ist. Da die Führungsübertragungsfunktion als

$$G_{yw}(s) = \frac{G_S(s) G_R(s)}{1 + G_S(s) G_R(s)} \tag{3.52}$$

definiert ist, ergibt sich durch Umstellung dieser Gleichung die Reglerübertragungsfunktion

$$G_R(s) = \frac{G_{yw}(s)}{G_S(s)\left(1 - G_{yw}(s)\right)} \,. \tag{3.53}$$

Einsetzen des Streckenmodells und der gewünschten Übertragungsfunktion des geschlossenen Regelkreises führt zunächst auf

$$G_R(s) = \frac{T_1 s + 1}{K_S\left(T_R s + 1 - e^{-sT_t}\right)} \,. \tag{3.54}$$

Entwickelt man nun die den Ausdruck für die Totzeit in eine Taylorreihe und bricht diese nach dem ersten Glied ab $e^{-sT_t} \approx 1 - sT_t$, folgt schließlich

$$G_R(s) = \frac{T_1 s + 1}{K_S (T_R + T_t) s} \,. \tag{3.55}$$

Diese Übertragungsfunktion kann man in die Form einer PI-Regler-Übertragungsfunktion

$$G_{\text{PI}}(s) = K_P\left(1 + \frac{1}{T_N s}\right) \tag{3.56}$$

bringen. Durch Koeffizientenvergleich ergeben sich die Einstellempfehlungen für die PI-Reglerparameter:

$$\begin{aligned} K_P &= \frac{1}{K_S}\frac{T_1}{T_R + T_t} \\ T_N &= T_1 \end{aligned} \tag{3.57}$$

Wird hingegen als Streckenmodell ein $PT_2 T_t$-Glied mit der Übertragungsfunktion

$$G_S(s) = \frac{K_S}{(T_1 + 1)(T_2 + 1)} e^{-sT_t} \tag{3.58}$$

verwendet, ergibt sich auf demselben Weg ein PID-Regler mit den Reglerparametern

$$K_P = \frac{1}{K_S}\frac{T_1 + T_2}{T_R + T_t}$$
$$T_N = T_1 + T_2 \tag{3.59}$$
$$T_V = \frac{T_1 T_2}{T_1 + T_2}$$

Die auf diese Weise hergeleiteten Einstellempfehlungen sind also abhängig

- von den Kennwerten des Streckenmodells,
- von der Vorgabe des gewünschten Regelkreisverhaltens und
- von der Art und Weise der Totzeit-Approximation (außer einer Taylorreihenentwicklung wird mitunter auch eine Padé-Approximation vorgeschlagen, was zu anderen Ergebnissen führt).

Das genannte Vorgehen ist in (Chen & Seborg, 2002) auf den Fall übertragen worden, dass nicht Vorgaben für das gewünschte Führungsverhalten, sondern das in der Verfahrenstechnik meist wichtigere Störverhalten des Regelkreises gemacht werden. Das gewünschte Störverhalten kann dann z. B. durch die Störübertragungsfunktion des geschlossenen Regelkreises

$$G_{yd}(s) = \left(\frac{Y(s)}{D(s)}\right)_{\text{gewünscht}} = \frac{K_d s}{(T_R s + 1)^2} e^{-sT_t} \tag{3.60}$$

mit $K_d = \frac{T_N}{K_P}$ beschrieben werden, also durch ein DT_2T_t-Gied. Diese Vorgabe sichert eine überschwingfreie Ausregelung einer sprungförmigen Störgrößenänderung, wobei die Geschwindigkeit des Übergangs zum (unveränderten alten) Sollwert wiederum durch den Entwurfsparameter T_R bestimmt wird. Die sich für verschiedene Streckentypen ergebenden Einstellregeln finden sich in (Chen & Seborg, 2002). Für eine PT_1T_t-Strecke ergeben sich z. B. $K_P = \frac{1}{K_S}\frac{T_1^2+T_1T_t-(T_R-T_1)^2}{(T_R+T_t)^2}$ und $T_N = \frac{T_1^2+T_1T_t-(T_R-T_1)^2}{(T_R+T_t)}$ als PI-Reglerparameter.

Für die Wahl von T_R wurden folgende Empfehlungen in der Literatur veröffentlicht:

a) $T_R/T_t > 0{,}8$ und $T_R > 0{,}1T_1$ (Rivera, Morari, & Skogestad, 1986)
b) $T_1 > T_R > T_t$ (Chien & Fruehauf, 1990)
c) $T_R = T_t$ (Skogestad, 2003).

Lambda-Tuning

Eine große Gruppe von Entwurfsmethoden für PID-Regler leiten sich aus Polvorgabeverfahren ab. Dabei werden die Pole des geschlossenen Regelkreises in Abhängigkeit vom gewünschten Regelkreisverhalten vorgegeben und daraus die Reglerparameter ermittelt. Das unter dem Namen λ-Tuning bekannte Reglereinstellverfahren, das auf (Dahlin, 1968) zurückgeht, ist ein Spezialfall dieses Entwurfsverfahrens.

Ausgangspunkt ist auch hier die Approximation des Streckenverhaltens durch ein $PT_1 T_t$-Glied mit der Übertragungsfunktion

$$G_S(s) = \frac{K_S}{T_1 s + 1} e^{-sT_t} \,. \tag{3.61}$$

Wählt man einen PI-Regler mit der Übertragungsfunktion

$$G_R(s) = K_P \left(1 + \frac{1}{T_N s}\right) = K_P \frac{1 + T_N s}{T_N s} \tag{3.62}$$

und setzt die Nachstellzeit gleich der Streckenzeitkonstante $T_N = T_1$, dann ergibt sich als charakteristische Gleichung des Regelkreises

$$1 + G_S(s) G_R(s) = 1 + \frac{K_P K_S}{T_1 s} e^{-sT_t} = 0 \,. \tag{3.63}$$

Mit der Näherung $e^{-sT_t} \approx 1 - sT_t$ folgt

$$s(T_1 - K_P K_S T_t) + K_P K_S = 0 \,. \tag{3.64}$$

Gibt man als Zeitkonstante des geschlossenen Regelkreises T_R vor, was gleichbedeutend mit der Vorgabe eines Regelkreispols bei $s = -1/T_R$ ist, dann ergibt sich

$$s = -\frac{1}{T_R} = -\frac{K_P K_S}{T_1 - K_P K_S T_t} \,. \tag{3.65}$$

Daraus folgen schließlich die Reglerparameter

$$\begin{aligned} K_P &= \frac{1}{K_S} \frac{T_1}{T_t + T_R} \\ T_N &= T_1 \end{aligned} \tag{3.66}$$

Der geschlossene Regelkreis verhält sich dann wie ein PT_1-Glied mit der Zeitkonstante T_R, Übergangsvorgänge sind also nach ca. $5T_R$ Zeiteinheiten abgeschlossen. Der Name λ-Tuning ergibt sich aus der Tatsache, dass die Zeitkonstante T_R in der Originalarbeit von Dahlin mit λ bezeichnet wurde. Man beachte, dass dieses Ergebnis identisch ist mit den oben auf dem Weg der „direkten Synthese“ gefundenen Einstellregeln.

Reglerparameter für einen (multiplikativen) PID-Regler lassen sich herleiten, wenn man die Streckentotzeit nicht durch $e^{-sT_t} \approx 1 - sT_t$, sondern durch eine Padé-Approximation

$$e^{-sT_t} \approx \frac{1 - sT_t/2}{1 + sT_t/2} \tag{3.67}$$

annähert, die Nachstellzeit mit $T_N = T_1$ und die Vorhaltzeit mit $T_V = T_t/2$ festlegt. Nach derselben Vorgehensweise, d. h. Vorgabe eines Regelkreispols bei $s = -1/T_R$, ergeben sich hier die Einstellregeln für die interaktive (serielle) Form des PID-Reglers

$$\begin{aligned} K_P &= \frac{1}{K_S} \frac{T_1}{T_t/2 + T_R} \\ T_N &= T_1 \\ T_V &= T_t/2 \end{aligned} \tag{3.68}$$

bzw. für die nicht-interaktive (parallele) Form des PID-Reglers

$$\begin{aligned} K_P &= \frac{1}{K_S}\frac{T_t/2 + T_1}{T_t/2 + T_R} \\ T_N &= T_1 + T_t/2 \\ T_V &= T_1 T_t/(T_t + 2T_1) \end{aligned} \tag{3.69}$$

Ein Nachteil des λ-Tuning ist die Kürzung des Streckenpols durch die Reglernullstelle, da $T_N = T_1$ gesetzt wird. Das ist für totzeitdominierte Prozesse nicht kritisch, verschlechtert aber das Störverhalten bei Prozessen mit großem Verhältnis T_1/T_t: Da sich die Integralverstärkung des Reglers zu

$$K_I = \frac{K_P}{T_N} = \frac{1}{K_S(T_t + T_R)} \tag{3.70}$$

ergibt, T_R aber proportional zu T_1 gewählt werden soll, ergibt sich eine kleine Integralverstärkung des Reglers für große Prozess-Zeitkonstanten T_1. Wegen $G_{yd}(s) \approx \frac{s}{K_I}$ für kleine s (vgl. Abschnitt 3.1) zieht das wiederum nach sich, dass der Regelkreis kein gutes Störverhalten (für niederfrequente Störgrößen am Streckeneingang) aufweist. Bessere Eigenschaften ergeben sich, wenn man nicht $T_N = T_1$ wählt. Die Übertragungsfunktion der offenen Kette mit PI-Regler und PT_1T_t-Strecke lautet dann

$$G_O(s) = G_S(s)G_R(s) = \frac{K_P K_S(1 + T_N s)}{T_N s(1 + T_1 s)} e^{-sT_t} \approx \frac{K_P K_S(1 + T_N s)(1 - sT_t)}{T_N s(1 + T_1 s)}\,, \tag{3.71}$$

und die charakteristische Gleichung wird zweiter Ordnung:

$$s^2\left(\frac{T_N T_1}{K_P K_S} - T_N T_t\right) + s\left(T_N + \frac{T_N}{K_P K_S} - T_t\right) + 1 = 0\,. \tag{3.72}$$

Gibt man für das gewünschte Regelkreisverhalten ebenfalls eine charakteristische Gleichung 2. Ordnung mit der Zeitkonstante T_R und der Dämpfung D vor, d. h.

$$s^2 T_R^2 + 2DT_R s + 1 = 0\,, \tag{3.73}$$

dann ergeben sich durch Koeffizientenvergleiche folgende, etwas kompliziertere Einstellregeln für einen PI-Regler, die den o. g. Nachteil vermeiden:

$$\begin{aligned} K_P &= \frac{1}{K_S}\frac{T_t T_1 + 2DT_R T_1 - T_R^2}{T_R^2 + T_t^2 + 2DT_R T_t} \\ T_N &= \frac{K_S K_P}{1 + K_S K_P}(T_t + 2DT_R) \end{aligned} \tag{3.74}$$

IMC-Einstellregeln

Auf der Grundlage des Internal-Model-Control-(IMC)-Konzepts wurden in (Rivera, Morari, & Skogestad, 1986) und (Chien & Fruehauf, 1990) Einstellregeln für PID-Regler angegeben und in (Lee, Park, & Lee, 2006) verallgemeinert. Sie haben inzwischen

Tab. 3.5: IMC-Einstellregeln nach Chien und Fruehauf.

Prozessmodell	K_P	T_N	T_V
$\frac{K_S}{T_1 s + 1} e^{-T_t s}$	$\frac{T_1}{K_S\,(T_R + T_t)}$	T_1	–
$\frac{K_S}{T_1 s + 1} e^{-T_t s}$	$\frac{T_1 + T_t/2}{K_S\,(T_R + T_t/2)}$	$T_1 + T_t/2$	$\frac{T_1 T_t}{2T_1 + T_t}$
$\frac{K_{IS}}{s} e^{-T_t s}$	$\frac{2T_R + T_t}{K_S\,(T_R + T_t)^2}$	$2T_R + T_t$	–
$\frac{K_{IS}}{s} e^{-T_t s}$	$\frac{2T_R + T_t}{K_S\,(T_R + T_t/2)^2}$	$2T_R + T_t$	$\frac{T_R T_t + T_t^2/4}{2T_R + T_t}$
$\frac{K_S\,(T_3 s + 1)}{(T_2 s + 1)(T_1 s + 1)} e^{-T_t s}$	$\frac{T_1 + T_2 - T_3}{K_S\,(T_R + T_t)}$	$T_1 + T_2 - T_3$	$\frac{T_1 T_2 - (T_1 + T_2 - T_3)\,T_3}{T_1 + T_2 - T_3}$

unter dem Namen „IMC-Tuning“ Verbreitung gefunden. Wie in Abschnitt 4.7 beschrieben, wird zunächst ein IMC-Regler nach der Vorschrift

$$G_{\mathrm{IMC}}(s) = \frac{1}{G_{\mathrm{SM}}^{-}(s)} F(s) \tag{3.75}$$

entworfen, worin $G_{\mathrm{SM}}^{-}(s)$ den invertierbaren Teil des Streckenmodells (keine Totzeit, keine Nullstellen in der rechten Halbebene) darstellt, und $F(s)$ ein Tiefpassfilter n-ter Ordnung

$$F(s) = \frac{1}{(T_R s + 1)^n} \tag{3.76}$$

ist, das zur Sicherung der Realisierbarkeit des IMC-Reglers hinzugefügt wird. Die Filterzeitkonstante T_R ist ein vom Anwender zu wählender Entwurfsparameter, der es gestattet, einen Kompromiss zwischen schneller Regelkreisdynamik und ausreichender Robustheit zu schließen. Der konventionelle Regler ergibt sich dann nach der Vorschrift

$$G_R(s) = \frac{G_{\mathrm{IMC}}(s)}{1 - G_{\mathrm{SM}}(s) G_{\mathrm{IMC}}(s)} \tag{3.77}$$

mit $G_{\mathrm{SM}}(s)$ als Streckenmodell. Tab. 3.5 listet die IMC-Einstellregeln für einige wichtige Regelstreckenmodelle auf. Sie gelten für die *parallele* Form des PID-Algorithmus. Eine vollständige Liste kann (Seborg, Edgar, Mellichamp, & Doyle III, 2011, S. 212) entnommen werden.

Der Nachteil dieser Regeln ist, dass sich sowohl für unterschiedliche Prozessmodelle als auch für unterschiedliche Varianten der Approximation der Prozesstotzeit verschiedene Vorschriften ergeben. Das macht die Handhabung etwas kompliziert und unübersichtlich. Daher sind in jüngerer Zeit vereinfachte IMC-Einstellregeln entwickelt worden. Die bekanntesten sind die Einstellregeln nach (Fruehauf, Chien, & Lauritsen, 1994) und die SIMC-Regeln (Simplified IMC oder Skogestad IMC) nach (Skogestad, 2003). Auf letztere soll hier eingegangen werden.

Tab. 3.6: SIMC-Einstellregeln für PI- und PID-Regler.

Regler		**Strecke mit Ausgleich**	**Strecke ohne Ausgleich**
PI-Regler	Modell	$G_S(s) = \frac{K_S}{T_1 s + 1} e^{-sT_t}$	$G_S(s) = \frac{K_{IS}}{s} e^{-sT_t}$
	Reglerparameter	$K_P = \frac{1}{K_S} \frac{T_1}{T_t + T_R}$ $T_N = \min\{T_1, 4(T_t + T_R)\}$	$K_P = \frac{1}{K_{IS}} \frac{1}{T_t + T_R}$ $T_N = 4(T_t + T_R)$
PID-Regler	Modell	$G_S(s) = \frac{K_S}{(T_1 s + 1)(T_2 s + 1)} e^{-sT_t}, \ T_1 > T_2$	$G_S(s) = \frac{K_{IS}}{s(T_2 s + 1)} e^{-sT_t}$
	Reglerparameter	$K_P = \frac{1}{K_S} \frac{T_1}{T_t + T_R}$ $T_N = \min\{T_1, 4(T_t + T_R)\}$ $T_V = T_2$	$K_P = \frac{1}{K_{IS}} \frac{1}{T_t + T_R}$ $T_N = 4(T_t + T_R)$ $T_V = T_2$

Die SIMC-Einstellregeln wurden für PI-Regler und die *serielle* Form des PID-Reglers

$$G_R(s) = K_P \left(1 + \frac{1}{T_N s}\right)(1 + T_V s) \tag{3.78}$$

hergeleitet. Soll ein *PI-Regler* verwendet werden, wird im Fall einer Strecke mit Ausgleich ein Verzögerungsglied erster Ordnung mit Totzeit $G_S(s) = \frac{K_S}{T_1 s+1} e^{-sT_t}$ als Streckenmodell vorausgesetzt. Im Fall einer integrierenden Strecke ist ein Modell in Form eines Integrationsglieds mit Totzeit $G_S(s) = \frac{K_{IS}}{s} e^{-sT_t}$ erforderlich. Soll ein *PID-Regler* eingesetzt werden, ist als Streckenmodell ein Verzögerungsglied zweiter Ordnung mit Totzeit $G_S(s) = \frac{K_S}{(T_1 s+1)(T_2 s+1)} e^{-sT_t}$ mit $T_1 > T_2$ (Strecke mit Ausgleich) bzw. ein Integrationsglied mit Verzögerung und Totzeit $G_S(s) = \frac{K_{IS}}{s(T_2 s+1)} e^{-sT_t}$ (Strecke ohne Ausgleich) vorzugeben. Modelle dieser Art können entweder durch die Auswertung von Sprungantworten nach den in Abschnitt 2.3.1 angegebenen Methoden, durch rechnergestützte Systemidentifikation oder durch Modellvereinfachung nach der Halbierungsregel (vgl. Abschnitt 2.2.4) gewonnen werden.

Für das gewünschte Führungsverhalten des geschlossenen Regelkreises wird wiederum

$$G_{yw}(s) = \left(\frac{Y(s)}{W(s)}\right) = \frac{1}{T_R s + 1} e^{-sT_t} \tag{3.79}$$

mit T_R als vom Anwender vorzugebende Zeitkonstante des geschlossenen Regelkreises vorgeschrieben, was zu einer Ausregelzeit von $T_{\text{aus}} \approx 5T_R + T_t$ führt.

In Tab. 3.6 sind die SIMC-Einstellregeln aufgelistet. Bei totzeitdominierten Prozessen erhält man bessere Ergebnisse, wenn in den Einstellregeln die Zeitkonstante T_1 durch $T_1 + T_t/3$ ersetzt wird Für PI-Regler liefert die SIMC-Regel nahezu IAE-optimale Ergebnisse bei ausreichender Robustheit – gesichert durch Einhaltung einer Maximalempfindlichkeit von $M_S = 1{,}6$ (Grimholt & Skogestad, 2012).

Tab. 3.7: SIMC-Einstellregeln für die Wahl $T_R = T_t$.

Regler		Strecken mit Ausgleich	Strecken ohne Ausgleich
PI-Regler	Modell	$G_S(s) = \frac{K_S}{T_1 s + 1} e^{-sT_t}$	$G_S(s) = \frac{K_{IS}}{s} e^{-sT_t}$
	Reglerparameter	$K_P = \frac{0{,}5}{K_S} \frac{T_1}{T_t}$ $T_N = \min\{T_1, 8T_t\}$	$K_P = \frac{0{,}5}{K_{IS}} \frac{1}{T_t}$ $T_N = 8T_t$
PID-Regler	Modell	$G_S(s) = \frac{K_S}{(T_1 s + 1)(T_2 s + 1)} e^{-sT_t}, \; T_1 > T_2$	$G_S(s) = \frac{K_{IS}}{s(T_2 s + 1)} e^{-sT_t}$
	Reglerparameter	$K_P = \frac{0{,}5}{K_S} \frac{1}{T_t}$ $T_N = \min\{T_1, 8T_t\}$ $T_V = T_2$	$K_P = \frac{0{,}5}{K_{IS}} \frac{1}{T_t}$ $T_N = 8T_t$ $T_V = T_2$

Soll die parallele und nicht die serielle Form des PID-Reglers verwendet werden, sind die Reglerparameter nach Tab. 3.4 umzurechnen, wenn ein D-Anteil verwendet wird.

Die Wahl von $T_R = T_t$ führt nach (Skogestad, 2003) zu einem guten Kompromiss zwischen Regelkreisdynamik und Robustheit. Verwendet man diesen Wert, dann ergeben sich besonders einfache und leicht zu merkende Einstellregeln, die in Tab. 3.7 zusammengestellt sind.

PID-Einstellregeln auf der Grundlage von Integralkriterien

Einstellregeln für PID-Regler sind auch auf der Grundlage der Minimierung der in Abschnitt 3.1.3 angegebenen Integralkriterien für die Bewertung der Regelgüte entwickelt worden. In (Smith & Corripio, 2006) sind die Regeln für P-, PI- und PID-Regler (parallele Form) für Führungs- und Störverhalten angegeben, und zwar sowohl für das ISE-Kriterium als auch für die IAE- und ITAE-Kriterien.

In (King, 2011) sind Einstellregeln auf der Grundlage des ITAE-Kriteriums für PID-Regler (parallele Form, P- und D-Anteil mit der Regelgröße verknüpft) angegeben, die ein maximales Überschwingen der Stellgröße von 15 % als Nebenbedingung einbeziehen. Sie sind als grafische Darstellungen der Form $[K_P K_S, T_N, T_V] = f(T_t/T_1)$ angegeben und finden sich auch im Internet unter www.whitehouse-consulting.com.

AMIGO-Einstellregeln nach Aström und Hägglund

Die bisher beschriebenen Einstellregeln für PID-Regler weisen den Nachteil auf, dass die Robustheit des resultierenden Regelkreises erst *nach* dem Reglerentwurf geprüft werden kann. In jüngerer Zeit entwickelte Einstellregeln haben demgegenüber den Vorteil, dass sie „in sich“ robust sind. Das wird dadurch gewährleistet, dass sie durch

Tab. 3.8: AMIGO-Einstellregeln nach Aström und Hägglund für PI-Regler.

Reglerparameter	Strecken mit Ausgleich	Strecken ohne Ausgleich
Verstärkung	$K_P = \frac{0{,}15}{K_S} + \left(0{,}35 - \frac{T_t T_1}{(T_t + T_1)^2}\right) \frac{T_1}{K_S T_t}$	$K_P = \frac{0{,}35}{K_{IS} T_t}$
Nachstellzeit	$T_N = 0{,}35 T_t + \frac{13 T_t T_1^2}{T_1^2 + 12 T_t T + 7 T_t^2}$	$T_N = 13{,}4 T_t$

Lösung eines Optimierungsproblems mit Robustheits-Nebenbedingungen hergeleitet werden.

Die in (Aström & Hägglund, 2006) angegebenen Einstellregeln wurden für verfahrenstechnische Regelstrecken mit „im Wesentlichen monoton" verlaufenden Sprungantworten (vgl. Abschnitt 2) entwickelt, die sich durch $PT_1 T_t$-Glieder bzw. bei Strecken mit Integralverhalten durch IT_t-Gieder approximieren lassen. Darin eingeschlossen sind Regelstrecken höherer Ordnung, solche mit „Inverse-Response"-Verhalten und solche mit geringem Überschwingen.

Für die Entwicklung der AMIGO-Einstellregeln wurde zunächst eine Vielzahl von Optimierungsproblemen für einen „Test-Batch" von Regelstrecken unterschiedlichen Typs und mit verschiedenen Streckenparametern gelöst. Optimierungsziel war die Maximierung der Integralverstärkung des Reglers (d. h. ein gutes Störverhalten des Regelkreises) unter der Bedingung, dass als Robustheitsmaß eine Maximalempfindlichkeit von $M = M_S = M_T = 1{,}4$ eingehalten wird. Diese Methode wird als MIGO-Methode (M constrained integral gain optimization) bezeichnet. Anschließend wurden die sich ergebenden Beziehungen zwischen den optimalen Reglerparametern und den Streckenparametern approximiert, um zu den Einstellregeln zu gelangen. Nach dem zugrundeliegenden Verfahren heißen diese „AMIGO-Einstellregeln" (AMIGO für „Approximate MIGO").

AMIGO-Einstellregeln für PI-Regler sind in Tab. 3.8 zusammengefasst. Für die meisten Regelstrecken weisen die sich ergebenden Reglerparameter nur eine Differenz von maximal 15 % zu den optimalen (MIGO)-Parametern auf.

Für den PID-Regler lassen sich nach dieser Methode Einstellregeln entwickeln, die nahezu optimal für eine normierte Totzeit von $\tau = \frac{T_t}{T_t + T_1} \geq 0{,}5$ sind. Für kleinere Werte der normierten Totzeit, d. h. für Prozesse mit größerer Verzögerung, liefern diese Einstellregeln zu konservative Werte, d. h. es ist oftmals möglich, Reglerverstärkung und Vorhaltzeit größer bzw. die Nachstellzeit kleiner zu wählen als es diese Regeln angeben. Für die meisten Regelungsaufgaben liefern aber auch die PID-Einstellregeln nach dem AMIGO-Verfahren sehr brauchbare Resultate. Die entsprechenden Formeln sind in Tab. 3.9 zusammengestellt.

Für kleinere Werte von τ sind in (Aström & Hägglund, 2006) verfeinerte Einstellregeln zu finden, die aber eine genauere Prozessmodellierung – die Approximation des Streckenverhaltens durch ein $PT_2 T_t$-Glied – verlangen.

Tab. 3.9: AMIGO-Einstellregeln nach Aström und Hägglund für PID-Regler.

Reglerparameter	Strecken mit Ausgleich	Strecken ohne Ausgleich
Verstärkung	$K_P = \frac{1}{K_S}\left(0{,}2 + 0{,}45\frac{T_1}{T_t}\right)$	$K_P = \frac{0{,}45}{K_{IS}}$
Nachstellzeit	$T_N = \frac{0{,}4T_t + 0{,}8T_1}{T_t + 0{,}1T_1}T_t$	$T_N = 8T_t$
Vorhaltzeit	$T_V = \frac{0{,}5T_tT_1}{0{,}3T_t + T_1}$	$T_V = 0{,}5T_t$

3.3.2 Auswertung von Versuchen im geschlossenen Regelkreis

In einer Reihe von Fällen ist es nicht möglich oder wünschenswert, den Regelkreis aufzutrennen und Testsignale auf die Regelstrecke aufzugeben. Das ist zum Beispiel der Fall, wenn die Regelstrecke im offenen Kreis instabil ist oder betriebliche Gründe verbieten, den Regelkreis zu öffnen. Dann bleibt nur die Alternative, günstige Reglerparameter durch Auswertung von Versuchen im geschlossenen Regelkreis zu finden.

Auswertung von Schwingversuchen nach Ziegler und Nichols
Die Bestimmung günstiger Reglerparameter durch Auswertung von Schwingversuchen im geschlossenen Kreis lässt sich bis zu (Ziegler & Nichols, 1942) zurückverfolgen. Die zweite Ziegler-Nichols-Methode funktioniert bekanntlich in folgenden Schritten:

1. Der Regler wird als P-Regler betrieben und die Reglerverstärkung K_P so lange schrittweise erhöht, bis sowohl die Regel- als auch die Stellgröße mit konstanter Amplitude schwingen, ohne physikalische Grenzen (z. B. Stellgrößenschranken) zu erreichen.
2. Die Reglerverstärkung, bei der sich der Regelkreis an der Stabilitätsgrenze befindet, nennt man „kritische Reglerverstärkung“ $K_{P,\text{krit}}$, die Periodendauer der sich ergebenden Dauerschwingung „kritische Periodendauer“ $T_{P,\text{krit}}$. Die kritische Periodendauer der Schwingung wird gemessen.
3. Günstige Reglerparameter ergeben sich nach bekannten Einstellregeln der Form $[K_P, T_N, T_V] = f(K_{P,\text{krit}}, T_{P,\text{krit}})$, siehe z. B. (Lutz & Wendt, 2014).

Diese Methode kann in ihrer ursprünglichen Form in industriellen Produktionsprozessen so gut wie nie angewendet werden, sie bildet aber den Ausgangspunkt für die im Folgenden beschrieben Verfahren.

Einstellregeln von Aström und Hägglund nach der Relay-Feedback-Methode
Einer der Nachteile des Schwingungsversuchs nach Ziegler und Nichols ist die Notwendigkeit, den Regelkreis für einige Zeit an der Stabilitätsgrenze zu betreiben.

Tab. 3.10: Einstellregeln für PI- und PID-Regler auf der Grundlage der Auswertung von Schwingversuchen im geschlossenen Regelkreis nach Aström und Hägglund.

Reglertyp/ Reglerparameter	Reglerverstärkung	Nachstellzeit	Vorhaltzeit
PI-Regler	$K_P = 0{,}16 K_{P,\text{krit}}$	$T_N = \frac{1}{1+4{,}5\kappa} T_{P,\text{krit}}$	
PID-Regler	$K_P = \left(0{,}3 - 0{,}1\kappa^4\right) K_{P,\text{krit}}$	$T_N = \frac{0{,}6}{1+2\kappa} T_{P,\text{krit}}$	$T_V = \frac{0{,}15(1-\kappa)}{1-0{,}95\kappa} T_{P,\text{krit}}$

Aström und Hägglund haben eine Methode entwickelt, wie man die Kennwerte $K_{P,\text{krit}}$ und $T_{P,\text{krit}}$ auf andere Weise bestimmen kann (Aström & Hägglund, 1988). Dabei handelt es sich um die schon in Abschnitt 2.3.2 beschriebene Relay-Feedback-Methode. Die Autoren haben dann nach dem bereits weiter oben beschriebenen MIGO-Verfahren auch Einstellregeln auf der Grundlage von Schwingungsversuchen im geschlossenen Regelkreis entwickelt. Sie gelten jedoch nur für totzeitdominierte Prozesse (d. h. nicht für Prozesse mit großen Zeitkonstanten im Verhältnis zur Totzeit) und für

$$\kappa = \left| \frac{G_S(j\omega_{180})}{G_S(0)} \right| = \frac{K_{180}}{K_S} = \frac{1}{K_{P,\text{krit}} K_S} > 0{,}2 \,. \tag{3.80}$$

Die Regeln sind in Tab. 3.10 zusammengestellt. Sie ermöglichen die Bestimmung günstiger Reglerparameter bei Kenntnis der kritischen Reglerverstärkung, der kritischen Periodendauer bzw. des Werts von κ. Man beachte, dass sich gegenüber den ZN-Regeln für den PI-Regler kleinere Werte der Reglerverstärkung ergeben, und dass die Nachstellzeit nicht nur von der kritischen Periodendauer, sondern auch von κ abhängt.

Die Setpoint-Overshoot-Methode

Nachteil der bisher angegebenen Verfahren zur Reglereinstellung durch Auswertung von Versuchen im geschlossenen Regelkreis ist die relativ lange Versuchsdauer, die durch die Notwendigkeit des Abwartens mehrerer Zyklen einer stationären Dauerschwingung entsteht. Eine schnellere Methode zur Ermittlung günstiger Reglerparameter durch Auswertung von Sollwertsprung-Versuchen im geschlossenen Regelkreis wurde in (Shamsuzzoha & Skogestad, 2010) angegeben.

Die SIMC-Einstellregeln werden damit auf den Fall übertragen, dass nur Informationen aus Versuchen im geschlossenen Regelkreis verwendet werden. Ein Modell der Regelstrecke wird nicht identifiziert. Folgende Vorgehensweise wird vorgeschlagen:

a) Der Regelkreis wird mit P-Regler betrieben und ein „ausreichend großer" Sollwertsprung Δw aufgegeben. Die Sprungamplitude muss groß genug sein, um den Versuch auswerten zu können, soll aber nicht zu großen Störungen im Produktionsprozess führen. Die Reglerverstärkung soll dabei so eingestellt werden, dass sich ein Überschwingen von 10...60 % ergibt (30 % ist ein anzustrebender Wert). Ein geeigneter Wert der Reglerverstärkung K_{P0} lässt sich im Allgemeinen in ein

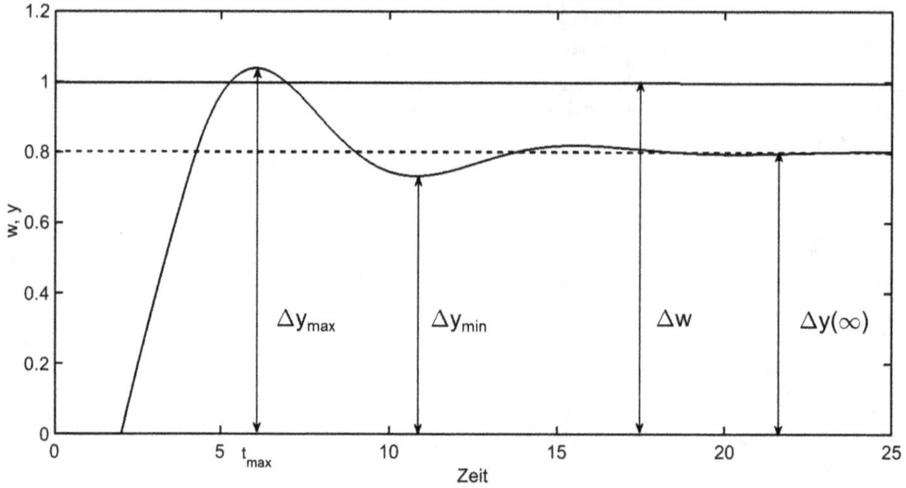

Abb. 3.22: Auswertung der Sprungantwort eines Regelkreises mit P-Regler.

bis zwei Schritten experimentell finden. Abbildung 3.22 zeigt beispielhaft den resultierenden Verlauf der Regelgröße ohne Messrauschen.

b) Aus dem gemessenen Zeitverlauf werden folgende Kennwerte bestimmt:
- die Überschwingweite (overshoot) $OS = \frac{\Delta y_{\max} - \Delta y(\infty)}{\Delta y(\infty)}$,
- die Zeit bis zum Erreichen des Maximalwerts der Regelgröße $t_{\max}$.
- die auf die Sollwertänderung bezogene Änderung der Regelgröße im stationären Zustand $b = \Delta y(\infty)/\Delta w$.

Um nicht die möglicherweise lange Zeit bis zum Erreichen des neuen stationären Zustands abwarten zu müssen, kann man den Versuch nach dem Erreichen des ersten Unterschwingers abbrechen und $\Delta y(\infty)$ aus der Beziehung

$$\Delta y(\infty) = 0{,}45\,(\Delta y_{\max} - \Delta y_{\min}) \tag{3.81}$$

abschätzen.

c) Die Reglerparameter des PI-Reglers lassen sich dann aus den Einstellregeln

$$\begin{aligned} K_P &= \frac{K_{P0}A}{F} \\ T_N &= \min\left\{0{,}86A\left|\frac{b}{1-b}\right|t_{\max},\ 2{,}44t_{\max}F\right\} \end{aligned} \tag{3.82}$$

ermitteln. Darin ist $A = 1{,}152OS^2 - 1{,}607OS + 1$ und F ein durch den Anwender vorzugebender Detuning-Faktor. Der Wert $F = 1$ entspricht $T_R = T_t$ und damit der in den SIMC-Regeln vorgeschlagenen Einstellung. Mit $F > 1$ lässt sich der Regelkreis langsamer einstellen und die Robustheit erhöhen, die Wahl von $F < 1$ bewirkt das Gegenteil.

Aus dem beschriebenen Experiment kann auch ein PT_1T_t-Modell der Strecke abgeschätzt werden (Grimholt & Skogestad, 2012). Mit

$$B = \frac{\Delta w - \Delta y(\infty)}{\Delta y(\infty)} \quad \text{und} \quad r = \frac{2A}{B} \tag{3.83}$$

ergeben sich die Kennwerte dieses Modells zu

$$K_S = \frac{1}{K_{P0}B}, \quad T_t = t_{\max}\left(0{,}309 + 0{,}209e^{-0{,}61r}\right), \quad T_1 = r\,T_t\,. \tag{3.84}$$

In (Shamsuzzoha, 2013) wurden nach demselben Verfahren Einstellregeln für PID-Regler (parallele Form) abgeleitet. Sie lauten

$$\begin{aligned} K_P &= \frac{K_{P0}A}{F} \\ T_N &= \min\left\{0{,}645A\left|\frac{b}{1-b}\right|t_{\max}F,\, 2{,}44t_{\max}F\right\} \\ T_V &= 0{,}14t_{\max} \quad \text{wenn} \quad A\left|\frac{b}{1-b}\right| \geq 1 \\ A &= 1{,}55OS^2 - 2{,}159OS + 1{,}35 \end{aligned} \tag{3.85}$$

3.3.3 Selbsteinstellung im Online-Betrieb

Selbsteinstellung nach Anforderung durch den Bediener

Die weitaus meisten kommerziell für die Industrieautomatisierung angebotenen Regelungssysteme (Kompaktregler, SPS, Prozessleitsysteme) bieten heute Funktionen der Selbsteinstellung (englisch „Auto-Tuning") der Reglerparameter an. Die dafür verwendete Software ist integraler Bestandteil der Firmware dieser Systeme. Mit dem Begriff Auto-Tuning ist eine Selbsteinstellung auf Anforderung durch den Nutzer („Tuning on Demand") gemeint, die er bei der Erst- bzw. Neueinstellung von Regelkreisen aktivieren kann. Dies ist zu unterscheiden von einer fortlaufenden automatischen Ermittlung und Anpassung der Reglerparameter (adaptive Regelung), die sich bis auf einfache Formen (vgl. Abschnitt 4.9 „Gain Scheduling") in der Prozessindustrie bisher nicht in der Breite durchgesetzt hat.

Selbsteinstellverfahren zeichnen sich durch eine weitgehende Automatisierung des Ablaufs der in den Abschnitt 3.3.1 und 3.3.2 beschriebenen Vorgehensweisen zur Bestimmung günstiger Reglerparameter aus. Es kommen Verfahren zum Einsatz, bei denen Sprungantworten im offenen oder im geschlossenen Regelkreis ausgewertet werden (mitunter werden kompliziertere Testsignale verwendet), oder es werden Relay-Feedback-Experimente mit einem Zweipunktregler durchgeführt.

Der Anwender muss einige Parameter vorgeben, zum Beispiel

- die Testsignalamplitude zur Sicherung eines ausreichenden Signal-/Rauschverhältnisses bei Vermeidung zu starker Prozesseingriffe,

- die Charakteristik des Zweipunktglieds bei Verwendung der Relay-Feedback-Methode,
- Schwellwerte für die automatische Erkennung des stationären Zustands der Regelstrecke zum Zweck der Bestimmung des Start- und Endzeitpunkts des Experiments,
- Vorinformationen über das Verhalten der Regelstrecke (z. B. zu erwartende Beruhigungszeit der Strecke, Vorhandensein von Integralverhalten).

Die von der Selbsteinstellfunktion des Gerätesystems vorgeschlagenen neuen Reglerparameter sollten in jedem Fall durch den Anwender geprüft werden, bevor sie wirksam gemacht werden. Dazu ist es sinnvoll, vor Beginn eines Auto-Tunings die alten Reglerparameter zu notieren. Wie die Erfahrung zeigt, ist das Vorhandensein dieser Methoden kein Ersatz für regelungstechnische und prozesstechnische Kenntnisse. Insbesondere ist eine Neueinstellung der Regelung mit Hilfe eines Auto-Tuners kein Allheilmittel für die Verbesserung der Güte einer Regelung, da eine unbefriedigende Regelgüte auch andere Ursachen als ungünstige Reglerparameter haben kann, vgl. Abschnitt 3.4.

Neben modellbasierten Einstellverfahren kommen in einigen Fällen auch wissens- oder regelbasierte Einstellverfahren zum Einsatz. Diese ahmen die Vorgehensweise eines erfahrenen Regelungstechnikers nach. Dazu werden bestimmte Merkmale von Übergangsvorgängen der Regel- und Stellgröße nach Sollwertänderungen oder Störungen im Prozess wie Überschwingweite und Ausregelzeit, Amplitudenabnahme, Periodendauer der Oszillation usw. aufgezeichnet. Auf dieser Grundlage werden dann Veränderungen der Reglerparameter nach bestimmten Erfahrungsregeln vorgeschlagen. Ein bekanntes Beispiel ist der EXACT-Controller, der in Foxboro-Systemen eingesetzt wird (Hansen, 2003). Die Regelbasis kann in ein Fuzzy-System eingebettet sein.

Auto-Tuner verschiedener Kompaktregler und Leitsysteme werden im Kapitel 9 des Buchs (Aström & Hägglund, 2006) und in (Li, Ang, & Chong, 2006b) beschrieben. Eine Übersicht über die Anwendung von Selbsteinstellverfahren bei digitalen Kompaktreglern verschiedener Hersteller wird in (Hücker & Rake, 2000) gegeben. Derselbe Ansatz wird auch unter dem Begriff „Plug&Control" verfolgt (Pfeiffer, 2000), (Visioli, 2006).

Fortlaufende Adaption

PID- oder andere Regelalgorithmen mit fortlaufender Adaption der Reglerparameter werden nach wie vor selten in der Prozessindustrie eingesetzt. Gleichwohl sind eine Reihe von Technologien und Produkten verfügbar, die diese Variante ermöglichen bzw. unterstützen. Tab. 3.11 listet ausgewählte Lösungen auf.

Tab. 3.11: Kommerziell verfügbare Produkte für fortlaufende Adaption der Reglerparameter.

Produkt	Anbieter	Informationen
ADEX	ADEX S.L., Madrid	www.adexcop.com, (Martin-Sanchez & Rodellar, 2015)
EXACT Controller	Invensys (Foxboro)	(van Doren, 2002, S. 21–54)
MFA Controller	Cybosoft, Rancho Cordova (USA)	(van Doren, 2002, S. 145–202)
INTUNE	ControlSoft Inc., Highland Heights (USA)	(van Doren, 2002, S. 203–232)
ADCO	i.p.a.s. systeme GmbH, Frankfurt	www.ipas-systeme.de

3.3.4 Software-Werkzeuge für die Einstellung von PID-Reglern

Die komfortabelste Möglichkeit der Bestimmung günstiger Reglerparameter eröffnet die Verwendung für diesen Zweck entwickelter, kommerziell verfügbarer Programmsysteme. Dabei ist besonders von Vorteil, dass diese Tools

- die Möglichkeit bieten, über eine OPC-Schnittstelle Regelkreisdaten aus dem Automatisierungssystem zu lesen und Reglerparameter zu lesen und zu schreiben,
- ausgereifte Identifikationswerkzeuge bereitstellen, die es erlauben, auch kompliziertere Prozessmodelle höherer Ordnung zu bestimmen und auf eine evtl. unangemessen starke Modellvereinfachung verzichten,
- explizite Vorgaben für unterschiedliche Aspekte der Regelgüte (Führungs- und Störverhalten, Beschränkung der Stellsignalamplituden, Empfindlichkeit gegenüber Messrauschen, Robustheit) ermöglichen und damit eine der spezifischen Prozesssituation angemessene Reglereinstellung ermöglichen,
- die Reglerparameter für einen ausgewählten PID-Algorithmus des vorgesehenen Automatisierungssystems berechnen, d. h. die Besonderheiten der Implementierung des Regelalgorithmus auf dem jeweils eingesetzten Gerätesystem berücksichtigen.

Dem Vorteil des größeren Leistungsumfangs stehen die Nachteile der Kosten für Anschaffung und Pflege, aber auch des für die qualifizierte Anwendung erforderlichen regelungstechnischen Wissens gegenüber.

Eine Auswahl von Software-Werkzeugen für die Einstellung von PID-Reglern zeigt Tab. 3.12. Dabei wurden nur solche Programmsysteme aufgenommen, die *nicht* an ein bestimmtes Automatisierungssystem gebunden sind. Eine ausführlichere Übersicht, die aber auch viele Werkzeuge aus dem akademischen Bereich (Voraussetzung für die Nutzung ist dann meist eine MATLAB/SIMULINK-Umgebung) und gerätegebundene Tools einschließt, kann man (Li, Ang, & Chong, 2006b) entnehmen.

Diese Programmsysteme bestehen aus den Komponenten

- Datenakquisition aus Automatisierungssystemen, in der Regel über eine OPC-Schnittstelle,

Tab. 3.12: Ausgewählte Software-Werkzeuge für die PID-Reglereinstellung.

Name des Programmsystems	Anbieter	Webseite	Nähere Informationen
RaPID AptiTune	IPCOS	www.ipcos.com	(Espinosa Oviedo, Boelen, & van Overschee, 2006) (Harmse & Dittmar, 2009)
TaiJi PID	Matrikon/ Honeywell	www.matrikon.com	(Zhu & Ge, 1997)
PID Loop Optimizer	Metso ExperTune	www.expertune.com	
TuneWizard	PAS Inc.	www.pas.com	
Pitops-PID	PI Control Sulutions	www.picontrolsolutions.com	
LOOP-Pro	Control Station Inc.	www.controlstation.com	(Cooper, 2005)
TOPAS	ACT	www.act-control.com	
i-PIDtune	University of Almeria	http://aer.ual.es/i-pidtune/	(Guzman, Rivera, Berenguel, & Dormido, 2012)

- Datenvorverarbeitung (u. a. digitale Filterung, Ausreißerelimination, Resampling) und Visualisierung,
- Streckenidentifikation aus Messreihen, die durch Experimente im offenen und/ oder geschlossenen Regelkreis erzeugt wurden; die Testsignalgenerierung wird nicht von allen Programmen unterstützt,
- Bestimmung günstiger/optimaler Reglerparameter nach verschiedenen Einstellregeln und Optimierungsverfahren für Führungs- und Störverhalten; dabei ist charakteristisch, dass nicht nur „generische" PID-Reglerparameter berechnet werden, sondern auch Parameter für eine größere Auswahl spezifischer Regelalgorithmen verschiedener Automatisierungssysteme unterschiedlicher Hersteller,
- Simulation des Führungs- und Störverhaltens des geschlossenen Regelkreises.

Einige dieser Programmsysteme bieten einen erweiterten Funktionsumfang an, u. a.
- Entwurf und Simulation von Kaskadenregelungen, Störgrößenaufschaltungen und anderen erweiterten Regelungsstrukturen,
- Entwurf von Kompensationsgliedern für statische Nichtlinearitäten,
- Robustheitsanalyse,
- einfache Control-Performance-Monitoring-Funktionen.

3.4 Control Performance Monitoring

Unter dem Begriff „Control Performance Monitoring" (CPM) fasst man Methoden und Werkzeuge zusammen, die der fortlaufenden Überwachung, Bewertung und Diagnose von Regelungssystemen dienen. Ihre Entwicklung begann – von frühen Vorläufern abgesehen – Ende der 80er Jahre und ist gegenwärtig noch nicht abgeschlossen. Mit gleichem Bedeutungsinhalt werden auch die Begriffe „Control Performance Assessment", „Control Loop Auditing", „Control Loop Management", und im Deutschen „Regelgüte-Management" verwendet.

3.4.1 Motivation und Ziele

Verfahrenstechnische Prozessanlagen sind oft mit mehreren Hundert bis mehreren Tausend PID-Regelkreisen ausgerüstet. Ihr entwurfsgerechtes Funktionieren ist eine wesentliche Voraussetzung für eine wirtschaftliche Fahrweise der Prozessanlagen, für eine stabile und sichere, ressourcenschonende und spezifikationsgerechte Produktion. Jeder dieser Regelkreise (inkl. Messfühler, Messumformer, Regeleinrichtung, Stellantrieb und Positionär, Stellglied, Signalübertragung zwischen Feld und Messwarte) stellt eine erhebliche Kapitalinvestition von 5.000 bis zu 100.000 € dar. Die Wartungskosten liegen zwischen 500 und 2.000 €/Jahr. Seit einigen Jahren wiederholt durchgeführte Analysen bestätigen aber den beunruhigenden Befund, dass trotz des breiten Übergangs zu digitalen Prozessleitsystemen große Reserven in der Funktionserfüllung insbesondere der Systeme der Basisregelungen bestehen (Desborough & Miller, 2002), (Jelali, 2006), (Paulonis & Cox, 2003):

- bis zu einem Drittel aller Regelkreise werden ständig oder über größere Zeiträume hinweg in der Betriebsart HAND gefahren, sind also als automatische Regelungen gar nicht in Betrieb, obwohl alle dafür nötigen Ausrüstungen installiert sind,
- bis zu einem weiteren Drittel der Regelungen weist gerätetechnische Probleme auf (darunter falsch dimensionierte Stellventile, Ventilhysterese, Stiktion, falsche Messorte, falsche Parameterwerte in „Smart"-Transmittern) oder sind ungünstig eingestellt.
- nur maximal ein Drittel der untersuchten Regelkreise weisen zumindest akzeptables Verhalten und nur ein Sechstel sehr hohe Regelgüte auf.

Die Ursachen für die beschriebene Situation sind vielfältig und werden in allen Phasen des Lebenszyklus einer Anlage gesetzt (Dittmar, Bebar, & Reinig, 2003):

1. Nach wie vor ist eine systematische Einbeziehung regelungstechnischer Aspekte in die verfahrenstechnische *Anlagenplanung* („automatisierungsgerechte Anlagengestaltung") nicht die Regel. Das bezieht sich auf die Wahl der Mess- und Stellorte, die Zuordnung von Stell- und Regelgrößen, die Auslegung der Stelleinrichtungen, die Beeinflussung der statischen und dynamischen Eigenschaften von Regelstrecken wie Streckenverstärkung, Totzeit und dominierende Zeitkonstanten durch die Dimensionierung der Apparate, die Abwägung der Konsequenzen der Einsparung von Zwischenpuffern oder der energetischen Kopplung von Teilanlagen für deren spätere regelungstechnische Beherrschung usw.

2. Die Ersteinstellung der Regelkreise bei der *Inbetriebnahme* einer Anlage geschieht meist unter erheblichem Zeit- und Kostendruck. Sie ist zunächst einmal zu Recht auf das stabile und sichere Funktionieren, aber nicht auf eine hohe Regelgüte und ausreichende Robustheit ausgerichtet. In den meisten Fällen geschieht die Einstellung der Regelkreise auf der Grundlage von Erfahrungen des Inbetriebnahmepersonals, selten werden Einstellregeln benutzt. Oft kann man noch nach Jahren die auf den Gerätesystemen voreingestellten Werte der Reglerparameter vorfinden. Nur in Ausnahmefällen und bei besonders kritischen Anlagenteilen werden ein systematischer Reglerentwurf, ein intensives Feintuning oder Simulationsrechnungen durchgeführt. Der Einfluss des späteren Anlagenbetreibers auf die Gestaltung der Planungs- und Inbetriebnahmephase von Regelungen ist begrenzt.
3. Jede Prozessanlage ist während ihrer Betriebsphase fortlaufenden Änderungen unterworfen. Dazu gehören u. a. Umbau- und Erweiterungsmaßnahmen, Austausch oder Neudimensionierung von Apparaten, Verschleiß- und Alterungserscheinungen, Änderungen in der Qualität der eingesetzten Roh- und Hilfsstoffe, Durchsatz- und damit Verweilzeitänderungen, Änderungen in der Verschaltung von Anlagenteilen (z. B. mit dem Ziel der energetischen und stofflichen Integration) und die sich ändernden Marktsituationen und damit verbundene Ziele für Produktionsmengen und Produktspezifikationen. Die Folge davon ist eine mehr oder weniger gravierende Veränderung der statischen und dynamischen Eigenschaften der Regelstrecken und der Störgrößencharakteristik, die eine fortlaufende oder zumindest in bestimmten Zeitintervallen durchzuführende Anpassung des Systems der Basisregelungen erfordern.
4. Für die Beobachtung, Analyse und Lösung von Regelkreisproblemen sind im Unternehmen im wesentlichen MSR- oder PLT-Ingenieure bzw. auch -Techniker verantwortlich. Dabei sind jedem dieser Ingenieure/Techniker international durchschnittlich 400 Regelkreise anvertraut. Deren Aufgabenbereich umfasst aber auch PLT-Planungsaufgaben, die Konfiguration und Parametrierung von Automatisierungsfunktionen auf Prozessleitsystemen, die Erstellung und Pflege von Bedienoberflächen für die Anlagenfahrer, die Bearbeitung von IT-Problemen, die Pflege des Alarmsystems, die Organisation der Zusammenarbeit mit Fremdfirmen u. a.m.

Schon auf Grund der schieren Masse der Regelkreise ist das gegenwärtig typische Vorgehen bei der Lösung von Regelkreisproblemen weder systematisch noch vorausschauend. Meist wird der PLT-Ingenieur oder -Techniker durch das Prozesspersonal zu einem Problem-Regelkreis gerufen, wenn „Not am Mann" ist, also bei erheblicher Beeinträchtigung der geforderten Regelgüte, die zu Sicherheitsproblemen oder zur Gefährdung der Qualitätsziele führt. Er versucht dann, mit begrenztem Zeitaufwand das Problem zu lösen, meist indem sofort eine Verstellung der Reglerparameter auf der Grundlage von Erfahrungen oder wenigen Experimenten vorgenommen wird. Trenddarstellungen oder Tuning-Werkzeuge sind dabei meist die einzigen Hilfsmit-

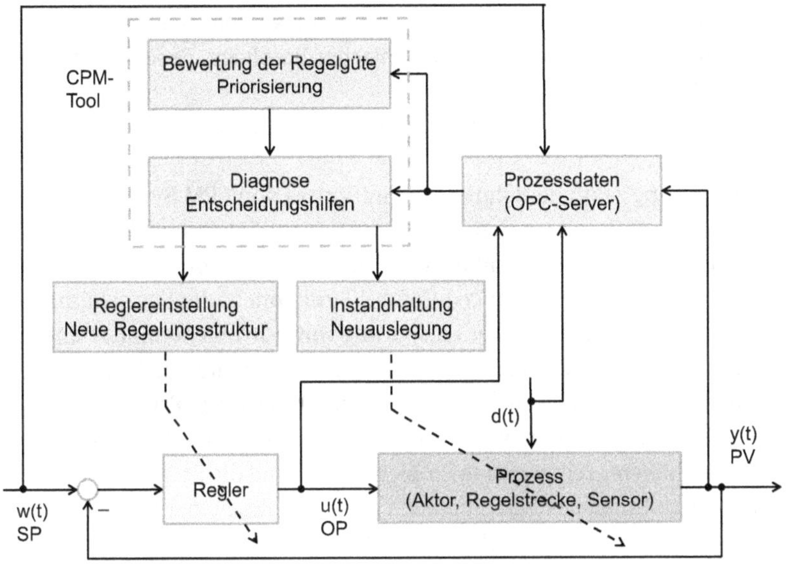

Abb. 3.23: Grundstruktur eines CPM-Systems (Jelali & Dittmar, 2014).

tel. In vielen Fällen werden bei der Neueinstellung konservativere Reglerparameter gewählt, in der Annahme, damit zur Beruhigung des Anlagenverhaltens beizutragen und Oszillationen der Regelgrößen zu reduzieren oder zu beseitigen. „Retuning" bedeutet daher in vielen Fällen „Detuning". Nur in seltenen Fällen ist genügend Zeit vorhanden, um alle Elemente eines Regelkreises, die Wechselwirkungen mit anderen Regelkreisen der Anlage und die Störgrößencharakteristik im Einzelnen zu betrachten. Nicht wenige PLT- und Verfahrensingenieure fühlen sich überdies nicht ausreichend für die Lösung regelungstechnischer Probleme qualifiziert.

In den letzten Jahren sind daher verstärkt Methoden und Software-Werkzeuge entwickelt worden, die hier eine Hilfestellung geben sollen. Sie sind darauf gerichtet, vorhandene Informationsquellen wie Alarm- und Bedienprotokolle und den Informationsgehalt im Normalbetrieb fortlaufend anfallender Regelkreisdaten (Istwert-, Sollwert- und Stellgrößenverläufe) zu erschließen und die Ergebnisse am Arbeitsplatz des PLT- und Prozessverantwortlichen sichtbar zu machen. CPM-Systeme (siehe Abb. 3.23) sollen helfen, solche Fragen zu beantworten wie z. B.

- Wie ist das gegenwärtige Regelkreisverhalten zu bewerten (Klassifizierung), gibt es Zusammenhänge zur aktuellen Fahrweise (Durchsatz, Einsatz- und Endprodukt-Spezifikation u. a.)? Wie groß ist das bestehende Verbesserungspotenzial?
- Welche aus Sicht der Anlage und der Prozessökonomie wichtigen Regelkreise weisen Performance-Probleme auf (Priorisierung)?
- Welche Hinweise für eine Diagnose der Ursachen unbefriedigenden Regelkreisverhaltens gibt es?

- Welche Aktionen sollen als Nächstes unternommen werden (Reglereinstellung, Lösung gerätetechnischer oder prozesstechnischer Probleme, Beseitigung externer Ursachen)?
- Wie hat sich die Situation über einen längeren Zeithorizont entwickelt?

Die praktische Erfahrung zeigt, dass durch die Einführung von CPM-Systemen ein erheblicher Nutzen nachgewiesen werden kann. Direkt quantifizierbarer Nutzen ergibt sich aus der Verbesserung der Anlagenfahrweise inkl. besserer Voraussetzungen für den Betrieb von übergeordneten Advanced-Control-Funktionen, der Vermeidung unnötiger Stellgeräte-Inspektionen und der Einsparung von Instrumentenluft. Daneben treten indirekte, nur schwer quantifizierbare Nutzenskomponenten auf. Sie ergeben sich daraus, dass mit Hilfe von CPM-Werkzeugen eine objektivierte Priorisierung der zu lösenden Regelkreisprobleme möglich wird. Hilfestellungen bei der Diagnose erlauben eine zielgerichtetere, zeitsparende Problemlösung und die Befreiung von Routineaufgaben. Nicht zu unterschätzen sind auch die Ergebnisse einer besseren Kommunikation zwischen Prozess- und PLT-Mitarbeitern, Managern und Instandhaltern innerhalb einer Anlage und innerhalb des Unternehmens.

Bei der Anwendung von CPM-Werkzeugen muss der Anwender mit realistischen, nicht übertriebenen Erwartungen an die Anwendung herangehen und die Voraussetzungen und Grenzen der nicht-invasiver, ausschließlich datengetriebener Methoden im Auge behalten. Mitunter liefern diese trotz erkennbar schlechter Regelgüte keine oder nur sehr unsichere Diagnosen. Die Anwendung von CPM-Tools ist als eine Hilfe für das PLT- und Anlagenpersonal gedacht, kann aber deren Übersicht und Prozesskenntnis nicht ersetzen, insbesondere in den Phasen der Ursachen-Diagnose und der Lösung identifizierter Regelkreisprobleme.

3.4.2 Statistische Maßzahlen zur Bewertung des Regelkreisverhaltens

Eine weitgehend unausgeschöpfte Quelle wertvoller Informationen über das Betriebsverhalten von Regelkreisen sind die Bedien- und Alarmprotokolle, die moderne Prozessleitsysteme automatisch anlegen und verwalten. Durch ihre systematische rechnergestützte Auswertung lassen sich solche Informationen wie z. B.

- der Zeitanteil, in dem sich ein Regler in der vorgesehenen Betriebsart befunden hat,
- Zeitanteil, in dem sich die Stellgröße eines Reglers an einer ihrer Beschränkungen (im Windup-Zustand) befunden hat,
- Relative Häufigkeit von Bedienhandlungen,
- Relative Häufigkeit von Alarmen,
- Verstellungen der Reglerparameter

ermitteln und grafisch darstellen. Anzustreben ist daher eine Integration von CPM-System und Alarm- und Event-Management-System.

Einfache Maßzahlen ergeben sich auch aus der Auswertung der fortlaufend anfallenden Regelkreisdaten. Darunter sind

- Minimal- und Maximalwerte, Mittelwert und Standardabweichung der Regelgröße im betrachteten Zeitintervall, oder der „Variabilitätskoeffizient" (Quotient aus Standardabweichung und Mittelwert der Regelgröße $\sigma_y/\bar{y}$),
- Mittelwert der Stellgröße (mitunter ein Hinweis auf Über- bzw. Unterdimensionierung der Stelleinrichtung); integrierter Stellweg, Zahl der Umkehrungen der Richtung der Stellgrößenänderung,
- Integrierte absolute Regeldifferenz (IAE-Kriterium),
- An- und Ausregelzeit, Überschwingweite (bei Vorhandensein sprungförmiger Sollwertänderungen in den Datensätzen).

Diese und andere einfache Analysemethoden erlauben es oft, problembehaftete Regelkreise schnell zu erkennen. Detailliertere Informationen können anschließend mit Hilfe signal- und systemtheoretischer Methoden gewonnen werden.

3.4.3 Benchmarking

Eine Möglichkeit der Bewertung der aktuellen Arbeitsweise eines Regelkreises besteht darin, Regelkreisdaten (Istwert, Sollwert und Stellgröße) fortlaufend aufzuzeichnen, daraus Maßzahlen für die erreichte Regelgüte zu berechnen und mit denen zu vergleichen, die sich mit einem „optimalen" Regler unter sonst gleichen Bedingungen erreichen ließen. Dieses Vorgehen wird als Benchmarking, die berechneten Maßzahlen werden als Performance-Indizes bezeichnet. Die Bewertung der stochastischen Reglerperformance (Regelgüte) erfolgt gewöhnlich mit Performanceindizes der Form

$$CPI = \frac{J_{\text{gew}}}{J_{\text{akt}}}, \qquad (3.86)$$

wobei J_{gew} eine gewünschte und J_{akt} die aktuell erreichte Reglerperformance darstellt. Besondere Bedeutung als Bezugsmaßstab hat dabei die mit einem Minimum-Varianz-Regler (MV-Regler) erreichbare Regelgüte erlangt. Wie der Name andeutet, lässt sich bei Einsatz eines solchen Reglers theoretisch die Streuung bzw. Varianz der Regelgröße minimieren. Um diese minimale Varianz σ^2_{MV} zu berechnen, ist es aber nicht erforderlich, einen MV-Regler tatsächlich zu entwerfen und in der Anlage einzusetzen. Es ist im Gegenteil möglich, diese Größe aus fortlaufend anfallenden Regelkreisdaten (d. h. ohne zusätzliches Testsignal!) eines mit einem PID-Regler geschlossenen Regelkreises zu schätzen, wenn die Totzeit der Regelstrecke bekannt ist oder ebenfalls geschätzt werden kann. Die Kenntnis der Totzeit ist notwendig, weil in die Berechnung von σ^2_{MV} die Koeffizienten der Impulsantwort des geschlossenen Regelkreises bis zur

Streckentotzeit eingehen. Eine ausführliche Übersicht über Algorithmen zur Berechnung von Performance-Indizes geben (Uduehi & andere, 2007a), (Uduehi & andere, 2007b).

Die so ermittelte minimal mögliche Varianz lässt sich nun zur aktuell gemessenen Varianz in Beziehung setzen und ein „Control Performance Index" (nach dem „Erfinder" auch Harris-Index genannt) angeben:

$$CPI = \frac{\sigma_{\mathrm{MV}}^2}{\sigma_y^2} \quad [0 \ldots 1] \ . \tag{3.87}$$

Ein CPI-Wert nahe bei Eins bedeutet eine gute Annäherung an den MV-Benchmark. Die Aussagefähigkeit des Harris-Index ist allerdings begrenzt: σ_{MV}^2 ist eine absolute untere Schranke für die mit einem linearen Regler erreichbare (stochastische) Regelgüte. Wenn der CPI bereits nahe bei Eins liegt, lässt sich die Streuung nicht mehr weiter dadurch verringern, dass man einen anderen linearen Regelalgorithmus einsetzt oder andere Reglerparameter einstellt. Dann helfen nur noch Maßnahmen im Prozess (z. B. Verringerung der Totzeit durch Wahl eines anderen Messorts) oder eine Änderung der Regelungsstruktur (z. B. Einsatz einer Störgrößenaufschaltung). Umgekehrt liefert der Harris-Index keine Aussage über das unter den gegebenen Umständen, d. h. mit einem PID-Regler, erreichbare Optimum. Um diese Aussage zu treffen, müsste die mit einem optimal eingestellten PID-Regler erreichbare Streuung berechnet werden, was die Kenntnis eines genauen Prozessmodells verlangt. Es ist aber praktisch unrealistisch, solche Modelle für eine große Zahl von Regelungen bereitzustellen. Derselbe Vorbehalt muss bei anderen vorgeschlagenen CPIs gemacht werden, die andere Regelalgorithmen (z. B. optimale Zustandsregler, Prädiktivregler) als Vergleichsmaßstab verwenden. Problematisch und mitunter irreführend ist die Verwendung des Harris-Index auch bei Regelgrößenverläufen, die durch regelmäßige Oszillationen gekennzeichnet sind (Horch, 2007).

Daher sind modifizierte Control-Performance-Indizes vorgeschlagen worden. Realistischer als die Verwendung des MV-Benchmarks ist es zum Beispiel, die Streuung über einen Zeitraum zu ermitteln, in dem der Anwender das Regelkreisverhalten als gut betrachtet hat (Basisfall), um diese dann mit der aktuellen Streuung zu vergleichen („user defined benchmark", mitunter auch „Relativer Performance-Index" RPI genannt):

$$CPI = \frac{\sigma_{\mathrm{Basisfall}}^2}{\sigma_y^2} \ . \tag{3.88}$$

Die Definition des Basisfalls ist allerdings subjektiv und mag evtl. zu konservativ sein. Ein anderer Vorschlag besteht darin, einen Harris-Index insofern zu modifizieren, dass die mitunter schwierige Identifikation der Totzeit der Regelstrecke vermieden wird. Dazu wird in der Berechnung des CPI die minimale Varianz σ_{MV}^2 durch eine Varianz ersetzt, die über einen erweiterten Zeithorizont ermittelt wird, der größer als die Totzeit ist. Das ist gleichbedeutend mit einer realistischen Verringerung der an den Regelkreis gestellten Güteforderung.

Bei der Berechnung des Harris-Index fallen als Zwischenergebnis die Koeffizienten der Störimpulsantwort des geschlossenen Regelkreises an. Es ist daher auch üblich, die aus der Impulsantwort ablesbare aktuelle Ausregelzeit mit einer durch den Nutzer vorgegebenen gewünschten Ausregelzeit zu vergleichen. Eine Beziehung zum MV-Benchmark ist dadurch gegeben, dass bei Einsatz eines MV-Reglers die Impulsantwort des Regelkreises nach Ablauf der Totzeit auf Null abfällt. Das gilt auch für die ebenfalls aus laufend anfallenden Prozessdaten berechenbare Autokorrelationsfunktion (AKF) der Regelgröße

$$AKF(k) = \frac{1}{N-k} \sum_{i=0}^{N-k} y(i)\, y(i+k)\,. \tag{3.89}$$

Eine Besonderheit ist die Bewertung von Füllstandsregelungen. Viele Füllstandsregelungen in Prozessanlagen sind nicht darauf gerichtet, einen vorgegebenen Füllstandssollwert möglichst gut einzuhalten. Bei Pufferbehältern kommt es vielmehr darauf an, das Puffervolumen zur dynamischen Entkopplung von Anlagenabschnitten auszunutzen. Zu diesem Zweck können Füllstandsschwankungen in größerem Umfang toleriert und dafür die Volumenströme zu nachgeschalteten Anlagenteilen beruhigt werden („averaging level control", vgl. Abschnitt 4.6). Für diese Art von Füllstandsregelungen müssen modifizierte CPIs berechnet werden (Horton, Foley, & Kwok, 2003).

Die Berechnung von CPIs ist inzwischen auch auf erweiterte Regelungsstrukturen wie Kaskadenregelungen und Störgrößenaufschaltungen sowie auf Mehrgrößensysteme erweitert worden (Huang & Shah, 1999). Für die Überwachung und Bewertung von MPC-Regelungen sind diese Verfahren nicht unmittelbar anwendbar.

3.4.4 Stiktionserkennung und Oszillationsanalyse

Das Auftreten oszillatorischer Verläufe der Signale im Regelkreis (Istwert der Regelgröße und Stellgröße) ist ein Indiz für eine Verschlechterung der Regelgüte und führt u. a. zu erhöhtem spezifischem Energiebedarf, zu einer erhöhten Streuung bzw. Nichtgleichförmigkeit der Produktspezifikationen, zur Verringerung der Ausbeute, zu erhöhtem Ventilverschleiß und Verbrauch von Instrumentenluft. Oszillatorische Verläufe von Signalen im Regelkreis können verschiedene (innere und äußere) Ursachen haben, darunter

- zu aggressive Reglereinstellung,
- nichtlineare Elemente in der Stelleinrichtung (Stiktion, Hysterese u. a.),
- zu grobe Quantisierung des Messsignals,
- oszillatorische Verläufe externer Störgrößen, insbesondere im mittleren Frequenzbereich (vgl. die Aussagen zur Empfindlichkeitsfunktion in Abschnitt 3.1.1),
- Wechselwirkung zwischen – für sich genommen gut eingestellten – Regelkreisen in Mehrgrößensystemen mit starken Wechselwirkungen.

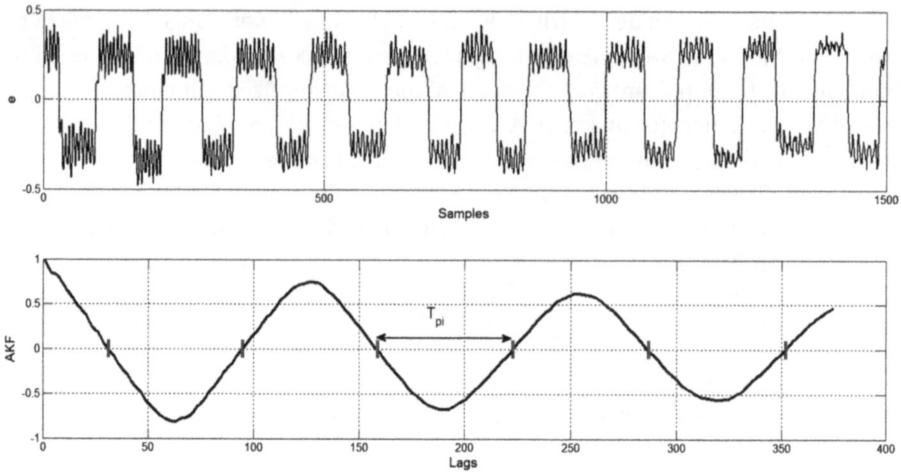

Abb. 3.24: Oszillationserkennung mit Hilfe der AKF (Jelali & Dittmar, 2014).

Die Detektion und Diagnose von Oszillationen besitzt daher eine große Bedeutung im Rahmen des Control Performance Monitoring. Eine Übersicht zu Verfahren der Oszillationserkennung wird in (Horch, 2007) und (Karra, Jelali, Nazmul Karim, & Horch, 2010) gegeben.

Eines der am besten geeigneten Verfahren, das wenig empfindlich gegenüber Messrauschen ist, wurde von (Thornhill, Huang, & Zhang, 2003) entwickelt. Dabei wird nicht der Zeitverlauf der Regelgröße selbst, sondern der Verlauf der Autokorrelationsfunktion der Regeldifferenz

$$AKF(k) = \frac{1}{N-k} \sum_{i=k+1}^{N-k} \tilde{e}(i)\tilde{e}(i+k) \tag{3.90}$$

betrachtet. Darin bedeuten $\tilde{e}(i)$ zentrierte, auf eine Standardabweichung von Eins normierte Werte der Regeldifferenz und N die Zahl der berücksichtigten Messwerte. Die AKF eines oszillierenden Signals ist selbst eine (mit derselben Periodendauer) oszillierende Funktion. Die Erkennung einer Oszillation beruht nun auf der Untersuchung der Gleichmäßigkeit von Nulldurchgängen der AKF. Über einen längeren Zeitraum werden die Nulldurchgänge der AKF gemessen und daraus der Mittelwert $\overline{T_P}$ und die Standardabweichung σ_{T_P} der Periodendauer der Oszillation der AKF ermittelt.

Ein Signalverlauf wird als oszillierend angesehen, wenn die Standardabweichung kleiner als ein Drittel des Mittelwerts ist. Ein weiterer Vorteil dieser Vorgehensweise besteht darin, dass auch Signale verarbeitet werden können, die mehrfache Oszillationen unterschiedlicher Frequenz enthalten.

Die häufigste innere Ursache für die Oszillation der Regelkreisgrößen ist überhöhte Haftreibung in Stellventilen (im Englischen mit dem Kunstwort stiction = **st**atic fr**iction** bezeichnet, im Deutschen auch mit Stiktion wiedergegeben). Die bisher ent-

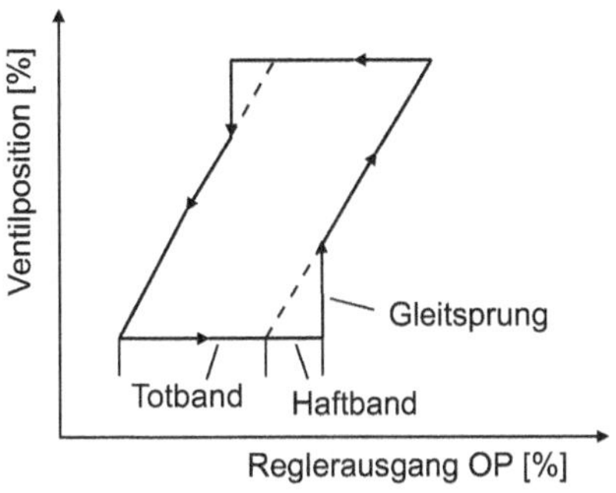

Abb. 3.25: Statische Kennlinie eines Stellventils mit Hysterese und Stiktion.

wickelten Methoden für die Diagnose der Ursachen von Oszillationen konzentrieren sich daher auf die automatische Erkennung gerade dieser Erscheinung. Dabei sollen aktive Experimente an der Stelleinrichtung nach Möglichkeit vermieden werden. Eine Übersicht über den derzeitigen Stand findet man in (Choudhury, Shah, Thornhill, & Shook, 2006), (Choudhury, Shah, & Thornhill, 2008) und in (Jelali & Huang, 2010). In (Horch, 2007) werden zwölf Stiction-Detection-Methoden beschrieben und anhand von Testdaten miteinander verglichen.

Stiktion ist bedingt durch überhöhte Haftreibung zwischen Stopfbuchse und Spindel eines Ventils. Sie äußert sich darin, dass bei Erhöhung bzw. Verringerung des Stellsignals erst ein bestimmter Widerstand überwunden werden muss, bis es sich bewegt und einen Gleitsprung ausführt. Bei Richtungsumkehr des Stellsignals kann zusätzlich auch eine Hysterese auftreten. In Abb. 3.25 ist die statische Kennlinie eines Stellventils mit Hysterese und Stiktion dargestellt. Mathematische Modelle der Stiktion werden in (Choudhury, Thornhill, & Shah, 2005) und (Jelali & Huang, 2010) beschrieben.

Klassische Verfahren der Stiktionserkennung sind die Analyse der Trends von Regel- und Stellgröße, das Leistungsdichtespektrum des Istwerts oder der Regeldifferenz und der Regelgrößen-Stellgrößen-Biplot (Abb. 3.26 und 3.27). In Abb. 3.26 links sind typische Verläufe der Regel- und Stellgröße dargestellt, die sich in einem Regelkreis mit Stiktion ergeben, wenn die Regelstrecke Proportionalverhalten aufweist. Zu erkennen ist der rechteckförmige Verlauf der Regelgröße bei sägezahnförmigem Verlauf der Stellgröße. Wertvolle Hinweise liefert oftmals die grafische Darstellung des Leistungsdichtespektrums der Regeldifferenz. Der Zeitverlauf der Regeldifferenz wird dazu in ein Spektrum von Sinussignalen verschiedener Frequenz zerlegt und der „Energieinhalt“ des Signals in Abhängigkeit von der Frequenz berechnet. Zu aggressiv eingestellte Regelkreise sind im Leistungsspektrum oft durch einen einzelnen „Peak“ bei einer bestimmten Frequenz zu erkennen, da der Zeitverlauf der Regeldifferenz von einem sinusförmigen Signal dominiert wird. Auch gleichmäßige Schwingungen äußerer Störgrößen führen zu diesem Erscheinungsbild. Stiktion ist dagegen im Leistungsdichtespektrum oft durch mehrere Peaks bei unterschiedlichen Frequenzen oder

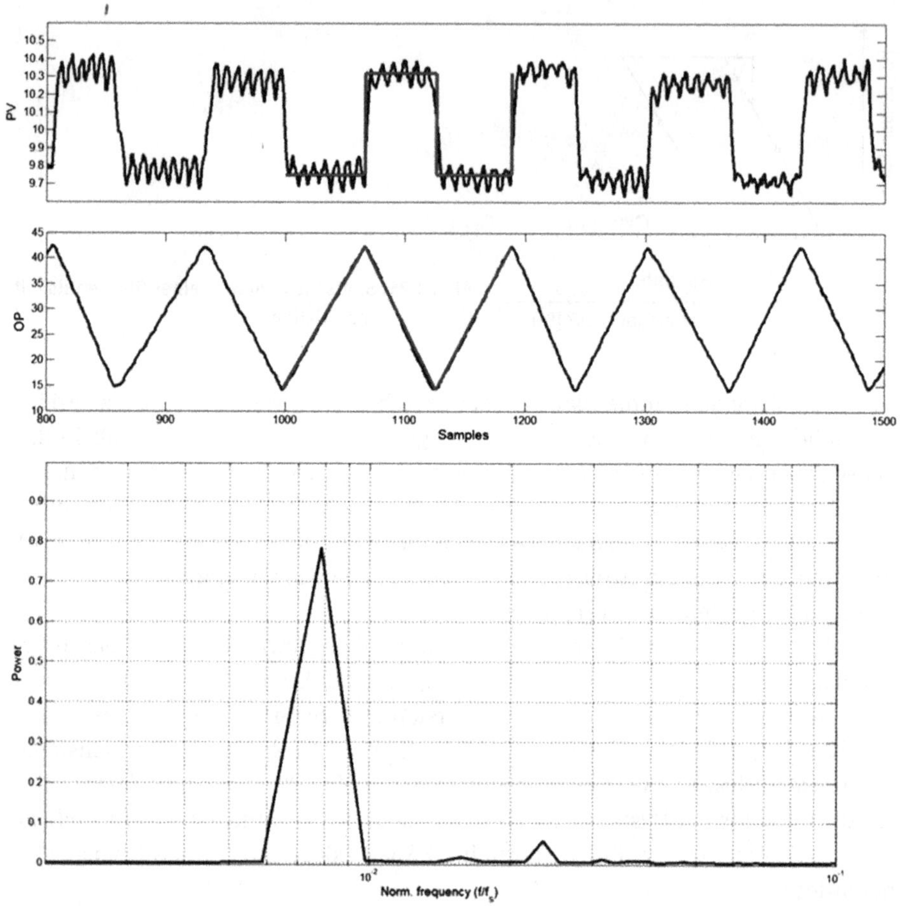

Abb. 3.26: Typische Verläufe von Regel- und Stellgröße bei Stiktion der Stelleinrichtung und Regelstrecke mit Proportionalverhalten (oben), dazu gehöriges Leistungsspektrum des Istwerts (unten).

einen „breiten Berg" zu erkennen. Abbildung 3.26 rechts zeigt ein typisches Leistungsspektrum des Istwerts bei Stiktion.

Stellt man die Signalverläufe in einem Istwert-Stellgrößen-Diagramm oder Biplot dar, resultiert eine geneigte, parallelogrammförmige Kontur. Abbildung 3.27 zeigt ein Beispiel für eine Durchflussregelung.

Leider sind die Verhältnisse in der Praxis selten so eindeutig wie in den Bildern dargestellt. Sowohl die PV- und OP-Verläufe als auch die PV-OP-Biplots können auch andere Formen annehmen (Jelali, 2013). Die Methoden zur Stiktionserkennung sind daher in den letzten Jahren wesentlich weiterentwickelt worden. Dazu gehören u. a.

- Methoden zur Erkennung der Nichtlinearität einer Signalquelle,

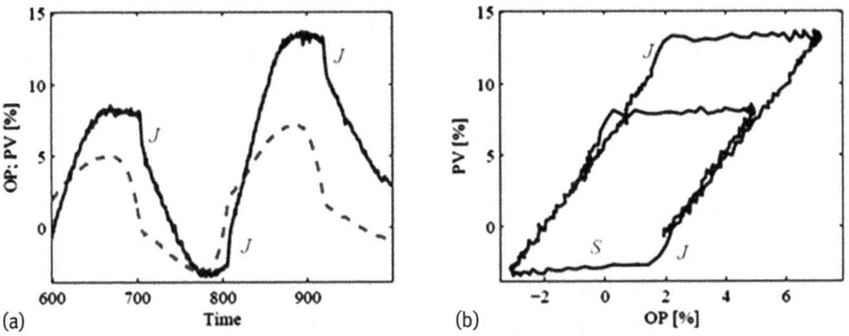

Abb. 3.27: Zeitverlauf von Stell- und Regelgröße und OP-PV-Biplot bei einer Durchflussregelung mit Stiktion.

- Methoden zur Erkennung für Stiktion charakteristischer Signalformen (qualitative signal shape analysis), diese Methoden sind mit der Mustererkennung verwandt,
- Methoden zur Erkennung und Quantifizierung der Stiktion und zur Unterscheidung von anderen Oszillationsursachen auf der Grundlage nichtlinearer Identifikationsverfahren (Jelali & Karra, 2010).

Eine sehr einfache und anschauliche Methode der Stiktionserkennung wurde von (He, Wang, Pottmann, & Qin, 2007) vorgeschlagen. Sie beruht auf der stückweisen Approximation (dem Fitten) von Stellgrößen- (bei Proportionalstrecken) bzw. Istwertverläufen (bei integrierenden Strecken) durch eine dreiecks- und eine sinusförmige Funktion; siehe Abb. 3.28. Bei einer besseren Annäherung durch eine dreiecksförmige Funktion ist die Stiktion wahrscheinlicher; bei besserer Approximation durch eine sinusför-

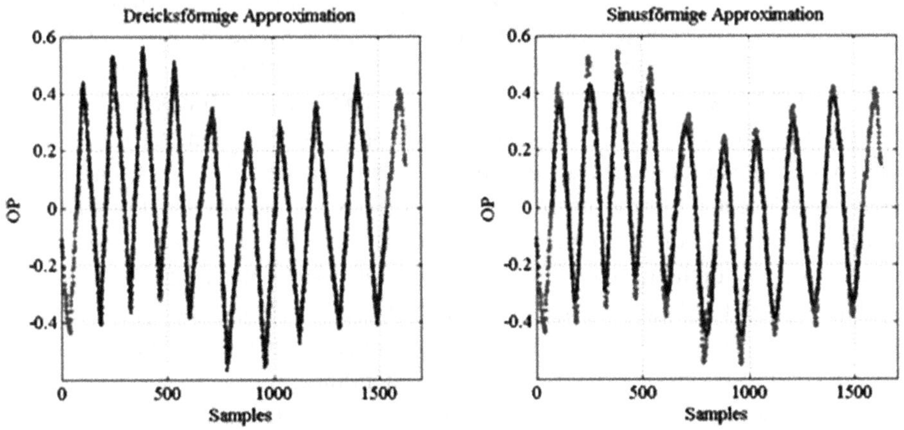

Abb. 3.28: Approximation des Stellgrößenverlaufs nach (He, Wang, Pottmann, & Qin, 2007).

mige Funktion ist vom stiktionsfreien Fall auszugehen. Der Stiktionsindex lässt sich als das Verhältnis der resultierenden mittleren quadratischen Approximationsfehler (MSE... mean squared error) ausdrücken:

$$SI = \frac{MSE_{\text{sin}}}{MSE_{\text{sin}} + MSE_{\text{tri}}} . \tag{3.91}$$

Die Diagnose lautet dann: für $SI > 0{,}6$ ist Stiktion wahrscheinlich, für $SI > 0{,}6$ unwahrscheinlich, wenn $0{,}4 \leq SI \leq 0{,}6$ gilt, ist keine Entscheidung möglich.

Sowohl komplizierter als auch rechenzeitintensiver ist die von (Choudhury, Shah, & Thornhill, 2008) entwickelte Methode, die sich auf die Anwendung von Verfahren der Statistik höherer Ordnung und der nichtlinearen Zeitreihenanalyse stützt. Ausgangspunkt ist dabei die Überlegung, dass Signalverläufe bzw. Zeitreihen, die von linearen Systemen generiert werden, andere Charakteristiken aufweisen als solche, die von nichtlinearen Systemen ausgehen. Dazu werden zwei Indizes berechnet, ein Non-Gaussianity Index (NGI) und ein Nichtlinearitätsindex (NLI). Beide werden unter Verwendung der Bikohärenz der Regeldifferenz bestimmt, einer normierten Form des Signal-Bispektrums (einer verallgemeinerten Form des Leistungsdichtespektrums):

$$\begin{aligned} NGI &= \overline{\text{bic}^2} - \overline{\text{bic}^2}_{\text{krit}} \\ NLI &= \left| \text{bic}^2_{\text{max}} - \left(\overline{\text{bic}^2} + 2\sigma_{\text{bic}^2} \right) \right| . \end{aligned} \tag{3.92}$$

Darin bedeuten bic^2 die quadratische Bikohärenz des gemessenen Signals (der Regeldifferenz), $\text{bic}^2_{\text{max}}$ deren Maximalwert, $\overline{\text{bic}^2}$ deren Mittelwert und σ_{bic^2} deren Streuung. Wenn $NGI \leq 0{,}001$ gilt, kann angenommen werden, dass der Signalverlauf normalverteilt („Gaussian“) ist. Wenn $NLI \leq 0.01$ gilt, kann angenommen werden, dass das Signal einem linearen System entstammt. Wenn sowohl $NGI > 0{,}001$ als auch $NLI > 0{,}01$ sind, ist Stiktion des Strellventils wahrscheinlich, wenn man andere Ursachen der Nichtlinearität (nichtlineare externe Störsignale, stark nichtlineares Prozessverhalten in einer engen Umgebung des Arbeitspunkts) ausschließen kann.

Nicht selten weisen mehrere Regelkreise Oszillationen derselben Periodendauer auf. Es ist daher zu vermuten, dass eine gemeinsame Ursache für diese Schwingungen verantwortlich ist. Das Problem ist dann, die Störquelle zu orten, von der aus sich diese Oszillationen über mehrere Regelkreise in der Anlage verbreiten. Wenn die eigentliche Ursache ein nichtlineares Element in einem der Regelkreise (wie z. B. Stiktion) ist, kann man die resultierenden Signalverläufe bzw. nichtlinearen Zeitreihen nicht mehr als durch ein lineares System gefiltertes weißes Rauschen darstellen. Je weiter sich in der Anlage die Oszillation von der Ursache entfernt, desto mehr wird es geglättet und „desto linearer“ verhält es sich. Der vorher im Zusammenhang mit der Methode zur Stiktionserkennung angegebene Nichtlinearitätsindex lässt sich daher auch zur Aufklärung der auslösenden Störursache (root cause analysis) heranziehen: man berechnet die *NLI* der in Frage kommenden Regelkreise und detektiert denjenigen als den Auslöser, der den größten *NLI* aufweist. Diese und weitere Methoden zur

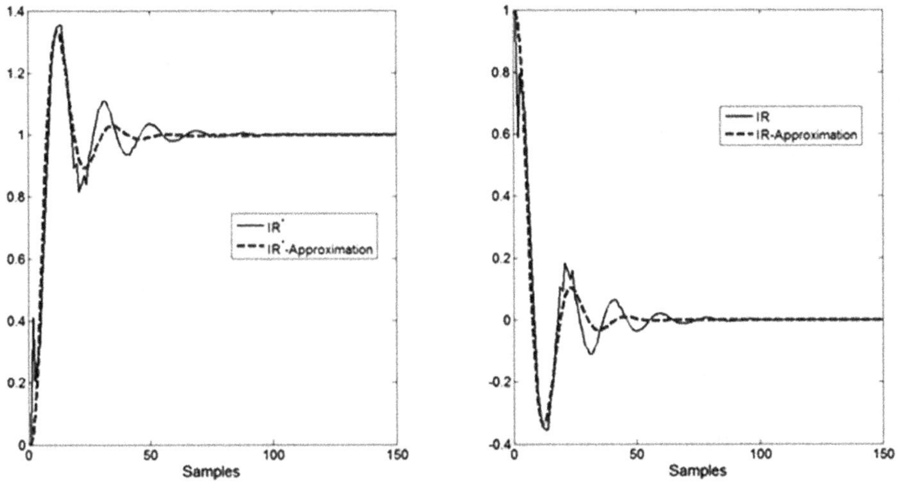

Abb. 3.29: PT_2T_t-Approximation einer transformierten Sprungantwort des Regelkreises (links); zurücktransformierte Impulsantwort und deren Approximation (rechts).

Analyse anlagenweiter Schwingungen von Regelkreisen werden in (Thornhill, 2005), (Thornhill & Horch, 2007), (Choudhury, Shah, & Thornhill, 2008) und (Jelali, 2013) näher erläutert.

Abschließend sei betont, dass Stiktionserkennungsverfahren erst und nur dann anzuwenden sind, wenn vorherige Tests das Vorhandensein einer Oszillation *und* einer Nichtlinearität signalisiert haben. In der Praxis sollte man zuletzt einen „Valve-Travel-Test" für das vermutete stiktionsbehaftete Ventil heranziehen, um letzte Gewissheit zu bekommen.

3.4.5 Erkennung zu konservativer bzw. aggressiver Reglereinstellung

In (Jelali, 2013) wird ein Verfahren zur Erkennung von zu langsamer bzw. zu aggressiver Reglereinstellung vorgeschlagen, das auf dem sogenannten „Relative Damping Index" (Hägglund, 1999) basiert. Wie bei der Berechnung des Harris-Index (vgl. Abschnitt 3.4.3) geht man von der aus fortlaufend anfallenden Regelkreisdaten berechenbaren Störimpulsantwort des geschlossenen Regelkreises aus. Diese Störimpulsantwort wird in eine Sprungantwort umgerechnet und durch ein Verzögerungsglied zweiter Ordnung mit Totzeit (PT_2T_t-Glied) approximiert (vgl. Abbildung 3.29).

Aus dem geschätzten Dämpfungsgrad D_{IR} der Impulsantwort lässt sich der *RDI* zu:

$$RDI = \frac{D_{IR} - D_{IR,agg}}{D_{IR,slugg} - D_{IR}} \tag{3.93}$$

ermitteln.

Dabei ist $D_{IR,agg}$ die Grenze für eine aggressive Reglereinstellung und $D_{IR,slugg}$ die Grenze für eine konservative Reglereinstellung. Standardwerte für die Performancegrenzen sind $D_{IR,agg} = 0{,}6$ und $D_{IR,slugg} = 0{,}8$ für Proportionalstrecken sowie $D_{IR,agg} = 0{,}3$ und $D_{IR,slugg} = 0{,}5$ für integrierende Strecken. Diese können jedoch vom Anwender je nach Anwendung bzw. Anforderung verändert werden. Die automatische Diagnose folgt aus:

$$\begin{array}{ll} RDI \geq 0 \quad \text{bzw.} \quad D_{IR,agg} \leq D_{IR} \leq D_{IR,slugg} & \text{gute Reglereinstellung} \\ -1 \leq RDI < 0 \quad \text{bzw.} \quad D_{IR} < D_{IR,agg} & \text{zu aggressive Reglereinstellung} \\ RDI < -1 \quad \text{bzw.} \quad D_{IR} > D_{IR,slugg} & \text{zu konservative Reglereinstellung}\ . \end{array}$$

3.4.6 Software-Werkzeuge für das Control Performance Monitoring

Ein kommerzielles CPM-Werkzeug besteht aus folgenden Komponenten:
- Datenakquisition: bei modernen Prozessleitsystemen über eine OPC-Schnittstelle. Die direkte Kommunikation mit dem PLS zur Erfassung der Regelkreisdaten ist dabei einer Anbindung an ein evtl. bestehendes Prozessinformationssystem (PIMS) vorzuziehen. Werden PIMS-Daten verwendet, ist darauf zu achten, dass Funktionen der Datenkompression ausgeschaltet oder richtig parametriert werden,
- Datenvorverarbeitung: dazu gehören Funktionen wie Stationaritätstests, Ausschließen unbrauchbarer Datensätze infolge Stillstands von Anlagen/Teilanlagen, Ausreißererkennung u. a.,
- Analyse: Programme zur statistischen, signal- und systemtheoretischen Analyse der Regelkreisdaten. Auf Grund der vielfältigen, oft in Kombination auftretenden Ursachen für unbefriedigendes Regelkreisverhaltens führt meist nur die Verknüpfung verschiedener Maßzahlen und Grafiken zum Erfolg,
- Diagnose: hierfür werden u. a. Wahrscheinlichkeiten für bestimmte Fehlerarten oder Nutzerdialoge zur Aufklärung der Ursachen unbefriedigenden Regelkreisverhaltens angeboten. Die Diagnose ist dabei nicht vollständig automatisierbar, sondern weitgehend Sache des Menschen, der in diesem Schritt Prozessinformationen und Erfahrungen einbringen kann und muss,
- Visualisierung: Aufbereitung der Ergebnisse für verschiedene Nutzergruppen (Manager, Prozessingenieur, PLT-Techniker, Regelungstechniker). Dabei hat sich eine hierarchische Strukturierung bewährt, bei der der Detailliertheitsgrad der angebotenen Information von oben nach unten zunimmt,
- Evtl. integrierte Programme zur Bestimmung günstiger Reglerparameter und zur Regelkreissimulation.

Eine Übersicht über ausgewählte, kommerziell verfügbare CPM-Werkzeuge gibt Tab. 3.13. Darin sind nur Tools aufgelistet, die nicht an ein spezielles Automatisierungssystem gebunden sind.

Die angebotenen Tools sind Offline-Werkzeuge, die in der Regel über eine OPC-Schnittstelle an ein Prozessleitsystem gekoppelt werden. Inzwischen haben verschiedene Hersteller einfache CPM-Funktionsbausteine entwickelt, die in die prozessnahen Komponenten ihrer Leitsysteme integriert sind (z. B. DeltaV Inspect für das Prozessleitsystem DeltaV der Fa. Emerson Process Management (Blevins, McMillan, Wojsznis, & Brown, 2003) und der CPM-Baustein „ConPerMon" für das PLS PCS7 der Fa. Siemens).

Einige dieser Werkzeuge weisen eine integrierte Komponente für die Regelkreiseinstellung auf (so z. B. LoopScout, Plant Triage, Loop Performance Manager), andere Firmen bieten eigenständige Werkzeuge für diese Aufgabe an (vgl. Abschnitt 3.3.4).

Daneben ist eine Reihe von In-House-Entwicklungen bekannt geworden. Dazu gehören

- Performance Surveyor^{TM} (DuPont Company, vgl. (Hoo, Piovoso, Schnelle, & Rowan, 2003))
- Eastman Performance Assessment System (Eastman Chemicals, vgl. (Paulonis & Cox, 2003))
- PROBE (Applied Control Technology Consortium, Glasgow, www.actc-control.com)
- CONTROLCHECK (Betriebsforschungsinstitut VDEh-Institut für Angewandte Forschung für die deutsche Stahlindustrie, Düsseldorf, vgl. (Jelali, 2006))
- ACCI (Repsol, vgl. (Ghraizi & andere, 2007))
- PATS (Performance Analysis Toolbox and Solutions) – University of Alberta (Lee, Tamayo, & Huang, 2010)

Tab. 3.13: Ausgewählte kommerziell verfügbare CPM-Werkzeuge.

Name des Programmsystems	Anbieter	Webseite
Plant Triage	Expertune	www.expertune.com
Control Performance Monitor	Matrikon/ Honeywell	www.matrikon.com
Optimize^{IT} Loop Performance Manager	ABB	www.abb.com
ControlWizard	PAS	www.pas.com
TriCLPM	TriSolutions	www.trisolutions.com
ControlMonitor	Control Arts Inc.	www.controlartsinc.com
Apromon	PIControl Solutions	www.picontrolsolutions.com
PlantESP	Control Station	www.controlstation.com

3.5 Weiterführende Literatur

Das Buch „Advanced PID Control" von (Aström & Hägglund, 2006) vermittelt ebenso wie sein Vorgänger (Aström & Hägglund, 1995) nicht nur einen breiten theoretischen Hintergrund, sondern gehen auch auf viele Fragen der praktischen Umsetzung von PID-Regelungen in der Prozessindustrie ein. Empfehlenswert sind die im Zusammenhang mit diesen Büchern entstandenen, frei im Internet zugänglichen interaktiven Lernmodule (http://aer.ual.es/ilm/).

In den für die Ausbildung von Verfahrensingenieuren konzipierten US-amerikanischen Regelungstechnik-Lehrbüchern von (Ogunnaike & Ray, 1994), (Marlin, 2000), (Bequette, 2003), (Smith & Corripio, 2006), (Riggs & Karim, 2007) und (Seborg, Edgar, Mellichamp, & Doyle III, 2011) findet man ausführlichere und praxisorientiert geschriebene Abschnitte zur Prozessregelung mit PID-Reglern. Viele Hinweise zur Wahl des richtigen Reglertyps, zur Reglereinstellung und zum Troubleshooting von Regelkreisen enthalten Bücher, die der Aus- und Weiterbildung von Technikern, Verfahrens- und Automatisierungsingenieuren gewidmet sind, darunter (Shinskey, 1994), (Murrill, 2000), (Wang & Cluett, 2000), (Wade, 2004), (Altmann, 2005), (Srvcek, Mahoney, & Young, 2006), (Smith, 2009), (Blevins & Nixon, 2010), (King, 2011), (McMillan, 2015), und (Corripio & Newell, 2015). Unterhaltsam geschrieben, trotzdem ernst gemeint sind die Hinweise zur Arbeit mit PID-Reglern in (King, 2003).

In den letzten beiden Jahrzehnten ist ein erneuter Aufschwung der Forschungsarbeiten zum PID-Reglerentwurf und zur Ermittlung günstiger Reglerparameter zu verzeichnen. Der theoretisch interessierte Leser findet Ergebnisse dieser Arbeiten

- in den Büchern (Datta, Ho, & Bhattacharyya, 2000), (Tan, Wang, & Hang, 2000), (Johnson & Moradi, 2005), (Visioli, 2006), (Sung, Lee, & Lee, 2009), (Liu & Gao, 2012) und im Sammelband (Vilanova & Visiolo, 2012),
- in den dem Thema PID-Regelung gewidmeten Sonderheften einschlägiger Fachzeitschriften (Control Engineering Practice Heft 11/2001, IEE Proceedings Control Theory and Applications vol.149, Heft 1/2002, IEEE Control Systems Magazine Heft 1/2006) und
- in den Proceedings des IFAC Workshops zur PID-Regelung, die im Jahr 2000 in Terrassa (Quevedo & Escobet, 2000) und 2012 in Brescia stattgefunden haben.

Einen Vergleich von in jüngerer Zeit entwickelten PID-Einstellregeln für die besonders häufig verwendeten PT_1T_t-Regelstrecken-Modelle geben (Lin, Lakshminarayanan, & Rangaiah, 2008).

Eine ausführliche Zusammenstellung von Einstellregeln für PID-Regler und praxisgebräuchlichen PID-Algorithmen enthält das Handbuch (O'Dwyer, 2009). Jüngere Übersichten zum Entwurf und zur Einstellung von PID-Regelungen geben (Cominos & Munro, 2002) und (Li, Ang, & Chong, 2006a). Patente, Programmsysteme zum Entwurf und zur Einstellung von PID-Regelungen und hardwarespezifische Online-Tuningwerkzeuge werden in (Li, Ang, & Chong, 2006b) vorgestellt. Methoden zur

Identifikation und Reglereinstellung mit der Relay-Feedback-Methode sind Gegenstand der Bücher von (Wang, Lee, & Lin, 2003) und (Yu, 2006). Ein übersichtliches Tutorial zu diesem Thema findet sich in (Hang, Aström, & Wang, 2002). Praxisbezogene Vorgehensweisen zum Troubleshooting von Regelkreisen werden in (Liebermann, 2009) vermittelt.

Wertvolle und praxisnahe Informationen zur Einstellung, Analyse und Optimierung des Regelkreisverhaltens findet man auch im Internet. Beispiele sind

- die auf der Website der Fa. Metso Expertune zusammengestellten Tutorials und Aufsätze (www.expertune.com), die von Gregory McMillan verantworteten „Control Talk Blogs" der Online-Zeitschrift „Control" (http://www.controlglobal.com/blogs/controltalkblog/)
- das E-Lehrbuch „Practical Process Control" von Douglas Cooper (www.controlguru.com),
- der von Terry Blevins und Mark Nixon betriebene Web-Blog „Modeling and Control – Dynamic World of Process Control" (www.modelingandcontrol.com),
- die zu dem Buch von (Blevins & Nixon, 2010) gehörende interaktive Webseite www.controlloopfoundation.com,
- die frei verfügbare Lernsoftware zur Modellbildung und PID-Regelung auf der Webseite des „Interactive Learning Module"-Projekts http://aer.ual.es/ilm/.

Eine Übersicht zu Methoden und zur industriellen Anwendung des Control Performance Monitoring geben (Thornhill, Oettinger, & Fedenczuk, 1999), (Jelali, 2006), (Jelali, 2013) und (Shardt & andere, 2012). Über Ergebnisse einer Umfrage zur industriellen Anwendung von CPM-Werkzeugen berichten (Bauer & andere, 2016). Viele weiterführende Informationen zu CPM-Methoden enthalten die Monografie (Huang & Shah, 1999), der Sammelband (Ordys, Uduehi, & Johnson, 2007) und die Namur-Empfehlung NE 152 zum Regelgüte-Management (NAMUR, 2014), (Wolff & Krämer, 2014).

Datenbasierte und modellgestützte Methoden für das Benchmarking von Regelungen werden ausführlich in (Uduehi & andere, 2007a) und (Uduehi & andere, 2007b) vorgestellt. Methoden zur Erkennung zu langsam eingestellter Regelungen beschreiben auch (Hägglund, 1999) und (Kuehl & Horch, 2005). Informationen über den Stand der Arbeiten zur Erkennung der Ventilstiktion findet man in (Choudhury, Shah, Thornhill, & Shook, 2006), (Choudhury, Shah, & Thornhill, 2008), (Choudhury, Jain, & Shah, 2008), (Jelali & Huang, 2010), und (Brasio, Romanenko, & Fernandes, 2014). Eine vergleichende Untersuchung verschiedener Algorithmen zur Stiktionserkennung bieten (Jelali & Scali, 2010). Methoden zur Analyse anlagenweiter Schwingungen von Regelkreisen werden u. a. in (Thornhill, 2005), (Thornhill, 2007), (Thornhill & Horch, 2007) und (Choudhury, Shah, & Thornhill, 2008) diskutiert.

4 Erweiterte Regelungsstrukturen

Viele Regelungsaufgaben in verfahrenstechnischen Prozessanlagen lassen sich zufriedenstellend mit einschleifigen PID-Regelkreisen lösen. Dabei sind die für Entwurf und Einstellung erforderlichen Prozesskenntnisse und der Instrumentierungsaufwand vergleichsweise gering. In einer Reihe von Fällen ist es jedoch sinnvoll, Erweiterungen vorzunehmen, um die Regelgüte zu erhöhen und zusätzliche Automatisierungsziele zu erreichen. Das kann geschehen, indem man weitere Mess- und Stellgrößen einbezieht, Prozessmodelle in expliziter Form im Regelalgorithmus verwendet oder Regelalgorithmus bzw. Reglerparameter im laufenden Betrieb anpasst.

Abschnitt 4 beschäftigt sich mit gegenüber dem einschleifigen Regelkreis erweiterten Regelungsstrukturen. Sie werden manchmal auch als „traditionelle Advanced-Control-Strategien“ oder „Advanced Regulatory Control (ARC)“ bezeichnet, weil sie schon seit langem Einzug in die Praxis der Prozessregelung gefunden haben. Viele Advanced-Control-Projekte beinhalten auch die Einführung oder Modifikation solcher Strategien.

Für diesen Abschnitt wurden diejenigen Strukturen ausgewählt, die am häufigsten in der Praxis der Prozessregelung anzutreffen sind, oder deren Grundkonzept sich auf viele Prozesse übertragen lässt.

4.1 Kaskadenregelung

Motivation und Grundprinzip

Eine Kaskadenregelung ist die einfachste und verbreitetste erweiterte Regelungsstruktur. Sie besteht in ihrer einfachsten Form aus zwei ineinander verschachtelten Regelkreisen, dem Haupt- oder Führungsregelkreis und dem Hilfs- oder Folgeregelkreis. Die Verknüpfung geschieht dabei in der Form, dass der Hauptregler (Führungsregler) seine Ausgangsgröße (Stellgröße) als Sollwert an den unterlagerten Hilfsregler (Folgeregler) weitergibt. Die Stellgröße des Hilfsreglers wirkt auf die Stelleinrichtung. Der Wirkungsplan einer Kaskadenregelung ist zusammen mit einem technologischen Beispiel in Abb. 4.1 dargestellt.

Im Beispiel des mantelbeheizten Reaktors besteht das Regelungsziel in der Konstanthaltung der Temperatur im Rührkesselreaktor T_R. Stellgröße ist der Volumenstrom des Heißöls, Hauptstörgröße sei die Heißöl-Zulauftemperatur (nicht gemessen). Würde der Reaktor mit einer herkömmlichen einschleifigen Temperaturregelung betrieben werden, würde es – bedingt durch den trägen Wärmeübergang – sehr lange dauern, bis eine Störgrößenänderung eine fühlbare Abweichung der Reaktortemperatur von ihrem Sollwert und infolgedessen eine Verstellung des Heißölstroms bewirkt. Entsprechend groß wäre die Ausregelzeit. Bei einer Kaskadenregelung wird nun ein zweiter Regelkreis eingebettet, dessen (Hilfs-)Regelgröße – hier die Manteltempera-

https://doi.org/10.1515/9783110499575-004

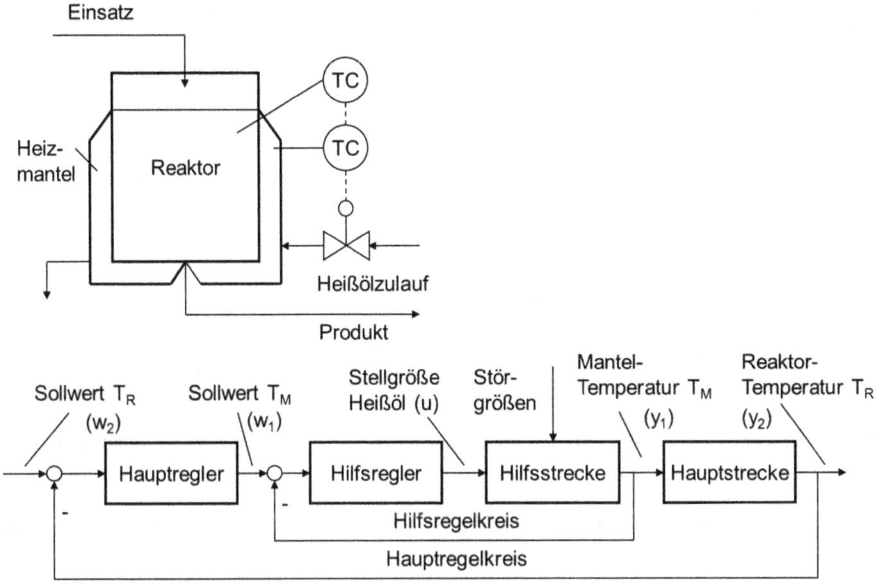

Abb. 4.1: Kaskadenregelung an einem mantelbeheizten Rührkesselreaktor: R&I-Schema und Wirkungsplan.

tur T_M – wesentlich schneller auf die Störgröße reagiert. Schwankungen der Heißölzulauftemperatur werden daher schneller erkannt und im Hilfsregelkreis kompensiert, bevor sie sich auf die Hauptregelgröße auswirken.

Das Regelungsverhalten mit und ohne Kaskadenregelung ist in Abb. 4.2 am Beispiel des Rührkesselreaktors dargestellt, wenn eine sprungförmige Störung der Heißölzulauftemperatur auftritt. Das Störverhalten der Kaskadenregelung ist erwartungsgemäß deutlich besser: in diesem Beispiel ist die maximale Regeldifferenz mit Kaskadenregelung viermal kleiner als mit einem einschleifigen Regelkreis.

Voraussetzung für die Wirksamkeit einer Kaskadenregelung ist, dass die Hilfsregelstrecke eine wesentlich schnellere Dynamik als die Hauptregelstrecke aufweist. Eine Faustregel besagt, dass die Summenzeitkonstante der Hilfsstrecke mindestens vier- bis fünfmal so klein sein soll wie die der Hauptstrecke. Die Hilfsregelgröße muss auf dem Signalweg von der oder den Störgrößen *und* der Stellgröße zur Hauptregelgröße liegen, d. h. Stör- und Stellgröße müssen zuerst die Hilfsregelgröße und danach/indirekt die Hauptregelgröße beeinflussen. Alle wesentlichen Störgrößen sollten auf den inneren Regelkreis einwirken.

Beispiele für Hauptregel-/Hilfsregelgrößen-Kombinationen sind Temperatur und Durchfluss in der Verfahrenstechnik oder Position/Drehzahl/Stromstärke in der Antriebstechnik. Pneumatische Stellventile sind in der Regel mit einem inneren Regelkreis für die Ventilposition ausgerüstet (Positionär). MPC-Regler (siehe Abschnitt 6) wirken in der Regel nicht direkt auf Stelleinrichtungen, sondern geben ihre Ausgangs-

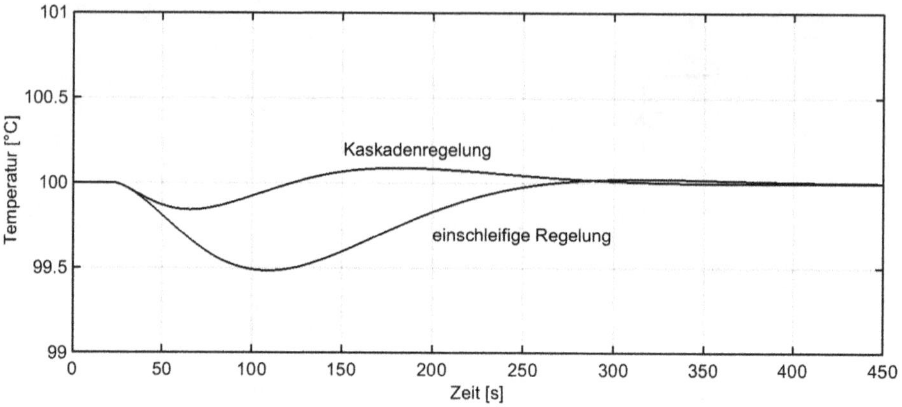

Abb. 4.2: Ausregelung einer Störung der Heißölzulauftemperatur mit und ohne Kaskadenregelung.

größen als Sollwerte an unterlagerte PID-Regler aus, auch hier handelt es sich also um eine Kaskadenstruktur.

Neben der schnelleren Kompensation von Störgrößen, die an der Hilfsregelstrecke angreifen, können Kaskadenregelungen einen weiteren Vorteil aufweisen. Mitunter treten in Stelleinrichtungen nichtlineare Effekte wie Hysterese oder Stiktion auf, die oft nicht sofort beseitigt werden können. In einem einschleifigen Regelkreis wirkt sich das in anhaltenden Schwingungen der (Haupt-)Regelgröße aus. Bei einer Kaskadenregelung ist die Wirkung auf die Hilfsregelgröße beschränkt. Die Hauptregelgröße wird nicht oder nur wenig beeinflusst, da Schwingungen der Hilfsregelgröße durch die träge Dynamik der Hauptstrecke herausgefiltert werden.

Reglereinstellung und Inbetriebnahme

Bei der Einstellung und Inbetriebnahme einer Kaskadenregelung wird „von innen nach außen" vorgegangen. Das bedeutet, dass zunächst der Hilfsregler eingestellt und in den AUTOMATIK-Betrieb genommen wird, danach wird der Hauptregler parametriert und die Kaskade geschlossen. Der Hilfsregler soll nicht nur Störgrößen im inneren Regelkreis gut unterdrücken, sondern auch auf Sollwertänderungen reagieren, die durch den Hauptregler vorgegeben werden. Bei der Einstellung des Hilfsreglers muss daher ein guter Kompromiss zwischen Stör- und Führungsverhalten erreicht werden. Daher sollte ein Algorithmus ausgewählt werden, der den P-Anteil des Hilfsreglers mit der Regeldifferenz und nicht mit dem Istwert verknüpft. Die durch die Arbeit des Hauptreglers bedingten Sollwertänderungen am Hilfsregler werden dann sofort an die Stelleinrichtung weitergegeben. Der Nachteil des „proportional kick" fällt hier nicht so sehr ins Gewicht, weil die Sollwertänderungen im Normalbetrieb klein sind. Es ist schwierig, allgemein gültige Regeln für die Wahl des Reglertyps für den Hilfsregler anzugeben. In manchen Fällen kann auf die Verwendung des I-Anteils im Folgeregler verzichtet werden, weil es nicht auf die stationäre Genauigkeit der Hilfsregelgröße, sondern die Vermeidung einer bleibenden Regeldifferenz bei der Hauptregelgröße ankommt. Letztere wird aber durch den I-Anteil im Hauptregler gewährleistet. Die Verwendung eines PI-Reglers als Hilfsregler ist jedoch angebracht, wenn größere niederfrequente Störungen im Hilfsregelkreis zu erwarten sind, oder wenn der Kaskadenbetrieb regelmäßig für längere Zeit unterbrochen werden muss.

Bei der Einstellung des Hauptreglers ist eine Besonderheit zu beachten. Die Ausgangsgröße des Hauptreglers wirkt nicht auf die Stelleinrichtung, sondern als Sollwert auf den unterlagerten Hilfsregler. Die „Regelstrecke“, die der Hauptregler vor sich hat, besteht aus der Gesamtheit von Hilfsregelkreis und Hauptregelstrecke. Die Dynamik dieser Ersatzregelstrecke hängt also nicht nur von den Kennwerten der Regelstrecken (Haupt- und Hilfsregelstrecke), sondern auch von den Reglerparametern des Hilfsreglers ab. Während man die dimensionslose Streckenverstärkung der Hilfsstrecke K_{S1} nach der Beziehung

$$K_{S1} = \frac{\Delta y_1/\mathrm{MB}_{y1}}{\Delta u/\mathrm{SB}_u} \tag{4.1}$$

unter Berücksichtigung des Messbereichs der Hilfsregelgröße MB_{y1} und des Stellbereichs SB_u ermitteln kann, muss die (ebenfalls dimensionslose) Verstärkung der Ersatzregelstrecke (d. h. Hauptstrecke plus Hilfsregelkreis) K_{S2} nach der Gleichung

$$K_{S2} = \frac{\Delta y_2/\mathrm{MB}_{y2}}{\Delta w_1/\mathrm{MB}_{y1}} \tag{4.2}$$

berechnet werden. Das bedeutet, dass bei geschlossenem (und vorher geeignet eingestelltem) Hilfsregelkreis ein Sollwertsprung Δw_1 auf den Hilfsregler zu geben ist und die Reaktion der Hauptregelgröße Δy_2 zu messen ist. Diese Änderungen sind im Fall des Sollwertsprungs auf den Messbereich der Hilfsregelgröße und für Δy_2 auf den Messbereich der Hauptregelgröße zu beziehen. In die Einstellregeln zur Bestimmung günstiger Reglerparameter sind dann K_{S1} für den Hilfs- und K_{S2} für den Hauptregler einzusetzen.

Man kann also bei der Einstellung und Inbetriebnahme einer Kaskadenregelung wie folgt vorgehen:

- Hilfsregelkreis in die Betriebsart HAND nehmen, Stellgrößensprung aufgeben und Sprungantwort der Hilfsregelgröße aufzeichnen, Kennwerte der Hilfsregelstrecke ermitteln (z. B. durch PT_1T_t-Approximation), die Streckenverstärkung ist K_{S1} nach Gl. (4.1),
- Reglerstruktur und günstige Reglerparameter für den Hilfsregler festlegen, Hilfsregelkreis in die Betriebsart AUTOMATIK (mit INTERNem Sollwert) nehmen, Verhalten des Hilfsregelkreises überprüfen,
- Sollwertsprung auf den Hilfsregler geben und Sprungantwort der Hauptregelgröße aufzeichnen, Kennwerte der Ersatzregelstrecke (Hilfsregelkreis plus Hauptregelstrecke) ermitteln, die Streckenverstärkung ist K_{S2} nach Gl. (4.2),

- Reglerstruktur und günstige Reglerparameter für den Hauptregler festlegen, Hilfsregelkreis in die Betriebsart AUTOMATIK mit EXTERNem Sollwert nehmen, Verhalten des Hauptregelkreises überprüfen.

Betriebsarten und Konfiguration

Bei der Projektierung von Kaskadenregelungen auf digitalen Automatisierungssystemen sind außer der Festlegung der Reglerparameter auch die Konfiguration der Betriebsarten (vgl. auch Abb. 3.19) von Interesse:

- Als Hilfsregler-Betriebsarten sind vorzusehen: HAND, AUTOMATIK mit internem Sollwert (AUTO/INTERN) und AUTOMATIK mit externem Sollwert (auch als EXTERN, AUTO/EXTERN, CAS oder REMOTE bezeichnet). Im HAND- und AUTO/INTERN-Betrieb ist die Kaskade geöffnet und der Bediener hat die Stellgröße bzw. den Hilfsregler-Sollwert vorzugeben. Im AUTO/EXTERN-Betrieb ist die Kaskade geschlossen und der durch den übergeordneten Hauptregler vorgegebene (externe) Sollwert wird wirksam.
- Als Hauptregler-Betriebsart sollte wenn möglich nur AUTOMATIK mit internem Sollwert vorgesehen werden (es sei denn, es handelt sich um den selteneren Fall eine Mehrfach-Kaskade, bei der der Hauptregler seinerseits Hilfsregler für einen weiteren übergeordneten Regler ist). Eine Umschaltung des Hauptreglers auf HAND ist nicht erforderlich, da die Stellgröße des Hauptreglers der externe Sollwert des Hilfsreglers ist und nur wirksam wird, wenn dieser selbst auf AUTO/EXTERN steht. Statt den Führungsregler im HAND-Betrieb zu fahren ist es sinnvoller, den Hilfsregler auf AUTO/INTERN zu schalten und dessen Sollwert direkt zu verändern.
- Die Sollwertnachführung am Hilfsregler bedeutet, dass in der Betriebsart HAND der interne Sollwert des Hilfsreglers dem Istwert der Hilfsregelgröße nachgeführt wird, um eine stoßfreie Umschaltung in die Betriebsart AUTO/INTERN zu ermöglichen. Im Gegensatz zu einschleifigen Regelkreisen, wo man nicht selten auf stoßfreie Umschaltung verzichtet, dafür aber den Vorteil hat, dass der Bediener nach Umschaltung auf AUTO/INTERN den Sollwert nicht wieder nachstellen muss, macht man bei Hilfsreglern in Kaskaden i. A. immer von der Sollwertnachführung Gebrauch und trifft die Entscheidung über stoßfreie Umschaltung am Hauptregler.
- In der Betriebsart AUTO/INTERN muss der externe Sollwert des Hilfsreglers seinem internen Sollwert angeglichen werden. Das bedeutet aber für eine stoßfreie Umschaltung des Hilfsreglers auf AUTO/EXTERN, dass auch der Stellwert des übergeordneten Hauptreglers dem internen Sollwert des Hilfsreglers nachgeführt werden muss (Stellwertnachführung am Hauptregler). Beachtet werden muss auch, dass die Ausgangsgröße des Hauptreglers in der Regel in Prozent angegeben wird, während der Sollwert des Hilfsreglers den Messbereich der Hilfsregelgröße

in der entsprechenden Maßeinheit hat. Bei manchen Automatisierungssystemen muss hier eine Umrechnung durchgeführt werden.
- Hauptregler: es muss entschieden werden, ob der Sollwert der Hauptregelgröße dem Istwert nachgeführt werden soll (Sollwertnachführung am Hauptregler), wenn der unterlagerte Hilfsregler in den Betriebsarten HAND oder AUTO/INTERN steht. Dafür spricht das Argument der stoßfreien Umschaltung, dagegen der „Verlust“ des eingestellten Sollwertes, wenn die Kaskade nicht geschlossen ist, und die Notwendigkeit der Wiedereinstellung des alten oder Einstellung eines neuen Sollwerts durch den Bediener.
- Für den Hilfsregler gelten dieselben Forderungen für Anti-Windup-Maßnahmen wie bei einem einschleifigen Regelkreis (vgl. Abschnitt 3.2).
- Für den Hauptregler gilt jedoch eine modifizierte Forderung: dessen Stellgrößenänderung (Stellgröße des Hauptreglers = externer Sollwert des Hilfsreglers!) muss *in einer Richtung* begrenzt oder „angehalten“ werden, wenn a) eine am Hilfsregler eingestellte Grenze (Maximum oder Minimum) für dessen Sollwert erreicht ist *und* b) die Stellgröße des Hilfsreglers einen Grenzwert erreicht hat. Wenn sich eine Verstellgeschwindigkeit für den Sollwert des Hilfsreglers vorgeben lässt, muss die Verstellgeschwindigkeit der Stellgröße des Hauptreglers dieser angepasst werden.
- Im Fall einer Störung des Hilfsregler-Eingangssignals oder des Stellgrößensignals sollte der Hilfsregler zwangsweise in die Betriebsart HAND geschaltet werden, bei einer Störung des Hauptregler-Eingangssignals ist das in der Regel nicht erforderlich, stattdessen sollte der Hilfsregler in die Betriebsart AUTO/INTERN geschaltet und damit die Kaskade aufgetrennt werden.
- Wenn der Hilfsregler aus der Betriebsart AUTO/EXTERN *direkt* in die Betriebsart HAND geschaltet wird (sei es durch den Bediener oder durch eine Zwangshandschaltung), sollte gleichzeitig auch eine Umschaltung in die Betriebsart INTERN erfolgen, d. h. die Kombination HAND/EXTERN beim Hilfsregler sollte vermieden werden.

Details der Realisierung von Kaskadenregelungen sind vom verwendeten Automatisierungssystem abhängig. Oft bieten Hersteller „Typicals“ an, mit deren Hilfe nachvollzogen werden kann, wie eine solche Regelungsstruktur auf dem jeweiligen System zu projektieren ist.

4.2 Störgrößenaufschaltung

Motivation und Grundprinzip

Ein einschleifiger Regelkreis kann Störgrößen erst dann bekämpfen, wenn deren Wirkung durch eine Abweichung der Regelgröße von ihrem Sollwert fühlbar wird. In vielen Fällen können Störgrößen aber selbst messtechnisch erfasst werden, oder es sind bereits Messeinrichtungen für diese Größen installiert. Es ist dann naheliegend, bei

Störgrößenänderungen sofort einen kompensierenden Stelleingriff vorzunehmen, ohne die Wirkung auf die Regelgröße abzuwarten. Dieses Prinzip wird als „Steuerung nach der Störgröße" oder „Feedforward Control" bezeichnet. Dieses Prinzip führt jedoch nur dann zu einer exakten Störgrößenkompensation, wenn die statischen und dynamischen Zusammenhänge zwischen den Störgrößen und der Stellgröße einerseits und der Zielgröße andererseits genau bekannt sind, also genaue Prozessmodelle vorliegen. Nicht messbare Störgrößen können auf diese Weise nicht berücksichtigt werden. Wegen der immer vorhanden Modellunsicherheit und dem Vorhandensein nicht messbarer Störgrößen wird die Steuerung nach der Störgröße in der Praxis nahezu immer mit einer Regelung kombiniert: man spricht dann von einer Störgrößenaufschaltung auf den Regelkreis. Die Aufgabe der Regelung besteht darin, die Wirkung der nicht gemessenen Störgrößen zu kompensieren und die durch Modellunsicherheit entstehenden Abweichungen vom Idealverhalten der Steuerung nach der Störgröße zu beseitigen. Störgrößenaufschaltung und Regelung können unabhängig voneinander entworfen werden, weil das zu bemessende Kompensations- oder Steuerglied nicht in der charakteristischen Gleichung des Regelkreises auftaucht.

Bemessung des Kompensationsglieds

Eine Störgrößenaufschaltung kann auf unterschiedliche Art und Weise realisiert werden, am verbreitetsten ist die Aufschaltung eines Hilfssignals auf den Reglerausgang. Der Wirkungsplan einer solchen Störgrößenaufschaltung ist zusammen mit einem technologischen Beispiel (Industrieofen) in Abb. 4.3 dargestellt. Regelgröße ist hier die Ausgangstemperatur, Hauptstörgröße der Durchfluss des Einsatzprodukts.

Das Hilfssignal, das hier vom Reglerausgangssignal subtrahiert wird, wird in Abhängigkeit von der gemessenen Störgröße in einem Steuerglied mit der Übertragungsfunktion $G_{St}(s)$ erzeugt bzw. berechnet. Diese Übertragungsfunktion lässt sich aus der

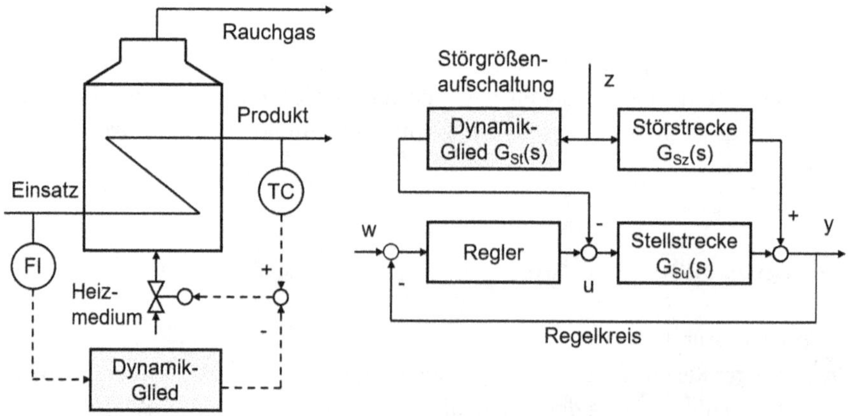

Abb. 4.3: Störgrößenaufschaltung – Wirkungsplan und technologisches Beispiel.

Bedingung herleiten, dass die Wirkung der gemessenen Störgröße z auf die Regelgröße y gleich Null sein soll. Diese „Invarianzbedingung“ lässt sich durch Auswertung des Wirkungsplans ohne Berücksichtigung der Rückführung mathematisch wie folgt formulieren:

$$G_{Sz}(s)Z(s) - G_{St}(s)G_{Su}(s)Z(s) = (G_{Sz}(s) - G_{St}(s)G_{Su}(s))\, Z(s) \stackrel{!}{=} 0\,. \tag{4.3}$$

Um diese Gleichung zu erfüllen, muss

$$G_{St}(s) = \frac{G_{Sz}(s)}{G_{Su}(s)} \tag{4.4}$$

gelten. Diese Beziehung kann als Entwurfsgleichung für das Steuer- oder Kompensationsglied aufgefasst werden. Man beachte, dass sich

$$G_{St}(s) = -\frac{G_{Sz}(s)}{G_{Su}(s)} \tag{4.5}$$

(also mit einem Minuszeichen) ergibt, wenn das Hilfssignal nicht vom Reglerausgang subtrahiert, sondern auf ihn addiert wird! Für den Entwurf sind möglichst genaue Modelle für die Stör- und Stellstrecke, hier in Form der Übertragungsfunktionen $G_{Sz}(s)$ und $G_{Su}(s)$, erforderlich. Die in der Praxis der Prozessautomatisierung übliche Vorgehensweise besteht darin, das Verhalten der Stör- und Stellstrecken wenn möglich durch Verzögerungsglieder erster Ordnung mit Totzeit

$$G_{Sz}(s) = \frac{K_{Sz}}{T_{1z}s + 1} e^{-sT_{tz}}\,, \quad G_{Su}(s) = \frac{K_{Su}}{T_{1u}s + 1} e^{-sT_{tu}} \tag{4.6}$$

anzunähern. Ist die Totzeit im Stellkanal kleiner als die im Störkanal (d. h. es gilt $T_{tu} \leq T_{tz}$), dann ergibt sich ein Steuerglied mit der realisierbaren PDT_1T_t – Übertragungsfunktion

$$G_{St}(s) = K_{St} \frac{T_{01}s + 1}{T_1 s + 1} e^{-sT_{t1}}\,, \tag{4.7}$$

dessen Parameter sich aus den Kennwerten der Stör- und Stellstrecken berechnen lassen:

$$K_{St} = \frac{K_{Sz}}{K_{Su}} \quad T_{01} = T_{1u} \quad T_1 = T_{1z} \quad T_{t1} = T_{tz} - T_{tu}\,. \tag{4.8}$$

Unsicherheiten in der Bestimmung der Streckenkennwerte lassen sich zum Teil bei der Inbetriebnahme der Störgrößenaufschaltung durch manuelles Feintuning der Parameter des Steuerglieds ausgleichen.

Ein PDT_1T_t-Übertragungsglied ist auf vielen Prozessleitsystemen als Standard-Funktionsbaustein vorhanden bzw. lässt sich aus solchen zusammensetzen. Ein zusätzlicher Eingang am PID-Regler-Baustein erlaubt dann die Aufschaltung des hiermit erzeugten Hilfssignals auf den Reglerausgang. Daher spricht vieles für einen verstärkten Einsatz dieser Struktur in der industriellen Praxis, insbesondere dann, wenn bereits Messeinrichtungen für die Störgrößen vorhanden sind.

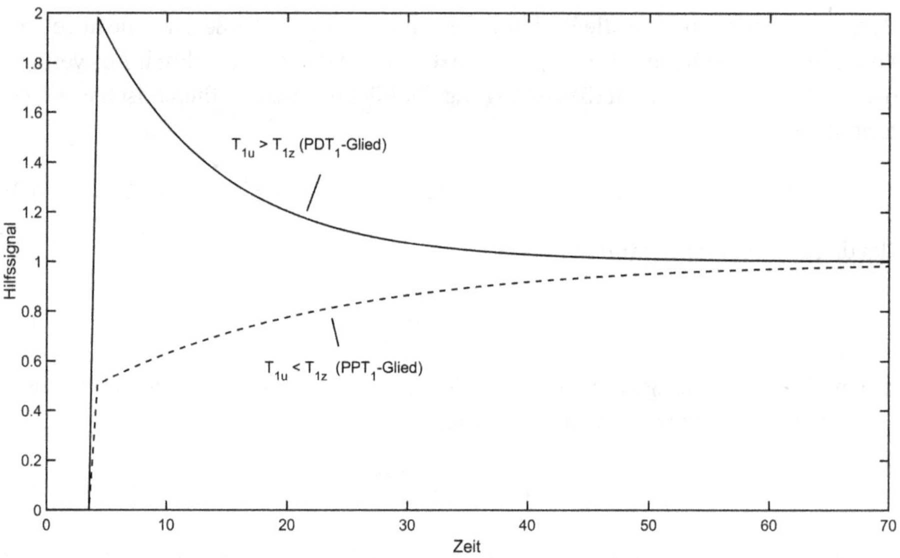

Abb. 4.4: Sprungantwort eines PDT_1T_t-Übertragungsglieds.

Abb. 4.4 zeigt den Verlauf des Hilfssignals nach einer sprungförmigen Veränderung der Störgröße. Nach Ablauf der Totzeit $T_{t1} = T_{tz} - T_{tu}$ wird auch die Stellgröße sprungförmig verändert, danach ergibt sich eine allmähliche Annäherung an einen neuen Endwert. Der genaue Verlauf ist vom Verhältnis der Zeitkonstanten $T_{01} = T_{1u}$ und $T_1 = T_{1z}$ zueinander abhängig. Im Beispiel des Industrieofens würde das bedeuten, dass bei einer Durchsatzerhöhung die Heizleistung (nach Ablauf einer Totzeit) zunächst sprungförmig angehoben wird und danach allmählich auf einen neuen Endwert geführt wird.

Für Streckenübertragungsfunktionen $G_{Su}(s)$ und $G_{Sz}(s)$, die sich nicht durch PT_1T_t–Glieder approximieren lassen, ergeben sich kompliziertere oder aber auch gar nicht realisierbare Kompensationsglieder $G_{St}(s)$. Ein nicht realisierbares Kompensationsglied ergibt sich zum Beispiel, wenn die Zählerordnung von $G_{St}(s)$ größer ist als die Nennerordnung. Dieser Fall tritt auf, wenn die Übertragungsfunktion der Stellstrecke $G_{Su}(s)$ eine höhere Ordnung aufweist als die der Störstrecke $G_{Sz}(s)$. Für den Fall, dass sich für $G_{St}(s)$ eine Übertragungsfunktion mit einer zu großen Zählerordnung ergibt, kann man ein Tiefpassfilter einer solchen Ordnung n hinzufügen, die die Realisierbarkeit von $G_{St}(s)$ sichert:

$$G_{St}(s) = \frac{G_{Sz}(s)}{G_{Su}(s)} \cdot F(s) = \frac{G_{Sz}(s)}{G_{Su}(s)} \cdot \frac{1}{(T_R s + 1)^n} \,. \tag{4.9}$$

Die Filterzeitkonstante ist dann ein vom Anwender vorzugebender zusätzlicher Entwurfsparameter. Als Faustregel gilt, für T_R ein Zehntel der dominierenden Streckenzeitkonstante zu wählen.

Ist bei Verwendung von PT_1T_t-Approximationen die Totzeit im Stellkanal größer als die im Störkanal, ergibt sich eine Übertragungsfunktion mit einem nicht realisierbaren Term $e^{+T_t s}$. Das ist auch physikalisch unmittelbar einleuchtend: Wenn $T_{tz} < T_{tu}$ gilt, dann kann auch ein sofortiger Stelleingriff nicht verhindern, dass sich die Störgröße auf die Regelgröße auswirkt. Im Fall $T_{tz} < T_{tu}$ lässt man daher den Totzeit-Term in der Übertragungsfunktion des Kompensationsglieds entfallen.

Oft müssen Vereinfachungen der Strecken-Übertragungsfunktionen getroffen werden, um ein auf dem Automatisierungssystem realisierbares Kompensationsglied zu erhalten. Diese Vereinfachung kann so weit gehen, dass die Streckendynamik gar nicht mehr berücksichtigt wird, sondern nur das statische Verhalten. Als Steuerglied ergibt sich dann

$$G_{St}(s) = \frac{G_{Sz}(s)}{G_{Su}(s)} = \frac{K_{Sz}}{K_{Su}} \,. \tag{4.10}$$

(statische Störgrößenaufschaltung), die sich besonders einfach realisieren lässt. Je stärker die Modellvereinfachung ist, desto mehr wird allerdings der Effekt der Störgrößenaufschaltung geschmälert.

Neben der Messbarkeit der Hauptstörgröße(n) und dem Vorhandensein ausreichend genauer Prozessmodelle für die Stör- und Stellstrecken ergibt sich also die Realisierbarkeit des nach Gl. (4.4) zu entwerfenden Steuerglieds $G_{St}(s)$ als dritte Voraussetzung für eine wirksame Störgrößenaufschaltung. Der mit dieser Regelungsstruktur erreichbare Effekt ist am Beispiel des Industrieofens in Abb. 4.5 dargestellt.

Zum Zeitpunkt $t = 10$ tritt darin eine sprungförmige Erhöhung des Zulaufstroms auf. Wenn weder eine Regelung noch eine Steuerung nach der Störgröße vorhan-

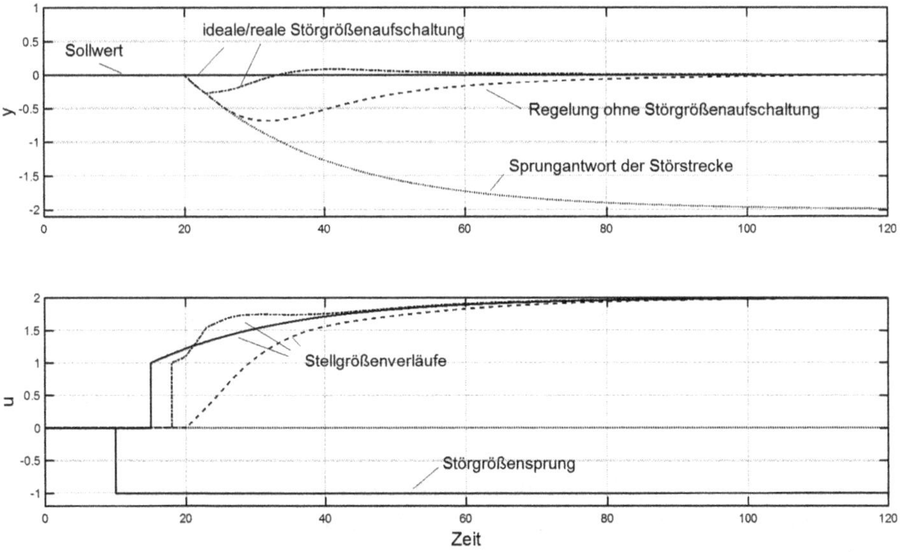

Abb. 4.5: Ausregelung einer Störgröße mit und ohne Störgrößenaufschaltung.

den wären, ergäbe sich der punktierte Verlauf der Regelgröße (die Sprungantwort der Störstrecke). Mit einer Regelung ohne Störgrößenaufschaltung ist die vorübergehende Sollwertabweichung groß (gestrichelter Verlauf). Mit einer – allerdings nur theoretisch denkbaren – exakten Störgrößenaufschaltung würde sich die Regelgröße überhaupt nicht ändern. In der Realität, d. h. unter Berücksichtigung der Modellunsicherheit, ergibt sich eine vorübergehende Sollwertabweichung, die aber wesentlich kleiner ist als im Fall der Regelung ohne Feedforward-Glied (strichpunktierter Verlauf). Bei einer Regelung ohne Störgrößenaufschaltung reagiert die Stellgröße erst nach Ablauf der Totzeit T_{tz}, mit Störgrößenaufschaltung bereits nach Ablauf der Totzeit $T_{t1} = T_{tz} - T_{tu}$!

Bei der Umsetzung von Störgrößenaufschaltungen in Automatisierungssystemen ist darauf zu achten, dass eine richtige Skalierung der Größen entsprechend ihren physikalischen Maßeinheiten und Messbereichen erfolgt.

Ein Nachteil der Störgrößenaufschaltung ist die Empfindlichkeit gegenüber Änderungen des Streckenverhaltens und der Unsicherheit der verwendeten Prozessmodelle. Stimmen realer Prozess und Prozessmodell nicht überein, dann wird der Effekt der Feedforward-Steuerung auch durch den Regler gemindert. Je größer die Modellunsicherheit, desto sinnvoller ist dann ein modifizierter Entwurf des Steuerglieds unter Berücksichtigung der Reglerparameter. Die Vorgehensweise wird in (Guzman & Hägglund, 2011) beschrieben: Die Stell- und Störstrecke werden wie vorher durch $PT_1 T_t$-Modelle beschrieben. Das $PDT_1 T_t$-Steuerglied wird dann nach folgender Vorschrift entworfen:

- Festlegung von $T_{t1} = \max\{0, T_{tz} - T_{tu}\}$ und $T_{01} = T_{1u}$ (wie vorher),
- Festlegung von T_1 nach der abweichenden Vorschrift

$$T_1 = \begin{cases} T_{1z} & T_{tu} - T_{tz} \leq 0 \\ T_{1z} - (T_{tu} - T_{tz})/1{,}7 & 0 \leq T_{tu} - T_{tz} \leq 1{,}7\, T_{1z} \\ 0 & T_{tu} - T_{tz} > 1{,}7\, T_{1z} \end{cases}, \tag{4.11}$$

- Bemessung der Feedforward-Verstärkung entsprechend

$$K_{St} = \frac{K_{Sz}}{K_{Su}} - \frac{K_P}{T_N} IE \tag{4.12}$$

  mit den Reglerparametern K_P und T_N und

$$IE = \begin{cases} K_{Sd}(T_{1u} - T_{1z} + T_1 - T_{01}) & T_{tz} \geq T_{tu} \\ K_{Sd}(T_{tu} - T_{tz} + T_{1u} - T_{1z} + T_1 - T_{01}) & T_{tz} < T_{tu} \end{cases}, \tag{4.13}$$

- Falls der Wert von $K_{St}\frac{T_{01}}{T_1}$ zu groß ist (erkennbar daran, dass nach einem Störgrößensprung ein zu großer Sprung der Stellgröße auftritt – vgl. Abbildung 4.4), kann man den Wert von T_1 vergrößern. (Der Wert $K_{St}\frac{T_{01}}{T_1}$ ist die Verstärkung des Steuerglieds für hohe Frequenzen, die durch Verkleinerung von T_1 begrenzt wird).

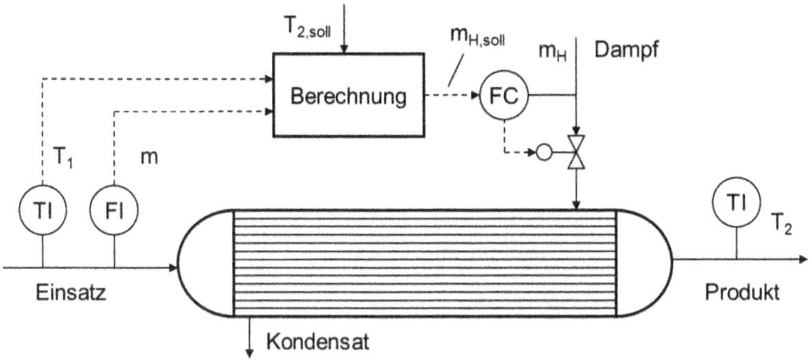

Abb. 4.6: Steuerung nach den Störgrößen an einem Wärmeübertrager.

Nichtlineare Feedforward-Struktur

Die bisher beschriebene Form der Störgrößenaufschaltung ist linear, weil zur Berechnung des Steuerglieds $G_{St}(s)$ lineare Prozessmodelle verwendet werden. Mitunter lassen sich aber auch nichtlineare Feedforward-Strukturen auf einfache Art und Weise entwerfen. Diese nutzen einfache theoretische Prozessmodelle. Das Vorgehen soll am Beispiel eines Wärmeübertragers gezeigt werden, dessen Ausgangstemperatur T_2 konstant gehalten werden soll (Abb. 4.6). Störgrößen seien der Durchfluss $\dot{m}$ und die Zulauftemperatur T_1 des aufzuheizenden Stoffstroms. Stellgröße ist der Durchfluss des Heizmediums Dampf $\dot{m}_H$.

Die Wärmebilanz im stationären Zustand ist

$$Q = \dot{m}_H \Delta H = \dot{m} c_p (T_2 - T_1) \tag{4.14}$$

mit ΔH als latenter Wärme des Heizmediums und c_p als spezifischer Wärmekapazität des aufzuheizenden Stroms. Der zur Erreichung eines vorgegebenen Zielwerts für die Ausgangstemperatur T_2 erforderliche Sollwert des Heizmitteldurchflusses ergibt sich durch Umstellung dieser Gleichung zu

$$\dot{m}_{H,\mathrm{soll}} = \frac{c_p}{\Delta H} \dot{m} (T_{2,\mathrm{soll}} - T_1) \,. \tag{4.15}$$

Die sich daraus ergebende Rechenschaltung ist in Abb. 4.6 dargestellt. Sie sichert fortlaufend eine an den aktuellen Durchfluss und die Zulauftemperatur angepasste Heizleistung. Es handelt sich dabei nicht um eine Regelung, sondern um eine „Steuerung nach den Störgrößen“. Wie bei der oben beschriebenen Störgrößenaufschaltung lässt sich auch hier die offene Steuerung mit einer Regelung der Ausgangstemperatur kombinieren (auch „feedback trim“ genannt). Diese hat dann folgende Aufgaben:

- Kompensation anderer, nicht in die Berechnung einbezogener, Störgrößen (z. B. im Heizsystem),
- Kompensation von Vereinfachungen bei der Bildung des Prozessmodells (z. B. keine Berücksichtigung von Wärmeverlusten) und der Unsicherheit der Modellparameter (ungenau bekannte und sich ändernde Werte von c_p und ΔH),

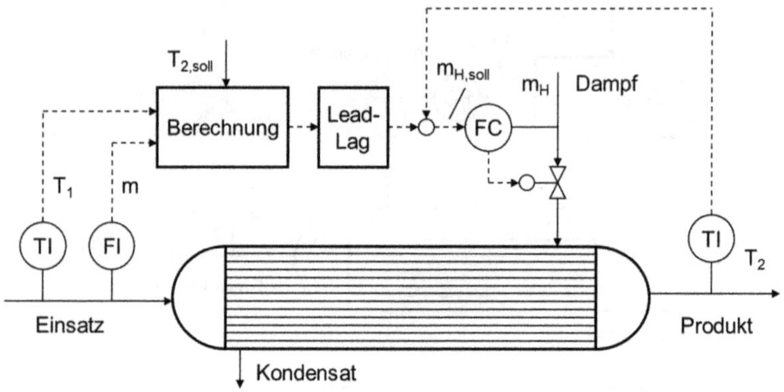

Abb. 4.7: Kombination von Steuerung nach den Störgrößen und Regelung bei einem Wärmeübertrager.

– Ausgleich von Fehlern bei der Messung der in die Berechnung eingehenden Größen.

Die Erweiterung um eine Regelung der Ausgangstemperatur kann so realisiert werden, dass der Ausgang des Temperaturreglers den durch den Rechenbaustein ermittelten Sollwert des Dampfdurchflusses durch einen Biaswert (additiv) ergänzt.

Das verwendete Modell sichert die Anpassung der Heizleistung an den Bedarf allerdings nur im stationären Zustand. Eine Verbesserung lässt sich durch Einbeziehung von Informationen über die Prozessdynamik erreichen, was im einfachsten Fall wie oben zu einer Erweiterung um ein Lead-Lag-Glied (evtl. mit Totzeit) führt, das dem Rechenglied nachgeschaltet werden kann. Die resultierende Schaltung (Feedforward plus Dynamik-Glied und Regelung) ist in Abb. 4.7 dargestellt.

Einfache Feedforward-Modelle lassen sich oft mit Hilfe vorhandener Standard-Funktionsbausteine auf Prozessleitsystemen implementieren. Bei komplizierteren Berechnungen kann die Anwenderprogrammierung sogenannter „Custom-Blöcke" erforderlich sein.

4.3 Verhältnisregelung

Aufgabe einer Verhältnisregelung ist es, das Verhältnis zweier Prozessgrößen konstant zu halten. In den weitaus meisten Fällen handelt es sich dabei um das Verhältnis zweier Durchflüsse, z. B. um das Brennstoff-Luft-Verhältnis bei Verbrennungsprozessen, das Verhältnis des Durchflusses zweier Reaktanden bei chemischen Reaktionsprozessen oder von Stoffströmen bei Mischprozessen wie beim „Blenden" von Kraftstoffkomponenten. Die beiden Realisierungsmöglichkeiten sind in Abb. 4.8 dargestellt. Einer der beiden Stoffströme wird mit dem Ziel der Gewährleistung eines Durchfluss-Verhältnisses manipuliert, der andere mitunter auch als „wilder" Stoffstrom bezeichnet (der aber durchaus auch selbst geregelt sein kann).

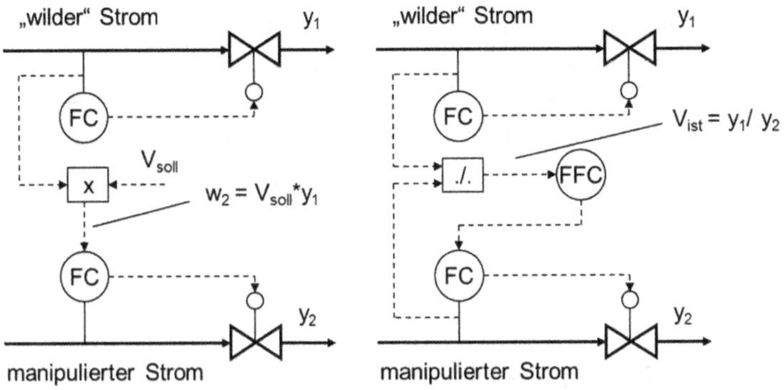

Abb. 4.8: Realisierungsmöglichkeiten einer Verhältnisregelung.

Im ersten Fall (im Bild links) wird der Istwert oder der Sollwert des „wilden“ Stroms mit einem Verhältnis V multipliziert und das Ergebnis als Sollwert für den zweiten Durchfluss vorgegeben: $w_2 = Vy_1$ oder $w_2 = Vw_1$.

Diese Variante kommt in der Praxis überwiegend zum Einsatz, insbesondere wenn es sich um Verhältnisse von zwei Durchflüssen handelt. Wenn diese Struktur auf einem digitalen Automatisierungssystem realisiert wird, verwendet man einen Verhältnis-Baustein, an dem der Bediener das gewünschte Verhältnis einstellen kann. Alternativ ist auch eine externe Verhältnisvorgabe möglich, z. B. durch einen übergeordneten Regler (geführte Verhältnisregelung).

Da das Durchfluss-Verhältnis weder gemessen noch berechnet und mit einem Verhältnis-Sollwert verglichen wird, handelt es sich genau genommen bei dieser Variante nicht um einen Regelkreis, sondern um eine offene Steuerung (also um einen Spezialfall von „feedforward control“). Daher ist auch die Bezeichnung „Proportionierungssteuerung“ vorgeschlagen worden (Brack, 1980), die sich aber in der Praxis nicht durchgesetzt hat.

Der Verhältnisbaustein ist nicht einfach nur ein Multiplikationsbaustein. Ähnlich wie ein Reglerbaustein ist er mit Betriebsarten und Möglichkeiten des Nachführbetriebs ausgestattet. Als Betriebsarten sind in der Regel nur AUTOMATIK mit INTERNem und EXTERNem Sollwert vorgesehen. Die Betriebsart HAND ist nicht erforderlich, weil die Ausgangsgröße des Verhältnisbausteins der Sollwert des Folgereglers ist: der Bediener kann also auch den Folgeregler auf AUTO/INTERN schalten und den Sollwert dort direkt einstellen. Für eine stoßfreie Umschaltung ist es erforderlich, dass bei AUTO/INTERN des Folgereglers die Ausgangsgröße des Verhältnisbausteins auf den internen Sollwert des Folgereglers nachgeführt wird. Für denselben Zweck ist auch das Soll-Verhältnis auf das Ist-Verhältnis nachzuführen, das dann gesondert berechnet werden muss. Verzichtet man auf stoßfreie Umschaltung, kann zumindest die letztgenannte Maßnahme entfallen. Für die Betriebsarten des Folgereglers gelten sinngemäß die Aussagen im Abschnitt 4.1 (Kaskadenregelung).

Wenn der Istwert des Durchflusses des „wilden“ Stroms y_1 durch starkes Messrauschen überlagert ist, ist vor der Multiplikation mit dem Verhältnis eine Filterung angebracht, um zu verhindern, dass die stochastischen Störungen an den Folgeregler weitergegeben werden. Wenn der Durchfluss des „wilden“ Stroms nicht nur gemessen, sondern auch geregelt wird, ist alternativ auch die Verwendung des Sollwerts w_1 als Führungsgröße möglich, der keinen stochastischen Schwankungen unterliegt. Der Verhältnisbaustein darf dann aber nur aktiviert werden, wenn der Regelkreis für y_1 im AUTOMATIK-Betrieb ist oder wenn im Handbetrieb eine Sollwert-Nachführung erfolgt. Ansonsten kann der aktuell eingestellte Sollwert sehr stark vom Istwert y_1 abweichen, und das Verhältnis ist dann nicht das gewünschte $V = y_2/y_1$, sondern $V = y_2/w_1$.

Die Verwendung des Istwerts y_1 als Führungsgröße für den Verhältnisbaustein hat auch den Nachteil, dass (I-Anteil in den Reglern vorausgesetzt) $y_2 = Vy_1$ nur im stationären Zustand, nicht aber bei Übergangsvorgängen gilt. Das kann zum Beispiel bei Verbrennungsregelungen zu einem vorübergehenden Überschuss oder zu Unterversorgung mit Luft führen, wenn sich der Sollwert für den Brennstoffstrom ändert, ein Problem, was bei Verbrennungsregelungen durch aufwändigere Selektor-Schaltungen gelöst wird (Breckner, 1999, S. 175). Ein Vorteil ist hingegen, dass das Verhältnis y_2/y_1 auch dann konstant bleibt, wenn es zu störungsbedingten Abweichungen zwischen y_1 und w_1 kommt.

Aber auch die Verwendung des Sollwerts w_1 als Führungsgröße für den Verhältnisbaustein bringt Probleme mit sich. Wenn sich die Dynamik in einem der Regelkreise ändert, kann sich auch das Verhältnis y_2/y_1 (während der Übergangsvorgänge) ändern. Gleiche Regelkreisdynamik in beiden Regelkreisen würde hingegen verlangen, den schnelleren der beiden Regelkreise absichtlich langsamer einzustellen.

Zur Lösung dieser Probleme sind mehrere Alternativen entwickelt worden. Von (Hägglund, 2001) wurde vorgeschlagen, statt des Verhältnisbausteins eine sogenannte „Blend station“ einzusetzen. Der Unterschied ist, dass der Sollwert für den zweiten Regelkreis nach der Beziehung

$$w_2(t) = V(\gamma w_1(t) + (1-\gamma)y_1(t)) \tag{4.16}$$

berechnet wird, also einer gewichteten Summe von Soll- und Istwert des ersten Regelkreises. Darin ist γ ein Gewichtsfaktor, der fest nach der Vorschrift $\gamma = T_{N2}/T_{N1}$ (Verhältnis der Nachstellzeiten der beiden Regler) oder variabel nach

$$\frac{d\gamma}{dt} = k(Vy_1 - y_2) \tag{4.17}$$

festgelegt werden kann. Der Parameter k bestimmt Richtung und Geschwindigkeit der Anpassung des Gewichtsfaktors. Dieser Vorschlag wurde in (Visioli, 2005) dahingehend modifiziert, den Gewichtsfaktor nach der Vorschrift

$$\gamma(t) = \begin{cases} 0 & \text{wenn } T_{t1} > T_{t2} \quad \text{und} \quad t < T_{t1} - T_{t2} \\ \gamma^* + K_P(e_r(t) + \frac{1}{T_N}\int_0^t e_r(\tau)d\tau & \text{sonst} \end{cases} \tag{4.18}$$

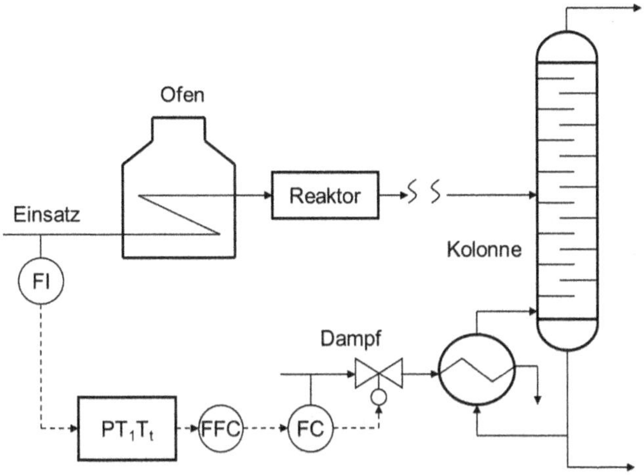

Abb. 4.9: Verhältnisregelung mit Dynamik-Glied.

anzupassen, d. h. als Ausgangsgröße eines PI-Reglers mit der „Regeldifferenz" $e_r(t) = y_2(t) - Vy_1(t)$. Für die Reglerparameter werden $y^* = T_{N2}/T_{N1}$, $K_P = 0{,}5\frac{T_{t2}}{T_2}\frac{T_1}{T_{t1}}$ und $T_N = T_1/T_{t1}$ vorgeschlagen. Darin sind die Zeiten T_1, T_{t1}, T_2, T_{t2} die Verzögerungszeitkonstanten bzw. die Totzeiten eines PT_1T_t-Modells der beiden Regelstrecken.

Eine andere Möglichkeit der Berücksichtigung der Prozessdynamik bei Verhältnisregelungen besteht darin, ein Dynamik-Glied zwischen die Führungsgröße (y_1 oder w_1) und den Verhältnisbaustein zu schalten, das die Prozessdynamik der Anlage widerspiegelt. Das ist insbesondere dann sinnvoll, wenn der „zeitliche Abstand" zwischen dem führenden und dem geführten Durchfluss in der Anlage sehr groß ist. Ein Beispiel ist die Regelung von Verhältnissen, die sich auf die Messung des Durchflusses des Einsatzprodukts einer Anlage beziehen. Als Dynamik-Glieder eignen sich z. B. PT_1T_t-Glieder. So kann z. B. die Heizleistung eines Industrieofens oder einer Destillationskolonne nach Ablauf einer Totzeit langsam auf einen neuen Wert angehoben oder abgesenkt werden, wenn sich der Anlagendurchsatz ändert. Ein Beispiel zeigt Abb. 4.9.

Bei der zweiten Variante der Verhältnisregelung (im Abb. 4.8 rechts dargestellt) handelt es sich um einen wirklichen Regelkreis. Das Istverhältnis wird berechnet und mit einem Verhältnis-Sollwert verglichen, es kommt ein PID-Regler zum Einsatz. Diese Struktur kommt seltener zum Einsatz, vor allem dann, wenn es sich nicht um die Regelung eines Durchflussverhältnisses handelt. Ein Beispiel ist die Regelung des Verhältnisses zwischen dem Durchfluss des Einsatzprodukts und einer aus mehreren anderen Messgrößen berechneten Heizleistung. Der Nachteil dieser Art der Verhältnisregelung ist die in ihr enthaltene Nichtlinearität: wegen $V = y_2/y_1$ ergibt sich eine Prozessverstärkung von

$$K_S = \left(\frac{\partial V}{\partial y_2}\right)_{y_1} = \frac{1}{y_1}\,. \tag{4.19}$$

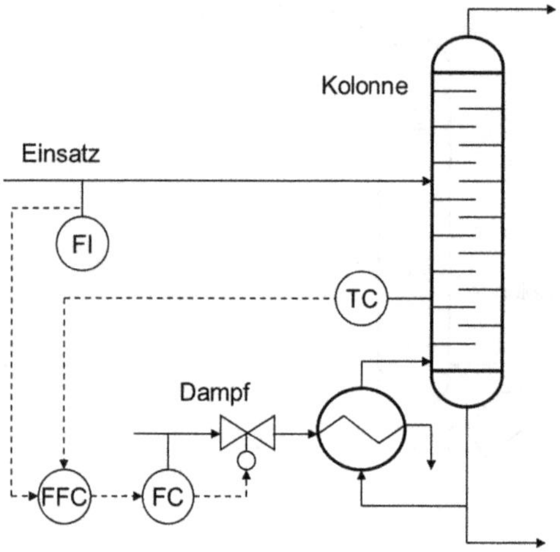

Abb. 4.10: Geführte Verhältnisregelung an einer Zweistoff-Destillationskolonne.

Ändert sich der Durchfluss y_1, ändert sich auch diese Verstärkung. „Echte" Durchfluss-Verhältnisregelungen können im Allgemeinen genauso wie Durchflussregelungen eingestellt werden. Bei der Festlegung des Verhältnis-„Messbereichs" ist von den im Anlagenbetrieb zu erwartenden Schwankungen der Durchflüsse auszugehen. Besondere Maßnahmen sind erforderlich, wenn Durchfluss-Messwerte nahe Null auftreten, was bei Störungen oder An- und Abfahrprozessen auftreten kann (Smith, 2010).

Ein Beispiel für eine geführte Verhältnisregelung zeigt Abb. 4.10 am Beispiel einer Kolonnenregelung. Dabei wird die Dampfmenge im Verhältnis zum Einsatzprodukt gefahren, die Vorgabe des gewünschten Verhältnisses erfolgt durch einen übergeordneten Temperaturregler, der eine ausgewählte Bodentemperatur auf einem vorgegebenen Wert hält und damit eine gewünschte Zusammensetzung des Sumpfprodukts bewirkt. Es handelt sich also um eine Kombination von Verhältnis- und Kaskadenregelung, für die die Betriebsart AUTO/EXTERN beim Verhältnisbaustein notwendig ist.

4.4 Split-Range-Regelung

Das Merkmal von Split-Range-Regelungen ist die „Aufteilung" des Stellbereichs des Reglers auf mehrere Stelleinrichtungen, die in Abhängigkeit von der konkreten Regelungsaufgabe bei steigendem Stellsignal nacheinander öffnen oder schließen. Zur Beeinflussung der interessierenden Regelgröße stehen also mehrere (in den meisten Fällen zwei) manipulierbare Größen (Stellgrößen) zur Verfügung. Motivation für den Einsatz von Split-Range-Regelungen sind meist Sicherheitsaspekte oder die Erweiterung des Arbeitsbereichs der Regelung bei unterschiedlichen Betriebsweisen. Abbildung 4.11 zeigt drei anschauliche Beispiele, links oben eine Reaktor-Manteltemperatur-Regelung mit Eingriff in den Heizmittel- und Kühlmittelstrom, rechts oben eine

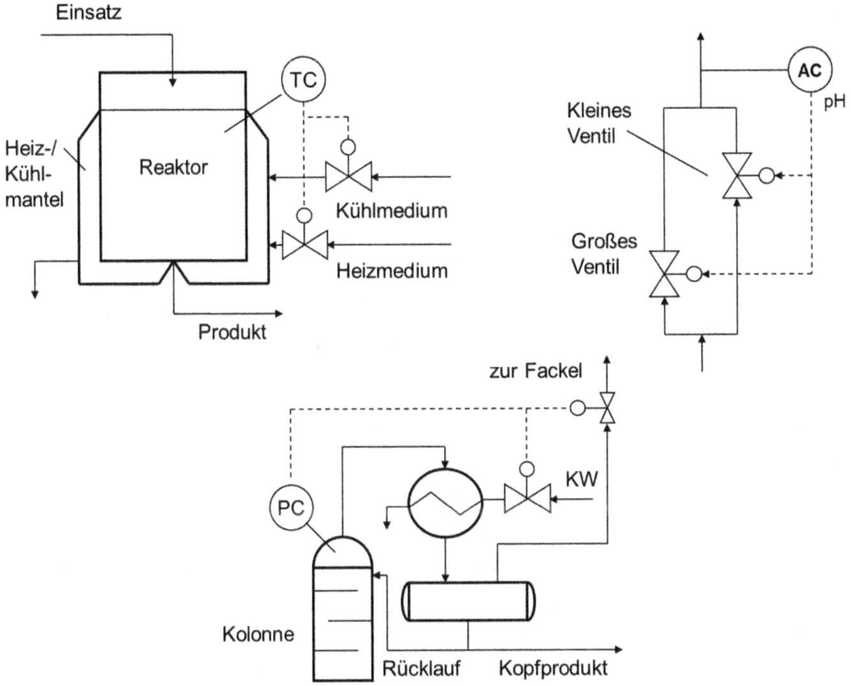

Abb. 4.11: Beispiele für Split-Range-Regelungen.

pH-Regelung mit zwei unterschiedlich dimensionierten Ventilen und unten eine Druckregelung mit einer Möglichkeit der Entspannung zur Fackel.

Zur Konfiguration solcher Regelungsstrukturen auf Prozessleitsystemen werden spezielle Split-Range-Funktionsbausteine oder PID-Reglerbausteine mit einer Split-Range-Zusatzfunktion verwendet. Deren Parameter beschreiben, welcher Bereich des Stellsignals welche Stelleinrichtung in welche Richtung beeinflussen soll. Zu berücksichtigen ist dabei auch, ob eine Erhöhung des Reglerausgangssignals die Stelleinrichtung öffnet oder schließt. Für den Fall der Temperaturregelung sind in Abb. 4.12 links die Kennlinien angegeben, die Aufteilung des Stellbereichs zeigen: bei Ansteigen des Reglerausgangssignals von 0 % auf 50 % wird zunächst die Kühlleistung von 100 % auf 0 % reduziert. Steigt das Reglerausgangssignal weiter (von 50 % auf 100 %), erhöht sich die Heizleistung von 0 % auf 100 %. Auf diese Art und Weise kann der Reaktor in einem großen Temperaturbereich betrieben werden, was oft bei Batch-Prozessen erforderlich ist.

In anderen Anwendungen kann es erforderlich sein, dass die Ventile nacheinander öffnen oder andere Splitbereiche aufweisen (Abb. 4.12 rechts).

Schwierigkeiten mit Split-Range-Regelungen ergeben sich in der Praxis dann, wenn sich die Stellgröße längere Zeit in dem Bereich bewegt, in dem eine „Umschaltung“ zwischen den Stelleinrichtungen stattfindet bzw. beide benutzt werden. In die-

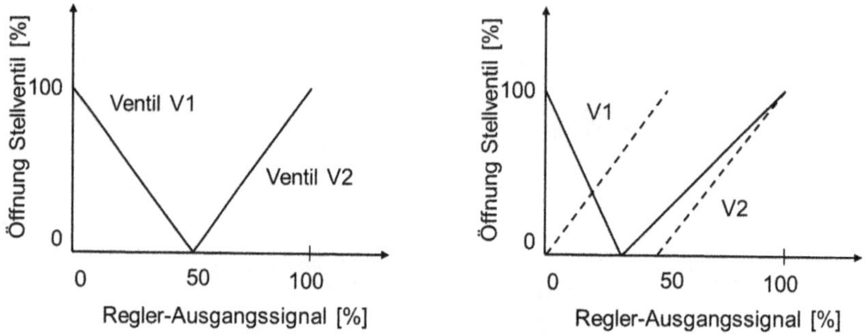

Abb. 4.12: Kennlinien zur Charakterisierung des Split-Range-Verhaltens.

sem Bereich können Nichtlinearitäten auftreten, die zu anhaltenden Schwingungen der Regelgröße führen.

Bei Split-Range-Strukturen tritt nicht selten der Fall auf, dass sich die statischen und dynamischen Eigenschaften der beiden Regelstrecken, auf die der Regler wirkt, voneinander unterscheiden. Für die Auslegung der Split-Range-Regelung bestehen dann folgende prozess- und regelungstechnische Alternativen:

- Modifizierte Auslegung der Stelleinrichtungen derart, dass die Streckenverstärkungen beider Seiten der Split-Range-Struktur angenähert werden,
- Ungleichmäßige Aufteilung des Stellbereichs (z. B. 0…33 % für das erste und 33…100 % für das zweite Stellventil) mit dem Ziel, dass eine Veränderung des Stellsignals um x % unabhängig von der gerade verwendeten Stelleinrichtung die gleiche Wirkung auf die Regelgröße hat. Damit wird eine konstante Streckenverstärkung über den gesamten Arbeitsbereich angestrebt,
- Bestimmung der Reglerparameter für beide Regelstrecken, Hinterlegung der Parametersätze in einer Tabelle und Auswahl der jeweils gültigen Parameter je nach Betriebsweise, evtl. lineare Interpolation im Übergangsbereich (siehe Abschnitt „Gain Scheduling“).

Am Beispiel der pH-Regelung mit unterschiedlichen Ventilen kann man zeigen, wie die Splitbereiche berechnet werden können: wenn man annimmt, dass bei voll geöffnetem kleinem Ventil ein Volumenstrom von 50 l/h, bei voll geöffnetem großem Ventil 150 l/h fließt, dann sollten die ersten $50/(50 + 150) \cdot 100\,\% = 25\,\%$ des Reglerausgangssignals zur Ansteuerung des kleinen, und die verbleibenden $150/(50 + 150) \cdot 100\,\% = 75\,\%$ zur Ansteuerung des großen Ventils verwendet werden. Eine Verstellung des Reglerausgangs um x % hat dann dieselbe Durchflussänderung zur Folge, egal welches der beiden Ventile aktuell angesteuert wird.

4.5 Ablösende Regelung

Die ablösende Regelung (in der Praxis meist mit dem englischen Begriff „Override Control“ bezeichnet) ist gewissermaßen das Gegenstück zur Split-Range Regelung: während dort ein Regler auf zwei oder mehr Stelleinrichtungen zugreift, sind bei der Override-Regelung zwei Regler vorhanden, die – allerdings nicht gleichzeitig – auf nur eine Stelleinrichtung wirken. Je nachdem, welche Regelgröße in der gegebenen Prozesssituation die wichtigere ist, erhält sie Vorrang und der ihr zugeordnete Regler Zugriff auf die Stelleinrichtung. Dies geschieht über einen Signal-Selektor, der entweder das größere (Maximum-Selektor) oder das kleinere (Minimum-Selektor) der beiden Ausgangssignale der Regler weiterleitet.

In Abb. 4.13 sind zwei technologische Beispiele dargestellt, links die Druckregelung in einem Werkdampfnetz mit Hoch- und Mitteldruckstufe, rechts die Druckregelung an einem Kompressor mit Überlastschutz (Stephanopoulos, 1984). In beiden Fällen sind Aufgaben der Prozesssicherung Motivation für den Einsatz einer Override-Regelung. Andere Beispiele sind die Regelung zur Vermeidung des Erreichens der Flutgrenze bei Kolonnen oder die Regelung zur Sicherung eines minimalen Heizgasdrucks bei Feuerungen. Der Einsatz von Override-Regelungen vermindert die Wahrscheinlichkeit des Eingriffs des Prozesssicherungssystems in Störsituationen und kann einen wirksamen Beitrag zur Wirtschaftlichkeit des Anlagenbetriebs leisten.

Die Wirkungsweise soll am Beispiel der Druckregelung des Dampfnetzes erläutert werden. Im Normalbetrieb beeinflusst der Mitteldruckdampf-Regler PC2 die Stelleinrichtung, um den Druck trotz schwankenden Verbrauchs zu stabilisieren. Wenn der Druck im Hochdruckdampfnetz aber einen vorgegebenen Grenzwert überschreitet (gestörter Betrieb), dann übernimmt der Druckregler PC1 die Regie. Der Hochdruck-Grenzwert wird als Sollwert am Regler PC1 eingestellt. Überschreitet der Hochdruck-Istwert diesen Betrag, versucht der Regler PC1 das Stellglied zu öffnen, um den Druck abzusenken. Das Stellsignal steigt so lange, bis es größer ist als das Stellsignal von

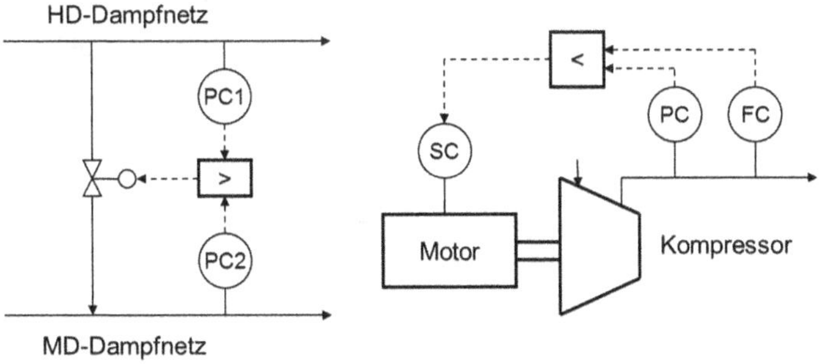

Abb. 4.13: Technologische Beispiele für Override-Regelungen nach (Stephanopoulos, 1984).

PC2 und durch den Selektor-Baustein (hier ein Maximum-Selektor) ausgewählt und weitergeleitet wird.

Solange der erste Regelkreis wirksam ist, tritt beim zweiten eine Regeldifferenz auf, da der Istwert der zweiten Regelgröße dann stets kleiner als der obere oder größer als der untere Grenzwert der zu schützenden Prozessgröße ist. Dieser Grenzwert ist aber als Sollwert des zweiten Regelkreises eingestellt. Bei Einsatz eines PI-Reglers führt dies dazu, dass das Stellsignal des zweiten Reglers bis zur Sättigung aufintegriert. Wenn nun in einer Störsituation der Istwert der zweiten Regelgröße den Grenzwert verletzt, kann es möglicherweise zu lange dauern, bis der zweite Regelkreis tatsächlich die gewünschte Wirkung erzielt. Daher muss im Normalbetrieb das Stellsignal des zweiten Reglers in einem geringen Abstand zum Stellsignal des ersten nachgeführt und eine Anti-Windup-Funktion vorgesehen werden. Manche Prozessleitsysteme stellen spezielle Override-Funktionsblöcke bereit, die die Konfiguration der Nachführ- und Anti-Windup-Funktionen unterstützen.

Beide Regler müssen unterschiedlich eingestellt werden, da das dynamische Verhalten der beiden Regelstrecken im Allgemeinen verschieden voneinander ist. Schwierig ist mitunter die Einstellung des Reglers, der im gestörten Betrieb die Regie übernehmen soll. Die Bestimmung der Kennwerte der Regelstrecke und die Überprüfung der auf dieser Grundlage berechneten Reglerparameter verlangt Experimente, die die kritische, mitunter sicherheitsrelevante Regelgröße beeinflussen. Dabei ist mit der erforderlichen Umsicht vorzugehen.

4.6 Pufferstandregelung

Nach Durchflussregelungen sind Füllstandsregelungen die in der Prozessautomatisierung am häufigsten vorkommenden Regelkreise. Hinsichtlich des Regelungsziels ist zu unterscheiden zwischen

- Füllstandsregelungen, bei der es auf die schnelle Störunterdrückung bei Einhaltung eines vorgegebenen Sollwerts ankommt („tight level control"). Solche Aufgaben treten zum Beispiel in Reaktoren auf, bei denen das Reaktionsvolumen den Umsatz beeinflusst, bei Dampftrommeln in Dampferzeugern, oder auch bei Kolonnenregelungen (Füllstand in Verdampfern oder Kondensatsammlern). Störungen im Zulauf werden hier unvermindert an die Stellgröße weitergegeben.
- Füllstandsregelungen an Pufferbehältern (z. B. Vorlagebehälter für Einsatzstoffe, Zwischenpuffer zur dynamischen Entkopplung von Anlagenteilen für Reaktions- und Stofftrennprozesse). Ziel der Regelung ist hier die Einhaltung von oberen und unteren Grenzwerten für den Füllstand, die Ausnutzung des Puffervolumens und die Glättung des Volumenstroms zu den nachgeschalteten Anlagenteilen („averaging level control"). Füllstandsschwankungen in den vorgegebenen Grenzen werden hier bewusst in Kauf genommen. Solange sich der Füllstand nicht den Grenzen nähert, wird die Stellgröße nur wenig verändert, bei deren Verlet-

zung erfolgt allerdings ein aktiver Eingriff, um einen Überlauf oder eine Entleerung (und damit evtl. den Abriss eines Volumenstroms einer nachgeschalteten Pumpe) zu verhindern.

Es ist unmittelbar klar, dass beide Arten von Füllstandsregelungen eine jeweils andere Vorgehensweise bei der Reglereinstellung verlangen. Insbesondere können richtig eingestellte Pufferstandsregelungen wirksam zu einer stabileren Prozessführung beitragen. In Abb. 4.14 sind beide Arten von Füllstandsregelungen schematisch dargestellt. In beiden Fällen ist die Stellgröße der ablaufende Volumenstrom und die Störgröße der Zulauf. Füllstandsregelungen werden häufig, wie im Bild dargestellt, in Form einer Kaskadenregelung mit einem unterlagerten Durchflussregler realisiert, der die Aufgabe hat, die Wirkung von Druckschwankungen auf den Behälterabfluss in nachgeschalteten Anlagenteilen schnell zu kompensieren. Außerdem wird dadurch eine Linearisierung der Füllstandsregelstrecke erreicht und die Reglereinstellung für den Füllstand erleichtert.

Die meisten, aber nicht alle, Füllstandsregelstrecken sind Regelstrecken ohne Ausgleich, also mit (evtl. verzögertem und/oder totzeitbehaftetem) I-Verhalten. Das trifft zum Beispiel auf die in Abb. 4.14 dargestellten Behälter mit Pumpe im Ablauf und nachgeordnetem Stellventil zu. Bei konstantem Abfluss führt jede Differenz zwischen zu- und abfließenden Volumenstrom zu einem Erhöhung bzw. Verringerung des Füllstands. Anders ist es, wenn der Ablauf frei ist und vom Füllstand nach der Beziehung $\dot{V}_{\text{ab}} = k\sqrt{2gH}$ (Toricelli-Gleichung) abhängt.

Dann würde sich bei einer Zulaufänderung nach einer gewissen Zeit ein neuer stationärer Zustand einstellen (Strecke mit Ausgleich). Im Folgenden wird davon ausgegangen, dass die Füllstandsregelstrecke I-Verhalten aufweist, also durch Übertragungsfunktionen

$$G_{Sd}(s) = \frac{K_{\text{IS}}}{s}, \quad G_{Su}(s) = -\frac{K_{\text{IS}}}{s} \tag{4.20}$$

mit der Integralverstärkung K_{IS} beschrieben werden kann. Diese kann zum Beispiel durch die Auswertung einer Sprungantwort im offenen Regelkreis (hier: Sollwertänderung beim Durchflussregler für den Abfluss und Beobachtung des Füllstands in Abhängigkeit von der Zeit) ermittelt werden, vgl. Abschnitt 2.3.1. Die Übertragungsfunktionen für die Stell- und die Störstrecke unterscheiden sich nur durch das Vorzeichen voneinander. Der Wirkungsplan der Regelung ist in Abb. 4.15 dargestellt. Die folgenden Betrachtungen beziehen sich auf den Füllstand in einem aufrecht stehenden zylindrischen Behälter, bei dem der Querschnitt nicht von der Höhe und damit vom Füllstand abhängt.

Wenn der Durchfluss mit einem PI-Regler stabilisiert wird, lässt sich das Verhalten des unterlagerten Durchflussregelkreises vereinfacht durch die Übertragungsfunktion

$$G_{\text{FC}}(s) = \frac{1}{T_{\text{FC}}s + 1} \tag{4.21}$$

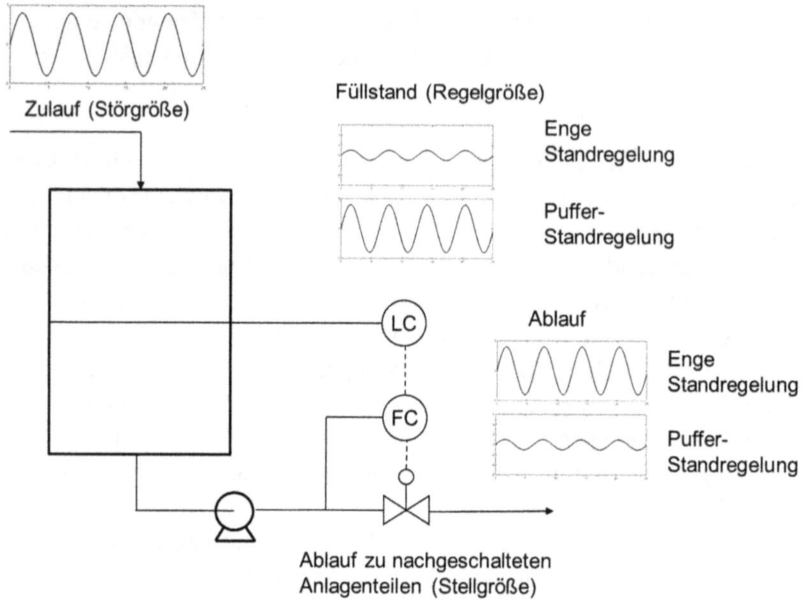

Abb. 4.14: „Enge“ Füllstandsregelung und Pufferstandregelung.

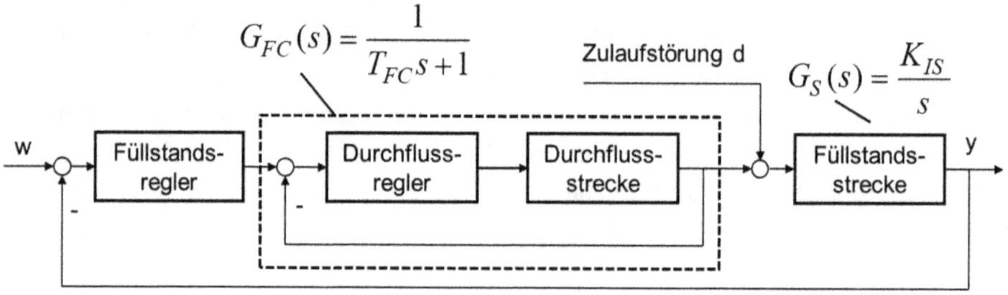

Abb. 4.15: Wirkungsplan einer Füllstandsregelung mit unterlagerter Durchflussregelung.

mit der Verstärkung Eins (keine bleibende Regeldifferenz) und der von der Streckendynamik und der FC-Reglereinstellung abhängigen Zeitkonstante T_{FC} beschreiben.

„Enge“ Füllstandsregelung

Diese Aufgabe wird in der Praxis durch den Einsatz von P- oder PI-Reglern gelöst. Trotz des I-Verhaltens der Strecke tritt beim Einsatz eines P-Reglers für sprungförmige Störungen am Streckeneingang (Zulaufsprung Δd) eine bleibende Regeldifferenz auf, die sich aus

$$e(\infty) = \lim_{s\to 0} s \frac{G_{Sd}(s)}{1 + G_R(s)G_{\mathrm{FC}}(s)G_{Sd}(s)} \frac{\Delta d}{s} = \lim_{s\to 0} \frac{\frac{K_{\mathrm{IS}}}{s}}{1 + K_P \frac{K_{\mathrm{IS}}}{s}} \Delta d = \frac{\Delta d}{K_P} \tag{4.22}$$

berechnen lässt. Die Störübertragungsfunktion des geschlossenen Regelkreises ergibt sich zu

$$\begin{aligned} G_{yd}(s) &= \frac{G_{Sd}(s)}{1 + G_R(s)\, G_{Sd}(s)\, G_{\mathrm{FC}}(s)} = \frac{\frac{K_{\mathrm{IS}}}{s}}{1 + K_P \frac{K_{\mathrm{IS}}}{s} \frac{1}{(T_{\mathrm{FC}} s+1)}} = \\ &= \frac{\frac{1}{K_P}\,(T_{\mathrm{FC}} s + 1)}{\frac{T_{\mathrm{FC}}}{K_P\, K_{\mathrm{IS}}} \cdot s^2 + \frac{1}{K_P\, K_{\mathrm{IS}}} s + 1} \,. \end{aligned} \tag{4.23}$$

Das entspricht einem PDT_2-Verhalten mit

$$G(s) = \frac{\frac{1}{K_P}\,(T_{\mathrm{FC}} s + 1)}{T^2 \cdot s^2 + 2DTs + 1} \,. \tag{4.24}$$

Verlangt man nun ein Störverhalten mit $D = 1$, d. h. schnellstmögliche Ausregelung der Störung ohne Schwingungen des Füllstands, dann ergibt sich durch Koeffizientenvergleich $T^2 = \frac{T_{\mathrm{FC}}}{K_P K_{\mathrm{IS}}}$ und $2DT = 2T = \frac{1}{K_P K_{\mathrm{IS}}}$. Daraus folgt schließlich eine Einstellregel: die Reglerverstärkung des P-Reglers $K_{P,P}$ darf maximal

$$K_{P,P} = \frac{1}{4 T_{\mathrm{FC}} K_{\mathrm{IS}}} \tag{4.25}$$

betragen, für $D > 1$ muss sie kleiner gewählt werden. Je schneller der unterlagerte Regelkreis ist, und je kleiner die Integralverstärkung der Füllstandsstrecke, desto größer darf sie gewählt werden.

Eine bleibende Regeldifferenz kann durch Einsatz eines PI-Reglers vermieden werden. Er lässt sich entwerfen, wenn man fordert, dass sich der geschlossene Regelkreis dynamisch ähnlich wie bei der P-Regelung verhalten soll. Vernachlässigt man vorübergehend den unterlagerten Durchflussregelkreis, dann lautet die Störübertragungsfunktion des P-geregelten Füllstandsregelkreises

$$G_{yd}(s) = \frac{\frac{K_{\mathrm{IS}}}{s}}{1 + K_{P,P} \frac{K_{\mathrm{IS}}}{s}} = \frac{\frac{1}{K_{P,P}}}{\frac{1}{K_{P,P} K_{\mathrm{IS}}} s + 1} \,. \tag{4.26}$$

Sie hat also PT_1-Verhalten mit der Zeitkonstante $T_{\mathrm{LC}} = 1/(K_{P,P} K_{\mathrm{IS}})$. Mit PI-Regler ergibt sich jedoch

$$G_{yd}(s) = \frac{\frac{K_{\mathrm{IS}}}{s}}{1 + K_{P,PI}\left(1 + \frac{1}{T_N s}\right) \frac{K_{\mathrm{IS}}}{s}} = \frac{\frac{T_N}{K_{P,PI}} s}{\frac{T_N}{K_{P,PI} K_{\mathrm{IS}}} s^2 + T_N s + 1} = \frac{\frac{T_N}{K_{P,PI}} s}{T^2 s^2 + 2DT\, s + 1} \,, \tag{4.27}$$

also DT_2-Verhalten. Koeffizientenvergleich führt auf $T^2 = \frac{T_N}{K_{P,PI} K_{\mathrm{IS}}}$ und $2DT = T_N$. Wählt man die Zeitkonstante des DT_2-Verhaltens (PI-geregelter Füllstandskreis) genau so groß wie die Zeitkonstante des P-geregelten Kreises, d. h. fordert man $T = T_{\mathrm{LC}}$, und verlangt wiederum $D = 1$, dann folgt

$$T^2 = \frac{T_N}{K_{P,PI} K_{\mathrm{IS}}} = T_{\mathrm{LC}}^2 = \frac{1}{(K_{P,\mathrm{PI}} K_{\mathrm{IS}})^2} \,, \tag{4.28}$$

und man erhält mit $T_N = 2T = 2T_{\mathrm{LC}} = 2/(K_{P,P}K_{\mathrm{IS}})$ schließlich Einstellregeln für den PI-Regler

$$\begin{aligned} K_{P,\mathrm{PI}} &= 2K_{P,P} \\ T_N &= \frac{2}{K_{P,P}K_{\mathrm{IS}}} \end{aligned} \tag{4.29}$$

Fügt man den unterlagerten Regelkreis wieder hinzu, kann man die Vorschriften auch in der Form

$$\begin{aligned} K_{P,\mathrm{PI}} &= \frac{1}{2T_{\mathrm{FC}}K_{\mathrm{IS}}} \\ T_N &= \frac{4}{K_{P,\mathrm{PI}}K_{\mathrm{IS}}} = 8T_{\mathrm{FC}} \end{aligned} \tag{4.30}$$

schreiben. Das sind die für das Erreichen eines schnellen, schwingungsfreien Verhaltens maximal mögliche Reglerverstärkung und die minimale Nachstellzeit. Um $D = 1$ zu sichern, muss die Relation

$$K_{P,\mathrm{PI}}T_N = \frac{4}{K_{\mathrm{IS}}} \tag{4.31}$$

eingehalten werden, d. h. eine andere Reglereinstellung muss dann immer *beide* Reglerparameter einbeziehen.

In der Praxis wird mitunter der Fehler gemacht, bei (langsamen) Oszillationen der Regelgröße Füllstand die Reglerverstärkung zu reduzieren. Man folgt dabei der Erfahrungsregel, dass die Dämpfung eines Regelkreises zunimmt (oder die Schwingungsneigung abnimmt), wenn K_P verringert oder T_N erhöht wird. Für integrierende Regelstrecken ist diese Regel aber nicht zutreffend! Man kann durch einfache Rechnung zeigen, dass sich für einen Regelkreis mit I-Strecke und PI-Regler eine Dämpfungskonstante von $D = \sqrt{K_{\mathrm{IS}}K_{P,\mathrm{PI}}T_N}/2$ ergibt. Das heißt aber, dass eine *Erhöhung* der Reglerverstärkung hier zu einer größeren Dämpfung führt (Aström & Hägglund, 2006, S. 170f.). Treten langsame Oszillationen der Regelgröße mit einer Periodendauer $T_P > 3T_N$ auf, sollte das Produkt aus Reglerverstärkung und Nachstellzeit um einen Faktor $F \approx 0{,}1\,(T_P/T_{N,\mathrm{alt}})$ erhöht werden, d. h. $K_{P,\mathrm{neu}}T_{N,\mathrm{neu}} = F \cdot K_{P,\mathrm{alt}}T_{N,\mathrm{alt}}$ gesetzt werden (Skogestad, 2003).

Pufferstandregelung mit linearen Reglern

Für die Pufferstandregelung sollen zunächst für diese Aufgabe entwickelte Einstellregeln für PI-Regler angegeben werden (Cheung & Luyben, 1979), (Wade, 2004), (King, 2011).

Man geht wieder von der Störübertragungsfunktion des geschlossenen Regelkreises (Regelgröße Füllstand, Störgröße Zulaufvolumenstrom) aus:

$$G_{yd}(s) = \frac{Y(s)}{D(s)} = \frac{\frac{K_{\mathrm{IS}}}{s}}{1 + K_P\left(1 + \frac{1}{T_N s}\right)\frac{K_{\mathrm{IS}}}{s}} = \frac{\frac{T_N}{K_P}s}{\frac{T_N}{K_P K_{\mathrm{IS}}}s^2 + T_N s + 1}\,. \tag{4.32}$$

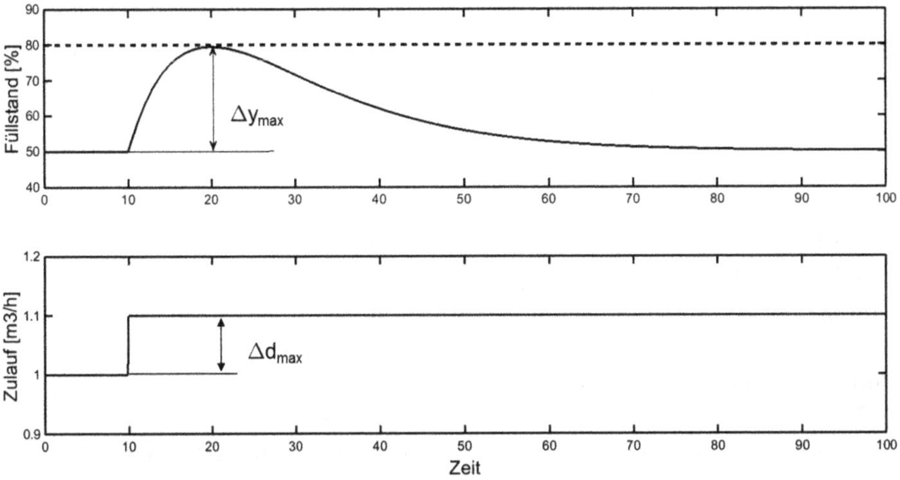

Abb. 4.16: Gewünschter Verlauf des Füllstands nach einer Zulaufstörung mit PI-Regler.

Der durch Rücktransformation in den Zeitbereich berechenbare Zeitverlauf der Regelgröße ist von den Reglerparametern abhängig. Im Gegensatz zu vorher soll jetzt die durch den Anwender vorzugebende, erwartete maximale Störgrößenänderung $\Delta d_{\max}$ so ausgeregelt werden, das die maximal erlaubte Regeldifferenz, d. h. der kleinste Abstand zwischen Füllstandssollwert und einem der beiden Grenzwerte, $\Delta y_{\max} = \min\{y_{\max} - w, w - y_{\min}\}$, nicht überschritten wird (Abb. 4.16).

Ein Wert für $\Delta d_{\max}$ kann entweder aus historischen Daten ermittelt werden, oder man verwendet die Faustregel, dass $\Delta d_{\max}$ 20 % des mittleren Durchflusses des Ablaufs beträgt (Friedman, 1994). Nimmt man wie oben eine Dämpfungskonstante des geschlossenen Regelkreises von $D = 1$ an, dann ergeben sich

$$\begin{aligned} K_P &= 0{,}736 \frac{\Delta d_{\max}}{\Delta y_{\max}} \\ T_N &= \frac{4}{K_P K_{\mathrm{IS}}} = 5{,}437 \frac{\Delta y_{\max}}{\Delta d_{\max} K_{\mathrm{IS}}} \end{aligned} \tag{4.33}$$

als PI-Reglerparameter. Es ist wie zuvor $K_P T_N = 4/K_{\mathrm{IS}}$ einzuhalten, d. h. beide Parameter müssen gleichzeitig verändert werden, wenn man z. B. die Reglereinstellung abschwächen will. Für einen P-Regler folgt

$$K_P = \frac{\Delta d_{\max}}{\Delta y_{\max}} \,. \tag{4.34}$$

Die Größen $\Delta d_{\max}$ und $\Delta y_{\max}$ müssen in Prozent angegeben werden. Wenn man diese Reglerparameter verwendet, ergibt sich die maximale Abweichung des abfließenden Volumenstroms zu

$$\Delta u_{\max} = 1{,}14 \Delta d_{\max} \,, \tag{4.35}$$

was einem Überschwingen der Stellgröße von 14 % bezogen auf den Störsprung bzw. die Stellgrößenänderung im stationären Zustand entspricht, und seine maximale Änderung pro Zeiteinheit beträgt

$$(\Delta u/\Delta t)_{\max} = 0{,}74(\Delta d_{\max})^2 K_{\mathrm{IS}}/\Delta y_{\max}\,. \tag{4.36}$$

In (Wade, 2004) sind auch Reglerparameter für andere Vorgaben der Dämpfung D angegeben. Dort finden sich auch modifizierte Einstellregeln für die Fälle, dass kein unterlagerter Durchflussregelkreis vorhanden ist, und dass der Prozess eine Totzeit aufweist. Ist keine Füllstands-Durchfluss-Kaskade vorhanden, d. h. wirkt der Füllstandsregler direkt auf das Stellventil, muss in Abb. 4.15 der gestrichelt umrahmte Durchflussregelkreis mit der Übertragungsfunktion $G_{\mathrm{FC}}(s)$ durch die Verstärkung des Stellventils K_V ersetzt werden. K_V lässt sich experimentell ermitteln, wenn man im Arbeitspunkt des Prozesses den Füllstandsregler in den HAND-Betrieb nimmt, einen Stellgrößensprung erzeugt und die Änderung des Ablaufvolumenstroms misst: $K_V = \Delta\dot{V}_{\mathrm{ab}}/\Delta u$. Die Größen müssen in Prozent eingesetzt werden, was durch Bezug von Δu auf den Stellbereich und von $\Delta\dot{V}_{\mathrm{ab}}$ auf den maximalen Ablaufstrom bei geöffnetem Stellventil erreichen kann. Ist eine Totzeit vorhanden, benötigt man das Verhältnis von Totzeit T_{t} und Tank-Zeitkonstante (oder Holdup-Zeit) T_{holdup}. Letztere ergibt sich aus dem Quotienten von maximalem Ablauf-Volumenstrom bei geöffnetem Stellventil und Tank-Volumen innerhalb des Füllstandsmessbereichs. Diese Zeit ist gleichzeitig der Kehrwert der Integralverstärkung der Füllstands-Regelstrecke: $T_{\mathrm{holdup}} = \dot{V}_{\max}/V = 1/K_{\mathrm{IS}}$. Nach (Wade, 2004) ergeben sich dann gegen über Gl. (4.33) modifizierte Einstellregeln für die Reglerverstärkung des PI-Reglers:

$$K_P = 0{,}736 \frac{\Delta d_{\max}}{(1 - T_{\mathrm{t}}/T_{\mathrm{holdup}})^{0{,}5}\, K_V \Delta y_{\max}}$$

Angenommen wurde wieder $D = 1$, also aperiodischer Verlauf des Füllstands bei der Ausregelung einer Störung.

Pufferstandregelung mit nichtlinearen Reglern

Eine andere, wenn auch nicht so weit verbreitete Möglichkeit, ausgleichende Füllstandsregelungen zu realisieren, besteht darin, die Reglerparameter (meist nur die Reglerverstärkung) von der Regeldifferenz abhängig zu machen. Bei kleinen Regeldifferenzen greift der Regler dann wunschgemäß nur wenig in den abfließenden Volumenstrom ein. Vertreter dieser Variante nichtlinearer Regelalgorithmen sind der „PI-Error-squared-" und der „Gap-Regler".

Die Gleichung des PI-Error-squared-Reglers (auch PI-e^2-Regler) lautet

$$u(t) = K_P\,|e(t)| \left(e(t) + \frac{|e(t)|}{T_N} \int_0^t e(t)dt \right). \tag{4.37}$$

Viele Automatisierungssysteme bieten diese Möglichkeit der Modifikation des PID-Bausteins an. Leider sind die Implementierungen nicht auf allen Systemen identisch. Um die mit Gl. (4.37) verbundene starke Änderung der Reglerverstärkung abzumildern, wurde in (Shinskey, 1996) die Variante (hier für den P-Anteil geschrieben)

$$u(t) = K_P\,(\gamma + (1-\gamma)\,|e(t)|)\,e(t) \tag{4.38}$$

vorgeschlagen. Dabei kann der Anwender den Grad der Nichtlinearität über den Formfaktor γ mit $0 < \gamma < 1$ beeinflussen, wobei $\gamma = 0$ zu einem „Error-squared“-Regler führt, während $\gamma = 1$ den linearen P-Regler ergibt. Die Herleitung von Einstellregeln ist aufgrund des nichtlinearen Charakters des Reglergesetzes nicht mit den oben beschriebenen Methoden, sondern nur numerisch möglich. In (Krämer & Völker, 2014) wurden angegeben:

$$\begin{aligned} K_P &= 0{,}1545\,\frac{(\Delta d_{\max})^2}{(\Delta y_{\max})^2} \\ T_N &= 25{,}889\,\frac{(\Delta y_{\max})^2}{(\Delta d_{\max})^2}\,\frac{1}{K_{\mathrm{IS}}} \end{aligned} \tag{4.39}$$

Bei einem „Gap-Regler“ ist die Reglerverstärkung ebenfalls von der Regeldifferenz abhängig. Eine einfach zu realisierende Möglichkeit besteht darin, den in Abb. 4.17 links dargestellten Zusammenhang zu verwenden. In Abb. 4.17 rechts ist die sich ergebende statische Kennlinie des Reglers dargestellt.

Bei kleinem Absolutbetrag der Regeldifferenz $|e(t)| \le e_{\min}$ wird eine sehr kleine Reglerverstärkung $K_{P\min}$ gewählt, was zu kleinen Stelleingriffen und nur geringen Änderungen des ablaufenden Volumenstroms führt. Für $|e(t)| > e_{\max}$ schließlich wird ein großer Wert der Verstärkung $K_{P\max}$ verwendet. Das Verhältnis $K_{P\max}/K_{P\min}$ wird mit r_K bezeichnet, in der Praxis hat sich ein Wert von $r_K \approx 10\ldots 20$ bewährt. Der Parameter $e_{\min}$ ist in Abhängigkeit vom Anwendungsfall festzulegen, und zwar kleiner als die maximal zulässige Füllstandsänderung, aber größer als die Füllstandsschwankungen im Normalbetrieb. Um die Reglerverstärkung $K_{P\max}$ zu berechnen, geht man von der statischen Kennlinie des Reglers aus (Marlin, 2000). Aus ihr ergibt sich die

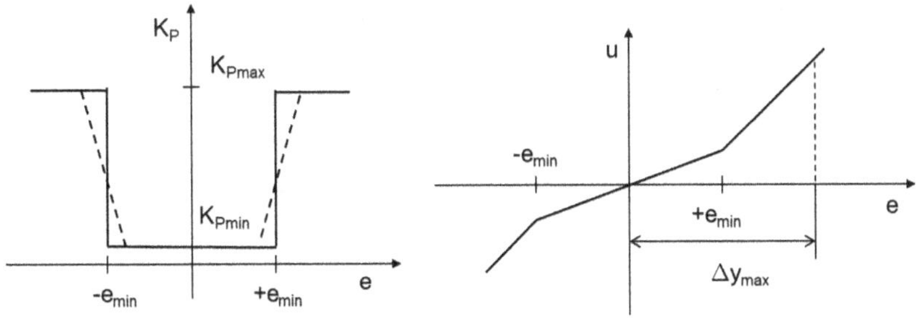

Abb. 4.17: Regeldifferenzabhängige Verstärkung.

maximale Änderung des ablaufenden Volumenstroms zu

$$\Delta u_{\max} = K_{P,\min}\, e_{\min} + K_{P,\max}(\Delta y_{\max} - e_{\min}) = K_{P\max}\,(e_{\min}/r_K + \Delta y_{\max} - e_{\min})\,, \quad (4.40)$$

woraus sich die Reglerverstärkungen

$$K_{P\max} = \frac{\Delta d_{\max}}{e_{\min}/r_K + \Delta y_{\max} - e_{\min}}\,, \qquad K_{P,\min} = \frac{K_{P,\max}}{r_K} \quad (4.41)$$

berechnen lassen. Man beachte, dass in die Gleichung nicht $\Delta u_{\max}$, sondern die maximal zu erwartende Zulaufstörung $\Delta d_{\max}$ eingesetzt wurde. Beide Größen sind im stationären Zustand aber gleich groß. In der Praxis wird meist zwischen der kleinen und der großen Reglerverstärkung linear interpoliert (in Abb. 4.17 gestrichelt dargestellt). Das hat den Vorteil, dass nicht zwischen zwei unterschiedlich großen Verstärkungen geschaltet und Stellgrößensprünge erzeugt werden, wenn sich die Regeldifferenz in der Nähe von $e_{\min}$ befindet.

Ähnlich wirkt die in manchen Automatisierungssystemen angebotene nichtlineare Modifikation des PID-Regelalgorithmus, bei der die Reglerverstärkung nach der Vorschrift

$$K_P = K_{P\min}\left(a + b\frac{|e(t)|}{\mathrm{MB}_y}\right) \quad (4.42)$$

gebildet wird. Der Anwender muss dann die Faktoren $a = \begin{cases} 0 \\ 1 \end{cases}$ (Formfaktor) und b vorgeben.

Wenn es sich nicht um stehende zylindrisch geformte Behälter handelt, sondern z. B. um liegende oder kugelförmige Behälter, kann man statt des gemessenen Füllstands das unter Verwendung geometrischer Daten berechnete aktuelle Füllvolumen als Regelgröße verwenden und damit eine Linearisierung des Streckenverhaltens erreichen (King, 2011).

Pufferstandregelung mit Prädiktivreglern

Die Verwendung prädiktiver Regelalgorithmen (MPC, siehe Abschnitt 6) für Pufferstandregelungen wurde schon vor langer Zeit vorgeschlagen (McDonald, McAvoy, & Tits, 1986), (Campo & Morari, 1989). Inzwischen verfügen einige Automatisierungssysteme über Software-Funktionsbausteine, die sich für MPC-Eingrößenregelungen eignen, z. B. Profit® Loop bei Honeywell Experion PKS. Dort ist es dem Bediener möglich, Füllstandsgrenzwerte vorzugeben. Ist einer dieser Grenzwerte verletzt oder wird durch die modellbasierte Prädiktion eine zukünftige Grenzwertverletzung erkannt, versucht der Regler, den Füllstand möglichst schnell in den Gutbereich zurückzuführen, ansonsten wird langsam ein vorgegebener Sollwert (z. B. 50 % der Füllhöhe) angefahren. Die Identifikation des Prozessmodells für die Standstrecke wird durch ein mitgeliefertes Identifikationsprogramm unterstützt, das bei integrierenden Strecken Versuche im geschlossenen (PI-)-Regelkreis ausführt und auswertet. Über eine Anwendung bei Raffinerieprozessen wird in (Dittmar & Folkerts, 2014) berichtet.

4.7 Internal Model Control

Bei Regelkreisen mit PID-Reglern wird oft ein Modell des Prozesses in der Entwurfsphase der Regelung zur Bestimmung der Reglerparameter benutzt. Im laufenden Betrieb der Regelung, also in der „Arbeitsphase", spielt es hingegen keine Rolle mehr. Davon zu unterscheiden sind Regelungen, die ein Modell der Regelstrecke auch im laufenden Betrieb verwenden. Eine dieser Regelungsstrukturen ist unter dem Namen „Internal Model Control" (IMC) bekannt geworden. Das Prinzip wurde bereits von (Frank, 1974) angegeben, und später von Morari und Brosilow und ihren Mitarbeitern weiterentwickelt (Morari & Zafiriou, 1989), (Brosilow & Joseph, 2002). Die IMC-Regelung wird in der unten angegebenen Form praktisch kaum eingesetzt. Sie wird hier vorgestellt, weil das IMC-Prinzip als Denkmodell für die Regelungstechnik eine große Rolle spielt: es eignet sich z. B. zur Herleitung von Einstellregeln für PID-Regler und für die Analyse modellbasierter Regelungen wie z. B. MPC (Abschnitt 6).

Den Wirkungsplan einer IMC-Regelungsstruktur zeigt Abb. 4.18 links. Hervorstechendes Merkmal ist, dass ein Modell des dynamischen Verhaltens der Regelstrecke parallel zum Prozess selbst mit der Stellgröße beaufschlagt wird. Die über das Modell berechnete, also vorhergesagte Regelgröße $\hat{y}$ wird mit der am Prozess gemessenen verglichen und die Differenz $y - \hat{y}$ – d. h. nicht die Regelgröße y selbst – zurückgeführt. Die Übertragungsfunktion des Streckenmodells ist hier mit $G_{SM}(s)$ bezeichnet, die der Strecke selbst mit $G_S(s)$. Die Übertragungsfunktion des Reglers in dieser Struktur trägt die Bezeichnung $G_{IMC}(s)$. Die Störgröße greift am Ausgang der Regelstrecke (hier unverzögert dargestellt) an.

Der Wirkungsplan der IMC-Regelung lässt sich so umformen wie im rechten Teil von Abb. 4.18 gezeigt. Wenn man den IMC-Regler und die „innere" Rückführung der über das Prozessmodell vorhergesagten Regelgröße zu einem Block zusammenfasst (im Bild gestrichelt umrandet), dann wird ein Vergleich mit einer konventionellen Regelungsstruktur ermöglicht. Der gestrichelt dargestellte Block entspricht dem Regler $G_R(s)$ im Standardregelkreis. Zwischen den Übertragungsfunktionen des konventio-

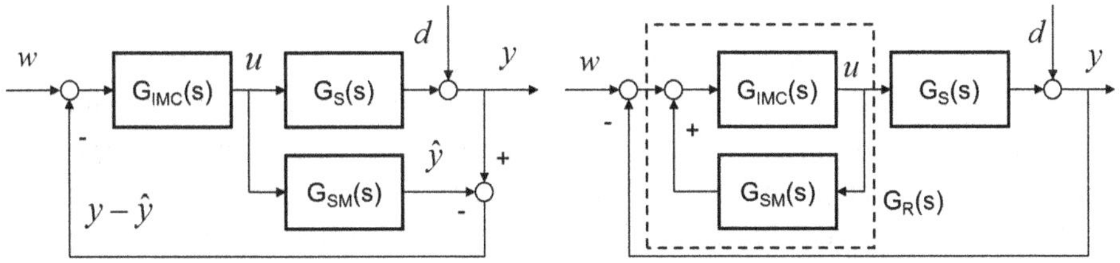

Abb. 4.18: IMC-Regelung und Umformung in eine konventionelle Regelungsstruktur.

nellen und des IMC-Reglers bestehen dann folgende Beziehungen:

$$G_R(s) = \frac{G_{\mathrm{IMC}}(s)}{1 - G_{\mathrm{SM}}(s)\, G_{\mathrm{IMC}}(s)} \tag{4.43}$$

$$G_{\mathrm{IMC}}(s) = \frac{G_R(s)}{1 + G_{\mathrm{SM}}(s)\, G_R(s)} \,. \tag{4.44}$$

Wenn man einen IMC-Regler entworfen hat, kann man ihn also immer nach Gl. (4.43) in einen konventionellen Regler umrechnen. Für den geschlossenen Regelkreis nach IMC-Struktur gelten die Beziehungen (zur Vereinfachung der Schreibweise wurde der Laplace-Operator weggelassen):

$$Y = \frac{G_S G_{\mathrm{IMC}}}{1 + G_{\mathrm{IMC}}(G_S - G_{\mathrm{SM}})} W + \frac{1 - G_{\mathrm{SM}} G_{\mathrm{IMC}}}{1 + G_{\mathrm{IMC}}(G_S - G_{\mathrm{SM}})} D \tag{4.45}$$

$$U = \frac{G_{\mathrm{IMC}}}{1 + G_{\mathrm{IMC}}(G_S - G_{\mathrm{SM}})} (W - D) \,. \tag{4.46}$$

Im Nominalfall, wenn das Modell der Regelstrecke und das reale Streckenverhalten exakt übereinstimmen (kein „plant-model-mismatch“ oder $G_S(s) \equiv G_{\mathrm{SM}}(s)$), ergibt sich aus Gl. (4.45) die vereinfachte Beziehung

$$Y = G_S G_{\mathrm{IMC}} W + (1 - G_S G_{\mathrm{IMC}}) D \,. \tag{4.47}$$

Da in diesem Fall die vorhergesagten und die gemessenen Werte der Regelgrößen $\hat{y}$ und y genau übereinstimmen, ergibt deren Differenz Null, und die zurückgeführte Größe lässt sich als Schätzwert für die nichtmessbare Störgröße $\hat{d}$ auffassen. Dieses Prinzip wird auch bei MPC-Regelungen angewendet (siehe Abschnitt 6).

Der IMC-Regelkreis ist im Nominalfallfall dann stabil, wenn sowohl die Regelstrecke selbst als auch der Regler stabil sind. Außerdem erkennt man an Gl. (4.47), dass die Regelung „perfekt“ ist, d. h. $y = w$ für alle Störgrößen d gilt, wenn man

$$G_{\mathrm{IMC}}(s) = \frac{1}{G_S(s)} \tag{4.48}$$

wählt, also den IMC-Regler so entwirft, dass seine Übertragungsfunktion gerade die Inverse der Übertragungsfunktion der Regelstrecke (bzw. ihres Modells) ist.

Die IMC-Regelungsstruktur lässt sich in der angegebenen Form nicht unmittelbar realisieren, denn erstens stimmen Modell der Regelstrecke und reales Prozessverhalten nie genau überein, zweitens führt die Invertierung der Übertragungsfunktion des Modells der Regelstrecke im Allgemeinen auf eine nicht realisierbare Übertragungsfunktion des IMC-Reglers. Für die Realisierbarkeit von G_{IMC} muss vorausgesetzt werden, dass

- die Zählerordnung von G_{IMC} kleiner oder gleich ist als die Nennerordnung,
- der IMC-Regler kausal ist, d. h. dass er die Steuergröße nur auf der Grundlage vergangener oder aktueller Messwerte bestimmen kann.

Wenn diese Bedingungen nicht eingehalten werden, ist der IMC-Regler physikalisch nicht realisierbar. Schon das einfache Beispiel einer Regelstrecke 1. Ordnung mit Totzeit zeigt, dass die Entwurfsvorschrift nach Gl. (4.48) nicht auf einen realisierbaren Regler führt. Es ist dann nämlich

$$G_{\mathrm{SM}}(s) = \frac{K_S}{T_1 s + 1} e^{-sT_t} , \tag{4.49}$$

und $G_{\mathrm{IMC}}(s)$ ergibt sich zu

$$G_{\mathrm{IMC}}(s) = \frac{T_1 s + 1}{K_S} e^{+sT_t} . \tag{4.50}$$

Der erste Teil dieser Übertragungsfunktion entspräche einem PD-Regler, der sich ohne Verzögerung des D-Anteils nicht realisieren lässt. Der zweite Teil ist nicht kausal: um die *aktuelle* Steuergröße zu berechnen, müssten *zukünftige* Werte der Regelgröße bekannt sein. Um einen IMC-Regler dennoch entwerfen zu können, muss man zu einer Vereinfachung greifen, die dann aber nicht mehr zu einem „perfekten" Regelkreis führt. Die Vorgehensweise besteht aus drei Schritten:

- Zunächst wird das Modell der Regelstrecke $G_{\mathrm{SM}}(s)$ in einen invertierbaren Teil $G_{\mathrm{SM}}^{-}(s)$ und einen nicht invertierbaren Teil $G_{\mathrm{SM}}^{+}(s)$ zerlegt, d. h. $G_{\mathrm{SM}} = G_{\mathrm{SM}}^{-} G_{\mathrm{SM}}^{+}$.
- Anschließend wird der IMC-Regler nach der Vorschrift

$$G_{\mathrm{IMC}} = \frac{1}{G_{\mathrm{SM}}^{-}} \tag{4.51}$$

  entworfen. G_{SM}^{+} enthält alle nicht-minimalphasigen Elemente des Streckenmodells, also die Totzeit und vorhandene Nullstellen in der rechten Halbebene, wie sie z. B. bei „Inverse-response"-Regelstrecken auftreten,
- Schließlich wird durch Hinzufügen eines Filters mit der Übertragungsfunktion $F(s)$ dafür gesorgt, dass die IMC-Reglerübertragungsfunktion realisierbar wird, d. h.

$$G_{\mathrm{IMC}}(s) = \frac{1}{G_{\mathrm{SM}}^{-}(s)} F(s) . \tag{4.52}$$

Als Filter werden Verzögerungsglieder höherer Ordnung mit gleichen Zeitkonstanten verwendet, z. B.

$$F(s) = \frac{1}{(T_f s + 1)^n} . \tag{4.53}$$

Die Zeitkonstante T_f ist darin ein Entwurfsparameter, der die Geschwindigkeit des geschlossenen IMC-Regelkreises bestimmt. Ein kleiner Wert von T_f führt zu schnellem Regelkreisverhalten, allerdings auch zu geringerer Robustheit gegenüber der Unsicherheit des Prozessmodells $G_{\mathrm{SM}}(s)$.

Für das schon vorher verwendete Beispiel einer Regelstrecke 1. Ordnung mit Totzeit ergibt sich eine Zerlegung der Übertragungsfunktion $G_{\mathrm{SM}}(s) = \frac{K_S}{T_1 s+1} e^{-sT_t}$ in den invertierbaren Teil $G_{\mathrm{SM}}^{-}(s) = \frac{K_S}{T_1 s+1}$ und in den nicht invertierbaren Teil $G_{\mathrm{SM}}^{+}(s) = e^{-sT_t}$.

Verwendet man als Filter ein Verzögerungsglied erster Ordnung $F(s) = \frac{1}{T_f s+1}$, so folgt für den IMC-Regler ein PDT_1-Glied mit der Übertragungsfunktion

$$G_{\mathrm{IMC}}(s) = \frac{1}{K_S} \frac{T_1 s + 1}{T_f s + 1} \,. \tag{4.54}$$

Daraus lässt sich nach Gl. (4.43) ein konventioneller Regler mit der Übertragungsfunktion

$$G_R(s) = \frac{T_1 s + 1}{K_S(T_f s + 1 - e^{-sT_t})} \tag{4.55}$$

berechnen. Man beachte, dass sich hier dasselbe Resultat ergibt, dass man auch nach dem Verfahren der direkten Reglersynthese erhält! Die Zeitkonstante T_f des Filters entspricht der Zeitkonstante T_R beim Verfahren der direkten Synthese. Durch die Approximation $e^{-sT_t} \approx 1 - sT_t$ wird auch hier aus $G_R(s)$ ein PI-Regler. Nach dieser Vorgehensweise sind die IMC-Einstellregeln für PID-Regler entwickelt worden (Rivera, Morari, und Skogestad, 1986). Die anzuwendende Zerlegung des Streckenmodells ist vom Typ der Eingangssignale abhängig, für den der Regelkreis entworfen werden soll (z. B. sprungförmige oder rampenförmige Sollwertänderungen), vgl. (Morari & Zafiriou, 1989).

Die Filterzeitkonstante T_f ist der einzige Einstellparameter des IMC-Reglers. Mit seiner Hilfe lässt sich der Kompromiss zwischen Schnelligkeit des Führungsverhaltens und Robustheit gegenüber Modellfehlern beeinflussen. Je größer die Modellunsicherheit, desto größer sollte die Filterzeitkonstante gewählt werden.

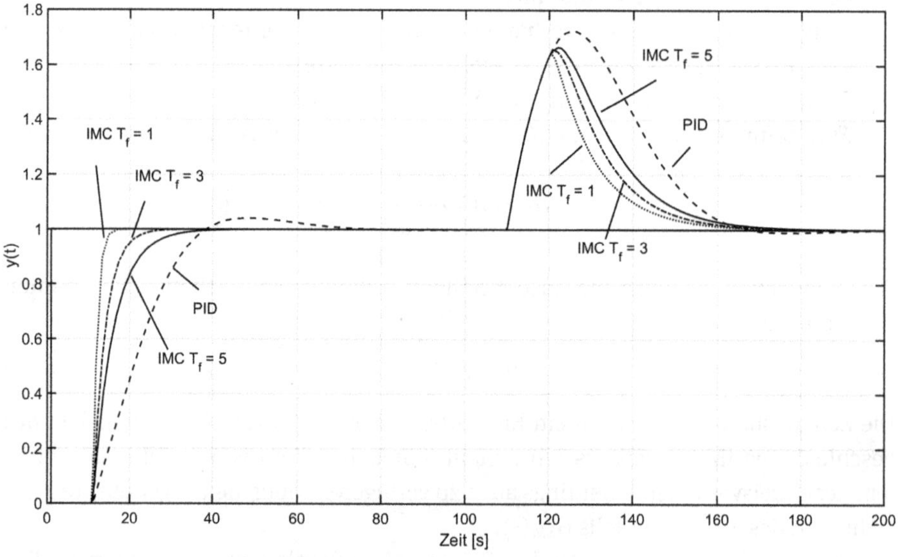

Abb. 4.19: IMC-Regelung einer PT_1T_t-Strecke.

In Abb. 4.19 sind für das Beispiel der $PT_1 T_t$-Strecke

$$G_S(s) = \frac{1}{10s+1} e^{-10s} \tag{4.56}$$

Simulationsergebnisse für Führungs- und Störverhalten mit einem IMC-Regler für verschiedene Filterzeitkonstanten ($T_f = 1, 3, 5$ s) dargestellt. Zum Vergleich ist gestrichelt auch das Ergebnis der PI-Regelung gezeigt (Reglerparameter nach λ-Tuning $K_P = 0{,}5$ und $T_N = 10$ s). Während man mit IMC-Regler ein deutlich verbessertes Führungsverhalten erzielen kann, insbesondere bei genau bekanntem Prozessmodell und daher klein gewählter Filterzeitkonstante, ist die Verbesserung des Störverhaltens wesentlich geringer. Das gilt umso mehr, je größer das Verhältnis der Summenzeitkonstante zur Totzeit ist.

4.8 Smith-Prädiktor-Regler und prädiktiver PI-Regler

Der IMC-Regelungsstruktur eng verwandt ist der Smith-Prädiktor-Regler, der in den 50er Jahren mit dem Ziel der besseren Regelung von totzeitdominierten Prozessen entwickelt wurde (Smith, 1957). Wenn Prozesse mit großen Totzeiten (im Verhältnis zu den anderen Zeitkonstanten des Prozesses) mit PI- oder PID-Reglern geregelt werden, ist die erreichbare Regelgüte deutlich begrenzt. Der D-Anteil des Reglers liefert zwar eine Vorhersage der Regelgröße, aber ungenau und nur über den kurzen Zeitraum der Vorhaltzeit T_V, vgl. Abschnitt 3.2. Für totzeitdominierte Prozesse wird der D-Anteil daher meist auch nicht eingesetzt. Bessere Ergebnisse kann man erreichen, wenn eine modellbasierte Vorhersage der Regelgröße verwendet wird.

Die Grundidee des Smith-Prädiktor-Reglers besteht darin, die am realen Prozess mit der Übertragungsfunktion $G_S(s) = G'_S(s)e^{-sT_t}$ nicht messbare, totzeitfreie Regelgröße $y^*(t)$ modellgestützt zu schätzen, und diesen Schätzwert als Regelgröße dem PI-Regler $G_R(s) = G_{\mathrm{PI}}(s)$ zurückzuführen. Dadurch wird eine viel aggressivere Reglereinstellung des PI-Reglers ermöglicht als das bei Verwendung der messbaren, totzeitbehafteten Regelgröße der Fall wäre. Allerdings ist die Wirksamkeit dieser Struktur wiederum von der Kenntnis eines exakten Prozessmodells abhängig, insbesondere von einer möglichst genauen Kenntnis der Totzeit selbst. Um die totzeitfreie Regelgröße $y^*(t)$ zu rekonstruieren, wird der PI-Regler mit einer inneren Rückführung versehen, die die Übertragungsfunktion

$$G_{\mathrm{SP,rück}}(s) = G'_{\mathrm{SM}}(s)(1 - e^{-sT_{\mathrm{tM}}}) \tag{4.57}$$

aufweist, siehe Abb. 4.20 oben.

Darin bedeuten $G'_{\mathrm{SM}}(s)$ das Modell der totzeitfreien Regelstrecke und $e^{-sT_{\mathrm{tM}}}$ das Modell der Totzeit. Der Smith-Prädiktor-Regler (PI-Regler plus innere Rückführung) hat dann die Übertragungsfunktion

$$G_{\mathrm{SP}}(s) = \frac{G_{\mathrm{PI}}(s)}{1 + G_{\mathrm{PI}}(s)(G'_{\mathrm{SM}}(s) - G_{\mathrm{SM}}(s))} = \frac{G_{\mathrm{PI}}(s)}{1 + G_{\mathrm{PI}}(s)\, G'_{\mathrm{SM}}(s)(1 - e^{-sT_t})} \,. \tag{4.58}$$

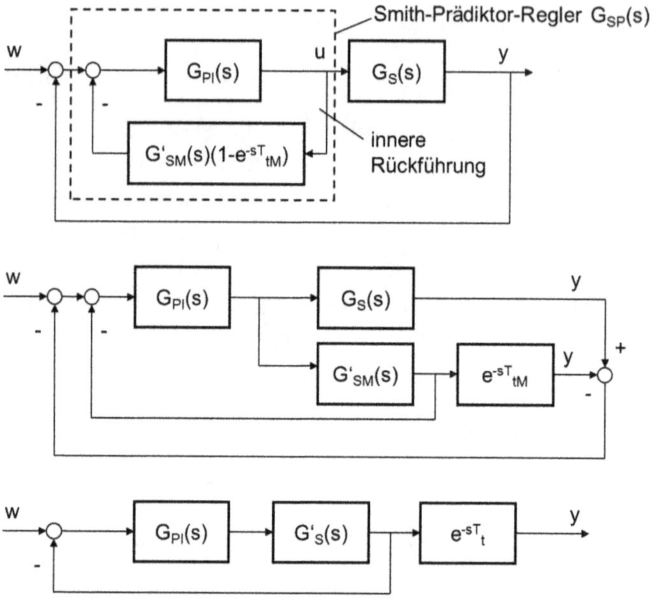

Abb. 4.20: Verschiedene Darstellungsformen des Smith-Prädiktor-Reglers (Oben: Regler mit interner Rückführung, Mitte: IMC-Struktur, Unten: Rückführung der nicht messbaren, totzeitfreien Regelgröße).

Dass man auf diese Weise tatsächlich $y^*(t)$ erhält, lässt sich wie folgt zeigen (dabei wird angenommen, dass das Prozessmodell exakt ist, also $G'_{SM}(s) \equiv G'_S(s)$ und $e^{-sT_{tM}} \equiv e^{-sT_t}$ gelten). Die dem PI-Regler zugeführte korrigierte Regeldifferenz ist

$$E_{\text{korr}}(s) = E(s) - (Y^*(s) - Y(s)) = W(s) - Y(s) - (Y^*(s) - Y(s)) = W(s) - Y^*(s)\,. \quad (4.59)$$

Daher ist der in der in Abb. 4.20 unten gezeigte Wirkungsplan äquivalent zu dem im oberen Teil des Bildes. Der Regler „denkt" also, er regelt einen totzeitfreien Prozess und kann daher viel aggressiver eingestellt werden. Wegen

$$Y^*(s) = G'_S(s)U(s) = G'_{SM}(s)U(s) \quad (4.60)$$

und

$$Y(s) = G'_S(s)e^{-sT_t}U(s) = G'_{SM}(s)e^{-sT_{tM}}U(s)\,, \quad (4.61)$$

gilt dann aber auch $Y^*(s) = e^{sT_t}Y(s)$ und nach Rücktransformation in den Zeitbereich $y^*(t) = y(t+T_t)$. Die Größe $y^*(t)$ ist also eine Vorhersage von $y(t)$ über T_t Zeiteinheiten, daher der Name „Smith-Prädiktor".

Im mittleren Teil von Abb. 4.20 ist schließlich eine Umformung des Wirkungsplans des Smith-Prädiktor-Reglers dargestellt, die die Ähnlichkeit zur IMC-Struktur besonders hervorhebt.

Aus dem oberen Teil von Abb. 4.20 ergibt sich die Übertragungsfunktion des geschlossenen Regelkreises für Führungsverhalten zu

$$G_{yw}(s) = \frac{G_{SP}(s)G_S(s)}{1 + G_{SP}(s)G_S(s)} = \frac{G_{PI}(s)G_S(s)}{1 + G_{PI}(s)G'_{SM}(s) + G_{PI}(s)(G_S(s) - G_{SM}(s))} . \tag{4.62}$$

Ist das Prozessmodell exakt, vereinfacht sie sich zu

$$G_{yw}(s) = \frac{G_{PI}(s)G'_S(s)}{1 + G_{PI}(s)G'_S(s)} e^{-sT_t} . \tag{4.63}$$

Die Reaktion auf eine Sollwertänderung ist also um die Totzeit gegenüber der Reaktion des Regelkreises verschoben, der sich beim Entwurf des PI-Reglers für eine totzeitfreie Strecke ergibt.

In manchen Automatisierungssystemen wird die Konfiguration eines solchen Smith-Prädiktor-Reglers unterstützt. Der Anwender muss dann zusätzlich zu den PI-Reglerparametern das Modell der Regelstrecke $G_{SM}(s) = G'_{SM}(s)e^{-sT_{tM}}$ vorgeben. Die PI-Reglerparameter können anhand der Kennwerte des totzeitfreien Prozesses gewählt werden. Je größer allerdings die Modellunsicherheit ist, desto stärker müssen sie „abgeschwächt" werden. In Abb. 4.21 sind Simulationsergebnisse für ein Beispiel mit der Streckenübertragungsfunktion $G_S(s) = \frac{1}{10s+1}e^{-10\,s}$ dargestellt, d. h. die Totzeit ist genau so groß wie die Zeitkonstante des Prozesses. Es wurden sowohl das Führungs- als auch das Störverhalten (Störung am Streckeneingang) simuliert. Die gestrichelte Linie zeigt den Verlauf der Regelgröße für eine PI-Regelung ohne Totzeitkompensation (Reglerparameter $K_P = 0{,}5$ und $T_N = 10\,s$), die strichpunktierte den

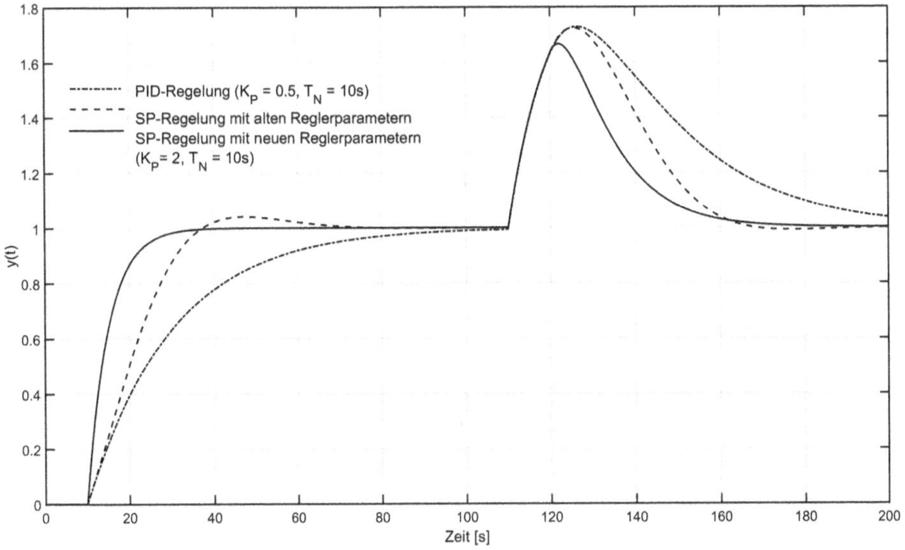

Abb. 4.21: Regelung einer totzeitdominierten Strecke mit PI-Regler und Smith-Prädiktor-Regler.

Verlauf mit Totzeitkompensation und ungeänderten Reglerparametern (Verlangsamung des Regelverlaufs), die durchgezogene Line den Verlauf der Regelgröße ebenfalls mit Totzeitkompensation, aber jetzt aggressiver eingestelltem PI-Regler ($K_P = 2$ und $T_N = 10\,\mathrm{s}$). In allen Fällen wurde ein exaktes Prozessmodell angenommen.

Hervorzuheben ist die deutliche Verbesserung des Führungsverhaltens gegenüber der Verwendung eines PI-Reglers ohne Smith-Prädiktor. Eine genauere Analyse zeigt jedoch folgende Probleme der Anwendung von Smith-Prädiktor-Reglern auf (Aström & Hägglund, 2006), (Normey-Rico & Camacho, 2008b):

- Gl. (4.62) zeigt, dass der geschlossene Regelkreis mit SP-Regler Polstellen besitzt, die sich aus den Polstellen der Regelstrecke $G_S(s)$ und den Nullstellen des Nenners von $G_{yw}(s)$, also $1 + G_R G'_{\mathrm{SM}} + G_R(G_S - G_{\mathrm{SM}}) = 0$, zusammensetzen. Damit der Regelkreis mit SP-Regler stabil ist, muss also auch die Regelstrecke selbst stabil sein. Wie man mit Gl. (4.58) zeigen kann, hat der Smith-Prädiktor-Regler $G_{\mathrm{SP}}(s)$ für integrierende Strecken keinen I-Anteil, auch dann nicht, wenn der Regler $G_R(s)$ einen I-Anteil besitzt. Daher ergibt sich eine bleibende Regeldifferenz bei sprungförmigen Störungen am Streckeneingang. Die Schlussfolgerung lautet, dass der SP-Regler in seiner einfachen Form weder für integrierende noch für instabile Regelstrecken geeignet ist.

  Die mit dem SP-Regler erreichbare Verbesserung der Regelgüte ist beim Führungsverhalten wesentlich stärker ausgeprägt als beim Störverhalten. Die Übertragungsfunktion für das Störverhalten des geschlossenen Regelkreises mit SP-Regler ergibt sich bei exaktem Prozessmodell zu

$$G_{yd}(s) = \frac{G_S(s)}{1 + G_{\mathrm{SP}}(s)G_S(s)} = G_S(s)\left(1 - \frac{G_R(s)G'_S(s)}{1 + G_R(s)G'_S(s)}e^{-sT_t}\right). \qquad (4.64)$$

  Durch den Regler können die Streckenpole hier nicht gekürzt werden, die Regelkreisdynamik kann für Störverhalten daher nicht schneller werden als die Dynamik der Regelstrecke. Verbesserungen des Störverhaltens lassen sich durch eine Störgrößenaufschaltung (bei messbaren Störgrößen) oder durch einen Störgrößenbeobachter (bei nicht messbaren Störgrößen) erreichen (Normey-Rico & Camacho, 2008a), was Entwurf und Implementierung verkompliziert.
- Die Vorteile des Smith-Prädiktor Reglers kommen dann am wirksamsten zum Tragen, wenn die Totzeit möglichst genau bekannt ist. Für die zulässige Änderung bzw. Unsicherheit der Totzeit lässt sich die Beziehung $\frac{\Delta T_t}{T_t} \approx \frac{1}{\omega_b T_t}$ ableiten (Aström & Hägglund, 2006). Darin bedeutet ω_b die Bandbreite des Regelkreises ohne Totzeit. Das bedeutet, dass bei Reglern mit großem $\omega_b T_t$ – also mit hohen Forderungen an die Regelkreisdynamik – die Totzeit genau bekannt sein muss. Umgekehrt ist es für eine ausreichende Robustheit erforderlich, den Wert von $\omega_b T_t$ zu begrenzen, als Faustregel gilt $\omega_b T_t < 0{,}5$.
- Ein Smith-Prädiktor-Regler liefert tendenziell eine bessere Regelgüte im Vergleich zu einem PID-Regler, wenn die Totzeit „dominiert“, d. h. bei Regelstrecken mit

einer normierten Totzeit von $\frac{T_t}{T_t+T_1} > 0{,}5$, *und* wenn die Totzeit möglichst genau bekannt ist.

Abb. 4.22 zeigt eine um zwei Übertragungsglieder erweiterte Form eines Smith-Prädiktor-Reglers. Gegenüber der einfachen Form wurden ein Sollwertfilter $F(s)$ und ein Prädiktionsfilter $F_r(s)$ hinzugefügt. Diese Struktur wird auch als „Filtered Smith Predictor" (FSP) bezeichnet. Mit dieser Erweiterung lassen sich folgende Vorteile erreichen: a) Führungs- und Störverhalten des Regelkreises lassen sich unabhängig voneinander und unter Beachtung von Forderungen an die Robustheit entwerfen; b) durch geeignete Wahl der Filterstruktur wird die Anwendung auf integrierende und instabile Regelstrecken ermöglicht. Wie man beim Filterentwurf vorgehen muss, wird in (Normey-Rico & Camacho, 2008b) eingehend beschrieben. Einfache Beispiele für stabile und instabile Strecken erster Ordnung mit Totzeit werden im Zusammenhang mit einer dafür entwickelten Lernsoftware in (Guzman & andere, 2008) angegeben.

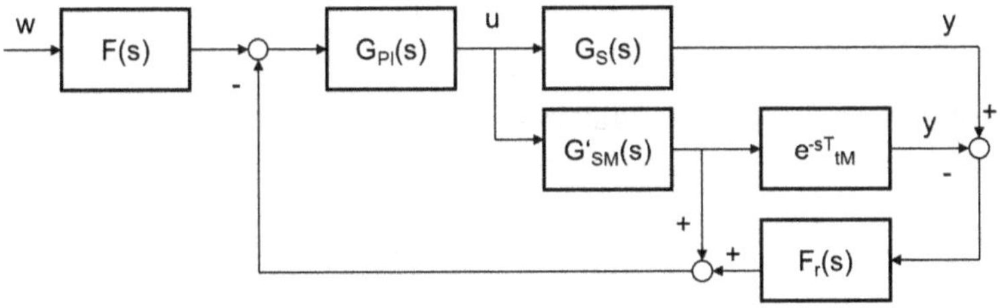

Abb. 4.22: Smith-Prädiktor-Regler mit Sollwert- und Prädiktionsfilter (FSP).

Eine weitere Alternative zur Lösung des Problems der Totzeitkompensation ist der „prädiktive PI-Regler" (abgekürzt PPI-Regler), vgl. (Hägglund, 1996) und (Aström & Hägglund, 2006). Dabei wird die Grundstruktur des Smith-Prädiktor-Reglers nach Abb. 4.20 beibehalten, die Parameter werden aber so gewählt, dass sich ein einfacher und robuster Regler ergibt. Die Vorgehensweise wird im Folgenden am Beispiel der Regelung einer PT_1T_t-Strecke mit der Übertragungsfunktion $G_S(s) = \frac{K_S}{T_1s+1}e^{-sT_t}$ erläutert. Als Regler kommt ein PI-Regler mit

$$G_R(s) = K_P\left(1 + \frac{1}{T_Ns}\right) = K_P\left(\frac{T_Ns + 1}{T_Ns}\right) \tag{4.65}$$

zum Einsatz. Er wird wiederum für die totzeitfreie Strecke entworfen. Wählt man die Nachstellzeit des PI-Reglers so groß wie die Zeitkonstante des Prozesses, d. h. nach der Vorschrift $T_N = T_1$, folgt für die Übertragungsfunktion der offenen Kette

$$G_0(s) = G_R(s)G_S(s) = K_P\left(\frac{T_1s + 1}{T_1s}\right)\frac{K_S}{T_1s + 1} = \frac{K_PK_S}{T_1s}\ . \tag{4.66}$$

Der geschlossene Regelkreis soll sich wie ein PT_1-Glied mit der Zeitkonstante T_R verhalten, d. h. es wird wie beim λ-Tuning (vgl. Abschnitt 3.3.1) $G_{yw}(s) = \frac{1}{T_Rs+1}$ gefordert, der Kreis hat also einen Pol bei $s = -1/T_R$. Die charakteristische Gleichung des geschlossenen Regelkreises ist

$$1 + G_0(s) = 1 + \frac{K_P K_S}{T_1 s} = 0\,, \tag{4.67}$$

woraus ein Pol bei $s = -\frac{K_P K_S}{T_1}$ folgt. Es ist also

$$-\frac{K_P K_S}{T_1} = -\frac{1}{T_R}\,. \tag{4.68}$$

Hieraus folgen die Reglerparameter für den PI-Regler:

$$\begin{aligned} K_P &= \frac{T_1}{T_R K_S} \\ T_N &= T_1 \end{aligned} \tag{4.69}$$

Die Regler-Übertragungsfunktion ist dann

$$G_R(s) = G_{\mathrm{PI}}(s) = K_P \left(\frac{T_1 s + 1}{T_1 s} \right) = \frac{T_1 s + 1}{K_S T_R s}\,. \tag{4.70}$$

Die Übertragungsfunktion des Smith-Prädiktor-Reglers, d. h. der Kombination von PI-Regler und innerer Rückführung, ergibt sich durch Einsetzen in Gl. (4.58) zu

$$G_{\mathrm{SP}}(s) = \frac{U(s)}{E(s)} = \frac{(T_1 s + 1)}{K_S T_R s} \cdot \frac{1}{\left(1 + \frac{1}{T_R s}\left(1 - e^{-sT_t}\right)\right)}\,. \tag{4.71}$$

Um zu zeigen, wie dieser Regler arbeitet, kann man die Reglerübertragungsfunktion Gl. (4.70) nach der Stellgröße umstellen:

$$\left(1 + \frac{1}{T_R s}\left(1 - e^{-sT_t}\right)\right) U(s) = \frac{(T_1 s + 1)}{K_S T_R s} E(s) \tag{4.72}$$

$$\begin{aligned} U(s) &= \frac{(T_1 s + 1)}{K_S T_R s} E(s) - \frac{1}{T_R s}\left(1 - e^{-sT_t}\right) U(s) = \\ &= \frac{(T_1 s + 1)}{K_S T_R s}\left(E(s) - \frac{K_S}{T_1 s + 1}\left(1 - e^{-sT_t}\right) U(s)\right) \end{aligned} \tag{4.73}$$

Den Ausdruck in der Klammer kann man zu einer vorhergesagten Regeldifferenz

$$E_p(s) = E(s) - \frac{K_S}{T_1 s + 1}\left(1 - e^{-sT_t}\right) U(s) \tag{4.74}$$

zusammenfassen, woraus sich schließlich

$$U(s) = \frac{(T_1 s + 1)}{K_S T_R s} E_p(s) \tag{4.75}$$

ergibt. Der PPI-Regler ist also ein PI-Regler, der nicht die Regeldifferenz, sondern eine vorhergesagte Regeldifferenz $E_p(s) = E(s) - \tilde{Y}(s) = W(s) - Y(s) - \tilde{Y}(s)$ mit

$$\tilde{Y}(s) = \frac{K_S}{T_1 s + 1}\left(1 - e^{-sT_t}\right) U(s) \tag{4.76}$$

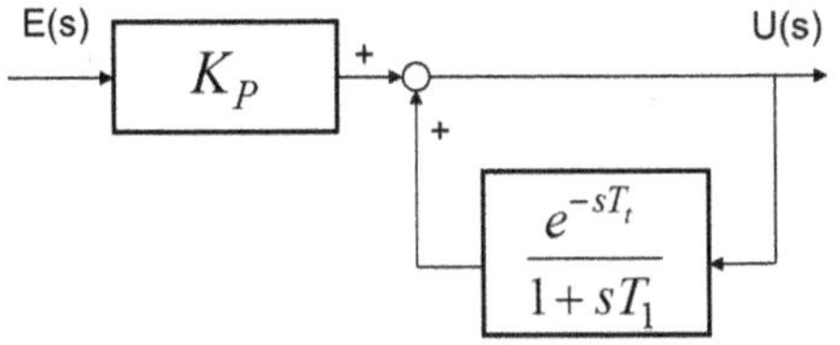

Abb. 4.23: Wirkungsplan eines PPI-Reglers.

verarbeitet. Im Zeitbereich lässt sich die vorhergesagte Regeldifferenz

$$e_P(t) = e(t) - \tilde{y}(t) = w(t) - y(t) - \tilde{y}(t) \tag{4.77}$$

schreiben, wobei der Term $\tilde{y}(t)$ den Effekt der Stellgrößenänderungen im Zeitintervall $\{t - T_t, t\}$ auf die Regelgröße beschreibt. Besonders einfach wird der Regler, wenn man auch noch $T_R = T_1$ wählt, d. h. man verlangt, dass der geschlossene Regelkreis genauso schnell ist wie die Regelstrecke. Aus Gl. (4.75) und durch algebraische Umformung folgt dann das Reglergesetz für den PPI-Regler in anderer Schreibweise

$$U(s) = K_P E(s) + \frac{e^{-sT_t}}{1 + sT_1} U(s)\,. \tag{4.78}$$

Dieser Regler ist grafisch in Abb. 4.23 dargestellt. Er lässt sich mit Standard-Funktionsbausteinen in digitalen Automatisierungssystemen realisieren.

Die Reglerübertragungsfunktion des PPI-Reglers lautet für den Fall $T_R = T_1$

$$G_R(s) = \frac{K_P\,(1 + sT_1)}{\left(1 + sT_1 - e^{-sT_t}\right)}\,, \tag{4.79}$$

und mit durch den Anwender wählbaren T_R folgt

$$G_R(s) = \frac{T_1 s + 1}{K_S s T_R} \cdot \frac{1}{\left(1 + \frac{1}{sT_R}\left(1 - e^{-sT_t}\right)\right)}\,. \tag{4.80}$$

4.9 Gain Scheduling

Unter dem Namen „Gain Scheduling“ ist eine Regelungsstrategie bekannt, die für die Regelung nichtlinearer bzw. zeitvarianter Prozesse geeignet ist. Merkmal dieser Strategie ist die fortlaufende, automatische Anpassung der Reglerparameter an Veränderungen des statischen und/oder dynamischen Verhaltens der Regelstrecke in Abhängigkeit von einer messbaren Prozessgröße. Anders als der Term „Gain Scheduling“ nahelegt, muss sich die Anpassung der Reglerparameter dabei nicht auf die Reglerverstärkung (engl. „controller gain“) beschränken, sondern kann auch die anderen Reglerparameter einschließen. Die messbare Prozessgröße, von der die einzustellenden Reglerparameter abhängig gemacht werden, können dabei Regelkreisgrößen (Soll- oder Istwert der Regelgröße, Stellgröße) oder auch externe Signale (z. B. der Anlagendurchsatz) sein. Das „Gain Scheduling“ ist eine der einfachsten adaptiven (selbstanpassenden) Regelungsstrategien.

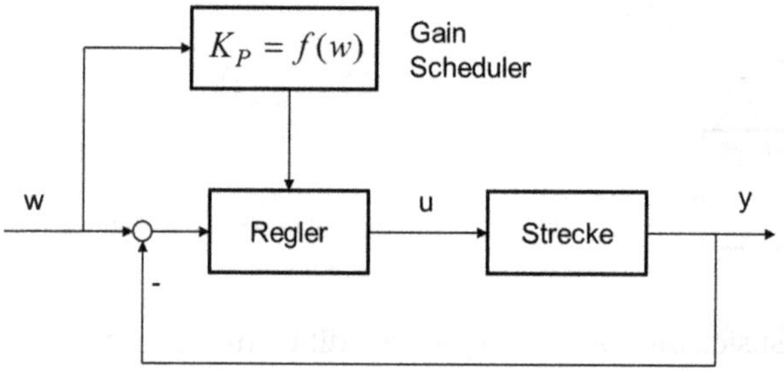

Abb. 4.24: Regelkreis mit Gain Scheduling.

In Abb. 4.24 ist eine Variante des „Gain Scheduling" dargestellt, bei der die Reglerparameter über eine vorher zu ermittelnde Funktion vom Sollwert abhängig gemacht werden.

Dabei soll der eingestellte Sollwert den aktuellen Arbeitspunkt der Anlage charakterisieren, in dem der Regelkreis gerade betrieben wird. Die Zuordnung der Reglerparameter (d. h. der „Schedule") kann z. B. über eine Zuordnungstabelle erfolgen. In der Praxis werden auch Polygonzüge, d. h. stückweise lineare Zuordnungsfunktionen verwendet. Der Entwurf einer Regelung mit „Gain Scheduling" besteht dann in der Definition der Zuordnungsfunktion $K_P = f(w)$.

Wenn der Prozess im Arbeitsbereich zum Beispiel eine ausgeprägt nichtlineare statische Kennlinie aufweist, wie in Abb. 4.25 dargestellt, ist die Streckenverstärkung nicht konstant. Eine konventionelle Regelung (ohne „Gain Scheduling") müsste für den Arbeitspunkt 3, also für eine große Streckenverstärkung K_S, vorsichtig bzw. mit kleiner Reglerverstärkung K_P eingestellt werden. Bei Vorgabe eines Sollwerts $w = 101$, also bei dann kleiner Streckenverstärkung, ergäbe sich ein sehr langsames Regelkreisverhalten. Bestimmt man umgekehrt die Reglerparameter für den Arbeitspunkt 1 (kleine Strecken-, daher große Reglerverstärkung), ergäbe sich stark oszillatorisches Verhalten oder gar Instabilität, wenn ein Sollwert $w = 107$ vorgegeben wird.

Für den Entwurf einer Regelung mit „Gain Scheduling" kann man nun die Streckenverstärkung für mehrere Arbeitspunkte bestimmen und nach Einstellregeln die dazu gehörigen günstigen Werte der Reglerverstärkung ermitteln. Dies führt schließlich zu dem im rechten Teil von Abb. 4.25 dargestellten funktionalen Zusammenhang von Sollwert und Reglerverstärkung, um den der Regelkreis erweitert wird. Auf diese Weise wird die Kreisverstärkung $K_0 = K_S K_P$ im gesamten Arbeitsbereich der Regelung konstant gehalten. Welche Wirkung das im geschlossenen Regelkreis hat, wird in Abb. 4.26 dargestellt. Die linke Bildhälfte zeigt das Führungsverhalten in drei Arbeitspunkten (Streckenverstärkungen $K_S = 1; 3; 9$) mit einem Regler, der für den mittleren Arbeitspunkt ($K_S = 3$) für eine Überschwingweite von ca. 10 % fest eingestellt ist. Deutlich sind das starke Überschwingen für den Fall $K_S = 9$ und das träge Verhalten für $K_S = 1$ zu erkennen. In der rechten Bildhälfte sind die Ergebnisse mit „Gain

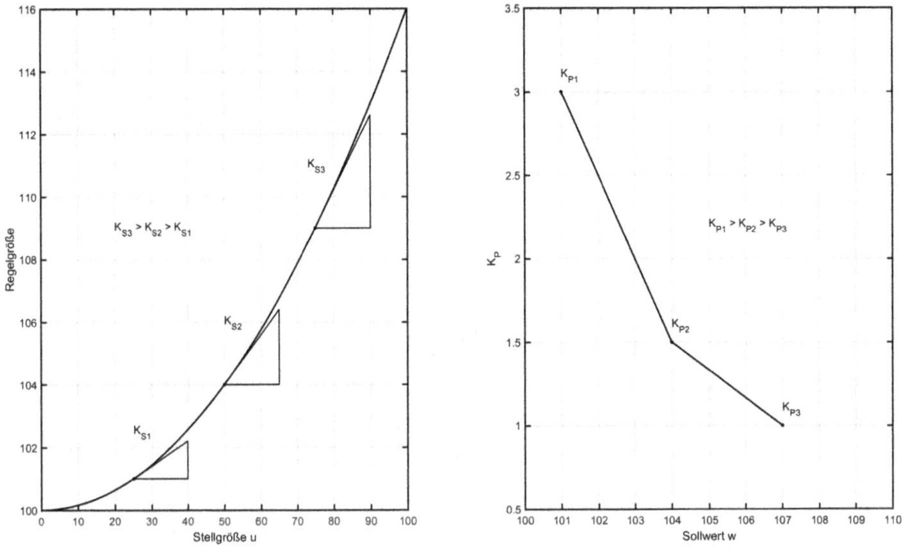

Abb. 4.25: Nichtlineare statische Kennlinie und Zuordnung der Reglerverstärkung zum Arbeitspunkt.

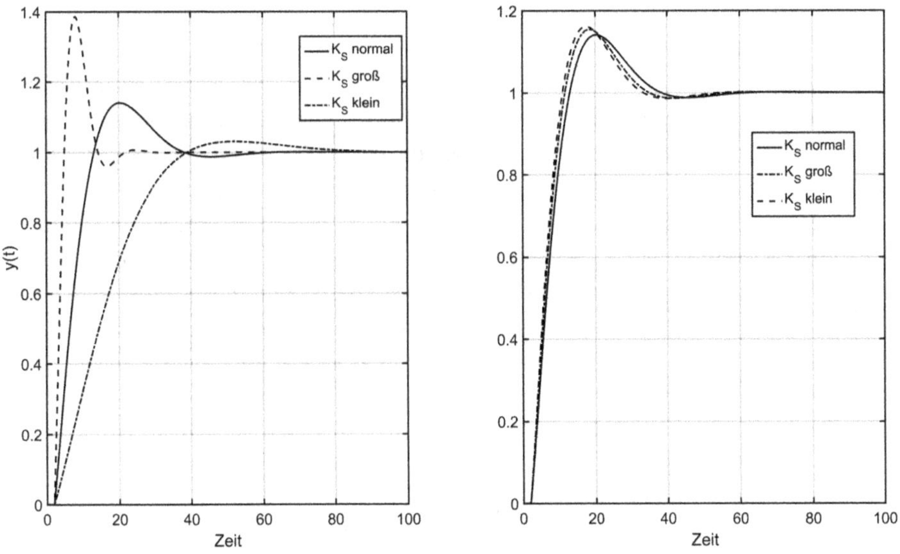

Abb. 4.26: Führungsverhalten eines Regelkreises in verschiedenen Arbeitspunkten ohne (links) und mit (rechts) „Gain Scheduling".

Scheduling" dargestellt, hier bleibt die Reaktion auf eine Sollwertänderung nahezu unverändert.

Wenn sich auch die Prozessdynamik in Abhängigkeit vom Arbeitspunkt ändert, kann man dies bei der Berechung der günstigen Reglerverstärkungen berücksichtigen

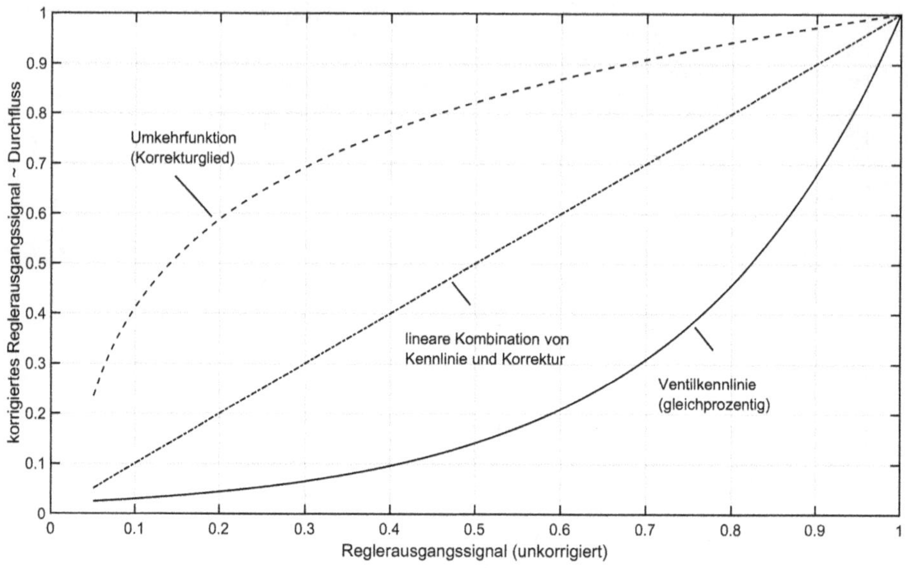

Abb. 4.27: Linearisierung der statischen Kennlinie eines gleichprozentigen Stellventils durch eine hyperbolische Funktion.

und zusätzlich die anderen Reglerparameter in das „Gain Scheduling" einbeziehen. Eine interessante Anwendung besteht darin, die Parameter wichtiger Regelkreise einer Anlage vom Durchsatz abhängig zu machen, da sich Totzeiten und Zeitkonstanten der Regelstrecken oft indirekt proportional zum Durchsatz verhalten.

Oft ist nicht der Prozess selbst die Ursache der statischen Nichtlinearität, sondern die statische Kennlinie des Stellventils. In Abb. 4.27 ist die statische Kennlinie, also der Zusammenhang zwischen Reglerausgangssignal und Durchfluss, eines gleichprozentigen Stellventils dargestellt. Um einen linearen Zusammenhang zu erhalten, kann man zwischen Reglerausgangssignal und dem Signal, mit dem die Stelleinrichtung beaufschlagt wird, die Umkehrfunktion der statischen Kennlinie schalten. Diese inverse Funktion lässt sich entweder als Polygonzug oder als hyperbolische Funktion der Form

$$u^* = f(u') = \frac{u'}{l + (1 - lu')} \tag{4.81}$$

darstellen (Shinskey, 1996), die ebenfalls in Abb. 4.27 dargestellt ist. Darin bedeuten u' das (unkorrigierte) Reglerausgangssignal und u^* die Ausgangsgröße des Korrekturglieds, l ist ein Form- oder Linearitätsfaktor, mit dem sich die Gestalt der Funktion $f(u')$ beeinflussen lässt. Für $l < 1$ ergeben sich Funktionsverläufe oberhalb der Diagonalen, die den resultierenden Gesamtzusammenhang zwischen Reglerausgangssignal u' und Streckenstellgröße u darstellt.

4.10 Valve Position Control

Der Begriff „Valve Position Control" (VPC) darf nicht verwechselt werden mit der Aufgabe eines Stellungsreglers oder Positionärs bei einer Stelleinrichtung. Ein Stellungsregler hat die Aufgabe, die aktuelle Ventilposition an das vorgegebene Reglerausgangssignal anzugleichen. Er realisiert einen schnellen unterlagerten Regelkreis innerhalb der Stelleinrichtung. Bei „Valve Position Control" hingegen ist das Reglerausgangssignal bzw. die Ventilstellung der Istwert, den der VP-Regler mit Hilfe einer anderen Prozessgröße beeinflusst. VPC-Anwendungen haben meist das Ziel der Prozessoptimierung mit Hilfe einer „Begrenzungsregelung" (constraint control). Zwei Beispiele sollen das Prinzip verdeutlichen (Abb. 4.28).

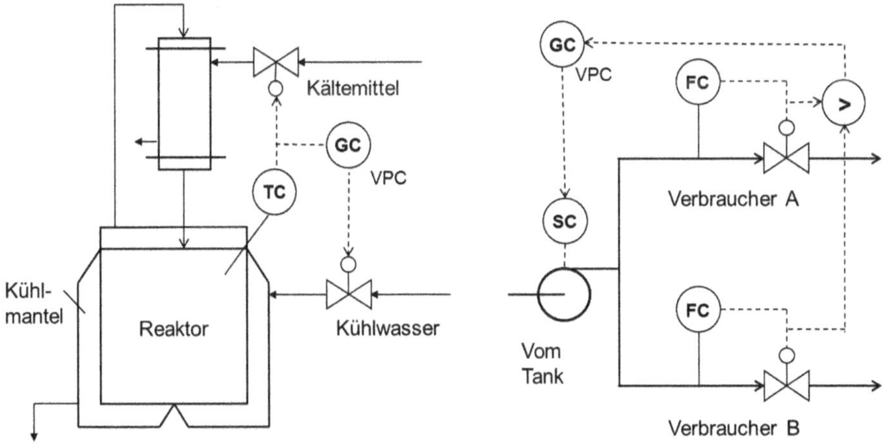

Abb. 4.28: Technologische Beispiele für Valve Position Control nach (Yu & Luyben, 1986) bzw. (Smith, 2010).

Im ersten Fall (Yu & Luyben, 1986) handelt es sich um einen Reaktor, dessen Temperatur sowohl mit Kühlwasser (über den Kühlmantel) als auch mit einem anderen Kältemittel (über indirekte Siedekühlung) beeinflusst werden kann. Die Stellgröße Kühlwasser-Durchfluss wirkt langsam, ist aber preiswert, der Kältemittel-Durchfluss hat eine schnelle und kräftige Wirkung auf die Temperatur, ist aber teuer. Das Ziel der VPC-Anwendung ist hier, den Verbrauch an Kältemittel zu minimieren. Der Temperatur-Regelkreis verwendet das Kältemittel als Stellgröße, der VPC-Regler mit der Stellgröße Kühlwasser-Durchfluss versucht, dessen Ventilstellung auf einem vorgegebenen Sollwert, z. B. 10 %, zu halten. Der VPC-Regler wird als I- oder PI-Regler konfiguriert und langsam eingestellt.

Im zweiten Fall (Smith, 2010) geht es um die Förderung eines Polymers zu zwei verschiedenen weiterverarbeitenden Prozessen. Das Polymer wird über eine drehzahlgeregelte Pumpe gefördert, die Durchflüsse zu den Verbrauchern werden über zwei Durchflussregelungen mit jeweils einem Stellventil geregelt. Das Optimierungsziel ist hier die Minimierung der Pumpendrehzahl, um eine möglichst geringe Schubspannung zu erreichen und damit den Zerfall des hochmolekularen Polymers in Verbindungen kleinerer Kettenlänge zu verhindern. Der VPC-Regler verarbeitet als Istwert die größere der beiden Ventilpositionen (bzw. das größere der beiden Reglerausgangssignale) und gibt seinerseits den Sollwert für die Pumpendrehzahl vor. Den VPC-Sollwert kann man z. B. auf 90 % setzen. Wenn der Istwert steigt, muss die Drehzahl erhöht werden, fällt sie unter 90 %, kann sie verringert werden. Für das Funktionieren dieser Schaltung ist es erforderlich, dass die Durchflussregler im AUTOMATIK-Betrieb sind.

Aufgaben dieser Art lassen sich auch elegant in die Konfiguration von MPC-Reglern integrieren. Daher finden sich in der Praxis häufig Ventilstellungen als Regelgrößen (CVs, vgl. Abschnitt 6) von MPC-Reglern, für die dann untere oder obere Grenzwerte vorgegeben werden.

4.11 Dezentrale Regelung von Mehrgrößensystemen und Entkopplungsstrukturen

Verfahrenstechnische Prozesseinheiten sind Mehrgrößensysteme mit mehreren Stell- und Regelgrößen. Sie sind dadurch gekennzeichnet, dass jede Stellgröße mehrere Regelgrößen beeinflusst und umgekehrt jede Regelgröße durch mehrere Stellgrößen beeinflusst wird. Ein Beispiel ist eine Diesel-Entschwefelungsanlage in einer Raffinerie, deren R&I-Schema in Abb. 4.29 vereinfacht dargestellt ist (Dittmar, Gill, Singh, & Darby, 2012). Trotz des Mehrgrößencharakters dieser Prozesseinheit ist es zunächst am einfachsten, für die Regelung mehrere dezentrale PID-Eingrößenregelkreise vorzusehen. Dabei nimmt man in Kauf, dass zwischen den Regelkreisen mehr oder weniger starke Wechselwirkungen bestehen. So beeinflussen sich die Regelkreise PC001 (Anlagen-Gegendruck), TC001 (Reaktor-Eingangstemperatur) und TC002 (Temperatur Strippkolonne) stark untereinander. Das liegt u. a. daran, dass der Druckregler die Brenngaszufuhr manipuliert und damit den Heizwert des Heizgases für Ofen und Reboiler verändert. Andererseits manipulieren die Temperaturregler den Heizgasverbrauch und beeinflussen damit ihrerseits den Druck.

Eine Alternative zum Entwurf dezentraler, sich gegenseitig beeinflussender, Eingrößenregelungen ist der Entwurf einer Mehrgrößenregelung. Ein Mehrgrößenregler verarbeitet gleichzeitig die Regeldifferenzen mehrerer Regelgrößen und bestimmt ebenso gleichzeitig die erforderlichen Stellgrößenänderungen, und zwar so, dass eine möglichst vollständige Entkopplung der im Prozess vorhandenen Wechselwirkungen stattfindet. Eine Möglichkeit der Realisierung von Mehrgrößenregelungen sind die im Abschnitt 6 besprochenen MPC-Regelungen.

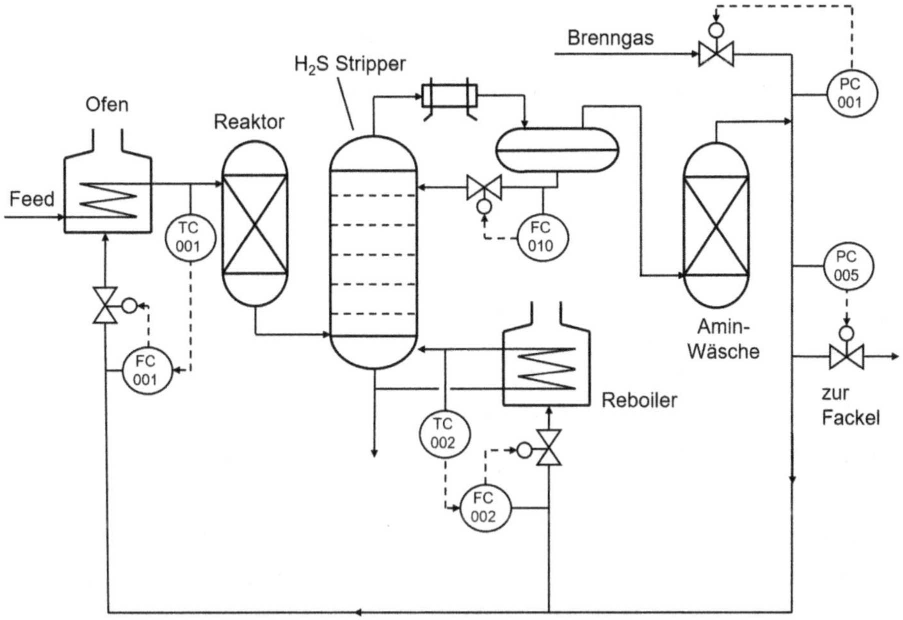

Abb. 4.29: Dezentrale Regelung einer Diesel-Entschwefelungsanlage.

Will man den vergleichsweise aufwändigeren Weg der Mehrgrößenregelung nicht gehen, sondern entscheidet sich dafür, mehrere Eingrößenregelungen für das Mehrgrößensystem zu entwerfen, müssen einige Fragen beantwortet und Probleme gelöst werden, u. a.:

- Wie kann man die Wechselwirkungen in Mehrgrößensystemen analysieren?
- Welche Zuordnung der Stellgrößen zu den Regelgrößen ist am günstigsten?
- Welche Konsequenzen hat der Mehrgrößencharakter der Anlage für die Einstellung der PID-Eingrößenregler?
- Gibt es Möglichkeiten zur Entkopplung der Regelkreise, die einfacher sind als der Entwurf einer echten Mehrgrößenregelung?

Im Folgenden wird versucht, Antworten auf diese Fragen zu geben.

Analyse von Wechselwirkungen (Relative Gain Analysis)

In Abb. 4.30 ist der Wirkungsplan eines Regelungssystems dargestellt, in dem zwei Eingrößenregler an einem Zweigrößensystem arbeiten. Gestrichelt dargestellt ist die zusätzlich zu den beiden Regelkreisen entstehende Signalschleife, die über die Wechselwirkungen entsteht. Durch sie können Probleme entstehen, die sich nicht ergeben würden, wenn die beabsichtigten beiden Regelkreise voneinander unabhängig wären.

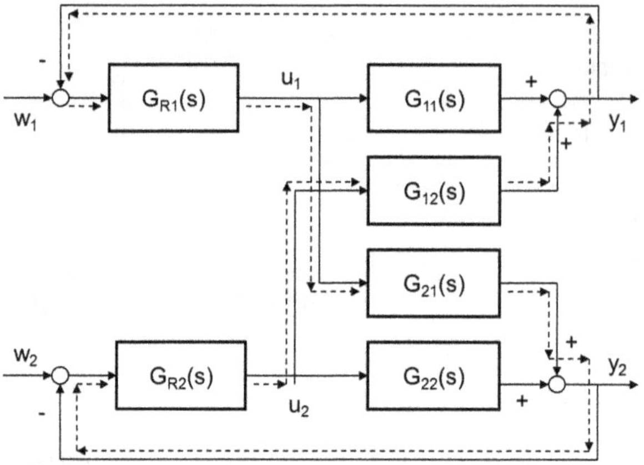

Abb. 4.30: Wechselwirkungen in einem Zweigrößensystem mit zwei Eingrößenreglern.

Die Komplexität wächst schnell mit der Zahl der Stell- und Regelgrößen: bei einem 3×3-System gibt es bereits sechs solcher geschlossenen Signalwege.

Die Regelstrecke lässt sich durch eine Matrix von Übertragungsfunktionen beschreiben, es gilt im Fall eines 2×2-Systems

$$\begin{bmatrix} Y_1(s) \\ Y_2(s) \end{bmatrix} = \begin{bmatrix} G_{11}(s) & G_{12}(s) \\ G_{21}(s) & G_{22}(s) \end{bmatrix} \begin{bmatrix} U_1(s) \\ U_2(s) \end{bmatrix} \tag{4.82}$$

oder

$$\begin{aligned} Y_1(s) &= G_{11}(s)U_1(s) + G_{12}(s)U_2(s) \\ Y_2(s) &= G_{21}(s)U_1(s) + G_{22}(s)U_2(s)\,. \end{aligned} \tag{4.83}$$

Darin werden $G_{11}(s)$ und $G_{22}(s)$ auch als „Hauptstrecken“, $G_{12}(s)$ und $G_{21}(s)$ auch als „Neben-“ oder „Koppelstrecken“ bezeichnet.

Für die Analyse der Wechselwirkungen in Mehrgrößensystemen, in denen die Regelgrößen durch Eingrößenregler geregelt werden, wurde von (Bristol, 1966) der Begriff der „relativen Verstärkung“ (relative gain) eingeführt. Die Analysemethode heißt daher „Relative Gain Analysis“. Um die „relative Verstärkung“ zu bestimmen, kann man zwei Experimente durchführen:

a) Man misst den Effekt der Verstellung der Stellgröße u_1 auf die ihr zugeordnete Regelgröße y_1 in dem Fall, dass der andere Regelkreis geöffnet ist, dessen Stellgröße sich also nicht ändert, y_1 wird nur durch u_1 beeinflusst. Das Ergebnis wird mit $(\partial y_1/\partial u_1)_{\text{offen}}$ bezeichnet.
b) Man misst den Effekt der Verstellung der Stellgröße u_1 auf die ihr zugeordnete Regelgröße y_1 in dem Fall, dass der andere Regelkreis geschlossen ist, dessen Regelgröße also durch Änderung der zweiten Stellgröße konstant gehalten wird. In diesem Fall verändert sich y_1 durch die Überlagerung des direkten Effekts über die Hauptstrecke $G_{11}(s)$ und des indirekten Effekts über den zweiten Regelkreis. Das Ergebnis wird mit $(\partial y_1/\partial u_1)_{\text{geschlossen}}$ bezeichnet.

Die relative Verstärkung ist dann

$$\lambda_{11} = \frac{(\partial y_1/\partial u_1)_{\text{offen}}}{(\partial y_1/\partial u_1)_{\text{geschlossen}}} \,. \tag{4.84}$$

Betrachtet man nur das statische Verhalten und nimmt an, dass die Regelstrecken stabil sind und die Regler einen I-Anteil enthalten, ergeben sich die Beziehungen

$$(\partial y_1/\partial u_1)_{\text{offen}} = K_{11} \tag{4.85}$$

(also die Streckenverstärkung der ersten Strecke), und

$$(\partial y_1/\partial u_1)_{\text{geschlossen}} = K_{11} - \frac{K_{12}K_{21}}{K_{22}} \,. \tag{4.86}$$

Daraus folgt

$$\lambda_{11} = \frac{K_{11}}{K_{11} - \frac{K_{12}K_{21}}{K_{22}}} = \frac{1}{1 - \frac{K_{12}K_{21}}{K_{11}K_{22}}} \,. \tag{4.87}$$

Für Mehrgrößensysteme einer Dimension größer als 2×2 ist die relative Verstärkung

$$\lambda_{ij} = \frac{(\partial y_i/\partial u_j)_{\text{offen}}}{(\partial y_i/\partial u_j)_{\text{geschlossen}}} \,. \tag{4.88}$$

Der Zähler wird durch Veränderung der Stellgröße u_j bestimmt, wenn *alle* Regelkreise geöffnet sind. Der Nenner wird durch Veränderung der Stellgröße u_j bestimmt, wenn *alle anderen* Regelkreise (also bis auf den der Stellgröße u_j selbst zugeordneten) geschlossen sind. In den Nenner geht also auch die Reglereinstellung der anderen Regelkreise ein. Die relativen Verstärkungen können dann in einer Matrix („Relative Gain Array“ oder RGA) angeordnet werden:

$$\boldsymbol{RGA} = \boldsymbol{\Lambda} = \begin{array}{c} \\ y_1 \\ y_2 \\ \vdots \\ y_i \\ \vdots \\ \Sigma \end{array} \begin{array}{c} \begin{array}{cccccc} u_1 & u_2 & \cdots & u_j & \cdots & \end{array} \\ \left[\begin{array}{cccccc} \lambda_{11} & \lambda_{12} & & \lambda_{1j} & \cdots \\ \lambda_{11} & \lambda_{22} & & \lambda_{2j} & \cdots \\ \vdots & \vdots & \cdots & \vdots & \vdots \\ \lambda_{i1} & \lambda_{i2} & \cdots & \lambda_{ij} & \cdots \\ \vdots & \vdots & \cdots & \vdots & \vdots \end{array}\right] \\ \begin{array}{cccccc} 1{,}0 & 1{,}0 & \cdots & 1{,}0 & \cdots \end{array} \end{array} \begin{array}{c} \Sigma \\ 1{,}0 \\ 1{,}0 \\ \vdots \\ 1{,}0 \\ \vdots \\ \\ \end{array} \tag{4.89}$$

Man beachte, dass die Zeilen- und Spaltensummen jeweils Eins ergeben. In einem 2×2-System gilt dann mit $\lambda_{11} = \lambda$

$$\boldsymbol{RGA} = \begin{bmatrix} \lambda & 1-\lambda \\ 1-\lambda & \lambda \end{bmatrix} \,. \tag{4.90}$$

Die relative Verstärkung ist eine dimensionslose Größe, die Skalierung der Stell- und Regelgrößen geht darin nicht ein, weil sie sowohl im Zähler als auch im Nenner auftritt.

Die RGA-Matrix lässt sich auf unterschiedliche Weise berechnen: a) durch die Anwendung der soeben beschriebenen experimentellen Vorgehensweise, b) durch Bildung der partiellen Ableitungen an einem evtl. vorhandenen theoretischen Prozessmodell, und c) durch Matrizenoperationen, wenn die Streckenverstärkungen der Haupt- und Nebenstrecken bekannt sind. Wenn man die Streckenverstärkungen – hier für ein $n \times n$-System – in einer Matrix

$$\boldsymbol{K} = \begin{bmatrix} K_{11} & K_{12} & \cdots & K_{1n} \\ K_{21} & K_{22} & \cdots & K_{2n} \\ \vdots & \vdots & \ddots & \vdots \\ K_{n1} & K_{n2} & \cdots & K_{nn} \end{bmatrix} \tag{4.91}$$

zusammenfasst, dann lassen sich die Elemente der RGA-Matrix nach der Beziehung

$$\boldsymbol{RGA} = \boldsymbol{K} \odot \left(\boldsymbol{K}^{-1}\right)^T \tag{4.92}$$

berechnen. Darin bedeutet $\odot$ das Zeichen für elementweise Multiplikation (Schur- oder Hadamard-Produkt zweier Matrizen).

Ein quadratisches Mehrgrößensystem ohne Wechselwirkungen ist dadurch gekennzeichnet, dass jede Stellgröße nur auf je eine Regelgröße wirkt, in der Matrix der Übertragungsfunktionen sind bei entsprechender Anordnung der Stell- und Regelgrößen nur die Diagonalelemente (Hauptstrecken) besetzt, alle anderen Elemente sind Null. Das führt zu einer RGA-Matrix mit Einsen in der Hauptdiagonalen. Elemente verschieden von Eins charakterisieren hingegen Wechselwirkungen im System.

Die Berechnung der RGA-Matrix nach Gl. (4.92) ist einfach und setzt nur die Kenntnis der. Streckenverstärkungen voraus. Dem stehen aber einige Unzulänglichkeiten gegenüber, die ihren Wert für die Analyse von Mehrgrößensystemen einschränken:

- Der Nachteil der Berechnung der RGA-Matrix nach Gl. (4.92) besteht darin, dass nur Informationen über das statische Verhalten der Regelstrecke benutzt werden und die Prozessdynamik vernachlässigt wird. Insbesondere die aus der statischen RGA-Analyse folgenden Schlussfolgerungen für eine richtige Stellgrößen-Regelgrößen-Zuordnung sind nicht immer richtig. Eine Verallgemeinerung auf eine dynamische RGA-Analyse ist möglich (Skogestad & Postlethwaite, 1996), (McAvoy & andere, 2003). Das verlangt aber die Kenntnis dynamischer Prozessmodelle für alle Teilstrecken.
- Die RGA-Analyse berücksichtigt keine auf das System wirkenden Störgrößen.
- Für die RGA-Matrix ergibt sich die Einheitsmatrix, wenn die Matrix der Streckenübertragungsfunktionen eine obere oder untere Dreiecksmatrix ist, d. h. wenn nur eine einseitige Kopplung zwischen den Regelkreisen besteht. Die RGA-Analyse ermöglicht daher nicht die Analyse von einseitig ausgerichteten Wechselwirkungen, die aber bei der Regelung von Mehrgrößensystemen ebenfalls von Bedeutung sein können.

– Die Berechnung der RGA-Matrix ist empfindlich gegenüber Unsicherheiten der Streckenverstärkungen. Diese sollten daher möglichst genau identifiziert oder aus theoretischen Prozessmodellen bestimmt werden.

Zuordnung von Stell- und Regelgrößen

Die Elemente der RGA-Matrix erlauben Schlussfolgerungen über die zu empfehlende Zuordnung von Stell- und Regelgrößen, wenn man ein Mehrgrößensystem mit dezentralen PID-Eingrößenregelungen ausrüsten will. Das ist natürlich in erster Linie beim *Entwurf* einer verfahrenstechnischen Anlage interessant. Diese Fragestellung spielt aber oft auch im laufenden *Betrieb* eine Rolle, wenn auftretende Regelungsprobleme zu lösen sind. Folgende Fälle sind zu unterscheiden:

a) $\lambda_{ij} = 1$, die Stellgröße u_j beeinflusst die Regelgröße y_i ohne oder mit nur partieller Wechselwirkung zu anderen Regelkreisen. In einem 2×2-System würde dieser Fall auftreten, wenn K_{12} oder K_{21} (oder beide) Null sind. Natürlich ist es dann sinnvoll, die Stellgröße u_j der Regelgröße y_i zuzuordnen.
b) $\lambda_{ij} < 0$, in diesem Fall haben der Zähler und der Nenner in Gl. (4.88) unterschiedliches Vorzeichen. Das bedeutet aber Folgendes: ein Regelkreis für das Paar $u_j - y_i$, der gegengekoppelt ist, wenn alle anderen Kreise geöffnet sind, wird zu einem mitgekoppelten, also monoton instabilen Regelkreis, wenn alle anderen Regelkreise geschlossen sind. Der Regelkreis ist also nur bedingt stabil, die Zuordnung von u_j zu y_i muss daher vermieden werden.
c) $0 < \lambda_{ij} < 1$, es sind Wechselwirkungen der Art vorhanden, dass die anderen Regelkreise die Regelgröße y_i in derselben Richtung beeinflussen wie die Stellgröße u_j, sie „assistieren" also. Für $\lambda_{ij} > 0{,}5$ ist der direkte Effekt von u_j allerdings größer als der indirekte durch die anderen Regelkreise. Je näher λ_{ij} an Eins liegt, desto empfehlenswerter ist die Zuordnung von y_i zu u_j. Die Zuordnung von u_j zu y_i sollte nach Möglichkeit vermieden werden, wenn $\lambda_{ij} < 0{,}5$ ist.
d) $\lambda_{ij} = 0$, die Streckenverstärkung im Kanal von u_j zu y_i ist Null, u_j hat keinen direkten Einfluss auf y_i. Die Größe y_i ist also nur regelbar, wenn andere Kreise geschlossen sind. Im Allgemeinen ist auch in diesem Fall eine Zuordnung von u_j zu y_i abzulehnen.
e) $\lambda_{ij} > 1$, es sind Wechselwirkungen der Art vorhanden, dass die anderen Regelkreise die Regelgröße y_i in entgegengesetzter Richtung beeinflussen wie die Stellgröße u_j. Je größer λ_{ij} ist, desto mehr muss die Stellgröße u_j verändert werden, um den entgegengesetzten Effekt durch die anderen Regelkreise zu überwinden. Die Reglerverstärkung muss daher größer gewählt werden, was zu Instabilität für den Fall führen kann, dass die anderen Regelkreise geöffnet werden. Sehr große Wert von λ_{ij} sind oft auch ein Hinweis auf voneinander abhängige Stell- oder Regelgrößen. Stellgrößen-Regelgrößen-Zuordnungen mit großem λ_{ij} sind daher ebenfalls zu vermeiden.

Aus der Sicht der RGA-Analyse ergibt sich also die Regel, dass Stellgrößen-Regelgrößen-Zuordnungen gewählt werden sollten, die solche (positiven) Elemente der RGA-Matrix λ_{ij} aufweisen, die am dichtesten bei Eins liegen.

Das Ergebnis der Zuordnung auf der Grundlage der RGA-Analyse sollte auch hinsichtlich der Stabilität des sich ergebenden geregelten Mehrgößensystems überprüft werden. Dazu liefert der Niederlinski-Index (Niederlinski, 1971) wertvolle Hinweise. Dieser Index kann berechnet werden, wenn folgende Voraussetzungen erfüllt sind:

- die Regelstrecken sind stabil,
- es ist eine Zuordnung der Stell- und Regelgrößen nach dem Schema $u_1 - y_1, u_2 - y_2, \ldots$ erfolgt,
- die Regler, die einen I-Anteil aufweisen, sind so eingestellt, dass jeder einzelne Regelkreis für sich genommen stabil ist, wenn die anderen Regelkreise geöffnet sind.

Wenn alle Regelkreise geschlossen sind, ist das resultierende geregelte Mehrgrößensystem für alle Werte der Reglerparameter (monoton) *instabil*, wenn

$$NI = \frac{|G(0)|}{\prod_{i=1}^{n} G_{ii}(0)} = \frac{|K|}{\prod_{i=1}^{n} K_{ii}} < 0 \tag{4.93}$$

ist. Der Niederlinski-Index *NI* wird also berechnet, indem man die Determinante der Matrix der Streckenverstärkungen durch das Produkt der Verstärkungen der Hauptstrecken dividiert. Zuordnungen von Stell- und Regelgrößen, die zu einem negativen *NI* führen, sind daher ebenfalls zu vermeiden. Man beachte, dass der *NI* nur eine Aussage darüber liefert, wann das Regelungssystem *instabil* wird. Das bedeutet keine Garantie, dass es stabil ist, wenn der *NI* positiv ist! Eine Ausnahme sind 2×2-Systeme. Diese sind stabil, wenn der *NI* positiv ist. Das Kriterium (4.93) gilt genau genommen nur für totzeitfreie Regelstrecken, bei totzeitbehafteten Strecken sollte das Ergebnis durch Simulationsrechnungen überprüft werden.

Die RGA-Analyse liefert nicht nur Hinweise für die Stellgrößen-Regelgrößen-Zuordnung, sondern mitunter auch für die Wahl anderer Stellgrößen. So kann z. B. die Verwendung von Durchfluss-Verhältnissen oder – Differenzen als Stellgrößen zu enger an Eins liegenden relativen Verstärkungen führen als die Verwendung der Durchflüsse selbst.

Es sei jedoch nochmals betont, dass die statische RGA-Matrix nicht immer die beste Stellgrößen-Regelgrößen-Zuordnung ergibt. Es kann vorkommen, dass man unter Berücksichtigung der Prozessdynamik zu anderen Entscheidungen kommt.

Einstellung von PID-Eingrößenreglern an Mehrgrößensystemen (Multiloop-Tuning)

In der Praxis geht man oft folgenden Weg, wenn Eingrößenregelungen in einer Mehrgrößen-Umgebung eingestellt werden müssen:

- Zunächst werden die einzelnen Regler so eingestellt, als wären keine Wechselwirkungen vorhanden. Das bedeutet zum Beispiel, dass Sprungantworten für die einzelnen Regelstrecken aufgenommen werden, wenn die anderen Regler (nach Möglichkeit) im HAND-Betrieb sind und sich deren Stellgrößen nicht ändern. Anschließend werden die Kennwerte der Strecken ermittelt und günstige Reglerparameter für die Einzelregler bestimmt. Obwohl jeder Regelkreis für sich genommen stabil ist, ist die Stabilität des Gesamtsystems nicht gesichert, wenn alle Regelkreise geschlossen sind.
- Wenn sich die Dynamik der einzelnen Regelstrecken stark voneinander unterscheidet, werden zunächst die schnellen Regelkreise (z. B. für Durchfluss oder Druck) eingestellt, wenn die langsamen Regelkreise geöffnet sind. Dann wendet man sich den langsamen Regelkreisen zu und stellt diese ein, wobei die schnellen geschlossen bleiben.
- Wenn ein Regelkreis von größerer Bedeutung ist als ein anderer, wird dieser zunächst „scharf" eingestellt und der weniger wichtige mit einer schwächeren Reglereinstellung versehen, um seinen Einfluss auf den ersten klein zu halten.
- Wenn kein großer Unterschied in der Prozessdynamik besteht und alle Regelkreise gleich wichtig sind, werden alle unabhängig voneinander eingestellten Regelkreise geschlossen und die Reglerparameter der Einzelregler schrittweise mit dem Ziel verändert, den Effekt der Wechselwirkungen zu reduzieren. Das bedeutet bei PI-Reglern und stabilen Strecken eine Verringerung der Reglerverstärkung und eine Erhöhung der Nachstellzeit.

Bei schwachen Wechselwirkungen und nicht zu großer Zahl von Regelkreisen führt dieser Weg oft zum Erfolg, insbesondere wenn ausreichend Erfahrungen vorliegen. Schwieriger ist es bei starken Wechselwirkungen und/oder größerer Zahl von sich beeinflussenden Regelkreisen. Daher sind verschiedene Methoden entwickelt worden, wie man in diesen Fällen vorgehen kann. Am einfachsten sind die Methoden der Abschwächung der Reglereinstellung (Detuning), auf die hier kurz eingegangen werden soll.

Bei den Detuning-Verfahren werden die Einzelregler zunächst ohne Rücksicht auf Wechselwirkungen von anderen Regelkreisen eingestellt. Anschließend wird die Reglereinstellung abgeschwächt, um die Effekte der Wechselwirkung mit anderen Regelkreisen zu kompensieren. Die bekannteste dieser Methoden ist unter dem Namen BLT-Tuning („Biggest log-modulus tuning") bekannt geworden. Für PI-Regler wurde die Methode von (Luyben, 1986) entwickelt. Eine Erweiterung auf die Einstellung von PID-Reglern findet sich in (Monica, Yu, & Luyben, 1988). Beim BLT-Tuning werden die Regler zunächst unabhängig voneinander nach den Regeln von Ziegler und Nichols eingestellt. Anschließend werden alle Reglerverstärkungen mit einem gemeinsamen Faktor $F > 1$ multipliziert und alle Nachstellzeiten durch diesen Faktor dividiert. Dieser „Detuning-Faktor" wird nach folgender Vorgehensweise bestimmt: Die charakteristische

Gleichung des geschlossenen Mehrgrößen-Regelungssystems lautet

$$\det\left[\boldsymbol{I} + \boldsymbol{G}_R(s)\boldsymbol{G}_S(s)\right] = 0\,. \tag{4.94}$$

Die skalare Funktion

$$W(j\omega) = -1 + \det\left[\boldsymbol{I} + \boldsymbol{G}_R(j\omega)\boldsymbol{G}_S(j\omega)\right] \tag{4.95}$$

kann man in der komplexen Ebene als Funktion der Frequenz ω darstellen. Je dichter $W(j\omega)$ in der Nähe des kritischen Punkts $(-1, 0j)$ verläuft, desto näher befindet sich das geregelte Mehrgrößensystem an der Stabilitätsgrenze. Der Ausdruck $W/(1 + W)$ verhält sich ähnlich der Führungsübertragungsfunktion des geschlossenen Regelkreises bei Eingrößensystemen $G_{yw} = G_R G_S/(1 + G_R G_S)$. In (Luyben, 1986) wurde gezeigt, dass in vielen Fällen ein zufriedenstellendes Führungs- und Störverhalten des geregelten Mehrgrößensystems erreicht werden kann, wenn der Detuning-Faktor F so gewählt wird, dass die Gleichung

$$L_{\max} = \max_{\omega} L(j\omega) = \max_{\omega}\left\{20\log\left|\frac{W(j\omega)}{1 + W(j\omega)}\right|\right\} = 2n \tag{4.96}$$

erfüllt ist. Die Größe $L_{\max}$ wird als „biggest log modulus“ bezeichnet, es ist der Maximalwert des logarithmierten Betrags von $W/(1 + W)$ im Frequenzbereich und wird in dB angegeben. Für ein System mit zwei Stell- und zwei Regelgrößen soll der Detuning-Faktor demnach so gewählt werden, dass sich $L_{\max} = 4\,\mathrm{dB}$ ergibt. F lässt sich nur numerisch durch ein Iterationsverfahren ermitteln. Ein Matlab-Programm dafür findet sich in (Luyben & Luyben, 1996).

Von (Marlin, 2000) wurde für 2×2-Systeme folgende Regeln für die Einstellung des ersten Regelkreises angegeben (natürlich kann die Nummerierung vertauscht werden):

a) Regelkreis 1 ist viel schneller als Regelkreis 2: Regelkreis 1 wie bei einem Eingrößensystem einstellen.
b) Regelkreis 1 ist viel langsamer als Regelkreis 2: Reglerparameter für Regelkreis 1 zunächst wie bei einer Eingrößenregelung ermitteln, dann die Reglerverstärkung mit dem RGA-Element $\lambda = \lambda_{11}$ multiplizieren.
c) Regelkreis 1 und 2 besitzen ungefähr die gleiche Dynamik und $\lambda > 2$: Reglerparameter für Regelkreis 1 zunächst wie bei einer Eingrößenregelung ermitteln, dann die Reglerverstärkung halbieren.

Ein anderer Vorschlag (McAvoy, 1983) bezieht sich ebenfalls auf 2×2-Systeme. Danach sollen die zunächst unabhängig voneinander ermittelten Reglerverstärkungen nach folgender Vorschrift zu reduziert werden:

$$K_P^* = \begin{cases} \left(\lambda - \sqrt{\lambda^2 - \lambda}\right) K_P & \lambda > 1 \\ \left|\lambda + \sqrt{\lambda^2 - \lambda}\right| K_P & \lambda < 1 \end{cases} \tag{4.97}$$

Darin bedeutet λ das RGA-Element aus Gl. (4.90). Ähnliche Vorschläge findet man auch in (Shinskey, 1996).

Komplizierter, aber auch leistungsfähiger ist die gemeinsame, gleichzeitige Bestimmung der Reglerparameter mehrerer PID-Regler durch Lösung eines nichtlinearen (nicht-konvexen) beschränkten Optimierungsproblems der Form

$$\min_{K_{Pi}, T_{Ni}, T_{Vi}} \left\{ J = \int_0^\infty |w - y|\, dt + \lambda \int_0^\infty |\Delta u| dt \right\} \tag{4.98}$$
$$g_j(K_{Pi}, T_{Ni}, T_{Vi}) \leq 0 \quad i = 1 \ldots n, j = 1 \ldots m \,,$$

wie sie in (Harmse & Dittmar, 2009) beschrieben und im Multiloop-Tuning-Werkzeug „Aptitune^{TM}“ der Fa. IPCOS implementiert wurde.

Darin bedeutet J eine Zielfunktion, die ein Maß für die Regelgüte (hier die verallgemeinerte absolute Regelfläche) darstellt. Die g_j bezeichnen Ungleichungs-Nebenbedingungen, und (K_{Pi}, T_{Ni}, T_{Vi}) sind die zu bestimmenden Parameter der n einbezogenen Regler. Als Nebenbedingungen können u. a. die maximal erlaubte Stellgrößenänderung nach einem Sollwertsprung, Grenzen für Überschwingweite, Dämpfung und Verstärkung des Messrauschens und Robustheitsforderungen vorgegeben werden. Für die Berechnung der Reglerparameter ist ein vollständiges dynamisches Prozessmodell, d. h. ein Modell, das alle $(n \times n)$ Stellgrößen-Regelgrößen-Relationen umfasst, und ein Simulationsprogramm erforderlich. Die Lösung des Optimierungsproblems ist im Allgemeinen nur mit Hilfe globaler Suchverfahren möglich.

Entkopplungsstrukturen

Eine weitere, seit langem bekannte Alternative zur Lösung von Mehrgrößenproblemen ist der Entwurf von „Entkopplungsnetzwerken“. Sie führen im Idealfall dazu, dass der Effekt der Wechselwirkungen zwischen den Einzelregelkreisen eliminiert wird. Für den allgemeinen Fall (Mehrgrößensysteme der Dimension $(n \times n)$, Totzeiten in den Regelstrecken) ist der Entwurf solcher Entkoppler nicht einfach und führt zu aufwändig zu realisierenden Systemen. Einfacher ist die Anwendung bei Systemen der Dimension (2×2) oder (3×3). Die Vorgehensweise ist ähnlich der, die bei der Störgrößenaufschaltung (vgl. Abschnitt 4.2) angewendet wird, nur sind hier die „Störungen“ durch den Einfluss der Stellgrößen auf den jeweils anderen Regelkreis gegeben.

In Abb. 4.31 ist ein geregeltes Zweigrößensystem mit vier Entkopplungsgliedern dargestellt.

Die Matrix der Streckenübertragungsfunktionen ist

$$\boldsymbol{G_S}(s) = \begin{bmatrix} G_{11}(s) & G_{12}(s) \\ G_{21}(s) & G_{22}(s) \end{bmatrix} , \tag{4.99}$$

die der Reglerübertragungsfunktionen

$$\boldsymbol{G_R}(s) = \begin{bmatrix} G_{R1}(s) & 0 \\ 0 & G_{R2}(s) \end{bmatrix} . \tag{4.100}$$

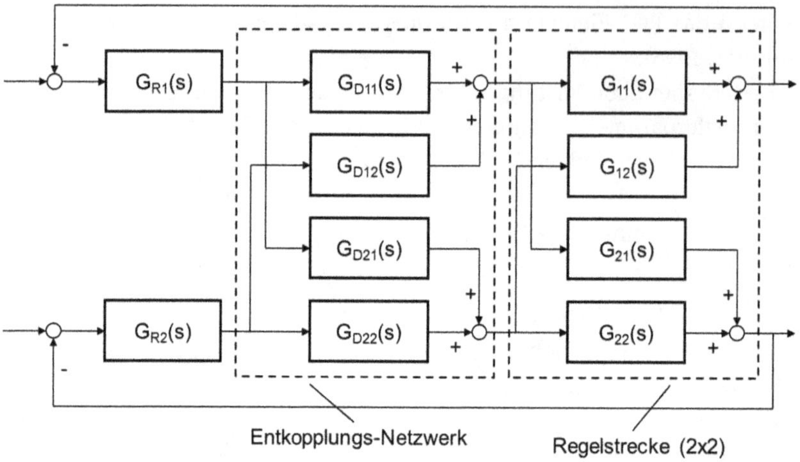

Abb. 4.31: Zweigrößen-Regelungssystem mit Entkopplungsnetzwerk.

Entkopplung bedeutet, das Entkopplungsnetzwerk

$$\boldsymbol{G}_D(s) = \begin{bmatrix} G_{D11}(s) & G_{D12}(s) \\ G_{D21}(s) & G_{D22}(s) \end{bmatrix} \tag{4.101}$$

so zu entwerfen, dass das Produkt $G_D(s)G_S(s)$ eine Diagonalmatrix ergibt, denn dann sind keine Koppelstrecken mehr vorhanden. Diese Diagonalmatrix wird mit

$$\boldsymbol{T}(s) = \begin{bmatrix} T_{11}(s) & 0 \\ 0 & T_{11}(s) \end{bmatrix} \tag{4.102}$$

bezeichnet. Die Elemente dieser Diagonalmatrix sind die „scheinbaren" Regelstrecken, mit denen es die Regler nach Implementierung des Entkopplungsnetzwerks zu tun haben. Es gilt die Beziehung

$$\boldsymbol{T}(s) = \boldsymbol{G}_D(s)\,\boldsymbol{G}_S(s)\,. \tag{4.103}$$

Man kann nun verlangen, dass sich die scheinbaren Strecken genau so verhalten wie die beiden Hauptregelstrecken, d. h. man fordert $T_{11}(s) = G_{S11}(s)$ und $T_{22}(s) = G_{S22}(s)$ – man spricht auch von einer „idealen" Entkopplung". Dann können die beiden Regler unabhängig voneinander für die beiden Hauptstrecken eingestellt werden. Das Entkopplungsnetzwerk ergibt sich durch Umstellung der Gl. (4.103) und Einsetzen von $T_{11}(s)$ und $T_{22}(s)$ zu

$$\boldsymbol{G}_D(s) = [\ \boldsymbol{G}_S(s)\ ]^{-1}\ \boldsymbol{T}(s) = \frac{1}{G_{11}G_{22} - G_{12}G_{21}} \begin{bmatrix} G_{11}G_{22} & -G_{12}G_{22} \\ -G_{11}G_{21} & G_{11}G_{22} \end{bmatrix}. \tag{4.104}$$

Dies führt im Allgemeinen zu komplizierten und nur schwer zu realisierbaren Entkopplungsgliedern und wird daher kaum praktiziert.

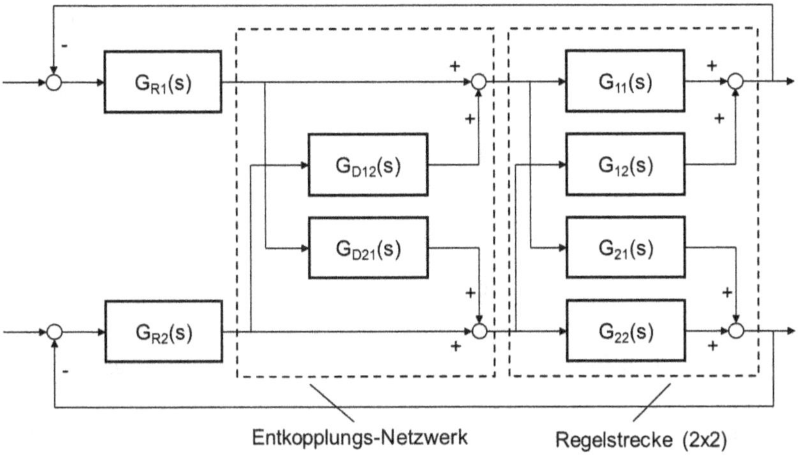

Abb. 4.32: Vereinfachte Entkopplung in einem 2 × 2-System.

Stattdessen wird die Entkopplungsmatrix häufig vereinfacht, indem man $G_{D11} = G_{D22}(s) = 1$ wählt. Diese „vereinfachte" Entkopplung ist in Abb. 4.32 dargestellt.

Die Entkopplungsglieder können jetzt aus der Forderung

$$\begin{aligned} Y_1(s) &= \left(G_{D,12}(s)\,G_{11}(s) + G_{12}(s)\right) U_2(s) \overset{!}{=} 0 \\ Y_2(s) &= \left(G_{D,21}(s)\,G_{22}(s) + G_{21}(s)\right) U_1(s) \overset{!}{=} 0 \end{aligned} \tag{4.105}$$

berechnet werden. Sie ergeben sich zu

$$\begin{aligned} G_{D,12}(s) &= -\frac{G_{12}(s)}{G_{11}(s)} \\ G_{D,21}(s) &= -\frac{G_{21}(s)}{G_{22}(s)}\,, \end{aligned} \tag{4.106}$$

d. h. als Quotienten der Übertragungsfunktionen der Neben- und der Hauptstrecken. In diesem Fall führt der Entwurf der Entkopplungsglieder zu einfacheren Ergebnissen. Das hat aber seinen Preis: das Produkt aus Entkopplungs- und Streckenmatrix ergibt sich jetzt zu

$$\boldsymbol{T}(s) = \begin{bmatrix} G_{11} - \frac{G_{12}G_{21}}{G_{22}} & 0 \\ 0 & G_{22} - \frac{G_{12}G_{21}}{G_{11}} \end{bmatrix}. \tag{4.107}$$

In der Diagonale stehen jetzt nicht mehr die Hauptstrecken. Die Regler sind jetzt mit „scheinbaren" Strecken verknüpft, deren Verhalten stark von $G_{11}(s)$ und $G_{22}(s)$ abweichen kann. Das bedeutet, dass die beiden Regler anders eingestellt werden müssen als wenn sie als Eingrößenregler mit den Hauptstrecken verbunden wären. Noch mehr: wenn einer der beiden Regler in die Betriebsart HAND genommen wird, ändert sich für den anderen die Streckendynamik. Man müsste also unterschiedliche Reglerparameter für unterschiedliche Fahrweisen (beide oder nur ein Regler in AUTOMATIK) vorsehen. Weitere Nachteile sind folgende:

- Empfindlichkeit: Die Wirksamkeit der Entkopplung ist an die Genauigkeit der verwendeten Prozessmodelle und an die Realisierbarkeit der Entkopplungsglieder gebunden. Modellunsicherheit und zeitliche Veränderung des Prozessverhaltens führen zur Verschlechterung der Ergebnisse. Die Empfindlichkeit des entkoppelten Systems gegenüber Modellfehlern ist umso größer, je kleiner die Determinante der Matrix der Streckenverstärkungen ist oder, anders ausgedrückt, je schlechter das Mehrgrößensystem konditioniert ist. (Wenn diese Determinante verschwindet, liegen linear abhängige Stell- oder Regelgrößen vor, und die Entkopplung wird vollends unmöglich),
- Initialisierung: Wenn die Entkopplungsstruktur stoßfrei eingeschaltet werden soll, ist es erforderlich, die Ausgangsgrößen *beider* Regler richtig und gleichzeitig nachzuführen,
- Nebenbedingungen: Besondere Maßnahmen sind erforderlich, wenn an einem der Regler die obere oder untere Grenze der Stellgröße erreicht wird. Da beide Regler aktiv bleiben, konkurrieren sie jetzt um die verbleibende frei bewegliche Stellgröße. Ohne weitere Maßnahmen kommt es zu einem Versagen des Gesamtsystems, da beide Regler in den Windup-Zustand übergehen,
- Stabilität: Die Stabilität des entkoppelten Systems muss für den Fall geprüft werden, dass die Entkopplung auf Grund der Modellunsicherheit oder der Vereinfachung von $\boldsymbol{G}_D(s)$ ungenau ist. Der Stabilitätsbereich hängt vom zu erwartenden Fehler des Entkopplers ab, der dazu vorher abgeschätzt werden muss,
- Kaskadenbetrieb: Wenn die beiden Regler nicht direkt auf Stelleinrichtungen wirken, sondern als Hauptregler in einer Kaskade arbeiten, wird sowohl bei der idealen als auch bei der vereinfachten Entkopplung unterstellt, dass die unterlagerten Hilfsregelkreise voll wirksam sind. Das ist aber dann nicht der Fall, wenn einer dieser Regler auf HAND genommen wird oder sich im Windup-Zustand befindet.

Eine dritte Form der Entkopplung, die einige der genannten Nachteile vermeidet, ist die „invertierte“ Entkopplung, deren Prinzip in Abb. 4.33 dargestellt ist.

Die Besonderheit ist hier, dass nicht die Reglerausgänge über die Entkopplungsglieder geführt werden, sondern die (gemessenen) Streckenstellgrößen. Man beachte, dass zum Beispiel die Streckenstellgröße 1 über das Entkopplungsglied $G_{D,21}(s)$ geführt und das resultierende Hilfssignal zum Reglerausgang 2 addiert wird. Die invertierte Entkopplung hat folgende Merkmale (Shinskey, 1996), (Wade, 1997):

- für die Berechnung der Entkopplungsglieder gelten dieselben Vorschriften wie bei der vereinfachten Entkopplung, d. h. die Gl. (4.106),
- die „scheinbaren“ Regelstrecken, die sich für die beiden Regler ergeben, sind $G_{11}(s)$ und $G_{22}(s)$, d. h. die Hauptstrecken, die Regler können so eingestellt werden, wie das bei unabhängigen Eingrößenregelungen der Fall wäre,
- wenn die Entkopplung im Zusammenhang mit einer Kaskadenstruktur implementiert wird, können als Streckenstellgrößen die Messwerte der unterlagerten Hilfs-

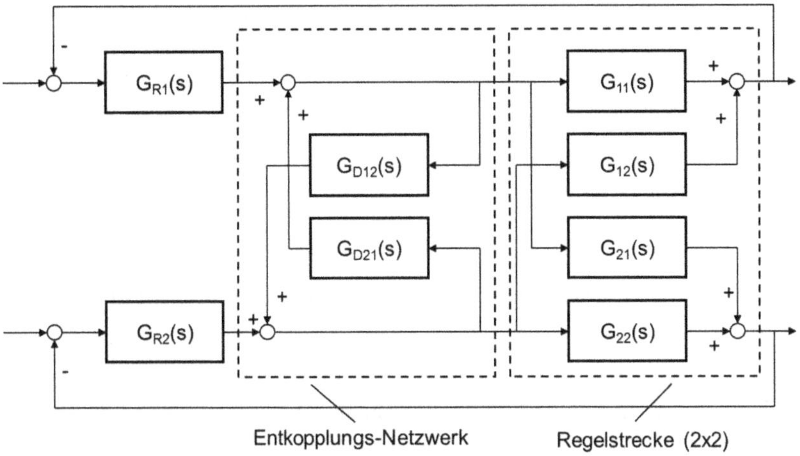

Abb. 4.33: Invertierte Entkopplung bei einem 2 × 2-System.

regler verwendet werden. Die Wirksamkeit der Entkopplung bleibt auch dann erhalten, wenn die Hilfsregler im HAND-Betrieb oder Windup-Zustand sind,

- das Aufschalten der Hilfssignale auf die Reglerausgänge kann über Eingänge an den PID-Funktionsbausteinen erfolgen, die für eine Störgrößenaufschaltung vorgesehen sind.

Bei der vereinfachten Entkopplung entsteht (zusätzlich zu den beiden Regelkreisen) eine Signalschleife „Reglerausgang 1 → Streckenstellgröße 1 → $G_{D,21}(s)$ → Reglerausgang 2 → Streckenstellgröße 2 → $G_{D,12}(s)$ → Reglerausgang 1“. Eine Möglichkeit der Berechnung des Stabilitätsbereichs dieser inneren Rückführung findet man in (Wade, 1997).

Lassen sich die nach Gl. (4.106) berechneten Dynamik-Glieder nicht realisieren, weil sie nicht kausal sind (Terme der Form e^{+sT_t} enthalten) oder die Zählerordnung größer als die Nennerordnung ist, muss die Realisierbarkeit hergestellt werden. Das geschieht mit Hilfe der im Abschnitt 4.2 „Störgrößenaufschaltung“ beschriebenen Methoden. Man muss dann in Kauf nehmen, dass sich keine vollständige Entkopplung erreichen lässt.

In der Praxis werden selten vollständige dynamische Entkoppler für Systeme größer (2×2) eingesetzt. Anders sieht es aus, wenn bestimmte Vereinfachungen getroffen werden.

Eine sehr starke Vereinfachung ergibt sich, wenn Entkopplungsglieder entworfen werden, die nur ein Modell des statischen Verhaltens der Regelstrecken, also die Streckenverstärkungen, benutzen. Die Berechnungsvorschrift für die Übertragungs-

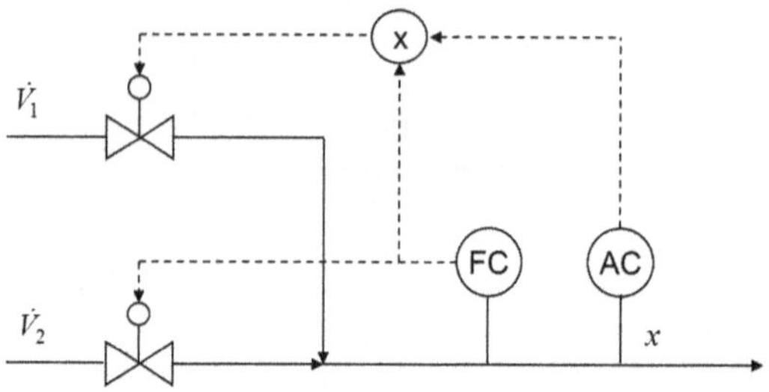

Abb. 4.34: Gesamtdurchfluss- und Konzentrationsregelung mit partieller Entkopplung an einer Blending-Station.

funktionen $\boldsymbol{G}_D(s)$ lautet im Falle eines (2×2)-Systems dann

$$\begin{aligned} G_{D,12}(s) &= -\frac{K_{12}}{K_{11}} \\ G_{D,21}(s) &= -\frac{K_{21}}{K_{22}} \,. \end{aligned} \tag{4.108}$$

Sie lassen sich in einfacher Weise durch Multiplikationsglieder realisieren und bewirken eine Entkopplung im stationären Zustand.

Eine interessante und wirksame Alternative ist der Entwurf von Entkopplern auf der Grundlage von Prozesswissen oder theoretischen Prozessmodellen. Ein einfaches Beispiel zeigt das „Blending"-Beispiel in Abb. 4.34 (Shinskey, 1996). Ziel ist die Regelung des Gesamtdurchflusses $\dot{V}$ und der Konzentration x einer Komponente im verdünnten Produktstrom, Stellgrößen sind die Volumenströme $\dot{V}_1$, der zu 100 % aus der interessierenden Komponente bestehen soll, und $\dot{V}_2$.

Der Gesamtdurchfluss-Regler beeinflusst $\dot{V}_2$, während der Konzentrationsregler de facto das Verhältnis $\dot{V}_1/\dot{V}_2$ vorgibt. Mit dem Reglerausgang $\dot{V}_2$ multipliziert, beeinflusst er dann $\dot{V}_1$. Während die Konzentrationsregelung sehr wohl die Durchflussregelung beeinflusst, ist das Gegenteil nicht der Fall: eine Sollwertänderung am Durchflussregler wirkt sich nicht auf die Konzentrationsregelung aus. Es handelt sich also um eine partielle (statische) Entkopplung, die hier besonders wirksam ist, da die Konzentrationsregelung sowohl wichtiger als auch langsamer ist als die Durchflussregelung.

Entkopplung oder Mehrgrößenregelung

Ob eine Entkopplung überhaupt erfolgversprechend ist, oder ob eine echte Mehrgrößenregelung vorzuziehen ist, lässt sich mit einer Singulärwertzerlegung der Matrix der Streckenverstärkungen überprüfen. Vor der Erläuterung dieser Methode soll kurz auf das Phänomen der Richtungsabhängigkeit der Streckenverstärkungen („gain directionality") bei Mehrgrößensystemen eingegangen werden.

In einem Eingrößensystem $Y(s) = G(s)U(s)$ ist die frequenzabhängige Verstärkung durch die Beziehung $K_S = |G(s)|$ bzw. für das statische Verhalten ($\omega = 0$) durch

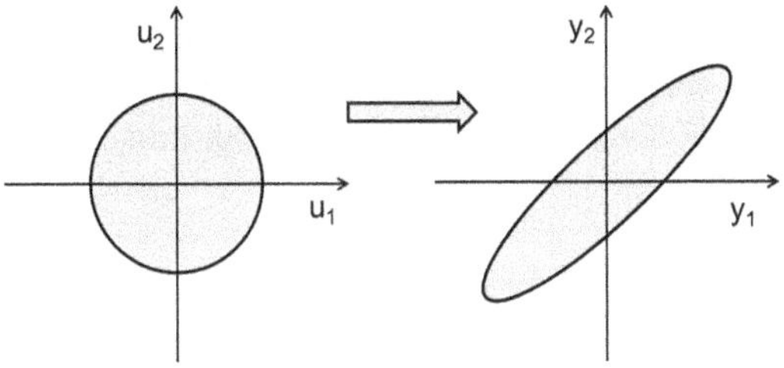

Abb. 4.35: Variationsbereich der Ein- und Ausgangsgrößen in einem 2 × 2-System.

$K_S = \frac{\Delta y}{\Delta u}$ gegeben. In einem Mehrgrößensystem sind die Ein- und Ausgangsgrößen aber Vektoren. Der summierte Effekt von deren Änderungen wird dann durch eine Norm beschrieben, am einfachsten durch $\|\Delta \boldsymbol{u}\| = \sqrt{\Delta u_1^2 + \cdots + \Delta u_n^2}$ bzw. $\|\Delta \boldsymbol{y}\| = \sqrt{\Delta y_1^2 + \cdots + \Delta y_n^2}$. Die Matrix der Streckenverstärkungen ist dann $\boldsymbol{K}_S = \|\Delta \boldsymbol{y}\| \,/\, \|\Delta \boldsymbol{u}\|$, sie ist von der Richtung des Eingangsvektors abhängig.

Das soll an einem Beispiel verdeutlicht werden: In einem (2 × 2)-System sei die Matrix der Streckenverstärkungen

$$\boldsymbol{K}_S = \begin{bmatrix} 2 & -1 \\ 1 & -3 \end{bmatrix} . \tag{4.109}$$

Der Variationsbereich der beiden Eingangsgrößen liege in einem Einheitskreis um den Ursprung des Koordinatensystems, d. h. es gelte $\|\Delta \boldsymbol{u}\| = \sqrt{\Delta u_1^2 + \ldots \Delta u_n^2} < 1$, siehe Abb. 4.35. Der sich daraus ergebende Variationsbereich der Ausgangsgrößen ist nun nicht etwa ein Kreis mit größerem oder kleinerem Durchmesser, sondern eine Ellipse. Sie ist ebenfalls in Abb. 4.35 dargestellt.

Die zweite Ausgangsgröße reagiert insgesamt stärker auf eine Veränderung der Eingangsgrößen. Für $\Delta \boldsymbol{u} = \begin{bmatrix} \Delta u_1 \\ \Delta u_2 \end{bmatrix} = \begin{bmatrix} 1 \\ 1 \end{bmatrix}$ ergibt sich z. B. $\Delta \boldsymbol{y} = \begin{bmatrix} \Delta y_1 \\ \Delta y_2 \end{bmatrix} = \begin{bmatrix} 1 \\ -2 \end{bmatrix}$, für $\Delta \boldsymbol{u} = \begin{bmatrix} \Delta u_1 \\ \Delta u_2 \end{bmatrix} = \begin{bmatrix} 1 \\ -1 \end{bmatrix}$ folgt $\Delta \boldsymbol{y} = \begin{bmatrix} \Delta y_1 \\ \Delta y_2 \end{bmatrix} = \begin{bmatrix} 3 \\ 4 \end{bmatrix}$. In beiden Fällen ist $\|\Delta \boldsymbol{u}\| = \sqrt{2}$, für die Ausgangsgröße ergibt sich aber in einem Fall $\|\Delta \boldsymbol{y}\| = \sqrt{5}$, im anderen Fall $\|\Delta \boldsymbol{y}\| = \sqrt{25} = 5$. Die Verstärkung ist im ersten Fall also $K_S = \sqrt{5}/\sqrt{2} \approx 1{,}58$, während sich im zweiten Fall $K_S = 5/\sqrt{2} \approx 3{,}54$ ergibt. Die Verstärkungen unterscheiden sich also um den Faktor 2,24 !

Eine mathematische Analyse ist durch eine Singulärwertzerlegung (singular value decomposition, SVD) der Matrix $\boldsymbol{K}_S$ möglich. Sie ergibt sich zu

$$\boldsymbol{K}_S = \boldsymbol{U}\,\boldsymbol{S}\,\boldsymbol{V}^T . \tag{4.110}$$

Darin bedeutet $\boldsymbol{S}$ die Diagonalmatrix der nicht-negativen Singulärwerte σ_i der Matrix $\boldsymbol{K}_S$, die in abfallender Größe in der Hauptdiagonale angeordnet sind. In $\boldsymbol{U}$ und $\boldsymbol{V}$ sind die Singulärvektoren der Ausgangs- bzw. Eingangsgrößen angeordnet. Das Formelzeichen $\boldsymbol{U}$ entspricht der SVD-Standardnotation und steht in diesem Fall nicht für die Stellgrößen. Man beachte, dass die Singulärwertzerlegung empfindlich gegenüber der

Skalierung der Variablen ist. Es ist daher angebracht, die Ein- und Ausgangsgrößen zu normieren, z. B. indem man sie durch die zu erwartenden Maximalwerte dividiert. Die Normierung bezieht sich dann auch auf die Matrix der Streckenverstärkungen $\boldsymbol{K}_S$.

Im Beispiel ergibt sich

$$\boldsymbol{K}_S = \begin{bmatrix} -0{,}5257 & -0{,}8507 \\ -0{,}8507 & 0{,}5257 \end{bmatrix} \begin{bmatrix} 3{,}6180 & 0 \\ 0 & 1{,}3820 \end{bmatrix} \begin{bmatrix} -0{,}5257 & -0{,}8507 \\ 0{,}8507 & -0{,}5257 \end{bmatrix}^T . \qquad (4.111)$$

Dieses Ergebnis lässt sich wie folgt interpretieren: Die größte Verstärkung $K = 3{,}618$ ergibt sich für eine Verstellung der Eingangsgrößen in der Richtung $\begin{bmatrix} -0{,}5257 \\ 0{,}8507 \end{bmatrix}$, die kleinste Verstärkung $K = 1{,}382$ erhält man für eine Verstellung der Eingangsgrößen in Richtung $\begin{bmatrix} -0{,}8506 \\ -0{,}5257 \end{bmatrix}$. Das Verhältnis des größten zum kleinsten Singulärwert lässt sich im Zweigrößenfall geometrisch als das Verhältnis der Diagonalen der in Abb. 4.35 dargestellten Ellipse interpretieren. Die Größe

$$\mathrm{cond}(\boldsymbol{K}) = \sigma_{\mathrm{max}} / \sigma_{\mathrm{min}} \qquad (4.112)$$

wird als Konditionszahl einer Matrix bezeichnet. Je größer sie ist, desto langgestreckter ist die Ellipse. Die Konditionszahl ist ein Maß für die Schwierigkeit der Matrizeninversion. Daher werden Systeme mit einer großen Konditionszahl als „schlecht konditioniert“ bezeichnet. Mehrgrößensysteme sind umso schwieriger zu regeln, je größer die Konditionszahl der Matrix der Streckenverstärkungen ist. Physikalisch bedeutet die schlechte Konditionierung, dass die Steuergrößen nicht genügend selektiv sind, d. h. dass bestimmte Steuergrößen mehrere Regelgrößen ähnlich stark beeinflussen, bzw. dass verschiedene Steuergrößen einen ähnlich starken Einfluss auf bestimmte Regelgrößen haben. Als Faustregel gilt, dass bei einer Konditionszahl $\mathrm{cond}(\boldsymbol{K}) > 50$ der Entwurf von Entkopplungsstrukturen nicht mehr sinnvoll ist.

4.12 Weiterführende Literatur

Erweiterte Regelungsstrukturen, wie sie in diesem Abschnitt besprochen wurden, werden in den bereits in Abschnitt 3.5 erwähnten US-amerikanischen Lehrbüchern ausführlich besprochen und mit Beispielen illustriert.

Viele Beispiele aus der Praxis der Prozessregelung enthalten (Shinskey, 1996), (Breckner, 1999), (Murrill, 2000), (Haugen, 2004b), (Wade, 2004), (Altmann, 2005), (Smith, 2010), (Blevins & Nixon, 2010) und (King, 2011). Fündig wird der Leser auch in Büchern, die auf die Regelung spezieller verfahrenstechnischer Prozesse bzw. Prozesseinheiten zugeschnitten sind, u. a. in (Luyben, 1992), (Liptak, 1998), (Liptak, 2006) und (Gilman, 2005).

Ein ausführliches Kapitel über die praktische Realisierung von Kaskadenregelungen enthält (Smith, 2010). IMC-Einstellregeln für die gleichzeitige Parametrierung von

Führungs- und Folgeregler bei Kaskadenregelungen werden in (Lee, Park, & Lee, 1998) angegeben.

Nützliche Hinweise für die praktische Implementierung von Feedforward-Strukturen inklusive Verhältnisregelungen und ihre Kombination mit übergeordneten Regelungen, insbesondere zur richtigen Initialisierung, zur stoßfreien Umschaltung und zur Windup-Verhinderung, finden sich in (Smith, 2010). Einstellregeln für Kompensationsglieder für eine Störgrößenaufschaltung unter Beachtung der Reglerparameter wurden zuerst in (Guzman & Hägglund, 2011) angegeben und in (Rodriguez, Guzman, Berenguel, & Hägglund, 2013) verfeinert.

Die ausgleichende Pufferstandregelung wird zusammen mit Einstellregeln für P- und PI-Regler in (Wade, 2004), (Shin & andere, 2008) und (Krämer & Völker, 2014) besprochen. Einen Vergleich verschiedener Methoden enthält (Taylor & La Grange, 2002). Die Dimensionierung von Mischbehältern und Puffertanks unter regelungstechnischen Gesichtspunkten wird in (Faanes & Skogestad, 2003) diskutiert.

Modellbasierte Regelungen inkl. der IMC-Struktur und des Smith-Prädiktors werden ausführlich in (Brosilow & Joseph, 2002) behandelt. Eine Übersicht über die Regelung von Prozessen mit großen Totzeiten vermitteln (Normey-Rico & Camacho, 2008b). Modifizierte Smith-Prädiktor-Regler für integrierende und instabile Strecken werden in einer Reihe von Veröffentlichungen angegeben, einen Einstieg liefern (Rao & Chidambaram, 2005) und (Kwak, Sung, & Lee, 2001). Smith-Prädiktoren für variable Totzeit werden in (Nortcliffe & Love, 2004) vorgestellt. Ein frei verfügbares Software-Werkzeug zur Analyse von Regelungen mit Totzeitkompensatoren wird in (Guzman & andere, 2008) und (Normey-Rico & andere, 2009) beschrieben. Regeln für eine robuste Einstellung von Smith-Prädiktor- und PPI-Reglern findet man für PT_1T_t- und für IT_1-Strecken in (Ingimundarson & Hägglund, 2001). In (Ingimundarson & Hägglund, 2002) wird das Verhalten von Regelkreisen mit PI-/PID- und Smith-Prädiktor-Regler verglichen. Von (Shinskey, 2001) wurde ein ähnlich dem PPI-Regler aufgebauter Regelalgorithmus mit Totzeitkompensation vorgeschlagen, der nicht einen PI-, sondern einen PID-Regler erweitert.

Grundlagen für die Analyse von Mehrgrößensystemen und den Entwurf von dezentralen Regelungen findet man u. a. in (Litz, 1983), (Maciejowski, 1989), (Skogestad & Postlethwaite, 1996) und (Lunze, 2014). Das Problem der Entkopplung von Mehrgrößensystemen wird theoretisch in (Wang, 2002) untersucht.

Die RGA-Analyse unter Berücksichtigung der Prozessdynamik sowie darauf basierende Regeln zur Zuordnung von Stell- und Regelgrößen wird in (McAvoy & andere, 2003) und (Xiong, Cai, & He, 2005) behandelt. Alternative Kopplungsmaße wie der Koppelfaktor sowie statische und gewichtsfunktionsbewertete Koppelmatrizen werden in (Lunze, 2014) angegeben. Nutzen und Grenzen der RGA-Analyse werden in (Skogestad & Postlethwaite, 1996) erörtert. Die Frage der Regelgrößen-Stellgrößen-Zuordnung wurde auch intensiv im Zusammenhang mit dem Entwurf anlagenweiter Regelungsstrukturen untersucht, siehe z. B. (Luyben, Tyreus, & Luyben, 1998), (Erickson & Hedrick, 1999) und (Skogestad, 2004). Viele Hinweise zu diesem Problem liefert auch die Literatur über Regelungsstrukturen an Destillationskolonnen, z. B. (Luyben, 1992) und (Hurowitz, Anderson, Duvall, & Riggs, 2003).

Alternativen zu den Detuning-Verfahren zur Einstellung dezentraler PID-Regler an Mehrgrößensystemen sind das „Sequential Loop Closing“ (Hovd & Skogestad, 1994), die „Independent-Design“-Verfahren (Hovd & Skogestad, 1993) und (Chen & Seborg, 2003), die Verallgemeinerung des Relay-Feedback-Verfahrens auf Mehrgrößensysteme ((Halevi, Palmor, & Efrati, 1997) und (Yu, 2006)) und die Anwendung von Optimierungsverfahren (Trierweiler, Müller, & Engell, 2000), (Vlachos, Williams, & Gomm, 2000) und (Farag & Werner, 2006).

Für (2×2)-Systeme werden die ideale, die vereinfachte und die inverse Entkopplung in (Wade, 1997) und (Gagnon, Pomerleau, & Desbiens, 1998) gegenübergestellt. Verallgemeinerte Entwurfsvorschriften für die inverse Entkopplung von $(n \times n)$-Systemen und ihre Anwendung auf (2×2)- und (3×3)-Systeme wurden in (Garrido, Vazques, & Morilla, 2011) veröffentlicht.

Der gemeinsame Entwurf von Entkopplern und dezentralen PID-Reglern wird für (2×2)-Systeme in (Aström, Johansson, & Wang, 2002), (Tavakoli, Griffin, & Fleming, 2006), (Nordfeldt & Hägglund, 2006) und (Xiong, Cai, & He, 2007) behandelt.

Frei verfügbare Lernsoftware zum Entwurf von Störgrößenaufschaltungen, Smith-Prädiktor-Regelungen, zur Analyse von Mehrgrößensystemen findet sich auf der Webseite des „Interactive Learning Module“-Projekts http://aer.ual.es/ilm.

5 Softsensoren

5.1 Einführung

Zu den wichtigsten Zielen der Prozessführung verfahrenstechnischer Anlagen gehört die gleichmäßige Einhaltung vorgegebener Produktspezifikationen. Daher ist die Bereitstellung aktueller und möglichst genauer Informationen über Stoffeigenschaften und Qualitätsparameter von großer Bedeutung. Trotz großer Fortschritte der Prozessmesstechnik gibt es noch viele Messaufgaben, für die derzeit keine kontinuierlich arbeitenden, preiswerten, wartungsarmen und zuverlässigen Messeinrichtungen zur Verfügung stehen. Der Einsatz diskontinuierlich arbeitender Online-Analysatoren oder die Durchführung von Laboranalysen sind aufwändige Alternativen, die Messergebnisse mit einer Totzeit von einigen Minuten bis zu einigen Stunden bereitstellen. Im Fall von Laboranalysen ist dann eine automatische Regelung nicht möglich, bei Analysenmesseinrichtungen wird die Regelgüte infolge der zusätzlichen Messtotzeit verringert. Das kann mit ökonomischen Verlusten verbunden sein.

Eine Möglichkeit zur Lösung dieses Problems ist der Einsatz modellgestützter Messverfahren, bei denen ein mathematisches Prozessmodell $y = f(x_1, \ldots, x_m)$ genutzt wird, um die schwer messbaren Qualitätsgrößen y mit Hilfe fortlaufend gemessener „einfacher" Prozessgrößen $\{x_1, \ldots, x_m\}$ wie Temperatur, Durchfluss, Druck usw. zeitgerecht vorherzusagen bzw. zu schätzen. Für diese Vorgehensweise wurden auch die Begriffe Softsensor, virtueller Online-Analysator (VOA) oder „inferential measurement" geprägt. Der Name „Softsensor" ist eine Abkürzung für „Software-Sensor" und soll darauf hindeuten, dass die verwendeten Modelle programmtechnisch implementiert werden. Die von Softsensoren vorhergesagten Qualitätskenngrößen werden nicht selten in Regelungen weiterverarbeitet („inferential control"), oder sie gehen in Systeme für die Prozessdiagnose und Früherkennung abnormaler Prozesssituationen ein. Der Einsatz von Softsensoren führt meist nicht zum vollständigen Ersatz von Analysatoren oder Labormessungen. Diese werden weiterhin benötigt, um die Softsensoren im laufenden Betrieb zu kalibrieren. Die mit dem Einsatz von Softsensoren verbundene Verringerung der Abtastzeit kann aber zu einer deutlichen Verbesserung der Regelgüte führen oder eine automatische Regelung erst ermöglichen.

Abbildung 5.1 zeigt das Prinzipschema eines Softsensors. Es ist zu erkennen, dass neben der Bereitstellung der Messinformationen und dem Vorhersagemodell weitere Komponenten zur Sicherung einer hohen Genauigkeit und Langzeitstabilität erforderlich sind, auf die in den folgenden Abschnitten näher eingegangen wird.

Die Voraussetzungen zur Entwicklung und Anwendung von Softsensoren haben sich in den letzten Jahren durch den zunehmenden Einsatz von Prozessleitsystemen, Prozessdaten-Informations- und Management-Systemen (PIMS), Laborinformationssystemen (LIMS) sowie durch die Bereitstellung von geeigneten Entwicklungsumgebungen (Software-Werkzeugen) erheblich verbessert.

https://doi.org/10.1515/9783110499575-005

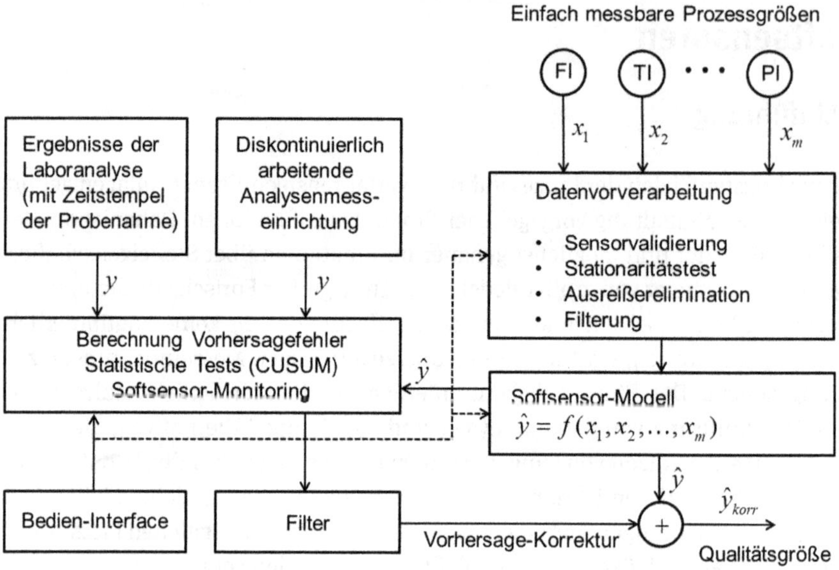

Abb. 5.1: Struktur eines Softsensors.

Tab. 5.1: Beispiele für Softsensoren in verschiedenen Bereichen der Prozessindustrie.

Bereich	Softsensor-Größen
Raffinerie	Siedeenden, Flashpunkt, Cloudpunkt, Oktanzahl, Viskosität
Polymerisation	Schmelzindex, Viskosität, Kettenlängenverteilung
Trocknung	Restfeuchte im Trockengut
Papierherstellung	Opazität, Faserausrichtung
Erzaufbereitung	Korngrößenverteilung

In Tab. 5.1 sind einige Beispiele für Softsensoren zusammengestellt, die in der Prozessindustrie häufiger anzutreffen sind.

Softsensoren kann man nach verschiedenen Kriterien klassifizieren:

- nach der Art der Modellbildung in Softsensoren auf der Grundlage theoretischer und empirischer Prozessmodelle (auch als modell- und datengetriebene Softsensoren bezeichnet),
- nach der Art der Funktion f, die die Ein- und Ausgangsgrößen miteinander verknüpft, in lineare und nichtlineare Softsensoren,
- nach der Art der verwendeten Eingangsgrößeninformationen in statische und dynamische Softsensoren.

Softsensoren auf der Grundlage theoretischer Prozessmodelle besitzen häufig Vorteile hinsichtlich Genauigkeit, Extrapolationsfähigkeit, Interpretierbarkeit der Modellparameter und Robustheit gegenüber Prozessänderungen. Man sollte daher immer prüfen, ob rigorose Modelle bereits existieren oder mit vertretbarem Aufwand entwickelt werden können, die sich als Softsensoren einsetzen lassen (Friedman, Neto, & Porfirio, 2002), (Friedman & Schuler, 2003). Beispiele sind die Ermittlung der Qualitätskenngrößen von Produkten der Rohöldestillation wie Freezepoint von Kerosin, Cloudpoint von Dieselkraftstoff, Pourpoint von Gasöl, Flashpoint von Seitenabzügen und Reid-Dampfdruck (Chatterjee & Saraf, 2004). Als Freezepoint von Kerosin wird z. B. die tiefste Temperatur bezeichnet, bei der der Treibstoff noch flüssig ist. Bei tieferen Temperaturen kommt es zum Auskristallisieren von Paraffinen, was zur Verstopfung von Filtern und Einspritzdüsen führen kann. Diese Größe ist daher eine wichtige Spezifikation bei der Kerosinproduktion.

Für Anwendungen im Raffineriebereich gibt es schon seit längerer Zeit auf physikalischen Modellen beruhende, leitsystem-integrierte Berechnungsalgorithmen (Honeywell, 2010) und PLS-unabhängige Programmpakete wie GCC (Generalized Cutpoint Calculation) und GDS (Generalized Distillation Shortcut), vgl. www.petrocontrol.com/inferentials.

Zur Klasse der modellgetriebenen Softsensoren gehören auch Zustands-Beobachter und Filter (Zustandsschätzer), die ein lineares oder nichtlineares, theoretisch begründetes Zustandsmodell des Prozesses voraussetzen (Ali, Hoang, Hussain, & Dochain, 2015).

In vielen Fällen ist der Weg der theoretischen Modellbildung allerdings nicht gangbar. Ursachen dafür sind u. a. nicht ausreichendes Verständnis für die physikalisch-chemischen Prozessgrundlagen, der hohe wissenschaftliche und ingenieurtechnische Aufwand oder kein Zugang zu erforderlichem Expertenwissen. Eine Alternative stellt in diesem Fall die Verwendung empirischer Modelle dar, deren Parameter mit Hilfe von Messdaten geschätzt werden, die vorhandenen historischen Datenbeständen entnommen werden oder das Ergebnis aktiver Versuche sind. Dem Vorteil des oftmals geringeren Entwicklungsaufwands steht dabei der Nachteil gegenüber, dass empirische Modelle nur im Bereich der Messdaten gültig sind und eine Extrapolation nicht uder nur eingeschränkt möglich ist. Größere Prozessänderungen machen in der Regel eine vollständige Neuentwicklung erforderlich. Die Entwicklung empirischer Modelle ist keine einfache ingenieurtechnische Aufgabenstellung – der Erfolg hängt auch hier insbesondere von der Einbeziehung von Prozesswissen ab, hinzu kommen Kenntnisse und Erfahrungen auf dem Gebiet der Prozessidentifikation und der angewandten Statistik.

Der vorliegende Abschnitt beschränkt sich auf Methoden für die Entwicklung datengetriebener Softsensoren. Ob lineare oder nichtlineare Softsensor-Modelle eingesetzt werden, hängt vom Charakter des Prozesses und vom Arbeitsbereich ab, für den das Modell gültig sein soll. Nichtlineare Modelle sind dann besser geeignet, wenn sie Vorhersagen in einem größeren Betriebsbereich ermöglichen sollen.

Statische Softsensoren verzichten auf die Modellierung zeitlicher Zusammenhänge zwischen den Ein- und Ausgangsgrößen. Sie haben die Form

$$\hat{y}(k) = f(x_1(k), \ldots, x_m(k)) \,. \tag{5.1}$$

Eingangsgrößen sind m verschiedene, voneinander unabhängige, einfach messbare Größen, die zum gleichen Zeitpunkt erfasst werden und eine Vorhersage der Ausgangsgröße für denselben Zeitpunkt liefern. Für die Modellbildung werden Daten aus stationären Anlagenzuständen verwendet. Sie sind demzufolge nicht in der Lage, Vorhersagen für Übergangsvorgänge zu treffen, was ihren Einsatz für regelungstechnische Zwecke erschwert. Dynamische Softsensor-Modelle haben dagegen die Form

$$\hat{y}(k) = f(x_1(k), x_1(k-1), x_1(k-2), \ldots, x_m(k), x_m(k-1), x_m(k-2), \ldots, \\ y(k-1), y(k-2), \ldots, e(k-1), e(k-2), \ldots) \quad (5.2)$$

Die Eingangsgrößen bestehen aus aktuellen und zurückliegenden Messwerten der einfach messbaren Prozessgrößen $x_i(k), \ldots, x_i(k-n_i)$, zurückliegenden Messwerten der Qualitätsgröße $y(k-1), \ldots, y(k-n)$ und evtl. zusätzlich zurückliegenden Werten der Residuen $e(k-1), \ldots, e(k-n)$, d. h. der Differenzen zwischen Softsensor-Vorhersage und Messwert der Qualitätsgröße. Die Festlegung geeigneter Werte für n und n_i ist Bestandteil der Modellbildung. Alternativ zu einem Ein-/Ausgangsmodell nach Gl. (5.2) ist auch die Verwendung linearer bzw. nichtlinearer Zustandsmodelle möglich. Für die Modellbildung müssen hier Daten aus Übergangszuständen verwendet werden. Diese müssen in der Regel durch aktive Anlagentests (Aufnahme von Sprungantworten oder Reaktion auf andere Testsignale) gewonnen werden, da in historischen Messdatensätzen oft keine ausreichenden Informationen für eine Modellierung der Prozessdynamik vorhanden sind. Voraussetzung für die Entwicklung dynamischer Softsensoren ist auch, dass die Ausgangsgröße y mit der Abtastzeit des zu entwickelnden Modells erfasst werden kann. Das schließt die Entwicklung dynamischer Softsensoren für Größen, die durch Laboranalysen ermittelt werden, in aller Regel aus, es sei denn, diese Größen werden von einem bereits existierenden dynamischen Prozess-Simulator (oder Operator-Trainingssystem) bereitgestellt. Die direkte Verwendung eines solchen Simulators als Softsensor kommt wegen des hohen Aufwands meist nicht in Frage.

Eine in der Praxis häufig anzutreffende Form eines Softsensor-Modells ist

$$\hat{y}(k) = f(x_1(k-d_1), x_2(k-d_2), \ldots, x_m(k-d_m)) \,. \quad (5.3)$$

Es wird ein (quasi-)statisches Modell gebildet, bei dem die im Prozess vorhandenen Verzögerungs- und Totzeiten zwischen den Eingangsgrößen und der vorherzusagenden Ausgangsgröße in der Weise Berücksichtigung finden, dass jeder Eingangsgröße x_i eine charakteristische Zeitverschiebung d_i zugeordnet wird. Diese Zeitverschiebung kann auch als mittlere Verweilzeit oder Summenzeitkonstante interpretiert werden. Ist die Funktion f linear, entspricht diese Vorgehensweise der Bildung dynamischer Modelle mit der Übertragungsfunktion

$$G_i(s) = K_i \, e^{-d_i s} \,. \quad (5.4)$$

Die Bestimmung der Parameter d_i ist Teil der Softsensor-Entwicklung (siehe Abschnitt 5.4.2).

In den folgenden Abschnitten 5.2 und 5.3 werden Methoden der linearen und nichtlinearen Regression erläutert, die bei der Entwicklung datengetriebener Softsensoren zum Einsatz kommen. Der Schwerpunkt liegt auf statischen und quasistatischen Modellen, die in der Praxis am häufigsten zum Einsatz kommen. Abschnitt 5.4 beschreibt die Schritte, die bei der Entwicklung und beim Einsatz von Softsensoren zu gehen sind. In Abschnitt 5.5 werden Werkzeuge für die Softsensorentwicklung vorgestellt.

5.2 Empirische lineare Modelle

5.2.1 Multiple lineare Regression

Einfache lineare Regression

Die durch einen Softsensor vorherzusagende Variable y hängt in der Regel von mehreren Einflussgrößen $(x_1 \dots x_m)$ ab. Um die Einführung einiger Begriffe zu erleichtern, soll trotzdem zunächst kurz auf die einfache Regression eingegangen werden, bei der nur eine unabhängige Variable x betrachtet wird: das einfachste Modell lautet dann

$$y = \theta_1 + \theta_2\, x + \varepsilon\,. \tag{5.5}$$

Dieses Modell ist sowohl linear in den Parametern (θ_1, θ_2) als auch in der unabhängigen Variable (im Regressor) x. Die Größe ε bezeichnet einen als normalverteilt angenommenen, zufälligen Fehler mit Mittelwert Null und der konstanten Varianz σ^2. Es seien nun $N > 2$ Messwertsätze $\{(x_i, y_i)\}$ $i = 1 \dots N$ gegeben. Vorausgesetzt, dass der „wahre" Zusammenhang zwischen x und y linear ist (sich also grafisch durch eine Gerade darstellen lässt), kann man die Modellparameter oder Regressionskoeffizienten (θ_1, θ_2) durch Minimierung der Fehlerquadratsumme (also der Summe der Quadrate der Differenzen zwischen den Messwerten und den über das Modell berechneten Vorhersagen) bestimmen:

$$\min_{(\theta_1,\theta_2)} \left\{ \sum_{i=1}^{N} e_i^2 = \sum_{i=1}^{N} (y_i - \theta_1 - \theta_2 x_i) \right\} \tag{5.6}$$

Die optimalen Regressionskoeffizienten ergeben sich zu

$$\begin{aligned}
\hat{\theta}_2 &= \frac{S_{xy}}{S_{xx}} = \frac{\frac{1}{N}\sum_{i=1}^{N}(x_i - \bar{x})(y_i - \bar{y})}{\frac{1}{N}\sum_{i=1}^{N}(x_i - \bar{x})^2} = \frac{\sum_{i=1}^{N}(x_i - \bar{x})(y_i - \bar{y})}{\sum_{i=1}^{N}(x_i - \bar{x})^2} \\
\hat{\theta}_1 &= \bar{y} - \hat{\theta}_2 \bar{x}
\end{aligned} \tag{5.7}$$

Darin bezeichnen $\bar{x}$ und $\bar{y}$ die arithmetischen Mittelwerte der gemessenen unabhängigen bzw. abhängigen Variablen

$$\bar{x} = \frac{1}{N}\sum_{i=1}^{N} x_i\,, \quad \bar{y} = \frac{1}{N}\sum_{i=1}^{N} y_i\,. \tag{5.8}$$

S_{xx} bezeichnet die empirische Varianz der Messwerte x_i und S_{xy} die empirische Kovarianz zwischen den Messwerten x_i und y_i.

Abbildung 5.2 zeigt als Beispiel eine Messreihe mit 15 Messwerten (x_i, y_i) und die ermittelte Ausgleichsgerade $\hat{y} = \hat{\theta}_1 + \hat{\theta}_1 x$. Jeder Messwertsatz erfüllt die Gleichung $y_i = \hat{\theta}_1 + \hat{\theta}_1 x_i + e_i$, worin die $e_i = y_i - \hat{y}_i$ als Residuen bezeichnet werden.

Die Quadratsumme der Residuen ist

$$SS_E = \sum_{i=1}^{N} (y_i - \hat{y}_i)^2 = \sum_{i=1}^{N} e_i^2 \tag{5.9}$$

und liefert einen Schätzwert für die Varianz des Fehlers ε:

$$\hat{\sigma}^2 = \frac{SS_E}{N-2}\,. \tag{5.10}$$

Für die Beurteilung der Güte der Schätzung gibt es verschiedene Maße. Die Gesamtstreuung der abhängigen Variablen

$$SS_T = S_{yy} = \sum_{i=1}^{N} (y_i - \bar{y})^2 \tag{5.11}$$

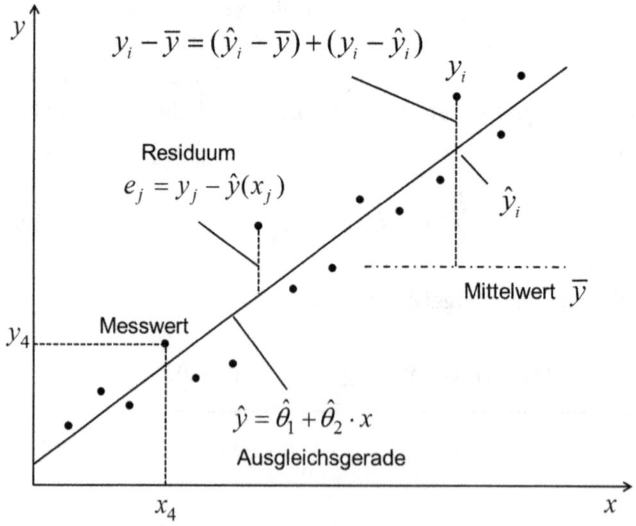

Abb. 5.2: Zur einfachen linearen Regression.

ist ein Maß für deren Schwankungsbreite. Sie lässt sich in zwei Anteile zerlegen:

$$SS_T = S_{yy} = \sum_{i=1}^{N} (y_i - \bar{y})^2 = \sum_{i=1}^{N} (\hat{y}_i - \bar{y})^2 + \sum_{i=1}^{N} (y_i - \hat{y}_i)^2 = SS_R + SS_E\,. \tag{5.12}$$

Der erste Anteil wird als die durch die Regression „erklärte“, der zweite Anteil als die „nicht erklärte“ Streuung von y bezeichnet. Das „Bestimmtheitsmaß“

$$R^2 = 1 - \frac{SS_E}{SS_T} = 1 - \frac{\sum_{i=1}^{N} (y_i - \hat{y}_i)^2}{\sum_{i=1}^{N} (\hat{y}_i - \bar{y})^2} \tag{5.13}$$

kann als derjenige Teil der Streuung der abhängigen Variable aufgefasst werden, der durch das Regressionsmodell erklärt wird. Es gilt $0 \leq R^2 \leq 1$. Ein großer Wert von R^2 sagt aus, dass sich die Regressionsfunktion gut an die beobachteten Daten anpasst („goodness of fit“). Aber Vorsicht ist angebracht (Kvalseth, 1985): Man darf das Bestimmtheitsmaß nicht als „das“ Maß für die Modellgüte verabsolutieren. Es liefert keine Aussage darüber, ob die verwendeten Eingangsgrößen auch ursächlich für die Veränderung der Ausgangsgrößen sind, ob die „geeignetsten“ unabhängigen Variablen verwendet wurden, ob die Eingangsgrößen kollinear sind usw. Das Bestimmtheitsmaß erlaubt auch keine Aussage über die Vorhersagekraft des Modells bei künftigen Messungen der unabhängigen Variablen.

Für die ermittelten Modellparameter lassen sich Vertrauensintervalle angeben: mit $100\,(1-\alpha)\%$-iger Wahrscheinlichkeit liegen die unbekannten wahren Werte der Regressionskoeffizienten (θ_1, θ_2) in den Intervallen

$$\begin{aligned} &\hat{\theta}_1 - t_{\alpha/2,N-2}\sqrt{\hat{\sigma}^2\left(\frac{1}{N} + \frac{\bar{x}^2}{S_{xx}}\right)} \leq \theta_1 \leq \hat{\theta}_1 + t_{\alpha/2,N-2}\sqrt{\hat{\sigma}^2\left(\frac{1}{N} + \frac{\bar{x}^2}{S_{xx}}\right)} \\ &\hat{\theta}_2 - t_{\alpha/2,N-2}\sqrt{\frac{\hat{\sigma}^2}{S_{xx}}} \leq \theta_2 \leq \hat{\theta}_2 + t_{\alpha/2,N-2}\sqrt{\frac{\hat{\sigma}^2}{S_{xx}}}\,. \end{aligned} \tag{5.14}$$

Darin sind die Koeffizienten $t_{\alpha/2,N-2}$ aus Tabellen für die Student-Verteilung zu entnehmen. Die Ungleichungen gelten aber nur, wenn man die Schätzwerte der Parameter als unabhängig voneinander auffasst. Berücksichtigt man die Korrelation der Schätzwerte für die Modellparameter untereinander, dann ergibt sich ein gemeinsamer Vertrauensbereich, der die Form einer Ellipse annimmt. Ihre Gleichung ist

$$\left(\hat{\theta}_1 - \theta_1\right)^2 N + 2\left(\hat{\theta}_1 - \theta_1\right)\left(\hat{\theta}_2 - \theta_2\right)\sum_{i=1}^{N} x_i + \left(\hat{\theta}_2 - \theta_2\right)^2 \sum_{i=1}^{N} x_i^2 = 2\,\hat{\sigma}^2\,F(2, N-2, 1-\alpha) \tag{5.15}$$

$F(2, N-2, 1-\alpha)$ ist Tabellen der F-Verteilung zu entnehmen. Die unbekannten wahren Werte der Modellparameter (θ_1, θ_2) liegen innerhalb der durch Gl. (5.15) beschriebe-

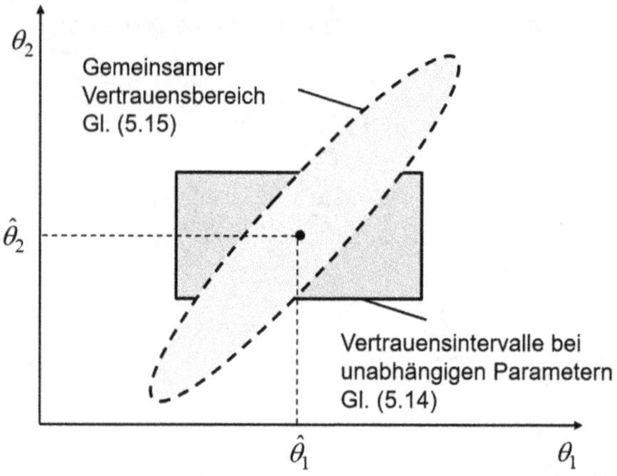

Abb. 5.3: Unabhängige Vertrauensintervalle und gemeinsamer Vertrauensbereich für die Modellparameter.

nen Ellipse, in deren Zentrum die Schätzwerte $(\hat{\theta}_1, \hat{\theta}_2)$ zu finden sind. Die unabhängigen Vertrauensintervalle und der gemeinsame Vertrauensbereich der Regressionskoeffizienten sind in Abb. 5.3 dargestellt.

Außerdem lässt sich für jeden Wert der Unabhängigen $x = x_0$ ein Vertrauensbereich für die Abhängige $y(x_0)$ angeben. Es gilt

$$\hat{y}(x_0) - t_{\alpha/2,N-2}\sqrt{\hat{\sigma}^2\left(\frac{1}{N} + \frac{(x_0 - \bar{x})^2}{S_{xx}}\right)} \le y(x_0) \le \hat{y}(x_0) + t_{\alpha/2,N-2}\sqrt{\hat{\sigma}^2\left(\frac{1}{N} + \frac{(x_0 - \bar{x})^2}{S_{xx}}\right)}$$
$$\hat{y}(x_0) = \hat{\theta}_1 + \hat{\theta}_2\, x_0 \tag{5.16}$$

Von diesem Vertrauensbereich zu unterscheiden ist ein Prädiktionsbereich, der sich für die Vorhersage künftiger Werte der abhängigen Variable angeben lässt. Die Ungleichung (5.16) eignet sich dafür nicht, da sie sich nur auf Daten stützt, die für die Regression verwendet wurden. Der Vorhersagebereich ergibt sich zu

$$\hat{y}(x_0) - t_{\alpha/2,N-2}\sqrt{\hat{\sigma}^2\left(1 + \frac{1}{N} + \frac{(x_0 - \bar{x})^2}{S_{xx}}\right)} \le y_P(x_0)$$
$$\le \hat{y}(x_0) + t_{\alpha/2,N-2}\sqrt{\hat{\sigma}^2\left(1 + \frac{1}{N} + \frac{(x_0 - \bar{x})^2}{S_{xx}}\right)} \tag{5.17}$$

In Abb. 5.4 sind der Vertrauens- und der Vorhersagebereich für die abhängige Variable zusammen mit der Regressionsgeraden dargestellt. Erkennbar ist, dass beide Bereiche für $x_0 = \bar{x}$ am kleinsten sind und sich mit größer werdendem $|x_0 - \bar{x}|$ verbreitern.

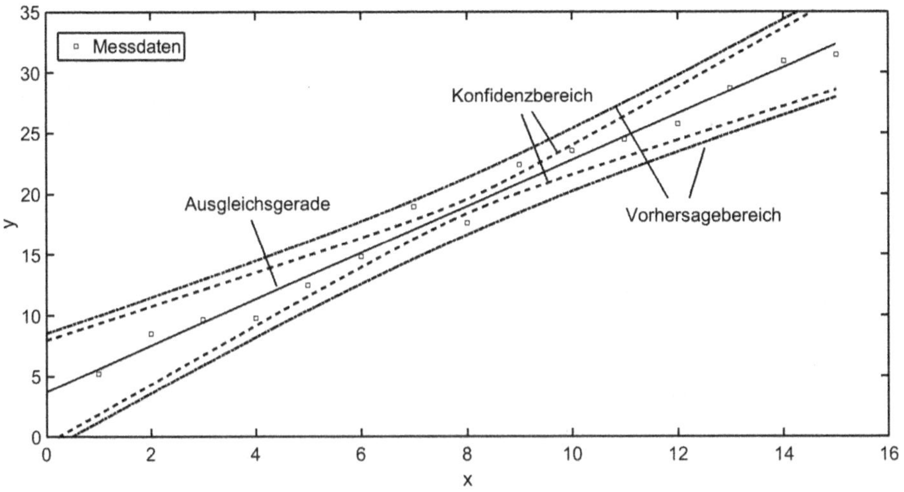

Abb. 5.4: Vertrauens- und Vorhersagebereiche für die abhängige Variable bei der einfachen linearen Regression.

Multiple lineare Regression (MLR)

Haben mehrere unabhängige Variable Einfluss auf die durch den Softsensor vorherzusagende Größe, muss das Regressionsmodell erweitert werden:

$$y = \theta_0 + \theta_1 x_1 + \ldots \theta_m x_m + \varepsilon \,. \tag{5.18}$$

Auch dieses Modell ist linear, sowohl in den Parametern als auch in den unabhängigen Variablen. Die unten angegebenen Ergebnisse gelten aber auch für allgemeinere Modellformen

$$y = \theta_0 + \theta_1 f_1(x_1 \ldots x_m) + \theta_2 f_2(x_1 \ldots x_m) + \cdots + \theta_p f_p(x_1 \ldots x_m) + \varepsilon \tag{5.19}$$

mit p bekannten Funktionen $f_i(x_1 \ldots x_m)$ – den Regressoren – der m unabhängigen Eingangsgrößen, und $(p + 1)$ Modellparametern. In diesem Modell treten zwar die Parameter linear auf, aber die Einflussgrößen $(x_1 \ldots x_m)$ können durch nichtlineare Funktionen beschrieben werden. Die konkrete Form der Funktionen $f_i(x_1 \ldots x_m)$ – d. h. die „Modellstruktur" – muss vom Anwender aufgrund von Vorkenntnissen vorgegeben werden. Wenn keine genaueren Informationen vorliegen, hat sich die Verwendung von Polynommodellen niedriger Ordnung praktisch bewährt. Für $m = 2$ und die Polynomordnung zwei lässt es sich

$$y = \theta_0 + \theta_1 x_1 + \theta_2 x_2 + \theta_3 x_1^2 + \theta_4 x_2^2 + \theta_5 x_1 x_2 + \varepsilon \tag{5.20}$$

schreiben. In diesem Fall sind sechs Modellparameter $(\theta_0, \theta_1 \ldots \theta_5)$ zu schätzen.

Die Anwendung der Matrizen- und Vektorenschreibweise ermöglicht eine kompakte Notation. Für N Messungen kann man das Regressionsmodell in der Form

$$\boldsymbol{y} = \boldsymbol{M\theta} + \boldsymbol{\varepsilon} \tag{5.21}$$

schreiben. Darin bedeuten

$$\boldsymbol{y} = \begin{bmatrix} y_1 \\ y_2 \\ \vdots \\ y_N \end{bmatrix} \quad \boldsymbol{M} = \begin{bmatrix} 1 & f_1(x_{1,1}, x_{2,1}, \dots x_{m,1}) & f_2(\boldsymbol{x}_1) & \cdots & f_p(\boldsymbol{x}_1) \\ 1 & f_1(x_{1,2}, x_{2,2}, \dots x_{m,2}) & f_2(\boldsymbol{x}_2) & \cdots & f_p(\boldsymbol{x}_2) \\ \vdots & \vdots & \vdots & \ddots & \vdots \\ 1 & f_1(x_{1,N}, x_{2,N}, \dots x_{m,N}) & f_2(\boldsymbol{x}_N) & \cdots & f_p(\boldsymbol{x}_N) \end{bmatrix} \quad \boldsymbol{\theta} = \begin{bmatrix} \theta_0 \\ \theta_1 \\ \vdots \\ \theta_p \end{bmatrix} \tag{5.22}$$

den $(N \times 1)$-Vektor der Messungen der abhängigen Variablen y, die $N \times (p+1)$-Matrix der Funktionswerte der unabhängigen Variablen (Regressoren) $\boldsymbol{f}(\boldsymbol{x})$ und den $((p+1) \times 1)$-Vektor der Regressionsparameter $\boldsymbol{\theta}$. Die Einflussgrößen lassen sich für eine kompaktere Notation zu einem Vektor $\boldsymbol{x} = \begin{bmatrix} x_1 & \dots & x_m \end{bmatrix}$ zusammenfassen. Für das Modell (5.18) vereinfacht sich $\boldsymbol{M}$ zu

$$\boldsymbol{M} = \begin{bmatrix} 1 & x_{1,1} & x_{2,1} & \cdots & x_{m,1} \\ 1 & x_{1,2} & x_{2,2} & \cdots & x_{m,2} \\ \vdots & \vdots & \vdots & \ddots & \vdots \\ 1 & x_{1,N} & x_{2,N} & \cdots & x_{m,N} \end{bmatrix}. \tag{5.23}$$

In dieser Schreibweise bezeichnet der erste Index die Nummer der Einflussgröße, der zweite die Nummer der Messung. Die erste Spalte von Einsen ergibt sich daraus, dass im Modell ein Parameter θ_0 vorhanden ist. Fehlt θ_0 im Modell (d. h. liegt der Schnittpunkt von $y = f(x_1, \dots, x_m)$ mit der y-Achse bei $y = 0$, ist

$$\boldsymbol{M} = \boldsymbol{X} = \begin{bmatrix} x_{1,1} & x_{2,1} & \cdots & x_{m,1} \\ x_{1,2} & x_{2,2} & \cdots & x_{m,2} \\ \vdots & \vdots & \ddots & \vdots \\ x_{1,N} & x_{2,N} & \cdots & x_{m,N} \end{bmatrix}. \tag{5.24}$$

Die optimalen Schätzwerte für die Modellparameter nach der Methode der kleinsten Fehlerquadrate (MKQ)

$$\min_{(\theta_0 \dots \theta_p)} \left\{ \sum_{i=1}^{N} e_i^2 = \sum_{i=1}^{N} (y_i - \theta_0 - \theta_1 f_1(\boldsymbol{x}_i) - \dots - \theta_p f_p(\boldsymbol{x}_i)) \right\} \tag{5.25}$$

ergeben sich hier zu

$$\hat{\boldsymbol{\theta}} = \begin{bmatrix} \hat{\theta}_0 & \hat{\theta}_1 & \dots & \hat{\theta}_p \end{bmatrix}^T = \left[\boldsymbol{M}^T \boldsymbol{M}\right]^{-1} \boldsymbol{M}^T \boldsymbol{y}. \tag{5.26}$$

Ebenso wie im Fall der einfachen linearen Regression lassen sie sich nicht-iterativ bestimmen, allerdings ist im Fall der multiplen Regression eine Matrizeninversion durchzuführen. Setzt man die Messwerte für $\boldsymbol{x} = \begin{bmatrix} x_1 & \dots & x_m \end{bmatrix}$ in die Modellgleichung ein, ergeben sich die Vorhersagewerte für die Ausgangsgröße

$$\hat{\boldsymbol{y}} = \boldsymbol{M}\hat{\boldsymbol{\theta}} = \boldsymbol{M}\left[\boldsymbol{M}^T \boldsymbol{M}\right]^{-1} \boldsymbol{M}^T \boldsymbol{y} = \boldsymbol{H}\boldsymbol{y}. \tag{5.27}$$

Die Matrix $\boldsymbol{H}$ wird auch als „Dachmatrix" („hat matrix") bezeichnet. Wenn man sie mit den Messwerten $\boldsymbol{y}$ multipliziert, ergeben sich die Modell-Vorhersagen $\hat{\boldsymbol{y}}$, die Matrix $\boldsymbol{H}$ setzt $\boldsymbol{y}$, bildlich gesprochen, ein Dach auf. Die Diagonalwerte der Dachmatrix $\boldsymbol{H}$ werden auch als „leverages" bezeichnet, h_{ii} ist ein Maß für die Stärke der Hebelwirkung der i-ten Messung auf das Vorhersageergebnis. Geometrisch interpretiert sind die leverages ein Maß für den Abstand des Eingangsgrößen-Datensatzes $\boldsymbol{x}_i$ vom Zentrum aller Datensätze $\boldsymbol{X}$ (unter Berücksichtigung der Streuung).

Die Differenzen zwischen den Messwerten $\boldsymbol{y}$ und den über das Modell vorhergesagten Werten $\hat{\boldsymbol{y}}$ werden als Residuen bezeichnet: $\boldsymbol{e} = \boldsymbol{y} - \hat{\boldsymbol{y}}$. Die Summe ihrer Quadrate ist ein Maß für die Modellgüte. Verwendet man für die Berechnung N_V Validierungsdaten, wird die Größe

$$\mathrm{PRESS}_V = \sum_{i=1}^{N_V} (y_{V,i} - \hat{y}_{V,i})^2 \tag{5.28}$$

als Fehlerquadratsumme der Validierungsdaten („predicted error sum of squares in the validation set") bezeichnet.

Der Schätzwert für die Varianz des Fehlers $\boldsymbol{\varepsilon}$ ergibt sich jetzt zu

$$\hat{\sigma}^2 = \frac{SS_E}{N - (p+1)} \tag{5.29}$$

Die Gl. (5.26) liefert eine erwartungstreue Schätzung der Modellparameter mit minimaler Varianz. Erwartungstreu heißt, dass die Erwartungswerte der Modellparameter ihren (unbekannten) „wahren" Werten entsprechen: $E\left\{\hat{\boldsymbol{\theta}}\right\} = \boldsymbol{\theta}$.

Die Kovarianzmatrix der Regressionsparameter ist

$$\mathrm{cov}(\hat{\boldsymbol{\theta}}) = \hat{\sigma}^2 \left[\boldsymbol{M}^T\boldsymbol{M}\right]^{-1} = \hat{\sigma}^2\boldsymbol{P} \tag{5.30}$$

mit

$$\hat{\sigma}^2 = \frac{SS_E}{N-(p+1)} = \frac{1}{N-(p+1)} \sum_{i=1}^{N} (y_i - \hat{y}_i)^2 \tag{5.31}$$

Ihre Diagonalelemente sind die Varianzen von $\hat{\theta}_i$. Die Genauigkeit der Schätzung der Modellparameter lässt sich durch deren Standardabweichungen $\sigma(\hat{\theta}_j) = \sqrt{\hat{\sigma}^2 P_{jj}}$ angeben. $\boldsymbol{P} = \left[\boldsymbol{M}^T\boldsymbol{M}\right]^{-1}$ wird daher auch als „Präzisionsmatrix" bezeichnet.

Das Bestimmtheitsmaß (siehe Gl. (5.13)) wird bei der multiplen linearen Regression in modifizierter Form angegeben, um zu berücksichtigen, dass es immer wächst, wenn ein neuer Regressor ins Modell aufgenommen wird:

$$R^2_{\mathrm{korr}} = 1 - \frac{SS_E/(N-(p+1))}{SS_T/(N-1)} \tag{5.32}$$

Die Vertrauensintervalle für die Modellparameter $\boldsymbol{\theta}$ und die Vertrauens- und Prädiktionsbereiche für die Ausgangsgröße y lassen sich auf den MLR-Fall erweitern. Der gemeinsame Vertrauensbereich der Modellparameter lässt sich durch die Gleichung

$$\left(\hat{\boldsymbol{\theta}} - \boldsymbol{\theta}\right)^T \left(\boldsymbol{M}^T\boldsymbol{M}\right)\left(\hat{\boldsymbol{\theta}} - \boldsymbol{\theta}\right) = p\hat{\sigma}^2 F(p, N-p, 1-\alpha) \tag{5.33}$$

beschreiben und geometrisch als Ellipsoid darstellen.

Die Signifikanz des Regressionsmodells als Ganzes und die Signifikanz einzelner Modellparameter lässt sich auch durch statistische Tests prüfen. Wenn zwischen den unabhängigen Variablen $x_1 \dots x_m$ und der abhängigen Variablen y ein Zusammenhang besteht, müssen die wahren Regressionskoeffizienten ungleich Null sein. Man kann nun eine „Nullhypothese" aufstellen, die besagt, dass $\theta_1 = \theta_2 = \dots = \theta_p = 0$ sind und kein Zusammenhang besteht. Diese Hypothese lässt sich mit einem statistischen F-Test überprüfen: man berechnet den empirischen F-Wert

$$F_{\text{emp}} = \frac{SS_R/p}{SS_E/(N-(p+1))} = \frac{\sum\limits_{i=1}^{N} (\hat{y}_i - \bar{y})^2 / p}{\sum\limits_{i=1}^{N} (y_i - \hat{y}_i)^2 / (N-(p+1))} \tag{5.34}$$

und vergleicht diesen mit einem theoretischen F-Wert, der sich für ein gegebenes Signifikanzniveau (z. B. 95 %) und gegebene Werte von N und $(p+1)$ aus Statistik-Tabellen entnehmen lässt. Ist der empirische F-Wert größer als der Tabellenwert, wird die Nullhypothese verworfen und der durch das Regressionsmodell postulierte Zusammenhang wird als signifikant erachtet. In analoger Weise geht man vor, wenn man die Signifikanz einzelner Modellparameter bzw. Regressoren testen will. Im Unterschied zu vorher wird hier eine t-Statistik verwendet: man berechnet den empirischen t-Wert nach

$$t_{\text{emp}} = \frac{\hat{\theta}_j}{\sigma(\hat{\theta}_j)} \tag{5.35}$$

und vergleicht ihn mit dem Wert der Student-Verteilung $t_{\alpha/2,N-(p+1)}$ aus der Tabelle. Ist der empirische Wert größer, wird die Nullhypothese verworfen, und der Regressor ist Bestandteil des Modells.

Die Güte der Schätzung durch lineare Regression hängt von gewissen Annahmen ab, die bisher stillschweigend unterstellt wurden. Dazu gehören u. a., dass

- die Modellstruktur stimmt, d. h. dass das Modell tatsächlich parameterlinear ist und die relevanten Einflussgrößen enthält,
- die Fehler ε normalverteilt mit Mittelwert Null sind, eine konstante Varianz aufweisen und nicht mit den Eingangsgrößen $(x_1 \dots x_m)$ korreliert sind,
- die Residuen nicht autokorreliert sind,
- die unabhängigen Variablen keine Zufallsvariablen sind (also selbst fehlerfrei gemessen werden können, wie man das zwar bei Daten aus einer experimentellen Versuchsplanung, nicht aber bei historischen Datensätzen voraussetzen kann),
- zwischen den Regressoren keine lineare Abhängigkeit (Kollinearität) besteht.

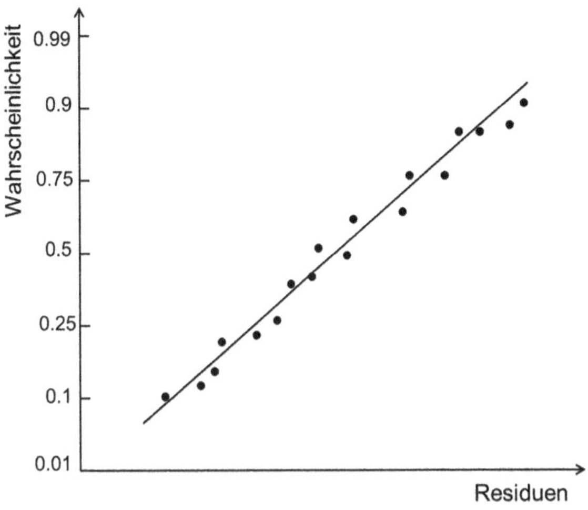

Abb. 5.5: Residuenanalyse: Normalverteilungsplot.

Es ist immer angebracht zu prüfen, ob diese Voraussetzungen erfüllt sind. Dazu kann z. B. eine Residuenanalyse herangezogen werden: Zunächst kann man mit Hilfe einer Grafik prüfen, wie nahe die Verteilungsfunktion der Residuen einer Normalverteilung kommt. Bei einer großen Zahl von Messungen eignet sich dafür ein Histogramm. Bei kleinerer Zahl von Messungen eignet sich eine grafische Darstellung in einem Normalverteilungsplot besser, bei dem die normierten Werte der Residuen $e_i/\sqrt{\sigma^2}$ und ihre kumulierten relativen Häufigkeiten gegenübergestellt werden. Im Idealfall (d. h. wenn die Residuen normalverteilt sind) liegen die Residuen dann auf einer Geraden. Ein Beispiel zeigt Abb. 5.5. Die normierten Residuen $e_i/\sqrt{\sigma^2}$ wurden ihrer Größe nach, beginnend mit dem kleinsten Wert, geordnet. Die kumulative Häufigkeit des j-ten geordneten Residuums ergibt sich zu $(j-0,5)/N$ und wird als Ordinate des Koordinatensystems aufgefasst. Will man eine lineare Skalierung erhalten, muss man statt $(j-0,5)/N$ die Quantile der standardisierten Normalverteilung z_j auftragen, die die Bedingung

$$(j-0,5)/N = P(Z \leq z_j) = \Phi(z_j) \tag{5.36}$$

erfüllen und aus Tabellen entnommen werden können.

Informativ ist auch die grafische Darstellung der Residuen e_i in Abhängigkeit von $\hat{y}_i$, von den Regressoren oder von der Zeit der Aufnahme der Messwerte (Draper & Smith, 1998). Beispiele für $e_i = f(\hat{y}_i)$ zeigt Abb. 5.6. Während links eine ideale Situation dargestellt ist, bei der die Residuen in einem horizontalen Band konstanter Breite liegen, zeigen die anderen Graphen Anomalien, die einer weiteren Aufklärung bedürfen. In der Mitte ist die Streuung der Residuen σ^2 nicht konstant: hier kann eine nichtlineare Transformation von y Abhilfe schaffen. Im rechts dargestellten Fall könnte die Aufnahme eines quadratischen oder anderen nichtlinearen Terms die Modellgüte verbessern.

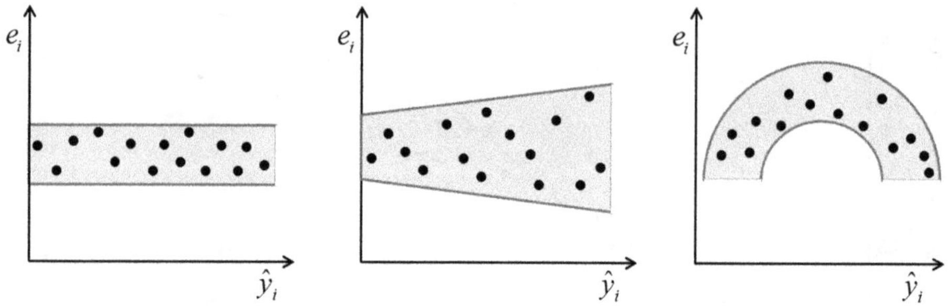

Abb. 5.6: Residuenanalyse: Darstellung der Residuen gegenüber der vorhergesagten Ausgangsgröße.

Die Autokorrelation zwischen zwei aufeinander folgenden Residuen kann man mit Hilfe des Durbin-Watson-Tests ermitteln. Dazu wird die Größe

$$d = \frac{\sum_{i=2}^{N} (e_i - e_{i-1})^2}{\sum_{i=1}^{N} (e_i)^2} \tag{5.37}$$

berechnet, deren Wert im Bereich $0 \leq d \leq 4$ liegt. Ein Wert von $d = 2$ bedeutet keine Autokorrelation, $d = 0$ „perfekte" positive, $d = 4$ „perfekte" negative Autokorrelation. Die statistische Signifikanz für das Vorhandensein einer Autokorrelation kann man unter Verwendung von Tabellen prüfen.

Rekursive Regression

Die in Gl. (5.26) beschriebene Lösung des MLR-Problems verarbeitet alle vorhandenen Messwerte und liefert eine Lösung in einem Schritt. Das Problem der Parameterschätzung im MLR-Modell lässt sich aber auch rekursiv lösen. Dabei werden die zum Zeitpunkt k geschätzten Parameter $\hat{\boldsymbol{\theta}}(k)$ mit Hilfe der zum Zeitpunkt $(k+1)$ eintreffenden Messungen korrigiert. Rekursive Verfahren eignen sich für eine Identifikation im Echtzeitbetrieb. Sie erlauben überdies die Identifikation (langsam) zeitveränderlicher Prozesse. Von besonderer praktischer Bedeutung ist der Algorithmus der gewichteten rekursiven Regression. Dabei wird das Least-Squares-Problem

$$\min_{(\theta_0 \ldots \theta_p)} \left\{ \sum_{i=1}^{N} w_i e_i^2 \right\} \tag{5.38}$$

mit den Gewichten

$$w_i = \lambda^{N-i} \qquad 0 < \lambda < 1 \tag{5.39}$$

gelöst. Die Gewichte sind so gewählt, dass weiter zurückliegende Messungen geringer gewichtet werden als die aktuelleren. Der Parameter λ wird auch als „Vergessensfaktor“ bezeichnet, die Methode als „Regression mit exponentiell nachlassendem Gedächtnis“. Für den Faktor λ haben sich Werte im Bereich $0{,}9 < \lambda < 0{,}995$ praktisch bewährt. Je kleiner λ gewählt wird, desto besser kann die Regression zeitveränderlichen Modellparametern folgen, desto stärker wirken sich aber auch Störungen (Messrauschen) auf die Schätzergebnisse aus. Die Schätzgleichungen der gewichteten linearen Regression lauten in ihrer rekursiven Form:

$$\boldsymbol{\gamma}(k+1) = \frac{\boldsymbol{P}(k)\boldsymbol{m}(k+1)}{\boldsymbol{m}^T(k+1)\boldsymbol{P}(k)\boldsymbol{m}(k+1) + \lambda} \quad \text{Korrekturvektor} \qquad (5.40)$$

$$\boldsymbol{P}(k+1) = \left[I - \boldsymbol{\gamma}(k+1)\boldsymbol{m}^T(k+1)\right] \frac{\boldsymbol{P}(k)}{\lambda} \quad \text{Präzisionsmatrix} \qquad (5.41)$$

$$\hat{\boldsymbol{\theta}}(k+1) = \hat{\boldsymbol{\theta}}(k) + \boldsymbol{\gamma}(k+1)\left[y(k+1) - \boldsymbol{m}^T(k+1)\hat{\boldsymbol{\theta}}(k)\right] \quad \text{Modellparameter} \qquad (5.42)$$

Der Vektor $\boldsymbol{m}^T(k+1)$ ergibt sich durch Einsetzen der Messwerte für die Eingangsgrößen $\boldsymbol{x}$ zum Zeitpunkt $(k+1)$ in den Funktionsansatz (5.19):

$$\boldsymbol{m}^T(k+1) = \begin{bmatrix} 1 & f_1(\boldsymbol{x}_{k+1}) & \cdots & f_p(\boldsymbol{x}_{k+1}) \end{bmatrix} . \qquad (5.43)$$

Der „neue“ Schätzwert für die Modellparameter $\hat{\boldsymbol{\theta}}(k+1)$ ergibt sich aus dem vorhergehenden $\hat{\boldsymbol{\theta}}(k)$, indem man einen Korrekturterm hinzufügt, der dem Vorhersagefehler $\left[y(k+1) - \boldsymbol{m}^T(k+1)\,\hat{\boldsymbol{\theta}}(k)\right]$ proportional ist. Dieser Fehler ist die Differenz zwischen dem neu eingetroffenen Messwert der Ausgangsgröße $y(k+1)$ und deren mit den alten Modellparametern vorhergesagten Wert $\hat{y}(k+1|k) = \boldsymbol{m}^T(k+1)\,\hat{\boldsymbol{\theta}}(k)$.

Der Algorithmus der gewichteten rekursiven Regression kann auf zweierlei Weise gestartet werden:

- man sammelt ausreichend Messdatensätze, führt eine nichtrekursive Regression nach Gl. (5.26) durch und verwendet die gewonnenen Schätzwerte als Startwerte für $\hat{\boldsymbol{\theta}}(k)$ und die Präzisionsmatrix $\boldsymbol{P}(k)$,
- man startet mit willkürlich gewählten Modellparametern (z. B. $\hat{\boldsymbol{\theta}}(0) = \mathbf{1}$) und einer Präzisionsmatrix mit „großen“ Diagonalelementen, die die Unsicherheit der Anfangsschätzung reflektieren, z. B. $\boldsymbol{P}(0) = c\boldsymbol{I}$ mit $c = 10^3 \dots 10^6$ für gestörte und $c = 10^9 \dots 10^{12}$ für ungestörte Systeme.

5.2.2 Ridge Regression, Principle Components Analysis (PCA) und Partial Least Squares (PLS)

Eine Voraussetzung für die Anwendung der multiplen linearen Regression (MLR) besteht darin, dass die unabhängigen Variablen nicht untereinander korreliert oder linear abhängig sind (Multikollinearität der Eingangsgrößen). Die MLR wird daher vor allem dann angewendet, wenn die Messdaten im Ergebnis statistischer Versuchsplanung gewonnen wurden, weil sich in diesem Fall die Unkorreliertheit der Eingangsgrößen gewährleisten lässt. Anders ist es, wenn Messdaten, die für die Modellbildung verwendet werden sollen, aus einer Datenbank historischer Werte stammen, die dem Prozess im laufenden Betrieb entnommen wurden. Solche Datenbanken oder „Historians“ sind inzwischen in der Prozessindustrie weit verbreitet. In ihnen werden Datensätze vieler Prozessvariablen, aber auch Labordaten, Emissionsdaten oder Maschinendaten mit kurzen Abtastintervallen abgespeichert. Die Bereitstellung eines großen Datenvolumens ist aber nicht gleichbedeutend mit der Verfügbarkeit von wirklichen Prozessinformationen: oft sind die Daten durch starke Korrelation untereinander, Redundanz, ein geringes Signal/Rausch-Verhältnis und fehlende Messwerte gekennzeichnet. Die direkte Anwendung der MLR zur Modellbildung führt daher oft nicht zum bestmöglichen Vorhersagemodell. Im Folgenden werden ausgewählte Verfahren der linearen Regression vorgestellt, die sich auch für korrelierte Eingangsgrößen eignen. Insbesondere PLS-Modelle haben sich bewährt und werden in zunehmender Zahl in der Praxis für Softsensoren eingesetzt.

Kammlinienregression (Ridge Regression)

Sind zwei Eingangsgrößen selbst linear voneinander abhängig (z. B. $x_2 = \alpha x_1$), dann lassen sich in dem Modell

$$y = \theta_0 + \sum_{i=1}^{n_u} \theta_i x_i \tag{5.44}$$

die Parameter θ_i nicht mehr eindeutig bestimmen. Setzt man z.B in das Modell $y = \theta_0 + \theta_1 x_1 + \theta_2 x_2$ diese lineare Abhängigkeit ein, ergibt sich

$$y = \theta_0 + \theta_1 x_1 + \theta_2 \alpha x_1 = \theta_0 + \theta_1' x_1 \quad \text{mit} \quad \theta_1' = \theta_1 + \theta_2 \alpha \,. \tag{5.45}$$

Man kann dann zwar die Parameter θ_0 und θ_1', aber nicht θ_0, θ_1 und θ_2 durch Regression bestimmen, weil es unendlich viele Paare (θ_1, θ_2) gibt, die die Beziehung $\theta_1' = \theta_1 + \theta_2 \alpha$ erfüllen. Die Matrix $\boldsymbol{M}$ enthält dann zwei linear abhängige Spalten, und die Matrix $\boldsymbol{M}^T\boldsymbol{M}$ wird singulär, d. h. ihre Determinante hat den Wert Null. Die Matrizeninversion in Gl. (5.26) ist somit nicht mehr möglich. Sind die beiden Eingangsgrößen nicht exakt, sondern nur angenähert linear voneinander abhängig, dann kann man die Regression zwar formal richtig durchführen, das Ergebnis ist aber sehr empfindlich, d. h. kleine Änderungen in den Messwerten für die Eingangsgrößen haben große Auswirkungen auf das Schätzergebnis für die Modellparameter.

Man kann den Grad der Multikollinearität auf unterschiedliche Weise feststellen. *Erstens* ist es möglich, die Werte der Korrelationskoeffizienten für alle Paare (x_i, x_j) mit Hilfe der Formeln

$$r_{ij} = \frac{\sum_{i=1}^{N} (x_i - \bar{x})(y_i - \bar{y})}{\sum_{i=1}^{N} (x_i - \bar{x})^2 \sum_{i=1}^{N} (y_i - \bar{y})^2} \tag{5.46}$$

zu berechnen und in einer Korrelationsmatrix

$$\boldsymbol{R} = \begin{bmatrix} 1 & r_{12} & \dots & r_{1m} \\ r_{21} & 1 & \dots & r_{2m} \\ \vdots & \vdots & \ddots & \vdots \\ r_{m1} & r_{m2} & \dots & 1 \end{bmatrix} \tag{5.47}$$

zusammenzufassen. Die Korrelationskoeffizienten liegen im Bereich von -1 bis $+1$, wobei $r_{ij} = 1$ eine perfekte positive, $r_{ij} = -1$ eine perfekte negative und $r_{ij} = 0$ keine Korrelation bedeuten. Da $r_{ij} = r_{ji}$ gilt, ist die Korrelationsmatrix symmetrisch. Korrelationskoeffizienten nahe bei $+1$ oder -1 deuten auf einen linearen Zusammenhang zwischen den jeweiligen Eingangsgrößen hin, in einem (x_i, x_j)-Streudiagramm streuen die Werte um eine steigende $(r_{ij} = 1)$ oder fallende $(r_{ij} = -1)$ Gerade. Allerdings gilt nicht der Umkehrschluss: kleine Korrelationskoeffizienten schließen nicht aus, das Multikollinearität vorliegt.

Zur Erkennung der Multikollinearität kann man *zweitens* für alle Einflussgrößen $x_k (k = 1 \dots m)$ den „Varianzinflationsfaktor“ $VIF(k)$ bestimmen. Er gibt an, um welchen Betrag sich die Varianz des zu x_k gehörenden Modellparameters θ gegenüber dem Fall erhöht, dass alle Eingangsgrößen unkorreliert sind. Es gilt

$$VIF(k) = \frac{1}{1 - R^2(k)} \,. \tag{5.48}$$

Darin ist $R^2(k)$ das Bestimmtheitsmaß, das sich ergibt, wenn man x_k mit Hilfe der anderen Eingangsgrößen $x_{j,j \neq k}$ über eine lineare Regression schätzt. Wenn sich x_k als Linearkombination der anderen Eingangsgrößen ergibt, ist $R^2(k) = 1$ und $VIF(k) \to \infty$. Als Faustregel gilt, dass $VIF(k) > 5$ ein Hinweis auf Multikollinearität ist.

Drittens kann man die Konditionszahl der empirischen Kovarianzmatrix der Eingangsgrößen bestimmen. Sie ist definiert als die Wurzel aus dem Quotienten des größten und des kleinsten Eigenwerts dieser Matrix:

$$\kappa = \sqrt{\frac{\lambda_{\max}}{\lambda_{\min}}} \tag{5.49}$$

Die Kovarianzmatrix selbst lässt sich wie folgt bestimmen: Man ordnet die Daten für die Eingangsgrößen $x_1 \dots x_m$ in einer $(N \times m)$-Matrix $\boldsymbol{X}$ an (d. h. wie in der Matrix $\boldsymbol{M}$ ohne die erste Spalte) und normiert sie durch Subtraktion der Mittelwerte und Division durch die Standardabweichung:

$$\tilde{x}_{ij} = \frac{x_{ij} - \bar{x}_j}{s_j} \quad \text{mit} \quad \bar{x}_j = \frac{1}{N} \sum_{i=1}^{N} x_{ij} \qquad s_j = \sqrt{\frac{\sum_{i=1}^{N} (x_{ij} - \bar{x}_j)}{N - 1}} \tag{5.50}$$

Die normierte Matrix werde mit $\tilde{\boldsymbol{X}}$ bezeichnet. Deren Spaltenmittelwerte sind dann Null und die Standardabweichungen sind Eins. Die Kovarianzmatrix ist

$$\boldsymbol{S} = \mathrm{cov}(\tilde{\boldsymbol{X}}) = \frac{\tilde{\boldsymbol{X}}^T \tilde{\boldsymbol{X}}}{N-1} . \tag{5.51}$$

Perfekte Kollinearität zwischen zwei Eingangsgrößen führt auf $\lambda_{\min} = 0$ und daher $\kappa \to \infty$. Je größer die Konditionszahl, desto größer ist der „Grad" der Kollinearität.

Ein Ausweg aus dem Problem der schlechten Kondition von $\boldsymbol{M}^T\boldsymbol{M}$ ist die Kammlinienregression, bei der die Optimierungsaufgabe

$$\min_{(\theta_0 \ldots \theta_p)} \left\{ \sum_{i=1}^{N} (y_i - \theta_0 - \theta_1 f_1(\boldsymbol{x}_i) - \cdots - \theta_p f_p(\boldsymbol{x}_i))^2 + \lambda \sum_{i=1}^{p} \theta_i^2 \right\} \tag{5.52}$$

gelöst wird. Die Zielfunktion (5.25) wird also um einen Strafterm erweitert, der die Werte der Modellparameter tendenziell verkleinert (oder schrumpfen lässt, daher der Name „shrinkage methods" für diese Klasse von Regressionsverfahren). In Matrix-Notation lässt sich die Zielfunktion

$$J(\boldsymbol{\theta}) = (\boldsymbol{y} - \boldsymbol{M}\boldsymbol{\theta})^T (\boldsymbol{y} - \boldsymbol{M}\boldsymbol{\theta}) + \lambda \boldsymbol{\theta}^T \boldsymbol{\theta} \tag{5.53}$$

schreiben. Man beachte, dass in den Strafterm nur die Modellparameter $\theta_1 \ldots \theta_p$, nicht aber θ_0 aufgenommen werden. Die optimalen Schätzwerte für die Modellparameter ergeben sich jetzt aus

$$\hat{\boldsymbol{\theta}} = \left[\boldsymbol{M}^T \boldsymbol{M} + \lambda \boldsymbol{I}\right]^{-1} \boldsymbol{M}^T \boldsymbol{y} . \tag{5.54}$$

Vor deren Berechnung müssen die Daten für die Ein- und Ausgangsgrößen wiederum standardisiert werden. Man erkennt, dass zur Diagonale von $\boldsymbol{M}^T\boldsymbol{M}$ eine Konstante λ addiert wird, was die Matrizeninversion auch dann ermöglicht, wenn das Problem singulär oder schlecht konditioniert ist. Die Schätzwerte für die Modellparameter sind jetzt nicht mehr erwartungstreu, aber unempflindlicher. Die Lösung $\hat{\boldsymbol{\theta}}$ ist abhängig von λ. In der Praxis löst man die Regressionsaufgabe für einen Vektor von λ-Werten im Bereich $0 < \lambda < 1$ und stellt die geschätzten Modellparameter in Abhängigkeit von λ grafisch dar. Ein Beispiel mit zwei Parametern zeigt Abb. 5.7.

Diese Grafik bzw. die Zusammenhänge $\hat{\boldsymbol{\theta}}(\lambda)$ werden auch „ridge trace" genannt. Es ist charakteristisch, dass sich die Lösungen für $\lambda > \lambda^*$ stabilisieren. Anhand der Grafik kann man ein geeignetes λ^* auswählen und die dazu gehörige Lösung $\hat{\boldsymbol{\theta}}(\lambda^*)$ bestimmen.

Statt mit einem Strafterm in der Zielfunktion lässt sich das Optimierungsproblem auch mit einer Nebenbedingung formulieren. Die Zielfunktion ist dann wie bei MLR

$$J = \sum_{i=1}^{N} (y_i - \theta_0 - \theta_1 f_1(\boldsymbol{x}_i) - \cdots - \theta_p f_p(\boldsymbol{x}_i))^2 , \tag{5.55}$$

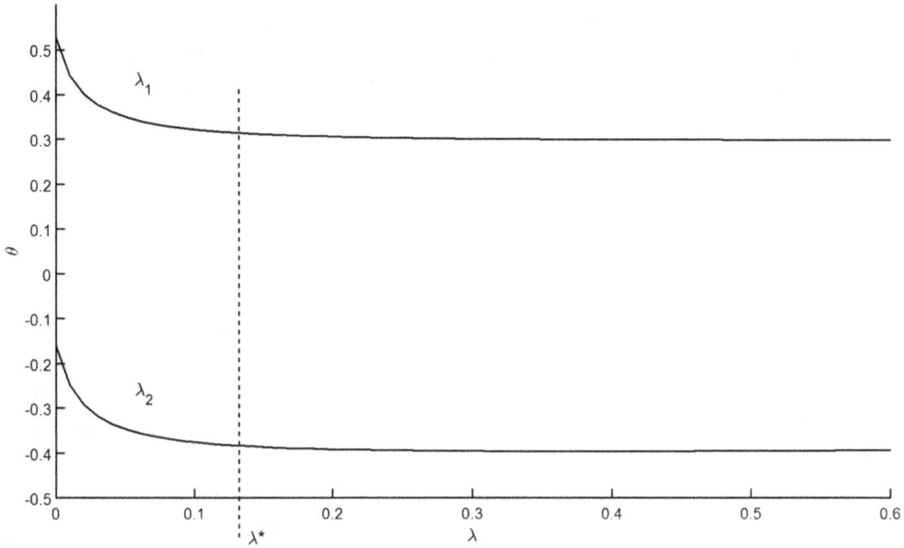

Abb. 5.7: Lösungen einer Kammlinienregression in Abhängigkeit von λ (ridge trace).

hinzu kommt die Ungleichheits-NB für die „Größe" der Modellparameter

$$\sum_{i=1}^{p} \theta_i^2 \leq b\,. \tag{5.56}$$

Die Lösung der Optimierungsaufgabe lässt sich dann nur noch numerisch bestimmen. Diese Notation zeigt aber gut den Zusammenhang der Kammlinienregression mit anderen „Shrinkage"-Verfahren, z. B. der Lasso-Methode (vgl. Abschnitt 5.4.3). Die Kammlinienregression kann ebenso wie die Lasso-Methode auch zur Auswahl relevanter Einflussgrößen herangezogen werden.

Hauptkomponentenanalyse (PCA)

Ein weiterer Lösungsansatz für die statistische Modellbildung bei Kollinearität ist eine Datentransformation mit Hilfe der Hauptkomponentenanalyse (Principal Components Analysis, PCA) und deren Verwendung im Zusammenhang mit der Partial-Least-Squares-(PLS)-Regression. Die PCA-Methode hat eine weit über die PLS-Regression hinausgehende Bedeutung: im Zusammenhang mit der Prozessführung wird sie u. a. zur Früherkennung abnormaler Prozesssituationen eingesetzt.

Es ist erfahrungsgemäß schwierig, Prozessinformationen anhand der Betrachtung der Zeitverläufe vieler Einzelsignale zu gewinnen. Ziel der PCA ist es, die in diesen Daten verdeckten Zusammenhänge und Informationen aufzudecken, in dem die vielen z. T. korrelierten Einzelsignale zu wenigen unkorrelierten „latenten" Variablen zusammngefasst werden. Damit wird gleichzeitig eine deutliche Reduktion des Datenraums erreicht. Die latenten Variablen lassen sich mathematisch als Linearkombinationen der ursprünglich gemessenen Prozessgrößen auffassen.

Um das Vorgehen bei der PCA zu erläutern, wird von einer Datenmatrix $\boldsymbol{X}$ mit N Zeilen und m Spalten ausgegangen:

$$\boldsymbol{X} = \begin{bmatrix} x_{1,1} & x_{2,1} & \cdots & x_{m,1} \\ x_{1,2} & x_{2,2} & \cdots & x_{m,2} \\ \vdots & \vdots & \ddots & \vdots \\ x_{1,N} & x_{2,N} & \cdots & x_{m,N} \end{bmatrix} \tag{5.57}$$

Darin bezeichnet N die Zahl der Messwertsätze und m die Zahl der gemessenen Prozessgrößen, es wird $N > m$ angenommen. Jede Zeile stellt also einen Schnappschuss des aktuellen Anlagenzustands zu einem bestimmten Zeitpunkt dar. Jede Spalte beinhaltet den Zeitverlauf einer Prozessgröße.

Mit Hilfe der PCA sollen die Informationen der m Einzelvariablen mit Hilfe von $k < m$ Hauptkomponenten beschrieben werden. Dazu wird diese Datenmatrix wird zunächst normiert, indem von jeder Variablen der arithmetische Mittelwert (der Spalte) subtrahiert und durch die Standardabweichung dividiert wird, siehe Gl. (5.50).

Die normierte Datenmatrix wird nun wie folgt zerlegt:

$$\boldsymbol{X} = \boldsymbol{T}\boldsymbol{P}^T + \boldsymbol{E} = \boldsymbol{t}_1\boldsymbol{p}_1^T + \boldsymbol{t}_2\boldsymbol{p}_2^T + \ldots \boldsymbol{t}_k\boldsymbol{p}_k^T + \boldsymbol{E}\,. \tag{5.58}$$

Darin bezeichnen $\boldsymbol{T}$ eine $(N \times k)$-dimensionale Matrix von Faktorenwerten (auch „Scores"), $\boldsymbol{P}$ eine $(m \times k)$-dimensionale Matrix von Faktorenladungen (auch „Loadings"), und $\boldsymbol{E}$ eine $(N \times m)$-dimensionale Residuenmatrix. Die Spaltenvektoren $\boldsymbol{t}_i$ sind demzufolge die Score- und die Spaltenvektoren $\boldsymbol{p}_i$ die Ladungsvektoren. Die Zahl der Hauptkomponenten beträgt k und kann maximal $k = m$, also gleich der Zahl der Variablen sein. In diesem Fall wird $\boldsymbol{E} = \boldsymbol{0}$. In der Praxis gelingt es aber häufig, mit wesentlich weniger $(k < m)$ Hauptkomponenten den wesentlichen Teil der Varianz der Daten zu erklären.

Die Bedeutung der Hauptkomponenten, Scores und Loadings kann man anhand eines einfachen Beispiels mit 3 Variablen (x_1, x_2, x_3) erläutern, für die N Messungen gegeben sein sollen. In Abb. 5.8 sind diese Messungen in einem x_1-x_2-x_3-Koordinatensystem dargestellt. Es wird nun eine Hauptachsentransformation durchgeführt, bei der die erste Hauptachse durch den Datenmittelpunkt verläuft und in Richtung der größten Varianz der Daten zeigt. Die zweite Hauptachse steht senkrecht auf der ersten (ist orthogonal zu dieser) und weist in Richtung der zweitgrößten Varianz (Ausdehnungsrichtung der Daten). In diesem Beispiel erübrigt es sich, die dritte Hauptachse zu konstruieren, da die Daten zwar drei Dimensionen aufweisen, aber nahezu in einer Ebene angeordnet sind, die im Bild grau dargestellt ist. Man kann ihre Variabilität also mit nur zwei Dimensionen beschreiben, die durch die ersten beiden Hauptachsen angegeben werden. Der dreidimensionale Datensatz wird nun in diese Ebene „projiziert". Die Richtung der Hauptachsen wird durch die Elemente der

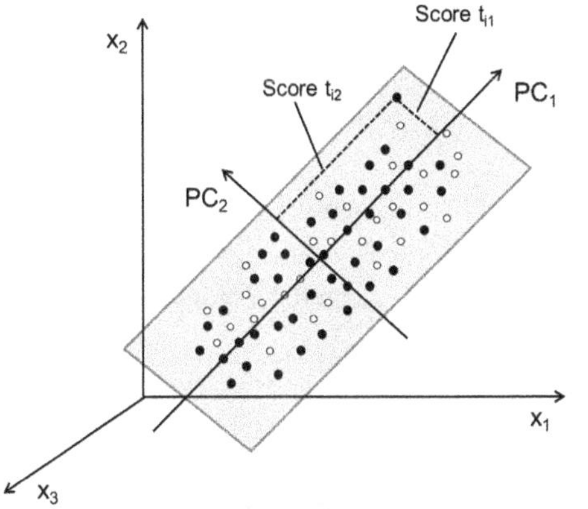

Abb. 5.8: Zur Konstruktion der Hauptachsen.

Ladungsvektoren (oder „Loadings") angegeben, für die erste Hauptachse also durch $\boldsymbol{p}_1 = \begin{bmatrix} p_{11} & p_{21} & p_{31} \end{bmatrix}^T$ mit dem Betrag $|\boldsymbol{p}_1| = \sqrt{p_{11}^2 + p_{21}^2 + p_{21}^2} = 1$. Der Ladungsvektor enthält also die Koordinaten, bei denen die Hauptachse die Einheitskugel durchstößt und gibt eine Wegbeschreibung an, um vom alten zum neuen (Hauptachsen-) Koordinatensystem zu kommen.

Die „Scores" bezeichnen hingegen die Abstände der senkrechten Projektionen der Datenpunkte auf die neuen Hauptachsen, vom Datenmittelpunkt aus gerechnet. Dies ist im Bild für einen Datenpunkt (i) veranschaulicht, der senkrecht auf die Hauptachsen PC1 und PC2 projiziert wurde: die Abstände seiner „Fußpunkte" vom Ursprung – oder seine Scorewerte – sind t_{i1} und t_{i2}. Da jedem Datenpunkt auf diese Weise Score-Werte zugeordnet werden können, lassen sich die Score-Werte aller N Datenpunkte für die erste Hauptachse zu einem Spaltenvektor $\boldsymbol{t}_1 = \begin{bmatrix} t_{11} & \cdots & t_{i1} & \cdots & t_{N1} \end{bmatrix}^T$ zusammenfassen. Ebensolche Projektionen sind für die weiteren Hauptachsen möglich. Es ergeben sich die Vektoren $\boldsymbol{t}_2 \ldots \boldsymbol{t}_k$, die sich wiederum zu einer Matrix $\boldsymbol{T}$ vereinigen lassen. Die Scores sind demzufolge die Koordinaten der Datenpunkte im Raum der Hauptachsen. Die Loadings geben die Richtungen der Hauptachsen bezüglich des ursprünglichen Koordinatensystems an. Wenn die Ladungsvektoren bekannt sind, ergeben sich die Scores aus

$$\boldsymbol{t}_i = \boldsymbol{X}\boldsymbol{p}_i \quad i = 1 \ldots k \quad \text{oder} \quad \boldsymbol{T} = \boldsymbol{X}\boldsymbol{P}\,. \tag{5.59}$$

Die Ladungsvektoren sind gleichzeitig auch die Eigenvektoren der Kovarianzmatrix der (mittelwert-zentrierten) Daten. Diese lässt sich aus

$$\boldsymbol{S} = \operatorname{cov}(\boldsymbol{X}) = \frac{\boldsymbol{X}^T\boldsymbol{X}}{N-1} \tag{5.60}$$

berechnen.

Die Score- und Ladungsmatrizen $\boldsymbol{T}$ bzw. $\boldsymbol{P}$ lassen sich auf unterschiedliche Weise bestimmen. Am bekanntesten sind die Methode der Singulärwertzerlegung (singular value decomposition, SVD) und der für „große" Datenmatrizen $\boldsymbol{X}$ noch besser geeignete NIPALS-Algorithmus (Nonlinear Iterative Partial Least Squares). Bei der SVD wird die Datenmatrix $\boldsymbol{X}^T\boldsymbol{X}$ zerlegt in

$$\boldsymbol{X}^T\boldsymbol{X} = \boldsymbol{P\Sigma P}^T \quad \boldsymbol{T} = \boldsymbol{XP}\,. \tag{5.61}$$

Die Diagonalmatrix $\boldsymbol{\Sigma}$ besteht aus den nicht-negativen Eigenwerten von $\boldsymbol{X}^T\boldsymbol{X}$, die in fallender Reihenfolge angeordnet werden (wie auch die Spalten der Ladungsmatrix $\boldsymbol{P}$ entsprechend angeordnet werden). Man kann zeigen, dass die Eigenwerte mit der Varianz der Scores zusammenhängen:

$$\sigma^2(\boldsymbol{t}_i) = \frac{\lambda_i}{N-1} \tag{5.62}$$

Daher gibt das Verhältnis $\frac{\lambda_i}{\lambda_1+\dots+\lambda_m} \times 100$ an, wie viel Prozent der Varianz der $\boldsymbol{X}$-Daten durch die i-te Hauptkomponente erklärt werden. Die Zahl k der zu berücksichtigenden Hauptkomponenten sollte so gewählt werden, dass mindestens 80 ... 90 Prozent der Varianz der Prozessdaten durch die Hauptkomponenten erklärt werden, also z. B.

$$\frac{\lambda_1 + \dots + \lambda_k}{\lambda_1 + \dots + \lambda_m} \times 100 > 90\,\% \tag{5.63}$$

gilt. Andere Möglichkeiten zur Bestimmung von k werden in (Jolliffe, 2002) und (Jackson, 2003) beschrieben.

Der NIPALS-Algorithmus ist ein Iterationsverfahren, das die Scores- und Loadingsvektoren $\boldsymbol{t}_i$ und $\boldsymbol{p}_i$ in der Reihenfolge fallender Eigenwerte λ_i der Kovarianzmatrix bestimmt (Geladi & Kowalski, 1986).

Bei der Früherkennung abnormaler Prozesssituationen wird zunächst ein PCA-Modell auf der Basis von im ungestörten Normalbetrieb gesammelten Prozessdaten entwickelt. Ein neu ankommender Messwertsatz $\boldsymbol{x}_{\text{neu}} = \begin{bmatrix} x_{\text{neu},1} & x_{\text{neu},2} & \cdots & x_{\text{neu},m} \end{bmatrix}$ wird dann zunächst in das neue Hauptachsensystem transformiert, d. h. die zu den Messwerten gehörigen Scores werden berechnet:

$$t_{i,\text{neu}} = \boldsymbol{p}_i^T \boldsymbol{x}_{\text{neu}}^T \quad i = 1 \dots k \tag{5.64}$$

Es ergeben sich k skalare Score-Werte, da $\boldsymbol{p}_i^T$ ein Zeilenvektor der Länge $(1 \times m)$ und $\boldsymbol{x}_{\text{neu}}^T$ ein Spaltenvektor der Länge $(m \times 1)$ ist. Man kann die Score-Werte zu einem Spaltenvektor der Länge $(k \times 1)$ zusammenfassen: $\boldsymbol{t}_{k,\text{neu}} = \begin{bmatrix} t_{1,\text{neu}} & t_{2,\text{neu}} & \cdots & t_{k,\text{neu}} \end{bmatrix}^T$. Mit seiner Hilfe und der Loadings-Matrix des im Normalbetrieb gewonnenen PCA-Modells lassen sich Vorhersagewerte für die Prozessgrößen bestimmen: $\hat{\boldsymbol{x}}_{\text{neu}}^T = \boldsymbol{P}_k \boldsymbol{t}_{k,\text{neu}}$.

Um eine Abweichung vom normalen Betriebsverhalten zu erkennen, berechnet man dann zwei aus der multivariaten Statistik bekannte Indizes, den „Hotellings T^2-Wert“ und den quadrierten Vorhersagefehler (Squared Prediction Error, SPE), und stellt diese grafisch in Abhängigkeit von den Beobachtungen (bzw. von der Zeit) dar. Verletzt einer der Indizes einen oberen Grenzwerte, wird dies als abnormaler Betriebszustand interpretiert.

Die „Hotellings T^2-Statistik" ergibt sich für k Hauptkomponenten zu

$$T_k^2 = \sum_{i=1}^{k} \frac{t_i^2}{s_{t_i}^2} = \sum_{i=1}^{k} \frac{t_i^2}{\lambda_i} \,. \tag{5.65}$$

Darin bezeichnet $s_{t_i}^2$ die geschätzte Varianz der Scores t_i. Der SPE-Wert ergibt sich zu

$$\text{SPE} = \sum_{i=1}^{m} \left(x_{\text{neu},i} - \hat{x}_{\text{neu},i}\right)^2 \,. \tag{5.66}$$

Der obere Grenzwert (Upper Control Limit, UCL) für T^2 lässt sich aus

$$T_{\text{UCL}}^2 = \frac{k(N-1)}{N-k} F(k, N-k, 1-\alpha) \tag{5.67}$$

berechnen. Darin ist $F(k, N-k, 1-\alpha)$ wie oben ein tabellierter Wert der F-Verteilung für die Freiheitsgrade $(k, N-k)$ und eine vorgegebene Vertrauenswahrscheinlichkeit, z. B. $\alpha = 0{,}95$. Der obere Grenzwert für SPE lässt sich mit Hilfe folgender Formeln berechnen:

$$\text{SPE}_{\text{UCL}} = \theta_1 \left[\frac{c_\alpha \sqrt{2\theta_2 h_0^2}}{\theta_1} + 1 + \frac{\theta_2 h_0 (h_0 - 1)}{\theta_1^2} \right]^{1/h_0} \tag{5.68}$$

mit

$$\theta_i = \sum_{j=k+1}^{m} \lambda_j^i \quad i = 1, 2, 3\,, \qquad h_0 = 1 - \frac{2\theta_1\theta_3}{3\theta_2^2} \,. \tag{5.69}$$

In Abb. 5.9 ein Beispiel dargestellt, bei dem nach ca. 220 Beobachtungen eine abnormale Situation auftritt, die anhand der Verletzung des oberen Grenzwerts in der Grafik

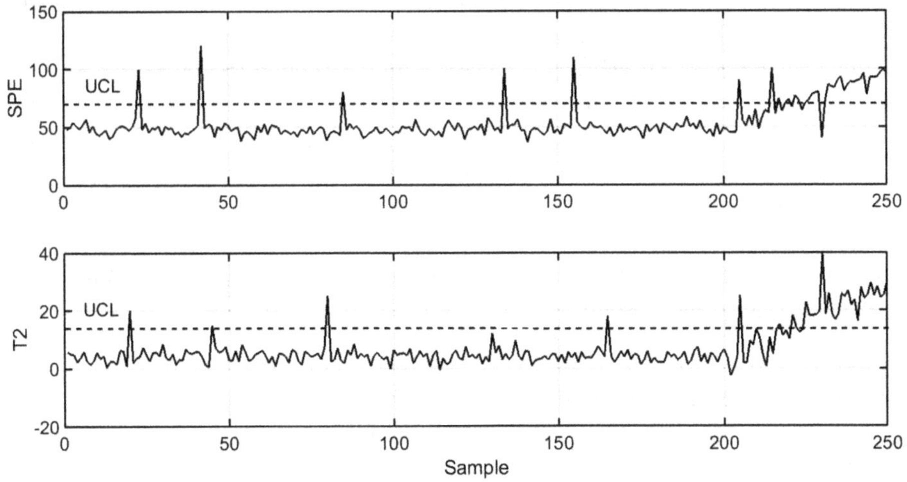

Abb. 5.9: Zur Erkennnung abnormaler Prozesssituationen.

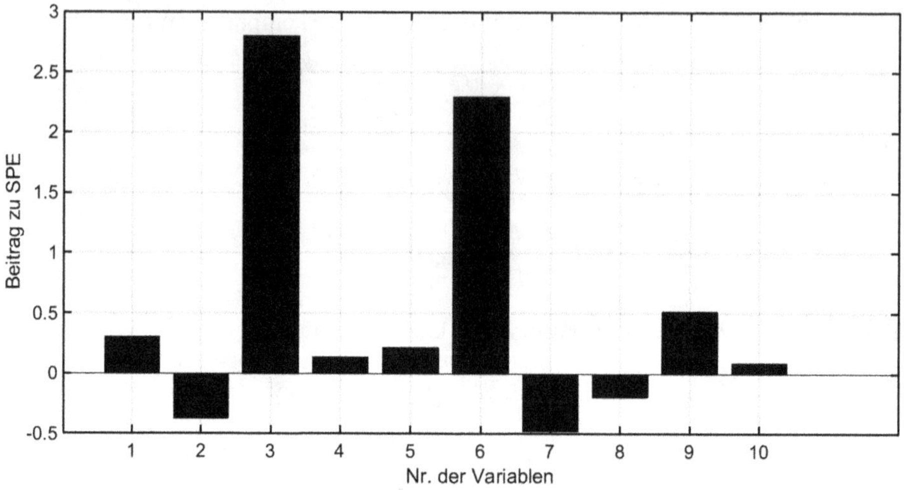

Abb. 5.10: Contribution Plot.

der T^2- und der SPE-Statistik zu erkennen ist. In Abb. 5.10 ist dargestellt, in welchem Maße die einzelnen Prozessvariablen im 220. Messwertsatz zur SPE-Statistik beitragen („contribution plot"). In diesem Beispiel sind die Variablen 3 und 6 die mit dem größten Einfluss auf den SPE-Wert. Während die ersten beiden Plots die Detektion einer Abweichung vom normalen Betriebszustand ermöglichen, unterstützt der „contribution plot" die Diagnose der Ursachen.

Weitere Ziele der Anwendung der PCA auf eine Datenmatrix $\boldsymbol{X}$ sind die Entdeckung von Ausreißern in einer multivariaten Umgebung (d. h. nicht durch Betrachtung der Einzelsignale) und die Erkennung von Clustern bzw. Gruppen von Daten, die auf verschiedene Betriebszustände schließen lassen bzw. eine Klassifikation ermöglichen.

Im Folgenden wird beschrieben, wie die Hauptkomponentenanalyse in der linearen Regression zur Entwicklung von Softsensoren eingesetzt werden kann. Die beschriebenen Verfahren (Principal Components Regression und Partial Least Squares) kann man auch als Verfahren zur Auswahl relevanter Einflussgrößen auffassen. Im Gegensatz zu den in Abschnitt 5.4.3 beschriebenen Methoden geschieht die Reduktion der Zahl der Einflussgrößen im Prozessmodell aber nicht durch Entfernen einzelner Variablen, sondern durch Bildung einer kleineren Zahl neuer, abgeleiteter Eingangsgrößen: der „latenten" Variablen.

Principal Components Regression (PCR)

Die „Principle Components Regression" (PCR) unterscheidet sich von der multiplen linearen Regression dadurch, dass die Messdaten für die Eingangsgrößen zunächst einer Hauptkomponentenanalyse (PCA) unterworfen und dann in die Schätzgleichung für die Modellparameter eingesetzt werden. Dabei werden nur die ersten k Hauptkomponenten verwendet. Die Schätzgleichung lautet dann

$$\hat{\boldsymbol{\theta}}_k = \left[\boldsymbol{T}^T\boldsymbol{T}\right]^{-1}\boldsymbol{T}^T\boldsymbol{y}\,. \tag{5.70}$$

Gegenüber der MLR wird die Datenmatrix $\boldsymbol{X}$ durch die Score-Matrix $\boldsymbol{T}$ ersetzt. Darin deutet der Index k darauf hin, dass sich das Ergebnis auf die Verwendung von $k < m$ Hauptkomponenten bezieht, d. h. der Parametervektor besitzt auch nur k Elemente. Werden alle Hauptkomponenten verwendet, d. h. $k = m$ gewählt, ist das Ergebnis mit dem der MLR identisch. Der Vorteil der PCR besteht darin, dass kollineare Eingangsgrößen verarbeitet werden können. Die Matrizeninversion ist unproblematisch, da die Score-Vektoren orthogonal zueinander sind. Bei der Vorhersage der Ausgangsgröße muss man beachten, dass für die Regression zentrierte Daten verwendet wurden, daher müssen in die Prädiktionsgleichung

$$\hat{\boldsymbol{y}} = \boldsymbol{T}\,\hat{\boldsymbol{\theta}}_k = \boldsymbol{X}\boldsymbol{P}\hat{\boldsymbol{\theta}}_k \tag{5.71}$$

auch mittelwertfreie Daten eingesetzt werden. Ein Nachteil der PCR ist, dass zwar die Eingangsgrößen $\boldsymbol{X}$ in ein neues Koordinatensystem transformiert werden, dabei aber nicht berücksichtigt wird, inwieweit diese Transformation relevant für die Vorhersage der Ausgangsgröße ist. Das heißt, es wird nur die Varianz der $\boldsymbol{X}$-Daten berücksichtigt, aber nicht die Korrelation zwischen den Ein- und Ausgangsgrößen.

PLS-Regression

Dieser Nachteil wird bei der PLS-Regression (PLS steht sowohl für „projection to latent structures“ als auch für „partial least squares“) überwunden, indem die Kovarianz zwischen $\boldsymbol{X}$ und $\boldsymbol{Y}$ maximiert wird. Es werden latente Variable gefunden, die sowohl die Varianz der $\boldsymbol{X}$-Daten erklären als auch am besten in der Lage sind, Vorhersagen für die Ausgangsgröße zu liefern. Wenn man die Matrizen $\boldsymbol{X}$ und $\boldsymbol{Y}$ einer Hauptkomponentenanalyse unterzieht, ergibt sich

$$\begin{aligned} \boldsymbol{X} &= \boldsymbol{T}\boldsymbol{P}^T + \boldsymbol{E} \\ \boldsymbol{Y} &= \boldsymbol{U}\boldsymbol{Q}^T + \boldsymbol{F}\,. \end{aligned} \tag{5.72}$$

Darin bezeichnen $\boldsymbol{T}$ und $\boldsymbol{U}$ die Scores von $\boldsymbol{X}$ bzw. $\boldsymbol{Y}$, $\boldsymbol{P}$ und $\boldsymbol{Q}$ deren Loadings, und $\boldsymbol{E}$ und $\boldsymbol{F}$ sind die Residuen. Die Gl. (5.72) werden hier auch als das „äußere Modell“ bezeichnet. Bei der PLS-Regression werden neben den $\boldsymbol{P}$- Loadings auch sogenannte $\boldsymbol{W}$-Loadings oder Gewichtsvektoren berechnet, die die Beziehung zwischen den $\boldsymbol{X}$-Daten und $\boldsymbol{Y}$ herstellen. Die Vorgehensweise wird in Abb. 5.11 anhand eines Beispiels mit jeweils 2 Variablen in $\boldsymbol{X}$ und $\boldsymbol{Y}$ erläutert. Darin sind zunächst die Scatterplots der Ein- und Ausgangsgrößen und die erste Hauptkomponente von $\boldsymbol{X}$ und $\boldsymbol{Y}$, also die Vektoren $\boldsymbol{p}_1$ und $\boldsymbol{q}_1$ dargestellt. Im unteren Teil des Bildes sind die Scores der ersten Hauptkomponente als Punkte in einem $\boldsymbol{u}_1 - \boldsymbol{t}_1$-Scatterplot gezeigt, die sich

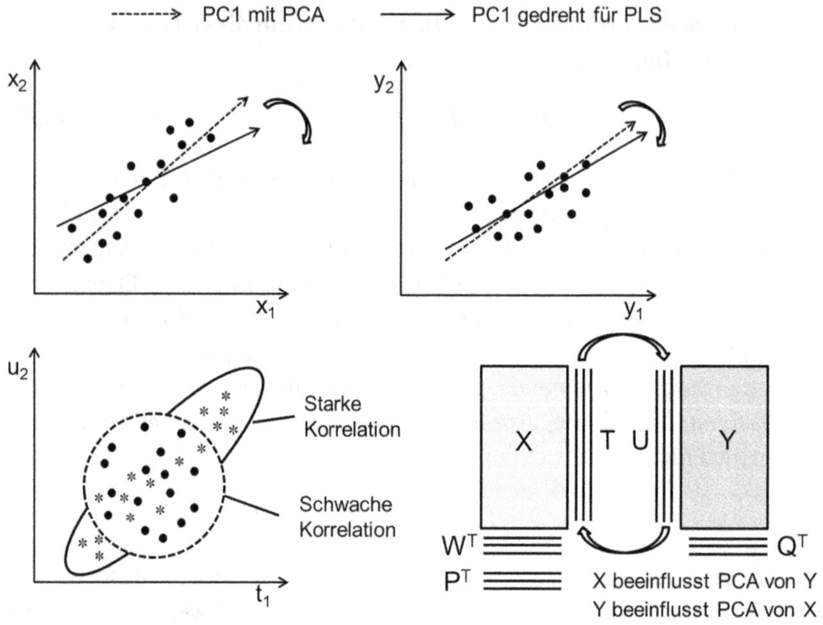

Abb. 5.11: Veranschaulichung der PLS-Regression.

ergeben, wenn man die ursprüngliche PCA durchführt. Man sieht, dass die Korrelation zwischen $\boldsymbol{u}_1$ und $\boldsymbol{t}_1$ zunächst nicht groß ist. Die ersten Hauptkomponenten von $\boldsymbol{X}$ und $\boldsymbol{Y}$ werden dann mit dem Ziel gedreht, die Korrelation zwischen $\boldsymbol{u}_1$ und $\boldsymbol{t}_1$ zu erhöhen, um damit eine bessere Vorhersage von $\boldsymbol{u}_1$ mit Hilfe von $\boldsymbol{t}_1$ zu ermöglichen. Die Beziehungen $\boldsymbol{u}_j = b_j \boldsymbol{t}_j$ für $j = 1, \ldots, k$ werden auch als „inneres" PLS-Modell bezeichnet. Infolge der Drehung der Hauptkomponenten verschiebt sich die Lage der (jetzt als Sterne dargestellten) $\boldsymbol{u}_1 - \boldsymbol{t}_1$-Scores.

Das Merkmal der PLS-Regression besteht also darin, Komponenten $\boldsymbol{t}_j$ zu finden, die eine maximale Kovarianz mit $\boldsymbol{u}_j$ aufweisen. Es werden dann zuerst die $\boldsymbol{u}_j$ mit Hilfe der $\boldsymbol{t}_j$ vorhergesagt, anschließend die Ausgangsgrößen $\boldsymbol{y}$ mit Hilfe der $\boldsymbol{u}_j$.

Es gibt unterschiedliche numerische Verfahren für die PLS-Regression (Andersson, 2009), darunter eine Version des schon aus der Hauptkomponentenanalyse bekannten NIPALS-Algorithmus. Mit dem Namen PLS1 bezeichnet man alle Algorithmen, die ein PLS-Modell für eine Ausgangsgröße bestimmen, mit PLS2 diejenigen, die ein gemeinsames PLS-Modell für die gleichzeitige Vorhersage mehrerer Ausgangsgrößen ermitteln. Es ist erfahrungsgemäß besser, für jede Softsensor-Ausgangsgröße ein eigenes PLS-Modell zu bilden. Wenn nur eine Ausgangsgröße vorhanden ist, vereinfacht sich der NIPALS-Algorithmus: er wird nicht-iterativ. Die Modellparameter werden dann in folgenden Schritten ermittelt (Wise, 2006): Die Messwert-Matrix $\boldsymbol{X}$ der Eingangsgrößen und der Messwert-Vektor $\boldsymbol{y}$ der Ausgangsgröße werden mittelwertzentriert: $\boldsymbol{X}_0 = \boldsymbol{X} - \boldsymbol{1} \cdot \bar{\boldsymbol{x}}^T$, $\boldsymbol{y}_0 = \boldsymbol{y} - \boldsymbol{1} \cdot \bar{y}$. $\boldsymbol{X}_0$ und $\boldsymbol{y}_0$ dienen als Startwerte für die folgenden Rechnungen, die für $j = 1, \ldots, k$ ausgeführt werden. Dabei ist k die Anzahl der verwendeten Hauptkomponenten.

Zunächst werden die Ladungsgewichte berechnet und auf $|\boldsymbol{w}_j| = 1$ normiert:

$$\boldsymbol{w}_j = \boldsymbol{X}_{j-1}^T \boldsymbol{y}_{j-1} / \left\| \boldsymbol{X}_{j-1}^T \boldsymbol{y}_{j-1} \right\| . \tag{5.73}$$

Danach erfolgt die Berechnung der Score- und Loadings-Vektoren für $\boldsymbol{X}$,

$$\boldsymbol{t}_j = \boldsymbol{X}_{j-1}^T \boldsymbol{w}_j \tag{5.74}$$

$$\boldsymbol{p}_j = \boldsymbol{X}_{j-1}^T \boldsymbol{t}_j / (\boldsymbol{t}_j^T \boldsymbol{t}_j) , \tag{5.75}$$

gefolgt von der Berechnung des Regressionskoeffizienten für das innere Modell

$$b_j = \boldsymbol{y}_{j-1}^T \boldsymbol{t}_j / (\boldsymbol{t}_j^T \boldsymbol{t}_j) . \tag{5.76}$$

Zuletzt wird eine reduzierte Messwertmatrix $\boldsymbol{X}$ und ein reduzierter Messwertvektor $\boldsymbol{y}$ durch Entfernen der Beiträge von $\boldsymbol{t}_j$ ermittelt:

$$\boldsymbol{X}_j = \boldsymbol{X}_{j-1} - \boldsymbol{t}_j \boldsymbol{p}_j^T \quad \text{und} \quad \boldsymbol{y}_j = \boldsymbol{y}_{j-1} - b_1 \boldsymbol{t}_j . \tag{5.77}$$

Beginnend mit Gl. (5.73) wird nun die gesamte Prozedur für die nächste Hauptkomponente (d. h. $j \leftarrow j + 1$) so oft wiederholt, bis $j = k$ erreicht ist.

Die Gewichts und die Ladungsvektoren $\boldsymbol{w}_j$ und $\boldsymbol{p}_j$ kann man in $(m \times k)$-Matrizen $\boldsymbol{W}$ bzw. $\boldsymbol{P}$ zusammenfassen, die Score-Vektoren $\boldsymbol{t}_j$ in der $(N \times k)$-Matrix $\boldsymbol{T}$. Wenn der Modellansatz $\boldsymbol{y} = \theta_0 + \boldsymbol{X}\boldsymbol{\theta}$ mit $\boldsymbol{\theta} = \begin{bmatrix} \theta_1 & \theta_2 & \ldots & \theta_k \end{bmatrix}^T$ lautet, ergeben sich die Modellparameter zu

$$\hat{\boldsymbol{\theta}} = \boldsymbol{W} \left(\boldsymbol{P}^T \boldsymbol{W} \right)^{-1} \left(\boldsymbol{T}^T \boldsymbol{T} \right)^{-1} \boldsymbol{T}^T , \quad \hat{\theta}_0 = \bar{y} - \bar{\boldsymbol{x}} \hat{\boldsymbol{\theta}} . \tag{5.78}$$

Bei der Nutzung des PLS1-Modells im Online Betrieb ist zu beachten, dass von den Eingangsgrößen zunächst die Mittelwerte subtrahiert, dann die Vorhersage gemacht und schließlich der Mittelwert der Ausgangsgröße hinzugefügt werden muss, da das Modell mit zentrierten Daten erstellt wurde.

Erweiterungen

PLS-Regressionsmodelle haben sich als eine sehr leistungsfähige Form datengetriebener Softsensoren erwiesen, für die inzwischen eine Vielzahl industrieller Anwendungen mit stark gestörten, kollinearen und unvollständigen Datensätzen bekannt geworden sind. Darüber hinaus gibt es Versionen von PLS-Algorithmen für dynamische (Lakshminarayanan, Shah, & Nandakumar, 1997) und nichtlineare Systeme (Wold, Kettaneh-Wold, & Skagerberg, 1989), (Hassel, Martin, & Morris, 2002). PLS-Algorithmen können auch rekursiv formuliert werden, was die Anwendung in adaptiven Systemen und beim Prozess-Monitoring ermöglicht (Qin, 1998), (Wang,

Krüger, & Lennox, 2003). Für zeitvariante und nichtlineare Systeme entwickelt wurden sogenannte „Just-in-Time"-Softsensoren, bei denen keine Modellbildung im Offline-Betrieb erfolgt. Stattdessen werden die $\boldsymbol{X}$- und $\boldsymbol{y}$-Daten im Online Betrieb abgespeichert. Wenn eine Vorhersage von y durch den Softsensor erfolgen soll, wird die Ähnlichkeit des aktuellen Datensatzes mit den gespeicherten Daten über Distanzmaße (z. B. Mahalanobis-Distanz) bestimmt und online ein PLS-Modell berechnet, in dem die Loadings mit Ähnlichkeitsmatrizen gewichtet werden (Kim & andere, 2013).

Ein besonderes Arbeitsgebiet ist die Anwendung multivariater statistischer Verfahren auf die Modellierung von Batch-Prozessen. Dort sind die Datensätze $\boldsymbol{X}$ der Eingangsgrößen nicht wie bisher zweidimensionale Matrizen, sondern es kommt eine weitere „Dimension" hinzu, die die Nummer des Batches kennzeichnet. Um PCA und PLS anwenden zu können, müssen die Daten dann zunächst geeignet entfaltet werden. Eine gute Übersicht mit Bezug zur Softsensorentwicklung enthalten die Arbeiten von (Kourti, 2003) und (Camacho, Pico, & Ferrer, 2008a), (Camacho, Pico, & Ferrer, 2008b).

In jüngerer Zeit sind Verfahren der multivariaten Statistik auch bei Softsensorentwicklungen angewendet worden, bei denen Sensordaten durch Bildverarbeitungssysteme bereitgestellt werden (multivariate image analysis, MIA). Beispiele sind die Flammenüberwachung und NO_x-Vorhersage bei Verbrennungsprozessen (Yu & MacGregor, 2004), die empirische Modellierung von Kristallisationsprozessen (Simon, Oucherif, Nagy, & Hungerbuhler, 2010) oder die Überwachung der Aluminiumerzeugung (Tessier, Duchesne, Gauthier, & Dufour, 2008). Eine Übersicht über dieses Gebiet einschließlich praktischer Anwendungen geben (Prats-Montalbán, de Juan, & Ferrer, 2011).

5.3 Empirische nichtlineare Modelle

5.3.1 Nichtlineare Regression

Die im Abschnitt 5.2 vorgestellten Methoden bezogen sich auf Prozessmodelle, bei denen die Modellparameter linear in den Gleichungen auftreten. Sie wiesen die Form

$$y = \theta_0 + \theta_1 f_1(x_1 \ldots x_m) + \theta_2 f_2(x_1 \ldots x_m) + \cdots + \theta_p f_p(x_1 \ldots x_m) + \varepsilon \tag{5.79}$$

auf. Bei der theoretischen Modellbildung entstehen aber oft Modelle, die nicht diese Struktur aufweisen. Manchmal lassen sich nichtlineare Modelle durch Transformationen in lineare überführen: So ist etwa der Ansatz

$$y = \exp(\theta_1 + \theta_2 x) + \varepsilon \tag{5.80}$$

äquivalent zu

$$\ln y = \theta_1 + \theta_2 x + \varepsilon\,. \tag{5.81}$$

Die Parameter dieses Modells lassen sich durch lineare Regression bestimmen, wenn man die Messwerte der Ausgangsgröße y vorher logarithmiert. Transformationen dieser Art sind aber nicht immer möglich. Ein Beispiel ist das Modell

$$y = \frac{\theta_1}{\theta_1 + \theta_2}\left(e^{-\theta_1 x} + e^{-\theta_2 x}\right) + \varepsilon\,. \tag{5.82}$$

In allgemeiner Form lassen sich parameternichtlineare Modelle in der Form

$$y = f(x_1 \ldots x_m, \theta_1 \ldots \theta_p) + \varepsilon = f(\boldsymbol{x}, \boldsymbol{\theta}) + \varepsilon \tag{5.83}$$

schreiben. Darin sind $\boldsymbol{x} = [x_1 \ldots x_m]$ der Vektor der Einflussgrößen und $\boldsymbol{\theta} = [\theta_1 \ldots \theta_p]^T$ der Vektor der Modellparameter. Die Funktion $f(x_1 \ldots x_m, \theta_1 \ldots \theta_p)$ muss bekannt sein und durch den Anwender vorgegeben werden. Die Parameterschätzung kann wieder durch Minimierung der Fehlerquadratsumme geschehen:

$$\min_{(\theta_0 \ldots \theta_p)} \left\{ S(\boldsymbol{\theta}) = \sum_{i=1}^{N} e_i^2 = \sum_{i=1}^{N} (y_i - f(\boldsymbol{x}_i, \boldsymbol{\theta}))^2 \right\} \tag{5.84}$$

Darin bezeichnen die y_i und $\boldsymbol{x}_i = (x_{1,i} \ldots x_{m,i})$ die Messwerte der Ausgangs- und Eingangsgrößen. Im Gegensatz zur linearen Regression lassen sich die Modellparameter aber nicht mehr in einem Rechenschritt bestimmen. Zur Lösung des Problems ist der Einsatz iterativer, numerischer Lösungsverfahren erforderlich. Ausgehend von einem gegebenen Anfangswert der Modellparameter $\boldsymbol{\theta}^0 = \left[\theta_1^0 \ldots \theta_p^0\right]^T$ wird dabei mit Hilfe eines Suchverfahrens das Minimum der Zielfunktion bestimmt.

Für die Lösung dieser nichtlinearen Optimierungsaufgabe ist eine große Zahl von Methoden entwickelt worden. Die meisten von ihnen haben gemeinsam, dass im k-ten Iterationsschritt neue Werte der Modellparameter $\boldsymbol{\theta}^k$ aus deren Werten im $(k-1)$-ten Schritt, den dazu gehörigen Werten der Zielfunktion $S(\boldsymbol{\theta}^{k-1})$ und deren ersten und evtl. zweiten Ableitungen nach den Modellparametern $\partial S(\boldsymbol{\theta}^{k-1})/\partial \boldsymbol{\theta}$, $\partial^2 S(\boldsymbol{\theta}^{k-1})/\partial \boldsymbol{\theta}^2$ berechnet werden. Von Iteration zu Iteration muss dabei der Wert der Fehlerquadratsumme $S(\boldsymbol{\theta})$ verkleinert werden. Für solche gradientenbehafteten Suchverfahren lässt sich die allgemeine Iterationsvorschrift

$$\boldsymbol{\theta}^k = \boldsymbol{\theta}^{k-1} - \eta^{k-1}\boldsymbol{p}^{k-1} = \boldsymbol{\theta}^{k-1} - \eta^{k-1}\boldsymbol{R}^{k-1}\boldsymbol{g}^{k-1} \tag{5.85}$$

angeben. Darin bedeuten η^{k-1} die Suchschrittweite im k-ten Iterationsschritt und $\boldsymbol{p}^{k-1}$ den Vektor der Suchrichtung, der sich seinerseits aus dem Produkt einer Skalierungsmatrix $\boldsymbol{R}^{k-1}$ und dem Gradienten der Zielfunktion $\boldsymbol{g}^{k-1} = \partial S(\boldsymbol{\theta}^{k-1})/\partial \boldsymbol{\theta}$ ergibt. Die verschiedenen in der Literatur angegebenen Suchverfahren unterscheiden sich nun durch die unterschiedliche Wahl von η^{k-1} und $\boldsymbol{R}^{k-1}$. Bekannt sind u. a.

- die Methode des steilsten Abstiegs mit $\boldsymbol{R}^{k-1} = \boldsymbol{I}$, d. h. $\boldsymbol{\theta}^k = \boldsymbol{\theta}^{k-1} - \eta^{k-1}\boldsymbol{g}^{k-1}$ (Suche in einer Richtung, die dem Gradienten der Zielfunktion entgegengesetzt ist)
- die Newton-Methode mit $\boldsymbol{R}^{k-1} = \left(\boldsymbol{H}^{k-1}\right)^{-1}$, d. h. $\boldsymbol{\theta}^k = \boldsymbol{\theta}^{k-1} - \eta^{k-1}\left(\boldsymbol{H}^{k-1}\right)^{-1}\boldsymbol{g}^{k-1}$. Darin bezeichnet $\boldsymbol{H}$ die Matrix der zweiten Ableitungen (Hesse-Matrix) der Zielfunktion $S(\boldsymbol{\theta})$ nach den Modellparametern: $H_{ij} = \frac{\partial S(\boldsymbol{\theta})}{\partial \theta_i \partial \theta_j}$

- Quasi-Newton-Methoden, bei denen die Hesse-Matrix durch eine Approximation ersetzt wird, in der nur erste Ableitungen der Zielfunktion vorkommen
- die Methode des konjugierten Gradienten mit

$$\boldsymbol{\theta}^k = \boldsymbol{\theta}^{k-1} - \eta^{k-1}\boldsymbol{p}^{k-1} = \boldsymbol{\theta}^{k-1} - \eta^{k-1}\left(g^{k-1} - \frac{\left(g^{k-1}\right)^T g^{k-1}}{\left(g^{k-2}\right)^T g^{k-2}}\boldsymbol{p}^{k-2}\right), \tag{5.86}$$

in der keine Speicherung der Hesse-Matrix erforderlich ist.

Die genannten Methoden sind für die Lösung beliebiger nichtlinearer Optimierungsprobleme ohne Nebenbedingungen geeignet und treffen keine Annahmen über die Gestalt der Zielfunktion. Effektiver ist es, die Tatsache auszunutzen, dass bei der nichtlinearen Regression die Zielfunktion die Struktur einer Summe von Fehlerquadraten hat:

$$S(\boldsymbol{\theta}) = \sum_{i=1}^{N} e_i^2 = \boldsymbol{e}^T\boldsymbol{e}\,. \tag{5.87}$$

Für die j-te Komponente des Gradienten der Zielfunktion gilt dann

$$g_j = 2\frac{\partial S(\boldsymbol{\theta})}{\partial \theta_j} = 2\sum_{i=1}^{N} e(i)\frac{\partial e(i)}{\partial \theta_j}\,. \tag{5.88}$$

Mit der Jacobi-Matrix

$$\boldsymbol{J} = \begin{bmatrix} \partial\varepsilon(1)/\partial\theta_1 & \cdots & \partial\varepsilon(1)/\partial\theta_p \\ \vdots & \ddots & \vdots \\ \partial\varepsilon(N)/\partial\theta_1 & \cdots & \partial\varepsilon(N)/\partial\theta_p \end{bmatrix} \tag{5.89}$$

lassen sich der Gradient der Zielfunktion

$$\boldsymbol{g} = 2\boldsymbol{J}^T\boldsymbol{e} \tag{5.90}$$

und die Hesse-Matrix

$$\boldsymbol{H} = 2\boldsymbol{J}^T\boldsymbol{J} + 2\sum_{i=1}^{N} e(i)\boldsymbol{T}(i) \tag{5.91}$$

schreiben. Darin bezeichnet $\boldsymbol{T}$ jetzt die Matrix der zweiten Ableitungen der Residuen $e(i)$ nach den Modellparametern. Ihre Elemente sind $T_{ij} = \partial^2 e(i)/\partial\theta_i\,\partial\theta_j$. Da man davon ausgehen kann, dass die Residuen klein sind, wird der zweite Term in Gl. (5.91) oft vernachlässigt und die Hesse-Matrix durch $\boldsymbol{H} \approx \boldsymbol{J}^T\boldsymbol{J}$ approximiert. Bekannte Vertreter dieser Klasse von Methoden sind

- das Gauß-Newton-Verfahren mit

$$\boldsymbol{\theta}^k = \boldsymbol{\theta}^{k-1} - \eta^{k-1}\left[\left(\boldsymbol{J}^{k-1}\right)^T \boldsymbol{J}^{k-1}\right]^{-1}\left(\boldsymbol{J}^{k-1}\right)^T \boldsymbol{\varepsilon}\,, \tag{5.92}$$

– der Levenberg-Marquardt-Algorithmus mit

$$\boldsymbol{\theta}^k = \boldsymbol{\theta}^{k-1} - \eta^{k-1}\left[\left(\boldsymbol{J}^{k-1}\right)^T \boldsymbol{J}^{k-1} + \alpha^{k-1}\boldsymbol{I}\right]^{-1}\left(\boldsymbol{J}^{k-1}\right)^T \boldsymbol{\varepsilon}\,, \tag{5.93}$$

in dem durch Addition eines Terms $\alpha^{k-1}\boldsymbol{I}$ die bei der Matrizeninversion von $(\boldsymbol{J}^{k-1})^T\boldsymbol{J}^{k-1}$ auftretenden Probleme vermieden werden. Für kleine Werte von α^{k-1} arbeitet dieser Algorithmus wie das Gauß-Newton-Verfahren, für große wie das Verfahren des steilsten Abstiegs.

Wie die Erfahrung zeigt, gibt es kein für alle Problemstellungen der nichtlinearen Optimierung und Regression gleichermaßen geeignetes, „bestes" Suchverfahren. Der Aufwand hängt von der Wahl der Startwerte für die Modellparameter $\boldsymbol{\theta}^0 = [\theta_1^0 \ldots \theta_p^0]^T$ und der Gestalt der Zielfunktion $S(\boldsymbol{\theta})$ ab, die ihrerseits durch die nichtlineare Funktion $f(x_1 \ldots x_m, \theta_1 \ldots \theta_p) = f(\boldsymbol{x}, \boldsymbol{\theta})$ und durch die Messdaten für die Ein- und Ausgangsgrößen bestimmt wird. Die Gestalt der Zielfunktion im p-dimensionalen Raum kann sehr kompliziert ausfallen und Konvergenzprobleme hervorrufen. Schwierigkeiten machen insbesondere das Auftreten mehrerer lokaler Minima, sehr flacher Gebiete, gekrümmter „Schluchten" usw. Oft kann es erforderlich sein, von mehreren Startwerten aus zu suchen und verschiedene Suchverfahren auszuprobieren. Für den Abbruch der Suchverfahren werden Stopp-Kriterien wie das Überschreiten einer maximalen Zahl von Iterationen bzw. Funktionswertberechnungen und das Unterschreiten von vorgegebenen Grenzwerten für Parameter- bzw. Zielfunktionswertänderungen zwischen zwei Iterationen verwendet.

Mitunter sind Nebenbedingungen für die Modellparameter (z. B. obere und untere Grenzen) oder für Funktionen von Modellparametern bekannt. Dann sind für die Lösung des Regressionsproblems Verfahren der nichtlinearen Optimierung mit Nebenbedingungen anzuwenden. In allgemeiner Form lässt sich die Optimierungsaufgabe wie folgt formulieren:

$$\begin{aligned} &\min_{(\theta_0 \ldots \theta_p)} \left\{ S(\boldsymbol{\theta}) = \sum_{i=1}^{N} e_i^2 = \sum_{i=1}^{N} (y_i - f(\boldsymbol{x}_i, \boldsymbol{\theta}))^2 \right\} \\ &g_i(\boldsymbol{\theta}) \le 0 \quad i = 1 \ldots k \\ &h_j(\boldsymbol{\theta}) = 0 \quad j = 1 \ldots l\,. \end{aligned} \tag{5.94}$$

Darin bezeichnen die $g_i(\boldsymbol{\theta})$ insgesamt k Ungleichungs- und die $h_j(\boldsymbol{\theta})$ insgesamt l Gleichungs-Nebenbedingungen. Eine gebräuchliche Methode zur Lösung von Optimierungsproblemen dieser Art ist die Erweiterung der Zielfunktion durch Terme, die die Verletzung der Nebenbedingung bestrafen (Straffunktionen). Die Lösung des beschränkten Optimierungsproblem wird dadurch in die Lösung einer Serie unbeschränkter Probleme überführt. Eine Variante ist die Verwendung „äußerer" Straffunktionen:

$$S_{\text{erw}}(\boldsymbol{\theta}, \lambda) = S(\boldsymbol{\theta}) + \lambda\left(\sum_{i=1}^{k} \max(0, g_i(\boldsymbol{\theta}))^2 + \sum_{j=1}^{l} (h_j(\boldsymbol{\theta}))^2\right). \tag{5.95}$$

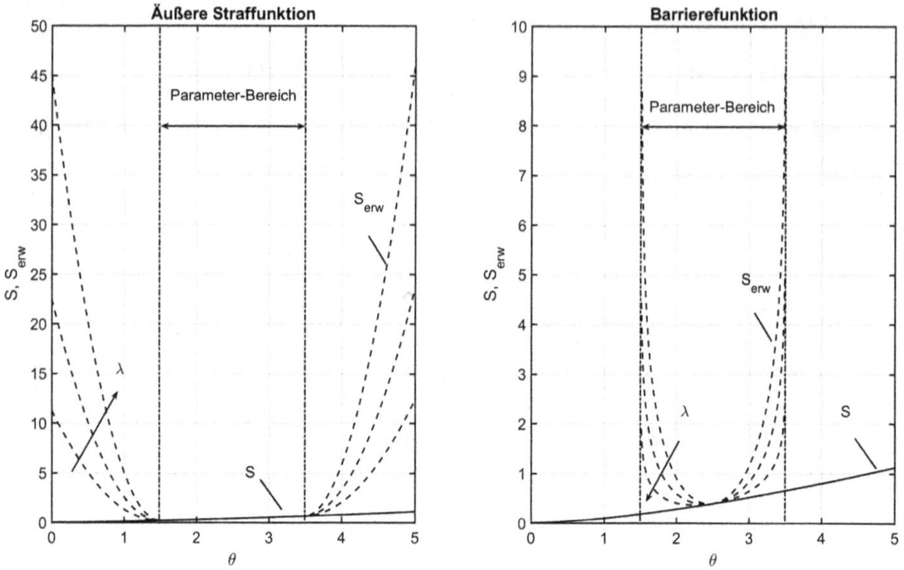

Abb. 5.12: Äußere (links) und innere (rechts) Straffunktionen bei der nichtlinearen Optimierung mit Nebenbedingungen.

Darin bezeichnet λ einen Gewichtsfaktor. Abbildung 5.12 links zeigt die Wirkung an einem Beispiel, bei dem die Zielfunktion nur von einem Parameter θ abhängt, für den die Nebenbedingungen $1{,}5 \leq \theta \leq 3{,}5$ bzw. $1{,}5 - \theta \leq 0$ und $\theta - 3{,}5 \leq 0$ gelten. Es wird nun eine Serie von Optimierungsproblemen mit wachsendem λ gelöst. Man erkennt, dass die Straffunktionsterme dafür sorgen, dass die erweiterte Zielfunktion $S_{\text{erw}}(\boldsymbol{\theta}, \lambda)$ außerhalb des Bereichs $1{,}5 \leq \theta \leq 3{,}5$ größere Werte annimmt als die Originalfunktion $S(\boldsymbol{\theta})$ und somit die Einhaltung der Nebenbedingungen erzwingt (hier läge das Minimum der Zielfunktion an der Grenze $\theta = 1{,}5$). Je größer das Gewicht λ, desto genauer wird das beschränkte Optimum gefunden, dest größer sind aber auch die numerischen Probleme.

Bei der Verwendung äußerer Straffunktionen kann es passieren, dass während des Suchvorgangs die Nebenbedingungen verletzt werden. In manchen Anwendungen ist es wünschenswert, dass dies nicht geschieht. Das kann man durch die Verwendung innerer Straffunktionen (Barrierefunktionen) erreichen, z. B. durch

$$S_{\text{erw}}(\boldsymbol{\theta}, \lambda) = S(\boldsymbol{\theta}) + \lambda \left(\sum_{i=1}^{k} \frac{-1}{g_i(\boldsymbol{\theta})} + \sum_{j=1}^{l} \left(h_j(\boldsymbol{\theta})\right)^2 \right) . \tag{5.96}$$

In diesem Fall erzwingen die Straffunktionsterme, dass die erweiterte Zielfunktion $S_{\text{erw}}(\boldsymbol{\theta}, \lambda)$ gegen Unendlich strebt, wenn von innen eine Annäherung an die Grenzen erfolgt, siehe Abb. 5.12 rechts. Das Gewicht λ wird hier während der Lösung der Serie von unbeschränkten Optimierungsproblemen verkleinert. Je kleiner λ, desto schwieriger die numerische Lösung, desto genauer aber das Ergebnis.

Auch für die nichtlineare Regression lassen sich rekursive Algorithmen angeben. Allen gemeinsam ist folgende Grundstruktur:

$$\boldsymbol{P}(k) = \boldsymbol{P}(k-1) - \frac{\boldsymbol{P}(k-1)\boldsymbol{\psi}(k)\boldsymbol{\psi}^T(k)\,\boldsymbol{P}(k-1)}{\boldsymbol{\psi}^T(k)\boldsymbol{P}(k-1)\boldsymbol{\psi}(k)+1} \quad \text{Präzisionsmatrix} \tag{5.97}$$

$$\hat{\boldsymbol{\theta}}(k+1) = \hat{\boldsymbol{\theta}}(k) + \boldsymbol{P}(k)\psi(k)\left[y(k+1) - \hat{y}(x(k), \hat{\boldsymbol{\theta}}(k))\right] \quad \text{Modellparameter} \tag{5.98}$$

Darin bezeichnet

$$\boldsymbol{\psi}(k) = \left.\frac{d\hat{y}\left(\boldsymbol{u}(k), \hat{\boldsymbol{\theta}}(k)\right)}{d\boldsymbol{\theta}}\right|_{\hat{\boldsymbol{\theta}}=\hat{\boldsymbol{\theta}}(k)} \tag{5.99}$$

den Vektor der Ableitungen der Vorhersage für die Ausgangsgröße nach den Modellparametern, bestimmt mit deren zuletzt geschätzten Werten. Diese rekursive Form, bei der ausgehend von einer Anfangsschätzung $\hat{\boldsymbol{\theta}}(0)$ nach Eintreffen neuer Messwerte der Ein- und Ausgangsgrößen die Schätzung schrittweise verbessert und an sich änderndes Systemverhalten angepasst wird, ist nicht mit der oben beschriebenen iterativen Lösung des Least-Squares-Problems zu verwechseln, bei der alle Messwerte gleichzeitig verarbeitet werden. Um die Unterscheidung hervorzuheben, wurden Iterationen durch hochgestellte Indizes $\hat{\boldsymbol{\theta}}^k$, Rekursionen durch in Klammer gesetzte Zeitindizes $\hat{\boldsymbol{\theta}}(k)$ gekennzeichnet.

5.3.2 Künstliche neuronale Netze

Ein Spezialfall der nichtlinearen Regression ist die Verwendung künstlicher neuronaler Netze (KNN), die in den letzten Jahren zunehmende Bedeutung für die Modellbildung und Regelung nichtlinearer Systeme erlangt haben. Für die Entwicklung von Softsensoren werden häufig „Multilayer Perceptrons“ oder abgekürzt MLP-Netze eingesetzt. Dabei handelt es sich um einen speziellen KNN-Typ, der aus einer bestimmten Zahl in Schichten angeordneter, durch gewichtete Verbindungen miteinander verknüpfter Neuronen besteht. Die Informationsverarbeitung erfolgt dabei nur in einer Richtung, von den Neuronen der Eingangsschicht über die Neuronen der verdeckten Schichten zu den Neuronen der Ausgangsschicht. Es gibt keine Verbindungen von Neuronen einer Schicht zu Neuronen derselben oder einer weiter vorn liegenden Schicht. Solche Netze werden auch als „Feedforward-Netze“ oder „vorwärts gerichtete Netze“ bezeichnet. Die Topologie eines solchen KNN ist in Abb. 5.13 dargestellt.

Das Ausgangssignal jedes Neurons in den verdeckten Schichten wird in zwei Schritten aus den jeweiligen Eingangssignalen berechnet (siehe Abb. 5.14): Zunächst erfolgt eine gewichtete Summation der Eingangssignale (auch als Propagierungsfunktion bezeichnet), anschließend eine nichtlineare Transformation (Aktivierungsfunktion). Als Aktivierungsfunktion kommt oft die Sigmoid-Funktion zum Einsatz. Eine

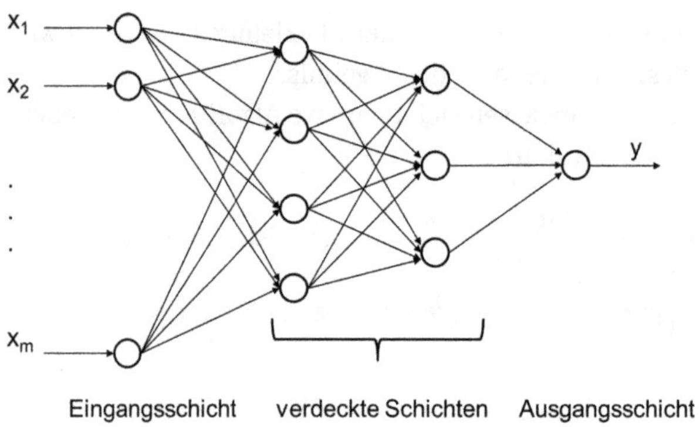

Abb. 5.13: Topologie eines vorwärts gerichteten künstlichen neuronalen Netzes.

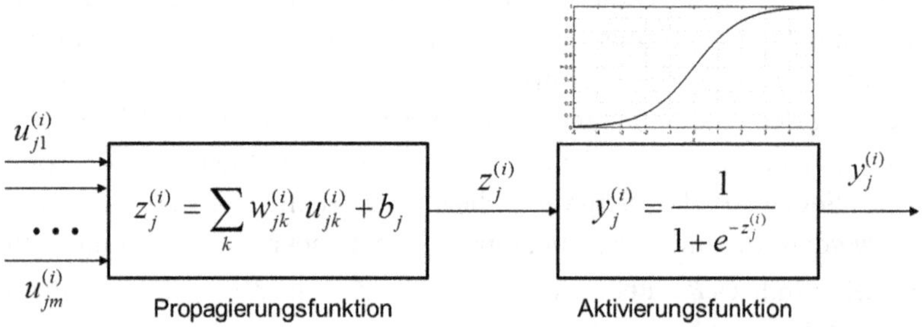

Abb. 5.14: Informationsverarbeitung im j-ten Neuron der i-ten Schicht.

Ausnahme bildet die Eingangsschicht. Sie wird meist so definiert, dass sie nur der „Aufnahme" der m KNN-Eingangsgrößen dient, also keine Informationsverarbeitung aufweist. Die Ausgangsschicht des KNN weist bei Softsensor-Anwendungen im Allgemeinen nur ein Neuron auf, in dem die KNN-Ausgangsgröße, also die vorherzusagende Qualitätsgröße, berechnet wird. Hierzu wird oft eine lineare Aktivierungsfunktion verwendet.

Mathematisch lässt sich die Arbeitsweise des j-ten Neurons in der i-ten Schicht wie folgt ausdrücken:

$$\begin{aligned} z_j^{(i)} &= \sum_k w_{jk}^{(i)} u_k^{(i)} + b_j \\ y_j^{(i)} &= \frac{1}{1 + e^{-z_j^{(i)}}} \,. \end{aligned} \tag{5.100}$$

Die erste Gleichung beschreibt die gewichtete Summation der k Eingangssignale des Neurons und die Addition eines Gleichwerts oder Bias-Terms b_j. Da die einzelnen Schichten eine unterschiedliche Zahl von Neuronen aufweisen können und nicht alle Neuronen der vorhergehenden Schicht mit allen der nachfolgenden verbunden sein müssen, ist k eigentlich eine variable Größe. Zur Vereinfachung der Schreibweise wurde hier auf diese Kennzeichnung verzichtet. Die zweite Gleichung beschreibt die nichtlineare Transformation mit Hilfe der Sigmoid-Funktion, deren Verlauf ebenfalls in Abb. 5.14 dargestellt ist.

Die im KNN auftretenden Gewichtsfaktoren $w_{jk}^{(i)}$ und Bias-Terme b_j sind hier die Modellparameter

$$\boldsymbol{\theta} = \left[w_{jk}^{i}, b_j\right] \quad \forall i, j, k\,, \tag{5.101}$$

die wiederum durch Anwendung von Methoden der nichtlinearen Regression geschätzt werden, d. h. es wird die Quadratsumme der Differenzen zwischen den gemessenen und den über das KNN-Modell berechneten Ausgangsgrößen minimiert. Die Gesamtzahl der Modellparameter (Gewichte und Biasterme) hängt von der Zahl der Eingangsgrößen $\boldsymbol{x} = [x_1 \dots x_m]^T$des KNN-Modells, der Zahl der Schichten des KNN und der Zahl der Neuronen pro Schicht ab. Es kann sehr leicht ein hochdimensionales Optimierungsproblem entstehen. Die Startwerte für das Suchverfahren werden in der Regel zufällig gewählt. Die Bestimmung der optimalen Netzparameter wird in der KNN-Terminologie auch als „Netztraining" bezeichnet, obwohl dieselben Methoden der nichtlinearen Optimierung wie in Abschnitt 5.3.1 eingesetzt werden können.

Ein großer Vorteil der Anwendung von KNN besteht darin, dass kein nichtlinearer Funktionsansatz $f(x_1 \dots x_m, \theta_1 \dots \theta_p)$ durch den Anwender ermittelt und vorgegeben werden muss. Diese nichtlineare Funktion wird hier durch das KNN repräsentiert. KNN sind in der Lage, sich „beliebig" komplizierten nichtlinearen Zusammenhängen zwischen den Eingangs- und Ausgangsgrößen anzupassen, sie eignen sich als universell einsetzbare Funktionsapproximatoren. Allerdings muss hier die Netztopologie, d. h. die Zahl der verdeckten Schichten und der Neuronen pro Schicht vorab festgelegt werden. Die praktische Erfahrung zeigt allerdings, dass zwei verdeckte Schichten im Allgemeinen ausreichend sind, und dass man die Zahl der Neuronen pro Schicht nach Faustregeln in Abhängigkeit von der Zahl der Netzeingänge festlegen kann. Selten wird außer den Gewichten und Bias-Termen auch die Netztopologie selbst in das Suchverfahren einbezogen (Saxén & Petterson, 2006).

Nachteilig ist wie bei allen empirischen Modellen, dass KNN nur in dem Bereich sinnvolle Vorhersagen liefern können, für den beim Netztraining Datensätze vorgelegen haben. Extrapolationen über diesen Bereich hinaus sind nicht ohne weiteres möglich. Beim Netztraining ist zu beachten, dass das sogenannte „Overfitting" (siehe Abschnitt 5.4.4) vermieden wird. Die Gefahr des Overfitting ist bei KNN gegenüber anderen Modellen besonders hoch, insbesondere bei komplizierter Netztopologie und einer geringen Zahl von Datensätzen.

Eine Lösung dieses Problems besteht darin, die Gesamtheit der vorliegenden Datensätze in Trainings-, Test- und Validierungsdaten zu unterteilen. Die Validierungsdaten werden nach Abschluss des Netztrainings verwendet, um zu überprüfen, ob das KNN auch richtige Vorhersagen liefert, wenn es mit Daten simuliert wird, die nicht für das Netztraining verwendet wurden. Die Trainingsdatensätze werden hingegen unmittelbar zur Minimierung der Fehlerquadratsumme verwendet. Bereits während des

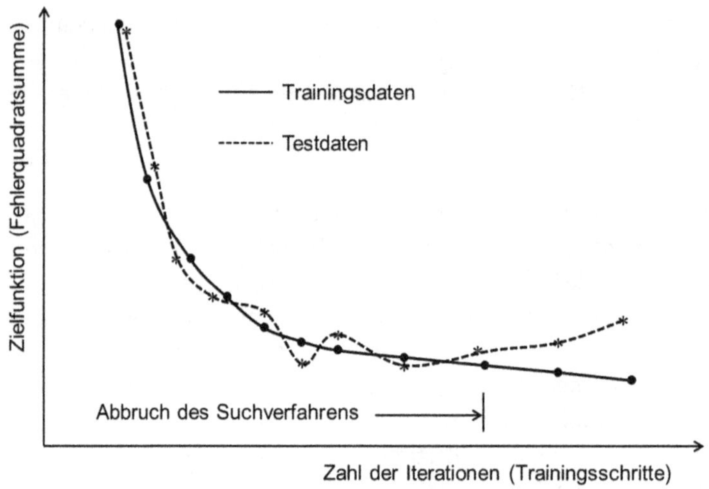

Abb. 5.15: Early-Stopping-Methode.

Netztrainings wird mit Hilfe der Testdatensätze überprüft, ob auch für diese die Fehlerquadratsumme mit steigender Zahl von Iterationen weiter fällt. Ist das nicht mehr der Fall, wird Overfitting angenommen und das Netztraining abgebrochen. Das Verfahren wird auch als „early stopping" bezeichnet (Abb. 5.15). In der Praxis werden oft mindestens 20 % der Datensätze als Validierungsdaten reserviert, von den verbleibenden noch einmal mindestens 15 % als Testdaten verwendet.

Neuere Entwicklungen bei KNN-Tools erlauben es, vorhandenes Prozesswissen in das Netztraining einzubringen. Wenn zum Beispiel aus physikalischen Überlegungen bekannt ist, dass ein monotoner Zusammenhang zwischen einer Eingangs- und der Ausgangsgröße existiert, dann kann dies als Nebenbedingung formuliert und das Netztraining als beschränktes Optimierungsproblem gelöst werden. Neben Vorgaben für die Verstärkungen können auch Vorgaben für die zweiten Ableitungen (Konvexität/Konkavität) berücksichtigt werden (vgl. (Hartmann, 2000), (Tarca, Grandjean, & Larachi, 2004) und (Turner & Guiver, 2005)). Das besonders bei regelungstechnischen KNN-Anwendungen von Bedeutung.

5.4 Vorgehensweise bei der Entwicklung und Anwendung von Softsensoren

Die Entwicklung von Softsensoren auf der Basis empirischer Modelle ist ein mehrstufiger Prozess, dessen Schritte in Abb. 5.16 dargestellt sind. Wie zu erkennen ist, stellt die Bestimmung der Modellparameter (Regression, Netztraining) darin nur einen Schritt dar, der erfahrungsgemäß weder der wichtigste noch der zeitaufwändigste ist. Im Folgenden werden die Etappen näher beschrieben und auftretende Probleme

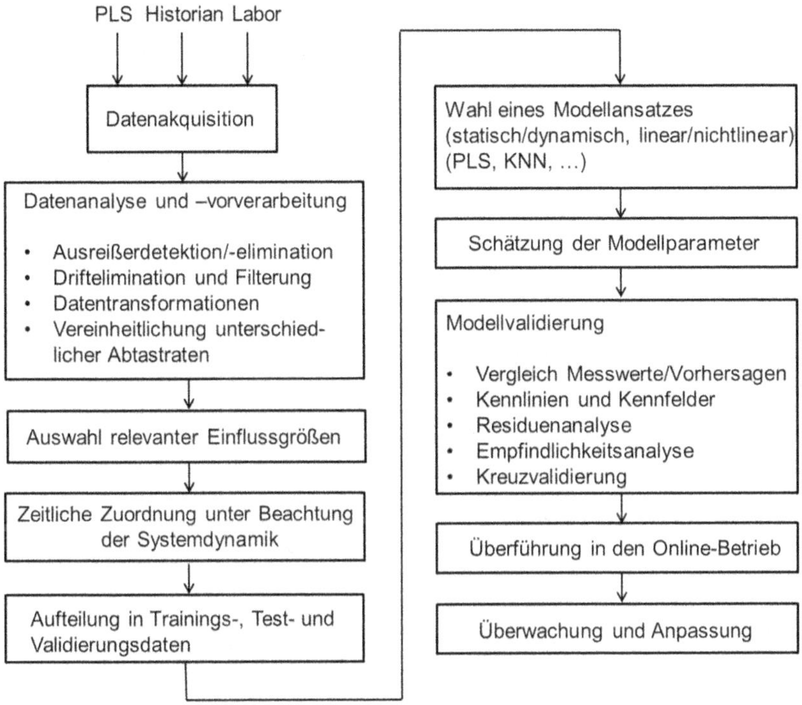

Abb. 5.16: Schritte der Softsensor-Entwicklung.

sowie Lösungsmöglichkeiten erläutert. Wo eine detailliertere Darstellung den Rahmen sprengt, wird auf Spezialliteratur verwiesen.

5.4.1 Datenakquisition

Die für eine Softsensorentwicklung in Frage kommenden Prozessdaten stammen aus unterschiedlichen Quellen und weisen unterschiedliche Merkmale auf:

1. Einfach messbare Prozessgrößen wie Drücke, Durchflüsse, Temperaturen usw. werden mit vergleichsweise hoher Abtastrate (z. B. Minutenschnappschüsse) in PIMS erfasst und gespeichert. Problematisch ist dabei die aus Gründen der Speicherplatzersparnis oftmals durchgeführte Datenkompression, die u. U. keine genügend genaue Rekonstruktion historischer Daten erlaubt. Die Preisdegression bei Speichermedien erlaubt es heute, wesentlich kleinere Schwellwerte für die Kompressionsverfahren einzustellen. Ein anderes Problem (insbesondere bei kontinuierlich betriebenen Anlagen) besteht darin, dass ein großer Teil der Datensätze in der Umgebung eines oder weniger Arbeitspunkte gesammelt wird, die Verteilung der Datensätze über den gesamten interessierenden Arbeitsbereich also nicht gleichmäßig ist. Daher sind Messreihen über längere Zeiträume

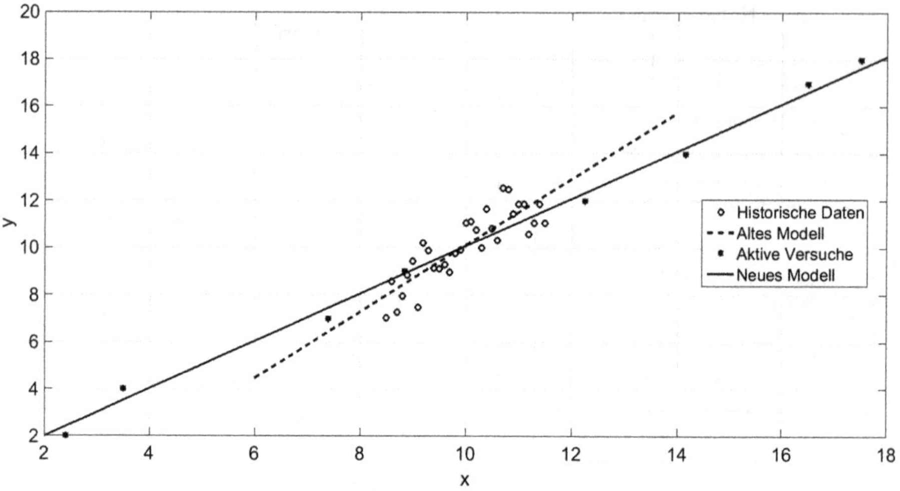

Abb. 5.17: Streudiagramm mit Daten aus dem Normalbetrieb und aus Anlagentests.

erforderlich, in denen die Anlage selbst Änderungen unterworfen sein kann. Im Einzelfall ist zu prüfen, ob eine Modellbildung allein auf der Grundlage historischer Prozessdaten überhaupt möglich ist, oder ob zusätzlich aktive Anlagentests durchgeführt werden müssen. Mitunter reichen wenige Anlagentests aus, die im Rahmen eines Advanced-Control-Projekts durchgeführt werden können, um die Zuverlässigkeit eines Softsensor-Modells deutlich zu verbessern. Abbildung 5.17 zeigt ein Beispiel eines Streudiagramms, bei dem zunächst ein Regressionsmodell anhand von Daten aus dem Normalbetrieb in einer engen Arbeitspunktumgebung gewonnen wurde. Anschließend wurden aktive Anlagentests in einem weiteren Arbeitsbereich durchgeführt und das Modell neu gebildet, das nicht nur genauer ist, sondern auch Vorhersagen in einem größeren Bereich erlaubt.

2. Ausgewählte Prozessgrößen werden durch Online-Analysatoren (z. B. Gaschromatografen) erfasst. Die Abtastzeiten liegen dabei oft zwischen 10 und 30 min. Diese Kategorie von Prozessdaten ist gekennzeichnet durch häufiger auftretende Ausreißer, „eingefrorene" Werte und fehlende Messungen infolge von Wartungsmaßnahmen an den Geräten. Die Abtastraten sind überdies zeitveränderlich. Prozessleitsysteme stellen in der Regel Funktionsbausteine für die Validierung der Analysenergebnisse bereit.
3. Eine Reihe von Qualitätskenngrößen können nach wie vor nur durch Laboranalysen bestimmt werden, typische Abtastraten liegen hier zwischen einmal pro Stunde und einmal pro Tag. Problematisch ist hier, inwieweit die vorgeschriebenen Abläufe bei der Probenahme und – aufbereitung eingehalten werden, welche Veränderungen die Probe zwischen Probenahme und Analyse erfährt, welche Genauigkeit der Zeitstempel der Probenahme aufweist und wie hoch Genauigkeit und Reproduzierbarkeit der Laboranalyse sind. Diese Fragen sollten vor Beginn

einer Softsensorentwicklung geklärt werden. Ihre Beantwortung ist auch wichtig für die spätere Bewertung der Arbeitsweise der Softsensoren.

Mitunter wird die Frage gestellt, wie viel Datensätze für die Entwicklung eines Softsensors erforderlich sind. Die Erfahrung zeigt, dass nicht die Zahl, sondern der Informationsgehalt der Messdaten entscheidend ist. Natürlich wäre es von Vorteil, wenn Daten für die Softsensorentwicklung auf der Grundlage statistischer Versuchspläne bzw. aktiver Anlagentests gewonnen werden könnten. Da man davon in der Praxis nur selten ausgehen kann, ist es umso wichtiger, die historischen Datensätze einer möglichst genauen Analyse zu unterziehen. Dazu gehört zu überprüfen, ob alle relevanten Einflussgrößen in den Datensätzen vorhanden sind, die Messwerte eine genügend große Variabilität aufweisen und den Arbeitsbereich des Prozesses inklusive relevanter Störsituationen möglichst gleichmäßig abdecken. Für die Entwicklung statischer Softsensoren ist es wichtig, dass die Messdaten dem stationären Anlagenbetrieb entstammen und Übergangsvorgänge aus den Daten „herausgeschnitten“ werden. Umgekehrt kommt es bei der Entwicklung dynamischer Softsensor-Modelle gerade darauf an, solche Übergangsvorgänge in den historischen Daten zu finden und für die Modellbildung zu verwenden. Zu überprüfen ist auch, ob es verdeckte „Feedback-Effekte“ zwischen Ein- und Ausgangsgrößen, aber auch zwischen den Eingangsgrößen selbst gibt. So ist es z. B. wahrscheinlich, dass Anlagenfahrer gezielt Einflussgrößen verstellen, um die Qualitätsparameter (also die potenziellen Softsensorgrößen) auf ihren Zielwerten zu halten. Das Softsensormodell lernt dann möglicherweise den inversen Ursache-Wirkungszusammenhang.

Von Bedeutung ist, dass die Messdaten möglichst unter den gleichen Bedingungen gesammelt werden, unter denen der Softsensor eingesetzt werden soll. Ist beispielsweise geplant, den Softsensor später innerhalb eines Regelkreises zu verwenden, sollten die für die Modellbildung verwendeten Datensätze auch aus dem geschlossenen Regelungssystem (und nicht dem ungeregelten Betrieb) entstammen. Es stellt sich natürlich die Frage, was getan werden soll, wenn eine Qualitätsregelung unter Nutzung eines Softsensors erst entwickelt werden soll, also noch gar kein Regelkreis existiert, dem Daten entnommen werden können. In (Kresta, Marlin, & MacGregor, 1994) wird dazu eine aufwändige iterative Vorgehensweise vorgeschlagen, bei der zuerst Daten im offenen Kreis gesammelt werden, dann ein Softsensor-Modell gebildet und der Regelkreis geschlossen und zuletzt die Modellbildung mit Daten aus dem geschlossenen Regelkreis wiederholt wird.

Im umgekehrten Fall kann eine unvorsichtige Verwendung von Daten aus einem geschlossenen Regelkreis zu Fehlern bei der Modellbildung führen, wenn später eine Prädiktion im ungeregelten Betrieb erfolgen soll. Das gilt auch für Messdaten, die bei häufigen Operatoreingriffen mit dem Ziel der Einhaltung einer Spezifikation gesammelt worden sind, wodurch ebenfalls ein Regelkreis entsteht. Unter bestimmten Bedingungen ist das Ergebnis der Modellbildung in diesem Fall ein Modell des inversen Reglers statt das gewünschte Modell des Prozesses! Es ist dann zu sichern, dass für den Zeitraum der Datenakquisition der betreffende Regelkreis geöffnet wird. Die Güte des Softsensor-Modells und der Erfolg der Applikation sind davon abhängig, dass die Korrelationsstruktur zwischen den Prozessvariablen in der Phase der Datensammlung weitgehend der in der Phase der Nutzung entspricht.

5.4.2 Datenvorverarbeitung

Erkennung und Entfernung von Ausreißern

Die Erkennung und Behandlung von Ausreißern in Datensätzen, die für eine empirische Modellbildung und hier für die Entwicklung von Softsensoren verwendet werden sollen, ist eine der wichtigsten Aufgaben der Datenvorverarbeitung. Ausreißer sind Messdaten, deren Werte sich deutlich von der Mehrheit der Daten oder auch nur von benachbarten Datensätzen unterscheiden. Sie treten häufig in industriellen Datensätzen auf und können empirische Modelle erheblich verfälschen, wenn sie nicht erkannt werden. Das gilt insbesondere dann, wenn die Summe der Fehlerquadrate als Maß für die Güte der Anpassung des Modells an die Messdaten verwendet wird. Abbildung 5.18 zeigt das an zwei einfachen Beispielen, in denen jeweils eine Messreihe $\{x_i, y_i\}$ mit einem Ausreißer durch ein lineares Modell $y = \theta_0 + \theta_1 x$, mit Hilfe einer linearen Regression angenähert wurde.

In beiden Fällen ist auch die Regressionsgerade angegeben, die sich ergeben würde, wenn die Ausreißer nicht berücksichtigt werden. Man erkennt, dass die Ausreißer das Ergebnis deutlich verfälschen, im Fall des Ausreißers in x-Richtung noch deutlich mehr als im Fall des Ausreißers in y-Richtung.

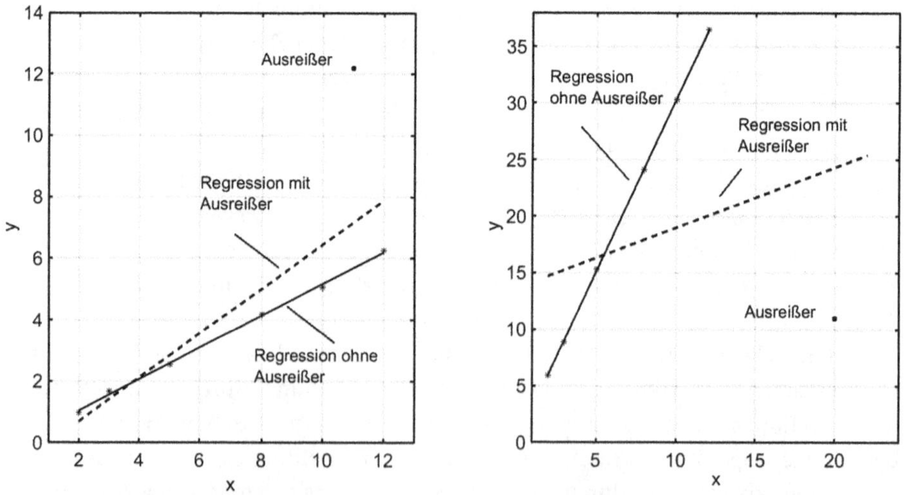

Abb. 5.18: Lineare Regression mit Ausreißern in y- und in x-Richtung.

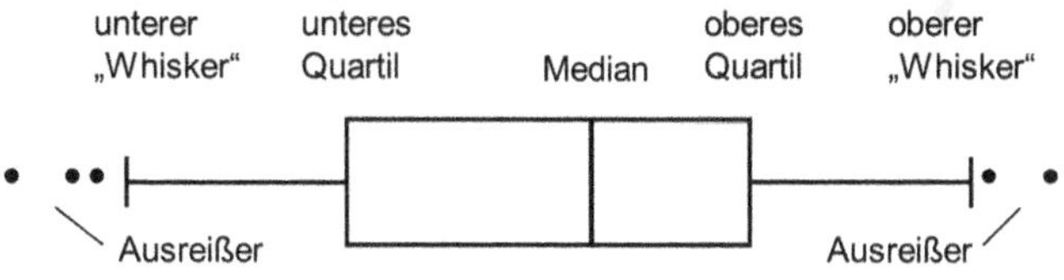

Abb. 5.19: Box-Whisker-Plot.

In beiden Fällen ist durch visuelle Inspektion leicht zu erkennen, dass es sich bei einem der Messwerte um einen Ausreißer handelt. Anders sieht es aus, wenn große Datensätze mit vielen Variablen und Messungen vorhanden sind. Bekannte Methoden zur Ausreißererkennung bei univariaten Datensätzen sind der Box-Whisker-Plot und der Grubbs-Test. Beim Box-Whisker-Plot werden verschiedene Lage- und Streuungsmaße in einer Grafik zusammengefasst (siehe Abb. 5.19). Die Box beschreibt den Bereich, in dem 50 % der Daten liegen, sie wird durch die 25 %- und 75 %-Quartile begrenzt, der Median wird durch eine dickere Linie gekennzeichnet. Auf beiden Seiten der Box befinden sich Verlängerungslinien („whisker"), die in der Regel durch das 1,5fache des Interquartilsabstands begrenzt werden bzw. durch die Daten, die sich noch in diesem Bereich befinden. Datenpunkte, die außerhalb dieses Bereichs liegen, sind Ausreißer und werden als Punkte dargestellt.

Beim Grubbs-Test wird die Größe

$$G = \frac{\max\limits_{i=1\ldots N} |x_i - \bar{x}|}{s} \tag{5.102}$$

berechnet (mit s als Standardabweichung) und der Wert x_i mit $\max\limits_{i=1\ldots N} |x_i - \bar{x}|$ als Ausreißer betrachtet, wenn

$$G > \frac{N-1}{\sqrt{N}} \sqrt{\frac{t^2_{\alpha/(2N),N-2}}{N-2+t^2_{\alpha/(2N),N-2}}} \tag{5.103}$$

ist. Darin ist $t_{\alpha/(2N),N-2}$ ein Wert, der Tabellen der Student-Verteilung entnommen werden kann.

Sehr einfache Beispiele zeigen jedoch, dass bei multivariaten Daten eine Untersuchung der Trends der einzelnen Prozessgrößen auf Ausreißer nicht ausreichend ist. So kann es sein, dass die gemeinsame Untersuchung von Daten zweier Variablen $\{x_{1i}, x_{2i}\}$ auf Ausreißer zu anderen Schlüssen führt als sie sich bei der getrennten Untersuchung von $\{x_{1i}\}$ und $\{x_{2i}\}$ ergeben würden. So zeigt Abb. 5.20 im x_1–x_2-Streudiagramm einen multivariaten Ausreißer $\{x_{1,10}, x_{2,10}\}$, während sowohl $x_{1,10}$ als auch $x_{2,10}$ innerhalb des $\pm 3\sigma$-Toleranzbandes der Einzelvariablen liegen. Umso schwieriger ist die Ausreißererkennung bei mehr als zwei Variablen.

Während es bei sehr wenigen Variablen durch Analyse der x_i–x_j-Scatterplots gelingen mag, multivariate Ausreißer zu erkennen, versagt diese Methode, wenn viele Eingangsgrößen vorliegen. Daher sind inzwischen viele Methoden zur Erkennung von

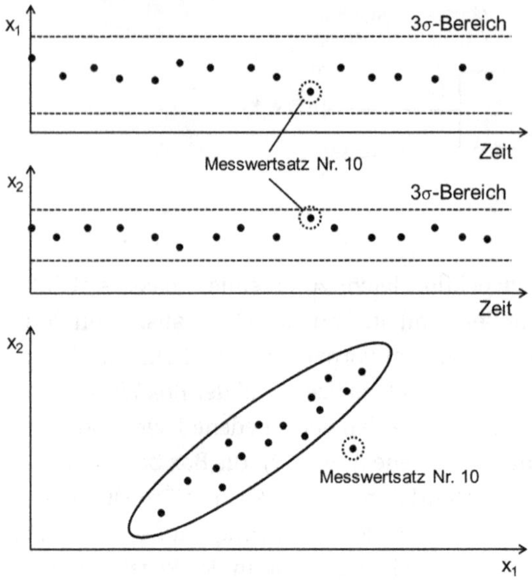

Abb. 5.20: Beispiel für einen multivariaten Ausreißer.

Ausreißern in multivariaten Daten entwickelt worden, von denen jede ihre Vorzüge, aber auch Grenzen hat. Sie können im Folgenden nur angedeutet werden, für eine Übersicht siehe (Kriegel, Kröger, & Zimel, 2010) und (Chandola, Banerjee, & Kumar, 2009).

Eine einfache Möglichkeit ist die Berechnung des Cook'schen Abstands (Cook's distance). Er wird für jeden Datensatz $i = 1, \ldots, N$ definiert als

$$D_i = \frac{\left(\hat{\boldsymbol{\theta}} - \hat{\boldsymbol{\theta}}_{-i}\right)^T \boldsymbol{X}^T \boldsymbol{X} \left(\hat{\boldsymbol{\theta}} - \hat{\boldsymbol{\theta}}_{-i}\right)}{p\sigma^2} = \frac{(\hat{\boldsymbol{y}} - \hat{\boldsymbol{y}}_{-i})^T (\hat{\boldsymbol{y}} - \hat{\boldsymbol{y}}_{-i})}{p\sigma^2} . \tag{5.104}$$

Darin bedeutet $\hat{\boldsymbol{\theta}}_{-i}$ den Schätzwert für die Modellparameter, der sich unter Weglassen des i-ten Datensatzes in der Regression ergibt. Der Cook'sche Abstand misst also die Verschiebung der Modellparameter durch Weglassen einer Messung und damit den Einfluss dieser Messung auf das Ergebnis. Eine Faustregel besagt, dass Messungen mit $D_i > 1$ Kandidaten für Ausreißer sind.

Sind die Daten normalverteilt, kann man mit mittelwertzentrierten Daten z. B. die Mahalanobis-Distanz

$$MDist(\boldsymbol{x}_i, \boldsymbol{\mu}) = (\boldsymbol{x}_i - \boldsymbol{\mu})^T \boldsymbol{\Sigma}^{-1} (\boldsymbol{x}_i - \boldsymbol{\mu}) \tag{5.105}$$

bestimmen. Darin bezeichnen $\boldsymbol{x}_i$ zu Vektoren zusammengefasste multivariate Datensätze $\boldsymbol{x}_i = [x_{1i}, x_{2i}, \ldots, x_{mi}]^T$, $\boldsymbol{\mu}$ ihre statistischen Mittelwerte, $\boldsymbol{\Sigma}$ die Kovarianzmatrizen. Ein (mehrdimensionaler) Datenpunkt wird als Ausreißer aufgefasst, wenn

$$MDist(\boldsymbol{x}_i, \boldsymbol{\mu}) > \chi^2(0{,}975) \tag{5.106}$$

gilt. Der Schwellwert $\chi^2(m, 0{,}975)$ kann Tabellen der χ^2-Verteilung entnommen werden. Problematisch bei diesem Test ist u. a., dass der Wert *MDist* selbst sehr empfindlich gegenüber Ausreißern ist. Daher wurde vorgeschlagen, robustere Maße für Mittelwert und Streuung in die Formel für die Mahalanobis-Distanz einzusetzen (Rousseeuw & Leroy, 2003).

Ein anderes distanzbasiertes Maß zur Ausreißererkennung das Konzept der DB(p, D)-Ausreißer (Knorr, Ng, & Tucakov, 2000). Danach wird ein Messwertsatz als Ausreißer klassifiziert, wenn mindestens p Prozent aller Messdatensätze eine größere Distanz als D zu diesem (potenziellen) Ausreißer haben. Während es effektive Algorithmen zur Bestimmung der DB(p, D)-Ausreißer gibt, bleibt die Wahl geeigneter Werte für p und D aber dem Anwender überlassen.

In Online-Anwendungen von Softsensoren ist es ebenfalls von Interesse, Ausreißer zu erkennen und zu ersetzen. Das kann zum Beispiel mit einem Hampel-Filter geschehen (Pearson, 2002). Dabei wird ein bewegliches Fenster von N_H Prozessdaten $\{x_{k-N_H}, \ldots, x_{k-1}, x_k\}$ abgespeichert, die Werte werden nach ihrer Größe geordnet. Anschließend werden der Medianwert $\tilde{x}$ und der absolute Abstand des aktuellen Messwerts vom Median $|x_k - \tilde{x}|$ bestimmt. Ist $|x_k - \tilde{x}| > D$, wird der aktuelle Wert durch den Medianwert ersetzt, ansonsten wird er beibehalten und weiter verarbeitet. Darin bezeichnet D einen durch den Anwender festzulegenden Schwellwert. Mit der Wahl $D = 0$ erhält man einen Median-Filter. Hinweise für die Wahl des Schwellwerts D und die Fensterlänge N_H finden sich in (Pearson, 2011).

Eine Ergänzung zur Ausreißererkennung und -elimination ist der Einsatz robuster Regressionsverfahren. Das bedeutet, Parameterschätzverfahren zu verwenden, die weniger empfindlich gegenüber Ausreißern sind als die Methode der Summe der kleinsten Fehlerquadrate (Rousseeuw & Leroy, 2003). Möglichkeiten sind die Verwendung des Medians der Fehlerquadrate statt ihrer Summe in der Zielfunktion der Regression (least median of squares oder LMS-Schätzung):

$$\min_{\boldsymbol{\theta}} \operatorname*{med}_{i} (y_i - \hat{y}_i)^2 \ , \tag{5.107}$$

das Weglassen der h größten (und vermutlich durch Ausreißer beeinflussten) Summanden aus der Fehlerquadratsumme (least trimmed squares oder LTS-Schätzung) oder sogenannte M-Schätzer (Maronna, Martin, & Yohai, 2006). Nachteil der Verwendung robuster Schätzverfahren ist der höhere Aufwand im Vergleich zur linearen Regression.

Bei kleiner Gesamtzahl von Messwertsätzen ist es mitunter sinnvoll, Ausreißer-Datensätze nicht komplett zu eliminieren, sondern Ausreißer durch den letzten guten Messwert oder durch Mittelwerte benachbarter Datensätze zu ersetzen.

Vergleichmäßigung der Abtastintervalle

Häufig weisen unterschiedliche Kategorien von Messdaten unterschiedliche Abtastraten auf. Für die Modellbildung muss jedoch eine Vereinheitlichung erfolgen, da die

Anzahl der Messdaten für alle Ein- und Ausgangsgrößen gleich groß sein muss. Typisch ist, dass wesentlich mehr, d. h. häufiger abgetastete Werte der „einfachen“ Messgrößen zur Verfügung stehen als Analysen- oder gar Labormessungen. Wenn das Ziel zum Beispiel darin besteht, einen Softsensor zu entwickeln, der jede Minute einen virtuellen Messwert berechnet und damit eine kürzere Abtastzeit ermöglicht als ein existierender Online-Analysator (Abtastzeit 15...20 min), dann müssen auch die Trainingsdaten für das Softsensor-Modell mit einer Abtastzeit von einer Minute bereitgestellt werden. Die „fehlenden“ Datensätze für die Qualität können dann durch eine geeignete Interpolation zwischen den Analysenmesswerten gewonnen werden. Zusätzlich kann man die interpolierten Werte durch Vertrauensfaktoren wichten, die umso kleiner gewählt werden, je weiter die interpolierten Werte zeitlich von den Messwerten entfernt sind. Soll hingegen ein im Normalfall im Labor bestimmter Wert durch einen Softsensor ermittelt werden, macht eine Interpolation zwischen zum Beispiel im Schichtrhythmus durchgeführten Laboranalysen keinen Sinn. Stattdessen ist die Abtastrate der einfach messbaren Eingangsgrößen zu reduzieren. Programmpakete für die Entwicklung von Softsensoren bieten unter dem Stichwort „Time Merge“ verschiedene Methoden zur Lösung der beschriebenen Probleme an.

Variablentransformation

Prozesswissen lässt sich häufig dadurch in die Modellbildung einbringen, dass gemessene Prozessgrößen nicht als Einzelgrößen in das Modell aufgenommen werden, sondern neue, zusammengesetzte Eingangsgrößen gebildet werden, von denen bekannt ist, dass sie besser mit der vorherzusagenden Ausgangsgröße korrelieren. So erhält man mitunter bessere Ergebnisse, wenn statt einzelner Temperatur- oder Druckmesswerte deren Differenzen verwendet werden, wenn Durchflussverhältnisse gebildet oder komplexe Größen wie z. B. Enthalpieströme berechnet und weiter verarbeitet werden. Zu den Datentransformationen gehören auch solche Operationen wie das Entfernen höherfrequenter Störsignale durch Tiefpass-Filterung.

Zeitliche Zuordnung

In der Praxis verbreitet sind quasistatische Softsensor-Modelle der Form

$$y(k) = f(x_1(k - d_1), x_2(k - d_2) \dots) \,, \tag{5.108}$$

d. h. es wird ein statisches Modell gebildet, bei dem die im Prozess vorhandenen Verzögerungs- und Totzeiten zwischen den Eingangsgrößen und der vorherzusagenden Ausgangsgröße in der Weise Berücksichtigung finden, dass pro Eingangsgröße x_i eine charakteristische Zeitverschiebung d_i ermittelt wird.

In der Phase der Datenvorverarbeitung sind dann die Werte von d_i so zu bestimmen, dass ein Modell hoher Vorhersagegenauigkeit entsteht. Hierfür hat es sich bewährt, verschiedene Vorgehensweisen zu erproben und miteinander zu kombinieren:

- Nutzung von Prozesskenntnissen und verfahrenstechnische „Plug-flow"-Berechnung unter Verwendung bekannter Rohrleitungslängen, Durchsätze, Behältervolumina und Verweilzeiten
- Visuelle Inspektion historischer Trends, die sprungförmige Änderungen von Eingangsgrößen enthalten
- Wahl der d_i auf der Grundlage des Maximums der Kreuzkorrelationsfunktionen zwischen den Eingangsgrößen und der vorherzusagenden Ausgangsgröße
- Anwendung der unten beschriebenen Methoden der Auswahl relevanter Einflussgrößen, hier aber nicht unterschiedlicher physikalischer Größen $\{x_1, x_2, \ldots\}$, sondern Auswahl von $x_i(k - d_i)$ aus einer Anzahl von Kandidaten $\{x_i(k - d_{i,1}), x_i(k - d_{i,2}), \ldots\}$ derselben physikalischen Größe mit unterschiedlicher Zeitverschiebung
- Nutzung von Methoden zur Identifikation der mittleren Verweilzeit aus Prozessdaten (Soltanzadeh, Bennington, & Dumont, 2011) unter Nutzung der Beziehung

$$T_\Sigma = \frac{\int_0^\infty t y(t) dt}{\int_0^\infty y(t) dt} - \frac{\int_0^\infty t u(t) dt}{\int_0^\infty u(t) dt} . \tag{5.109}$$

5.4.3 Auswahl relevanter Einflussgrößen

Auf der Grundlage von Prozesswissen und praktischer Erfahrung wird oftmals zunächst eine größere Zahl von Eingangsgrößen-„Kandidaten" $x_1 \ldots x_n$ ausgewählt, für die ein Einfluss auf die vorherzusagende Prozessgröße y vermutet wird. Aus der multivariaten Statistik ist jedoch bekannt, dass eine große Zahl von Einflussgrößen nicht zwangsläufig die Modellgenauigkeit erhöht, die Hinzunahme einer Eingangsgröße erhöht im Gegenteil die Varianz der Ausgangsgröße. Außerdem lassen sich Modelle mit einer geringeren Zahl von Eingangsgrößen besser interpretieren und mit geringerem Aufwand als Softsensor einsetzen. Sinnvoll ist daher die Reduktion der Zahl der Eingangsgrößen auf diejenigen mit der größten Relevanz für das Vorhersagemodell. Im Folgenden sollen die verbreitetsten Verfahren kurz vorgestellt werden.

Bei einer kleineren Zahl von Eingangsgrößen kann man versuchen, alle denkbaren Modelle mit $k \in \{1, 2, \ldots m\}$ Eingangsgrößen durch Regression zu bilden und auf der Grundlage eines Maßes für die Modellgüte eine Entscheidung über die Anzahl und Art der einzubeziehenden Eingangsgrößen $\{x_1 \ldots x_k\}$ zu treffen. Die Modellgüte sollte bei einer ausreichenden Zahl von Datensätzen anhand eines Validierungsdatensatzes (ein zufällig oder systematisch ausgewählter Teil aller Messdaten, der nicht für die Modellbildung verwendet wird) überprüft werden. Ist die Zahl der Messwertsätze klein, kann stattdessen eine Kreuzvalidierung erfolgen (vgl. Abschnitt 5.4.4). Als Maße für die Modellgüte kommen die Fehlerquadratsumme $SS_E = \sum_{i=1}^{N} (y_i - \hat{y}_i)^2$ oder $PRESS_V$ nach Gl. (5.28), das Bestimmtheitsmaß R^2 nach Gl. (5.13) oder Mallow's C_p-Statistik in Frage. Andere Güte- und Abbruchkriterein für die Variablenselektion werden in (Miller, 1990) angegeben. Der C_p-Wert lässt sich mit

$$C_p = \frac{\left(\sum\limits_{i=1}^{N}(y_i - \hat{y}_i)^2\right)_k}{\frac{\left(\sum\limits_{i=1}^{N}(y_i-\hat{y}_i)^2\right)_p}{(N-(p+1))}} - [N - 2(p + 1)] \tag{5.110}$$

berechnen und berücksichtigt außer der Fehlerquadratsumme auch die Zahl der Messwerte und der Modellparameter. In Gl. (5.110) wird der Zähler – die Quadratsumme der Residuen – mit Hilfe des Modells berechnet, das nur k Eingangsgrößen besitzt. Der Nenner – ein Schätzwert für die Varianz der Ausgangsgröße y – wird für das Modell berechnet, dass alle $m = p$ potenziellen Eingangsgrößen enthält (wegen θ_0 liegen insgesamt $(p + 1)$ Modellparameter vor).

Die Gesamtzahl der durch Regression zu bildenden Modelle beträgt

$$n_{\text{Mod}} = \binom{m}{k_{\min}} + \binom{m}{k_{\min}+1} + \cdots + \binom{m}{k_{\max}}, \tag{5.111}$$

wenn man alle Kombinationen mit $k_{\min}$ bis $k_{\max}$ Eingangsgrößen untersucht. Für bis zu ca. 30 Eingangsgrößen ist eine effektive Berechnung aller Kombinationen möglich (Hastie, Tibshirani, & Friedman, 2009). Für viele Softsensor-Applikationen ist dieser Weg daher gangbar, wenn die Modellbildung durch lineare Regression erfolgt. Anders sieht es aus, wenn Ergebnisse von Spektraluntersuchungen einbezogen werden sollen. Dann ist die Zahl der Eingangsgrößen vergleichsweise hoch, wenn eine feine Auflösung des Spektrums gewählt werden muss. Anders ist es auch, wenn nichtlineare Regressionsmethoden angewendet werden, weil dann für jedes Modell ein nichtlineares Optimierungsproblem gelöst werden muss, was einen deutlich größeren Zeitaufwand erfordert.

Vorwärtsselektion

Bei der Vorwärtsselektion startet man mit einem Modell, das nur eine Eingangsgröße enthält, entweder die mit der größten empirischen Korrelation zu y oder die mit kleinsten Fehlerquadratsumme der Regression. In jedem weiteren Schritt wird der Effekt der Hinzunahme jeder der verbliebenen Eingangsgrößen untersucht. Dazu wird jeweils die Regression durchgeführt und ein partieller F-Test konstruiert. Es wird die Variable mit dem größten partiellen F-Wert in das Modell aufgenommen. Diese Prozedur wird beendet, wenn keine der verbliebenen Eingangsgrößen einen partiellen F-Wert hat, der größer als ein vorgegebener Schwellwert ist.

Ein partieller F-Test bestimmt, ob die Verbesserung der Vorhersage durch Hinzunahme einer weiteren Einflussgröße statistisch signifikant ist. Dazu wird der partielle F-Wert

$$F_1 = \frac{SS_E(k) - SS_E(k+1)}{\frac{SS_E(k+1)}{N-k-2}} \tag{5.112}$$

berechnet und mit einem aus Tabellen zu entnehmenden F-Wert $F(1, N - k - 2, 1 - \alpha)$ verglichen. In Gl. (5.112) bedeuten $SS_E(k)$ und $SS_E(k+1)$ die Fehlerquadratsummen $\sum_{i=1}^{N}(y_i - \hat{y}_i)^2$ für die Modelle mit k bzw. $(k+1)$ Einflussgrößen.

Die Vorwärtsselektion arbeitet so, dass eine einmal in das Modell aufgenommene Variable später nicht wieder entfernt wird. Daher werden nicht alle späteren Kombinationen getestet, in der diese Variablen nicht im Modell enthalten sind.

Rückwärtselimination

Bei diesem Verfahren wird mit einem Modell gestartet, dass alle möglichen m Eingangsgrößen enthält. Anschließend werden alle Modelle mit $(m - 1)$ Eingangsgrößen gebildet und diejenige Eingangsgröße gestrichen, die den geringsten Einfluss auf die Modellgüte hat, das Modell also am wenigsten verschlechtert. In diesem Sinne wird in den nächsten Schritten fortgefahren, bis nur noch eine Variable vorhanden ist oder vorher ein Abbruchkriterium erfüllt wurde. Das Streichen einer Variablen kann nach unterschiedlichen Kriterien vorgenommen werden:

- es wird die Variable gestrichen, deren zugeordnetes Modell die kleinste Fehlerquadratsumme hat,
- es werden für alle verbliebenen Variablen partielle F-Tests durchgeführt und die Variable mit dem kleinsten F-Wert wird gestrichen,
- es wird die Variable mit dem kleinsten normierten Modellparameter gestrichen.

Die Normierung der Modellparameter geschieht durch Beziehung auf ihre Standardabweichung

$$\hat{\theta}_{i,\text{norm}} = \frac{\hat{\theta}_i}{\hat{\sigma}(\hat{\theta}_i)} = \frac{\hat{\theta}_i}{\hat{\sigma}\sqrt{P_{ii}}} . \tag{5.113}$$

Darin bedeuten $\hat{\sigma}$ die Standardabweichung der Residuen und P_{ii} die Diagonalelemente der Präzisionsmatrix $\boldsymbol{P} = \left(\boldsymbol{M}^T\boldsymbol{M}\right)^{-1}$.

Nachteil der Rückwärtselemination ist es, dass eine einmal gestrichene Variable in einem späteren Schritt nicht wieder in das Modell aufgenommen wird.

Schrittweise Regression

Die schrittweise Regression kombiniert die vorhergehend beschriebenen Verfahren. Es wird wie bei der Vorwärtsselektion begonnen und ab dem zweiten Schritt jeweils getestet ob eine der vorher in das Modell aufgenommenen Eingangsgrößen wieder entfernt werden kann, ohne die Fehlerquadratsumme wesentlich zu erhöhen. Für die Entscheidung über die Hinzunahme einer weiteren Variable werden die partiellen F-Werte nach Gl. (5.112) bestimmt und die Variable mit dem größten partiellen F-Wert ausgewählt. Dieser wird mit $F(1, N-k-2, 1-\alpha)$ verglichen. Ist $F_1 > F(1, N-k-2, 1-\alpha)$, wird die Variable in das Modell aufgenommen. Umgekehrt werden für die Entscheidung über das Streichen einer Variable die partiellen F-Werte nach

$$F_2 = \frac{SS_E(k-1) - SS_E(k)}{\frac{SS_E(k)}{N-k-1}} \tag{5.114}$$

ermittelt. Es wird die Variable mit dem kleinsten zugehörigen partiellen F-Wert ausgewählt und dann aus dem Modell entfernt, wenn $F_2 < F(1, N-k-2, 1-\alpha)$ gilt. Die Konvergenz dieses Verfahrens ist gesichert, wenn man den F-Schwellwert für das Streichen einer Variablen kleiner wählt als den für die Hinzunahme.

Lasso-Regression und die nicht-negative Garrotte

Besonders elegant lässt sich das Problem der Variablenselektion mit Hilfe von Shrinkage-Verfahren lösen, die unter dem Namen „Lasso" (least absolute shrinkage and selection operator, vgl. (Tibshirani, 1996)) und „nonnegative garrote" (wörtlich übersetzt Würgschraube oder Halseisen, (Breimann, 1995)) bekannt geworden sind. Die Optimierungsprobleme für die Parameterschätzung lauten

a) für die nicht-negative Garrotte

$$\min_{\boldsymbol{\theta}} \left\{ J = \sum_{i=1}^{N} \left(y_i - \theta_0 - \sum_{j=1}^{p} c_j \theta_j x_j \right)^2 \right\} \tag{5.115}$$

mit den Nebenbedingungen

$$\begin{aligned} c_j &\geq 0 \\ \sum_{j=1}^{p} c_j &\leq s \,. \end{aligned} \tag{5.116}$$

b) für die Lasso-Methode

$$\min_{\boldsymbol{\theta}} \left\{ J = \sum_{i=1}^{N} \left(y_i - \theta_0 - \sum_{j=1}^{p} \theta_j x_j \right)^2 \right\} \tag{5.117}$$

mit den Nebenbedingungen

$$\sum_{j=1}^{p} |\theta_j| \leq b \,, \tag{5.118}$$

oder alternativ mit Straffunktion

$$\min_{\boldsymbol{\theta}} \left\{ J = \sum_{i=1}^{N} \left(y_i - \theta_0 - \sum_{j=1}^{p} \theta_j x_j \right)^2 + \lambda \sum_{j=1}^{p} |\theta_j| \right\} \,. \tag{5.119}$$

Bei beiden Verfahren müssen die Daten vor der Lösung der Optimierungsprobleme geeignet normiert werden. Im Gegensatz zur Kammlinienregression (Abschnitt 5.2.2) gibt es hier keine geschlossene Lösung, da die Probleme nichtlinear sind. Das Lasso-Verfahren lässt sich als quadratisches Optimierungsproblem formulieren und mehrfach mit immer kleineren Werten für b lösen. Das Besondere an diesem Verfahren ist, dass in seinem Verlauf (d. h. für verschiedene Werte der rechten Seite b) die Modellparameter θ_j exakt den Wert Null annehmen. Das bedeutet, dass die zugehörigen Eingangsgrößen aus dem Modell gestrichen werden können.

Anwendung der Hauptkomponentenalyse

Eine viel versprechende und einfache Methode zur Auswahl geeigneter Einflussgrößen wird in (Zamprogna, Barolo, & Seborg, 2005) am Beispiel eines Batch-Destillationsprozesses vorgestellt, bei dem n Produktkonzentrationen mit Hilfe von m Temperaturmessungen an einer Destillationskolonne vorhergesagt werden sollen. Es werden zunächst die Empfindlichkeiten der Temperaturen gegenüber den Konzentrationen ermittelt, auf die Messbereiche normiert und in einer $(m \times n)$-Matrix zusammengestellt:

$$\boldsymbol{K} = \begin{bmatrix} \frac{\partial T_1}{\partial x_1} & \cdots & \frac{\partial T_1}{\partial x_n} \\ \vdots & \ddots & \vdots \\ \frac{\partial T_m}{\partial x_1} & \cdots & \frac{\partial T_m}{\partial x_n} \end{bmatrix} . \tag{5.120}$$

Diese Matrix wird anschließend normiert und mit Hilfe einer Hauptkomponentenanalyse in Faktoren und Ladungen zerlegt: $\boldsymbol{K} = \boldsymbol{T}\boldsymbol{P}^T$. Die Zeilen von $\boldsymbol{P}$ enthalten die Hauptkomponten. Bestimmt man nur die erste Hauptkomponente, wird $\boldsymbol{P}$ zu einem Vektor, der die Richtung im Raum der Temperaturen angibt, denen gegenüber die Konzentrationen am empfindlichsten ist. Die i-te Komponente dieses Vektors ist ein Maß für den Beitrag, den die i-te Temperatur zu dieser Richtung der größten Empfindlichkeit liefert. Man kann nun diejenigen Temperatur(en) als Eingangsgrößen des Softsensors auswählen, die den (die) größten Ladungswert(e) im Ladungsvektor besitzen. Temperaturen mit vergleichsweise kleinen Ladungen können weggelassen werden.

Variablenselektion unter Beachtung der resultierenden Regelgüte

In den bisher beschriebenen Methoden wurde die Entscheidung darüber, ob eine Einflussgröße in das Modell aufgenommen wird, ausschließlich anhand von Kriterien getroffen, die ein Maß für die Modellgüte darstellen. Nicht berücksichtigt wurde dabei, wie sich Softsensoren mit verschiedenen Eingangsgrößen verhalten, wenn ihre Ausgangsgrößen als Istwerte von Regelkreisen weiterverarbeitet werden. Abbildung 5.21 zeigt das Blockschaltbild eines „inferential control system“, also einer Regelung, bei der eine eigentlich interessierende, aber nicht fortlaufend messbare, Regelgröße y durch eine Softsensor-Ersatzgröße $\hat{y}$ repräsentiert wird, die ihrerseits aus messbaren Größen $\boldsymbol{x}$ berechnet wird. Der Einfachheit halber wird angenommen, dass ein statischer Softsensor mit nur einer messbaren Eingangsgröße vorliegt, also $\hat{y} = K_{yx}x$ mit K_{yx} als Verstärkung des Softsensors geschrieben werden kann. Ein Beispiel hierfür ist die Vorhersage einer Konzentration mit Hilfe einer Bodentemperatur in einer Destillationskolonne.

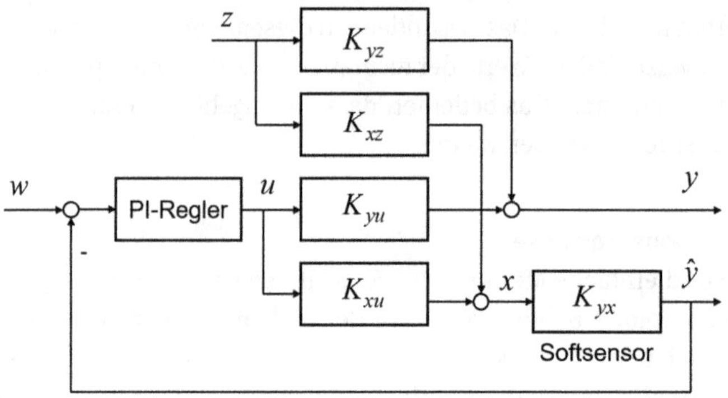

Abb. 5.21: Inferential Control System nach (Pannocchia & Brambilla, 2003).

Ein wichtiger Aspekt der Regelgüte ist, im stationären Zustand die Differenz

$$e(\infty) = w - y(\infty) \tag{5.121}$$

zwischen Sollwert und Istwert der Qualitätsgröße y möglichst klein zu halten. Wird ein Regler mit I-Anteil verwendet, verschwindet die bleibende Regeldifferenz zwischen Sollwert und Istwert der durch den Softsensor *vorhergesagten* Größe, d. h. es gilt $e(\infty) = w - \hat{y}(\infty) = 0$. Da im Allgemeinen $\hat{y} \neq y$ ist, bedeutet das aber nicht, dass auch die bleibende Regeldifferenz $e(\infty) = w - y(\infty)$ für die nicht messbare Größe y verschwindet. Die Eigenschaft eines Softsensors, im geschlossenen Regelkreis zu einem kleinen Wert von $e(\infty) = w - y = \hat{y} - y$ zu führen, wird als „steady-state closed-loop consistency" bezeichnet (Pannocchia & Brambilla, 2003), (Pannocchia & Brambilla, 2007). Wie dort gezeigt wird, garantiert ein Softsensor mit großem Bestimmtheitsmaß (als Maß der Modellgüte) nicht automatisch auch einen kleinen Wert von $e(\infty)$. Das heißt, wenn man die Eingangsgrößen des Softsensors nur unter dem Aspekt einer hohen Modellgüte wählt, ergibt sich nicht gleichzeitig eine hohe Regelgüte. Umgekehrt kann es sein, dass Eingangsgrößen, die nicht die Modellgüte verbessern, durchaus die bleibende Regeldifferenz $e(\infty)$ verringern können. Man kann das rechnerisch am Beispiel einer Eingrößenregelung zeigen. Betrachtet man das Führungsverhalten und lässt die Störgrößen zunächst außer Betracht, ergibt sich im stationären Zustand die nicht messbare Regelgröße zu $y = K_{yu}u$ und die über den Softsensor vorhergesagte zu $\hat{y} = K_{yx}K_{xu}u$. Darin bezeichnen K_{xu} und K_{yu} (Stell-)Streckenverstärkungen, und K_{yx} die Softsensor-Verstärkung.

Mit I-Anteil im Regler gilt im stationären Zustand

$$w = \hat{y} = K_{yx}K_{xu}u\,, \tag{5.122}$$

woraus sich die Stellgröße zu

$$u = (K_{yx}K_{xu})^{-1}\, w \tag{5.123}$$

berechnen lässt. Bildet man die Differenz $w - y = \hat{y} - y$ und setzt Gl. (5.123) für die Stellgrößen ein, folgt schließlich

$$\begin{aligned} \hat{y} - y &= K_{yx} K_{xu} u - K_{yu} u \\ &= (K_{yx}K_{xu} - K_{yu})(K_{yx}K_{xu})^{-1} w \end{aligned} \tag{5.124}$$

$$\hat{y} - y = \left(1 - K_{yu}(K_{yx}K_{xu})^{-1}\right) w \,. \tag{5.125}$$

Betrachtet man umgekehrt das Störverhalten ohne Sollwertänderung, ergeben sich die Regelgrößen aus $y = K_{yu}u + K_{yz}z$ und $\hat{y} = K_{yx}K_{xu}u + K_{yx}K_{xz}z$, und die Stellgrößen im stationären Zustand aus

$$u = -(K_{yx}K_{xu})^{-1} K_{yx}K_{xz}z \,. \tag{5.126}$$

Einsetzen und Umformen führt auf

$$\hat{y} - y = \left[K_{yu}(K_{yx}K_{xu})^{-1} K_{yx}K_{xz} - K_{yz}\right] z \,. \tag{5.127}$$

Fasst man Führungs- und Störverhalten zusammen und definiert die (statischen) Übertragungsfunktionen von Sollwert und Störgröße zur Regeldifferenz

$$K_{ew} = 1 - K_{yu}(K_{yx}K_{xu})^{-1} \tag{5.128}$$

$$K_{ez} = K_{yu}(K_{yx}K_{xu})^{-1} K_{yx}K_{xz} - K_{yz} \,, \tag{5.129}$$

dann kann man schreiben

$$e(\infty) = w - y = K_{ew}w + K_{ez}z \,. \tag{5.130}$$

Gl. (5.129) kann man auch

$$K_{ez} = \frac{K_{yu}K_{xz}}{K_{xu}} - K_{yz} \tag{5.131}$$

schreiben, damit wird K_{ez} unabhängig von K_{yx}, also vom Softsensor-Modell und dessen Güte. Die bleibende Regeldifferenz bei Störungen ist dann nur noch von der Wahl der Ersatzgröße x abhängig. Damit K_{ez} zu Null wird, muss

$$\frac{K_{xz}}{K_{xu}} = \frac{K_{yz}}{K_{yu}} \tag{5.132}$$

gelten.

Auf der Grundlage dieser Überlegungen wird in (Pannocchia & Brambilla, 2007) ein iteratives Verfahren zur Auswahl von Softsensor-Eingangsgrößen angegeben, bei dem ein Maß für die Konsistenz im stationären Zustand

$$J = ||\boldsymbol{K}_{ew}||_Q + ||\boldsymbol{K}_{ez}||_R \tag{5.133}$$

minimiert wird (eine gewichtete Summe der bleibenden Regeldifferenzen für Führungs- und für Störverhalten). Das Verfahren lässt nicht nur auf den Eingrößenfall, sondern auch für Mehrgrößensysteme mit mehreren Stell- und Regelgrößen und für Softsensoren mit mehreren gemessenen Eingangsgrößen anwenden.

Andere Verfahren zur Variablenselektion

Für PLS-Modelle sind weitere Verfahren zur Variablenselektion entwickelt worden, darunter

- Auswahl der signifikanten Variablen auf der Grundlage der geschätzten Modellparameter $\hat{\boldsymbol{\theta}}$: es werden die Variablen aus dem Modell entfernt, deren zugeordnete Modellparameter die kleinsten Absolutbeträge $|\hat{\theta}_i|$ aufweisen.
- Berechnung des VIP-Werts („variable importance in projection") der i-ten Variable

$$VIP_i = \sqrt{\frac{m \sum_{j=1}^{k} q_j^2 \boldsymbol{t}_j^T \boldsymbol{t}_j \left(w_{ij} / \|\boldsymbol{w}_j\|\right)^2}{\sum_{j=1}^{k} q_j^2 \boldsymbol{t}_j^T \boldsymbol{t}_j}} . \tag{5.134}$$

  Darin bezeichnen m die Zahl der unabhängigen Variablen in der $\boldsymbol{X}$-Matrix, k die Zahl der Hauptkomponenten, $\boldsymbol{t}_j$ die j-te Spalte der Score-Matrix $\boldsymbol{T}$, $\boldsymbol{w}_j$ die j-te Spalte der Gewichts-Matrix $\boldsymbol{W}$, und q_j das j-te Element des Vektors $\boldsymbol{q}$ der Regressionskoeffizienten von $\boldsymbol{T}$. Nur Variablen, die einen VIP-Wert größer Eins besitzen, werden als signifikant betrachtet und in das PLS-Modell aufgenommen.
- Berechnung der SR-Werts („selectivity ratio") der i-ten Variable (Farres, Platikanov, Tsakovski, & Tauler, 2015). Wenn die Regressionskoeffizienten des „inneren" PLS-Modells $\boldsymbol{b}$ gegeben sind, werden die Zeilen der Datenmatrix $\boldsymbol{X}$ auf den Vektor der (normierten) Koeffizienten $\boldsymbol{b}$ projiziert („Target projection" TP), danach berechnet man die Loadings durch Projektion der Spalten von $\boldsymbol{X}$ auf die Scores-Vektoren $\boldsymbol{t}_{\mathrm{TP}}$:

$$\begin{aligned} \boldsymbol{t}_{\mathrm{TP}} &= \boldsymbol{X}\boldsymbol{b} / \|\boldsymbol{b}\| \\ \boldsymbol{p}_{\mathrm{TP}} &= \boldsymbol{X}^T \boldsymbol{t}_{\mathrm{TP}} / (\boldsymbol{t}_{\mathrm{TP}}^T \boldsymbol{t}_{\mathrm{TP}}) \end{aligned}$$

  Das TP-Modell kann dann $\boldsymbol{X} = \boldsymbol{X}_{\mathrm{TP}} + \boldsymbol{E}_{\mathrm{TP}} = \boldsymbol{t}_{\mathrm{TP}} \boldsymbol{p}_{\mathrm{TP}}^T + \boldsymbol{E}_{\mathrm{TP}}$ geschrieben werden. Nun werden für jede Variable i die „erklärte" und die „nicht erklärte" Streuung nach $SS_{E,i} = \left\|\boldsymbol{t}_{\mathrm{TP}} \boldsymbol{p}_{\mathrm{TP},i}^T\right\|^2$ und $SS_{R,i} = \|\boldsymbol{e}_{\mathrm{TP},i}\|^2$ berechnet. Der SR-Wert der i-ten Variable ergibt sich dann aus $SR_i = SS_{E,i} / SS_{R,i}$. Wenn der F-Test $SR_i > F(\alpha, N-2, N-3)$ erfüllt ist, wird die i-te Variable in das PLS-Modell aufgenommen. Darin bezeichnen α die Vertrauenswahrscheinlichkeit und N die Zahl der Messwertsätze.

Eine vergleichende Übersicht über diese und weitere Verfahren der Auswahl relevanter Einflussgrößen bei PLS-Softsensoren geben (Mehmood, Liland, Snipen, & Saeboe, 2012) und (Wang, He, & Wang, 2015).

5.4.4 Modellvalidierung

Grafische Darstellungen zur Bewertung der Modellgüte

Kennwerte zur Untersuchung der Modellgüte („goodness of fit") sind bereits weiter oben angegeben und kritisch kommentiert worden, darunter die Summe der Quadrate der Residuen *PRESS*, das multiple Bestimmtheitsmaß R^2 und der C_p-Wert nach Mallow. Gebräuchlich sind auch logarithmische Gütemaße wie das AIC-Kriterium (Akaike's Information Criterion) für die MKQ

$$AIC = N \ln \left(\frac{1}{N} \sum_{i=1}^{N} (y_i - \hat{y}_i)^2 \right) + 2(p+1) \tag{5.135}$$

oder das BIC-Kriterium (Bayesian Information Criterion) für die MKQ

$$BIC = N \ln \left(\frac{1}{N} \sum_{i=1}^{N} (y_i - \hat{y}_i)^2 \right) + \log(N)(p+1) \,. \tag{5.136}$$

Beide Kriterien berücksichtigen nicht nur die Residuen, sondern auch die Zahl der Modellparameter $(p + 1)$, stellen also einen Kompromiss zwischen Anpassungsgüte und Komplexität des Modells her. Sie werden daher oft zur Auswahl des „besten" Modells eingesetzt.

Bei der Abschätzung des Nutzens von APC-Projekten wird häufig davon ausgegangen, dass sich die Standardabweichung wichtiger Prozessgrößen (wie z. B. der durch Softsensoren vorhergesagten Qualitäten) durch verbesserte Regelung auf mindestens die Hälfte reduzieren lässt (Martin & Dittmar, 2005). Davon ausgehend wurde von (King, 2004) vorgeschlagen, ein weiteres Maß für die Bewertung von Softsensoren heranzuziehen. Bezeichnet man die aktuelle Standardabweichung der Qualitätsgröße vor Inbetriebnahme der Regelung mit Softsensor mit $\sigma_{y,\text{akt}}$ und die nach der Inbetriebnahme mit $\sigma_{y,\text{Soft}}$, dann lässt sich die genannte Forderung

$$\sigma_{y,\text{Soft}} \leq 0{,}5\sigma_{y,\text{akt}} \tag{5.137}$$

schreiben, wenn man annimmt, das die Regelung selbst richtig entworfen und eingestellt ist. Daraus lässt sich ein Gütekriterium für den Softsensor ableiten. Es muss gelten

$$\varphi = \left(1 - \frac{\sigma_{y,\text{Soft}}^2}{\sigma_{y,\text{akt}}^2} \right) \geq 0{,}75 \,. \tag{5.138}$$

Dieses Kriterium lässt sich sowohl bei der Softsensorentwicklung als auch beim Monitoring im Online-Betrieb verwenden. Für $\varphi = 1$ wäre der Softsensor „perfekt", für $\varphi = 0$ hat er keinen Nutzen, bei $\varphi < 0$ wäre der ungeregelte Betrieb besser.

Besonders anschaulich für die Beurteilung der Arbeitsweise des Softsensors sind grafische Darstellungen. Gebräuchlich ist die Darstellung des Vergleichs der über das Softsensor-Modell vorhergesagten und der gemessenen y-Werte, und zwar einerseits

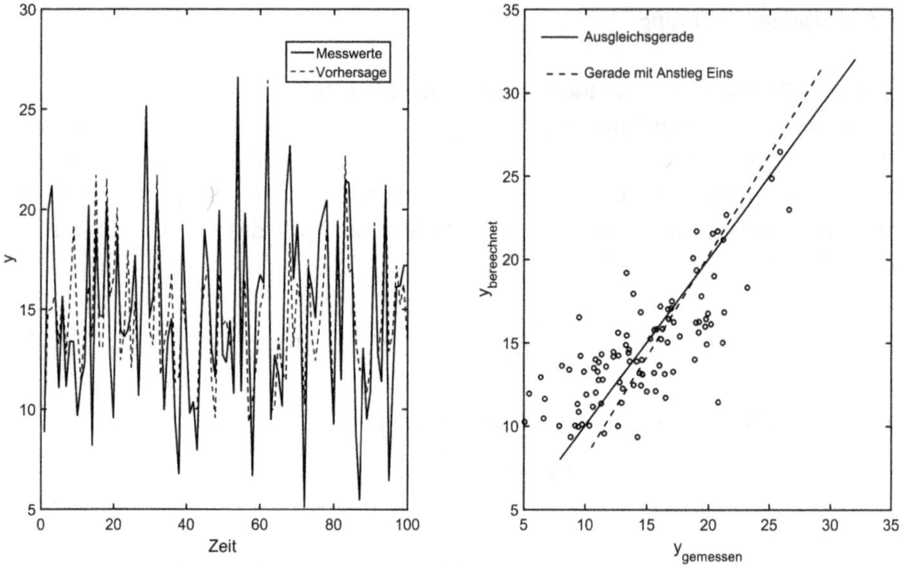

Abb. 5.22: Gemessene und berechnete Werte im Zeitverlauf und im Streudiagramm.

in Abhängigkeit vom Index des Messwertsatzes (meist gleichbedeutend mit einem zeitlichen Trend). Besser geeignet ist ein $(\hat{y}, y)$-Streudiagramm. Sinnvoll ist, diese Grafiken sowohl für Trainings- als auch für Validierungsdaten zu erzeugen und bei gemeinsamer Darstellung in einem Diagramm die Validierungsdaten gesondert zu kennzeichnen. Ein Beispiel zeigt Abb. 5.22.

Im Idealfall $\hat{y}_i = y_i$ ergibt sich im $(\hat{y}, y)$-Streudiagramm eine Gerade mit dem Anstieg Eins. Man kann eine Ausgleichsrechnung für die $(\hat{y}, y)$-Daten durchführen und die sich ergebende Gerade zusammen mit einer Geraden mit Anstieg Eins in das Diagramm einzeichnen, um die Abweichung vom Idealbild zu visualisieren. Die Interpretation der Ergebnisse sollte sehr sorgfältig erfolgen. Es reicht im Allgemeinen nicht aus, dass die Vorhersagen dem Trend der Messgrößen „im Mittel" gut folgen. Zu beachten ist die erwartete Vorhersagegenauigkeit in Bezug zur Messunsicherheit. Detailliert zu analysieren sind Ausreißer und Bereiche niedriger Vorhersagegenauigkeit.

Weitere gebräuchliche grafische Darstellungen beziehen sich auf die Residuen und wurden bereits in Abschnitt 5.2.1 erläutert (Wahrscheinlichkeitsplot und Histogramm der Residuen, Residuen in Abhängigkeit vom Index des Messwertsatzes usw.).

Bei Modellen, die statisch und nichtlinear bezüglich der Eingangsgrößen sind, ist es oft sinnvoll, die statischen Kennlinien $\hat{y} = f(x_i)$ oder Kennfelder $\hat{y} = f(x_i, x_j)$ im Wertebereich der Einflussgrößen darzustellen und mit Vorkenntnissen bzw. Erwartungen zu vergleichen. Zweifelhaft sind oft nicht-glatte (unruhige) Kurvenverläufe, die evtl. auf Overfitting (siehe unten) zurückzuführen sind.

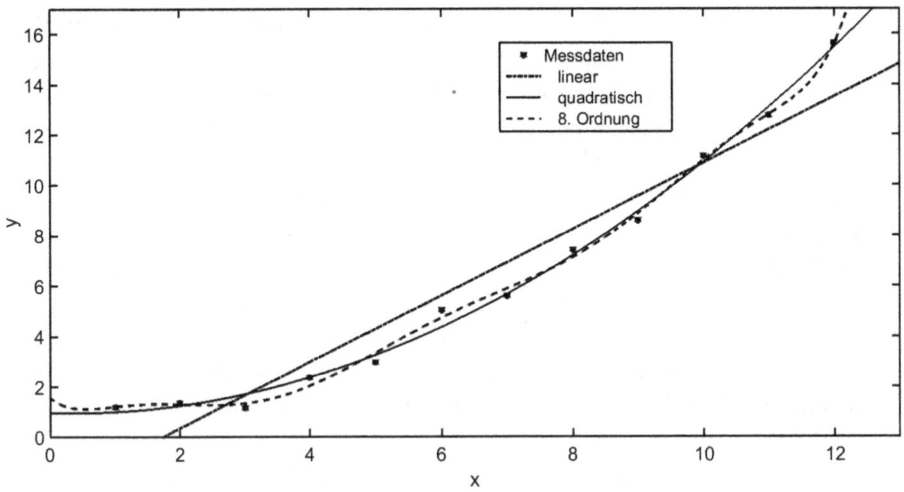

Abb. 5.23: Zur Erläuterung des Begriffs „Overfitting".

Overfitting

Unter Overfitting versteht man, dass das Modell zu wenig den physikalischen Zusammenhang zwischen Eingangs- und Ausgangsgrößen und zu sehr die reinen Messdaten und deren zufälliger Fehler beschreibt. Das äußert sich darin, dass es für die Trainingsdaten gute Vorhersageergebnisse liefert, nicht aber für die Validierungsdaten, also nicht ausreichend verallgemeinerungsfähig ist. Die Ursache ist darin zu suchen, dass der Modellansatz zu komplex ist, z. B. zu viele Parameter im Vergleich zur Anzahl der Messdatensätze hat. Ein Beispiel zeigt Abb. 5.23. Hier wurde versucht, für 12 Messdatensätze ein Polynom-Modell erster, zweiter und achter Ordnung zu finden. Während die Ausgleichsgerade (Polynom erster Ordnung) den in den Daten offensichtlich vorhandenen nichtlinearen Zusammenhang nicht widergibt, zeigt das Modell achter Ordnung Overfitting. Die Residuenanalyse zeigt, dass die Abweichung zwischen Messwerten und Vorhersage bei diesem Modell sehr klein ist, weil es so komplex ist, dass es sich „zu gut" an die verrauschten Messdaten anpasst. Die Wendepunkte in der Funktion $y = f(x)$ widerspiegeln aber nicht das wirkliche Prozessverhalten. Nur das Polynom 2. Ordnung (die Parabel) ist in diesem Fall ein angemessenes Modell, weil es kleine Residuen mit einer besseren Beschreibung der physikalischen Realität verbindet.

Kreuzvalidierung

Die Kreuzvalidierung ist ein systematisches Verfahren zur Untersuchung der Anwendbarkeit eines empirischen Modells auf Datensätze, die demselben Prozess entstammen, aber nicht während der Modellbildung (Regression, Netztraining) verwendet wurden. Ziel ist die Überprüfung der Verallgemeinerungsfähigkeit des Modells für unabhängige Datensätze und die Vermeidung des „Overfitting" (Überanpassung). Bei der k-fachen Kreuzvalidierung wird der gesamte Datensatz in k Teildatensätze derselben Größe geteilt, also zum Beispiel 1000 Daten in $k = 10$ Datensätze mit jeweils 100 Daten. Die Aufteilung kann nach verschiedenen Kriterien erfolgen: zufällig; zehn zeitlich nacheinander aufgenommene Datensätze; Auswahl der Datensätze so, dass die Mittelwerte der Ausgangsgröße möglichst gleich groß sind usw. Dann wird der erste Teildatensatz mit 100 Daten als Validierungsdatensatz reserviert, mit den verbleibenden 900 Daten das Modell gebildet. Mit Hilfe des Validierungsdatensatzes wird die Ausgangsgröße vorhergesagt und die Fehlerquadratsumme (oder ein anderes Kriterium der Modellgüte) berechnet. Diese Prozedur wird für alle 10 Datensätze wiederholt. Zuletzt wird der Mittelwert für das Modellgütekriterium bestimmt. Insgesamt muss das Modell N/k-mal bestimmt werden. Im Laufe dieses Prozesses werden also alle Daten sowohl für die Modellbildung als auch für die Validierung verwendet. Das Ergebnis kann dann zum Beispiel mit dem eines anderen Modells (mit mehr oder weniger Eingangsgrößen) verglichen werden.

Ein Extremfall ist die Wahl von $k = N$ (Leave-one-out-Kreuzvalidierung). Dort wird in jedem Schritt nur jeweils ein Datensatz für die Validierung reserviert, die Modellbildung muss N-fach wiederholt werden. Das Verfahren ist also wesentlich aufwändiger.

Bei nichtlinearen Modellen, bei denen die Parameterschätzung viel zeitaufwändiger ist, geht man daher oft einen einfacheren Weg: man trennt einen Prozentsatz von Validierungsdaten ab, z. B. 20 % (entweder zufällig, jeden 5-ten Datensatz, die letzten 20 % usw.) und führt Modellbildung und Validierung nur einmal durch.

Konsistenz von Softsensor- und reglerinternem Prozessmodell
Oft werden Softsensor-Ausgangsgrößen als Regelgröße in einem MPC-Regler verwendet. Softsensor-Eingangsgrößen sind dann möglicherweise gleichzeitig auch Stellgrößen des MPC-Reglers. In diesem Fall muss man bei statischen Softsensoren darauf achten, dass die betroffenen Streckenverstärkungen des für den MPC-Regler identifizierten Modells und die Verstärkungen des Softsensors (im Falle eines linearen Regressionsmodells sind das die Modellparameter $\boldsymbol{\theta}$) übereinstimmen (King, 2011). Da Softsensorentwicklung und Modellbildung für den MPC-Regler zeitlich nacheinander und unabhängig voneinander erfolgen, ist dies nicht automatisch gewährleistet!

5.4.5 Online-Betrieb und Update-Mechanismen

Die Online- oder Runtime-Version des Softsensors wird in der Regel auf einem dedizierten, mit dem PLS (und/oder PIMS) über eine OPC-Schnittstelle gekoppelten Rechner implementiert. Dabei stellt das PLS/PIMS einen OPC-Server und das Softsensor-Werkzeug einen OPC-Client bereit. Aus dem PLS/PIMS werden aktuelle Messwerte der „einfachen" Prozessgrößen eingelesen und vorverarbeitet. Die berechneten Qualitätsparameter werden zurückgeschrieben, auf einer Bedienstation visualisiert und evtl. im PLS innerhalb von Regelungen weiterverarbeitet. In wenigen Fällen, z. B. beim PLS

DeltaV der Fa. Emerson Process Management, ist das Softsensor-Werkzeug (DeltaV Neural) unmittelbar ins Leitsystem integriert (Blevins, McMillan, Wojsznis, & Brown, 2003).

Vor dem Einsetzen der Istwerte der Eingangsgrößen in das Softsensor-Modell findet im Allgemeinen eine Vorverarbeitung statt. Dazu können gehören:

- die Überprüfung des Einhaltens von oberen und unteren Grenzwerten und Grenzen der Änderungsgeschwindigkeit: $x_{i,\min} \le x_i(k) \le x_{i,\max}$ und $x_i(k) - x_i(k-1) \le \Delta x_{i,\max}$, evtl. Durchführung technologischer Sinnfälligkeitstests.
- Filterung bzw. Glättung (Entfernen von Messrauschen), z. B. durch Anwendung eines Exponentialfilters erster Ordnung $x_i^f(k) = \alpha x_i(k) + (1-\alpha)x_i^f(k-1)$.
- Online-Ausreißererkennung. z. B. durch Berechnung von Mittelwert und Streuung über ein vorgegebenes Zeitfenster und Test auf Verletzung des 3σ-Bereichs $|x_i(k) - \bar{x}_i(k)| > 3\sigma_i$, oder durch Anwendung des robusteren, nichtlinearen Hampel-Filters, bei dem getestet wird, ob der MAD-Wert

$$MAD(x_i(k)) = 1{,}426 \operatorname*{med}_j |x_i(k-j) - \operatorname{med}(x_i(k-j), \ldots, x_i(k))| \tag{5.139}$$

  größer als ein vorgegebener Wert ist. *MAD* bedeutet hier „Median der absoluten Abweichung vom Median" über ein Zeitfenster $x(k-j) \ldots x(k)$.
- Normierung durch Bezug auf Mittelwert und Streuung, die selbst über ein Zeitfenster rekursiv aktualisiert werden können,
- Stationaritätstests im Fall der Anwendung statischer Softsensor-Modelle (Cao & Rhinehart, 1995), (Rhinehart, 2013).

Mit Ausnahme der in einigen Ländern zugelassenen Anwendung von Softsensoren zur kontinuierlichen Emissionsüberwachung sind Softsensoren normalerweise kein vollständiger Ersatz für bereits installierte Online-Analysatoren oder für Laboranalysen. Daher beinhaltet der Online-Betrieb geeignete Mechanismen zur Korrektur der mit Hilfe des Softsensors vorhergesagten Größe durch Einbeziehung der Analysenmessungen oder auch von Laboranalysen.

Softsensor-Korrektur durch Laboranalysen

In der Praxis am gebräuchlichsten ist ein sogenanntes „Bias-Update"-Schema. Das Grundprinzip funktioniert wie folgt: Zu der über den Softsensor berechneten Qualitätskenngröße wird ein Korrekturfaktor oder „Bias" b addiert

$$\hat{y}_{\text{korr}} = \hat{y} + b = f(x_1 \ldots x_m) + b\,. \tag{5.140}$$

Wenn eine neue Laboranalyse eintrifft, wird b aus dem Vergleich von Messwert und Softsensor-Vorhersage zum Zeitpunkt der Probenahme berechnet

$$b = y_{\text{Labor}} - f(x_1 \ldots x_m, \text{Probenahmezeitpunkt})\,. \tag{5.141}$$

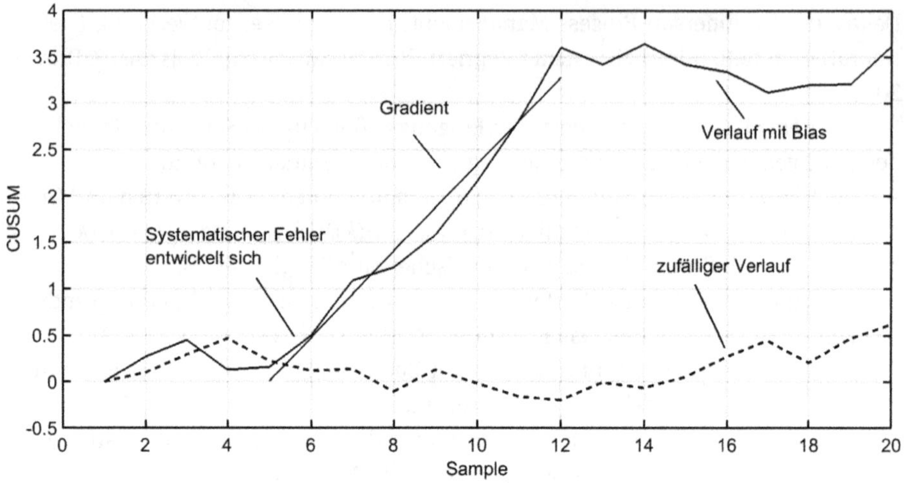

Abb. 5.24: CUSUM-Trend zur Aufdeckung systematischer Fehler.

Dazu muss ein Schnappschuss der x_i-Messwerte zum Zeitpunkt der Probenahme gespeichert werden. Um bei regelungstechnischen Anwendungen die durch die Bias-Korrektur bedingte sprungförmige Istwertänderung und die darauf folgende Reaktion des Reglers abzumildern ist es üblich, die Bias-Korrektur zu filtern, z. B. nach der Vorschrift

$$b(k) = b(k-1) + \gamma\left(\hat{y}(k-1) - y_{\text{Labor}}(k-1)\right) \tag{5.142}$$

mit einem vom Anwender einzustellenden Parameter $0 \le \gamma \le 1$, wobei $\gamma = 1$ der Bias-Korrektur in einem Schritt entspricht. Setzt man z. B. $\gamma = 0{,}5$, dann wären drei aufeinander folgende Updates erforderlich, um ca. 90 % des Fehlers abzubauen. In (King, 2011) wird gezeigt, dass – obwohl häufig angewendet – auch die gefilterte Bias-Korrektur keine optimale Vorgehensweise ist. Stattdessen wird vorgeschlagen, die Differenzen zwischen Softsensor-Vorhersage und Laboranalyse fortlaufend aufzusummieren (den CUSUM-Wert zu bilden), anhand seines zeitlichen Verlaufs zu erkennen, ob eine Bias-Korrektur notwendig ist und diese dann in einem Schritt durchzuführen. Wenn sowohl $\hat{y}$ als auch y_{Labor} nur zufällig streuen, ergibt sich für CUSUM ein horizontaler Trend (Abb. 5.24). Hat die Differenz $\hat{y} - y_{\text{Labor}}$ eine systematische Ursache, ist dieser Trend nicht mehr horizontal. Aus dem *Anstieg* des CUSUM-Trends kann man dann berechnen, um welchen Betrag der Bias-Wert reduziert (bei negativem Anstieg erhöht) werden muss.

Softsensor-Korrektur durch Analysen-Messeinrichtungen

Analysen-Messeinrichtungen liefern Ergebnisse in deutlich kürzeren Zeitabständen als es Laboranalysen können, daher ist in diesem Fall auch eine andere Form der Softsensor-Korrektur möglich. In (King, 2011) wird dazu ein einfaches Schema vorgestellt,

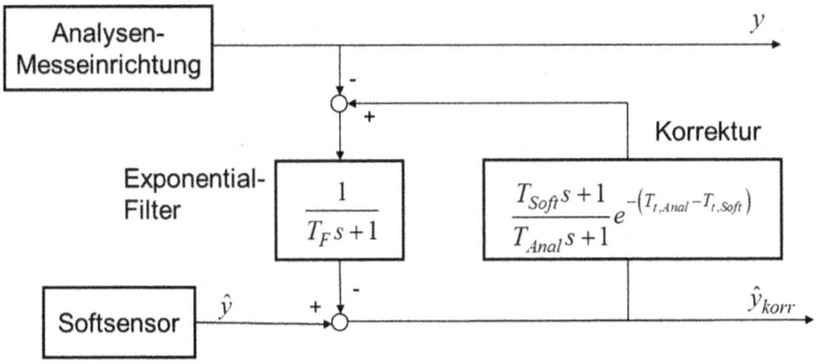

Abb. 5.25: Softsensor-Korrektur durch eine Analysenmesseinrichtung nach (King, 2011).

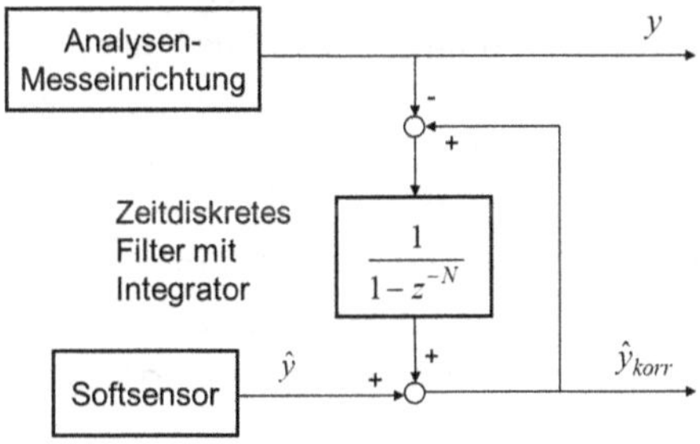

Abb. 5.26: Struktur des Update-Mechanismus.

dass sich praktisch bewährt hat und wie die dynamische Korrektur bei einer Störgrößenaufschaltung (vgl. Abschnitt 4.2) entworfen wird. Unterstellt wird eine Eingrößenregelung der Produktqualität, bei der die Qualitätsgröße nur von einer Variablen abhängt (z. B. eine Konzentration von der Temperatur). Man nimmt die Sprungantworten der Softsensor-Ausgangsgröße und der Analysen-Messeinrichtung bei einer Änderung der Stellgröße auf und approximiert sie durch Verzögerungsglieder erster Ordnung mit Totzeit:

$$G_{\text{Soft}}(s) = \frac{K_{\text{Soft}}}{T_{1,\text{Soft}}\, s + 1} e^{-sT_{t,\text{Soft}}}, \quad G_{\text{Anal}}(s) = \frac{K_{\text{Anal}}}{T_{1,\text{Anal}} s + 1} e^{-sT_{t,\text{Anal}}} \tag{5.143}$$

Das dynamische Korrekturglied wird nach der Vorschrift

$$G_{\text{korr}}(s) = \frac{K_{\text{Anal}}}{K_{\text{Soft}}} \frac{T_{1,\text{Soft}} s + 1}{T_{1,\text{Anal}} s + 1} e^{-s(T_{t,\text{Analt}} - T_{t,\text{Soft}})} = \frac{T_{1,\text{Soft}} s + 1}{T_{1,\text{Anal}} s + 1} e^{-s(T_{t,\text{Analt}} - T_{t,\text{Soft}})} \tag{5.144}$$

entworfen und wie in Abb. 5.25 gezeigt durch ein Exponentialfilter erster Ordnung (PT_1-Glied) ergänzt. Da die Verstärkungen von Softsensor und Analysen-Messeinrichtungen als gleich groß angenommen werden können, entfällt ihr Quotient in Gl. (5.144). Wird ein Online-Gaschromatograph eingesetzt, liefert die Analysen-Messeinrichtung je nach Konfiguration alle 15…30 Minuten einen neuen Messwert, der Softsensor in deutlich kürzeren Zeitabständen (z. B. 1 Minute). Die Korrektur wird initiiert, sobald eine neue Analysenmessung vorliegt. Durch dieses Vorgehen wird eine bessere Übereinstimmung von Softsensor- und Analysator-Dynamik angestrebt.

In (Shardt & Huang, 2012a) und (Shardt & Huang, 2012b) wurde der Update-Mechanismus für Softsensoren nach der in Abb. 5.26 gezeigten Struktur einer rigorosen Analyse unterzogen.

Dabei wurde angenommen, dass die Analysenmesseinrichtung alle N Abtastintervalle der Messwertverarbeitung auf dem Automatisierungssystem einen neuen Messwert liefert. Für den in der Praxis verbreitetsten Fall, dass die Informationsverarbeitung in der Messeinrichtung selbst weniger oder maximal gleich viele Abtastintervalle benötigt, ergibt sich, dass ein Filter mit der zeitdiskreten Übertragungsfunktion

$$G_{\text{Filter}}(z) = \frac{1}{1 - z^{-N}} \tag{5.145}$$

die höchste Vorhersagegenauigkeit liefert. Das gilt auch dann, wenn der Prozess durch eine nicht messbare, integrierende Störgröße (Drift) beeinflusst wird. Das Filter nach Gl. (5.145) kann eingesetzt werden, wenn der Softsensor nur für Überwachungsaufgaben verwendet wird, aber auch dann, wenn die berechnete Größe in einem Regelkreis weiterverarbeitet wird. Weitere nützliche Hinweise zur Implementierung von Softsensoren im Online-Betrieb finden sich in (Blevins, McMillan, Wojsznis, & Brown, 2003) und (Friedman, 2008c). Aufwändigere, daher auch seltener in der Praxis angewendete Möglichkeiten der Softsensor-Adaption werden in (Kadlec, Grbic, & Gabrys, 2011) vorgestellt.

5.5 Software-Werkzeuge für die Entwicklung von Softsensoren

Softsensor-Entwicklungswerkzeuge bestehen aus

– Offline-Komponenten für die oben beschriebenen Funktionen des Datenimports, der Datenanalyse und – vorverarbeitung, der Modellbildung und – analyse und einer Schnittstelle zu Prozessleitsystemen und/oder Prozessdaten-Informationssystem,

Tab. 5.2: Ausgewählte Werkzeuge für die Entwicklung von Softsensoren.

Anbieter	Programmsystem	Webseite
Aspen Technology (USA)	Aspen Inferential Qualities	www.aspentech.com
Honeywell (USA)	ProfitSensorPro	www.honeywell.com
IPCOS (B/NL)	INCA Sensor	www.ipcos.be
ABB	Optimize IT Inferential Modeling Platform	www.abb.com
Emerson	DeltaV Neural	www.emersonprocess.com
Shell Global Solutions (NL)	Robust Quality Estimator	www.shell.com
Rockwell Software (USA)	Pavilion 8	www.rockwellautomation.com
Sartorius Stedim Biotech (S)	SIMCA	www.umetrics.com
Camo Software (N)	The Unscrambler	www.camo.com
ProSensus Inc. (USA)	ProMV	www.prosensus.ca

- Online-Komponenten, darunter die Runtime-Version des Programms zur Berechnung der Qualitätskenngrößen, Bedieninterface, Eingangssignalverarbeitung, Labor- bzw. Analysator-Update. Oft laufen die Online-Komponenten auf einem übergeordneten Rechner ab, der über eine OPC-Schnittstelle mit dem Automatisierungssystem verbunden ist. Mitunter sind die Online-Komponenten in das Automatisierungssystem integriert.

In Tab. 5.2 sind ausgewählte Software-Werkzeuge für die Entwicklung von Softsensoren zusammengestellt. Für das Programmsystem Matlab gibt es eine PLS- und eine MIA- (Multivariate Image Processing) Toolbox, die von der Fa. Eigenvector Research Inc. (USA) angeboten wird (www.eigenvector.com).

5.6 Weiterführende Literatur

Eine Monografie über Softsensoren wurde von (Fortuna, Graziani, Rizzo, & Xibilia, 2007) vorgelegt. Übersichtsaufsätze zur Entwicklung und zum Einsatz von Softsensoren wurden von (Kadlec, Gabrys, & Strandt, 2009), (Kano & Fujiwara, 2013) und (Souza, Araujo, & Mendes, 2016) publiziert. Viele praktische Erfahrungen und Tipps zur Softsensorentwicklung geben die Arbeiten von (Friedman, 2005d), (Friedman, 2006a), (Friedman, 2007a), (Friedman, 2007b) und (King, 2004) sowie der Softsensor-Abschnitt des APC-Buchs von (Blevins, McMillan, Wojsznis, & Brown, 2003). Eine ausführliche Übersicht über den Einsatz von Beobachtern und Zustandsschätzern auf der Grundlage linearer und nichtlinearer theoretischer Zustandsmodelle verfahrenstechnischer Prozesse geben (Ali, Hoang, Hussain, & Dochain, 2015). Über den Einsatz von Softsensoren im Zusammenhang mit der Prozessanalysentechnik (PAT) bei der BASF berichten (Kleinert, Schladt, Mühlbeyer, & Schocker, 2011).

Eine gut aufbereitete Übersicht über statistische Methoden der Modellbildung enthält das im Internet verfügbare e-Handbuch „Engineering Statistics“, das gemeinsam vom US-amerikanischen National Institute of Standards and Technology (NIST) und dem SEMATECH-Konsortium herausgegeben wird (http://www.itl.nist.gov/div898/handbook/). Gut lesbare Einführungen in das Gebiet der multivariaten Statistik bieten die Begleitbücher zu den Statistik-Programmpaketen STATISTICA (Hill & Lewicki, 2006), The Unscrambler ((Esbensen, 2006) und (Kessler, 2007)) und SIMCA (Eriksson & andere, 2006).

Die lineare Regressionsanalyse wird ausführlich und verständlich in (Himmelblau, 1970), (Draper & Smith, 1998) und (Montgomery & Runger, 2003) behandelt. Die im vorliegenden Abschnitt nicht besprochenen Methoden der statistischen Versuchsplanung werden in (Montgomery, 2006), (Box, Hunter, & Hunter, 2005) und (Kleppmann, 2008) vorgestellt.

Die Hauptkomponentenanalyse wird in (Wold, Esbensen, & Geladi, 1987), (Jolliffe, 2002) und (Jackson, 2003) beschrieben. Die PLS-Methode wird in einem Tutorial von (Geladi & Kowalski, 1986) erläutert. Effektive und robuste PLS-Algorithmen werden in (Höskuldsson, 1988), (Wold, Sjöström, & Eriksson, 2001) und (Hubert & Branden, 2003) vorgestellt. Eine Einführung in die Nutzung multivariater statistischer Methoden in der Prozessautomatisierung geben (Kourti & MacGregor, 1995), (Kourti, 2002), (Zhang & Edgar, 2007) und (Kruger & Xie, 2012). Eine Übersicht über Methoden der Adaption der Parameter des Softsensor-Modells bei zeitvariantem Prozessverhalten findet man in (Kadlec, Grbic, & Gabrys, 2011).

Die hier beschriebenen Verfahren stehen auch in engem Bezug zur „Kalibrierung" in der Chemometrie, bei der es darum geht, aus (im Labor oder online) gemessen Spektren (IR-, NIR-, Raman-Spektrometrie) auf Stoffkonzentrationen zu schließen. Abschnitte über multivariate statistische Methoden finden sich daher auch in Chemometrie-Fachbüchern, z.B in (Brereton, 2003), (Varmuza & Filzmoser, 2009) und dem umfangreichen Kompendium „Comprehensive Chemometrics" (Brown, Tauler, & Walczak, 2009).

Numerische Verfahren der nichtlinearen Optimierung werden in (Edgar, Himmelblau, & Lasdon, 2001), (Fletcher, 2006) und (Nocedal & Wright, 2006) behandelt. Speziell den Problemen der nichtlinearen Regression gewidmet sind (Bates & Watts, 1988) und (Seber & Wild, 2005). Ein alternativer Zugang zur Softsensor-Entwicklung bei nichtlinearen Systemen ist die „Support Vector Regression" (Chitralekha & Shah, 2010).

Eine Übersicht über die Theorie und Anwendung künstlicher neuronaler Netze vermitteln (Baughmann & Liu, 1995), (Hagan, Demuth, & Beale, 1996), (Zell, 1997), (Haykin, 1999) und (Haykin, 1999). Nützliche praktische Hinweise für die Entwicklung von KNN-Softsensoren geben (Neelakantan & Guiver, 1998), (Freeman, 1999) und (Noergaard, Ravn, Poulsen, & Hansen, 2000).

Die Detektion von Ausreißern in multivariaten Daten wird anwendungsorientiert von Pearson (Pearson, 2001), (Pearson, 2002) und (Pearson, 2005) behandelt. Damit zusammenhängende robuste Regressionsverfahren sind Gegenstand der Bücher von (Rousseeuw & Leroy, 2003) und (Barnett & Lewis, 1995).

Dem Problem der Variablenselektion in der linearen Regression ist das Buch von (Miller, 1990) gewidmet. Übersichten dazu enthalten (Murtaugh, 1998) und (Anderson & Bro, 2010). Shrinkage-Methoden werden in (Hastie, Tibshirani, & Friedman, 2009) beschrieben. Das Problem der Auswahl der Eingangsgrößen für Softsensoren wurde ausführlich im Zusammenhang mit der Wahl geeigneter Bodentemperaturen zur Vorhersage von Konzentrationen bei Destillationsprozessen untersucht. Eine Übersicht dazu gibt (Luyben, 2006). Einen Abschnitt zur Entwicklung von Softsensoren bei Destillationskolonnen enthält die Monografie von (Brambilla, 2014).

Die Softsensorentwicklung wird als Problem der Systemidentifikation mit unterschiedlichen Abtastraten für die Ein- und Ausgangsgrößen in (Zhu, Telkamp, Wang, & Fu, 2009) behandelt.

Die Verwendung von Softsensoren in Regelkreisen („inferential control") wird in in (Brosilow & Joseph, 2002), (Pannocchia & Brambilla, 2007) und (Ghadrdan, Grimholt, & Skogestad, 2013) vorgestellt, praktische Hinweise dafür finden sich auch in (King, 2011).

6 Modellbasierte prädiktive Regelung mit linearen Modellen

Modellbasierte prädiktive Regelungen (engl. Model Predictive Control, kurz MPC) haben sich in den letzten beiden Jahrzehnten zur Standardtechnologie für die Lösung anspruchsvoller Mehrgrößen-Regelungsaufgaben für *kontinuierliche* verfahrenstechnische Prozesse entwickelt. Kein anderes modernes Regelungsverfahren hat eine derartige Erfolgsgeschichte der industriellen Anwendung, besonders in der Prozessindustrie, aufzuweisen. Man schätzt, dass allein dort weit über 15.000 MPC-Anwendungen weltweit im Einsatz sind, und zwar nicht mehr nur in Raffinerie- und Petrochemieanlagen, sondern auch in Anlagen der Chemieindustrie, der Zellstoff- und Papierindustrie, der Nahrungsgüterwirtschaft, der Zementindustrie und der Energieerzeugung. Insbesondere in den letzten Jahren sind MPC-Regelungen aber auch in andere Bereiche vorgedrungen, die sich durch eine wesentlich schnellere Prozessdynamik auszeichnen. Die überwiegende Mehrheit der MPC-Anwendungen in der Prozessindustrie stützt sich auf lineare Prozessmodelle, die in der Regel durch aktive Versuche in den Prozessanlagen und anschließende Prozessidentifikation gefunden werden. MPC-Verfahren sind jedoch nicht auf lineare Prozessmodelle beschränkt: zunehmend kommen auch nichtlineare und hybride Modelle zum Einsatz. Im vorliegenden Abschnitt werden MPC-Regelungen mit linearen Modellen behandelt, nichtlineare MPC-Regelungen (NMPC) sind Gegenstand von Abschnitt 7.

Zu den Ursachen der weiten Verbreitung und Akzeptanz der MPC-Technologie gehören:

- die systematische Berücksichtigung von Beschränkungen für die Stell- und Regelgrößen im Regelalgorithmus,
- die Berücksichtigung von Wechselwirkungen zwischen Stellgrößen, messbaren Störgrößen und Regelgrößen im Prozessmodell und die dadurch bedingte Eignung für Mehrgrößenregelungen,
- die Fähigkeit, Mehrgrößensysteme mit ungleicher und sich im laufenden Betrieb ändernder Zahl von verfügbaren Stellgrößen und zu berücksichtigenden Regelgrößen zu behandeln,
- ihre Eignung für Regelstrecken mit komplizierter Dynamik,
- die einfache Erweiterbarkeit um Störgrößenaufschaltungen,
- eine integrierte Funktion der betriebswirtschaftlichen Arbeitspunktoptimierung,
- die Verständlichkeit des MPC-Grundkonzepts für den Anwender,
- das Vorhandensein leistungsfähiger Entwicklungswerkzeuge und Dienstleister, und eine standardisierte Projektabwicklung.

Von frühen Vorläufern abgesehen, wurden MPC-Regelungen zuerst Mitte der 70er Jahre im Raffineriesektor und in der Petrochemie im großindustriellen Maßstab eingesetzt. Hervorzuheben sind die Entwicklungen des IDCOM-(Identification/Commande)-

https://doi.org/10.1515/9783110499575-006

Algorithmus durch Adersa in Frankreich ((Richalet, Rault, Testud, und Papon, 1978) und (Richalet, 1993)) und des DMC-(Dynamic Matrix Control)-Algorithmus bei Shell Oil in den USA (Cutler und Ramaker, 1979). MPC-Anwendungen wurden in den ersten Jahren vor allem durch in der Industrie tätige Verfahrens- und Regelungstechniker vorangetrieben, bevor sie auch größere Aufmerksamkeit im akademischen Bereich erregten. Seit den 90er Jahren hat sich die Situation grundlegend gewandelt: die Zahl der Veröffentlichungen zu MPC ist stark angestiegen, und für MPC mit linearen Modellen gibt es inzwischen eine ausgereifte Theorie.

MPC-Anwendungen stehen häufig im Mittelpunkt von Advanced-Control-Projekten. Die Weiterentwicklung von MPC-Technologien hat in den letzten Jahren dazu geführt, dass die Projektkosten (relativ zu den sonstigen Kosten der Automatisierung) gesunken sind. Dazu haben z. B. solche Entwicklungen wie die Verwendung standardisierter Datenschnittstellen (OPC-Technologie), die Entwicklung browserbasierter Visualisierungswerkzeuge und die Verkürzung der Anlagentests durch Anwendung fortgeschrittener Identifikationswerkzeuge beigetragen. Advanced-Control-Projekte unter Einsatz der MPC-Technologie amortisieren sich im Raffineriebereich erfahrungsgemäß in einem Zeitraum von weniger als einem Jahr. In anderen Bereichen der Prozessindustrie liegt die durchschnittliche Amortisationsdauer bei ca. zwei Jahren. MPC-Anwendungen werden deshalb zunehmend als eine attraktive Möglichkeit gesehen, Prozessanlagen kostengünstiger zu betreiben.

6.1 MPC in der Automatisierungshierarchie

Die Einbettung von MPC-Regelungen in die Hierarchie der Funktionen der Prozessautomatisierung ist in Abb. 6.1 dargestellt.

Eingangsgrößen der MPC-Regler sind Regelgrößen (control variables oder kurz CV) und gemessene Störgrößen (disturbance variables, DV). Sie werden durch Messeinrichtungen oder Softsensoren bereitgestellt. Die Ausgangs- oder Stellgrößen (manipulated variables, MV) des MPC-Reglers wirken meist auf die Sollwerte bereits existierender, unterlagerter PID-Regelungen, die ihrerseits mit Abtastzeiten im Bereich von Zehntelsekunden bis wenigen Sekunden auf einem Prozessleitsystem (PLS) ausgeführt werden. (In selteneren Fällen wirken MPC-Ausgangsgrößen direkt auf Stelleinrichtungen.) Diese Kaskadenstruktur hat zwei Vorteile. Sie erlaubt einerseits dem Bedienpersonal, die Anlage im Notfall nur mit konventionellen Regelungen zu betreiben und erleichterte so in der Praxis die Einführung von MPC-Regelungen. Andererseits hat sie einen linearisierenden Effekt: die Zusammenhänge zwischen den Sollwerten der unterlagerten PID-Regler und den MPC-Regelgrößen verhalten sich tendenziell „linearer" als die Zusammenhänge zwischen PID-Stellgrößen und MPC-Regelgrößen. Sie lassen sich daher besser mit linearen Prozessmodellen beschreiben. MPC-Regelalgorithmen werden in verfahrenstechnischen Anwendungen mit Abtastzeiten im Bereich von 10s bis 2min abgearbeitet. Sie werden heute überwiegend auf dedizierten Rech-

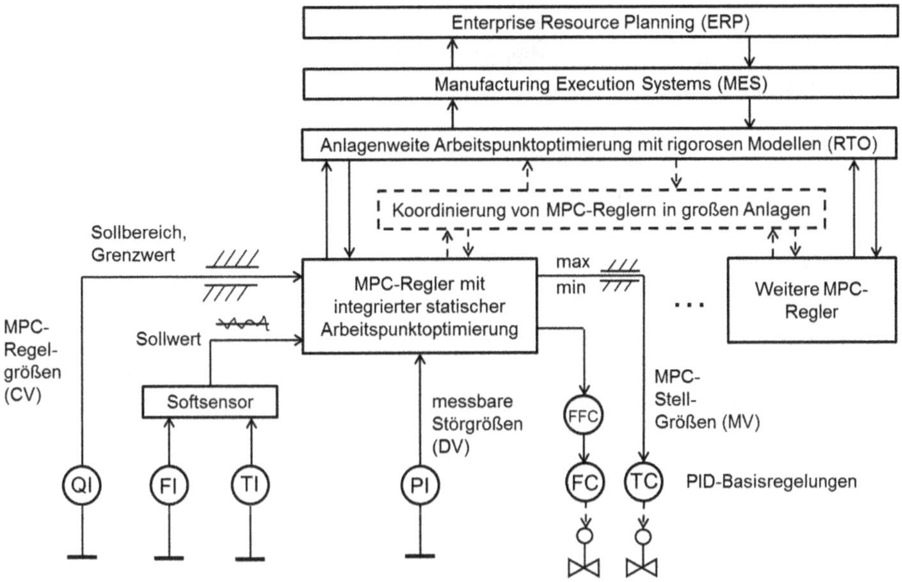

Abb. 6.1: Einbettung von MPC in die Automatisierungshierarchie.

nern implementiert, die mit dem Prozessleitsystem über eine OPC-Schnittstelle Daten austauschen (u. a. CV und DV lesen und MV schreiben).

MPC-Regelungen weisen aber nicht nur eine Schnittstelle „nach unten“, zur Schicht der Basisautomatisierung und zum System der PID-Regelungen auf, die auf dem PLS implementiert sind. Sie haben auch Schnittstellen „nach oben“, die allerdings wesentlich vielgestaltiger ausfallen. In Abb. 6.1 sind einige Möglichkeiten dargestellt. Im Wesentlichen geht es darum, Vorgaben für die MPC-Regler aus betriebswirtschaftlicher Sicht zu ermitteln und an diese zu übergeben.

1. In einer kleinen, aber zunehmenden Zahl von Prozessanlagen wird eine Funktion der statischen Arbeitspunktoptimierung (Real Time Optimization, RTO) realisiert, deren Aufgabe es ist, betriebswirtschaftlich optimale Sollwerte $\boldsymbol{u}_{\mathrm{RTO}}$ und $\boldsymbol{y}_{\mathrm{RTO}}$ für das unterlagerte MPC-Regelungssystem zu berechnen. Während MPC-Regler ein experimentell ermitteltes, lineares Modell für die Prozessdynamik verwenden, stützen sich RTO-Systeme auf ein rigoroses (theoretisches) Prozessmodell für das statische Verhalten. RTO-Systeme verwenden oft ein Modell der Gesamtanlage oder eines größeren Anlagenabschnitts, während MPC-Regler sich meist auf eine Teilanlage oder eine bzw. mehrere wichtige Prozesseinheiten beziehen. RTO-Systeme beinhalten Teilfunktionen zur

- automatischen Erkennung des stationären Verhaltens,
- Erkennung systematischer Messfehler unter Nutzung von Methoden des Bilanzausgleichs,

- Anpassung der Modellparameter an das aktuelle Anlagenverhalten und
- Bestimmung des optimalen Arbeitspunkts mit Hilfe von Methoden der nichtlinearen Optimierung mit Nebenbedingungen.

Die Entwicklung des RTO-Anlagenmodells wird durch bereit gestellte Modellbibliotheken für die wichtigsten verfahrenstechnischen Prozesseinheiten, Aggregate und Ausrüstungen sowie Stoffdatenbanken unterstützt. Trotzdem sind Entwicklung und Betrieb eines RTO-Systems für eine konkrete Prozessanlage aufwändige und komplexe Aufgaben, die einen hohen Grad der Spezialisierung erfordern und mit hohen Kosten für Modellbildung und -pflege verbunden sind. Daher ist die Zahl der industriellen Einsatzfälle (im Verhältnis zur Zahl der MPC-Applikationen) relativ gering, wenn auch steigend, u. a. als Folge der Bereitstellung von Prozessmodellen im Zusammenhang mit dem Entwurf und dem Bau neuer Prozessanlagen. RTO-Systeme arbeiten mit Abtastzeiten, die eine Größenordnung höher liegen als die von MPC-Reglern, in der Regel mehrere Stunden bis Tage.

Ist kein RTO-System vorhanden, dann werden die Vorgaben für die MPC-Schicht in MES-(Manufacturing Execution System)- oder ERP-(Enterprise Resource Planning)-Systemen generiert und durch das Betriebspersonal an den MPC-Reglern eingestellt. Die Zeitabstände dieser Veränderungen liegen in einer den RTO-Abtastzeiten vergleichbaren Größenordnung.

2. Treten Störungen in der Anlage auf oder ändern sich die betriebswirtschaftlichen Randbedingungen in kürzeren Zeitabständen, können durch das RTO-System erst mit mehr oder weniger großer Verzögerung neue Vorgaben für die MPC-Schicht ermittelt werden (Engell, 2007). Das ist nicht nur mit ökonomischen Verlusten verbunden, sondern kann dazu führen, dass die MPC-Regler die durch das übergeordnete System bestimmten Ziele nicht mehr erreichen können. Die meisten MPC-Programmsysteme verfügen daher über eine *integrierte* Komponente zur Bestimmung des aktuell zulässigen, betriebswirtschaftlich optimalen Arbeitspunkts, gekennzeichnet durch stationär optimale Werte der Steuer- und Regelgrößen $\boldsymbol{u}_{SS}$ und $\boldsymbol{y}_{SS}$. Diese Komponente wird mit derselben Frequenz ausgeführt wie die anderen Teile des MPC-Regelalgorithmus, also beispielsweise einmal pro Minute. Da die statische Arbeitspunktoptimierung mathematisch als lineares oder quadratisches Optimierungsproblem formuliert wird, werden solche MPC-Regler auch als LP-MPC und QP-MPC bezeichnet. Eine Analyse ihrer Eigenschaften findet man in (Ying & Joseph, 1999) und (Tatjewski, 2008). Zur Lösung des Optimierungsproblems wird wiederum ein statisches Prozessmodell benötigt, das im Gegensatz zu RTO linear ist und aus den statischen Streckenverstärkungen aller Stellgrößen-Regelgrößen-(MV/CV)-Kombinationen des MPC-Reglers besteht. Diese lassen sich aus dem für den MPC-Regler notwendigen dynamischen Prozessmodell ableiten. In der englischen MPC-Literatur wird dieser Teil des MPC-Reglers auch als „target selection“ oder „target calculation“ bezeichnet. In diesem Buch wird die Bezeichnung MPC-SO (für statische Optimierung) verwendet.

Die in die MPC-Algorithmen integrierte Form der Arbeitspunktoptimierung besitzt „lokalen“ Charakter, da es sich sich nur auf jenen Teil der Anlage bezieht, welcher durch die in den MPC-Regler eingehenden Steuer- und Regelgrößen umfasst wird, also nicht auf die Gesamtanlage oder einen größeren Anlagenteil wie bei RTO. Lokal kann diese Form der Arbeitspunktoptimierung auch deshalb genannt werden, weil sie sich auf ein nur in der Umgebung des Arbeitspunktes der Anlage gültiges, lineares Prozessmodell stützt, während RTO ein nichtlineares, rigoroses Anlagenmodell benutzt.

3. Beim Entwurf von MPC-Regelungen ist zu entscheiden, ob für eine Prozessanlage ein einziger MPC-Regler mit einer vergleichsweise großen Zahl von MV/DV und CV, oder mehrere MPC-Regler mit einer kleineren Zahl von Ein- und Ausgangsgrößen konfiguriert werden soll (für Argumente für und gegen eine dieser Strukturen vgl. (Dittmar & Pfeiffer, 2004) und (Darby, 2015)). Oft fällt die Entscheidung für mehrere „kleinere“ MPC-Regler aus, die dann für eine Prozesseinheit (Reaktor, Kolonne) oder für eine Teilanlage zuständig sind. Da diese Regler nur über Informationen über den ihnen zugeordneten Prozessabschnitt verfügen, ist nicht gewährleistet, dass die Summe der durch sie ermittelten Teiloptima auch dem Gesamtoptimum der Anlage entspricht. Einige Anbieter kommerzieller MPC-Produkte haben daher Funktionen entwickelt, die die Arbeitsweise der MPC-Einzelregler anlagenweit untereinander koordinieren (Lu, 2003). Auch diese Variante ist in Abb. 6.1 dargestellt.

Um die Nachteile zu vermeiden, die durch unterschiedliche Abtastzeiten von RTO und MPC, aber auch durch die Inkonsistenz der dort verwendeten Prozessmodelle entstehen, sind andere Formen der Integration von Arbeitspunktoptimierung und Regelung vorgeschlagen worden, die z. T. noch Gegenstand der Forschung sind (vgl. (Backx, Bosgra, & Marquardt, 2000), (Engell, 2015), (Adetola & Guay, 2010), (Würth, Hannemann, & Marquardt, 2011)).

6.2 Grundprinzip der prädiktiven Regelung

Das Funktionsprinzip einer MPC-Regelung soll wegen der einfacheren Darstellung zunächst für den Eingrößenfall anhand von Abb. 6.2 erläutert werden. In der linken Bildhälfte sind die Verläufe der Stellgröße und der Regelgröße in der Vergangenheit dargestellt, die rechte Seite zeigt deren zukünftige Entwicklung.

Unabhängig von der konkreten Implementierung weisen alle MPC-Regelalgorithmen folgende gemeinsamen Elemente auf:

- Modellbasierte Vorhersage des zukünftigen Regelgrößenverlaufs (Prädiktion),
- Schätzung nicht gemessener Störgrößen und – im Falle der Verwendung eines Zustandsmodells – der nicht gemessenen Zustandsgrößen, anschließend Korrektur der Vorhersage,
- Bestimmung einer optimalen Folge zukünftiger Stellgrößenänderungen (dynamische Optimierung, MPC-DO),

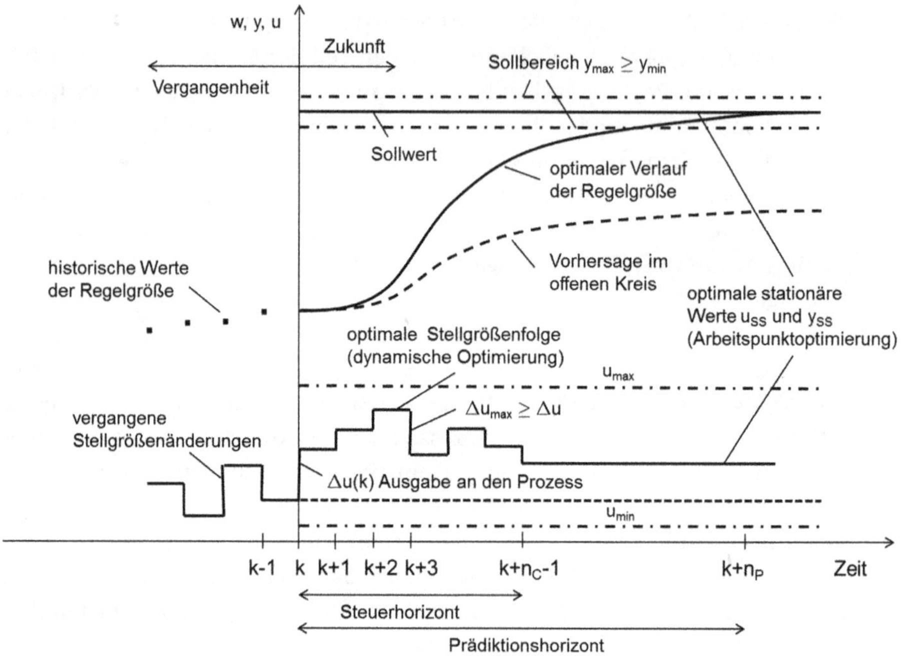

Abb. 6.2: Funktionsprinzip einer MPC-Regelung.

- Bestimmung zulässiger, *betriebswirtschaftlich* optimaler stationärer Werte der Stell- und Regelgrößen (statische Optimierung, MPC-SO),
- Anwendung des Prinzips des zurückweichenden Horizonts.

Diese sollen zunächst kurz charakterisiert werden, bevor in den folgenden Abschnitten eine detailliertere mathematische Beschreibung erfolgt. Die verwendete Symbolik orientiert sich an (Maciejowski, 2002) und (Tatjewski, 2007):

- Zeitreihen werden zu Vektoren in Großbuchstaben in einer besonderen Schriftart zusammengefasst, z. B. $\mathcal{Y} = [y(1) \quad \cdots \quad y(n_P)]^T$, dabei werden die Zeitstützstellen in runde Klammern gesetzt,
- Mehrgrößenvektoren sind in Kleinbuchstaben fett dargestellt, z. B. $\boldsymbol{u} = [u_1 \quad \cdots \quad u_{n_u}]^T$, dabei sind deren Elemente durch tiefgestellte Indizes gekennzeichnet,
- Kombinationen von beidem, d. h. Vektoren von Mehrgrößen-Zeitreihen, sind ebenso wie Matrizen durch fette Großbuchstaben symbolisiert, z. B. $\boldsymbol{\mathcal{Y}} = [\boldsymbol{y}(1)^T \quad \cdots \quad \boldsymbol{y}(n_P)^T]^T$,
- vorhergesagte oder geschätzte Größen sind durch ein Dach markiert, z. B. $\hat{\boldsymbol{y}}$.

Diese Vorgehensweise soll eine möglichst kompakte Notation ermöglichen.

Prädiktion

Zum aktuellen Zeitpunkt k wird der Verlauf der Regelgrößen über einen Prädiktionshorizont n_P vorhergesagt:

$$\hat{\mathcal{Y}}(k) = \begin{bmatrix} \hat{y}(k+1|k) \\ \cdots \\ \hat{y}(k+n_P|k) \end{bmatrix} = \left[\hat{y}(k+1|k) \quad \cdots \quad \hat{y}(k+n_P|k)\right]^T . \tag{6.1}$$

Dieser Verlauf setzt sich aus der „freien" und der „erzwungenen" Bewegung des Systems zusammen:

$$\hat{\mathcal{Y}}(k) = \hat{\mathcal{Y}}^0(k) + \Delta\hat{\mathcal{Y}}(k) . \tag{6.2}$$

Die „freie" Bewegung

$$\hat{\mathcal{Y}}^0(k) = \left[\hat{y}^0(k+1|k) \ldots \hat{y}^0(k+n_P|k)\right]^T \tag{6.3}$$

bezeichnet den zukünftigen Verlauf der Regelgröße unter der Annahme, dass sich die Stellgröße u in der Zukunft nicht ändert. Dieser Fall ist in Abb. 6.2 gestrichelt dargestellt. Die „erzwungene" Bewegung $\Delta\hat{\mathcal{Y}}(k)$ergibt sich aus der Wirkung der zukünftigen Stellgrößenänderungen innerhalb des Steuerhorizonts n_C

$$\Delta\mathcal{U}(k) = [\Delta u(k|k) \ldots \Delta u(k+n_C-1|k)]^T . \tag{6.4}$$

Die Vorhersage stützt sich auf ein mathematisches Modell des dynamischen Verhaltens des zu regelnden Prozesses, das im Prinzip jede beliebige Form annehmen kann. Im Abschnitt 6.3 wird die Vorhersage sowohl mit linearen Zustands- als auch mit Ein-/Ausgangsmodellen beschrieben. Messbare Störgrößen z können über zusätzliche dynamische Prozessmodelle in die Vorhersage einbezogen werden (Störgrößenaufschaltung).

Bei konstantem Sollwert oder bekanntem zukünftigen Sollwertverlauf

$$\mathcal{W}(k) = [w(k+1|k) \ldots w(k+n_P|k)]^T \tag{6.5}$$

lassen sich dann auch die zukünftigen Werte der Regeldifferenzen nach der Beziehung

$$\mathcal{E}^0(k) = \mathcal{W}(k) - \hat{\mathcal{Y}}^0(k) \tag{6.6}$$

und

$$\mathcal{E}(k) = \mathcal{W}(k) - \hat{\mathcal{Y}}(k) \tag{6.7}$$

bestimmen.

Schätzung nicht gemessener Stör- und Zustandsgrößen

Die Prädiktion des zukünftigen Verhaltens der Regelgröße ist aus zwei Gründen unsicher: erstens wegen der stets vorhandenen Ungenauigkeit des Prozessmodells, zweitens aufgrund der Wirkung nicht gemessener Störgrößen. Die Vorhersagegenauigkeit kann verbessert werden, wenn man eine Schätzung der nicht messbaren Störgrößen durchführt und die Prädiktion in jedem Abtastintervall korrigiert. Eine einfache Möglichkeit dafür, die auch heute noch in vielen MPC-Programmpaketen verwendet wird, besteht darin, die Differenz zwischen dem ein Abtastintervall zuvor vorhergesagten und dem aktuell gemessenen Wert der Regelgröße

$$\hat{d}(k|k) = y(k) - \hat{y}(k|k-1) \tag{6.8}$$

zu bilden, und diese Differenz zu *allen* Vorhersagewerten der Regelgröße zu addieren. Es kann gezeigt werden, dass diese Vorgehensweise die bleibende Regeldifferenz für sprungkonstante Sollwert- und Störgrößenänderungen beseitigt, dem MPC-Regler also implizit Integralverhalten verleiht. Durch die Rückführung der gemessenen Regelgröße $y(k)$ wird in diesem Schritt der Regelkreis einer MPC-Regelung geschlossen. Die beschriebene Vorgehensweise unterstellt ein Störgrößenmodell, bei dem die nicht messbare Störgröße sprungkonstant am Streckenausgang angreift. Für andere Arten und Angriffsorte von Störgrößen ist diese Vorgehensweise nicht optimal, und es müssen kompliziertere Störmodelle und Schätzalgorithmen (z. B. Kalman-Filter) eingesetzt werden. Der Entwurf des Störgrößenschätzers hängt eng mit der Beseitigung bleibender Regeldifferenzen (offset-free control) zusammen.

Werden keine Ein-/Ausgangsmodelle, sondern Zustandsmodelle für die Vorhersage verwendet, müssen auch die nicht gemessenen Zustandsgrößen $\hat{\boldsymbol{x}}(k|k)$ geschätzt werden. Die Schätzung nicht gemessener Stör- und Zustandsgrößen wird in Abschnitt 6.4 behandelt.

Dynamische Optimierung

Das dritte Element des MPC-Algorithmus beinhaltet die Ermittlung einer optimalen Folge von zukünftigen Stellgrößenänderungen

$$\Delta\mathcal{U}(k) = [\Delta u(k|k) \ldots \Delta u(k + n_C - 1|k)]^T \tag{6.9}$$

über einen vorgegebenen „Steuerhorizont“ n_C, der in der Regel wesentlich kürzer als der Prädiktionshorizont gewählt wird. Dies geschieht durch die Lösung eines *dynamischen* Optimierungsproblems in Echtzeit (MPC-DO). Das Optimierungsziel besteht darin, die zukünftigen Regeldifferenzen zu minimieren und dabei mit möglichst geringen Stellgrößenänderungen auszukommen. Die Zielfunktion der Optimierung bewertet also zwei Aspekte der Regelgüte: den zukünftigen Verlauf der Regeldifferenz und den erforderlichen Stellaufwand. Die Lösung des Optimierungsproblems (das Reglergesetz) lässt sich nur dann in expliziter Form angeben, wenn keine Beschränkungen für die Stellgrößen vorhanden sind. Der große Vorteil von MPC-Regelungen ist aber gerade die Möglichkeit der Berücksichtigung solcher Beschränkungen für den absoluten Wert und die Änderungsgeschwindigkeit der Stellgröße:

$$\left.\begin{aligned} u_{\min}(k+j) \le u(k+j) \le u_{\max}(k+j) \\ \Delta u_{\min}(k+j) \le \Delta u(k+j) \le \Delta u_{\max}(k+j) \end{aligned}\right\} \quad j = 0 \ldots n_C - 1\,. \tag{6.10}$$

Liegen solche Ungleichungs-Nebenbedingungen vor, kann das Optimierungsproblem nicht mehr explizit, sondern – die Existenz einer zulässigen Lösung vorausgesetzt – nur noch iterativ mit Hilfe numerischer Suchverfahren gelöst werden. Alternativ zur Vorgabe eines zukünftigen Sollwertverlaufs ist es möglich, einen Sollbereich bzw. Gutbereich der Regelgröße

$$y_{\min}(k+j) \le y(k+j) \le y_{\max}(k+j) \quad j = 1 \ldots n_P \tag{6.11}$$

zu definieren. Dieser Fall wird auch mit dem Begriff „range control", „zone control" oder „constraint control" bezeichnet. Der Sollbereich kann auch nur einseitig begrenzt sein, dann wird verlangt, dass die Regelgröße entweder einen oberen oder einen unteren Grenzwert nicht verletzt. Fallen oberer und unterer Grenzwert zusammen, entspricht das der Vorgabe einer Gleichungs-Nebenbedingung bzw. eines Sollwerts. Mathematisch wird die Bestimmung der optimalen Stellgrößenfolge als QP-(Quadratic-Programming)-Problem formuliert, d. h. als Optimierung mit quadratischer Zielfunktion und linearen Nebenbedingungen. Die dynamische Optimierung wird in Abschnitt 6.5 näher erläutert.

Bestimmung zulässiger, bestmöglicher Zielwerte durch statische Arbeitspunktoptimierung

Die Berechnung der optimalen Steuergrößenfolge durch Lösung des dynamischen Optimierungsproblems mit einer regelungstechnisch begründeten Zielfunktion sichert nicht, dass die MPC-Regelung im stationären Zustand einen betriebswirtschaftlich optimalen Arbeitspunkt der Anlage ansteuert. Daher kann man zeitgleich mit der Lösung der dynamischen Optimierungsaufgabe ein funktional übergeordnetes, programmtechnisch integriertes *statisches* Optimierungsproblem lösen (MPC-SO). Das Ziel besteht darin, die für den stationären Zustand der Anlage zulässigen, optimalen Werte der Steuer- und Regelgrößen (Targets) $\boldsymbol{u}_{\mathrm{SS}}$ und $\boldsymbol{y}_{\mathrm{SS}}$ durch Minimierung einer ökonomischen (oder daraus abgeleiteten technologischen) Zielfunktion zu ermitteln. Wird zusätzlich zu MPC-Reglern eine RTO-Schicht eingesetzt, dient MPC-SO dazu, deren in größeren Zeitabständen berechneten Ergebnisse $\boldsymbol{u}_{\mathrm{RTO}}$ und $\boldsymbol{y}_{\mathrm{RTO}}$ in der aktuellen Situation angemessenen Zielwerte $\boldsymbol{u}_{\mathrm{SS}}$ und $\boldsymbol{y}_{\mathrm{SS}}$ zu „übersetzen". Die dynamische Optimierung bestimmt hingegen den günstigsten Weg zu diesem Ziel. Für das statische Optimierungsproblem werden die gleichen Nebenbedingungen für die Steuer- und Regelgrößen definiert wie für die dynamische Optimierung. Mathematisch wird die Aufgabe der statischen Arbeitspunktoptimierung meist mit Hilfe der Linearoptimierung, seltener durch quadratische Optimierung gelöst. Diese MPC-Teilfunktion, auch „target selection" genannt, wird in Abschnitt 6.6 besprochen.

Prinzip des zurückweichenden Horizonts

Obwohl im Schritt der dynamischen Optimierung eine ganze *Folge* zukünftiger Stellgrößenänderungen

$$\Delta\mathcal{U}(k) = [\Delta u(k|k)\dots\Delta u(k+n_C-1|k)]^T \tag{6.12}$$

berechnet wird, wird nur das erste Element dieser Folge $\Delta u(k|k)$an den Prozess ausgegeben. Das heißt, man gibt nicht nacheinander alle Elemente der berechneten Folge an den Prozess aus und wartet n_C Abtastintervalle bis zur Durchführung der nächsten Optimierung. Stattdessen wird die gesamte Prozedur von Prädiktion, Schätzung und und Optimierung in jedem Abtastintervall wiederholt. Zuvor werden der betrachtete Zeithorizont und mit ihm die Datenvektoren für die Regelkreisgrößen um einen Abtastschritt nach vorn verschoben. Dieses Vorgehen wird als Anwendung des Prinzips des zurückweichenden Horizonts („receding horizon principle") bezeichnet. Seine Anwendung ermöglicht eine schnelle Reaktion auf Änderungen nicht gemessener Störgrößen.

Zusammenwirken der MPC-Teilfunktionen

Die Abarbeitungsreihenfolge im MPC-Algorithmus besteht in jedem Abtastintervall aus den Schritten

- Einlesen der Werte der Stell-, Regel- und messbaren Störgrößen,
- Bestimmung der aktuellen „Struktur" des Mehrgrößensystems, d. h. der aktuell verfügbaren Stellgrößen und der aktuell zu berücksichtigenden Regelgrößen,
- Schätzung der nicht messbaren Störgrößen (im Falle der Verwendung eines Zustandsmodells auch der nicht messbaren Zustandsgrößen),
- Berechnung der Zielwerte (Targets) durch statische Arbeitspunktoptimierung (MPC-SO),
- Berechnung der Stellgrößenfolge durch dynamische Optimierung (MPC-DO),
- Ausgabe des ersten Elements der Stellgrößenfolge an den Prozess bzw. an die unterlagerten PID-Regler.

Zusammenfassend lässt sich eine MPC-Regelung mit Hilfe des in Abb. 6.3 dargestellten Blockschaltbilds darstellen.

Auf den Prozess wirken die Stellgrößen $\boldsymbol{u}$, die messbaren und die nicht messbaren Störgrößen $\boldsymbol{z}$ bzw. $\boldsymbol{d}$ ein. Aus den gemessenen Stell- und Regelgrößen $\boldsymbol{u}$ und $\boldsymbol{y}$ ermittelt ein Algorithmus Schätzwerte für die nicht gemessenen Störgrößen $\hat{\boldsymbol{d}}$ und im Fall der Verwendung eines Zustandsmodells auch für die nicht gemessenen Zustandsgrößen $\hat{\boldsymbol{x}}$. Durch Minimierung einer betriebswirtschaftlich begründeten Zielfunktion unter vorgegebenen Nebenbedingungen werden im MPC-SO-Baustein optimale, zulässige stationäre Zielwerte oder Targets für die Stell- und Regelgrößen ($\boldsymbol{u}_{SS}$ und $\boldsymbol{y}_{SS}$) bestimmt. Dieser Baustein kann, falls vorhanden, Informationen aus einem überge-

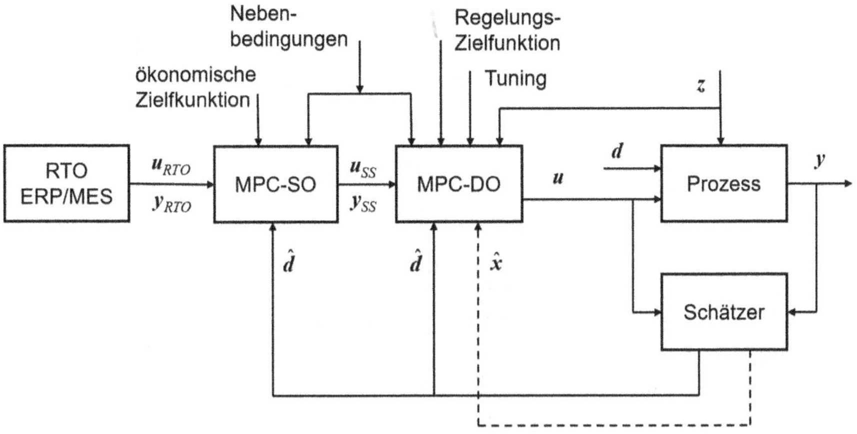

Abb. 6.3: Vereinfachtes Blockschaltbild einer MPC-Regelung.

ordneten RTO- oder MES/ERP-System verarbeiten. Im MPC-DO-Block wird schließlich die optimale Stellgrößenfolge durch Minimierung einer regelungstechnisch begründeten Zielfunktion berechnet, dessen erstes Element $\Delta \boldsymbol{u}(k|k)$ an den Prozess ausgegeben wird. In der englischsprachigen MPC-Fachliteratur werden für die Schätzeinrichtung der Begriff „Estimator“, für MPC-SO die Begriffe „Target Selector“ oder „Optimizer“, und für MPC-DO die Bezeichnung „Controller“ verwendet.

6.3 Modellgestützte Prädiktion

6.3.1 Prädiktion mit linearen Zustandsmodellen

Obwohl historisch gesehen in MPC-Reglern zunächst nichtparametrische Ein-/Ausgangsmodelle (Sprung- und Impulsantworten) und Übertragungsfunktionen verwendet wurden, hat es sich in der MPC-Fachliteratur inzwischen durchgesetzt, Zustandsmodelle für die Beschreibung des Systemverhaltens zu verwenden. Sie erlauben nicht nur eine kompaktere Notation, insbesondere für Mehrgrößensysteme, sondern eignen sich auch besser für eine theoretische Analyse. Hinzu kommt, dass inzwischen leistungsfähige Verfahren zur experimentellen Identifikation von Zustandsmodellen existieren. Das dynamische Verhalten des Prozesses wird daher auch im vorliegenden Abschnitt durch ein lineares, zeitinvariantes Zustandsmodell in zeitdiskreter Form beschrieben. Es wird sofort der Mehrgrößenfall betrachtet:

$$\begin{aligned} \boldsymbol{x}(k+1) &= \boldsymbol{A}\boldsymbol{x}(k) + \boldsymbol{B}\boldsymbol{u}(k) \\ \boldsymbol{y}(k) &= \boldsymbol{C}\boldsymbol{x}(k)\,. \end{aligned} \tag{6.13}$$

Darin sind

$$\boldsymbol{x}(k) = \begin{bmatrix} x_1(k) \\ \vdots \\ x_{n_x}(k) \end{bmatrix}, \quad \boldsymbol{u}(k) = \begin{bmatrix} u_1(k) \\ \vdots \\ u_{n_u}(k) \end{bmatrix}, \quad \boldsymbol{y}(k) = \begin{bmatrix} y_1(k) \\ \vdots \\ y_{n_y}(k) \end{bmatrix} \tag{6.14}$$

die Vektoren der Zustandsgrößen sowie der Ein- und Ausgangsgrößen (Stell- und Regelgrößen) des Pozesses. Es wird angenommen, dass die Eingangsgrößen keinen unverzögerten Einfluss auf die Ausgangsgrößen bestitzen, die Regelstrecke also nicht „sprungfähig“ ist. In der Ausgangsgrößen-Gleichung treten daher die Eingangsgrößen nicht auf.

Wenn der Vektor der Zustandsgrößen $\boldsymbol{x}(k)$ messbar ist und keine Informationen über Störgrößen und Messrauschen bekannt sind, lassen sich die Zustands- und Ausgangsgrößen rekursiv mit Hilfe des Modells über den Prädiktionshorizont n_P vorhersagen:

$$\begin{aligned}
\hat{\boldsymbol{x}}(k+1|k) &= \boldsymbol{A}\boldsymbol{x}(k) + \boldsymbol{B}\boldsymbol{u}(k|k) \\
\hat{\boldsymbol{x}}(k+2|k) &= \boldsymbol{A}\hat{\boldsymbol{x}}(k+1|k) + \boldsymbol{B}\boldsymbol{u}(k+1|k) \\
&= \boldsymbol{A}^2\boldsymbol{x}(k) + \boldsymbol{A}\boldsymbol{B}\boldsymbol{u}(k|k) + \boldsymbol{B}\boldsymbol{u}(k+1|k) \\
&\vdots \\
\hat{\boldsymbol{x}}(k+n_P|k) &= \boldsymbol{A}\hat{\boldsymbol{x}}(k+n_P-1|k) + \boldsymbol{B}\boldsymbol{u}(k+n_P-1|k) \\
&= \boldsymbol{A}^{n_P}\boldsymbol{x}(k) + \boldsymbol{A}^{n_P-1}\boldsymbol{B}\boldsymbol{u}(k|k) + \cdots + \boldsymbol{B}\boldsymbol{u}(k+n_P-1|k) \\
\hat{\boldsymbol{y}}(k+1|k) &= \boldsymbol{C}\hat{\boldsymbol{x}}(k+1|k) \\
&\vdots \\
\hat{\boldsymbol{y}}(k+n_P|k) &= \boldsymbol{C}\hat{\boldsymbol{x}}(k+n_P|k)
\end{aligned} \tag{6.15}$$

Darin sind die aktuellen und zukünftigen Stellgrößen $\boldsymbol{u}(k|k)$, $\boldsymbol{u}(k+1|k)$ usw. noch zu berechnen (siehe Abschnitt 6.3). Man beachte, dass sich die Stellgrößen nur bis zum Steuerhorizont $n_C < n_P$ ändern und danach konstant sind, es gilt

$$\boldsymbol{u}(k+i|k) = \boldsymbol{u}(k+n_C-1|k) \quad i = n_C \ldots n_P - 1\,. \tag{6.16}$$

Die Vorhersage lässt sich auch als Funktion der Stellgrößen*änderungen* $\Delta\boldsymbol{u}(k+i|k)$ und nicht der Stellgrößen $\boldsymbol{u}(k+i|k)$ selbst ausdrücken, denn es gilt

$$\begin{aligned}
\boldsymbol{u}(k|k) &= \boldsymbol{u}(k-1) + \boldsymbol{\Delta u}(k|k) \\
\boldsymbol{u}(k+1|k) &= \boldsymbol{u}(k-1) + \boldsymbol{\Delta u}(k|k) + \boldsymbol{\Delta u}(k+1|k) \\
&\vdots
\end{aligned} \tag{6.17}$$

Diese Umformung ist deshalb angebracht, weil im nächsten Schritt (dynamische Optimierung, Abschnitt 6.3) die Folge der zukünftigen Stellgrößen*änderungen* berechnet wird. In Matrixnotation ergibt sich nach kurzer Rechnung

$$\begin{bmatrix} \hat{\boldsymbol{x}}(k+1|k) \\ \vdots \\ \hat{\boldsymbol{x}}(k+n_C|k) \\ \hat{\boldsymbol{x}}(k+n_C+1|k) \\ \vdots \\ \hat{\boldsymbol{x}}(k+n_P|k) \end{bmatrix} = \underbrace{\begin{bmatrix} \boldsymbol{A} \\ \vdots \\ \boldsymbol{A}^{n_C} \\ \boldsymbol{A}^{n_C+1} \\ \vdots \\ \boldsymbol{A}^{n_P} \end{bmatrix} \boldsymbol{x}(k) + \begin{bmatrix} \boldsymbol{B} \\ \vdots \\ \sum_{i=0}^{n_C-1} \boldsymbol{A}^i\boldsymbol{B} \\ \sum_{i=0}^{n_C} \boldsymbol{A}^i\boldsymbol{B} \\ \vdots \\ \sum_{i=0}^{n_P-1} \boldsymbol{A}^i\boldsymbol{B} \end{bmatrix} \boldsymbol{u}(k-1)}_{\text{freie Bewegung}} +$$

$$\underbrace{\begin{bmatrix} \boldsymbol{B} & \cdots & \boldsymbol{0} \\ \boldsymbol{AB}+\boldsymbol{B} & \cdots & \boldsymbol{0} \\ \vdots & \ddots & \vdots \\ \sum_{i=0}^{n_C-1} \boldsymbol{A}^i\boldsymbol{B} & \cdots & \boldsymbol{B} \\ \sum_{i=0}^{n_C} \boldsymbol{A}^i\boldsymbol{B} & \cdots & \boldsymbol{AB}+\boldsymbol{B} \\ \vdots & \ddots & \vdots \\ \sum_{i=0}^{n_P-1} \boldsymbol{A}^i\boldsymbol{B} & \cdots & \sum_{i=0}^{n_P-n_C} \boldsymbol{A}^i\boldsymbol{B} \end{bmatrix} \begin{bmatrix} \Delta\boldsymbol{u}(k|k) \\ \vdots \\ \Delta\boldsymbol{u}(k+n_C-1|k) \end{bmatrix}}_{\text{erzwungene Bewegung}} \tag{6.18}$$

Die Ausgangsgrößen $\hat{\boldsymbol{y}}(k+i|k)$ werden wie zuvor berechnet, in Matrizenschreibweise

$$\hat{\mathcal{Y}}(k) = \begin{bmatrix} \hat{\boldsymbol{y}}(k+1|k) \\ \vdots \\ \hat{\boldsymbol{y}}(k+n_P|k) \end{bmatrix} = \begin{bmatrix} \boldsymbol{C} & \boldsymbol{0} & \cdots & \boldsymbol{0} \\ \boldsymbol{0} & \boldsymbol{C} & \cdots & \boldsymbol{0} \\ \vdots & \vdots & \ddots & \vdots \\ \boldsymbol{0} & \boldsymbol{0} & \cdots & \boldsymbol{C} \end{bmatrix} \begin{bmatrix} \hat{\boldsymbol{x}}(k+1|k) \\ \vdots \\ \hat{\boldsymbol{x}}(k+n_P|k) \end{bmatrix} \tag{6.19}$$

oder kürzer

$$\hat{\mathcal{Y}}(k) = \underbrace{\boldsymbol{\Psi}\boldsymbol{x}(k) + \Upsilon\boldsymbol{u}(k-1)}_{\text{freie Bewegung}} + \underbrace{\boldsymbol{\Theta}\Delta\mathcal{U}(k)}_{\text{erzwungene Bewegung}} \tag{6.20}$$

bzw.

$$\hat{\mathcal{Y}}(k) = \hat{\mathcal{Y}}^0(k) + \boldsymbol{\Theta}\Delta\mathcal{U}(k) \tag{6.21}$$

mit entsprechend definierten Matrizen $\boldsymbol{\Psi}$, Υ und $\boldsymbol{\Theta}$. Für $\boldsymbol{\Psi}$ ergibt sich z. B.

$$\boldsymbol{\Psi} = \begin{bmatrix} \boldsymbol{CA} \\ \vdots \\ \boldsymbol{CA}^{n_C} \\ \boldsymbol{CA}^{n_C+1} \\ \vdots \\ \boldsymbol{CA}^{n_P} \end{bmatrix} \tag{6.22}$$

Die Folge der Stellgrößenänderungen wird mit

$$\Delta\mathcal{U}(k) = \begin{bmatrix} \Delta\boldsymbol{u}(k|k) \\ \vdots \\ \Delta\boldsymbol{u}(k + n_C - 1|k) \end{bmatrix} \tag{6.23}$$

bezeichnet. Die beiden ersten Terme auf der rechten Seite von Gl. (6.20) sind vom aktuellen, gemessenen Zustandsvektor $\boldsymbol{x}(k)$und von den zum Zeitpunkt $(k-1)$ eingestellten Stellgrößen $\boldsymbol{u}(k-1)$ abhängig, beschreiben also den Einfluss der Vergangenheit auf die zukünftige Entwicklung der Zustandsgrößen. Der dritte Term ist von den aktuellen und zukünftigen Stellgrößenänderungen abhängig und beschreibt die erzwungene Bewegung des Systems.

Die angegebene Notation dient der kompakten Darstellung und bedeutet nicht, dass in der Praxis die Potenzen der Zustandsmatrix $\boldsymbol{A}^i$ tatsächlich berechnet werden müssen. Um numerische Probleme zu vermeiden, werden stattdessen die Vorhersagegleichungen rekursiv abgearbeitet.

Unter realen Bedingungen kann der Zustandsvektor $\boldsymbol{x}(k)$ nicht gemessen werden, die Zustandsgrößen müssen dann beobachtet oder geschätzt werden, und in den Prädiktionsgleichungen (6.20) ist der gemessene Zustandsvektor $\boldsymbol{x}(k)$ durch die Schätzwerte $\hat{\boldsymbol{x}}(k|k)$ zu ersetzen:

$$\hat{\mathcal{Y}}(k) = \boldsymbol{\Psi}\hat{\boldsymbol{x}}(k|k) + \Upsilon\boldsymbol{u}(k-1) + \boldsymbol{\Theta}\Delta\mathcal{U}(k)\,. \tag{6.24}$$

Wie diese Schätzwerte ermittelt werden können, ist zusammen mit der Schätzung von nicht gemessenen Störgrößen Gegenstand von Abschnitt 6.4.

6.3.2 Prädiktion mit Sprungantwortmodellen

In den in den 70er Jahren veröffentlichten MPC-Algorithmen wurden nichtparametrische Modelle wie zeitdiskrete Impuls- oder Sprungantworten (FIR = Finite-Impulse-Response- bzw. FSR = Finite-Step-Response-Modelle) zur Beschreibung der Prozessdynamik verwendet. Abbildung 6.4 zeigt deren Zeitverläufe an einem Beispiel.

Das hängt eng damit zusammen, dass das dynamische Verhalten damals auch überwiegend durch Auswertung von Sprungantworten identifiziert wurde. Einige kommerzielle MPC-Programmsysteme benutzen diesen Modelltyp noch heute. Das hat allerdings Nachteile:

- FIR- bzw. FSR-Modelle können nur für stabile Regelstrecken angegeben werden (mit einer leichten Modifikation auch für integrierende Strecken),
- Mehrgrößen-FSR-Modelle benötigen wesentlich mehr Speicherplatz (typisch sind 30…120 Stützstellen für jede Ein-/Ausgangsgrößen-Kombination),
- die experimentelle Ermittlung der Prozessdynamik aus Sprungantworten bevorzugt das niederfrequente Verhalten, für den Regelungsentwurf sind aber andere Frequenzbereiche interessanter.

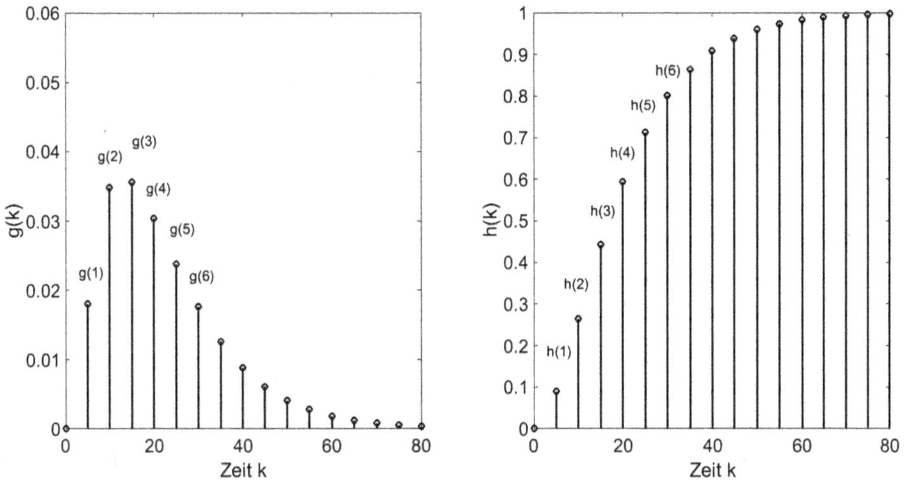

Abb. 6.4: Zeitdiskrete Einheitsimpulsantwort (FIR-Modell) und zeitdskrete Einheitssprungantwort (FSR-Modell).

Es wird zunächst der Eingrößenfall (Single-input-single-output, SISO) betrachtet. Die zeitdiskrete Impulsantwort der Regelstrecke lautet

$$y(k) = y_{ss} + \sum_{i=0}^{\infty} g(i)u(k-i)\,. \tag{6.25}$$

Darin bedeuten y_{ss} den stationären Anfangswert der Regelgröße, und die $g(i)$ sind die zeitdiskreten Stützstellen der Einheitsimpulsantwort oder Gewichtsfunktion. In der Regel ist $g(j) = 0$, und für stabile Systeme gilt $g(i) \approx 0$ für $i > n_M$. Die Größe n_M wird auch als „Modellhorizont" bezeichnet. Dieser muss ausreichend groß gewählt werden, sodass die Impulsantwort im Wesentlichen abgeklungen ist. Er muss insbesondere auch größer gewählt werden als der Prädiktionshorizont n_P. Setzt man $y_{ss} = 0$, folgt

$$y(k) = \sum_{i=0}^{n_M} g(i)u(k-i)\,. \tag{6.26}$$

Dieses Modell wird auch als FIR-Modell (Finite Impulse Response) oder Faltungssumme bezeichnet. Mit ihrer Hilfe lässt sich eine Vorhersage der Regelgröße durchführen:

$$\hat{y}(k+j|k) = \sum_{i=0}^{n_M} g(i)u(k+j-i) \quad j = 1, 2, \ldots \tag{6.27}$$

Dabei ist zu beachten, dass auf der rechten Seite sowohl historische Werte der Stellgröße $u(i)$ (wenn $i < k$ ist), als auch noch zu bestimmende aktuelle und zukünftige Stellgrößenwerte $u(i|k)$ (wenn $i \geq k$ gilt) stehen. Daher ist es sinnvoll, diese Summe aufzuteilen:

$$\hat{y}(k+j|k) = \sum_{i=j+1}^{n_M} g(i)u(k+j-i) + \sum_{i=1}^{j} g(i)u(k+j-i|k) \,. \tag{6.28}$$

Der erste Term auf der rechten Seite beinhaltet die Wirkungen der vergangenen, der zweite Term die Wirkungen der aktuellen und zukünftigen Stellgrößenwerte. Will man wiederum zukünftige Stellgrößen*änderungen* $\Delta u(i|k)$ statt der Stellgrößenwerte selbst in die Rechnung einbringen, folgt

$$\begin{aligned}\hat{y}(k+j|k) &= \sum_{i=j+1}^{n_M} g(i)u(k+j-i) \\ &\quad + \sum_{i=1}^{j} g(i)\left[u(k-1) + \sum_{l=0}^{j} \Delta u(k+j-i+l|k)\right] \\ &= \sum_{i=j+1}^{n_M} g(i)u(k+j-i) + \sum_{i=1}^{j} g(i)u(k-1) \\ &\quad + g(1)\Delta u(k+j-1|k) + [g(1)+g(2)]\,\Delta u(k+j-2|k) + \cdots \\ &\quad + [g(1)+g(2)+\cdots+g(j)]\,\Delta u(k|k)\end{aligned} \tag{6.29}$$

Die Stützstellen der zeitdiskreten Einheitssprungantwort $h(i)$ hängen mit denen der Gewichtsfunktion nach folgender Vorschrift zusammen (vorausgesetzt $g(0) = 0$):

$$h(i) = \sum_{j=1}^{i} g(j) \,. \tag{6.30}$$

Für stabile Systeme gilt $h(n_M + i) = h(n_M) =$ const. und verschieden von Null. Außerdem kann man für $g(0) = 0$ und $u(0) = 0$ zeigen (siehe (Maciejowski, 2002, S. 210)), dass die Beziehung

$$\sum_{i=1}^{j} g(i)u(j-i) = \sum_{i=1}^{j} h(i)\Delta u(j-i) \tag{6.31}$$

besteht. Die Stellgrößenänderungen sind definiert als $\Delta u(k) = u(k) - u(k-1)$.

Dann folgt aber aus Gl. (6.28)

$$\hat{y}(k+j|k) = \sum_{i=j+1}^{n_M} h(i)\Delta u(k+j-i) + h(j)u(k-1) + \sum_{i=1}^{j} h(i)\Delta u(k+j-i|k) \tag{6.32}$$

Man beachte, dass die beiden ersten Terme wieder den Effekt der vergangenen Stellgrößen(änderungen) beschreiben, der dritte Term den Effekt der aktuellen und zukünftigen (noch zu bestimmenden) Stellgrößenänderungen.

Die Prädiktionsgleichungen (6.32) lassen sich auch direkt aus dem FSR-Modell (Finite Step Response), d. h. ohne den Umweg über ein FIR-Modell, herleiten, siehe z. B. in (Tatjewski, 2007, S. 118ff.).

Der Übergang von Ein- zu Mehrgrößensystemen mit n_u Stell- und n_y Regelgrößen ist formal sehr einfach. Bei einem SISO-System ist die zeitliche Folge der Stützstellen der Einheitssprungantwort

$$\mathcal{H} = \begin{bmatrix} h(0) & h(1) & h(2) & \cdots \end{bmatrix} \tag{6.33}$$

oder mit $h(n_M + i) = h(n_M)$ und $h(0) = 0$ für stabile, nicht sprungfähige Systeme

$$\mathcal{H} = \begin{bmatrix} h(1) & h(2) & \cdots & h(n_M) \end{bmatrix} . \tag{6.34}$$

Bei Mehrgrößen-Systemen (Multiple-input-multiple-output, MIMO) ergeben sich nun $n_u \times n_y$ solcher Folgen $\mathcal{H}_{ij} = \begin{bmatrix} h_{ij}(1) & h_{ij}(2) & \cdots & h_{ij}(n_M) \end{bmatrix}$ mit $i = 1 \dots n_y$ und $j = 1 \dots n_u$. Dabei wird der Einfachheit halber angenommen, dass die Modellhorizonte aller Teilstrecken gleich groß und gleich n_M sind. Man kann nun die Koeffizienten der Sprungantworten in einer Folge von Matrizen $\boldsymbol{H}(k)$ mit $k = 1 \dots n_M$ anordnen, wobei jede Matrix die Sprungantwortkoeffizienten aller Teilstrecken enthält, die zu einem bestimmten Zeitpunkt k gehören:

$$\boldsymbol{H}(k) = \begin{bmatrix} h_{11}(k) & h_{12}(k) & \cdots & h_{1n_u}(k) \\ h_{21}(k) & h_{22}(k) & \cdots & h_{2n_u}(k) \\ \vdots & \vdots & \ddots & \vdots \\ h_{n_y1}(k) & h_{n_y2}(k) & \cdots & h_{n_yn_u}(k) \end{bmatrix} . \tag{6.35}$$

Die Folge $\mathcal{H} = \begin{bmatrix} \boldsymbol{H}(1) & \boldsymbol{H}(2) & \cdots & \boldsymbol{H}(n_M) \end{bmatrix}$ beschreibt dann die Dynamik des Mehrgrößensystems. Mit diesen Vereinbarungen kann man die Prädiktionsgleichungen (6.32) mit FSR-Modell auf MIMO-Systeme erweitern:

$$\begin{aligned} \hat{\boldsymbol{y}}(k+j|k) = & \sum_{i=j+1}^{n_M} \boldsymbol{H}(i)\Delta\boldsymbol{u}(k+j-i) + \boldsymbol{H}(j)\boldsymbol{u}(k-1) \\ & + \sum_{i=1}^{j} \boldsymbol{H}(i)\Delta\boldsymbol{u}(k+j-i|k) \qquad j = 1 \dots n_P \end{aligned} \tag{6.36}$$

Vergleicht man diese Gleichungen mit der Prädiktion auf der Grundlage des Zustandsmodells (Abschnitt 3.1.1)

$$\hat{\mathcal{Y}}(k) = \boldsymbol{\Psi}\boldsymbol{x}(k|k) + \Upsilon\boldsymbol{u}(k-1) + \boldsymbol{\Theta}\Delta\mathcal{U}(k) , \tag{6.37}$$

dann fällt dieselbe Struktur ins Auge, was die beiden letzten Terme angeht: die Matrizen Υ und $\boldsymbol{\Theta}$ ergeben sich hier zu

$$\Upsilon = \begin{bmatrix} \boldsymbol{H}(1) \\ \boldsymbol{H}(2) \\ \vdots \\ \boldsymbol{H}(n_P) \end{bmatrix} \quad \text{und} \quad \boldsymbol{\Theta} = \begin{bmatrix} \boldsymbol{H}(1) & 0 & \dots & 0 \\ \boldsymbol{H}(2) & \boldsymbol{H}(1) & \dots & 0 \\ \vdots & \vdots & \ddots & 0 \\ \boldsymbol{H}(n_C) & \boldsymbol{H}(n_C-1) & \dots & \boldsymbol{H}(1) \\ \boldsymbol{H}(n_C+1) & \boldsymbol{H}(n_C) & \dots & \boldsymbol{H}(2) \\ \vdots & \vdots & \ddots & \vdots \\ \boldsymbol{H}(n_P) & \boldsymbol{H}(n_P-1) & \dots & \boldsymbol{H}(n_P-n_C+1) \end{bmatrix} \tag{6.38}$$

Der Term

$$\boldsymbol{\Psi x}(k) = \begin{bmatrix} \boldsymbol{CA} \\ \vdots \\ \boldsymbol{CA}^{n_P} \end{bmatrix} \boldsymbol{x}(k) \,, \tag{6.39}$$

der in der Prädiktionsgleichung (6.37) auftritt, muss hier durch

$$\begin{bmatrix} \boldsymbol{H}(2) & \boldsymbol{H}(3) & \cdots & \cdots & \cdots & \boldsymbol{H}(n_M-1) & \boldsymbol{H}(n_M) \\ \boldsymbol{H}(3) & \boldsymbol{H}(4) & \cdots & \cdots & \cdots & \boldsymbol{H}(n_M) & \boldsymbol{H}(n_M) \\ \vdots & \vdots & \vdots & \vdots & \vdots & \vdots & \vdots \\ \boldsymbol{H}(n_P+1) & \boldsymbol{H}(n_P+2) & \cdots & \boldsymbol{H}(n_M) & \cdots & \boldsymbol{H}(n_M) & \boldsymbol{H}(n_M) \end{bmatrix} \times \begin{bmatrix} \Delta\boldsymbol{u}(k-1) \\ \Delta\boldsymbol{u}(k-1) \\ \vdots \\ \Delta\boldsymbol{u}(k+1-n_M) \end{bmatrix} \tag{6.40}$$

ersetzt werden. Wie schon oben erwähnt, muss $n_M > n_P$ gewährleistet sein. Der im Vergleich mit der Verwendung von Zustandsmodellen wesentlich höhere Speicher- und Rechenaufwand wird hier sehr deutlich. Einerseits verlangt die Folge der Dynamik-Matrizen $\boldsymbol{H}(k)$ wesentlich mehr Speicherplatz als die Matrizen $(\boldsymbol{A}, \boldsymbol{B}, \boldsymbol{C})$ des Zustandsmodells. Andererseits müssen die letzten $(n_M - 1)$ Stellgrößenänderungen gespeichert werden.

Sprungantwort-Modelle eignen sich nicht für die Beschreibung der Dynamik von instabilen Regelstrecken. Weil die Übergangsfunktion in diesem Fall nicht gegen einen konstanten Endwert strebt, kann man sie nicht durch n_M Stützstellen approximieren. Eine Ausnahme bilden integrierende Regelstrecken, bei denen nicht die Ausgangsgröße selbst, sondern deren Änderung pro Abtastintervall gegen einen konstanten Wert strebt. Man kann daher in den Vorhersagegleichungen $\hat{y}(k+1|k)$ durch $\Delta\hat{y}(k+1|k)$ ersetzen und erhält z. B.

$$\begin{aligned} \Delta\hat{y}(k+1|k) &= \hat{y}(k+1|k) - \hat{y}(k|k-1) \\ &= \sum_{i=1}^{n_M-1} h(i)\Delta u(k-i+1) + h(n_M)u(k-n_M+1) \end{aligned} \tag{6.41}$$

Die einzige im Zusammenhang mit Sprungantwort-Modellen gebräuchliche Methode zur Einbeziehung nicht gemessener Störgrößen in die Prädiktion ist die bereits weiter oben eingeführte Bildung der Differenz zwischen den aktuell gemessenen und den ein Abtastintervall früher für den Zeitpunkt k vorhergesagten Werten der Regelgrößen

$$\hat{\boldsymbol{d}}(k|k) = \boldsymbol{y}(k) - \hat{\boldsymbol{y}}(k|k-1) \tag{6.42}$$

und die Annahme, dass diese Störung über den gesamten Prädiktionshorizont konstant bleibt

$$\hat{\boldsymbol{d}}(k+j|k) = \hat{\boldsymbol{d}}(k|k) \quad j = 1 \dots n_P \,. \tag{6.43}$$

Die korrigierte Vorhersage ist dann

$$\begin{aligned}\hat{\boldsymbol{y}}(k+j|k) = &\sum_{i=j+1}^{n_M} \boldsymbol{H}(i)\Delta\boldsymbol{u}(k+j-i) + \boldsymbol{H}(j)\boldsymbol{u}(k-1)\\ &+ \sum_{i=1}^{j} \boldsymbol{H}(i)\Delta\boldsymbol{u}(k+j-i|k) + \hat{\boldsymbol{d}}(k+j|k) \qquad j = 1 \dots n_P\end{aligned} \tag{6.44}$$

Dieses Schema wird auch als „DMC-Schema“ bezeichnet, weil es zuerst in einem der frühesten kommerziellen MPC-Programmpakete (dem DMC-Regler, DMC = Dynamic Matrix Control) verwendet wurde. Wie in (Maciejowski, 2002, S. 19f. und 202f.) gezeigt wird, gelingt es mit diesem Ansatz, bei asymptotisch stabilen Regelstrecken für sprungförmige Störgrößen die bleibende Regeldifferenz zu beseitigen und dem MPC-Regler implizit Integralverhalten zu verleihen.

6.3.3 Erweiterung der Prädiktion um messbare Störgrößen

Regelkreise haben bekanntlich den Nachteil, dass ein Stelleingriff in den Prozess frühestens dann erfolgen kann, wenn die Wirkung von Störgrößen durch eine Abweichung der Regelgröße von ihrem Sollwert fühlbar wird. Sind die Störgrößen messbar, und gibt es mathematische Modelle für das dynamische Verhalten der Stör- und Stellstrecken, dann kann durch eine Störgrößenaufschaltung eine wesentliche Verbesserung der Regelgüte erreicht werden (vgl. Abschnitt 4.2).

In MPC-Algorithmen ist eine Störgrößenaufschaltung dadurch möglich, dass die Prädiktionsgleichungen um die Wirkungen der gemessenen Störgrößen $\boldsymbol{z} = \begin{bmatrix} z_1 & z_2 & \cdots & z_{n_z} \end{bmatrix}^T$ auf die Regelgrößen $\boldsymbol{y}$ erweitert werden. Das Zustandsmodell (6.13) ist dann um die gemessenen Störgrößen $\boldsymbol{z}$ und eine dazu gehörige Eingangsmatrix $\boldsymbol{B}_z$ zu ergänzen:

$$\begin{aligned}\boldsymbol{x}(k+1) &= \boldsymbol{A}\boldsymbol{x}(k) + \boldsymbol{B}\boldsymbol{u}(k) + \boldsymbol{B}_z\boldsymbol{z}(k)\\ \boldsymbol{y}(k) &= \boldsymbol{C}\boldsymbol{x}(k)\,.\end{aligned} \tag{6.45}$$

Die Prädiktionsgleichungen für die Regelgrößen

$$\hat{\mathcal{Y}}(k) = \boldsymbol{\Psi}\boldsymbol{x}(k|k) + \Upsilon\boldsymbol{u}(k-1) + \boldsymbol{\Theta}\Delta\mathcal{U}(k) \tag{6.46}$$

werden zu

$$\hat{\mathcal{Y}}(k) = \boldsymbol{\Psi}\boldsymbol{x}(k) + \Upsilon\boldsymbol{u}(k-1) + \boldsymbol{\Theta}\Delta\vec{\boldsymbol{u}}(k) + \Xi\mathcal{Z}(k)\,. \tag{6.47}$$

Der letzte Term beschreibt darin die Wirkung der gemessenen Störgrößen. Es gelten

$$\mathcal{Z}(k) = \begin{bmatrix} \boldsymbol{z}(k) \\ \boldsymbol{z}(k+1|k) \\ \vdots \\ \boldsymbol{z}(k+n_P-1|k) \end{bmatrix} \tag{6.48}$$

und

$$\boldsymbol{\Xi} = \begin{bmatrix} \boldsymbol{CB}_z & \boldsymbol{0} & \dots & \boldsymbol{0} \\ \boldsymbol{CAB}_z & \boldsymbol{CB}_z & \cdots & \boldsymbol{0} \\ \vdots & \vdots & \ddots & \vdots \\ \boldsymbol{CA}^{n_P-1}\boldsymbol{B}_z & \boldsymbol{CA}^{n_P-2}\boldsymbol{B}_z & \cdots & \boldsymbol{CB}_z \end{bmatrix}. \tag{6.49}$$

Die Folge $\mathcal{Z}(k)$ beinhaltet die aktuellen Messwerte der Störgrößen $\boldsymbol{z}(k)$ und zukünftige Werte $\boldsymbol{z}(k+j|k)$. Da letztere in der Regel nicht bekannt sind, wählt man am besten $\boldsymbol{z}(k+j|k) = \boldsymbol{z}(k)$, d. h. man unterstellt für die Prädiktion, dass die messbaren Störgrößen in der Zukunft unverändert bleiben.

Wird für die Prädiktion ein FSR-Modell verwendet, müssen nun zusätzlich zu den Modellen aller Stellstrecken $u_j \to y_i$ die $n_z \times n_y$ Sprungantwort-Modelle für alle Störstrecken $z_j \to y_i$ bekannt sein. Die Stützstellen dieser Sprungantworten $h_{z,ij}(k)$ für $k = 1 \dots n_M$ lassen sich wiederum als Folge von Dynamik-Matrizen

$$\boldsymbol{H}_z(k) = \begin{bmatrix} h_{z,11}(k) & h_{z,12}(k) & \cdots & h_{z,1n_z}(k) \\ h_{z,21}(k) & h_{z,22}(k) & \cdots & h_{z,2n_z}(k) \\ \vdots & \vdots & \ddots & \vdots \\ h_{z,n_y1}(k) & h_{z,n_y2}(k) & \cdots & h_{z,n_yn_z}(k) \end{bmatrix} \tag{6.50}$$

anordnen. Der Einfachheit halber wird wieder angenommen, dass die Modellhorizonte aller Teilstrecken gleich groß und gleich n_M sind. Die um die Wirkung der messbaren Störgrößen erweiterten Vorhersagegleichungen ergeben sich hier zu

$$\begin{aligned} \hat{\boldsymbol{y}}(k+j|k) = & \sum_{i=j+1}^{n_M} \boldsymbol{H}(i)\Delta\boldsymbol{u}(k+j-i) + \boldsymbol{H}(j)\boldsymbol{u}(k-1) \\ & + \sum_{i=1}^{j} \boldsymbol{H}(i)\Delta\boldsymbol{u}(k+j-i|k) \\ & + \sum_{i=j+1}^{n_M} \boldsymbol{H}_z(i)\Delta\boldsymbol{z}(k+j-i) + \boldsymbol{H}_z(j)\boldsymbol{z}(k-1) \\ & + \sum_{i=1}^{j} \boldsymbol{H}_z(i)\Delta\boldsymbol{z}(k+j-i|k) \qquad j = 1 \dots n_P \end{aligned} \tag{6.51}$$

Da $\boldsymbol{z}(k+j|k) = \boldsymbol{z}(k)$ angenommen wurde, sind die zukünftigen Störgrößenänderungen $\Delta\boldsymbol{z}(k+j|k) = \boldsymbol{0}$, und die Vorhersagegleichungen vereinfachen sich zu

$$\begin{aligned}\hat{\boldsymbol{y}}(k+j|k) = &\sum_{i=j+1}^{n_M} \boldsymbol{H}(i)\Delta\boldsymbol{u}(k+j-i) + \boldsymbol{H}(j)\boldsymbol{u}(k-1)\\ &+ \sum_{i=1}^{j} \boldsymbol{H}(i)\Delta\boldsymbol{u}(k+j-i|k)\\ &+ \sum_{i=j+1}^{n_M} \boldsymbol{H}_z(i)\Delta\boldsymbol{z}(k+j-i) + \boldsymbol{H}_z(j)\boldsymbol{z}(k)\end{aligned} \tag{6.52}$$

Die beiden letzten Terme in dieser Gleichung beschreiben die Wirkung der in der Vergangenheit gemessenen Störgrößen*änderungen* (es gilt $\Delta\boldsymbol{z}(k) = \boldsymbol{z}(k) - \boldsymbol{z}(k-1)$) und der aktuell gemessenen Werte der Störgrößen.

6.4 Schätzung nicht gemessener Stör- und Zustandsgrößen

Zustandsschätzung mit Kalman-Filter

Wird im MPC-Regler ein Zustandsmodell des Prozesses für die Vorhersage der Regelgrößen benutzt, muss der Zustandsvektor $\boldsymbol{x}(k)$ zum Zeitpunkt k bekannt sein (siehe Gl. (6.20) in Abschnitt 6.3.1). Ist er nicht messbar, muss man ihn aus verfügbaren Messungen der Ein- und Ausgangsgrößen schätzen. Dafür gibt es verschiedene Alternativen: sieht man davon ab, dass der Prozess und die Messungen von stochastischen Störungen beeinflusst sind, kann man einen Zustandsbeobachter (Luenberger-Beobachter) verwenden. Berücksichtigt man stochastische Einflüsse, eignet sich ein zeitdiskreter Kalman-Filter. Liegen Beschränkungen (Ungleichungs-NB) für die zu schätzenden Zustandsgrößen vor, kann man eine Zustandsschätzung auf bewegtem Horizont (moving horizon estimation, kurz MHE) anwenden. Bei MPC-Reglern mit linearen Zustandsmodellen hat sich der Einsatz von Kalman-Filtern bewährt, die MHE-Schätzung wird im Abschnitt 7 (NMPC) besprochen, weil sie dort von größerer praktischer Bedeutung ist.

Ausgangspunkt ist das zeitdiskrete lineare Zustandsmodell

$$\begin{aligned}\boldsymbol{x}(k+1) &= \boldsymbol{A}\boldsymbol{x}(k) + \boldsymbol{B}\boldsymbol{u}(k) + \boldsymbol{G}\boldsymbol{w}(k)\\ \boldsymbol{y}(k) &= \boldsymbol{C}\boldsymbol{x}(k) + \boldsymbol{v}(k)\,.\end{aligned} \tag{6.53}$$

Darin sind $\boldsymbol{w}(k)$ und $\boldsymbol{v}(k)$ normalverteilte, mittelwertfreie, untereinander nicht korrelierte vektorielle Zufallsprozesse für das Prozess- und Messrauschen, deren Kovarianzmatrizen mit $\boldsymbol{Q}(k)$ und $\boldsymbol{R}(k)$ bezeichnet werden. (Mitunter wird vereinfachend $\boldsymbol{G} = \boldsymbol{I}$ angenommen, der Vektor $\boldsymbol{w}(k)$ hat dann so viele Komponenten wie die Zahl der Zustandsgrößen, d. h. jede Zustandsgröße wird durch eine stochastische Störung beeinflusst). Der Anfangszustand $\boldsymbol{x}(t=0)$ sei ebenfalls normalverteilt mit bekanntem Erwartungswert $E\{\boldsymbol{x}(t=0)\} = \hat{\boldsymbol{x}}(t=0) = \hat{\boldsymbol{x}}(0)$ und bekannter Kovarianzmatrix der Schätzfehler (Präzisionsmatrix) $E\left\{[\boldsymbol{x}(0) - \hat{\boldsymbol{x}}(0)]\,[\boldsymbol{x}(0) - \hat{\boldsymbol{x}}(0)]^T\right\} = \boldsymbol{P}(0)$.

Eine Schätzung mit minimaler Varianz liefert dann die Gleichungen des zeitdiskreten Kalman-Filters (Grewal & Andrews, 2001), (Simon, 2006):

a) Einschritt-Vorhersage zum Zeitpunkt k für den Zeitpunkt $(k+1)$

$$\begin{aligned}\hat{\boldsymbol{x}}(k+1|k) &= \boldsymbol{A}\hat{\boldsymbol{x}}(k|k) + \boldsymbol{B}\boldsymbol{u}(k)\\ \boldsymbol{P}(k+1|k) &= \boldsymbol{A}\boldsymbol{P}(k|k)\boldsymbol{A}^T + \boldsymbol{G}\boldsymbol{Q}(k)\boldsymbol{G}^T\end{aligned} \tag{6.54}$$

b) Berechnung der optimalen Kalman-Verstärkung

$$\boldsymbol{L}(k+1) = \boldsymbol{P}(k+1|k)\boldsymbol{C}^T\left[\boldsymbol{C}\boldsymbol{P}(k+1|k)\boldsymbol{C}^T + \boldsymbol{R}(k+1)\right]^{-1} \tag{6.55}$$

c) Korrektur oder Filterung des Zustandsvektors und der Präzisionsmatrix beim Eintreffen neuer Messwerte für die Ausgangsgrößen

$$\begin{aligned}\boldsymbol{P}(k+1|k+1) &= [I - \boldsymbol{L}(k+1)\boldsymbol{C}]\,\boldsymbol{P}(k+1|k)\\ \hat{\boldsymbol{x}}(k+1|k+1) &= \hat{\boldsymbol{x}}(k+1|k) + \boldsymbol{L}(k+1)\left[\boldsymbol{y}(k+1) - \boldsymbol{C}\hat{\boldsymbol{x}}(k+1|k)\right]\end{aligned} \tag{6.56}$$

Die Gleichungen des Kalman-Filters bestehen aus einem Korrektur- und einem Vorhersage-Teil. Sie werden mit fortschreitender Zeit rekursiv und abwechselnd abgearbeitet.

Sind nicht nur die Matrizen des Prozessmodells $(\boldsymbol{A}, \boldsymbol{B}, \boldsymbol{C})$ konstant, sondern auch die Kovarianzmatrizen $(\boldsymbol{Q}, \boldsymbol{R})$ zeitinvariant, dann konvergieren die Präzisionsmatrix und die Kalman-Verstärkung zu stationären Endwerten, die sich aus

$$\begin{aligned}\boldsymbol{P} &= \boldsymbol{A}\boldsymbol{P}\boldsymbol{A}^T + \boldsymbol{G}\boldsymbol{Q}\boldsymbol{G}^T - \boldsymbol{A}\boldsymbol{P}\boldsymbol{C}^T\left[\boldsymbol{C}\boldsymbol{P}\boldsymbol{C}^T + \boldsymbol{R}\right]^{-1}\boldsymbol{C}\boldsymbol{P}^T\boldsymbol{A}^T\\ \boldsymbol{L} &= \boldsymbol{P}\boldsymbol{C}^T\left[\boldsymbol{C}\boldsymbol{P}\boldsymbol{C}^T + \boldsymbol{R}\right]^{-1}\end{aligned} \tag{6.57}$$

berechnen lassen. Dadurch vereinfachen sich Kalman-Filter-Gleichungen. In Abb. 6.5 ist die Arbeitsweise eines stationären Kalman-Filters veranschaulicht.
Die Ein- und Ausgangsgrößen (Steuer- und Regelgrößen) werden am Prozess gemessen. Die gemessenen Eingangsgrößen $\boldsymbol{u}(k)$ werden verwendet, um die Ausgangsgrößen $\hat{\boldsymbol{y}}(k|k-1)$ über das Prozessmodell vorherzusagen. Die Differenz zwischen vorhergesagten und gemessenen Ausgangsgrößen, der Vorhersagefehler

$$\boldsymbol{y}(k+1) - \boldsymbol{C}\hat{\boldsymbol{x}}(k+1|k) = \boldsymbol{y}(k+1) - \hat{\boldsymbol{y}}(k+1|k) \tag{6.58}$$

wird mit der Kalman-Verstärkung $\boldsymbol{L}$ multipliziert und zurückgeführt. Die ein Abtastintervall früher geschätzten Zustandsgrößen $\hat{\boldsymbol{x}}(k+1|k)$ werden proportional zum Vorhersagefehler korrigiert (der Proportionalitätsfaktor ist die Kalman-Verstärkung $\boldsymbol{L}$). Zur Initialisierung der Kalman-Filter-Gleichungen müssen geeignete Schätzwerte

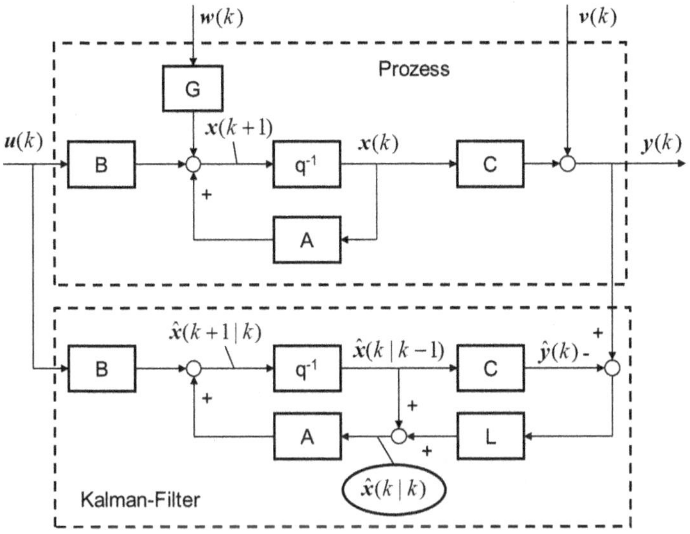

Abb. 6.5: Schätzung der nicht messbaren Zustandsgrößen mit einem stationären Kalman-Filter.

für den Anfangszustand und die Präzisionsmatrix $\hat{\boldsymbol{x}}(0)$ und $\boldsymbol{P}(0)$ vorgegeben werden (für ihre Wahl im Fall ungenügender A-priori-Kenntnisse siehe die Hinweise in Abschnitt 5.2.1). Die Kovarianzmatrizen werden oft als konstant angenommen und als „Tuning-Faktoren" verwendet, die das Verhältnis zwischen Mess- und Modellunsicherheit beschreiben. In letzter Zeit sind Least-Squares-Methoden für deren Berechnung aus fortlaufend anfallenden Messdaten entwickelt worden (Odelson, Rajamani, & Rawlings, 2006), (Lima & Rawlings, 2011).

Schätzung nicht gemessener Störgrößen

Während eine Zustandsschätzung beim MPC-Regler nur dann notwendig ist, wenn er ein Zustandsmodell für die Prädiktion benutzt und die Zustandsgrößen $\boldsymbol{x}$ nicht messbar sind, müssen nicht messbare Störgrößen $\boldsymbol{d}$ in jedem Fall (also auch bei Verwendung anderer Vorhersagemodelle wie Sprungantworten oder Übertragungsfunktionen) geschätzt werden. Das ist vor allem deshalb notwendig, um bleibende Regeldifferenzen zu vermeiden. Es wird zunächst der Fall betrachtet, dass ein lineares Zustandsmodell im Regler verwendet wird. Dann kann man durch Erweiterung des Strecken-Zustandsmodells um ein geeignetes Störmodell eine gemeinsame Schätzung des Zustandsvektors und der nicht messbaren Störgrößen erreichen.

Viele Störgrößen lassen sich durch einen (vektoriellen) integrierenden weißen Rauschprozess beschreiben, dessen Modell

$$\boldsymbol{d}(k+1) = \boldsymbol{d}(k) + \boldsymbol{\xi}(k) \tag{6.59}$$

geschrieben werden kann. Das um diese Störgrößen erweiterte Zustandsmodell ist dann (Rajamani & Rawlings, 2009)

$$\begin{aligned}\begin{bmatrix}\boldsymbol{x}(k+1)\\ \boldsymbol{d}(k+1)\end{bmatrix} &= \begin{bmatrix}\boldsymbol{A} & \boldsymbol{B}_d\\ \boldsymbol{0} & \boldsymbol{I}\end{bmatrix}\begin{bmatrix}\boldsymbol{x}(k)\\ \boldsymbol{d}(k)\end{bmatrix} + \begin{bmatrix}\boldsymbol{B}\\ \boldsymbol{0}\end{bmatrix}\boldsymbol{u}(k) + \begin{bmatrix}\boldsymbol{G} & \boldsymbol{0}\\ \boldsymbol{0} & \boldsymbol{I}\end{bmatrix}\begin{bmatrix}\boldsymbol{w}(k)\\ \boldsymbol{\xi}(k)\end{bmatrix}\\ \boldsymbol{y}(k) &= \begin{bmatrix}\boldsymbol{C} & \boldsymbol{C}_d\end{bmatrix}\begin{bmatrix}\boldsymbol{x}(k)\\ \boldsymbol{d}(k)\end{bmatrix} + \boldsymbol{v}(k)\end{aligned} \tag{6.60}$$

Wählt man $\boldsymbol{B}_d = \boldsymbol{0}$ und $\boldsymbol{C}_d = \boldsymbol{I}$, dann ergibt sich das Modell einer Störung am Streckenausgang, wählt man $\boldsymbol{B}_d = \boldsymbol{B}$ und $\boldsymbol{C}_d = \boldsymbol{0}$, dann ergibt sich das Modell einer Störung am Streckeneingang. Beides sind gebräuchliche Spezialfälle des allgemeinen Modells (6.60). Um die bleibenden Regeldifferenzen zu beseitigen, müssen soviel Störgrößen in das Modell aufgenommen werden wie die Zahl der Ausgangsgrößen angibt ($n_d = n_y$).

Die Gleichungen des Kalman-Filters für das so erweiterte Modell lauten

$$\begin{bmatrix}\hat{\boldsymbol{x}}(k|k)\\ \hat{\boldsymbol{d}}(k|k)\end{bmatrix} = \begin{bmatrix}\hat{\boldsymbol{x}}(k|k-1)\\ \hat{\boldsymbol{d}}(k|k-1)\end{bmatrix} + \begin{bmatrix}\boldsymbol{L}_x\\ \boldsymbol{L}_d\end{bmatrix}\left(\boldsymbol{y}(k) - \boldsymbol{C}\hat{\boldsymbol{x}}(k|k-1) - \boldsymbol{C}_d\hat{\boldsymbol{d}}(k|k-1)\right) \tag{6.61}$$

(Korrektur) und

$$\begin{bmatrix}\hat{\boldsymbol{x}}(k+1|k)\\ \hat{\boldsymbol{d}}(k+1|k)\end{bmatrix} = \begin{bmatrix}\boldsymbol{A} & \boldsymbol{B}_d\\ \boldsymbol{0} & \boldsymbol{I}\end{bmatrix}\begin{bmatrix}\hat{\boldsymbol{x}}(k|k)\\ \hat{\boldsymbol{d}}(k|k)\end{bmatrix} + \begin{bmatrix}\boldsymbol{B}\\ \boldsymbol{0}\end{bmatrix}\boldsymbol{u}(k) \tag{6.62}$$

(Vorhersage). Die stationäre Kalman-Verstärkung für das um Störgrößen erweiterte Zustandsmodell $\boldsymbol{L}_e = \begin{bmatrix}\boldsymbol{L}_x^T & \boldsymbol{L}_d^T\end{bmatrix}^T$ lässt sich analog zu den Gl. (6.57) berechnen. Bezeichnet man die Kovarianzmatrix des Prozessrauschens $\boldsymbol{w}(k)$ mit $\boldsymbol{Q}_w$ und die des Rauschprozesses $\boldsymbol{\xi}(k)$ im Störmodell mit $\boldsymbol{Q}_\xi$, und kennzeichnet man die Matrizen des erweiterten Modells mit dem Index e, also

$$\boldsymbol{A}_e = \begin{bmatrix}\boldsymbol{A} & \boldsymbol{B}_d\\ \boldsymbol{0} & \boldsymbol{I}\end{bmatrix}, \quad \boldsymbol{C}_e = \begin{bmatrix}\boldsymbol{C} & \boldsymbol{C}_d\end{bmatrix} \tag{6.63}$$

usw., dann folgen $\boldsymbol{P}$ und $\boldsymbol{L}$ aus

$$\begin{aligned}\boldsymbol{P}_e &= \boldsymbol{A}_e\boldsymbol{P}_e\boldsymbol{A}_e^T - \boldsymbol{A}_e\boldsymbol{P}_e\boldsymbol{C}_e^T\left[\boldsymbol{C}_e\boldsymbol{P}_e\boldsymbol{C}_e^T + \boldsymbol{R}\right]^{-1}\boldsymbol{C}_e\boldsymbol{P}_e\boldsymbol{A}_e^T + \begin{bmatrix}\boldsymbol{G}\boldsymbol{Q}_w\boldsymbol{G}^T & \boldsymbol{0}\\ \boldsymbol{0} & \boldsymbol{Q}_\xi\end{bmatrix}\\ \boldsymbol{L}_e &= \boldsymbol{P}_e\boldsymbol{C}_e^T\left[\boldsymbol{C}_e\boldsymbol{P}_e\boldsymbol{C}_e^T + \boldsymbol{R}\right]^{-1}\end{aligned} \tag{6.64}$$

Ein noch allgemeineres Störmodell wird in der Model-Predictive-Control-Toolbox von MATLAB verwendet (Bemporad, Morari, & Ricker, 2014).

Wie verhält sich nun die hier beschriebene allgemeinere Vorgehensweise, die die Kenntnis eines Störgrößenmodells verlangt, zu dem in Abschnitt 6.1 beschriebenen Verfahren der Vorhersagekorrektur, wie es in den meisten kommerziellen MPC-Programmsystemen eingesetzt wird? Bei dieser einfachen Methode werden die Störgrößen als additive, sprungkonstante Störungen am Ausgang des Prozesses angenommen:

$$\boldsymbol{y}(k) = \hat{\boldsymbol{y}}(k|k-1) + \hat{\boldsymbol{d}}(k|k) = \boldsymbol{C}\hat{\boldsymbol{x}}(k|k-1) + \hat{\boldsymbol{d}}(k|k)\,. \tag{6.65}$$

Daraus lässt sich der Schätzwert für die nicht messbaren Störgrößen berechnen:

$$\hat{\boldsymbol{d}}(k|k) = \boldsymbol{y}(k) - \hat{\boldsymbol{y}}(k|k-1)\,. \tag{6.66}$$

Er ergibt sich aus der Differenz zwischen den aktuell gemessenen und den ein Abtastintervall früher vorhergesagten Ausgangsgrößen des Prozesses. Nimmt man weiterhin an, dass diese Störung über den gesamten Prädiktionshorizont konstant bleibt, folgt

$$\begin{aligned} \hat{\boldsymbol{y}}(k+i|k) &= \boldsymbol{C}\hat{\boldsymbol{x}}(k+i|k) + \hat{\boldsymbol{d}}(k+i|k) = \\ &\boldsymbol{C}\hat{\boldsymbol{x}}(k+i|k) + \hat{\boldsymbol{d}}(k|k) = \\ &\boldsymbol{C}\hat{\boldsymbol{x}}(k+i|k) + \left(\boldsymbol{y}(k) - \hat{\boldsymbol{y}}(k|k-1)\right) \qquad i = 1 \ldots n_P \end{aligned} \tag{6.67}$$

Die Annahme einer sprungkonstanten Störung am Streckenausgang ($\boldsymbol{B}_d = 0$ und $\boldsymbol{C}_d = \boldsymbol{I}$) führt auf das erweiterte Zustandsmodell

$$\begin{aligned} \begin{bmatrix} \boldsymbol{x}(k+1) \\ \boldsymbol{d}(k+1) \end{bmatrix} &= \begin{bmatrix} \boldsymbol{A} & \boldsymbol{0} \\ \boldsymbol{0} & \boldsymbol{I} \end{bmatrix} \begin{bmatrix} \boldsymbol{x}(k) \\ \boldsymbol{d}(k) \end{bmatrix} + \begin{bmatrix} \boldsymbol{B} \\ \boldsymbol{0} \end{bmatrix} \boldsymbol{u}(k) \\ \boldsymbol{y}(k) &= \begin{bmatrix} \boldsymbol{C} & \boldsymbol{I} \end{bmatrix} \begin{bmatrix} \boldsymbol{x}(k) \\ \boldsymbol{d}(k) \end{bmatrix} \end{aligned} \tag{6.68}$$

Wählt man

$$\boldsymbol{L}_e = \begin{bmatrix} \boldsymbol{L}_x \\ \boldsymbol{L}_d \end{bmatrix} = \begin{bmatrix} \boldsymbol{0} \\ \boldsymbol{I} \end{bmatrix}, \tag{6.69}$$

dann wird aus den Gleichungen des stationären Kalman-Filters jetzt

$$\begin{aligned} \hat{\boldsymbol{x}}(k|k) &= \hat{\boldsymbol{x}}(k|k-1) \\ \hat{\boldsymbol{d}}(k|k) &= \boldsymbol{y}(k) - \boldsymbol{C}\hat{\boldsymbol{x}}(k|k-1) \end{aligned} \tag{6.70}$$

(Korrektur) und

$$\begin{aligned} \hat{\boldsymbol{x}}(k+1|k) &= \boldsymbol{A}\hat{\boldsymbol{x}}(k|k) + \boldsymbol{B}\boldsymbol{u}(k) \\ \hat{\boldsymbol{d}}(k+1|k) &= \hat{\boldsymbol{d}}(k|k) \end{aligned} \tag{6.71}$$

(Vorhersage). Das entspricht aber genau der Schätzung der nicht messbaren Störgrößen nach $\hat{\boldsymbol{d}}(k+1|k) = \hat{\boldsymbol{d}}(k|k) = \boldsymbol{y}(k) - \hat{\boldsymbol{y}}(k|k-1)$.

Die Vorgehensweise ist in Abb. 6.6 veranschaulicht.

Fasst man Korrektur- und Vorhersagegleichungen zusammen und eliminiert $\hat{\boldsymbol{x}}(k|k)$ und $\hat{\boldsymbol{d}}(k|k)$, dann ergibt sich die „Innovationsform“

$$\begin{bmatrix} \hat{\boldsymbol{x}}(k+1|k) \\ \hat{\boldsymbol{d}}(k+1|k) \end{bmatrix} = \begin{bmatrix} \boldsymbol{A} & \boldsymbol{0} \\ -\boldsymbol{C} & \boldsymbol{0} \end{bmatrix} \begin{bmatrix} \hat{\boldsymbol{x}}(k|k-1) \\ \hat{\boldsymbol{d}}(k|k-1) \end{bmatrix} + \begin{bmatrix} \boldsymbol{B} \\ \boldsymbol{0} \end{bmatrix} \boldsymbol{u}(k) + \begin{bmatrix} \boldsymbol{0} \\ \boldsymbol{I} \end{bmatrix} \boldsymbol{y}(k) \tag{6.72}$$

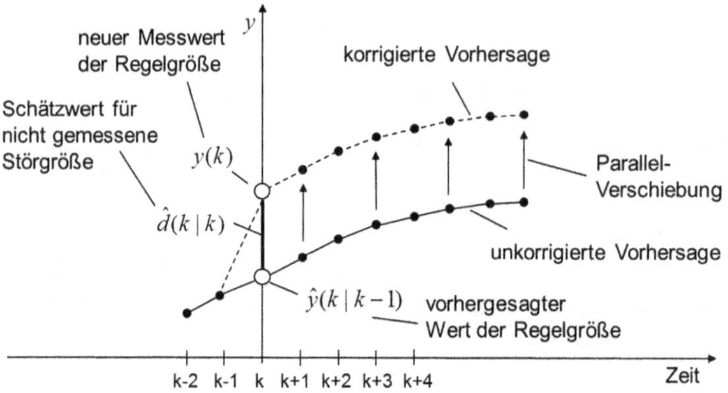

Abb. 6.6: Schätzung nicht gemessener Störgrößen bei Annahme einer sprungkonstanten Ausgangsstörung („DMC-Schema").

Die Systemmatrix dieses Beobachters für die Zustands- und nicht messbaren Störgrößen ist also

$$\begin{bmatrix} \boldsymbol{A} & \boldsymbol{0} \\ -\boldsymbol{C} & \boldsymbol{0} \end{bmatrix}. \tag{6.73}$$

Deren Eigenwerte sind einerseits die Eigenwerte der Systemmatrix $\boldsymbol{A}$, die restlichen sind Null. Das entspricht einem „Deadbeat-Beobachter", bei dem die Schätzung von $\hat{\boldsymbol{d}}$ nach endlicher Zeit exakt ist, wenn sich die wirkliche Störgröße wie ihr Modell verhält. Da der Beobachter die Eigenwerte von $\boldsymbol{A}$ enthält, ist er nur stabil, wenn auch der Prozess stabil ist. Das „DMC-Schema" zur Schätzung der nicht messbaren Störgrößen funktioniert daher nur für stabile Regelstrecken. Hingegen kann man durch eine andere Wahl von $\boldsymbol{L}$ auch Beobachter für instabile Strecken entwerfen.

In der Vergangenheit ist mehrfach kritisch angemerkt worden, dass MPC-Regler, die das DMC-Schema benutzen, Störungen, die nicht am Streckenausgang angreifen, nur langsam ausregeln (Shinskey, 1994), (Lundström, Lee, Morari, & Skogestad, 1995). Das hängt mit dem in der älteren Generation von MPC-Reglern angewendeten Form des Störmodells zusammen. Gerade zustandsmodell-basierte MPC-Algorithmen erlauben eine wesentlich größere Flexibilität des Störmodells und erzielen dann auch ein besseres Störverhalten bei anderen Arten und Angriffsorten nicht gemessener Störgrößen (Froisy, 2006).

In verfahrenstechnischen Prozessanlagen treten auch integrierende Strecken (z. B. Füllstandsregelstrecken) oder Regelstrecken mit sehr großen Zeitkonstanten auf, die sich ähnlich wie Integratoren verhalten. Um in diesem Fall bleibende Regeldifferenzen zu beseitigen, wurde in den frühen Jahren der Entwicklung von MPC-Algorithmen eine andere Form der Vorhersagekorrektur eingeführt, die sogenannte „Rotationsfaktoren" verwendet. Die Vorgehensweise ist in Abb. 6.7 dargestellt, eine Analyse findet man in (Pannocchia & Brambilla, 2005).

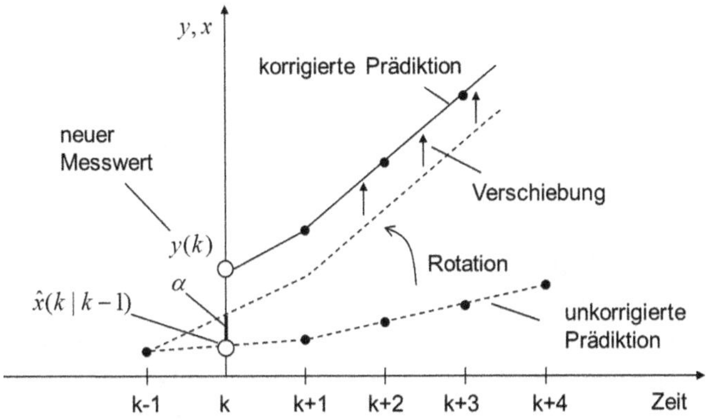

Abb. 6.7: Vorhersagekorrekur bei I-Strecken mit Hilfe des Rotationsfaktors nach (Pannocchia & Brambilla, 2005).

Für eine I-Regelstrecke mit der Übertragungsfunktion $G(s) = K_{\mathrm{IS}}/s$ kann man diese Vorgehensweise mit folgendem Zustandsmodell beschreiben (Muske und Badgwell, 2002):

$$\begin{bmatrix} x(k+1) \\ d(k+1) \end{bmatrix} = \begin{bmatrix} 1 & \alpha \\ 0 & 1 \end{bmatrix} \begin{bmatrix} x(k) \\ d(k) \end{bmatrix} + \begin{bmatrix} b \\ 0 \end{bmatrix} u(k)$$
$$y(k) = \begin{bmatrix} 1 & 1 \end{bmatrix} \begin{bmatrix} x(k) \\ d(k) \end{bmatrix} \tag{6.74}$$

Darin ist α der Rotationsfaktor. In diesem Modell wird der Vorhersagefehler zum Teil durch eine Störung am Ausgang, zum Teil durch eine Eingangsstörung hervorgerufen. Die Innovationsform ergibt sich zu

$$\hat{x}(k+1|k) = \hat{x}(k|k-1) + bu(k) + \alpha(y(k) - \hat{x}(k|k-1))$$
$$\hat{d}(k+1|k) = \hat{d}(k|k) = y(k) - \hat{x}(k|k-1) \tag{6.75}$$

Wenn eine Differenz zwischen gemessener Regelgröße und letzter Vorhersage auftritt, wird die gesamte Langzeitvorhersage der (integrierenden) Regelgröße proportional zu α gedreht.

6.5 Berechnung der optimalen Stellgrößenfolge

Gegenstand dieses Abschnitts ist die Bestimmung der optimalen Folge zukünftiger Stellgrößenänderungen über den Steuerhorizont n_C

$$\Delta\mathcal{U}(k) = \begin{bmatrix} \Delta\boldsymbol{u}(k|k) \\ \vdots \\ \Delta\boldsymbol{u}(k+n_C-1|k) \end{bmatrix} \tag{6.76}$$

mit

$$\Delta\boldsymbol{u}(k|k) = \begin{bmatrix} \Delta u_1(k|k) \\ \vdots \\ \Delta u_{n_u}(k|k) \end{bmatrix}, \quad \Delta\boldsymbol{u}(k+1|k) = \begin{bmatrix} \Delta u_1(k+1|k) \\ \vdots \\ \Delta u_{n_u}(k+1|k) \end{bmatrix} \tag{6.77}$$

usw.

Die Berechnung geschieht durch Lösung eines dynamischen Optimierungsproblems. Es wird zunächst der Fall betrachtet, dass für die Regelgrößen ein fester Sollwert oder ein zukünftiger Sollwertverlauf über den Prädiktionshorizont vorgegeben wird, und dass keine Nebenbedingungen für die Stellgrößen existieren. Anschließend wird auf den praktisch wesentlich bedeutsameren Fall eingegangen, bei dem solche Nebenbedingungen existieren, und bei dem außerdem der Sollwertverlauf durch den allgemeineren Fall der Vorgabe eines Sollbereichs

$$\boldsymbol{y}_{\min}(k) \le \boldsymbol{y}(k+j) \le \boldsymbol{y}_{\max}(k) \quad j = 1, 2, \ldots n_P \tag{6.78}$$

ersetzt werden kann (constrained MPC). Die Vorgabe eines Sollwerts kann dann als Spezialfall einer Bereichsregelung interpretiert werden, bei der die obere und die untere Schranke den gleichen Wert zugewiesen bekommen.

6.5.1 MPC ohne Beschränkungen der Stell- und Regelgrößen

Die optimale Folge der zukünftigen Änderungen der Stellgrößen ergibt sich im Eingrößenfall durch Lösung der folgenden Optimierungsaufgabe:

$$\min_{\Delta u(k)\ldots\Delta u(k+n_C-1)} \left\{ \begin{aligned} J(k) = \sum_{i=1}^{n_P} q(i)\left[w(k+i) - \hat{y}(k+i|k)\right]^2 + \\ + \sum_{i=0}^{n_C-1} r(i)\left[\Delta u(k+i|k)\right]^2 \end{aligned} \right\} \tag{6.79}$$

Darin ist $J(k)$ eine Zielfunktion (auch Gütekriterium oder Verlustfunktion genannt), die in Analogie zur Optimalregelung zwei Aspekte der Regelgüte bewertet: einerseits wird versucht, die zukünftigen Regeldifferenzen so klein wie möglich zu halten, andererseits soll der Stellaufwand minimiert werden. Da sich beide Ziele widersprechen, werden Gewichtskoeffizienten $q(i)$ und $r(i)$ als Entwurfsparameter eingeführt, um einen geeigneten Kompromiss gestalten zu können. Oft wird $q(i) = 1 \forall i \in 1 \ldots n_P$ und $r(i) = \lambda \forall i \in 0 \ldots n_C - 1$ gewählt, was auf die Zielfunktion

$$J(k) = \sum_{i=1}^{n_P} \left[w(k+i) - \hat{y}(k+i|k)\right]^2 + \sum_{i=0}^{n_C-1} \lambda\left[\Delta u(k+i|k)\right]^2 \tag{6.80}$$

führt. Die Größe λ wird auch als „move suppression factor“ bezeichnet, da durch ihre Festlegung die Aktivität der Stellgrößenänderung beeinflusst werden kann.

Der Übergang zu Mehrgrößensystemen gestaltet sich formal wiederum einfach. Die Minimierungsaufgabe zur Bestimmung der optimalen Stellgrößenfolge lautet jetzt

$$\min_{\Delta \boldsymbol{u}(k)\ldots\Delta \boldsymbol{u}(k+n_C-1)} \left\{ \begin{aligned} J(k) = \sum_{i=1}^{n_P} \left\| \boldsymbol{w}(k+i) - \hat{\boldsymbol{y}}(k+i|k) \right\|^2_{\boldsymbol{Q}(i)} + \\ + \sum_{i=0}^{n_C-1} \|\Delta \boldsymbol{u}(k+i|k)\|^2_{\boldsymbol{R}(i)} \end{aligned} \right\} . \tag{6.81}$$

Die Zielfunktion lässt sich mit Hilfe von Normen noch kompakter als

$$J(k) = \left\| \mathcal{W}(k) - \hat{\mathcal{Y}}(k) \right\|^2_{\boldsymbol{Q}} + \|\Delta \mathcal{U}(k)\|^2_{\boldsymbol{R}} \tag{6.82}$$

schreiben. Darin bezeichnen Q und R Gewichts-Matrizen der folgenden Form:

$$\boldsymbol{Q} = \begin{bmatrix} \boldsymbol{Q}(1) & \boldsymbol{0} & \cdots & \boldsymbol{0} \\ \boldsymbol{0} & \boldsymbol{Q}(2) & \cdots & \boldsymbol{0} \\ \vdots & \vdots & \ddots & \vdots \\ \boldsymbol{0} & \boldsymbol{0} & \ldots & \boldsymbol{Q}(n_P) \end{bmatrix} \quad \text{und} \quad \boldsymbol{R} = \begin{bmatrix} \boldsymbol{R}(0) & \boldsymbol{0} & \cdots & \boldsymbol{0} \\ \boldsymbol{0} & \boldsymbol{R}(2) & \cdots & \boldsymbol{0} \\ \vdots & \vdots & \ddots & \vdots \\ \boldsymbol{0} & \boldsymbol{0} & \ldots & \boldsymbol{R}(n_C) \end{bmatrix} . \tag{6.83}$$

Die Matrix $\boldsymbol{Q}$ besitzt die Dimension $n_y n_P \times n_y n_P$ und enthält in ihrer Diagonale die Gewichtsmatrizen $\boldsymbol{Q}(i)$. In ihnen sind die Gewichtskoeffizienten der n_y Regelgrößen zusammengestellt, die zum i-ten Vorhersagezeitpunkt gehören. Die Matrix $\boldsymbol{R}$ besitzt die Dimension $n_u n_C \times n_u n_C$ und beinhaltet die Gewichte für die Stellgrößenänderungen. In der Praxis werden in der Regel Gewichtskoeffizienten verwendet, die über die Horizontlängen n_P bzw. n_C konstant sind. Im Mehrgrößenfall dient die Festlegung der Gewichtskoeffizienten einerseits der Bewertung der einzelnen Regel- und Stellgrößen zueinander (also z. B. Regelgröße i ist wichtiger als Regelgröße j), andererseits wie im Eingrößenfall der Unterdrückung einer zu großen Stellaktivität. In einigen kommerziellen MPC-Paketen wird die Bezeichnung „equal concern factors" für die Gewichtung der Regelgrößen zueinander verwendet. Man kann sie als Kehrwerte von $\boldsymbol{Q}$ interpretieren. So kann zum Beispiel eine Regeldifferenz einer Temperatur von 5 K ebenso kritisch („of equal concern") sein wie eine Konzentrations-Regeldifferenz von 0,5 Gew.%.

Beachtet man, dass sich die Vorhersage der Regelgrößen als Summe der freien Bewegung und der Wirkung der zukünftigen Stellgrößenänderungen

$$\hat{\mathcal{Y}}(k) = \hat{\mathcal{Y}}^0(k) + \boldsymbol{\Theta}\Delta\mathcal{U}(k) = \hat{\mathcal{Y}}^0(k) + \Delta\mathcal{Y}(k) \tag{6.84}$$

ergibt, dann lässt sich die Zielfunktion auch

$$J(k) = \left\| \left(\mathcal{W}(k) - \hat{\mathcal{Y}}^0(k) \right) - \boldsymbol{\Theta}\Delta\mathcal{U}(k) \right\|^2_{\boldsymbol{Q}} + \|\Delta\mathcal{U}(k)\|^2_{\boldsymbol{R}} \tag{6.85}$$

schreiben. Die Lösung des unbeschränkten Optimierungsproblems ergibt sich explizit in einem Schritt zu

$$\Delta\mathcal{U}_{\text{opt}}(k) = \left[\boldsymbol{\Theta}^T \boldsymbol{Q} \boldsymbol{\Theta} + \boldsymbol{R} \right]^{-1} \boldsymbol{\Theta}^T \boldsymbol{Q} \left(\mathcal{W}(k) - \hat{\mathcal{Y}}^0(k) \right) . \tag{6.86}$$

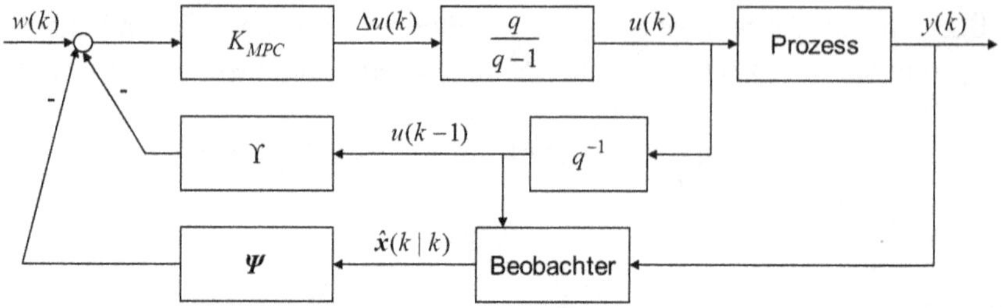

Abb. 6.8: MPC-Regelung ohne Nebenbedingungen.

In der Praxis ist es bedeutsam, genaue und sichere numerische Verfahren zur Bestimmung dieser Lösung einzusetzen. Insbesondere sollte die Matrizeninversion vermieden und durch die Lösung eines Least-Squares-Problems ersetzt werden (Bernstein, 2005).

Bei zeitinvarianten Systemen ist der Ausdruck $\left[\boldsymbol{\Theta}^T\boldsymbol{Q}\boldsymbol{\Theta}+\boldsymbol{R}\right]^{-1}\boldsymbol{\Theta}^T\boldsymbol{Q}$ eine konstante Matrix, die offline während des Reglerentwurfs berechnet werden kann. In der Arbeitsphase der Regelung ändert sich nur $\left(\mathcal{W}(k)-\hat{\mathcal{Y}}^0(k)\right)$ in jedem Abtastintervall. Nach dem Prinzip des zurückweichenden Horizonts wird nur das erste Element der Stellgrößenfolge an den Prozess ausgegeben, d. h.

$$\Delta\mathcal{U}_{\text{opt}}(k|k)=\left[\boldsymbol{I}_{n_u}\quad \boldsymbol{0}_{n_u}\quad\cdots\quad \boldsymbol{0}_{n_u}\right]\left[\boldsymbol{\Theta}^T\boldsymbol{Q}\boldsymbol{\Theta}+\boldsymbol{R}\right]^{-1}\boldsymbol{\Theta}^T\boldsymbol{Q}\left(\mathcal{W}(k)-\hat{\mathcal{Y}}^0(k)\right). \quad (6.87)$$

Der unbeschränkte MPC-Algorithmus lässt sich also einfach als Multiplikation der Matrix

$$\boldsymbol{K}_{\text{MPC}}=\left[\boldsymbol{I}_{n_u}\quad \boldsymbol{0}_{n_u}\quad\cdots\quad \boldsymbol{0}_{n_u}\right]\left[\boldsymbol{\Theta}^T\boldsymbol{Q}\boldsymbol{\Theta}+R\right]^{-1}\boldsymbol{\Theta}^T\boldsymbol{Q} \quad (6.88)$$

mit der Differenz der zukünftigen Sollwerte und der Vorhersage der freien Bewegung realisieren:

$$\Delta\mathcal{U}_{\text{opt}}(k|k)=\boldsymbol{K}_{\text{MPC}}\left(\mathcal{W}(k)-\hat{\mathcal{Y}}^0(k)\right). \quad (6.89)$$

Das ist ein lineares Reglergesetz. Für den Fall, das die MPC-Regelung auf der Grundlage eines Zustandsmodells der Strecke erfolgt und die Vorhersagegleichung

$$\hat{\mathcal{Y}}(k)=\Psi\hat{\boldsymbol{x}}(k)+\Upsilon\boldsymbol{u}(k-1)+\boldsymbol{\Theta}\Delta\mathcal{U}(k) \quad (6.90)$$

verwendet wird, ist die resultierende MPC-Regelungsstruktur in Abb. 6.8 dargestellt.

6.5.2 MPC mit Beschränkungen der Stell- und Regelgrößen

Ihren industriellen Erfolg haben MPC-Regelungen vor allem der Tatsache zu verdanken, dass sie in der Lage sind, Ungleichungs-Nebenbedingungen für die Stell- und Regelgrößen in systematischer Weise im Regelungsalgorithmus zu berücksichtigen. Beschränkungen für die Stellgrößen treten z. B. dadurch auf, dass sich Durchflüsse von Stoffströmen, bedingt durch die Auslegung der Anlagen und die zur Verfügung stehenden Apparaturen wie Pumpen, Rohrleitungen oder Stellventile nur in gewissen Grenzen und mit einer begrenzten Geschwindigkeit verstellen lassen.

In der Regelungstechnik ist es üblich, konstante oder zeitveränderliche Sollwerte für Regelgrößen vorzugeben (Festwert- und Folgeregelungen). In der Praxis der Prozessautomatisierung ist es aber ebenso wichtig, Regelgrößen in einem bestimmten *Bereich* (Soll- oder Gutbereich) zu halten, also die Verletzung von oberen und unteren Schranken für diese Größen zu verhindern. Wenn der Bereich nur einseitig begrenzt ist, spricht man von einem oberen bzw. unteren Grenzwert. Regelgrößen, für die Ungleichungs-NB spezifiziert werden, sind z. B. der Differenzdruck in einer Destillationskolonne als Maß für die Annäherung an den Flutpunkt oder Wandtemperaturen von Reaktoren, in denen exotherme Prozesse stattfinden. Obwohl natürlich auch bei MPC-Reglern Sollwerte spezifiziert werden können, ist die Vorgabe von Bereichen oder Grenzwerten (im Englischen „range" oder „zone control" genannt) in der MPC-Praxis eher die Regel als die Ausnahme.

Mathematisch lässt sich das Problem der Berechnung der zukünftigen Stellgrößenfolge wiederum als Optimierungsproblem formulieren:

$$\Delta\mathcal{U}_{\mathrm{opt}}(k) = \arg\min\left\{J(k) = \left\|\mathcal{W}(k) - \hat{\mathcal{Y}}(k)\right\|_{\boldsymbol{Q}}^{2} + \|\Delta\mathcal{U}(k)\|_{\boldsymbol{R}}^{2}\right\} . \tag{6.91}$$

Nebenbedingungen sind

$$\begin{aligned} &\left.\begin{aligned} \boldsymbol{u}_{\min}(k) \le \boldsymbol{u}(k+j) \le \boldsymbol{u}_{\max}(k) \\ \Delta\boldsymbol{u}_{\min}(k) \le \Delta\boldsymbol{u}(k+j) \le \Delta\boldsymbol{u}_{\max}(k) \end{aligned}\right\} \; j = 0,\; 1,\; \ldots n_C - 1 \\ &\boldsymbol{y}_{\min}(k) \le \boldsymbol{y}(k+j) \le \boldsymbol{y}_{\max}(k) \qquad j = 1,\; 2, \ldots n_P \end{aligned} \tag{6.92}$$

Das ist ein nichtlineares, beschränktes Optimierungsproblem. Da die Zielfunktion quadratisch und die Nebenbedingungen linear von den Entscheidungsvariablen abhängen, wird es auch als QP-(Quadratic Programming)-Problem bezeichnet.

Die formale mathematische Notation eines QP-Problems lautet

$$\begin{aligned} &\min_{\boldsymbol{x}} \left\{J(\boldsymbol{x}) = \frac{1}{2}\boldsymbol{x}^T\boldsymbol{\Phi}\boldsymbol{x} + \boldsymbol{\varphi}^T\boldsymbol{x}\right\} \\ &\boldsymbol{x}_{\min} \le \boldsymbol{x} \le \boldsymbol{x}_{\max} \\ &\boldsymbol{\Omega}\boldsymbol{x} \le \boldsymbol{b} \end{aligned} \tag{6.93}$$

mit der Zielfunktion J, den Unabhängigen oder Entscheidungsvariablen $\boldsymbol{x}$ und Ungleichungs-Nebenbedingungen. Es ist leicht zu sehen, dass die Probleme (6.91), (6.92) und (6.93) äquivalent sind (vgl. (Tatjewski, 2007)). Es gelten die Beziehungen

$$\begin{aligned} &\boldsymbol{x} = \Delta\mathcal{U}(k),\; \boldsymbol{x}_{\min} = \Delta\mathcal{U}_{\min}(k),\; \boldsymbol{x}_{\max} = \Delta\mathcal{U}_{\max}(k) \\ &\boldsymbol{\Phi} = 2\left[\boldsymbol{\Theta}^T\boldsymbol{Q}\boldsymbol{\Theta} + \boldsymbol{R}\right] \\ &\boldsymbol{\varphi} = -2\boldsymbol{\Theta}^T\boldsymbol{Q}\left(\mathcal{W}(k) - \hat{\mathcal{Y}}^0(k)\right) \end{aligned} \tag{6.94}$$

und

$$\boldsymbol{\Omega} = \begin{bmatrix} -\boldsymbol{J} \\ \boldsymbol{J} \\ -\Theta \\ \Theta \end{bmatrix}, \quad \boldsymbol{b} = \begin{bmatrix} -\mathcal{U}_{\min}(k) + \mathcal{U}(k-1) \\ \mathcal{U}_{\max}(k) - \mathcal{U}(k-1) \\ -\mathcal{Y}_{\min}(k) + \mathcal{Y}^0(k) \\ \mathcal{Y}_{\max}(k) - \mathcal{Y}^0(k) \end{bmatrix} \tag{6.95}$$

mit

$$\boldsymbol{J} = \begin{bmatrix} \boldsymbol{I}_{n_u} & \boldsymbol{0} & \cdots & \boldsymbol{0} \\ \boldsymbol{I}_{n_u} & \boldsymbol{I}_{n_u} & \cdots & \boldsymbol{0} \\ \vdots & \vdots & \ddots & \vdots \\ \boldsymbol{I}_{n_u} & \boldsymbol{I}_{n_u} & \cdots & \boldsymbol{I}_{n_u} \end{bmatrix}. \tag{6.96}$$

Die in $\boldsymbol{J}$ auftretenden Einheitsmatrizen sind $(n_u \times n_u)$-dimensional. Die Definition von $\boldsymbol{\Omega}$ und $\boldsymbol{b}$ ist dadurch zu erklären, dass man die Nebenbedingungen für die Stell- und Regelgrößen auch

$$\begin{aligned} \mathcal{U}_{\min}(k) &\le \mathcal{U}(k-1) + \boldsymbol{J}\Delta\mathcal{U}(k|k) \le \mathcal{U}_{\max}(k) \\ \mathcal{Y}_{\min}(k) &\le \mathcal{Y}^0(k) + \boldsymbol{\Theta}\Delta\mathcal{U}(k|k) \le \mathcal{Y}_{\max}(k) \end{aligned} \tag{6.97}$$

schreiben kann.

Im Gegensatz zu unbeschränkten MPC-Regelungen lässt sich das Reglergesetz nicht mehr explizit angeben, da das QP-Problem nur durch iterative Suchverfahren gelöst werden kann. Wenn eine oder mehrere der Nebenbedingungen aktiv sind, ist das MPC-Reglergesetz nichtlinear. Das gilt auch dann, wenn ein lineares Prozessmodell für die Prädiktion verwendet wird. Die mitunter verwendete Abkürzung LMPC bedeutet also MPC-Regelung mit einem linearen Prozessmodell, heißt aber nicht, dass es sich dabei um einen linearen Regler handelt. Zur Lösung des QP-Problems bei MPC-Problemen haben sich Active-Set- und Interior-Point-Methoden bewährt (Nocedal & Wright, 2006), (Boyd & Vandenberghe, 2007).

Bei größeren Störungen oder bei Nichtübereinstimmung zwischen Prozessmodell und realem Prozessverhalten kann der Fall auftreten, dass das beschränkte Optimierungsproblem in der oben angegebenen Form keine zulässige Lösung (feasibility) besitzt. In der MPC-Praxis werden daher nur die Nebenbedingungen für die Stellgrößen als „harte“, d. h. unter allen Umständen zu erfüllende, Nebenbedingungen (hard constraints) aufgefasst. Die Nebenbedingungen für die Regelgrößen dürfen dagegen (zumindest vorübergehend) verletzt werden, daher werden sie auch als „weiche“ Nebenbedingungen (soft constraints) bezeichnet.

Ein Weg der Abschwächung oder Entspannung der Nebenbedingungen für die Regelgrößen ist die Einführung von Schlupfvariablen:

$$\boldsymbol{y}_{\min}(k) - \boldsymbol{s} \le \boldsymbol{y}(k) \le \boldsymbol{y}_{\max}(k) + \boldsymbol{s} \quad \boldsymbol{s} \ge \boldsymbol{0}\,. \tag{6.98}$$

Das QP-Problem wird dann wie folgt modifiziert (De Oliviera & Biegler, 1994):

$$\begin{aligned} &\min_{\boldsymbol{x},\boldsymbol{s}} \left\{ J(\boldsymbol{x}) = \frac{1}{2}\boldsymbol{x}^T \boldsymbol{\Phi} \boldsymbol{x} + \boldsymbol{\varphi}^T \boldsymbol{x} + \rho \,\|\boldsymbol{s}\|^2 \right\} \\ &\boldsymbol{\Omega x} \leq \boldsymbol{b} + \boldsymbol{s} \\ &\boldsymbol{s} \geq 0 \end{aligned} \tag{6.99}$$

Die Schlupfvariablen $\boldsymbol{s} = \boldsymbol{y} - \boldsymbol{y}_{\max}$ bzw. $\boldsymbol{s} = \boldsymbol{y}_{\min} - \boldsymbol{y}$ haben Werte größer als Null, wenn Nebenbedingungen verletzt sind. Die Zielfunktion wird um einen quadratischen Strafterm für die verletzten Nebenbedingungen erweitert. Mit dem Faktor ρ kann beeinflusst werden, als „wie hart" die NB aufgefasst werden sollen ($\rho = 0$ führt auf das unbeschränkte Optimierungsproblem, $\rho \to \infty$ erzwingt die Einhaltung der Nebenbedingungen). Weitere Möglichkeiten zur Entspannung der Nebenbedingungen mit dem Ziel der Sicherung der Zulässigkeit der QP-Lösung werden in (Scokaert & Rawlings, 1999) angegeben.

6.5.3 Szenarien für das zukünftige Verhalten der Stell- und Regelgrößen

In Abschnitt 2.2.1 wurde davon ausgegangen, dass in die Berechnung des Gütekriteriums die Abweichungen der Regelgrößen vom zukünftigen Sollwertverlauf $W(k)$ eingehen. Dieses Vorgehen führt zu einer im Durchschnitt großen Summe zukünftiger Regeldifferenzen und in der Konsequenz zu vergleichsweise großen Stellgrößenänderungen. In der MPC-Praxis sind daher in der Vergangenheit auch andere Szenarien für die Bestimmung der zukünftigen Regeldifferenzen $E(k)$ entwickelt worden. Die gebräuchlichsten Alternativen sind in Abb. 6.9 gegenübergestellt. Darin sind die zukünftigen Regeldifferenzen grau gefärbt.

Verschiedene kommerzielle MPC-Pakete bieten die Möglichkeit, eine sogenannte „Referenztrajektorie" zu spezifizieren. Das ist eine Kurve, die den aktuellen Istwert mit dem zukünftigen Sollwert verbindet. Am einfachsten ist eine Gerade. Häufig verwendet wird ein exponentieller Verlauf nach der Vorschrift

$$r(k+i|k) = \lambda^i y(k) + \left(1 - \lambda^i\right) w(k + n_P)\,. \tag{6.100}$$

Die Gleichung ist hier für den Eingrößenfall geschrieben, lässt sich aber leicht für den Mehrgrößenfall erweitern. Darin sind $r(k+i|k)$ die (zukünftigen) Werte der Referenztrajektorie, $y(k)$ der Istwert und $w(k) = w(k+n_P)$ der hier als konstant angenommene Sollwert der Regelgröße. Es gilt $\lambda = e^{-T_0/T_{\mathrm{ref}}}$ mit $0 < \lambda < 1$, der Abtastzeit T_0 und der „Zeitkonstante" T_{ref}. In den Gleichungen für die Vorhersage der Regeldifferenz bzw. im Gütekriterium ist dann $\mathcal{W}(k)$ durch $\mathcal{R}(k)$ zu ersetzen. Mit T_{ref} steht ein Tuning-Parameter zur Verfügung, mit dem das Verhalten des Regelungssystems beeinflusst werden kann. Mit der Wahl eines kleinen Wertes für T_{ref} wird ein schneller Übergang zum Sollwert erreicht und der Regelkreis schneller. Damit verbunden sind eine höhere Stellaktivität und eine geringere Robustheit gegenüber Modellunsicherheit. Ein

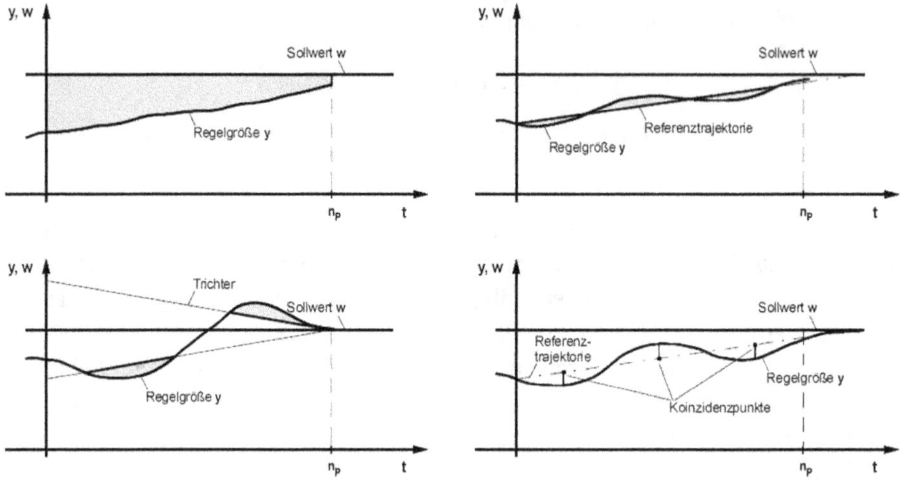

Abb. 6.9: Alternativen zur Berechnung der zukünftigen Regeldifferenzen (Oben links: herkömmliche Vorgehensweise; Oben rechts: Referenztrajektorie; Unten linkss: Trichtertechnik; Unten rechts: Koinzidenzpunkte).

Nachteil der Verwendung einer Referenztrajektorie besteht darin, dass auch eine „zu schnelle“ Annäherung an den Sollwert bestraft wird, die z. B. als Folge einer nicht messbaren Störung auftreten kann. Ein weiterer Nachteil ist die mögliche Inkonsistenz der für die einzelnen Regelgrößen definierten Referenztrajektorien.

Diese Nachteile können durch die Spezifikation von „Trichtern“ vermieden werden, in denen sich Regelgrößen zukünftig bewegen dürfen. Diese Trichter können symmetrisch oder asymmetrisch gestaltet sein. Die Regelgrößen dürfen zukünftig sowohl etwas unter- als auch überschwingen, am Trichterende soll die Regelgröße aber den Sollwert erreicht haben bzw. im Sollbereich liegen. Die Trichterlänge wird von der gewünschten Ausregelzeit bestimmt und ist ein pro Regelgröße vorzugebender Tuning-Parameter. Bei dieser Variante wird nur das „Ausbrechen“ der Regelgrößen aus den Trichtern im Gütekriterium berücksichtigt bzw. bestraft. Das kann dadurch geschehen, dass die Gewichtskoeffizienten an allen Stellen gleich Null gesetzt werden, an denen sich die Regelgrößen im Trichterinneren befinden.

Eine dritte Alternative besteht in der Verwendung sogenannter Koinzidenzpunkte. Statt alle zukünftigen Regeldifferenzen im Prädiktionshorizont zu berechnen und im Gütekriterium zu berücksichtigen, werden nur wenige Koinzidenzpunkte berücksichtigt, die von den Regelgrößen in Zukunft möglichst gut erreicht werden sollen. Der genaue zukünftige Verlauf der Regelgrößen (wie im Fall einer Referenztrajektorie gefordert) ist dann weniger wichtig. Pro Regelgröße können die Koinzidenzpunkte unterschiedlich spezifiziert werden.

Auch auf der Seite der Stellgrößen sind unterschiedliche Szenarien möglich. Die drei wichtigsten sind in Abb. 6.10 dargestellt.

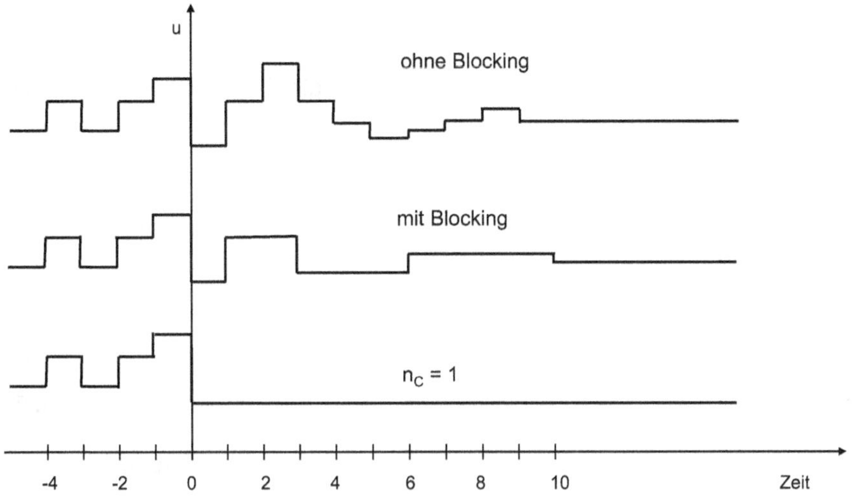

Abb. 6.10: Szenarien für zukünftige Stellgrößenänderungen (Oben: Änderung in jedem Abtastintervall, Mitte: Blockbildung, Unten: einmalige Änderung).

Bisher wurde davon ausgegangen, dass die zukünftigen Stellgrößenänderungen $\Delta\mathcal{U}(k)$ für *alle* Abtastintervalle innerhalb des Steuerhorizonts berechnet werden. Das hat zur Folge dass im dynamischen Optimierungsproblem (6.81) insgesamt $n_u n_C$ Entscheidungsvariablen auftreten. Eine Vereinfachung besteht darin, Stellgrößenänderungen zu Blöcken zusammenzufassen. Das heißt, Stellgrößenänderungen werden dann nicht mehr in allen, sondern nur noch in ausgewählten zukünftigen Abtastintervallen zugelassen (move blocking). Dabei hat es sich bewährt, am Anfang des Steuerhorizonts kürzere, am Ende hingegen längere Blöcke zu wählen. Die praktische Erfahrung zeigt, dass die erreichbare Regelgüte durch diese Vorgehensweise in vielen Fällen nicht wesentlich verkleinert wird. Eine Analyse verschiedener Move-Blocking-Strategien enthält (Cagienard, Grieder, Kerrigan, & Morari, 2007).

Ein Extremfall ergibt sich, wenn nur noch eine Stellgrößenänderung, nämlich die im aktuellen Abtastzeitpunkt $\Delta\boldsymbol{u}(k|k)$ zugelassen wird. Diese Variante wird im PFC-Algorithmus (Predictive Functional Control) verwendet. In manchen Fällen lässt sich auch auf diese Weise eine ausreichende Regelgüte gewährleisten, und der Rechenaufwand ist wesentlich geringer.

6.5.4 MPC-Reglereinstellung

Für den dynamischen Teil des MPC-Reglers müssen eine Reihe von Entwurfsparametern spezifiziert werden, darunter

- die Abtastzeit T_0
- die Länge des Modellhorizonts n_M

- der Steuerhorizont n_C und der Prädiktionshorizont n_P
- die Gewichtsmatrizen $\boldsymbol{Q}$ und $\boldsymbol{R}$
- die Zeitkonstante der Referenztrajektorie T_{ref} bzw. die Tunnellänge, falls von diesen Optionen im Algorithmus Gebrauch gemacht wird.

Hinzu kommen evtl. weitere Parameter, die spezifisch für den jeweiligen MPC-Algorithmus bzw. für das eingesetzte MPC-Programmsystem sind. Die Vielzahl der im Prinzip verfügbaren Entwurfsparameter erscheint zunächst verwirrend, zumal sich mit verschiedenen Parametern ähnliche Wirkungen auf das Verhalten des geschlossenen Regelkreises erzielen lassen. Die praktische Erfahrung zeigt jedoch, dass
- die Ermittlung eines exakten Prozessmodells für das statische und dynamische Verhalten des Mehrgrößensystems der entscheidende Schritt der MPC-„Reglereinstellung“ ist,
- es gelingt, einige der Parameter in der Entwurfsphase im Offline-Betrieb zu fixieren, und mit wenigen, noch dazu in ihrer Wirkung transparenten Parametern eine Feineinstellung im Online-Betrieb mit befriedigendem Reglerverhalten zu erreichen.

Oft geht man dabei so vor, dass zunächst Abtastzeit und Modellhorizont festgelegt werden und die anderen Horizontlängen auf feste Erfahrungswerte eingestellt werden. Anschließend versucht man, durch Simulation des geschlossenen Regelungssystems günstige Werte für die verbleibenden Parameter zu finden. Die dafür erforderlichen Hilfsmittel werden in den kommerziellen MPC-Programmsystemen bereitgestellt. Es ist nicht einfach möglich, aus der Vorgabe von Güteanforderungen für den geschlossenen Regelkreis im Zeit- und/oder Frequenzbereich optimale Reglerparameter zu ermitteln. Im Folgenden sollen einige Hinweise zur Wahl der oben genannten Entwurfsparameter gegeben werden.

Abtastzeit T_0 und Modellhorizont n_M

Für die Abtastzeit T_0 gelten dieselben Regeln wie für digitale PID-Regelungen, nach denen die Abtastzeit aus Kennwerten der Streckendynamik abgeleitet werden kann, z. B. nach (Shridhar & Cooper, 1998)

$$T_0 = \min_{i,j} \max\left(0{,}1\, T_{\mathrm{dom},ij}, 0{,}5\, T_{t,ij}\right) . \tag{6.101}$$

Darin sind $T_{\mathrm{dom},ij}$ die dominierenden Zeitkonstanten und $T_{t,ij}$ die Totzeiten der Teilregelstrecken. Je schneller die Streckendynamik ist, desto kürzer ist die Abtastzeit zu wählen. Bei Mehrgrößensystemen mit unterschiedlicher Dynamik in den einzelnen Stellgrößen-Regelgrößen-Kanälen wird die Abtastzeit anhand der schnellsten Teilregelstrecke bestimmt. Bei sehr trägen Regelstrecken mit Zeitkonstanten im Stundenbereich werden in der Praxis kürzere Abtastzeiten gewählt, als sie sich nach Anwendung der Regel ergeben würden, u. a. um eine Sollwertänderung zeitnah zu ihrer Eingabe durch den Bediener im Prozess auch wirksam zu machen.

Die Wahl des Modellhorizonts n_M hängt eng mit der Wahl der Abtastzeit T_0 zusammen, in der Regel sollte $n_M T_0 > T_{95\,\%}$ gewählt werden. Das führt auf die Faustregel (Shridhar & Cooper, 1998)

$$n_M = \max_{i,j}\left(\frac{5T_{\mathrm{dom},ij}}{T_0} + \frac{T_{t,ij}}{T_0} + 1\right). \tag{6.102}$$

Durch diese Wahl wird gesichert, dass nahezu die gesamte Übergangsfunktion der Regelstrecken im Prozessmodell berücksichtigt wird. Zu kurze Modellhorizonte führen zu einer Fehleinschätzung der stationären Verstärkung und zu entsprechenden Einbußen an Regelgüte, während zu lange relativ unkritisch sind und nur Rechenleistung kosten. Oft ergeben sich für den Modellhorizont n_M Werte im Bereich $30 < n_M < 200$

Steuerhorizont n_C und Prädiktionshorizont n_P

Eine Erhöhung von n_C bewirkt
- eine Erhöhung des Rechenaufwands für die Lösung des dynamischen Optimierungsproblems,
- ein aggressiveres Stellverhalten, d. h. im Durchschnitt größere Stellgrößenänderungen,
- eine Erhöhung der Robustheit gegenüber Modellunsicherheit.

Faustformeln für die Wahl des Steuerhorizonts sind (Shridhar & Cooper, 1998)

$$5 < n_C < 20 \quad \text{oder} \quad n_C = \max_{i,j}\left(\frac{T_{\mathrm{dom},ij}}{T_0} + \frac{T_{t,ij}}{T_0} + 1\right). \tag{6.103}$$

Ist ein gutes Prozessmodell vorhanden, kann man oft $n_C = 1$ setzen und damit Rechenzeit sparen, ohne die Regelgüte wesentlich zu verschlechtern.

Eine Erhöhung des Prädiktionshorizonts n_P hat einen stabilisierenden Effekt auf einen MPC-Regelkreis (für $n_P \to \infty$ ist das geschlossene MPC-Regelungssystem im Nominalfall stabil). Der Prädiktionshorizont n_P wird oft nach der Vorschrift

$$n_P = n_M + n_C \quad \text{oder} \quad n_P = \max_{i,j}\left(\frac{5T_{\mathrm{dom},ij}}{T_0} + \frac{T_{t,ij}}{T_0} + 1\right). \tag{6.104}$$

gewählt. Für integrierende und instabile Strecken sind ebenfalls Vorschläge entwickelt worden (Garriga & Soroush, 2010).

Gewichtsmatrizen $\boldsymbol{Q}$ und $\boldsymbol{R}$

Die Gewichtsmatrix $\boldsymbol{Q}$ bezieht sich auf die Regelgrößen. Vergrößerung der Elemente von $\boldsymbol{Q}$ führt zu schnellerer Sollwertfolge und Ausregelung von Störgrößen. Damit verbunden ist eine geringere Robustheit gegenüber Modellunsicherheit. Durch die

Wahl der Elemente von $\boldsymbol{Q}$ ist es aber auch möglich, die relative Bedeutung der einzelnen Regelgrößen untereinander zu bewerten. Wenn zum Beispiel die Einhaltung eines Sollwertes für eine Konzentration wichtiger ist als für einen Differenzdruck, dann kann man die der Konzentration zuzuordnenden Elemente von $\boldsymbol{Q}$ größer wählen. Das spielt insbesondere dann eine Rolle, wenn das Mehrgrößensystem überbestimmt ist, und durch die Wahl der Gewichte auf die Größe der bleibenden Regeldifferenzen Einfluss genommen werden kann. Die Elemente der Gewichtsmatrix $\boldsymbol{Q}$ werden *nicht* dazu verwendet, numerische Probleme zu lösen, die durch die Summation von Termen unterschiedlicher Größenordnung (z. B. Temperatur im Hunderterbereich, Konzentration im Zehntelbereich) in der Zielfunktion entstehen können – diesem Umstand tragen die meisten MPC-Programmsysteme durch Normierung der Variablen selbständig Rechnung.

Man kann die Elemente von $\boldsymbol{Q}$ aber nicht nur von den einzelnen Regelgrößen abhängig machen, sondern auch innerhalb des Prädiktionshorizonts verschiedene Werte der Gewichtskoeffizienten verwenden.

Die Gewichtsmatrix $\boldsymbol{R}$ bezieht sich auf die Stellgrößen. Eine Erhöhung der Elemente von $\boldsymbol{R}$ führt dazu, dass Stellgrößenänderungen in der Zielfunktion stärker „bestraft“ werden, in der Konsequenz also zu kleineren Stellgrößenänderungen (geringerer Stellaktivität) und zu einem trägeren Verhalten des geschlossenen Regelkreises. Auch hier ist es bei MIMO-Systemen möglich, durch die Wahl von $\boldsymbol{R}$ zu beeinflussen, welche Stellgrößen bevorzugt für die Lösung der Regelungsaufgabe herangezogen werden sollen.

Referenztrajektorie und Trichterlänge

Die Schnelligkeit des geschlossenen Regelkreises lässt sich auch durch die Zeitkonstante der Referenztrajektorien bzw. der Trichterlängen für die Regelgrößen beeinflussen, wenn eine solche Option im Algorithmus verwendet wird. Größere Zeitkonstanten/Trichterlängen bewirken dabei eine Verlangsamung des geschlossenen Regelkreises, kleinere Stellamplituden und größere Robustheit.

6.6 Integrierte statische Arbeitspunktoptimierung

Zu Beginn dieses Abschnitts soll in Erinnerung gerufen werden, dass sich MPC-Regler in eine Hierarchie von Automatisierungsfunktionen einordnen (vgl. Abschnitt 6.1). In Abb. 6.11 ist das noch einmal unter Hervorhebung der Optimierungsfunktionen der einzelnen Ebenen gezeigt.

Die Aufgabe der in diesem Abschnitt behandelten, MPC-integrierten statischen Optimierung ist es, das auf der oberen Ebene (durch RTO oder in einem MES/ERP-System) in größeren Zeitabständen bestimmte anlagenweite Optimum in aktuelle, zulässige, optimale stationäre Zielwerte für die Steuer- und Regelgrößen des MPC-Reg-

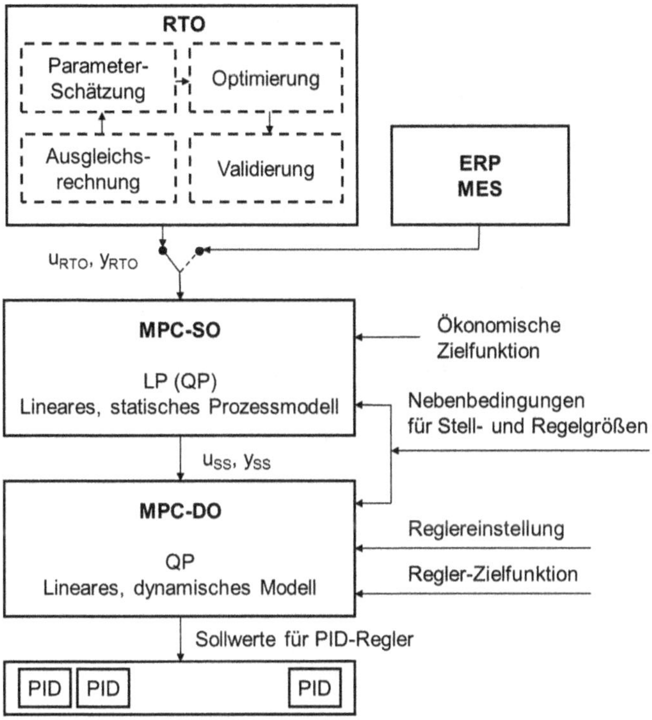

Abb. 6.11: Hierarchie der Funktionen der Prozessoptimierung.

lers zu „übersetzen“. Die MPC-SO-Funktion wird mit derselben Abtastrate abgearbeitet wie die dynamische Optimierung, die die optimale Stellgrößenfolge zur Erreichung dieser Ziele bestimmt.

Sehr häufig wird das in MPC integrierte Problem der statischen Arbeitspunktoptimierung als Linearoptimierungsproblem (LP) formuliert. Bezeichnet man die stationären Werte der Stell- und Regelgrößen mit $\boldsymbol{u}_{SS}$ und $\boldsymbol{y}_{SS}$, dann lässt sich die zu minimierende Zielfunktion

$$J_{SS} = \boldsymbol{c}_u^T \boldsymbol{u}_{SS} + \boldsymbol{c}_y^T \boldsymbol{y}_{SS} \tag{6.105}$$

schreiben. Darin sind $\boldsymbol{c}_u$ bzw. $\boldsymbol{c}_y$ Preisvektoren bzw. Konstanten, die sich aus betriebswirtschaftlichen Überlegungen ergeben. Besteht das betriebswirtschaftliche Ziel z. B. in der Maximierung des Anlagendurchsatzes, und ist der Durchfluss des Einsatzprodukts die Stellgröße u_1 des MPC-Reglers, dann ergibt sich die Zielfunktion $J_{SS} = -u_1$.

Bezeichnet man die Matrix der statischen Streckenverstärkungen mit

$$\boldsymbol{K}_S = \begin{bmatrix} K_{11} & K_{12} & \cdots & K_{1n_u} \\ K_{21} & K_{22} & \cdots & K_{2n_u} \\ \vdots & \vdots & \ddots & \vdots \\ K_{n_y1} & K_{n_y2} & \cdots & K_{n_yn_u} \end{bmatrix} \tag{6.106}$$

und sind alle Teilregelstrecken stabil, dann kann man schreiben (Kassmann, Badgwell, & Hawkings, 2000):

$$(\boldsymbol{y}_{SS} - \boldsymbol{y}(\infty)) = \boldsymbol{K}_S (\boldsymbol{u}_{SS} - \boldsymbol{u}(k-1)) \tag{6.107}$$

oder

$$\Delta \boldsymbol{y} = \boldsymbol{K}_S \Delta \boldsymbol{u} \, . \tag{6.108}$$

Darin bezeichnen $\boldsymbol{u}_{SS}$ und $\boldsymbol{y}_{SS}$ die zukünftigen stationären Werte der Stell- und Regelgrößen des MPC-Reglers, $\boldsymbol{u}(k-1)$ ist der zuletzt eingestellte Vektor der Stellgrößen und $\boldsymbol{y}(\infty)$ der Vektor der Regelgrößen, der sich im stationären Zustand einstellen würde, wenn sich die Stellgrößen auf diesen Werten verharren würden also $\boldsymbol{u}(k+j) = \boldsymbol{u}(k-1)$ für $j \geq 0$ gilt. Das entspricht der Vorhersage der freien Bewegung des Systems für einen großen Zeithorizont

$$\boldsymbol{y}(\infty) = \hat{\boldsymbol{y}}^0(k + n_P) \quad n_P \to \infty \, . \tag{6.109}$$

Nimmt man auch hier wieder das DMC-Schema für die Schätzung nicht gemessener Störgrößen an, d. h.

$$\hat{\boldsymbol{d}}(k|k) = \boldsymbol{y}(k) - \hat{\boldsymbol{y}}(k|k-1) \, , \tag{6.110}$$

dann kann der Zusammenhang zwischen $\boldsymbol{u}_{SS}$ und $\boldsymbol{y}_{SS}$ auch

$$\boldsymbol{y}_{SS} = \boldsymbol{y}(\infty) + \boldsymbol{K}_S (\boldsymbol{u}_{SS} - \boldsymbol{u}(k-1)) + \hat{\boldsymbol{d}}(k|k) \tag{6.111}$$

geschrieben werden. Die Schätzwerte für die nicht gemessenen Störgrößen gehen also nicht nur in die Vorhersagekorrektur bei der Lösung des dynamischen Optimierungsproblems, sondern auch in die MPC-SO-Funktion ein. Das Problem der statischen Arbeitspunktoptimierung lautet dann

$$\min_{\boldsymbol{u}_{SS}} \left\{ J_{SS} = \boldsymbol{c}_u^T \boldsymbol{u}_{SS} + \boldsymbol{c}_y^T \boldsymbol{y}_{SS} \right\} \tag{6.112}$$

mit den Nebenbedingungen

$$\begin{aligned}
&\boldsymbol{y}_{SS} = \boldsymbol{y}(\infty) + \boldsymbol{K}_S (\boldsymbol{u}_{SS} - \boldsymbol{u}(k-1)) + \hat{\boldsymbol{d}}(k|k) \\
&\boldsymbol{u}_{\min} \leq \boldsymbol{u}_{SS} \leq \boldsymbol{u}_{\max} \\
&n_C \Delta \boldsymbol{u}_{\min} \leq \Delta \boldsymbol{u}_{SS} \leq n_C \Delta \boldsymbol{u}_{\max} \\
&\boldsymbol{y}_{\min} \leq \boldsymbol{y}_{SS} \leq \boldsymbol{y}_{\max}
\end{aligned} \tag{6.113}$$

Die Gleichheits-NB sind die im stationären Zustand geltenden Relationen zwischen $\boldsymbol{u}_{SS}$ und $\boldsymbol{y}_{SS}$, also das statische Prozessmodell. Ungleichungs-NB ergeben sich aus der notwendigen Einhaltung von Grenzen für die Stell- und Regelgrößen. Die Ungleichungs-NB für $\Delta \boldsymbol{u}_{SS}$ sichert die Konsistenz mit den Bedingungen für die Verstellgeschwindigkeit in der dynamischen Optimierung. Die Nebenbedingungen für die Stellgrößen werden wieder als „harte" NB aufgefasst. Um unzulässige Lösungen zu vermeiden, kann man wie bei der dynamischen Optimierung mit Hilfe von Schlupfvariablen

$\boldsymbol{s}$ die Nebenbedingungen für die Regelgrößen als „weiche" NB formulieren. Es ergibt sich dann ein um die Schlupfvariablen $\boldsymbol{s}$ erweitertes LP in der Form

$$\min_{\Delta \boldsymbol{u}_{SS}} \left\{ J_{SS} = \boldsymbol{c}_u^T \Delta \boldsymbol{u}_{SS} + \boldsymbol{c}_y^T \Delta \boldsymbol{y}_{SS} + \boldsymbol{c}_{s_{\min}}^T \boldsymbol{s}_{\min} + \boldsymbol{c}_{s_{\max}}^T \boldsymbol{s}_{\max} \right\} \quad \text{Zielfunktion} \tag{6.114}$$

$$\left.\begin{aligned} \Delta \boldsymbol{y}_{SS} &= \boldsymbol{K}_S \Delta \boldsymbol{u}_{SS} \\ \boldsymbol{u}_{SS} &= \boldsymbol{u}(k-1) + \Delta \boldsymbol{u}_{SS} \\ \boldsymbol{y}_{SS} &= \hat{\boldsymbol{y}}^0(k+n_P) + \Delta \boldsymbol{y}_{SS} + \hat{\boldsymbol{d}}(k|k) \end{aligned}\right\} \quad \text{stat. Prozessmodell} \tag{6.115}$$

$$\left.\begin{aligned} \boldsymbol{u}_{\min} \le \boldsymbol{u}_{SS} &\le \boldsymbol{u}_{\max} \\ n_C \Delta \boldsymbol{u}_{\min} \le \Delta \boldsymbol{u}_{SS} &\le n_C \Delta \boldsymbol{u}_{\max} \end{aligned}\right\} \quad \text{NB für Eingangsgrößen} \tag{6.116}$$

$$\boldsymbol{y}_{\min} - \boldsymbol{s}_{\min} \le \boldsymbol{y}_{SS} \le \boldsymbol{y}_{\max} + \boldsymbol{s}_{\max} \quad \text{NB für Ausgangsgrößen} \tag{6.117}$$

$$\boldsymbol{s}_{\min} \ge \boldsymbol{0}, \ \ \boldsymbol{s}_{\max} \ge \boldsymbol{0} \quad \text{NB für Schlupfvariable}\,. \tag{6.118}$$

Darin bezeichnen $\boldsymbol{c}_{s_{\min}}^T$ und $\boldsymbol{c}_{s_{\max}}^T$ Gewichte oder Prioritäten für die Schlupfvariablen, die die Nebenbedingungen für die Ausgangsgrößen „aufweichen", wenn nicht alle gleichzeitig erfüllt werden können. Man beachte, dass die Änderungen $\Delta \boldsymbol{u}_{SS}$ auf die aktuellen Werte der Stellgrößen $\boldsymbol{u}(k-1)$ bezogen werden, die Änderungen $\Delta \boldsymbol{y}_{SS}$ hingegen auf die (korrigierte) Vorhersage der Regelgrößen im offenen Kreis $\hat{\boldsymbol{y}}^0(k+n_P)$.

Die zulässigen optimalen Werte für $\boldsymbol{y}_{SS}$ werden als Sollwerte $\boldsymbol{w}(k+j|k) = \boldsymbol{y}_{SS}$ an den dynamischen Teil des MPC-Reglers weiter gegeben. Sind zudem überschüssige Stellgrößen vorhanden, kann die Zielfunktion der dynamischen Optimierung in gegenüber Abschnitt 6.5.2 erweiterter Form geschrieben werden:

$$\min_{\Delta U(k)} \left\{ \begin{aligned} J(k) = \sum_{i=1}^{n_P} \|\boldsymbol{y}_{\text{ref}}(k+i|k) - \hat{\boldsymbol{y}}(k+i|k)\|^2_{\boldsymbol{Q}(i)} + \sum_{i=0}^{n_C-1} \|\Delta \boldsymbol{u}(k+i|k)\|^2_{\boldsymbol{R}(i)} \\ + \sum_{i=0}^{n_C-1} \|\boldsymbol{u}(k+i|k) - \boldsymbol{u}_{SS}\|^2_{\boldsymbol{T}(i)} + \sum_{i=1}^{n_P} \|\boldsymbol{s}(k+i|k)\|^2_{\boldsymbol{S}(i)} \end{aligned} \right\} \tag{6.119}$$

Zusätzlich werden dann Abweichungen der Stellgrößen von ihren stationär optimalen Werten „bestraft". In diesem Zusammenhang werden die $\boldsymbol{u}_{SS}$ auch als „ideal resting values" bezeichnet. Die Nebenbedingungen sind

$$\left.\begin{aligned} \hat{\boldsymbol{x}}(k+j|k) &= \boldsymbol{f}(\hat{\boldsymbol{x}}(k+j-1|k), \boldsymbol{u}(k+j-1|k) \quad j = 1, \ldots, n_P \\ \hat{\boldsymbol{y}}(k+j|k) &= \boldsymbol{g}(\hat{\boldsymbol{x}}(k+j-1|k), \boldsymbol{u}(k+j-1|k) \quad j = 1, \ldots, n_P \end{aligned}\right\} \quad \text{dyn. Prozessmodell} \tag{6.120}$$

$$\boldsymbol{y}_{\min} - \boldsymbol{s}_j \le \hat{\boldsymbol{y}}(k+j|k) \le \boldsymbol{y}_{\max} + \boldsymbol{s}_j \quad \text{NB für Ausgangsgrößen} \tag{6.121}$$

$$\boldsymbol{s}_j \ge \boldsymbol{0} \qquad \text{NB für Schlupfvariable} \tag{6.122}$$

$$\left.\begin{aligned} \boldsymbol{u}_{\min} \le \boldsymbol{u}(k+j|k) \le \boldsymbol{u}_{\max} \quad j = 0, \ldots, n_C - 1 \\ \Delta \boldsymbol{u}_{\min} \le \Delta \boldsymbol{u}(k+j|k) \le \Delta \boldsymbol{u}_{\max} \quad j = 0, \ldots, n_C - 1 \end{aligned}\right\} \quad \text{NB für Eingangsgrößen}\,. \tag{6.123}$$

Das Problem der statischen Arbeitspunktoptimierung lässt sich statt als LP- auch als QP-Problem formulieren. Dies findet vor allem dann Anwendung, wenn zusätzlich eine RTO-Ebene eingesetzt wird. Die Zielfunktion ist dann quadratisch, z. B. in der Form

$$J_{SS} = \|\boldsymbol{y}_{SS} - \boldsymbol{y}_{RTO}\|^2_{\boldsymbol{Q}_{SS}} + \|\boldsymbol{u}_{SS} - \boldsymbol{u}_{RTO}\|^2_{\boldsymbol{R}_{SS}} \,. \tag{6.124}$$

Sie drückt aus, dass der optimale statische Arbeitspunkt so bestimmt werden soll, dass die Stell- und Regelgrößen möglichst wenig von denen abweichen sollen, die in der übergeordneten RTO-Schicht berechnet wurden. Die Nebenbedingen sind dieselben wie bei der Linearoptimierung.

Die Funktion der statischen Arbeitspunktoptimierung wird in kommerziellen MPC-Paketen im Einzelnen unterschiedlich implementiert. Um dem Anwender die Vorgabe von Gewichten für die Schlupfvariablen zu ersparen, können zum Beispiel stattdessen Prioritäten für die Einhaltung von Regelgrößen-NB spezifiziert werden. In (Lu, 2003) wird die Integration von statischer und dynamischer Optimierung im MPC-Programmsystem Profit Controller/Profit Optimizer (Honeywell) erläutert. Eine sehr ausführliche Beschreibung der Implementierung eines LP wird in (Wojsznis & andere, 2007) am Beispiel des MPC-Pakets „DeltaV Predict" (Emerson Process Management) gegeben.

6.7 Bestimmung der aktuellen Struktur des Mehrgrößensystems

In den bisherigen Darlegungen wurde davon ausgegangen, dass die *Struktur* des MPC-Reglers, die durch die Anzahl und Art der Stell-, Regel- und messbaren Störgrößen (MV, CV und DV) bestimmt wird, festliegt. In der Praxis kann sich aber sowohl die Zahl der verfügbaren Stellgrößen als auch die Zahl der zu berücksichtigenden Regelgrößen gegenüber dem Entwurfszustand ändern: Mess- oder Stelleinrichtungen können ausfallen oder infolge notwendiger Wartungsarbeiten zeitweilig außer Betrieb genommen werden. Größere Störungen können vorübergehend intensive Bedienereingriffe oder Handfahrweisen erforderlich machen – dadurch können ursprünglich für die MPC-Regelung vorgesehene Steuergrößen (ihrerseits Sollwerte unterlagerter PID-Regler) zeitweilig nicht zur Verfügung stehen. Unterlagerte PID-Regelkreise können sich im Windup-Zustand befinden und eine Sollwertverstellung in einer Richtung unwirksam machen. Während MPC-Regelgrößen, für die Sollwerte (Gleichheits-Nebenbedingungen) vorgegeben sind, immer Bestandteil der Regelungsaufgabe sind, ist das nicht der Fall für Regelgrößen mit Sollbereichs- oder einseitigen Grenzwertvorgaben. Letztere sind nur dann als Regelgrößen zu berücksichtigen, wenn Sollbereich oder Grenzwerte aktuell verletzt sind oder eine zukünftige Verletzung vorhergesagt wird und daher Stellgrößenänderungen erforderlich machen.

Natürlich wäre es kontraproduktiv, wenn man jedesmal eine manuelle Neukonfiguration des MPC-Reglers oder einen neuen Reglerentwurf durchführen müsste, falls sich im laufenden Betrieb die Problemstruktur ändert. Daher müssen MPC-Algorithmen im Mehrgrößenfall durch einen weiteren Schritt ergänzt werden, in dem selbsttätig die aktuell relevante Teilmenge aus der Gesamtmenge der beim Regelungsentwurf zunächst konzipierten Steuer-, Regel- und messbaren Störgrößen ermittelt wird. Es wird dann versucht, die mit den noch verfügbaren Variablen bestmögliche Lösung zu erreichen.

Praktisch geschieht die Bestimmung der aktuellen Struktur des MIMO-Systems durch Auswertung von Statusinformationen, die auf dem PLS entweder automatisch generiert oder durch den Bediener eingegeben werden. Dazu gehören u. a. Zustandsflags für Mess- und Stelleinrichtungen, Betriebsarten und Windup-Zustand unterlagerter PID-Regler, und durch die Bediener eingegebene Informationen über planmäßige oder außerplanmäßige Instandhaltungsarbeiten.

Mit Bezug auf die Zahl der Steuer- und Regelgrößen und der daraus resultierenden Anzahl von Freiheitsgraden kann man drei Strukturen von Mehrgrößensystemen unterscheiden:
- überspezifizierte Systeme (Zahl der Freiheitsgrade $n_F < 0$, mehr Regelungsziele als Stellmöglichkeiten)
- exakt spezifizierte Systeme (Zahl der Freiheitsgrade $n_F = 0$, Zahl der Regelungsziele gleich Zahl der Stellmöglichkeiten)
- unterspezifizierte Systeme (Zahl der Freiheitsgrad $n_F > 0$, Zahl der Regelungsziele kleiner Zahl der Stellmöglichkeiten)

Der Freiheitsgrad n_F wird in diesem Zusammenhang wie folgt definiert:

$$n_F = n_u^* - n_y^* \,. \tag{6.125}$$

Dabei ist n_u^* die Zahl der zur Verfügung stehenden manipulierbaren Steuergrößen. Von deren Gesamtzahl im Nominalfall n_u sind diejenigen abzuziehen, bei denen eine Veränderung der Sollwerte der zugeordneten unterlagerten PID-Regelkreise im Moment wegen Ausfall der Stelleinrichtung, falscher Betriebsart oder Windup-Zustand wirkungslos bliebe. n_y^* bezeichnet die Zahl der einzubeziehenden Regelgrößen. Von deren Gesamtzahl im Nominalfall n_y sind sowohl diejenigen abzuziehen, deren Messsignale momentan gestört sind, als auch diejenigen Range-Control-Regelgrößen, die im Vorhersagezeitraum die ihnen zugeordneten Sollbereiche/Grenzwerte nicht verletzen werden und daher nicht beachtet werden müssen.

Stellgrößen, die für den MPC-Regler nicht mehr manipulierbar sind, deren Signale aber noch korrekt zur Verfügung stehen, werden vorübergehend als messbare Störgrößen aufgefasst.

Wenn ein überspezifiziertes System vorliegt, also mehr Regelungsziele vorhanden sind als Stellmöglichkeiten, dann sind bleibende Regeldifferenzen bei *allen* Regelgrößen unvermeidlich. Sie äußern sich darin, dass im stationären Zustand Sollwerte nicht erreicht bzw. Grenzwertverletzungen nicht verhindert werden können. Es besteht dann nur die Möglichkeit, durch Veränderung der den Regelgrößen zugeordneten Gewichtsmatrix $\boldsymbol{Q}$ eine oder mehrere dieser bleibenden Abweichungen zu verringern, dafür aber deren Erhöhung bei anderen Regelgrößen in Kauf zu nehmen. Es ist also nur eine Kompromisslösung erreichbar, die über die Gewichte beeinflusst werden kann.

Wenn ein exakt spezifiziertes System vorliegt, gibt es genau eine Lösung des Mehrgrößenproblems im stationären Zustand, es treten keine bleibenden Regeldifferenzen auf.

Bei einem unterspezifizierten System (mehr Stellmöglichkeiten als Regelungsziele) gibt es prinzipiell unendlich viele Lösungen des Mehrgrößenproblems im stationären Zustand. Für die „überschüssigen" Stellgrößen können dann Vorgaben unabhängig von der eigentlichen Regelungsaufgabe gemacht werden. Diese Situation wird in der statischen Arbeitspunktoptimierung ausgenutzt.

6.8 Predictive Functional Control (PFC)

Eine besondere Form modellprädiktiver Regelungsalgorithmen ist unter dem Namen „Predictive Functional Control" (PFC) bekannt geworden. Dieser Algorithmus wurde von Richalet bereits in den 1970er Jahren entwickelt (Richalet, Lavielle, & Mallet, 2004). PFC-Regler werden überwiegend für die Regelung von Ein- und Zweigrößensystemen eingesetzt. Sie haben eine große Verbreitung in unterschiedlichen Anwendungsbereichen erlangt. Implementierungen dieses Algorithmus sind auch in der Prozessindustrie für verschiedenene Gerätesysteme (speicherprogrammierbare Steuerungen und Prozessleitsysteme) verfügbar.

Der PFC-Algorithmus soll hier für den einfachen Fall einer SISO-Regelstrecke angegeben werden, die sich durch die PT_1T_t-Übertragungsfunktion

$$G_S(s) = \frac{K_S}{T_1 s + 1} e^{-sT_t} \tag{6.126}$$

beschreiben lässt.

Die PFC-Grundidee zeigt Abb. 6.12. Es wird zunächst das totzeitfreie System betrachtet und davon ausgegangen, dass sich die Regelgröße von dem im aktuellen Zeitpunkt k gemessenen Wert $y(k)$ zu einem – als konstant angenommen – Sollwert w entlang einer durch den Anwender vorgegebenen Referenztrajektorie $y_r(k+j)$ bewegt. Diese Referenztrajektorie wird so spezifiziert, dass die Regeldifferenz exponentiell abklingt. Beträgt die Regeldifferenz also zum aktuellen Zeitpunkt $e(k) = w - y(k)$, dann soll sie zukünftig

$$e(k+j) = e(k) \cdot \exp\left(-\frac{jT_0}{T_{ref}}\right) \tag{6.127}$$

betragen. Darin bedeuten T_0 die Abtastzeit und T_{ref} eine vom Anwender zu wählende Zeitkonstante der Referenztrajektorie. Gibt der Anwender zum Beispiel die Ausregelzeit T_{aus} für den geschlossenen Regelkreis vor, dann kann man $T_{ref} = T_{aus}/3$ wählen, da die $T_{95\,\%}$-Zeit eines PT_1-Glieds mit der Zeitkonstante T_{ref} sich näherungsweise zu $T_{95\,\%} = 3T_{ref}$ ergibt.

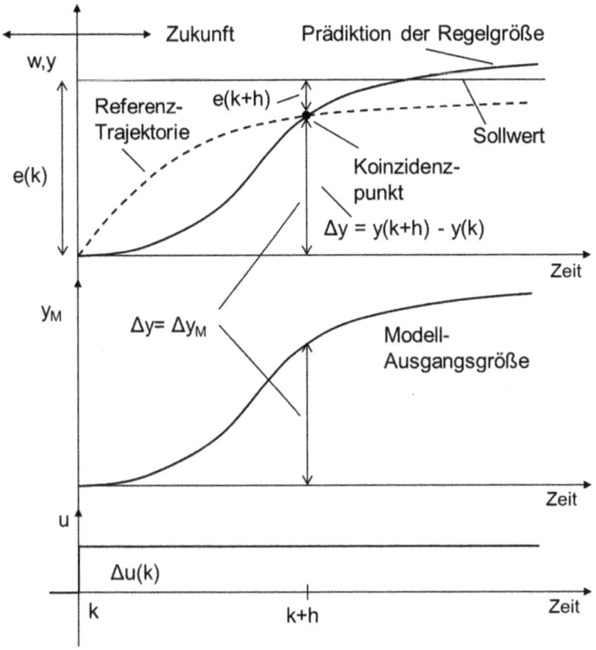

Abb. 6.12: Predictive Functional Control.

Die noch unbekannte, zum Zeitpunkt k am Prozess einzustellende Stellgröße $u(k)$ soll nun so gewählt werden, dass die Regelgröße zum Zeitpunkt $(k + h)$ mit der Referentrajektorie übereinstimmt, also $y(k + h) = y_r(k + h)$ gilt. Die Stelle, bei der die beiden Werte übereinstimmen, wird „Koinzidenzpunkt“ genannt, der dazu gehörige Zeithorizont ist das h-fache der Abtastzeit. Der Wert der Regeldifferenz in diesem Zeitpunkt ist

$$e(k + h) = e(k) \cdot \exp\left(-\frac{hT_0}{T_{\text{ref}}}\right) = e(k) \cdot \lambda^h \tag{6.128}$$

mit dem Dekrement $\lambda = e^{-T_0/T_{\text{ref}}}$. Wie man aus Abb. 6.12 leicht erkennen kann, ergibt sich die bis zum Zeitpunkt $(k + h)$ erforderliche Änderung der Regelgröße aus der Differenz von $e(k)$ und $e(k + h)$

$$\Delta y(k + h) = e(k) - e(k + h) = e(k) - e(k)\lambda^h = e(k)\left(1 - \lambda^h\right) . \tag{6.129}$$

Zur Vorhersage des Verhaltens der Regelgröße wird dem realen Prozess ein unabhängiges Prozessmodell parallel geschaltet, siehe Abb. 6.13.

Der Term „unabhängig“ bedeutet hier, dass das Modell nur mit gemessenen Werten der Eingangsgröße (Stellgröße) versorgt wird. Für die modellbasierte Vorhersage werden bei PFC also keine Messwerte der Regelgröße verwendet. Das (totzeitfreie) Modell des Prozesses ist im Fall der einfachen Regelstrecke erster Ordnung

$$G_{\text{SM}}(s) = \frac{Y_M(s)}{U(s)} = \frac{K_{SM}}{T_{1M}s + 1} \tag{6.130}$$

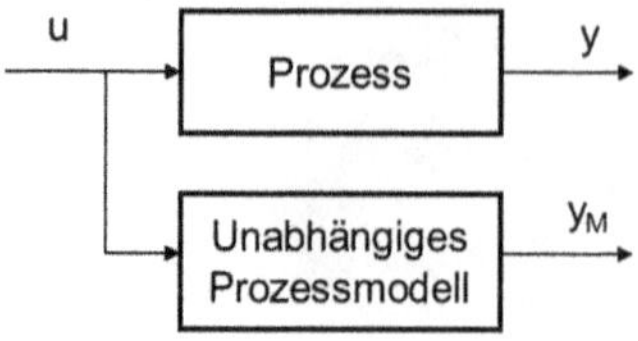

Abb. 6.13: Prozess und unabhängiges Prozessmodell.

oder in zeitdiskreter Form

$$y_m(k) = a_m y_m(k-1) + K_{SM}(1-a_m)u(k-1) \tag{6.131}$$

mit $a_m = e^{-T_0/T_{1M}}$. Für die Vorhersage der Modellausgangsgröße $y_m(k+j)$ gilt, dass sie sich aus der freien und aus der erzwungenen Bewegung des Systems zusammensetzt:

$$y_m(k+j) = y_{m,\text{frei}}(k+j) + y_{m,\text{erzw}}(k+j)\,. \tag{6.132}$$

Die freie Bewegung lässt sich bestimmen, wenn man mit $u = 0$ für $t > 0$ und $y_m(k) \neq 0$ das zeitdiskrete Modell rekursiv auswertet:

$$\begin{aligned}
y_{m,\text{frei}}(k+1) &= y_m(k)a_m + K_{SM}(1-a_m)\cdot 0 = y_m(k)a_m\\
y_{m,\text{frei}}(k+2) &= y_{m,\text{frei}}(k+1)a_m = y_m(k)a_m^2\\
&\vdots\\
y_{m,\text{frei}}(k+h) &= y_m(k)a_m^h
\end{aligned} \tag{6.133}$$

Beim PFC-Algorithmus wird nur eine Stellgrößenänderung zum Zeitpunkt k zugelassen, d. h. es gilt

$$u(k) = u(k+1) = u(k+2) = \ldots \tag{6.134}$$

Die erzwungene Bewegung ergibt sich dann, wenn das zeitdiskrete Modell mit dieser in der Zukunft konstanten Stellgröße und der Anfangsbedingung $y_m(k) = 0$ ausgewertet wird:

$$\begin{aligned}
y_{m,\text{erzw}}(k+1) &= 0\cdot a_m + K_{SM}(1-a_m)\cdot u(k) = K_{SM}(1-a_m)\cdot u(k)\\
y_{m,\text{erzw}}(k+2) &= y_{m,\text{erzw}}(k+1)a_m + K_{SM}(1-a_m)\cdot u(k)\\
&= K_{SM}(1-a_m)\cdot u(k)a_m + K_{SM}(1-a_m)\cdot u(k)\\
&= K_{SM}(1-a_m^2)\cdot u(k)\\
&\vdots\\
y_{m,\text{erzw}}(k+h) &= K_{SM}(1-a_m^h)\cdot u(k)
\end{aligned} \tag{6.135}$$

Für die *Änderung* der Modellausgangsgröße gegenüber ihrem Anfangswert zum Zeitpunkt k folgt daher

$$\Delta y_m(k+h) = y_{m,\text{frei}}(k+h) + y_{m,\text{erzw}}(k+h) - y(k)\,, \tag{6.136}$$

und nach Einsetzen der Ausdrücke für die freie und die erzwungene Bewegung

$$\Delta y_m(k+h) = y_m(k)a_m^h + K_{SM}(1 - a_m^h)u(k) - y_m(k) . \tag{6.137}$$

Nun soll die Stellgröße $u(k)$ ja gerade so gewählt werden, dass die Regelgröße im Koinzidenzpunkt die Referenztrajektorie erreicht, d. h. es muss $\Delta y_m(k+h) = \Delta y(k+h)$ gelten. Gleichsetzen der Gln. (6.129) und (6.137) liefert aber

$$y_m(k)a_m^h + K_{SM}(1 - a_m^h)u(k) - y_m(k) = e(k)\left(1 - \lambda^h\right) , \tag{6.138}$$

woraus das PFC-Reglergesetz folgt. Es lautet (für den Fall einer PT_1-Strecke)

$$u(k) = \frac{(w - y(k))\left(1 - \lambda^h\right) - y_m(k)a_m^h + y_m(k)}{K_{SM}(1 - a_m^h)} . \tag{6.139}$$

Man sieht, dass darin die aktuelle Regeldifferenz, das Prozessmodell und die Vorgaben für die Referenztrajektorie und den Koinzidenzhorizont enthalten sind. Mit den Definitionen

$$K_0 = \frac{\left(1 - \lambda^h\right)}{K_{SM}(1 - a_m^h)} , \quad K_1 = \frac{1}{K_{SM}} \tag{6.140}$$

kann man verkürzt schreiben

$$u(k) = K_0 e(k) + K_1 y_m(k) . \tag{6.141}$$

Man kann zeigen, dass dieses Reglergesetz implizit Integralverhalten besitzt und somit die bleibende Regeldifferenz für sprungförmige Sollwert- und Störgrößenänderungen beseitigt werden kann (Richalet & O'Donovan, 2009).

Natürlich arbeitet der PFC-Agorithmus wie jeder Prädiktivregler unter Nutzung des Prinzips des zurückweichenden Horizonts. Insbesondere findet eine fortlaufende Aktualisierung der Modellausgangsgröße statt.

Berücksichtigung der Totzeit

Die Totzeit T_t in zeitdiskreter Schreibweise werde mit $\theta = T_t/T_0 = 0, 1, 2, \ldots$ bezeichnet. Da eine Stellgrößenänderung erst nach Ablauf der Totzeit wirksam wird, ist es sinnvoll, die Referenztrajektorie nicht mit dem aktuellen $y(k)$ zu initialisieren, sondern mit dem für den Zeitpunkt $(k+\theta)$ vorhergesagten Wert der Regelgröße $y(k+\theta)$. Da das Prozessmodell keine Totzeit enthält, gilt $y(k+\theta) = y_m(k)$ oder $y(k) = y_m(k-\theta)$. Wenn Modell und Prozess übereinstimmen (im Nominalfall), dann ist die Änderung der Regelgröße zwischen den Zeitpunkten k und $(k+\theta)$ genau so groß wie die Änderung des Modellausgangs zwischen den Zeitpunkten $(k-\theta)$ und k:

$$y(k+\theta) - y(k) = y_m(k) - y_m(k-\theta) . \tag{6.142}$$

Daraus lässt sich der (Vorhersage-)Wert der Regelgröße berechnen, mit dem die Referenztrajektorie initialisiert werden muss:

$$y(k+\theta) = y(k) + y_m(k) - y_m(k-\theta)\,. \tag{6.143}$$

Das Reglergesetz muss im Fall einer Totzeit also so modifiziert werden, dass im Zähler nicht die aktuelle Regeldifferenz $e(k) = w - y(k)$, sondern $w - y(k+\theta)$ verwendet wird, wobei $y(k+\theta)$ vorher aus Gl. (6.143) berechnet wird:

$$u(k) = K_0\,(w - y(k+\theta)) + K_1 y_m(k)\,. \tag{6.144}$$

PFC-Reglereinstellung

Reglerparameter des PFC-Reglers sind die Zeitkonstante der Referenztrajektorie T_{ref}, die sich aus der gewünschten Ausregelzeit ergibt und damit die Dynamik des Regelkreises bestimmt, und die Horizontlänge für den Koinzidenzpunkt h. Man beachte, dass die Horizontlänge ohne Berücksichtigung der Totzeit festgelegt wird, eine Wahl von $h = 1$ für einen Prozess erster Ordnung also durchaus möglich ist. (Die Totzeit wird, wie oben beschrieben, anders in den Regelungsalgorithmus einbezogen, nämlich durch Verschiebung der Referenztrajektorie). Die Wahl von h beeinflusst wesentlich die Robustheit gegenüber Modellunsicherheit. Eine Vergrößerung von h bewirkt einen ruhigeren Stellgrößenverlauf und eine Erhöhung der Robustheit der Regelung. Für die Wahl des Koinzidenzhorizonts haben sich folgende Regeln bewährt:

- für Prozesse erster Ordnung kann $h = 1$ gesetzt werden,
- für Prozesse höherer Ordnung soll h in der Nähe des Wendepunkts der Sprungantwort gewählt werden,
- für Prozesse mit „Inverse-Response"-Charakteristik sollte h so gewählt werden, dass das Unterschwingen der Regelgröße in der Sprungantwort der Strecke links von h liegt.

In (Rossiter, 2003) wird vorgeschlagen, zunächst T_{ref} festzulegen und danach h durch systematisches Probieren beginnend mit $h = 1$ zu bestimmen. Dabei ist durch Simulation ein geeigneter Kompromiss zwischen Stellaktivität, Robustheit und Dynamik zu finden. Eine quantitative Analyse findet sich in (Rossiter & Haber, 2015).

Verallgemeinerte PFC-Regelung bei anderen Führungssignalen

Bisher wurde ein Szenarium für die Stellgröße angenommen, dass eine sprungkonstante Stellgrößenänderung zum Zeitpunkt k vorsieht. Verallgemeinernd kann man die Stellgrößenänderungen als eine gewichtete Summe von Basisfunktionen darstellen:

$$u(k+i) = \sum_j \mu_j F_j(i) \quad j = 0, 1, \ldots, N-1 \quad i = 1 \ldots h\,. \tag{6.145}$$

Die N Basisfunktionen werden „passend" zum Sollwertverlauf gewählt. So ist bei stabilen, nicht integrierenden Regelstrecken für sprungförmige Sollwertänderungen eine

Basisfunktion $F_0(i) = 1$ auseichend, die Stellgröße wird dann durch Festlegung von μ_0 bestimmt, d. h. $F_0(i) = i^0 = 1$ und $u(k) = \mu_0 \cdot 1$. Wie oben gezeigt lässt sich μ_0 durch Vorgabe eines Koinzidenzpunkts bestimmen, was mathematisch auf die Lösung einer linearen Gleichung führt. (Die Anwendung von Polynomialfunktionen $F_j(i) = i^j$ als Basisfunktionen und ihre Anwendung in der Regelungstechnik hat ursprünglich zu dem Begriff „Predictive Functional Control" geführt.) Wird bei einer stabilen, nicht integrierenden Strecke nun aber eine rampenförmige Sollwertänderung vorgegeben, sollte die Stellgröße auch eine Rampen-Basisfunktion beinhalten:

$$u(k+i) = \mu_0 F_0(i) + \mu_1 F_1(i) = \mu_0 i^0 + \mu_1 i^1 = \mu_0 + \mu_1 i\,. \tag{6.146}$$

In dieser Gleichung sind zwei Unbekannte, die Gewichte der Basisfunktionen, zu bestimmen. Das kann dadurch geschehen, dass man zwei Koinzidenzpunkte bei den Horizonten h_1 und h_2 vorgibt. Die beiden Gewichte lassen sich dann durch die Lösung eines linearen Gleichungssystems mit zwei Unbekannten bestimmen. Für die Wahl der Horizontlängen wird in diesem Fall $h_1 = T_{aus}/6$ und $h_2 = T_{aus}/3$ vorgeschlagen (Richalet & O'Donovan, 2009). Diese Überlegungen lassen sich auf kompliziertere Sollwertverläufe erweitern. Vorteilhaft ist, dass die PFC-Regelung in der Lage ist, bei geeignet gewählten Basisfunktionen nach einer Übergangsphase den vorgegebenen Sollwertverläufen verzögerungsfrei zu folgen!

In (Richalet & O'Donovan, 2009) werden auch verschiedene Erweiterungen des PFC-Konzepts erläutert, darunter

- die Anwendung auf Regelstrecken höherer Ordnung, Strecken mit Allpassverhalten und integrierende Strecken,
- die Erweiterung des PFC-Reglers um eine Störgrößenaufschaltung,
- Fragen der praktischen Implementierung, u. a. Initialisierung des PFC-Algorithmus und stoßfreie Umschaltung, Berücksichtigung von Nebenbedingungen für die Stellgröße, PFC im Kaskadenbetrieb.

6.9 Software-Werkzeuge für MPC-Regelungen

Noch vor ca. 20 Jahren bestanden MPC-Programmsysteme lediglich aus dem Programmcode des eigentlichen Regelalgorithmus, der im Online-Betrieb auf einem übergordneten Prozessrechner lief und über dezidiert entwickelte Schnittstellen mit dem Prozessleitsystem kommunizierte, und einem Offline-Werkzeug für Reglerkonfiguration und Simulation des geschlossenen Regelungssystems. Projektspezifische Anpassungen wurden durch Modifikationen des Quellcodes realisiert. Um die Bedienung des MPC-Reglers durch den Anlagenfahrer vom Prozessleitsystem aus zu ermöglichen, war die aufwändige Entwicklung von Bedienbildern und Kommunikationsfunktionen zwischen PLS und Prozessrechner erforderlich. Prozessmodelle wurden noch überwiegend durch manuelle Auswertung von Sprungantworten gewonnen.

Dieses Bild hat sich in der Zwischenzeit völlig gewandelt. Die Komponenten von MPC-Programmsystemen unterstützen heute wesentlich mehr Phasen eines Advanced-Control-Projekts und stellen überdies neuartige Funktionen bereit:

- Bewertung (Control Performance Monitoring) und Optimierung unterlagerter PID-Regelkreise,
- Testsignalgenerierung, inzwischen auch für die simultane Anregung mehrerer Eingangssignale,
- Systemidentifikation. Neben den bekannten Identifikationsverfahren werden inzwischen auch moderne Subspace-Methoden zur Identifikation linearer Zustandsmodelle und Methoden zur Identifikation im geschlossenen Regelkreis eingesetzt,
- Konfiguration des MPC-Reglers und der Simulation des geschlossenen Regelungssystems im Offline-Betrieb,
- Kommunikation zwischen Prozessleitsystem und MPC-Regler über eine standardisierte Schnittstelle – MPC-Programme verfügen heute über einen OPC-Client, der sich mit dem OPC-Server des PLS verbinden lässt,
- Bedienung und Beobachtung des MPC-Reglers durch den Anlagenfahrer. Es kommen zunehmend browserbasierte Oberflächen zum Einsatz, und die projektspezifische Entwicklung von Bedieninterfaces entfällt,
- Dynamische Koordination von mehreren MPC-Reglern in großen Anlagen (z. B. Ethylenproduktion): Aktionen von MPC-Reglern vorgeschalteter Anlagenteile werden durch MPC-Regler nachgeschalteter Anlagenteile berücksichtigt,
- Kopplung zu Programmen, die eine übergeordnete, anlagenweite Arbeitspunktoptimierung (RTO) realisieren,
- Kopplung zu anderen Programmen, die ein rigoroses nichtlineares Prozessmodell der Anlage bereitstellen und für Entwurf und Simulation des statischen und dynamischen Anlagenverhaltens eingesetzt werden (Fließschema-Simulatoren, Dynamik-Simulatoren, Operator-Trainingssysteme),
- Control Performance Monitoring für den MPC-Regler selbst.

Tabelle 6.1 zeigt eine Übersicht ausgewählter kommerziell verfügbaren MPC-Regler und deren Anbieter. Die MATLAB MPC-Toolbox ist für Zwecke der Aus- und Weiterbildung sehr gut geeignet, aber in der gegenwärtig verfügbaren Form nur eingeschränkt für industrielle Anwendungen im Umfeld der Prozessführung einsetzbar. Bei DeltaVPredict, Profit Loop, Experion Profit Controller und ModPreCon handelt es sich um MPC-Algorithmen, die auf prozessnahen Komponenetn von Leitsystemen implementiert sind. In Tab. 6.1 nicht erfasst sind In-House-Entwicklungen wie z. B. SEPTIC (Statoil, Norwegen), RapidMVC (RWE Power, Großbritannien) oder SICON (Petrobras, Brasilien). Insgesamt steht also heute ein breites Spektrum von MPC-Produkten und Dienstleistungen zur Verfügung.

Tab. 6.1: MPC-Programmsysteme – ausgewählte Anbieter und Produkte.

Anbieter	Programmpaket	Webseite
Aspen Technology (USA)	Aspen DMCplus, Aspen State Space Controller	www.aspentech.com
Honeywell (USA)	Proft Controller, Profit Loop, Experion Profit Controller	www.honeywell.com
Shell Global Solutions (NL)	PACE (früher $SMOC^{Pro}$)	www.shell.com
Pavilion Technologies (Rockwell Automation, USA)	Pavilion 8	www.rockwellautomation.com
Schneider Electric Software (F)	SimSci APC	www.schneider-electric.com
IPCOS (NL/B)	INCA	www.ipcos.com
ABB (Italien)	Optimize IT Predict & Control	www.abb.com
Siemens (D)	ModPreCon	www.siemens.com
Capstone Technology (USA)	MACSSuite	www.macscontrols.com
Emerson Process Management (USA)	DeltaVPredict/ DeltaV PredictPro	www.easydeltav.com
Sherpa Engineering (F)	IDCOM/HIECON, PFC	www.sherpa-eng.com
Axens (F)	MVAC	www.axens.net
Neste Jacobs Oy (Finnland)	NAPCON Controller	www.napconsuite.com
ControlSoft (USA)	MMC	www.controlsoftinc.com
Adaptive Resources (USA)	QuickStudy	www.adaptiveresources.com
Andritz (Ö)	Brainwave	www.andritz.com
Optima Powerware (USA)	AutoPilot	www.optimapowerware.com
Cybernetica (N)	eMPC, CENIT	www.cybernetica.no
CyboSoft (USA)	MFA	www.cybosoft.com
TriSolutions (BRA)	TriNMPC	www.trisolutions.com.br
The Mathworks Inc. (USA)	MATLAB MPC Toolbox	www.mathworks.com

6.10 Entwicklungstrends

Verkürzung von Anlagentests und Modellbildung

Die in MPC-Reglern verwendeten dynamischen Prozessmodelle werden meist auf der Grundlage von Messreihen identifiziert, die durch aktive Anlagentests gewonnen werden. Die traditionelle Vorgehensweise bei der Identifikation von Mehrgrößensystemen besteht darin, die Eingangssignale (MPC-Stellgrößen und wenn möglich messbare Störgrößen) einzeln nacheinander (sequentiell) mit Testsignalen zu beaufschlagen und die Reaktion aller Ausgangsgrößen (MPC-Regelgrößen) aufzuzeichnen. Die sequentielle Vorgehensweise hat den Vorteil, dass die Testergebnisse leichter interpretiert werden können, und dass Wirkungen des Testsignals leichter von der Wirkung äußerer Störgrößen isoliert werden können. Der Experimentierende wird überdies in die Lage versetzt, den Prozess schrittweise besser zu verstehen. Nachteilig sind allerdings lange Versuchszeiträume (bei einer größeren Zahl von Eingangsgrößen und träger Prozessdynamik) und die damit einhergehende Beeinträchtigung der Produktion. Die Folge sind hohe Projektkosten, von denen 30 bis 50 Prozent auf die Phase Anlagentests/Modellbildung entfallen. Daher sind in den vergangenen Jahren Anstrengungen unternommen worden, die Anlagentests zu verkürzen und auf diese Weise die Projektkosten zu senken.

Einige kommerzielle MPC-Programmsysteme bieten inzwischen die Möglichkeit, Testsignale für eine simultane Anregung mehrerer Eingangssignale zu planen und eine Identifikation von Mehrgrößensystemen, auch im geschlossenen Regelkreis, durchzuführen. Insbesondere dann, wenn bereits gute Vorkenntnisse oder „Anfangs"modelle vorliegen (z. B. der Prozess oder Teile des Prozesses bereits früher identifiziert wurden), lässt sich so eine Verkürzung der Anlagentestphase um bis zu 50 % erreichen.

Abb. 6.14 stellt die sequentielle und die simultane Anregung der Eingangsgrößen einander gegenüber.

Beispiele für Programmsysteme, die eine simultane Anregung der Eingangsgrößen und eine Identifikation sowohl im offenen als auch im geschlossenen Regelkreis unterstützen, sind SmartStep (Aspen Technology, (Kalafatis & andere, 2006)), Profit®Stepper (Honeywell, (MacArthur & Zhan, 2007)) und TaiJi ID (TaiJi Control (Zhu, Patwardhan, Wagner, & Zhao, 2013), (Kautzman, Korchinski, & Brown, 2006)). MPC-Algorithmen mit integrierter Funktion zur Testsignalgenerierung und Re-Identifikation des Prozessmodells im laufenden Betrieb sind auch Gegenstand der Forschung und Entwicklung, vgl. (Larsson, Rojas, Bombois, & Hjalmarsson, 2015).

Eine weitere Möglichkeit der Verkürzung der Anlagentests besteht darin, evtl. bereits vorhandene Operator-Trainingssimulatoren (OTS) für die MPC-Modellbildung einzusetzen. OTS stützen sich in ihrer entwickeltsten Form auf nichtlineare theoretische Prozessmodelle und erlauben die Simulation des Zeitverhaltens der Anlage mit relativ hoher Genauigkeit. Testsignale kann man dann auf den Simulator (die virtuelle Anlage) statt auf die reale Anlage aufgegeben, den Verlauf der MPC-Regelgrößen aufzeichnen und mit Identifikationswerkzeugen ein lineares Ersatzmodell der Regelstrecke bilden (Model-to-Model-Fit). Erfahrungen mit dieser Vorgehensweise vermitteln (Mathur & Conroy, 2003) und (Alsop & Ferrer, 2008).

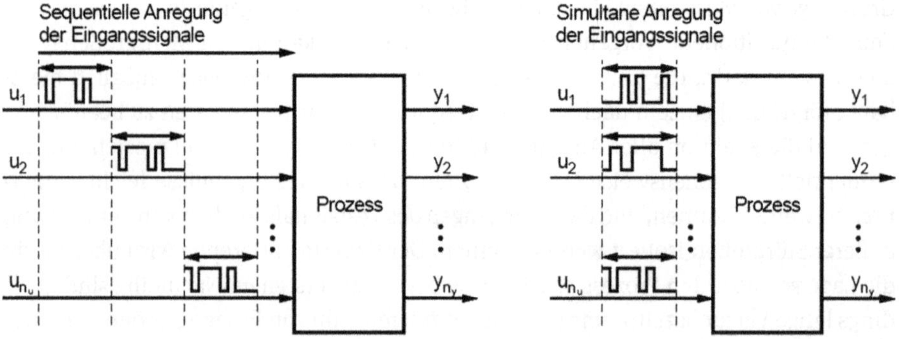

Abb. 6.14: Sequentielle und simultane Anregung der Eingangssignale in einem Mehrgrößensystem.

Integration von MPC-Reglern in Prozessleitsysteme

Die in Tab. 6.1 aufgelisteten MPC-Programmsysteme werden meist auf einem dedizierten PC installiert, der mit dem Prozessleitsystem über eine OPC-Schnittstelle kommuniziert. Dabei stellt das PLS den OPC-Server bereit, das MPC-Tool verfügt über einen OPC-Client. Dadurch wird gewährleistet, dass der Anwender eine Entscheidung für ein bestimmtes MPC-Produkt unabhängig vom eingesetzten PLS treffen kann. Der projektspezifische Engineering-Aufwand fällt geringer aus, wenn die Integration von PLS und MPC-Programm durch weitergehende Maßnahmen (z. B. Betriebsartenumschaltung, Kommunikationsüberwachung und Visualisierung) unterstützt wird, wie das zum Beispiel bei den Kombinationen Profit Controller/Experion PKS (Honeywell), Predict&Control/Industrial IT 800xA (ABB), DMCplus/PCS 7 (Aspen Technology/Siemens) und PACE/Centum VP (Shell/Yokogawa) der Fall ist.

Die steigende Leistungsfähigkeit der prozessnahen Komponenten von PLS eröffnet zudem zunehmend die Möglichkeit, MPC-Regelalgorithmen direkt auf den PNK ablaufen zu lassen und die Projektierung der MPC-Regler von der Engineering-Komponente PLS aus durchzuführen. Entwicklungen dieser Art sind

- DeltaV™ Predict/Predict^Pro (Emerson Process Management) für das PLS DeltaV V8.1. Mit DeltaV™ Predict^Pro lassen sich MPC-Regler mit maximal 40 Eingangsgrößen (Stell- und messbare Störgrößen) und 80 Regelgrößen konfigurieren (Blevins, Wojsznis, & Nixon, 2012),
- ModPreCon (Siemens) für das PLS PCS 7. Ab Release V8.1 lassen sich MPC-Regler mit maximal 10 Stell- und messbaren Störgrößen und 10 Regelgrößen konfigurieren (Siemens, 2014),
- Profit®Loop (Honeywell) für das PLS Experion PKS. Dabei handelt es sich um einen Eingrößen-MPC als Alternative für PID-Regelungen bei ausgewählten Anwendungsfällen (Dittmar, 2009). Angekündigt ist eine Mehrgrößen-Version „Experion Profit Controller" mit 10 Eingangs- und 10 Ausgangsgrößen,
- Für den in Abschnitt 6.8 vorgestellten PFC-Regelalgorithmus gibt es Software-Funktionsbausteine für eine Reihe von PLS und SPS, u. a. Siemens Simatic S7 und PCS 7, Schneider Electric PMX, Emerson DeltaV und Foxboro IA.

Insbesondere für kleinere MPC-Anwendungen kann dadurch der Implentierungsaufwand deutlich gesenkt werden (Sharpe & Rezabek, 2004), (Sharpe & Hawkins, 2011) und (Pfeiffer & andere, 2014).

Control Performance Monitoring (CPM) von MPC-Reglern

Die praktische Erfahrung zeigt, dass die langfristige Sicherung des mit dem Einsatz von MPC-Reglern und anderen APC-Technologien verbundenen ökonomischen Nutzens eine große Herausforderung darstellt. Veränderte betriebswirtschaftliche Randbedingungen, der Einsatz anderer Rohstoffe und Energieträger, Alterung und Verschleiß von Anlagenteilen, Reparatur und Ersatz von Mess- und Stelleinrichtun-

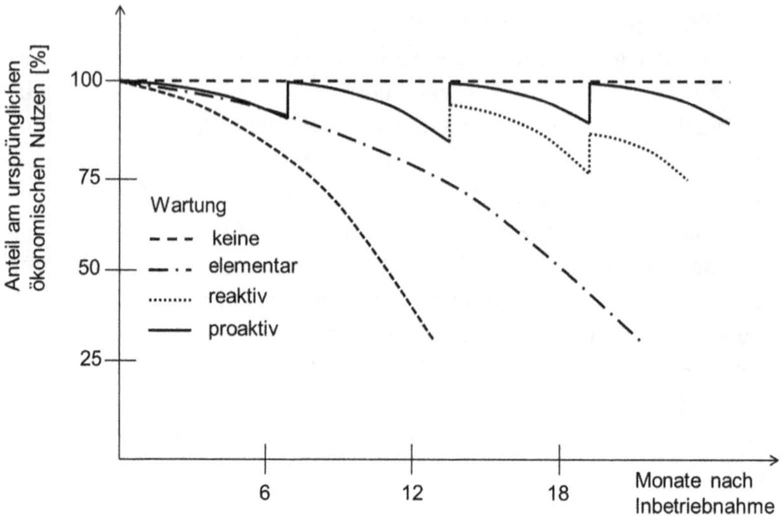

Abb. 6.15: Ökonomischer Nutzen von APC-Projekten bei verschiedenen Wartungsstrategien.

gen und von Apparaten, sowie Änderungen am System der Basisregelungen können Anpassungen der MPC-Anwendung erforderlich machen. Dazu gehören z. B. Änderungen der MPC-Struktur (Entfernen nicht mehr benötigter oder neu hinzukommender Stell- und Regelgrößen), der Reglereinstellung, der Zielfunktion für die statische Prozessoptimierung und eine evtl. erforderliche Neuidentifikation des dynamischen Verhaltens. Ohne entsprechende Wartung und Pflege der MPC-Applikationen ist davon auszugehen, dass der ursprünglich bei der Inbetriebnahme nachgewiesene ökonomische Nutzen bald nicht mehr erreicht wird. Abb. 6.15 soll verdeutlichen, wie sich verschiedene Wartungsstrategien auf die Sicherung der Nachhaltigkeit des ökonomischen Nutzens auswirken.

Wartung und Pflege von MPC-Anwendungen können durch geeignete Software-Werkzeuge für das Monitoring unterstützt werden. Anbieter von MPC-Programmsystemen stellen daher in der Regel eine CPM-Komponente für ihre Produkte bereit. Beispiele sind Aspen Watch Performance Monitor für DMCplus (Aspen Technology), Profit®Expert für Profit®Controller (Honeywell) und MD^{Pro} für SMOC^{Pro} bzw. PACE (Shell/Yokogawa). Andererseits haben Anbieter von CPM-Werkzeugen ihre Produkte um Funktionen erweitert, die es erlauben, nicht nur PID-Regelkreise, sondern auch MPC-Regler zu überwachen. Beispiele sind PlantTriage (Expertune) und Control Performance Monitor (Honeywell Matrikon).

Bisher werden überwiegend einfache Performance-Indikatoren berechnet und dargestellt, u. a.

– Anteil der Zeit, in der der MPC-Regler im Automatik-Betrieb genutzt wurde, an der Gesamtbetriebszeit (Uptime-Faktor),

- Anzahl und Art der Bedienhandlungen der Anlagenfahrer im Zusammenhang mit MPC,
- Anteil der Zeit, in der Stell- oder Regelgrößen die vorgegebenen Grenzwerte erreicht haben,
- Mittelwerte und Streuungen der MPC-Größen,
- Abstand des aktuellen und des Mittelwerts der ökonomischen Zielfunktion vom Optimalwert,
- Oszillationsindizes und
- Vorhersagefehler der Prozessmodelle, berechnet durch Simulation im offenen Kreis.

Auch in der Forschung gibt es seit Jahren Bemühungen, Methoden für das Monitoring von MPC-Reglern zu entwickeln. Eine Übersicht über Stand und Entwicklung dieser Arbeiten geben (Zagrobelny, Ji, & Rawlings, 2013) und (Shardt & andere, 2012). Eines der beim MPC-Monitoring zu lösenden Probleme ist die Detektion und Bewertung der Abweichung von Prozessmodell und realem Prozessverhalten („Plant-Model Mismatch"). Eine vergleichsweise einfache Möglichkeit wird in (Botelho, Trierweiler, Farenzena, & Duraiski, 2015) vorgeschlagen. Sie soll hier am Beispiel einer MPC-Eingrößenregelung erläutert werden. Zunächst kann der – nicht messbare – Wert der Regelgröße y_0 geschätzt werden, die im geschlossenen Kreis auftreten würde, wenn Prozessmodell und reales Prozessverhalten exakt übereinstimmen würden:

$$Y_0(s) = Y(s) - (1 - T_0(s))\left(Y(s) - \hat{Y}(s)\right) . \tag{6.147}$$

Darin bedeuten y die gemessenen und $\hat{y}$ die im offenen Kreis simulierten Werte der Regelgröße. Die Berechnung von $\hat{y}$ erfolgt durch Beaufschlagung des nominalen Prozessmodells mit den gemessenen Werten der Stellgröße, vgl. Abb. 6.16. Gebraucht wird dafür der Nominalwert der Führungsübertragungsfunktion des geschlossenen Regelkreises $G_{yw}(s)$, die gleich der komplementären Empfindlichkeitsfunktion $T_0(s)$ ist:

$$T_0(s) = G_{yw}(s) = \frac{Y_0(s)}{W(s)} = \frac{G_{S0}(s)G_R(s)}{1 + G_{S0}(s)G_R(s)} . \tag{6.148}$$

Diese lässt sich aber mit Hilfe des bekannten nominalen Streckenmodells $G_{S0}(s)$ und dem MPC-Regler mit der aktuellen Reglereinstellung durch Simulation des Regelgreises ermitteln.

Wenn y_0 und y bekannt sind, lassen sich z. B. die Varianzen der Regeldifferenzen $e_0 = w - y_0$ und $e = w - y$ bestimmen, nachdem der Prozess über einen bestimmten Zeitraum beobachtet wurde:

$$s_{e_0}^2 = s_{(w-y_0)}^2 = \frac{1}{N-1}\sum_{i=1}^{N}(e_0(i) - \bar{e}_0)^2 , \quad s_e^2 = \frac{1}{N-1}\sum_{i=1}^{N}(e(i) - \bar{e})^2 . \tag{6.149}$$

Ihr Verhältnis $I = s_e^2/s_{e_0}^2$ kann als Indikator verwendet werden: ist $I > 1$, verschlechtert das Plant-Model-Mismatch die Regelgüte, ist $I \approx 1$, liegt keine signifikante Abweichung des Modells vom realen Prozessverhalten vor. Andere Methoden zur Detektion

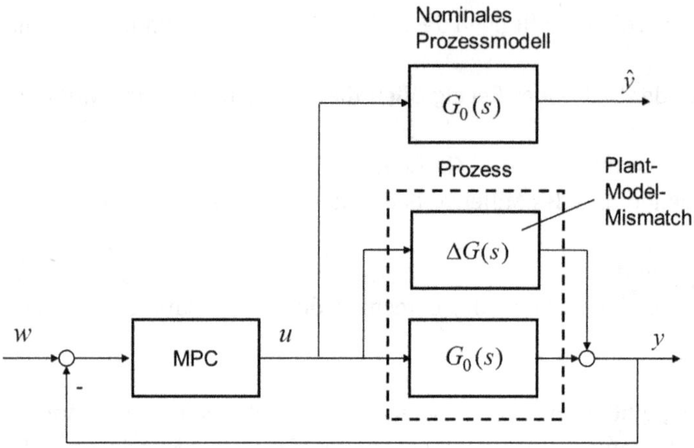

Abb. 6.16: Zur Ermittlung des Plant-Model-Mismatchs nach (Botelho, Trierweiler, Farenzena, und Duraiski, 2015).

des Modellfehlers bei MPC-Reglern werden u. a. in (Ji, Zhang, & Zhu, 2012) und (Pannocchia, De Luca, & Bottai, 2013) beschrieben.

MPC-Regler für schnelle Systeme

Bei einem MPC-Regler mit integrierter Arbeitspunktoptimierung müssen in jedem Abtastintervall ein LP- und ein QP-Optimierungsproblem gelöst werden. Das hat bis vor einiger Zeit die Anwendung von MPC auf Prozesse beschränkt, bei denen die kleinsten Zeitkonstanten im Sekundenbereich liegen. Um weitere Anwendungsgebiete für MPC zu erschließen, muss die Abtastzeit um eine oder mehrere Größenordnungen verkürzt werden. In den letzten Jahren sind hier bereits erhebliche Fortschritte erreicht worden, und die Entwicklung ist noch nicht abgeschlossen.

Eine Alternative zu schnellen QP-Algorthmen ist unter dem Namen „explizite MPC-Regelung“ (explicit MPC) bekannt geworden. Bei der expliziten MPC-Regelung wird das dynamische QP-Problem zur Ermittlung der optimalen Stellgrößenfolge in ein „multiparametrisches“ Optimierungsproblem umgeformt. Dabei werden die aktuellen Zustandsgrößen des Prozesses als Parameter des Optimierungsproblems aufgefasst und *offline* die optimalen Stellgrößenfolgen in Abhängigkeit von den aktuellen Werten der Zustandsgrößen berechnet und in einer Zuordnungstabelle hinterlegt. Da das Prinzip des zurückweichenden Horizonts angewendet wird, ergibt sich

$$\boldsymbol{u}(k|k) = F(\hat{\boldsymbol{x}}(k|k)) \,. \tag{6.150}$$

In (Bemporad, Morari, Dua, & Pistikopulos, 2002) wurde gezeigt, dass sich der durch die Zustandsgrößen aufgespannte mehrdimensionale Raum in ein verallgemeinertes konvexes Polyeder („polyhedral set“) partitionieren lässt, in dem sich die in diesen Teilbereichen geltende optimale Lösungen des QP-Problems bestimmen lassen. Diese mit hohem Rechenaufwand verbundenen Aufgaben der Partitionierung des Zustandsraums und die Lösung aller QP-Probleme werden somit in die Entwurfsphase vorverlagert. Im Online-Betrieb des Reglers müssen dann „nur" noch die aktuellen Werte der Zustandsgrößen bestimmt und die Zugehörigkeit zu einer bestimmten Partition geklärt werden. Dann können die optimalen Stellgrößen durch Auswertung der Zuordnungstabelle ohne großen Rechenaufwand bestimmt werden. Da der Rechenaufwand um Größenordnungen geringer ist als bei der Lösung des QP-Problems im Online-Betrieb, sind – zumindest bei MPC-Problemen kleiner Dimension – einfache Hardwarelösungen möglich. Daher ist der Begriff „MPC on a chip" zur Beschreibung der expliziten MPC-Regelung geprägt worden (Dua, Kouramas, Dua, & Pistikopoulos, 2008). Diese Vorgehensweise eignet sich aber nur für MPC-Anwendungen mit einer kleinen Zahl von Ein- und Ausgangsgrößen und kleinen Horizontlängen. Zudem können die Vorgaben für Nebenbedingungen und Reglereinstellung nicht online geändert werden. Bisher sind daher auch nur wenige großtechnische Anwendungen expliziter MPC-Regelungen aus der Prozessindustrie bekannt geworden, vgl. (Mandler & andere, 2006).

Vielversprechend ist die Entwicklung schneller Algorithmen für QP-Probleme (Patrinas & Bemporad, 2014). Durch (Wang & Boyd, 2010) wurde ein schnelles Innere-Punkte-Verfahren zur Lösung von QP-Problemen und seine Anwendung auf MPC beschrieben Dieser Algorithmus

- nutzt die spezielle Struktur des QP-Problems bei MPC-Algorithmen aus, die die Anwendung von Sparse-Matrix-Techniken erlaubt,
- macht von Warmstart-Techniken Gebrauch, die die Tatsache ausnutzen, dass sich die optimale Lösung des QP-Problems zwischen zwei Abtastintervallen oft nicht wesentlich ändert,
- bricht die Suche nach der optimalen Lösung vergleichsweise früh ab, ohne negative Konsequenzen für die Regelgüte befürchten zu müssen.

Für MPC-Probleme mit 8 Stell- und 30 Zustandsgrößen und einem Steuerhorizont von 30 Abtastintervallen konnten dabei mit einem 3 GHz PC Abtastraten von 40Hz (Abtastzeit 25ms) erreicht werden.

Koordinierung von MPC-Reglern in großen Prozessanlagen (Distributed MPC)

In großen Prozessanlagen wie z. B. Ethylen- oder Olefinanlagen wird oft eine Reihe von MPC-Reglern für die einzelnen Prozessabschnitte eingesetzt. Ein Beispiel ist der in (Lee & andere, 2004) beschriebene Anlagenkomplex der LG Petrochemical Corporation Ltd. in Yeosu, Südkorea. Eine Übersicht über die Struktur der MPC-Regler in der Anlage gibt Tab. 6.2.

Es wäre nun denkbar, die 21 MPC-Regler zu einem anlagenweiten zentralen MPC-Regler zusammenzufassen. Dagegen spricht eine Reihe von Gründen, darunter

Tab. 6.2: MPC-Regler im Olefinkomplex LG Petrochemical Yeosu.

Teilanlage	#CVs	#MVs	#DVs
15 Industrieöfen	jeweils 7...11	jeweils 3...7	0
Demethanisierung	17	11	6
Deethanisierung	13	5	6
Ethylen-Fraktionierung	9	5	6
Deproanisierung 1/2	12	8	7
Depropanisierung 3	9	3	3
Propylen-Fraktionierung	8	4	5
Gesamtzahl	**182**	**91**	**33**

- schwierigere Modellbildung wegen großer Totzeiten und langsamer prozessübergreifender Dynamik, größerer Einfluss von Störungen auf die Anlagentests und die spätere Identifikation,
- schwierigere Reglereinstellung,
- geringere Flexibilität bei größeren Störungen oder bei planmäßiger Außerbetriebnahme von Teilanlagen,
- erheblich erschwerte Beobachtung und Bedienbarkeit durch die Anlagenfahrer wegen der großen Zahl der Variablen und infolge von Stelleingriffe, die Grenzen von Teilanlagen überschreiten,
- evtl. problematische Kommunikation zwischen verteilten PLS-Komponenten.

Eine andere Alternative wäre der Einsatz einer übergeordneten RTO-Funktion mit den in Abschnitt 6.1 beschriebenen Problemen und Nachteilen. Eine dritte Möglichkeit besteht in der Einführung einer Zwischenebene zur Koordinierung der MPC-Regler untereinander (siehe auch Abb. 6.1).

Eine solche Koordinierungsfunktion wird von einigen Anbietern unterstützt, Beispiele sind Profit®Optimizer (Honeywell) und GDOT® (Apex Optimization). Im Profit®Optimizer wird folgende in (Lu, 2003) beschriebene dreistufige Strategie verwendet:

Im ersten Schritt wird das *anlagenweite* Optimum $\boldsymbol{u}_{\text{global}}$ durch Lösung des MPC-Problems

$$\min_{\boldsymbol{u}_{\text{global}}} \{J_{\text{global}} = f(\boldsymbol{u}_{\text{global}})\} \quad \text{Zielfunktion} \tag{6.151}$$

$$\left.\begin{array}{c} \boldsymbol{u}_{\min} \le \boldsymbol{u}_{\text{global}} \le \boldsymbol{u}_{\max} \\ \boldsymbol{y}_{\min} \le \boldsymbol{K}_{SS,global}\boldsymbol{u}_{\text{global}} \le \boldsymbol{y}_{\max} \\ g(\boldsymbol{u}_{\text{global}}) < c \end{array}\right\} \quad \text{Nebenbedingungen} \tag{6.152}$$

bestimmt. Für die Vorhersage der Regelgrößen werden die dynamischen Prozessmodelle aller MPC-Regler und weitere Brückenmodelle für die Verbindungen zwischen ihnen verwendet. Für die Berechnung der optimalen Stellgrößen wird nur die globale Matrix aller Streckenverstärkungen $\boldsymbol{K}_{\text{SS,global}}$ (zwischen den Stell- und Regelgrößen

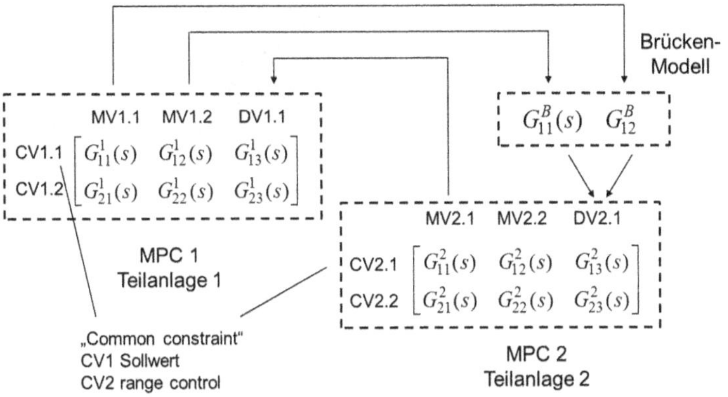

Abb. 6.17: Koordinierung von MPC-Reglern im Profit Optimizer nach (Lu, 2003).

aller MPC-Regler) benutzt, daher spricht man auch von einem „Gain-only"-MPC. Die Zielfunktion J_{global} und die Nebenbedingungen $g(\boldsymbol{u}_{\text{global}})$ können nichtlinear sein.

Im zweiten Schritt wird für jeden der MPC-Regler die am dichtesten zum globalen Optimum liegende zulässige stationäre Lösung ermittelt (QP-Problem):

$$\min_{\boldsymbol{u}_{\text{SS}}} \left\{ J = \sum \left(\boldsymbol{u}_{\text{SS}}^{(i)} - \boldsymbol{u}_{\text{global}}^{(i)} \right)^2 \right\} \quad \text{Zielfunktion} \tag{6.153}$$

$$\left. \begin{array}{l} \boldsymbol{u}_{\text{min}}^{(i)} \le \boldsymbol{u}_{\text{SS}}^{(i)} \le \boldsymbol{u}_{\text{max}}^{(i)} \\ \boldsymbol{y}_{\text{min}}^{(i)} \le \boldsymbol{K}_{\text{SS}}^{(i)} \boldsymbol{u}_{\text{SS}}^{(i)} \le \boldsymbol{y}_{\text{max}}^{(i)} \end{array} \right\} \quad \text{Nebenbedingungen} \,. \tag{6.154}$$

Dieser Schritt beinhaltet den eigentlichen Koordinationsmechanismus.

Im dritten Schritt wird diese Lösung zu den MPC-Reglern (hier Profit®Controller) weitergeleitet und dort verwendet.

Nicht den einzelnen MPC-Reglern, aber der übergeordneten Koordinierungsschicht wird über Brückenmodelle bekannt gemacht, dass einzelne MV/DV eines Reglers auch DV eines anderen Reglers sein können. Damit wird auch definiert, dass CVs einzelner MPC-Regler von Stellgrößen anderer Regler beeinflusst werden („common" oder „inter-application constraints"). Ein vereinfachtes Beispiel zeigt Abb. 6.17.

Die Koordinierung mehrerer MPC-Regler ist unter dem Begriff „Distributed model predictive control" auch ein aktueller Forschungsgegenstand (Pannocchia, 2015).

6.11 Weiterführende Literatur

Die theoretischen Grundlagen und die Geschichte des MPC-Regelungskonzepts werden in den Fachbüchern zu diesem Thema ausführlich dargestellt, darunter in (Maciejowski, 2002), (Rossiter, 2003), (Kwon & Han, 2005), (Camacho & Bordons, 2007), (Tatjewski, 2007). (Rawlings & Mayne, 2009), (Wang, 2009), (Haber, Bars, & Schmitz, 2011), (Kouvaritakis & Cannon, 2016) und (Borelli, Bemporad, & Morari, 2017). In deutscher Sprache liegt eine einführende Darstellung vor, die sich in erster Linie an Anwender in der Praxis wendet (Dittmar & Pfeiffer, 2004). Zur industriellen Anwendung von MPC sind mehrere Übersichten ((Qin & Badgwell, 1997), (Takatsu, Itoh, & Araki, 1998), (Qin & Badgwell, 2003), (Dittmar & Pfeiffer, 2006) und (Dittmar, 2014)) verfügbar, denen auch Einzelheiten zu einigen marktgängigen MPC-Programmsystemen entnommen werden können. Eine aktuelle Übersicht zu MPC geben (Mayne, 2014) aus der Sicht der Forschung und (Darby & Nikolaou, 2012), (Darby, 2015) aus Sicht der praktischen Anwendung.

Stabilitätsbedingungen für lineare MPC-Regler mit Beschränkungen wurden in (Rawlings & Muske, 1993) angegeben. Stabilität und Robustheit von MPC-Regelungen mit linearen Modellen werden auch in (Muske & Rawlings, 1993) und ausführlich in (Mayne, Rawlings, Rao, & Scokaert, 2000) behandelt. Robuste LMPC-Regelalgorithmen werden u. a. in (Rawlings & Mayne, 2009) und (Kouvaritakis & Cannon, 2016) besprochen. Eine Übersicht über Theorie und Anwendung stochastischer MPC-Regelungen für Systeme mit Modellunsicherheit bietet (Mesbah, 2016).

Auf den Zusammenhang von Störgrößenmodellen und der Beseitigung der bleibenden Regeldifferenz bei MPC-Regelungen gehen (Lee, Morari, & Garcia, 1994), (Muske & Badgwell, 2002), (Pannacchia & Rawlings, 2003) und (Maeder, Borelli, & Morari, 2009) ein.

Prädiktivregelungen auf der Basis von Zustandsmodellen werden außer in den genannten Büchern auch im User's Guide zur MPC Toolbox von MATLAB (Bemporad, Morari, & Ricker, 2014) und in (Rawlings, 2003) diskutiert. In den Unterlagen zur MATLAB MPC Toolbox wird auch das Problem der gemeinsamen Schätzung von Zustands- und messbaren Störgrößen erläutert. (Froisy, 2006) beschreibt die Entwicklung eines kommerziellen MPC-Programmpakets, das Zustandsmodelle zur Systembeschreibung benutzt.

Die MPC-SO-Funktion (target calculation) ist Gegenstand der Arbeiten von (Muske & Rawlings, 1993), (Rao & Rawlings, 1999), (Kassmann, Badgwell, & Hawkings, 2000) und (Hovd, 2007). Eine Übersicht über den Stand der industriellen Anwendung von RTO-Systemen geben (Darby, Nikolaou, Jones, & Nicholson, 2011) und (Trierweiler, 2015). Eine einführende Übersicht über Optimierungsverfahren für MPC-Algorithmen gibt (Diehl, 2015).

Der „Generalized Predictive Control“ (GPC) genannte prädiktive Regelungsalgorithmus, der zeitdiskrete Übertragungsfunktionen als Prozessmodell benutzt, wird in (Clarke, Mohtadi, & Tuffs, 1987a) und (Clarke, Mohtadi, & Tuffs, 1987b) vorgestellt. Seine Eigenschaften werden in (Clarke & Mohtadi, 1989) näher erläutert. Mehrgrößen-GPC-Regelungen werden in (Camacho & Bordons, 2007) besprochen. Eine ausführliche Herleitung mit Beispielen kann man auch (Tatjewski, 2007) und (Corriou, 2004) entnehmen. Ein GPC-Lernprogramm kann von der Webseite http://aer.ual.es/siso-gpcit/ heruntergeladen werden, eine dazu gehörige Beschreibung findet sich in (Guzman, Berenguel, & Dormido, 2005).

Hinweise zur günstigen Einstellung von MPC-Reglern werden u. a. in (Shridhar & Cooper, 1998), (Dougherty & Cooper, 2003b), (Wojsznis, Gudaz, Blevins, & Mehta, 2003), (Trierweiler & Farina, 2007) und (Reverter, Ibarolla, & Cano-Izquierdo, 2014) gegeben. Eine ausführliche Zusammenstellung von MPC-Tuning-Regeln enthält der Übersichtsaufsatz von (Garriga & Soroush, 2010).

Die explizite Lösung des beschränkten MPC-Problems bildet den Gegenstand der Arbeiten von (Bemporad, Morari, Dua, & Pistikopulos, 2002), (Grancharova & Johansen, 2004), (Grancharova & Johansen, 2012), (Pistikopoulos & andere, 2002) und (Dua, Kouramas, Dua, & Pistikopoulos, 2008). Anwendungen von „MPC on a chip" werden in (Pistikopoulos, 2012) vorgestellt. Die Implementierung eines expliziten MPC-Reglers auf einer SPS beschreiben (Valencia-Palomo & Rossiter, 2011). Die Matlab MPC Toolbox wurde inzwischen um eine Komponente zum Entwurf expliziter MPC-Regler erweitert (Bemporad, Morari, & Ricker, 2014).

Prädiktivregler für Eingrößensysteme findet man in (Damert, 1993), (Giovanini, 2003), (Zhao und Gupta, 2005), (Lu, 2004), (Ogunnaike & Mukati, 2006), (Pannocchia, Laachi, & Rawlings, 2005) und (Richalet & O'Donovan, 2009).

Mit Methoden des Control Performance Monitoring von LMPC-Reglern befassen sich u. a. die Arbeiten von (Gao & andere, 2003), (Loquasto & Seborg, 2003), (Schäfer & Cinar, 2004), (Lee, Tamayo, & Huang, 2010) und (Botelho, Trierweiler, Farenzana, & Duraiski, 2016). Eine Übersicht geben (Qin & Yu, 2007) und (Zagrobelny, Ji, & Rawlings, 2013). Die Anwendung von Methoden der multivariaten Statistik auf das MPC-Monitoring beschreiben (AlGhazzawi & Lennox, 2009). Praxisnahe und einfach zu implementierende Monitoring-Funktionen für LMPC-Regler werden in (Kern, 2005) und (Chang, 2005) beschrieben.

Verschiedene Strukturen für Anwendungen mit mehreren MPC-Reglern in größeren Anlagen werden in (Scattolini, 2009), (Christofides, Scattolini, Munoz de la Pena, & Liu, 2013) und (Maestre & Negenborn, 2014) vorgestellt und analysiert.

7 MPC-Regelungen mit nichtlinearen Modellen (NMPC)

Der Erfolg und Verbreitungsgrad von MPC-Regelungen ist zu einem nicht geringen Teil darauf zurückzuführen, dass Methoden und ausgereifte kommerzielle Programmsysteme für die Identifikation linearer (zeitinvarianter) dynamischer Modelle aus experimentell gewonnenen Daten zur Verfügung stehen. Die erfolgreiche Anwendung von LMPC ist jedoch an die Voraussetzung gebunden, dass die zu regelnden Prozesse in einer mehr der weniger engen Umgebung eines festen Arbeitspunktes betrieben werden und keine gravierenden Nichtlinearitäten aufweisen. Überdies muss gewährleistet sein, dass sich das dynamische Verhalten im Laufe der Betriebsdauer nicht wesentlich ändert. Das ist bei vielen Raffinerie- und Petrolchemieanlagen der Fall. Daraus – und überdies aus Wirtschaftlichkeitserwägungen – erklärt sich der hohe Anteil dieser Branchen an der Gesamtzahl der MPC-Einsatzfälle.

Bei einer großen Zahl potenzieller MPC-Anwendungen ist die Voraussetzung der Linearität im Arbeitsbereich des Prozesses jedoch nicht erfüllt. Dazu gehören u. a.

- Prozesse, die starke lokale Nichtlinearitäten in einer engen Umgebung ihres Arbeitspunkts aufweisen, wie z. B. Reinst-Destillationsanlagen,
- Prozesse, die in einem weiten Arbeitsbereich betrieben werden, wie z. B.
  - Mehrprodukt-Polymerisationsanlagen, bei denen Wechsel der Fahrweisen („grade transitions") typisch sind,
  - Prozesse mit periodischem Betrieb wie die Druckwechsel-Adsorption oder SMB- (Simulated Moving Bed)-Prozesse,
  - Kraftwerksanlagen mit häufigen Lastwechseln bzw. An- und Abfahrvorgängen,
  - Batch- und Fed-Batch-Prozesse, wie sie z. B. in der Biotechnologie, in der Farbstoff- oder Pharmaindustrie auftreten.

In manchen Fällen bezieht sich die Nichtlinearität im Wesentlichen auf eine Abhängigkeit der Werte der Streckenverstärkungen vom Arbeitspunkt: beispielsweise sind bei Polymerisationsprozessen Änderungen im Verhältnis von mehr als 15:1 in Abhängigkeit vom hergestellten Produkt beobachtet worden. Bei nichtlinearen dynamischen Systemen können aber auch andere, weitaus kompliziertere Phänomene auftreten, vgl. (Pearson, 2003).

NMPC-Regelungen weisen grundsätzlich dieselbe Struktur und wie LMPC-Regelungen auf. Ihre Komponenten sind:

- eine Schätzeinrichtung für nicht messbare Störgrößen und (im Fall der Verwendung von Zustandsmodellen) nicht messbare Zustandsgrößen,
- eine Funktion zur Bestimmung zulässiger Zielgrößen (Targets) für den NMPC-Regler,

https://doi.org/10.1515/9783110499575-007

- eine Funktion der dynamischen Optimierung zur Ermittlung einer optimalen Stellgrößenfolge (NMPC-DO), und
- die Anwendung des Prinzips des zurückweichenden Horizonts.

Die mehrstufige Vorgehensweise (Target-Berechnung gefolgt von NMPC-DO) lässt sich zu einer integrierten Optimierung zusammenfassen, bei der die regelungstechnisch orientierte Zielfunktion in NMPC-DO durch eine betriebswirtschaftliche ersetzt wird und das betriebswirtschaftliche Optimum zusammen mit dem Weg dorthin in einem Schritt ermittelt wird. Diese Vorgehensweise wird mit dem Namen „Economic Model Predictive Control" (EMPC) bezeichnet und steht seit einigen Jahren im Mittelpunkt der MPC-Forschung.

Anders als bei LMPC werden bei NMPC nichtlineare Modelle für die Beschreibung des statischen und dynamischen Verhaltens verwendet. Wesentliche Anwendungseigenschaften der MPC-Technologie bleiben jedoch erhalten (u. a. Regelung nicht-quadratischer Mehrgrößensysteme zeitveränderlicher Struktur, systematische Berücksichtigung von Nebenbedingungen für die Steuer- und Regelgrößen). Der Übergang zu nichtlinearen Modellen bringt neue Probleme und Herausforderungen mit sich:

- Der Aufwand für die Entwicklung und Pflege eines dynamischen Prozessmodells ist für nichtlineare Systeme im Allgemeinen wesentlich größer als im linearen Fall, das gilt sowohl für die theoretische Modellbildung als auch für den Weg der Identifikation empirischer Modelle.
- Im Gegensatz zu linearen Systemen gibt es für die Identifikation nichtlinearer dynamischer Systeme auf der Grundlage von Messdaten weder eine weitgehend abgeschlossene Theorie noch ausgereifte, kommerziell verfügbare Software. Alle Schritte der Identifikation (Wahl der Modellform, Entwurf geeigneter Testsignale, Parameterschätzverfahren, Modellvalidierung) erweisen sich als kompliziert und sind an Expertenkenntnisse gebunden.
- Es treten zwei oder sogar drei nichtlineare, i. A. nichtkonvexe, beschränkte Optimierungsprobleme auf, die in Echtzeit zu lösen sind: bei der Target-Berechnung, bei der Bestimmung der optimalen Stellgrößenfolge und – zumindest bei Anwendung der Schätzung auf beweglichem Horizont – auch bei der Zustandsschätzung. Die Lösung der Optimierungsaufgaben ist wesentlich schwieriger und rechenzeitintensiver als im Fall linearer MPC-Regelungen.
- Die Untersuchung wichtiger Eigenschaften des geschlossenen Regelungssystems wie Stabilität und Robustheit gestaltet sich komplizierter als im linearen Fall.

Die weiteren Abschnitte dieses Kapitels können daher nur ausgewählte Aspekte der Entwicklung und Anwendung von NMPC-Regelungen näher beleuchten. Sie sollen dem Leser einen Eindruck von den Schwierigkeiten und Herausforderungen vermitteln, die es zu meistern gilt, wenn diese auf breiterer Basis in der Prozessindustrie eingesetzt werden sollen. Sie sollen gleichzeitig aufzeigen, welche Vielfalt an Lösungen hier zu erwarten ist, die in Zukunft die Auswahl, den Vergleich und die Bewertung von NMPC-Technologien zu einer komplizierten, aber auch interessanten ingenieurtechnischen Aufgabe werden lassen.

In Abschnitt 7.1 sollen jedoch zunächst Alternativen für die MPC-Regelung nichtlinearer und zeitvarianter Systeme besprochen werden, die die Schwierigkeiten der Entwicklung und Anwendung nichtlinearer Prozessmodelle vermeiden. Stattdessen wird versucht, MPC-Regelungen mit linearen Modellen geeignet zu erweitern. Bei diesen Konzepten handelt es sich also um einen Zwischenschritt auf dem Weg von LMPC- zu „echten" NMPC-Regelungen.

Abschnitt 7.2 gibt eine kurze Übersicht über die in NMPC verwendeten empirischen und theoretischen Prozessmodelle für das dynamische Verhalten. Abschnitt 7.3 stellt die Benutzung eines durch Identifikation gewonnenen empirischen nichtlinearen Modells in einem kommerziellen NMPC-Regler vor. Abschnitt 7.4 widmet sich verschiedenen Varianten der Verwendung theoretischer Prozessmodelle in NMPC-Reglern. In Abschnitt 7.5 wird auf das Problem der Zustandsschätzung eingegangen, das mit der Verwendung theoretischer Modelle in NMPC verbunden ist. Abschnitt 7.6 gibt eine kurze Übersicht über NMPC-Programmpakete.

7.1 Erweiterungen der LMPC-Regelung für nichtlineare und zeitvariante Systeme

Nichtlineare Variablentransformation

Mitunter gelingt es, durch Anwendung nichtlinearer Transformationsbeziehungen auf die Regel- und/oder Stellgrößen eine Linearisierung des Zusammenhangs zwischen diesen Größen herbeizuführen. Das Prinzip ist in vereinfachter Form in Abb. 7.1 am Beispiel einer Eingrößenregelung dargestellt.

Durch die Variablentransformation entsteht ein lineares „Ersatz"-System, für das ein LMPC-Regler entworfen werden kann. Die Schwierigkeit besteht in der Auffindung geeigneter Transformationsbeziehungen $f(\cdot)$ und $g(\cdot)$. Diese können z. B. aus einem theoretischen Prozessmodell, auf experimentellem Weg oder durch Simulationsstudien gefunden werden. Nachteilig ist, dass sie meist an einen konkreten Prozess gebunden und nicht auf andere Einsatzfälle übertragbar sind. Vorhandenes Expertenwissen lässt sich so aber auf elegante und wirksame Weise einbringen. Beispiele sind u. a.

- die Verwendung einer logarithmischen Transformation zur Erzeugung einer Ersatzregelgröße bei der Konzentrationsregelung an Destillationskolonnen nach der Vorschrift $y^* = f(y) = \log[(1-y)/(1-w)]$,
- die hyperbolische Transformation des Differenzdrucks in einer Kolonne als Maß für den Flutpunkt.

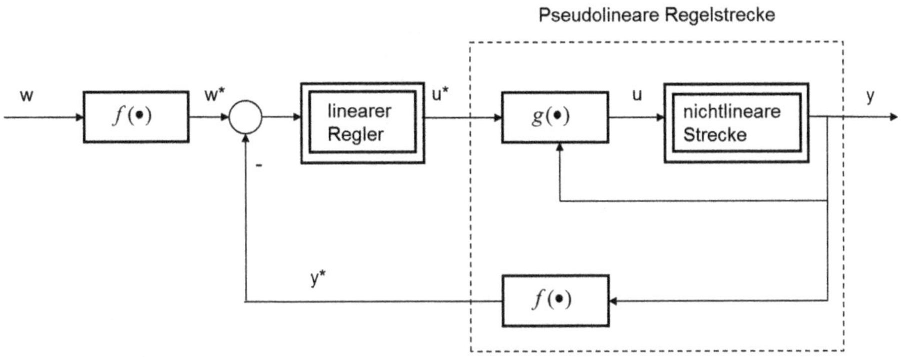

Abb. 7.1: Linearisierung durch Variablentransformation.

Transformationsbeziehungen dieser Art werden seit langem in der Praxis der Prozessregelung angewendet. Für deren Implementierung können Software-Funktionsbausteine auf Prozessleitsystemen verwendet werden, die eine Programmierung nichtlinearer Funktionen oder die Definition nichtlinearer Kennlinien durch Polygonzüge ermöglichen. Manche MPC-Pakete erlauben eine programminterne Definition von Variablentransformationen. Die Anwendung von Variablentransformationen ist mit der Methode der „exakten Linearisierung" nichtlinearer Systeme verwandt, für die Analyse- und Entwurfsverfahren u. a. in (Föllinger, 1993), (Engell, 1995), (Goodwin, Graebe, & Salgado, 2001) und (Adamy, 2014) näher erläutert werden.

LMPC mit multiplen linearen Modellen

Eine direkte und unmittelbar einleuchtende Erweiterung von LMPC-Regelungen stellt die Verwendung einer „Bank" von N linearen Prozessmodellen dar, von denen jedes einzelne Modell Gültigkeit für einen bestimmten Betriebsbereich der Anlage hat. Diese lokal gültigen Modelle können auf unterschiedliche Art und Weise in einer LMPC-Regelung verwendet werden. Abbildung 7.2 zeigt eine Version mit nur einem MPC-Regler und einer „Bank" von N linearen Prozessmodellen (Aufderheide & Bequette, 2003). In dieser Variante werden alle Modelle parallel zur Vorhersage der Regelgrößen $\boldsymbol{y}$ herangezogen. Die Vorhersagen der einzelnen Prozessmodelle werden gewichtet aufsummiert, wobei sich der gewichtete Mittelwert zu

$$\hat{\boldsymbol{y}} = \sum_{i=1}^{N} \alpha_i \hat{\boldsymbol{y}}_i \tag{7.1}$$

ergibt. In (Aufderheide & Bequette, 2003) wurde gezeigt, wie die Gewichte α_i in einem rechenzeitsparenden Verfahren rekursiv aus den Residuen $(\boldsymbol{y} - \hat{\boldsymbol{y}}_i)$ ermittelt werden können. Je größer ein Gewicht α_i ist, desto besser ist das i-te Teilmodell geeignet, das aktuell vorliegende Betriebsregime zu beschreiben. Der Prädiktions- und der Optimie-

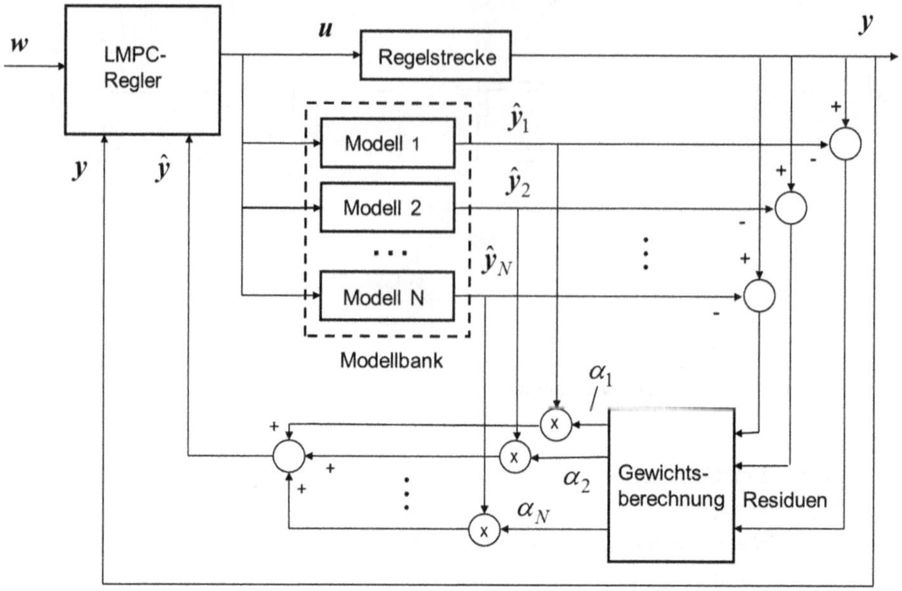

Abb. 7.2: LMPC-Regelung mit multiplen Vorhersagemodellen nach (Aufderheide & Bequette, 2003).

rungsteil des Reglers brauchen bei geeigneter Normierung der Gewichtsfaktoren nicht modifiziert zu werden.

Abbildung 7.3 zeigt eine Version, bei der mehrere LMPC-Regler, jeder mit „seinem" linearen Prozessmodell, verwendet werden. Hier werden die von den Reglern parallel berechneten Vektoren der optimalen Stellgrößenfolgen gewichtet aufsummiert (Townsend & Irwin, 2001):

$$\boldsymbol{u} = \sum_{i=1}^{N} \beta_i \boldsymbol{u}_i \,. \tag{7.2}$$

In (Dougherty & Cooper, 2003a) wurde vorgeschlagen, die Gewichte β_i durch lineare Interpolation zwischen vorher definierten $i = 1 \ldots N$ Arbeitspunktwerten der Regelgröße y_{0i} zu bestimmen. Liegt die aktuell gemessene Regelgröße y_{mess} z. B. im Bereich $y_{02} \leq y_{\text{mess}} \leq y_{03}$, ergeben sich die Gewichte zu

$$\beta_3 = \frac{y_{\text{mess}} - y_{02}}{y_{03} - y_{02}}\,, \quad \beta_2 = 1 - \beta_3\,, \quad \beta_i = 0 \quad i \neq 2,3\,. \tag{7.3}$$

In beiden Fällen wird angenommen, dass der gesamte Arbeitsbereich des Prozesses in N Teilbereiche untergliedert werden kann, für die jeweils ein lineares Prozessmodell identifiziert wird. Die Bestimmung der Anzahl N der notwendigen Teilmodelle, eine geeignete Unterteilung des Gesamtarbeitsbereichs in Teilbereiche und erst recht die Identifikation der Teilmodelle selbst erweisen sich allerdings als arbeitsintensive Aufgaben.

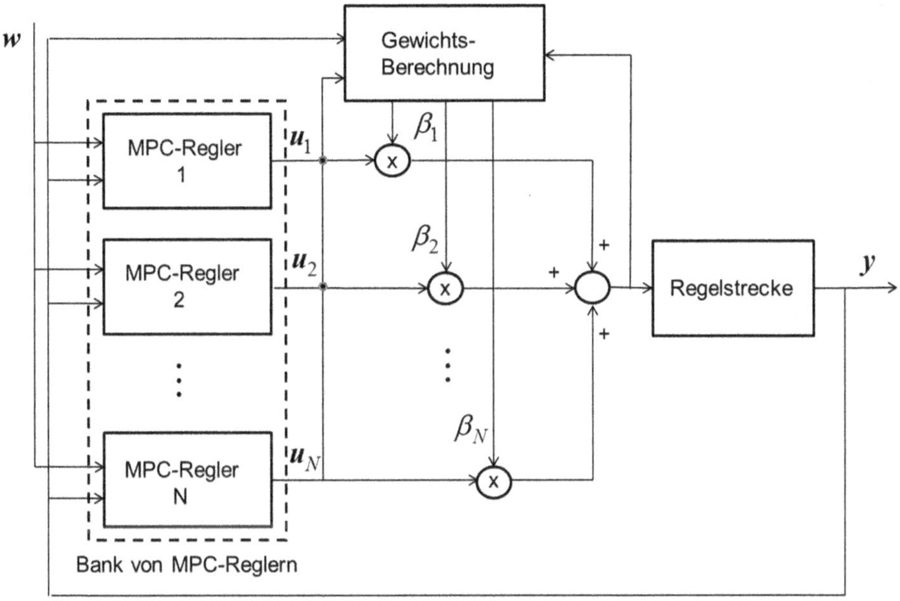

Abb. 7.3: Regelung mit mehreren LMPC-Reglern.

Die einfachste Zerlegungsmethode besteht darin, den Gesamtarbeitsbereich in ein gleichmäßiges mehrdimensionales Gitter im Raum der Eingangsvariablen (Stellgrößen und messbare Störgrößen des geplanten MPC-Reglers) aufzuteilen und für jeden Gitterpunkt ein lineares Modell zu identifizieren. Dies führt bei MPC-Anwendungen typischer Größe (z. B. 5...15 Eingangsgrößen) selbst bei grober Rasterung zu einer schnell explodierenden Zahl lokaler Modelle, deren experimentelle Identifikation praktisch unmöglich ist. Daher sind systematische Konstruktionsverfahren für eine günstige Dekomposition des Arbeitsbereichs entwickelt worden, die zu einer wesentlich geringeren Zahl lokaler Modelle führen. Aufgrund seiner Effizienz besonders geeignet erscheint das LOLIMOT-Verfahren (Nelles, 2001).

Eine Vereinfachung des in Abb. 7.2 dargestellten Schemas ergibt sich, wenn statt der gewichteten Summation jeweils nur eins von mehreren lokalen linearen Modellen ausgewählt wird. Diese Auswahl kann entweder manuell durch eine Nutzervorgabe oder aber automatisch – z. B. in Abhängigkeit von einem äußeren Signal – geschehen, welches den aktuellen Arbeitspunkt der Regelstrecke charakterisiert. Wichtig ist in diesem Fall die Gewährleistung einer korrekten Initialisierung der modellgestützten Vorhersage und einer stoßfreien Umschaltung zwischen den Modellen.

Das oben beschriebene Verfahren ist mit dem „Gain Scheduling“ verwandt, bei dem die Reglerparameter nach einem während des Regelungsentwurfs festgelegten funktionalen Zusammenhang an den aktuellen Arbeitspunkt angepasst werden. Allerdings bezieht sich das Scheduling hier auf die reglerintern verwendeten Prozessmodelle und nicht auf die MPC-Reglerparameter.

Sowohl die Matlab MPC Toolbox als auch einige der kommerziell verfügbaren LMPC-Programmsysteme unterstützen die Verwendung lokaler linearer Modelle.

Adaptive und robuste MPC-Regelung mit linearen Modellen

Bei adaptiven MPC-Regelungen findet – fortlaufend oder in bestimmten Zeitabständen – eine Anpassung des Prozessmodells an das sich zeitlich ändernde Systemverhalten statt. Die in den letzten Jahren erreichten Fortschritte bei der Identifikation von Mehrgrößensystemen im geschlossenen Regelkreis haben dazu geführt, dass neue Prozessmodelle identifiziert werden können, ohne die MPC-Regelung außer Betrieb zu nehmen. Diese Funktion kann durch den Anwender z. B. dann initiiert werden, wenn durch das Control Performance Monitoring eine zu große Abweichung zwischen aktuell verwendetem Prozessmodell und realem Prozessverhalten detektiert wird. Um den Prozess ausreichend anzuregen, werden Testsignale auf die vom MPC-Regler berechneten Stellgrößen addiert. Es wird gesichert, dass die Regelungsziele (z. B. Einhaltung bestimmter Grenzwerte) trotzdem erreicht werden. Mit Hilfe der fortlaufend anfallenden Messwerte für die Stell- und Regelgrößen werden dann lineare dynamische Prozessmodelle identifiziert (online closed-loop identification). In der Regel werden nicht alle, sondern nur der Teil der Stellgrößen-Regelgrößen-Zusammenhänge in die Identifikation einbezogen, bei denen sich die Modellgüte stärker verschlechtert hat. Bisher ist es gängige Praxis, dass der Anwender zuerst die Ergebnisse dieser Neuidentifikation bewertet und für die Verwendung im MPC-Regler „freigibt". Die Vorgehensweise ist schematisch in Abb. 7.4 dargestellt.

Beispiele sind die bereits in Abschnitt 6.10 aufgeführten Werkzeuge SmartStep (Aspen Technology), Profit®Stepper (Honeywell) und der in TaiJi MPC (TaiJi Control) eingebaute Adaptionsmechanismus. Eine andere Form der Adaption kann verwirklicht werden, wenn Informationen über das aktuelle Prozessverhalten aus einem

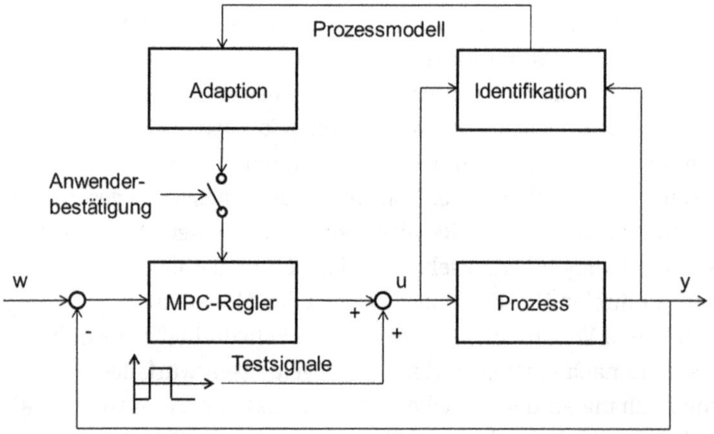

Abb. 7.4: Adaptive MPC-Regelung.

vorhandenen theoretischen Prozessmodell oder Anlagensimulator ermittelt und dem MPC-Regler übermittelt werden können. Dieser Weg wird z. B. mit dem Programmpaket Profit®Bridge (Honeywell) gegangen, der für die Modelle besonders wichtigen aktuellen Streckenverstärkungen aus dem Simulationsprogramm UniSim bestimmt und an den MPC-Regler Profit®Controller weiterleitet.

Robuste MPC-Regelung bedeutet dagegen, die Unsicherheit des (linearen) Prozessmodells beim MPC-Regelungsentwurf von vornherein zu berücksichtigen. Ziel ist es dabei, dass der MPC-Regler Stabilität und eine Mindest-Regelgüte nicht nur im Nominalfall, sondern für eine ganze Modellfamilie gewährleistet, also für alle denkbaren Parameterkombinationen in einem vorgegebenen Unsicherheitsbereich.

Ein bekannter Ansatz besteht in der Formulierung einer Min-Max-Optimierungsaufgabe (Lee & Yu, 1997). Das Prozessmodell sei in Form eines linearen zeitdiskreten Zustandsmodells gegeben:

$$\begin{aligned} \boldsymbol{x}(k+1) &= \boldsymbol{A}(\boldsymbol{\theta})\,\boldsymbol{x}(k) + \boldsymbol{B}(\boldsymbol{\theta})\,\boldsymbol{u}(k) + \boldsymbol{\xi}(k) \\ \boldsymbol{y}(k) &= \boldsymbol{C}\,\boldsymbol{x}(k) + \boldsymbol{v}(k)\,. \end{aligned} \tag{7.4}$$

Die in diesem Modell auftretenden Matrizen $\boldsymbol{A}(\boldsymbol{\theta})$ und $\boldsymbol{B}(\boldsymbol{\theta})$ sind von Parametern $\boldsymbol{\theta}$ abhängig, die nur mit einer gewissen Unsicherheit bekannt sind und/oder sich zeitlich ändern. Die Parameterunsicherheit kann nun dadurch beschrieben werden, dass ein Bereich $\boldsymbol{\theta} \in \Theta$ vorgegeben wird, indem die Parameter $\boldsymbol{\theta}$ liegen können. Am einfachsten ist eine Menge von Ungleichungen $\boldsymbol{\theta}_{\min} \le \boldsymbol{\theta} \le \boldsymbol{\theta}_{\max}$. Das Min-Max-Optimierungsproblem lautet dann

$$\min_{\Delta\mathcal{U}(k)} \max_{\boldsymbol{\theta}\in\Theta} \left\{ J(k) = \left\| \mathcal{W}(k) - \hat{\mathcal{Y}}(k) \right\|_{\boldsymbol{Q}}^2 + \|\Delta\mathcal{U}(k)\|_{\boldsymbol{R}}^2 \right\} \tag{7.5}$$

mit den üblichen Nebenbedingungen für die Steuer- und Regelgrößen. Es sind also zwei ineinander verschachtelte Optimierungsaufgaben zu lösen. Zunächst werden die unter Betrachtung aller denkbaren Parameterkombinationen maximal möglichen zukünftigen Regeldifferenzen ermittelt (innere Optimierung), danach wird die Stellgrößenfolge ermittelt, die diese Differenzen minimiert (äußere Optimierung). Das entspricht einer Worst-case-Betrachtung.

Der Entwurf robuster MPC-Regelungen und die Entwicklung echtzeitfähiger robuster MPC-Regelungsalgorithmen sind Gegenstand der aktuellen Forschung (Mayne, 2014), (Kouvaritakis & Cannon, 2016).

7.2 Nichtlineare dynamische Prozessmodelle

7.2.1 Empirische nichtlineare Modelle deren Identifikation

In vielen Fällen erweist sich der Weg der theoretischen Modellbildung als zu zeit- und kostenaufwändig oder ganz unmöglich, wenn z. B. keine ausreichenden naturwissenschaftlichen Grundlagen für die Prozessbeschreibung existieren. Dann ist man darauf angewiesen, empirische nichtlineare Modelle durch Identifikation aus Messdaten zu gewinnen. Für ein nichtlineares SISO-System lässt sich ein nichtlineares, zeitdiskretes Ein-/Ausgangsmodell wie folgt schreiben:

$$y(k) = f(y(k-1), y(k-2), \ldots, u(k-1), u(k-2), \ldots, \boldsymbol{\theta}) + v(k)\,. \tag{7.6}$$

Darin bezeichnet $v(k)$ den kombinierten Effekt von Modellunsicherheit, von nicht messbaren Störgrößen und des Messrauschens, $\boldsymbol{\theta}$ ist ein Vektor noch zu bestimmender Modellparameter. Fasst man die zurückliegenden Messwerte wieder zu einem Vektor (dem Regressionsvektor) $\boldsymbol{\varphi}(k) = [y(k-1), y(k-2), \ldots, u(k-1), u(k-2), \ldots]$ zusammen, so kann man auch schreiben

$$y(k) = f(\boldsymbol{\varphi}(k), \boldsymbol{\theta}) + v(k)\,. \tag{7.7}$$

Die Identifikation des nichtlinearen Systems lässt sich somit in drei Teilaufgaben zerlegen:
- Festlegung der Struktur des Regressionsvektors $\boldsymbol{\varphi}(k)$,
- Wahl der nichtlinearen Funktion $f(\cdot)$,
- Schätzung des Parametervektors $\boldsymbol{\theta}$.

Zur Lösung der ersten Teilaufgabe greift man auf die aus der Identifikation linearer Systeme bekannten Ansätze zurück. Die dort benutzte Familie von Modellen (vgl. Abschnitt 2.3.3) lässt sich zu

$$a(q)y(k) = \frac{b(q)}{f(q)}u(k) + \frac{c(q)}{d(q)}\varepsilon(k) \tag{7.8}$$

zusammenfassen. Daraus folgen durch Vereinfachungen das Box-Jenkins-Modell ($a(q) = 1$), das ARMAX-Modell ($f(q) = d(q) = 1$), das Output-Error-Modell ($a(q) = c(q) = d(q) = 1$), das ARX-Modell ($f(q) = d(q) = 1$) und das FIR-Modell ($a(q) = f(q) = c(q) = d(q) = 1$). Der Parametervektor $\boldsymbol{\theta}$ enthält die Koeffizienten der Polynome $a(q)$ bis $f(q)$. Der mit Gl. (7.8) verbundene Ein-Schritt-Prädiktor

$$\hat{y}(k|\boldsymbol{\theta}) = \boldsymbol{\varphi}(k)^T\boldsymbol{\theta} \tag{7.9}$$

enthält im Regressionsvektor $\boldsymbol{\varphi}(k)$ dann nicht nur
- zurückliegende Werte der Eingangsgrößen $u(k-i)$ – verknüpft mit $b(q)$ und
- zurückliegende Werte der Ausgangsgrößen $y(k-i)$ – verknüpft mit $a(q)$,

sondern auch
- zurückliegende, ausschließlich mit vergangenen $u(k-i)$ simulierte Werte der Ausgangsgrößen $\hat{y}_u(k-i)$ – verknüpft mit $f(q)$,
- zurückliegende Werte des Prädiktionsfehlers $\varepsilon(k-i) = y(k-i) - \hat{y}(k-i)$ – verknüpft mit $c(q)$ und
- zurückliegende Werte des Prädiktionsfehlers $\varepsilon_u(k-i) = y(k-i) - \hat{y}_u(k-i)$ – verknüpft mit $d(q)$.

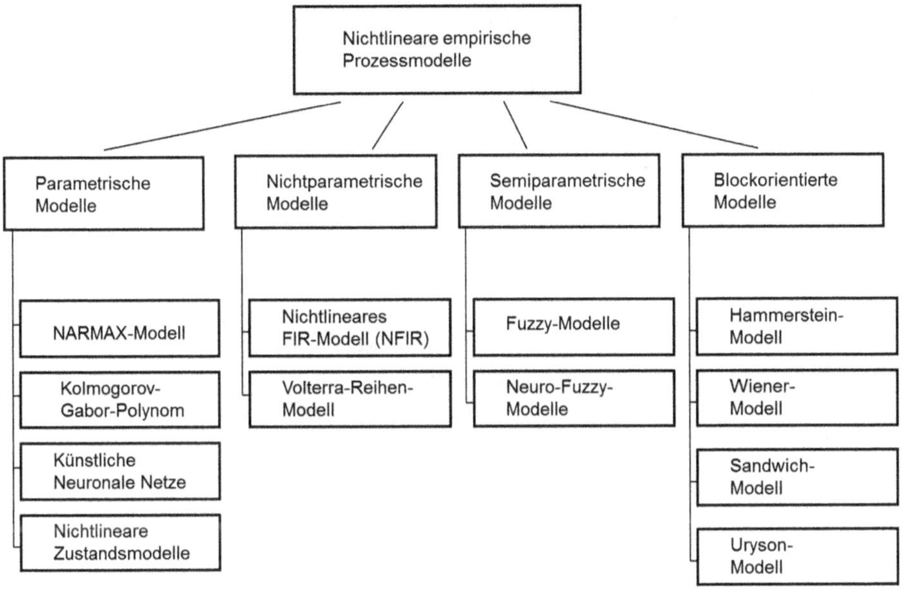

Abb. 7.5: Klassifikation gebräuchlicher nichtlinearer empirischer Modelle.

Es ist naheliegend, diese Ansätze auch im nichtlinearen Fall zu verwenden und durch Einsetzen in $f(\cdot)$ nichtlineare Versionen der genannten Modelle zu erzeugen, deren Akronyme durch den Vorsatz „N" gekennzeichnet werden (also NARMAX, NARX, NOE, NBJ und NFIR).

Eine noch weitaus größere Vielfalt von Möglichkeiten existiert für die Wahl der nichtlinearen Funktion $f(\cdot)$. Meist wird eine gewichtete Summe von Basisfunktionen verwendet

$$f(\boldsymbol{\varphi}(k), \boldsymbol{\theta}) = \sum_i \alpha_i f_i(\boldsymbol{\varphi}(k)) \,. \tag{7.10}$$

Eine detaillierte Übersicht über die Konstruktionsmöglichkeiten solcher Modelle findet man in (Sjöberg und andere, 1995). Abbildung 7.5 zeigt eine (unvollständige) Klassifikation der gebräuchlichsten Modellformen (vgl. (Haber & Keviczky, 1999) und (Nelles, 2001)), die im Folgenden kurz vorgestellt werden sollen.

NARMAX-Modell

Das nichtlineare NARMAX-Modell ist eine Verallgemeinerung des in Kapitel 2 beschriebenen ARMAX-Modells auf nichtlineare Systeme. Es lautet in Gleichungsform für SISO-Systeme

$$\begin{aligned} y(k) = f(&y(k-1), y(k-2), \ldots, y(k-n_a), u(k-d-1), \ldots, u(k-d-n_b)\,, \\ &\varepsilon(k-1), \ldots, \varepsilon(k-n_c), \boldsymbol{\theta}) + \varepsilon(k) \end{aligned} \tag{7.11}$$

Der aktuelle Systemausgang wird also als eine nichtlineare Funktion der zurückliegenden Werte der Ein- und Ausgangsgrößen sowie der Prädiktionsfehler aufgefasst. Außer den Parametern $\boldsymbol{\theta}$ ist auch die nichtlineare Funktion $f(\cdot)$ zu bestimmen. Viele andere Formen nichtlinearer empirischer Modelle lassen sich aus der NARMAX-Struktur ableiten.

Kolmogorov-Gabor-Polynom

Eine Möglichkeit der Festlegung der Funktion $f(\cdot)$ besteht darin, ein Polynom-Modell einer bestimmten Ordnung anzunehmen. Man macht sich dabei das Theorem zunutze, dass jede kontinuierliche Funktion in einem bestimmten Intervall durch ein Polynom approximiert werden kann, wobei die Genauigkeit mit der Polynomordnung steigt. Das Kolmogorov-Gabor-Polynom für ein zeitdiskretes dynamisches Modell ergibt sich zu

$$\begin{aligned} y(k) = y_0 &+ \sum_{i=1}^{n} a_i y(k-i) + \sum_{i=1}^{m} b_i u(k-d-i) + \sum_{i=1}^{n}\sum_{i=1}^{n} a_{ij} y(k-i) y(k-j) \\ &+ \sum_{i=1}^{n}\sum_{i=1}^{n} b_{ij} u(k-d-i) u(k-d-j) + \sum_{i=1}^{n}\sum_{i=1}^{n} c_{ij} y(k-i) u(k-d-j) + \ldots \end{aligned} \tag{7.12}$$

Es wurde hier bis zur Polynomordnung zwei dargestellt. Mit steigender Polynomordnung, Hinzunahme weiter zurückliegender Ein- und Ausgangsgrößenwerte (Systemordnung) und dem Übergang zu MIMO-Systemen nimmt die Zahl der Koeffizienten drastisch zu. Allerdings ist das Modell linear in den Parametern, so dass diese durch lineare Regression geschätzt werden können. Berücksichtigt man nur die linearen Terme und die Produkte $y(k-i)u(k-d-j)$, entsteht ein bilineares Modell.

Künstliche neuronale Netze

Künstliche neuronale Netze (KNN) sind im Zusammenhang mit der Entwicklung von Softsensoren bereits in Abschnitt 5 vorgestellt worden. Sie eignen sich auch zur Modellierung des dynamischen Verhaltens nichtlinearer Systeme (Nelles, Ernst, und Isermann, 1997). Eingänge des KNN sind in diesem Fall zeitlich zurückliegende Werte der Ein- und Ausgangsgrößen, Ausgang des KNN ist der aktuelle Wert der Ausgangsgröße $y(k)$. Die Funktion $f(\cdot)$ wird durch das KNN repräsentiert. Das Prinzip wird auch als „Time-delay neural network“ oder KNN mit „externer Dynamik“ bezeichnet und ist in Abb. 7.6 grafisch dargestellt.

Der Vorteil der Anwendung von KNN besteht darin, dass keine Annahmen über die Struktur von $f(\cdot)$ getroffen werden müssen. Es besitzt die Fähigkeit, sich „beliebig“ komplizierten, nichtlinearen Zusammenhängen anzupassen. Die für die Identifikation nichtlinearer Systeme am häufigsten eingesetzten KNN-Typen sind das Multilayer Perceptron (MLP-Netz) und das radiale Basisfunktionen-Netz (RBF-Netz). Prinzipiell

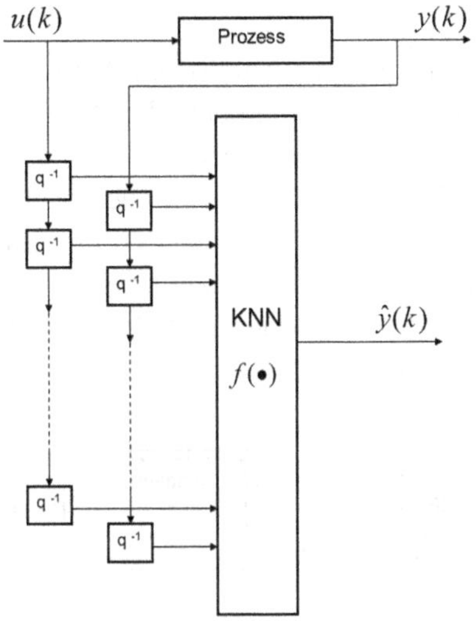

Abb. 7.6: Künstliches neuronales Netz mit zeitverschobenen Werten der Ein- und Ausgangsgröße.

geeignet sind auch KNN mit „interner Dynamik" (auch „rekurrente Netze" genannt), die aber wesentlich schwieriger zu trainieren sind.

NFIR-Modell

Auch nichtparametrische Modelle wie das FIR-Modell lassen sich auf nichtlineare Systeme erweitern:

$$y(k) = f(u(k-d-1), u(k-d-2), \ldots, u(k-d-n_M), \boldsymbol{\theta}) \,. \tag{7.13}$$

Im Gegensatz zum NARMAX-Modell enthält das NFIR-Modell nur zurückliegende Werte der Eingangsgrößen. Der Modellhorizont n_M muss daher viel größer als n_b gewählt werden. Ebenso wie im NARMAX-Modell müssen im NFIR-Modell nicht nur Parameter geschätzt, sondern auch die Funktion $f(\cdot)$ bestimmt werden.

Volterra-Reihen-Modelle

Wählt man im FIR-Modell für $f(\cdot)$ eine Reihe von Polynomen, dann ergibt sich das Volterra-Modell. Es kann als eine Verallgemeinerung der Gewichtsfunktion für nichtlineare Systeme aufgefasst werden und lautet

$$y(k) = g_0 + \sum_{i=1}^{n_M} g_1(i)u(k-d-i) + \sum_{i=1}^{n_M}\sum_{j=1}^{n_M} g_2(i,j)u(k-d-i)u(k-d-j) + \ldots \tag{7.14}$$

Hier wurden nur Polynome bis zur zweiten Ordnung berücksichtigt. Parameter dieses Modells sind die Volterra-Kerne g_i, deren Zahl wiederum stark mit der Polynomordnung und der Horizontlänge anwächst. Für ein Polynom dritter Ordnung müssen bereits knapp 5000 Parameter geschätzt werden, wenn die Horizontlänge $n_M = 30$ beträgt.

Blockorientierte Modelle

Blockorientierte Modelle sind eine Kombination von linearen dynamischen Modellen und einer statischen Nichtlinearität, die in Reihen-, Parallel- oder Rückführschaltungen angeordnet werden. Die statische Nichtlinearität wird häufig wiederum als Polynom oder als KNN ausgeführt. Abbildung 7.7 zeigt die gebräuchlichsten Modelltypen.

Auf Grund ihrer Einfachheit, der Möglichkeit, A-priori-Wissen über den Prozess einzubringen, und der Existenz effizienter Methoden für ihre Identifikation (vgl. (Zhu, 2001, Abschnitt 9) und (Pearson & Pottmann, 2000)) sind blockorientierte Modelle zur Beschreibung nichtlinearer Systeme besonders beliebt.

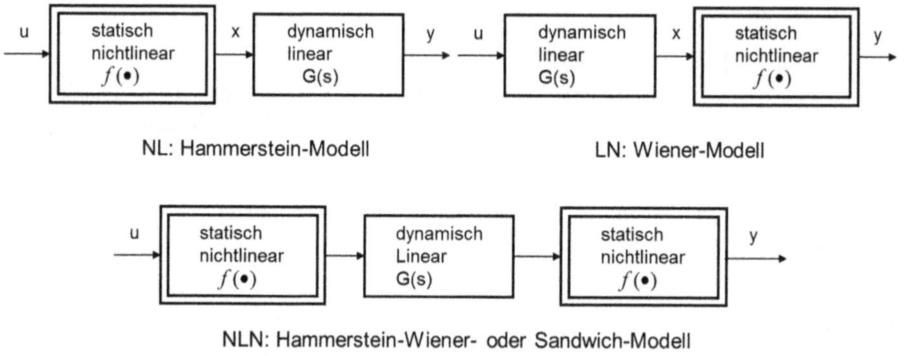

Abb. 7.7: Blockorientierte nichtlineare Modelle.

Identifikation empirischer nichtlinearer Modelle

Leider gibt es derzeit kein systematisches Verfahren, die zu einem nichtlinearen Identifikationsproblem am besten passende Modellstruktur aufzufinden. Wertvolle Hinweise dafür sind (Pearson, 1999) und (Pearson, 2003) zu entnehmen. Insbesondere ist zu beachten, dass nicht alle hier erwähnten Modelltypen gleichermaßen (und manche überhaupt nicht) geeignet sind, bestimmte nichtlineare Effekte zu beschreiben. So sind NFIR- und blockorientierte Modelle z. B. nicht in der Lage, nichtlineare Phänomene wie die Generation subharmonischer Signale, eingangssignalabhängige Stabilität oder „output multiplicity" widerzuspiegeln.

Bei der Wahl eines bestimmten Modelltyps sind neben der erreichbaren Approximationsgenauigkeit weitere Aspekte zu beachten, u. a.

- der Aufwand für aktive Versuche in den Prozessanlagen,
- der rechentechnische Aufwand bei der Nutzung des Modells,
- Konvergenz und Geschwindigkeit der Parameterschätzverfahren, speziell für Modelle, die nichtlinear in den Parametern sind,
- die Empfindlichkeit gegenüber Ausreißern und anderen Störungen in den Messdaten,
- das Extrapolations- und Interpolationsverhalten des Modells.

Die Parameterschätzung gestaltet sich dann einfacher, wenn die verwendeten Prozessmodelle linear in den Parametern sind und wenn die Parameterzahl nicht allzu groß ist. Für parameter-nichtlineare Probleme müssen numerische Suchverfahren eingesetzt werden.

Bisher wurden nur nichtlineare Ein-/Ausgangsmodelle für SISO-Systeme betrachtet. MIMO-Systeme lassen sich oft in mehrere MISO-Systeme zerlegen. Die beschriebenen E/A-Modelle sind dann entsprechend zu erweitern, aber im Prinzip anwendbar. Eine besonders kompakte Darstellung von MIMO-Systemen ergibt sich mit nichtlinearen Zustandsmodellen. Auch diese lassen sich mit Hilfe von Prediction-Error-Methoden identifizieren. Da die in ihnen auftretenden Zustandsgrößen i. A. nicht messbar sind, müssen sie zusammen mit den Parametern $\boldsymbol{\theta}$ geschätzt werden. Die gemeinsame Zustands- und Parameterschätzung kann z. B. mit Hilfe von erweiterten Kalman-Filtern geschehen, wenn das Zustandsmodell um Parametergleichungen erweitert wird. Die für den linearen Fall in letzter Zeit entwickelten, rechenzeitsparenden Subspace-Methoden sind jedoch nur schwer auf nichtlineare Systeme übertragbar.

Für andere Schritte der Identifikation, insbesondere die Datenvorverarbeitung, die Wahl der Ordnung und die Modellvalidierung gelten die im Kapitel 2 getroffenen Aussagen. Anders als im linearen Fall gestaltet sich jedoch die Wahl der Testsignale.

Bei linearen Systemen ist es ausreichend, bei der Wahl des Testsignals das in ihm vorhandene Frequenzspektrum zu betrachten. Daher werden oft binäre Signale (d. h. solche mit zwei Amplitudenwerten) angewendet wie z. B. PRBS- oder GBN-Signale. Für die Identifikation nichtlinearer Systeme sind hingegen Signale mit mehr als zwei Amplitudenwerten erforderlich. So lässt sich zeigen, dass für die Identifikation der Parameter eines Polynoms n-ter Ordnung ein Testsignal mit mindestens $(n + 1)$ verschiedenen Amplitudenwerten verwendet werden muss. Empfohlene Testsignale für die Identifikation nichtlinearer Systeme sind:

- Treppensignale oder Serien von Sprüngen (staircase test): Anzahl der Signalpegel größer als die höchste auftretende Polynomordnung, Gesamtlänge der Tests: ca. das 20fache der mittleren Beruhigungszeit der Regelstrecke, Dauer der einzelnen Sprünge: zu je einem Drittel der Versuchsdauer T_1, $2T_1$ und $3T_1$ (mit $T_1 = T_{98\,\%}/4$).
- Generalized Multi-level Noise (GMN-Signal): das ist eine Verallgemeinerung des in Kapitel 2 vorgestellten GBN-Signals, mittlere Umschaltzeit wie bei linearen Systemen $T_m = T_{98\,\%}/3$, Amplitudenverteilung zufällig mit Gleichverteilung im Eingangssignalbereich. Statt einer Gleichverteilung können auch andere Verteilungen verwendet werden, wenn z. B. in einem bestimmten Arbeitsbereich eine erhöhte Genauigkeit erforderlich ist,
- Pseudo Random Multi-level Signal (PRMS) oder Amplitude modulated PRBS (APRBS): Parametrisierung wie bei PRBS im linearen Fall, zusätzlich zufällige Wahl der Signalamplituden mit Gleichverteilung im gewählten Signalbereich.

Algorithmen und eine Vielzahl von Hinweisen zur Konstruktion geeigneter Testsignale für die Identifikation nichtlinearer Systeme finden sich in (Haber & Keviczky, 1999). An die Zahl und die Qualität der Messdatensätze werden im Allgemeinen wesentlich höhere Anforderungen gestellt als im linearen Fall.

7.2.2 Nichtlineare theoretische Prozessmodelle

Theoretische Modelle für verfahrenstechnische Prozesse entstehen durch die Anwendung

- von Erhaltungssätzen für Masse, Energie und Impuls und
- von Zustandsgleichungen (Gleichungen für Phasengleichgewichte, chemische Gleichgewichte, Reaktionskinetik, Transportprozesse u. a.), die verschiedenen Wissensdisziplinen (Thermodynamik, Strömungsmechanik, mechanische und thermische Verfahrenstechnik, Reaktionstechnik usw.) entstammen.

Beschränkt man sich auf Systeme mit konzentrierten Parametern, d. h. lässt man die Ortsabhängigkeit der Zustandsgrößen außer Betracht, dann entsteht auf diesem Weg ein System von nichtlinearen zeitkontinuierlichen Differential- und algebraischen Gleichungen (ein sogenanntes DAE-System), das sich in kompakter Form wie folgt schreiben lässt:

$$F\left(\boldsymbol{x}(t), \frac{d\boldsymbol{x}(t)}{dt}, \boldsymbol{u}(t), \boldsymbol{y}(t), \boldsymbol{\theta}, t\right) = 0\,, \quad \boldsymbol{x}(t=0) = \boldsymbol{x}_0\,. \tag{7.15}$$

Darin bezeichnen $\boldsymbol{x}(t)$ den Vektor zeitabhängiger Zustandsgrößen mit Anfangsbedingungen $\boldsymbol{x}_0$, $\boldsymbol{u}(t)$ einen Vektor von Steuer- oder Stellgrößen, $\boldsymbol{y}(t)$ den Vektor der Ausgangsgrößen (Regelgrößen), und $\boldsymbol{\theta}$ einen Vektor von Modellparametern (Stoffkonstanten u. a. physikalisch interpretierbare Parameter). Meist taucht die Zeit t nicht explizit in diesen Gleichungen auf. Dieses implizite DAE-System ist schwierig zu handhaben, daher wird oft eine auf die meisten Prozesse anwendbare semi-explizite Form gewählt, in der Differenzial- und algebraische Gleichungen getrennt sind. Die differenziellen und algebraischen Variablen werden dann mit unterschiedlichen Symbolen bezeichnet, hier mit $\boldsymbol{x}(t)$ und $\boldsymbol{z}(t)$:

$$\begin{aligned} &\frac{d\boldsymbol{x}(t)}{dt} = \boldsymbol{f}(\boldsymbol{x}(t), \boldsymbol{z}(t), \boldsymbol{u}(t), \boldsymbol{\theta}) \quad \boldsymbol{x}(0) = \boldsymbol{x}_0 && \text{Differentialgleichungen} \\ &\boldsymbol{g}(\boldsymbol{x}(t), \boldsymbol{z}(t), \boldsymbol{u}(t), \boldsymbol{\theta}) = \boldsymbol{0} && \text{algebraische Gleichungen} \\ &\boldsymbol{y}(t) = \boldsymbol{h}(\boldsymbol{x}(t), \boldsymbol{z}(t), \boldsymbol{u}(t), \boldsymbol{\theta}) && \text{Ausgangsgleichungen} \end{aligned} \tag{7.16}$$

Die Funktionen $\boldsymbol{f}$, $\boldsymbol{g}$ und $\boldsymbol{h}$ sind nichtlineare Vektorfunktionen der entsprechenden Dimension. Die Differenzialgleichungen entstehen in der Regel aus den Erhaltungssätzen, die algebraischen aus Zustandsgleichungen. Wenn man davon ausgeht, dass sich die algebraischen Gleichungen eindeutig nach den algebraischen Variablen $\boldsymbol{z}(t)$ auflösen lassen, wenn außerdem $\boldsymbol{x}(t)$, $\boldsymbol{u}(t)$ und $\boldsymbol{\theta}$ bekannt sind, d. h. sich

$\boldsymbol{z}(t) = \boldsymbol{z}[\boldsymbol{x}(t), \boldsymbol{u}(t), \boldsymbol{\theta}]$ berechnen lässt, dann entspricht die Lösung des DAE der Lösung des zugeordneten gewöhnlichen Differenzialgleichungssystems (ODE)

$$\frac{d\boldsymbol{x}(t)}{dt} = \boldsymbol{f}(\boldsymbol{x}(t), \boldsymbol{z}[\boldsymbol{x}(t), \boldsymbol{u}(t), \boldsymbol{\theta}], \boldsymbol{u}(t)\boldsymbol{\theta}) \quad \boldsymbol{x}(0) = \boldsymbol{x}_0 \,. \tag{7.17}$$

Man bezeichnet ein DAE mit dieser Eigenschaft als „DAE mit Differentiationsindex 1“ oder kurz „Index-1 DAE“. (Der Differentiationsindex gibt an, wie oft die impliziten Gl. (7.15) differenziert werden müssen, damit man durch algebraische Umformungen aus dem DAE ein ODE „extrahieren“ kann. Für DAE mit einem Differentiationsindex ≥ 2 sind Algorithmen und Programme zur Indexreduktion verfügbar).

Die Zahl der sich ergebenden Differentialgleichungen liegt für Prozesse realistischer Komplexität in der Größenordnung von 10^1 bis 10^4 (bei komplexen Anlagen sogar darüber), hinzu kommt eine Zahl algebraischer Gleichungen in derselben Größenordnung.

Für die Entwicklung theoretischer Prozessmodelle für das dynamische Verhalten verfahrenstechnischer Prozessanlagen stehen leistungsfähige Modellierungs-Werkzeuge zur Verfügung, die von kommerziellen Anbietern oder von Nutzerorganisationen erworben werden können. Nicht selten stehen bereits theoretische Modelle für das statische Anlagenverhalten zur Verfügung, die im Zusammenhang mit der Anlagenplanung entwickelt wurden, und die als Ausgangspunkt für ein dynamisches Prozessmodell dienen können.

Dynamische Simulatoren auf der Grundlage theoretischer Prozessmodelle können für unterschiedliche Aufgaben eingesetzt werden:

- Validierung des Anlagenkonzepts in der Phase des Entwurfs und der Projektierung der verfahrenstechnischen Anlage,
- Verifikation der regelungs- und steuerungstechnischen Lösungen während der Anlagenplanung und im laufenden Anlagenbetrieb,
- Training der Anlagenfahrer (Operator-Trainings-Simulatoren, OTS),
- Erproben von neuen Strategien der Prozessführung,
- Unterstützung bei der Erkennung und Diagnose von Störungen,
- Trajektorienplanung und -optimierung im Offline-Betrieb,
- Dynamische Online-Optimierung und NMPC im Echtzeitbetrieb.

Sie weisen folgende gemeinsame Komponenten und Merkmale auf:

- Bibliotheken von Modellen für typische verfahrenstechnische Prozesseinheiten (Wärmeübertrager, Verdampfer, Rektifikationskolonnen, Extraktionsapparate, Reaktoren) und Ausrüstungen (Pumpen, Kompressoren, Rohrleitungen, Ventile),
- Stoffdatenbanken für thermodynamische, kinetische u. a. Parameter,
- Grafische Werkzeuge für die Bildung des Anlagenmodells durch Auswahl und Verknüpfung der Apparate und Ausrüstungen entsprechend dem Fließschema der Anlage,

Tab. 7.1: Ausgewählte verfahrenstechnische Dynamik-Simulatoren.

Produkt	Anbieter
AspenPlus Dynamics, Aspen HYSYS Dynamics	Aspen Technology
Unisim	Honeywell
SimSuitePro	GSE Systems
gPROMs	PCE Ltd.
IndissPlus	RSI/IFP France
SimSci DYNSIM	Schneider Electric Software
Dymola	Dassault Systemes, Schweden
JModelica	Modelon AB
APMonitor	Brigham Young University
IDEAS	Andritz AG

- Lösungsverfahren für DAE-Systeme (sequentiell-modular oder gleichungsorientiert-simultan),
- Werkzeuge zur Unterstützung des Übergangs von statischen zu dynamischen Prozessmodellen,
- Schnittstellen zu CFD-(Computational Fluid Dynamics)-Werkzeugen, zu Matlab/Simulink, CAD-Werkzeugen, anderen Stoffdatenbanken usw.

Eine Übersicht über ausgewählte verfahrenstechnisch orientierte Dynamik-Simulatoren enthält Tab. 7.1.

Diese Tools können auf leistungsfähige DEA-Solver inkl. Algorithmen für die Indexreduktion zurückgreifen (Ascher & Petzold, 1998), (Biegler, 2010).

Darüber hinaus gibt es eine Reihe von Simulatoren, die auf spezielle Prozessklassen (z. B. Polymerisationsprozesse) zugeschnitten sind. Diese werden nicht nur von auf diese Art von Anwendersoftware spezialisierten Firmen, sondern auch von Lizenzgebern für bestimmte Verfahren und Anlagen im Zusammenhang mit dem Anlagengeschäft entwickelt und angeboten. Auch bei größeren Betreibern von Prozessanlagen gibt es eigenständige Entwicklungen.

7.3 NMPC-Regelung mit empirischen Prozessmodellen

Über eine Möglichkeit, empirische Prozessmodelle für NMPC-Regelungen zu verwenden, berichten (Piché, Sayyar-Rodsari, Johnson, & Gerules, 2000), (Sayyar-Rodsari, Axelrud, & Liano, 2004) und (Sayyar-Rodsary & andere, 2004). Die Modelle bestehen aus einem statischen Teil $\boldsymbol{y} = \boldsymbol{G}(\boldsymbol{u})$, der die nichtlinearen statischen Zusammenhänge zwischen den Ein- und Ausgangsgrößen der Strecke beschreibt, und aus einem linearen dynamischen Modell in Form von Differenzengleichungen niedriger Ordnung. Das statische Modell hat die Form eines künstlichen neuronalen Netzes und wird im

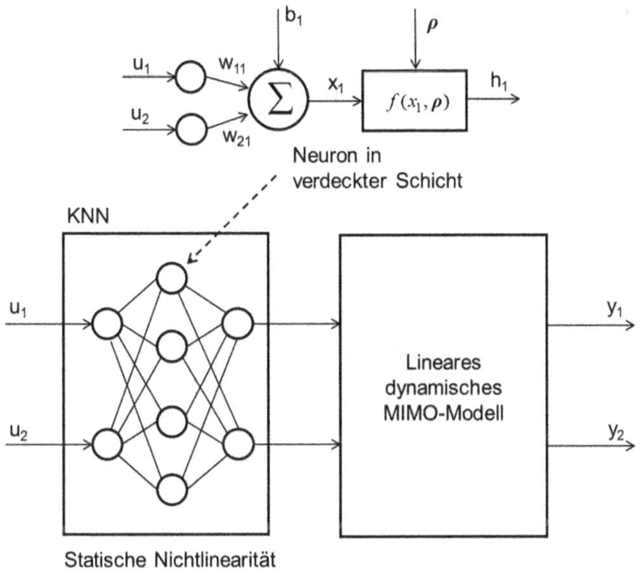

Abb. 7.8: Hammerstein-Modell aus KNN und linearer Dynamik.

Wesentlichen unter Verwendung historischer Datensätze gebildet. Das dynamische Modell wird mit Hilfe von Messdaten identifiziert, die durch Anlagentests gewonnen werden. Beide Teile werden in Form eines Hammerstein-Modells kombiniert (hier in der SISO-Form geschrieben):

$$y(k) = \sum_{i=1}^{na} a_i y(k-i) + \sum_{i=1}^{nb} G\,(u(k-i))\,u(k-i)\,. \tag{7.18}$$

Abb. 7.8 zeigt die Modellstruktur am Beispiel eines Prozesses mit 2 Eingangs- und zwei Ausgangsgrößen.

Die Neuronen in der verdeckten Schicht werden wie üblich durch eine gewichtete Summation der Eingänge des Neurons und eine nichtlineare Aktivierungsfunktion (z. B. Sigmoid-Funktion) charakterisiert. Für das j-te Neuron heißen die Gleichungen dafür

$$\begin{aligned} x_j &= \sum\nolimits_i (w_{ij} u_i) + b_j \\ h_j &= f(x_j, \boldsymbol{\rho}_j) \end{aligned} \tag{7.19}$$

Darin bezeichnen f die Aktivierungsfunktion mit ihrem Parametervektor $\boldsymbol{\rho}$, w_{ij} sind Gewichtsfaktoren und b_j Biaswerte (Offsets). Um das KNN für die Anwendung in einer NMPC-Regelung nutzbar zu machen, wird es nach einem speziellen Verfahren trainiert, bei dem die Zielfunktion für das Netztraining durch Nebenbedingungen ergänzt wird, die sichern, dass die Streckenverstärkungen innerhalb vorgegebener Grenzen verbleiben.

Die nichtlineare Optimierungsaufgabe für das Netztraining lässt sich dann durch

$$\min_{w_{ij},b_j,\rho_j} \left\{ J = \sum_{i=1}^{N} \sum_{j=1}^{n} \left(y_{\text{mess},ij} - y_{\text{KNN},ij} \right)^2 \right\} \quad \text{Zielfunktion} \tag{7.20}$$

$$\boldsymbol{g}\left(\frac{\partial y_{ji}}{\partial u_{ki}}, \ldots \right) \leq \boldsymbol{0} \quad \text{Nebenbedingungen} \tag{7.21}$$

beschreiben (Hartmann, 2000). Optimierungsvariable sind die Parameter des KNN (Gewichte, Biaswerte, Parameter der Aktivierungsfunktion der Neuronen), als Nebenbedingungen können Grenzen für die Verstärkungen des KNN $\partial y/\partial u$ (gleichzeitig die Streckenverstärkungen) vorgegeben werden. Auch andere Grenzwerte sind denkbar, z. B. für die zweiten partiellen Ableitungen $\partial^2 y/\partial u^2$. Auf diese Weise lässt sich einerseits Vorwissen über den Prozess in das Netztraining einbringen, andererseits wird gesichert, das die für die Vorhersagen in NMPC verwendeten Streckenverstärkungen im gesamten Raum der Eingangs- und Ausgangsgrößen sinnvoll begrenzt werden. Das gilt auch für Bereiche, für die keine Trainingsdaten vorliegen, bzw. für die (lineare) Extrapolation über den Bereich der Trainingsdaten hinaus. Diese Art von KNN wird daher auch als „Extrapolating gain-constrained neural network“ (EGCN) bezeichnet. Das gleiche Ziel wird mit dem in (Turner & Guiver, 2005) vorgestellten „Bounded Derivative Network“ verfolgt.

Das nichtlineare statische Modell (KNN) und das lineare dynamische Modell werden auf folgende Art und Weise zusammengeführt: Zunächst wird durch Lösung eines nichtlinearen statischen Optimierungsproblems der betriebswirtschaftlich günstigste Arbeitspunkt bestimmt. Aus dem KNN können dann die Matrizen der Streckenverstärkungen im aktuellen Prozesszustand und im stationären, optimalen Endzustand ermittelt werden:

$$\boldsymbol{K}_{S,\text{aktuell}} = \left. \frac{\partial \boldsymbol{y}}{\partial \boldsymbol{u}} \right|_{\boldsymbol{u}=\boldsymbol{u}_{\text{aktuell}}} \tag{7.22}$$

$$\boldsymbol{K}_{S,\text{final}} = \left. \frac{\partial \boldsymbol{y}}{\partial \boldsymbol{u}} \right|_{\boldsymbol{u}=\boldsymbol{u}_{\text{final}}} . \tag{7.23}$$

Mit diesen Informationen wird der „Verlauf“ der Verstärkungen auf dem Weg vom aktuellen zum stationären, optimalen Prozesszustand interpoliert und die Dynamik mit Hilfe von quadratischen Differenzengleichungen approximiert. Für den Eingrößenfall und ein System zweiter Ordnung ergibt sich dann die Vorhersagegleichung

$$\begin{aligned} \Delta y(k) = &-a_1 \Delta y(k-1) - a_2 \Delta y(k-2) + v_1 \Delta u(k-d-1) + v_2 \Delta u(k-d-2) \\ &+ w_1 \Delta u^2(k-d-1) + w_2 \Delta u^2(k-d-2) \end{aligned} \tag{7.24}$$

mit

$$v_1 = b_1 k_{\text{aktuell}} \frac{1 + a_1 + a_2}{b_1 + b_2}, \quad v_2 = b_2 k_{\text{aktuell}} \frac{1 + a_1 + a_2}{b_1 + b_2} \tag{7.25}$$

$$w_1 = b_1 \frac{(1 + a_1 + a_2)}{(b_1 + b_2)} \frac{(k_{\text{final}} - k_{\text{aktuell}})}{(u_{\text{final}} - u_{\text{aktuell}})}, \quad w_2 = b_2 \frac{(1 + a_1 + a_2)}{(b_1 + b_2)} \frac{(k_{\text{final}} - k_{\text{aktuell}})}{(u_{\text{final}} - u_{\text{aktuell}})}. \tag{7.26}$$

Diese Vorgehensweise lässt sich als eine Art erweitertes „Gain Scheduling“ interpretieren. Die dynamische Optimierung zur Bestimmung der optimalen Stellgrößenfolge wird mit einem Programm zur quadratischen Optimierung gelöst. Der gesamte Algorithmus ist im Programmpaket „Pavilion 8“ der Fa. Rockwell Software (früher Pavilion Technologies) implementiert und wird u. a. in Polymerisationsanlagen, der Nahrungsgüterindustrie und in Biodieselanlagen zur Regelung nichtlinearer Prozesse eingesetzt (Sayyar-Rodsari, Axelrud, & Liano, 2004), (Bartee & andere, 2009).

Analog zur MPC-Regelung mit linearen Prozessmodellen heißt das dynamische Optimierungsproblem bei NMPC

$$\min_{\Delta u(k)} \left\{ J(k) = \sum_{i=1}^{n_P} \left\| \boldsymbol{y}_{ref}(k+i|k) - \hat{\boldsymbol{y}}(k+i|k) \right\|_{\boldsymbol{Q}(i)}^2 + \sum_{i=0}^{n_C-1} \left\| \Delta \boldsymbol{u}(k+i|k) \right\|_{\boldsymbol{R}(i)}^2 \right\} \tag{7.27}$$

mit den Nebenbedingungen

$$\left.\begin{array}{r} \boldsymbol{u}_{\min}(k) \le \boldsymbol{u}(k+j) \le \boldsymbol{u}_{\max}(k) \\ \Delta \boldsymbol{u}_{\min}(k) \le \Delta \boldsymbol{u}(k+j) \le \Delta \boldsymbol{u}_{\max}(k) \end{array}\right\} \; j = 0,\ 1,\ \ldots n_C - 1$$
$$\boldsymbol{y}_{\min}(k) \le \boldsymbol{y}(k+j) \le \boldsymbol{y}_{\max}(k) \qquad j = 1,\ 2,\ \ldots n_P\,. \tag{7.28}$$

Der Einfachheit halber sind in dieser Darstellung die Terme mit Schlupfvariablen (zur Entspannung der Nebenbedingungen für die Regelgrößen) und der Abweichung der Stellgrößen von ihren stationär optimalen Werten weggelassen worden. Im Unterschied zu LMPC werden jetzt die Vorhersagen $\hat{\boldsymbol{y}}(k + j|k)$ über nichtlineare Prozessmodelle, hier über das Hammerstein-Modell mit einem KNN für den statischen Teil, gewonnen.

7.4 NMPC-Regelung mit theoretischen Prozessmodellen

Für NMPC-Regelungen unter Verwendung theoretischer Prozessmodelle sind gegenwärtig folgende Strategien gebräuchlich:
- Einfachschießverfahren („direct single shooting“),
- Mehrfachschießverfahren oder Mehrzielverfahren („direct multiple shooting“),
- Kollokationsverfahren („direct collocation“).

Diese Verfahren werden nicht nur für NMPC, sondern auch für andere Problemstellungen der dynamischen Optimierung verfahrenstechnischer Prozesse angewendet, z. B.

für die Bestimmung optimaler Profile für Batch-Prozesse, für die Bestimmung optimaler Trajektorien beim An- und Abfahren kontinuierlicher Prozessanlagen und für die optimale Schätzung von Parametern in dynamischen Prozessmodellen.

Im Zusammenhang mit NMPC bedeutet „Direct single shooting" ein *sequentielles* Verfahren, bei dem Optimierung einerseits und Simulation des DEA-Systems über den Prädiktionshorizont andererseits jeweils nacheinander durchgeführt werden. Dabei wird der unendlich-dimensionale Stellgrößenverlauf $\boldsymbol{u}(t)$ zeitlich diskretisiert. Das bedeutet, dass $\boldsymbol{u}(t)$ durch eine endliche Folge von Stellgrößenänderungen, bei der innerhalb der Abtastzeit die Werte der Stellgrößen konstant sind, ersetzt wird. Optimierungsvariable sind die $(n_u \times n_C)$ diskreten Werte der Stellgrößen, die in jedem Optimierungsschritt nach einer Suchstrategie verändert werden. Sind die Werte der Stellgrößen und die aktuellen Anfangsbedingungen bekannt, können die Zeitverläufe der Zustands- und der Ausgangsgrößen durch einen DAE-Solver ermittelt werden. Eine solche sequentielle Strategie ist einfach aufzusetzen, da sie erprobte und rechenzeitsparende Programme zur nichtlinearen Optimierung (Nonlinear Programming, NLP) und zur Simulation miteinander verknüpft. Von Nachteil ist, dass in jedem Abtastintervall die Simulation des Prozessmodells und die Berechnung der Ableitungen der Zielfunktion nach den Entscheidungsvariablen mehrfach durchgeführt werden müssen. Das Single-shooting-Verfahren eignet sich daher besonders dann, wenn nur wenige Stellgrößen vorhanden sind und das DAE-System nicht zu groß ist. Es wird in Abschnitt 7.4.1 näher erläutert.

„Direct collocation" bezeichnet hingegen ein *simultanes* Verfahren, bei dem nicht nur der Stellgrößenverlauf $\boldsymbol{u}(t)$, sondern ebenso die Zeitverläufe der Zustands- und Ausgangsgrößen $\boldsymbol{x}(t)$ und $\boldsymbol{y}(t)$ zeitlich diskretisiert werden („full discretization"). Die Diskretisierung erfolgt durch Kollokation auf finiten Elementen, einem speziellen Runge-Kutta-Verfahren. Dadurch entsteht ein großes nichtlineares, das DAE-System einschließendes, Optimierungsproblem, durch dessen Lösung simultan sowohl die optimale Stellgrößenfolge als auch die Zustands- und Ausgangsgrößenverläufe berechnet werden. Die Zahl der Optimierungsvariablen wird durch diesen Ansatz stark erhöht. Allerdings können moderne NLP-Programme die besondere mathematische Struktur des resultierenden Optimierungsproblems ausnutzen und vergleichsweise schnell eine Lösung finden. Das Direct-collocation-Verfahren eignet sich besonders für die Lösung von NMPC-Problemen mit einer größeren Zahl von Stellgrößen und/oder einem großen DAE-Modell. Es ist Gegenstand von Abschnitt 7.4.2.

Eine Zwischenstellung nimmt das Multiple-shooting-Verfahren ein. Auch hier wird der Stellgrößenverlauf $\boldsymbol{u}(t)$ diskretisiert. Es erfolgt aber keine Kollokation auf finiten Elementen. Stattdessen wird der Prädiktionshorizont in kleinere Zeitabschnitte unterteilt, und die DAE-Modelle werden gleichzeitig bzw. „parallel" in diesen Zeitscheiben integriert. Durch zusätzliche Nebenbedingungen für das Optimierungsproblem wird gewährleistet, dass die Teillösungen miteinander verbunden werden und $\boldsymbol{x}(t)$ und $\boldsymbol{y}(t)$ über den Prädiktionshorizont kontinuierlich verlaufen. Das Multiple-shooting-Verfahren wird am Ende des Abschnitts 7.4.1 näher beschrieben.

7.4.1 Sequentielle Optimierung und Simulation

In diesem und in den folgenden Abschnitten wird die Lösung des NMPC-Problems für den Fall erläutert, dass ein nichtlineares Zustandsmodell des Prozesses vorliegt. Aufgrund der zeitdiskreten Arbeitsweise von MPC-Reglern wird in der NMPC-Literatur meist nicht das DAE-System (7.16) zur Prozessbeschreibung verwendet, sondern ein Prozessmodell in zeitdiskreter Form. Dann ergibt sich (Tenny, Rawlings, & Wright, 2004):

$$\begin{aligned} \boldsymbol{x}(k+1) &= \boldsymbol{f}(\boldsymbol{x}(k), \boldsymbol{u}(k) + \boldsymbol{G}_u\boldsymbol{d}(k), \boldsymbol{w}(k)) \\ \boldsymbol{y}(k) &= \boldsymbol{g}(\boldsymbol{x}(k)) + \boldsymbol{G}_y\boldsymbol{d}(k) + \boldsymbol{v}(k) \end{aligned} \tag{7.29}$$

Darin sind $\boldsymbol{G}_u\boldsymbol{d}(k)$ und $\boldsymbol{G}_y\boldsymbol{d}(k)$ nicht messbare Störungen der Ein- und Ausgangsgrößen des Prozesses. Sie werden wie in Abschnitt 6.4 mit dem Modell

$$\boldsymbol{d}(k+1) = \boldsymbol{d}(k) + \boldsymbol{\xi}(k) \tag{7.30}$$

beschrieben. Darin bezeichnet $\boldsymbol{\xi}(k)$ wiederum einen vektoriellen weißen Rauschprozess. $\boldsymbol{w}(k)$ und $\boldsymbol{v}(k)$ sind stochastische, mittelwertfreie Störterme für die Zustands- und Ausgangsgrößen. Die zeitdiskrete Form der Zustandsgleichungen liegt oft nicht explizit vor, man kann sie sich aber durch Integration der kontinuierlichen Zustandsdifferenzialgleichungen oder des DAE über das Abtastintervall $t_k < t < t_{k+1} = t_k + T_0$ mit konstantem Eingangssignal $\boldsymbol{u}(k)$ entstanden denken. Anfangsbedingungen der Integration sind die zum Zeitpunkt k gemessenen oder geschätzten Werte der Zustandsgrößen $\boldsymbol{x}(k|k)$ bzw. $\hat{\boldsymbol{x}}(k|k)$:

$$\boldsymbol{x}(k+1|k) = \boldsymbol{x}(k|k) + \int_{t_k}^{t_{k+1}} \boldsymbol{f}(\boldsymbol{x}(t), \boldsymbol{u}(k))\, dt\,. \tag{7.31}$$

Verwendet man additiv überlagerte stochastische Terme $\boldsymbol{w}(k)$ und $\boldsymbol{v}(k)$ zur Beschreibung der Modellunsicherheit, kann man auch vereinfacht schreiben (Huang, Biegler, & Patwardhan, 2010):

$$\begin{aligned} \boldsymbol{x}(k+1) &= \boldsymbol{f}(\boldsymbol{x}(k), \boldsymbol{u}(k)) + \boldsymbol{w}(k) \\ \boldsymbol{y}(k) &= \boldsymbol{g}(\boldsymbol{x}(k)) + \boldsymbol{v}(k) \end{aligned} \tag{7.32}$$

Es wird vorausgesetzt, dass zum aktuellen Zeitpunkt k

- Schätzwerte für die nicht messbaren Zustandsgrößen $\hat{\boldsymbol{x}}(k|k)$ und die Zustands- und Ausgangsstörungen $\hat{\boldsymbol{w}}(k)$ und $\hat{\boldsymbol{v}}(k)$ vorliegen, die von der Schätzeinrichtung des NMPC-Reglers bestimmt wurden (siehe Abschnitt 7.5),
- zulässige Zielwerte $\boldsymbol{y}_T(k+i)$ für die Regelgrößen bekannt sind, die durch Target-Berechnung gefunden werden (siehe Abschnitt 7.6).

Dann kann man das Modell für eine Vorhersage der Regelgrößen über den Prädiktionshorizont n_P und für die Bestimmung der optimalen Stellgrößenfolge verwenden.

Dabei wird wiederum angenommen, dass sich die Stellgrößen in Zukunft nur in einem Steuerhorizont $n_C \ll n_P$ verändern und danach konstante Werte annehmen.

Die dynamische Optimierungsaufgabe für die Ermittlung der optimalen Stellgrößenfolge lässt sich für den nichtlinearen Fall (NMPC-DO) wie folgt angeben:

$$\min_{\Delta \boldsymbol{u}(k)\ldots\Delta \boldsymbol{u}(k+n_C-1)} \left\{ \begin{array}{l} J(k) = \sum\limits_{i=1}^{n_P} \|\boldsymbol{y}_T(k+i) - \hat{\boldsymbol{y}}(k+i|k)\|^2_{\boldsymbol{Q}(i)} + \\ \qquad + \sum\limits_{i=0}^{n_C-1} \|\Delta \boldsymbol{u}(k+i|k)\|^2_{\boldsymbol{R}(i)} \end{array} \right\} \tag{7.33}$$

mit den Nebenbedingungen

$$\left. \begin{array}{l} \hat{\boldsymbol{x}}(k+j|k) = \boldsymbol{f}(\hat{\boldsymbol{x}}(k+j-1|k), \boldsymbol{u}(k+j-1)) + \hat{\boldsymbol{w}}(k) \\ \hat{\boldsymbol{y}}(k+j|k) = \boldsymbol{g}(\hat{\boldsymbol{x}}(k+j|k)) + \hat{\boldsymbol{v}}(k) \end{array} \right\} \quad j = 1 \ldots n_P \tag{7.34}$$

$$\begin{array}{l} \left. \begin{array}{r} \boldsymbol{u}_{\min}(k) \le \boldsymbol{u}(k+j) \le \boldsymbol{u}_{\max}(k) \\ \Delta\boldsymbol{u}_{\min}(k) \le \Delta\boldsymbol{u}(k+j) \le \Delta\boldsymbol{u}_{\max}(k) \end{array} \right\} \quad j = 0,\ 1,\ \ldots n_C - 1 \\ \left. \begin{array}{r} \boldsymbol{y}_{\min}(k) \le \boldsymbol{y}(k+j) \le \boldsymbol{y}_{\max}(k) \\ \boldsymbol{x}_{\min}(k) \le \boldsymbol{x}(k+j) \le \boldsymbol{x}_{\max}(k) \end{array} \right\} \quad j = 1,\ 2,\ \ldots n_P \end{array} \tag{7.35}$$

Wie im linearen Fall werden die Nebenbedingungen für die Stellgrößen als „harte“, die für die Regelgrößen als „weiche“ NB aufgefasst. Das Problem ist mathematisch wesentlich schwieriger als im linearen Fall: es liegt jetzt kein QP-Problem, sondern ein im Allgemeinen nichtkonvexes, nichtlineares, beschränktes Optimierungsproblem mit $(n_C * n_u)$ Variablen vor. Hinzu kommt, dass für die Vorhersage ein (großes) nichtlineares Differenzialgleichungssystem oder ein DAE über den Prädiktionshorizont integriert werden muss. Beide Aufgaben müssen bei Anwendung des Prinzips des zurückweichenden Horizonts in jedem Abtastintervall gelöst werden. Die Vorgehensweise ist schematisch in Abb. 7.9 dargestellt.

Zur Lösung des nichtlinearen, beschränkten Optimierungsproblems können SQP-Verfahren (Sequential Quadratic Programming) eingesetzt werden, für die verschiedene Programmcodes verfügbar sind, u. a. *fmincon* (Matlab). Die darin benötigten Ableitungen der Zielfunktion und der Nebenbedingungen nach den Optimierungsvariablen

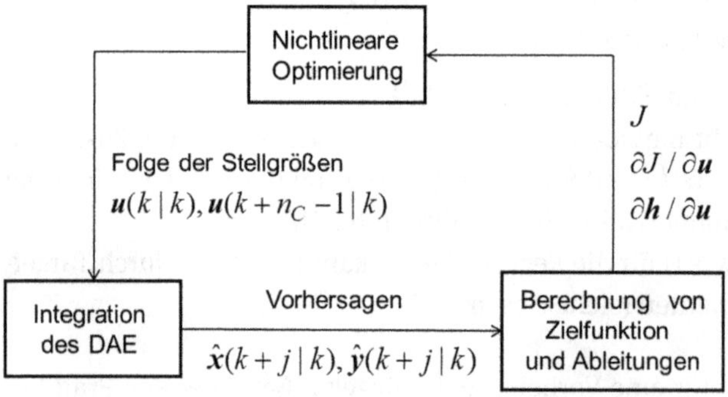

Abb. 7.9: Sequentielle Lösung des NMPC-Problems.

(den Elementen der Stellgrößenfolge) sollten nach Möglichkeit nicht durch Differenzenquotienten angenähert, sondern aus Empfindlichkeitsgleichungen bestimmt werden, die aus dem DAE abzuleiten sind. Das kann mit Hilfe von Werkzeugen der symbolischen Mathematik geschehen, z. B. mit CasADi (Andersson, Akesson, & Diehl, 2010) oder ADOL-C (Walther & Griewank, 2012).

Verfahren der sukzessiven Linearisierung

Ein rechenzeitsparendes sequenzielles Verfahren zur Lösung des NMPC-Problems, bei dem sich nichtlineare Optimierung und Integration des DAE-Systems miteinander ablösen, wurde in (Lee & Ricker, 1994) vorgeschlagen. Im Mittelpunkt des Verfahrens steht dabei eine sukzessive (d. h. in jedem Intervall des Prädiktionshorizonts anzuwendende) lineare Approximation des nichtlinearen Zustandsmodells. Für eine Ein-Schritt-Vorhersage, kann man schreiben:

$$\hat{\boldsymbol{x}}(k+1|k) \approx \hat{\boldsymbol{x}}(k|k) + \int_{t_k}^{t_{k+1}} \boldsymbol{f}(\boldsymbol{x}(t), \boldsymbol{u}(k-1))\, dt + \boldsymbol{B}(k)(\boldsymbol{u}(k) - \boldsymbol{u}(k-1))\,. \tag{7.36}$$

Darin ist

$$\boldsymbol{B}(k) = \int_{0}^{T_0} \exp(\tilde{\boldsymbol{A}}(k)T_0)\, d\tau \cdot \tilde{\boldsymbol{B}}(k) \tag{7.37}$$

mit den Jacobi-Marizen

$$\begin{aligned} \tilde{\boldsymbol{A}}(k) &= \left.\frac{\partial \boldsymbol{f}(\boldsymbol{x}, \boldsymbol{u})}{\partial \boldsymbol{x}}\right|_{\boldsymbol{x}=\hat{\boldsymbol{x}}(k|k), \boldsymbol{u}=\boldsymbol{u}(k-1)} \\ \tilde{\boldsymbol{B}}(k) &= \left.\frac{\partial \boldsymbol{f}(\boldsymbol{x}, \boldsymbol{u})}{\partial \boldsymbol{u}}\right|_{\boldsymbol{x}=\hat{\boldsymbol{x}}(k|k), \boldsymbol{u}=\boldsymbol{u}(k-1)} \end{aligned} \tag{7.38}$$

In die Integration und in die Berechnung der Matrizen der ersten Ableitungen $\tilde{\boldsymbol{A}}$ und $\tilde{\boldsymbol{B}}$ gehen dann nur die schon bekannten Stellgrößen $\boldsymbol{u}(k-1)$ ein. Die Vorhersage wird damit *linear* in Bezug auf die durch die Optimierung zu berechnenden Stellgrößen $\boldsymbol{u}(k)$. Dieses Vorgehen lässt sich nun bis zum Prädiktionshorizont fortsetzen. Entscheidend ist, dass die Vorhersagegleichungen immer *linear* in Bezug auf die zu berechnenden Werte der zukünftigen Stellgrößen bzw. Stellgrößenänderungen

$$\Delta\mathcal{U}(k) = [\Delta\boldsymbol{u}(k), \Delta\boldsymbol{u}(k+1), \ldots, \Delta\boldsymbol{u}(k+n_C-1)]^T \tag{7.39}$$

werden. Für die Ausgabegleichungen lassen sich analoge Linearapproximationen angeben.

Der große Vorteil dieser Vorgehensweise besteht darin, dass sich das dynamische Optimierungsproblem nun wieder als QP-Problem formulieren lässt, also kein allgemeines nichtlineares Optimierungsproblem gelöst werden muss. Der Rechenaufwand besteht „nur“ noch darin, den Verlauf der Regelgrößen durch Integration des nichtlinearen Zustandsdifferentialgleichungssystems über den Prädiktionshorizont inklusive der Berechnung der Jacobi-Matrizen in den zukünftigen Abtastzeitpunkten durchzuführen. Dieser Vorteil wird aber durch Vereinfachungen erkauft, deren Berechtigung im Einzelfall geprüft werden muss!

Mehrzielverfahren und Echtzeititeration (Multiple Shooting)

Eine Rechenzeiteinsparung lässt sich durch Anwendung von Mehrzielverfahren (engl. „direct multiple shooting") erreichen (Diehl & andere, 2002), (Diehl & andere, 2003).

Man geht davon aus, dass ein theoretisches Prozessmodell in DAE-Form nach Gl. (7.16) gegeben ist. „Absorption" der algebraischen Zustandsgrößen, Integration des Differenzialgleichungssystems in den einzelnen Abtastintervallen nach Gl. (7.31) und zeitdiskrete Erfassung der Ausgangsgrößen führen auf das zeitdiskrete nichtlineare Zustandsmodell

$$\begin{aligned} \boldsymbol{x}(k+1) &= \boldsymbol{f}(\boldsymbol{x}(k), \boldsymbol{u}(k)) \\ \boldsymbol{y}(k) &= \boldsymbol{g}(\boldsymbol{x}(k)) \end{aligned} . \tag{7.40}$$

In jedem Abtastintervall ist bei NMPC ein nichtlineares Optimierungsproblem mit der Zielfunktion

$$\min_{\boldsymbol{u}(k)\ldots\boldsymbol{u}(k+n_C-1)} \left\{ J(k) = \sum_{i=1}^{n_P} F_i(\boldsymbol{x}(i), \boldsymbol{u}(i)) \right\} \tag{7.41}$$

und den Nebenbedingungen

$$\begin{aligned} \boldsymbol{G}_k(\boldsymbol{x}(k), \boldsymbol{u}(k)) &= \boldsymbol{0} \\ \boldsymbol{h}_k(\boldsymbol{x}(k), \boldsymbol{u}(k)) &\le \boldsymbol{0} \end{aligned} \tag{7.42}$$

zu lösen. Gleichungs-NB $\boldsymbol{G}_k$ sind die Gleichungen des nichtlinearen Zustandsmodells (7.32) zusammengefasst, die Ungleichungs-NB $\boldsymbol{h}_k$ enthalten Beschränkungen für die Stell- und Regelgrößen, können aber auch NB für die Zustandsgrößen beschreiben.

Beim „multiple shooting" wird nun der Prädiktionshorizont $t_k < t < t_k + n_P T_0$ in n_N Intervalle

$$t_k = \tau_0 < \ldots < \tau_i < \cdots < \tau_{n_N} = t_k + n_P T_0 \tag{7.43}$$

aufgeteilt. Diese Intervallaufteilung muss nicht notwendigerweise mit den Abtastintervallen zusammenfallen, im Allgemeinen wird $n_N > n_P$ gewählt. In jedem Teilintervall werden konstante Werte der Eingangsgrößen $\boldsymbol{u}(\tau) = \boldsymbol{u}_i = \text{const.}$ angenommen. Das Differenzialgleichungssystem kann dann in n_N voneinander entkoppelte Abschnitte zerlegt werden, wobei neue Variable $\boldsymbol{s}_i$ für die Anfangszustände jedes Teilintervalls eingeführt werden. Diese Variablen werden als unabhängige Variable dem Optimierungsproblem hinzugefügt und durch dieses so bestimmt, dass die Lösungen der Differenzialgleichungssysteme an den Enden der Teilintervalle kontinuierlich ineinander übergehen (Abb. 7.10).

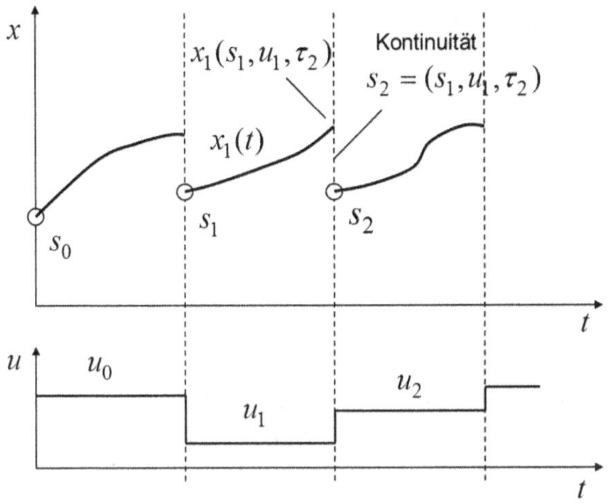

Abb. 7.10: Illustration des Mehrzielverfahrens.

Um das zu gewährleisten, werden zusätzliche Gleichheits-Nebenbedingungen eingeführt, und zwar die Anfangsbedingung

$$\boldsymbol{s}_0 = \hat{\boldsymbol{x}}(k|k) , \tag{7.44}$$

die Kontinuitätsbedingungen

$$\boldsymbol{s}_{i+1} = \boldsymbol{x}_i(\boldsymbol{s}_i, \boldsymbol{u}_i, \tau_{i+1}) \qquad i = 0, 1, \ldots n_N - 1 \tag{7.45}$$

und die Konsistenzbedingungen

$$\boldsymbol{g}(\boldsymbol{s}_i, \boldsymbol{u}_i) = \boldsymbol{y}_i \qquad i = 0, 1, \ldots n_N - 1 . \tag{7.46}$$

Der Verlauf der Zustandsgrößen ist in jedem Teilintervall nur von den Anfangswerten $\boldsymbol{s}_i$ und den Steuergrößen $\boldsymbol{u}_i$ abhängig. Die Zustandsdifferenzialgleichungen werden nicht mehr über den gesamten Prädiktionshorizont integriert. Stattdessen werden die n_N Teilsysteme zur gleichen Zeit (parallel) über die wesentlich kürzeren Zeitabschnitte $(\tau_{i+1} - \tau_i)$ gelöst. Der Preis, der dafür zu zahlen ist, besteht in der Notwendigkeit der Sicherung des kontinuierlichen Übergangs der Zustandsgrößen an den Enden der Teilintervalle. Fasst man die Stellgrößen und die Anfangsbedingungen der Teilintervalle zu einem Vektor der Optimierungsvariablen $\boldsymbol{z}$ zusammen

$$\boldsymbol{z} = \left[\boldsymbol{s}_0, \boldsymbol{u}_0, \boldsymbol{s}_1, \boldsymbol{u}_1, \ldots, \boldsymbol{s}_{n_N-1}, \boldsymbol{u}_{n_N-1}\right] = \left[\boldsymbol{z}_0, \boldsymbol{z}_1, \ldots, \boldsymbol{z}_{n_N-1}\right] , \tag{7.47}$$

dann kann man das NMPC-DO-Problem in folgender Form schreiben:

$$\min_{\boldsymbol{z}} \left\{ J(k) = \sum_{i=1}^{n_N} F_i(\boldsymbol{z}_i) \right\}$$

$$\boldsymbol{G}(\boldsymbol{z}) = \begin{bmatrix} \boldsymbol{s}_0 - \hat{\boldsymbol{x}}(k|k) \\ \boldsymbol{s}_1 - \boldsymbol{x}_0(\boldsymbol{s}_0, \boldsymbol{u}_0, \tau_1) \\ \boldsymbol{y} - \boldsymbol{g}(\boldsymbol{s}_0, \boldsymbol{u}_0) \\ \dots \end{bmatrix} = \boldsymbol{0} \tag{7.48}$$

$$\boldsymbol{H}(z) \geq \boldsymbol{0}$$

Dieses im Vergleich zu (7.33) bis (7.35) deutlich größere nichtlineare Optimierungsproblem mit Gleichungs- und Ungleichungsnebenbedingungen lässt sich durch speziell zugeschnittene SQP-Verfahren effektiv lösen.

Trotz dieser Dekomposition nach dem Mehrzielverfahren können sich immer noch zu große Rechenzeiten ergeben. Weitere Maßnahmen können jedoch den Rechenaufwand erheblich absenken:

- Da MPC-Regelungen nach dem Prinzip des zurückweichenden Horizonts arbeiten, liegen normalerweise gute Anfangswerte für die optimalen Steuergrößen im nächsten Abtastintervall vor. Das gilt zumindest dann, wenn im Prozess keine größeren Störungen und keine größere Änderungen von Soll- und Grenzwerten erfolgen. Dieser Vorteil kann in noch größerem Maß ausgenutzt werden, wenn auch die Lösungen für $\boldsymbol{s}_i$ aus dem letzten Abtastintervall verwendet werden, statt erst nach neuen Startwerten für die $\boldsymbol{s}_i$ zu suchen. Dieses Vorgehen ist unter dem Namen „initial value embedding“ bekannt,
- Statt in jedem Abtastintervall das SQP-Problem iterativ bis zur vollständigen Konvergenz zu lösen, kann man nur wenige Iterationen des SQP-Problems pro Abtastintervall durchführen,
- Wesentliche Teile der Optimierungsaufgabe lassen sich für den nächsten Abtastschritt schon im vorangegangenen vorbereiten, sodass nach Eintreffen neuer $\hat{\boldsymbol{x}}(k|k)$ nur noch wenig Rechenzeit notwendig ist.

Einzelheiten der numerischen Realisierung können (Diehl & andere, 2002) und (Nagy, Mahn, Franke, & Allgöwer, 2007) sowie der dort angegebenen Literatur entnommen werden. Das Verfahren ist in mehreren industrienahen Pilotanwendungen (Destillationskolonne, Batchreaktor) erfolgreich erprobt worden.

7.4.2 Simultane Optimierung und Lösung des DAE-Systems

Zeitliche Diskretisierung des DAE-Systems durch Kollokation auf finiten Elementen

Um die Kollokation auf finiten Elementen zu erklären, wird eine einzelne nichtlineare Differenzialgleichung mit der differentiellen Variablen $x(t)$, der algebraischen Varia-

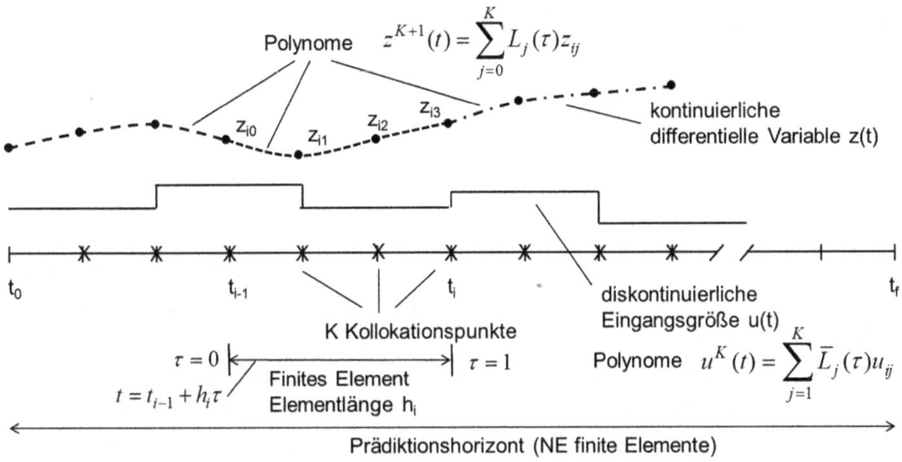

Abb. 7.11: Zur Kollokation auf finiten Elementen.

blen $z(t)$ und der Eingangsgröße $u(t)$ betrachtet:

$$\frac{dx(t)}{dt} = f(x(t), z(t), u(t)) \,, \quad x(t_0) = x_0 \,. \tag{7.49}$$

Der Zeitbereich $[t_0 \ldots t_f]$, für den die Lösung berechnet werden soll, wird in NE Zellen oder Elemente der Länge $h_i = [t_i - t_{i-1}]$ unterteilt (siehe Abb. 7.11). In jedem Element bewegt sich die Zeit im Bereich $t \in [t_{i-1}, t_i]$. Zur Vereinfachung der Schreibweise wird eine normierte Zeit τ eingeführt, die sich in jedem Element im Bereich $\tau \in [0,1]$ bewegt, d. h.

$$t = t_{i-1} + [t_i - t_{i-1}]\tau = t_{i-1} + h_i\tau \,. \tag{7.50}$$

Nun werden pro Element $(K + 1)$ Kollokationspunkte gewählt, in Abb. 7.11 sind je drei Kollokationspunkte dargestellt.

Die Lösung $x(t)$ wird durch ein Polynom $(K + 1)$-ter Ordnung mit den Polynomkoeffizienten x_{ij} approximiert:

$$x^{K+1}(t) = \sum_{j=0}^{K} L_j(\tau)x_{ij} \,. \tag{7.51}$$

Es hat sich bewährt, für diesen Zweck Lagrange-Interpolationspolynome zu verwenden:

$$L_j(\tau) = \prod_{k=0,\neq j}^{K} \frac{(\tau - \tau_k)}{(\tau_j - \tau_k)} \,. \tag{7.52}$$

Sie haben die Eigenschaft, dass $x^{K+1}(t_{ij}) = x_{ij}$ mit $t_{ij} = t_{i-1}+h_i\tau_j$ gilt. Für die Eingangsgrößen und die algebraischen Zustandsgrößen werden ebenfalls Polynomapproximationen (hier K-ter Ordnung) durchgeführt:

$$u^K(t) = \sum_{j=1}^{K} \bar{L}_j(\tau) u_{ij} \quad z^K(t) = \sum_{j=1}^{K} \bar{L}_j(\tau) z_{ij} \tag{7.53}$$

$$\text{mit} \quad \bar{L}_j(\tau) = \prod_{k=1,\neq j}^{K} \frac{(\tau - \tau_k)}{(\tau_j - \tau_k)} \,. \tag{7.54}$$

Dies erlaubt es, diskontinuierliche Zeitverläufe für $u(t)$ und $z(t)$ zuzulassen, während $x(t)$ kontinuierlich verläuft. Lagrange-Polynome ermöglichen es auch, die in MPC üblichen sprungkonstanten Stellgrößenverläufe zu generieren.

Um die Polynomkoeffizienten zu bestimmen, werden die Polynome in den Kollokationspunkten in die Differenzialgleichung eingesetzt und die resultierenden Kollokationsgleichungen als Gleichheitsnebenbedingungen des Optimierungsproblems (siehe unten) aufgefasst. Damit wird durch das Optimierungsverfahren erzwungen, dass die Differentialgleichungen des DAE-Systems erfüllt sind, wenn es zu einer Lösung konvergiert. Das Einsetzen führt zunächst auf

$$\frac{dx^{K+1}}{dt}(t_{ij}) = f(x^{K+1}(t_{ij}), z^K(t_{ij}), u^K(t_{ij})) \quad i = 1, \ldots, NE; j = 1, \ldots, K \,. \tag{7.55}$$

Mit den Lagrange-Polynomen und $\frac{dx^{K+1}}{d\tau} = h_i \frac{dx^{K+1}}{dt}$ ergeben sich die Kollokationsgleichungen

$$\sum_{j=0}^{K} x_{ij} \frac{dL_j(\tau_k)}{d\tau} = h_i f(x_{ik}, z_{ik}, u_{ik}) \quad k = 1, \ldots, K \,, \tag{7.56}$$

und für die Profile der differentiellen Zustandsvariablen in jedem Element folgt

$$x(t) = x_{i-1} + h_i \sum_{j=1}^{K} \Omega_j \left(\frac{t - t_{i-1}}{h_i} \right) \left. \frac{dx}{dt} \right|_{ij} \,. \tag{7.57}$$

Darin bezeichnen $dx/dt|_{ij}$ die zeitliche Ableitung der differentiellen Zustandsgrößen im Element i und im Kollokationspunkt j und $\Omega_j(\tau)$ ein Polynom K-ter Ordnung, dass mit dem Lagrange-Polynom $L_j(\tau)$ über

$$\Omega_j(\tau) = \int_0^{\tau} L_j(\tau') d\tau' \tag{7.58}$$

zusammenhängt.

Für die Wahl der Zeitstützstellen hat sich die nach einem deutsch-französischen Mathematiker benannte Radau-Kollokation bewährt. Tab. 7.2 zeigt die Lage der Zeitstützstellen für zwei bis fünf Kollokationspunkte und die normierte Zeit $\tau \in [0, 1]$.

Da immer ein Kollokationspunkt am Ende eines Zeit-Elements liegt, lässt sich die Kontinuität der Profile für die differentiellen Variablen auf einfache Weise sicherstellen. Für das erste finite Element müssen allerdings Anfangswerte der Zustandsgrößen

Tab. 7.2: Zeitstützstellen der Radau-Kollokation.

Polynomgrad	**2**	**3**	**4**	**5**
Lage der	0,3333	0,15505	0,08859	0,05710
Kollokations-	1,0000	0,64495	0,40947	0,27684
punkte		1,00000	0,78766	0,58359
			1,00000	0,86024
				1,00000

$x(t = 0)$ bekannt sein. Können diese nicht gemessen werden, ist eine Schätzung aus Messdaten erforderlich (vgl. Abschnitt 7.6)

Abschließend sei angemerkt, dass in einem NMPC-Algorithmus die Länge der Elemente $h_i = [t_i - t_{i-1}]$ für die Integration des DAE nicht mit der Abtastzeit identisch sein muss. Sie richtet sich vielmehr nach der erforderlichen Integrationsgenauigkeit. In der Regel werden über den Zeithorizont der Integration (bei NMPC ist das der Prädiktionshorizont) identische Elementlängen gewählt. Man kann diese aber auch variieren und die Elementlängen dann als zusätzliche Optimierungsvariablen auffassen.

Lösung des nichtlinearen NMPC-Problems

Wird die für die Vorhersage der Regelgrößen notwendige Lösung des DAE-Systems simultan mit der Optimierung durchgeführt, kann man die Optimierungsaufgabe wie folgt schreiben:

$$\min_{\boldsymbol{x}_i,\, d\boldsymbol{x}/dt|_{il}, \boldsymbol{z}_{il}, \boldsymbol{u}_{il}} \left\{ J = \sum_{j=1}^{n_P} \left\| \boldsymbol{y}_{ref}(k+j|k) - \hat{\boldsymbol{y}}(k+j|k) \right\|^2_{\boldsymbol{Q}(i)} + \sum_{j=0}^{n_C-1} \|\Delta \boldsymbol{u}(k+j|k)\|^2_{\boldsymbol{R}(i)} \right\} . \quad (7.59)$$

Man beachte, dass sich nicht die Zielfunktion J selbst (Minimierung der zukünftigen Regeldifferenzen bei geringem Stellaufwand) geändert hat, sondern die Art und die Zahl der Entscheidungsvariablen: zu den zukünftigen Stellgrößenänderungen (die sich hinter den zeitdiskreten Kollokationspunkten $\boldsymbol{u}_{il}$ der Stellgrößen „verbergen") gesellen sich jetzt alle Kollokationspunkte der differentiellen und algebraischen Zustandsgrößen $\boldsymbol{x}_i$ und $\boldsymbol{z}_{il}$ sowie die der Ableitungen $d\boldsymbol{x}/dt|_{il}$. Dabei ist $i = 1, \ldots, NE$ (Zahl der finiten Elemente) und $l = 1, \ldots, K$ (Zahl der Kollokationspunkte pro Element). Damit es nicht zu Verwechslungen mit der diskreten Zeit k in der Zielfunktion kommt, wurde hier abweichend vom vorigen Abschnitt der Laufindex l verwendet. Durch die Einbeziehung der Lösung des DAE-Systems wird allerdings die Zahl der unabhängigen Variablen des Optimierungsproblems stark erhöht: waren es bei sequentieller Lösung noch $(n_u \times n_C)$, sind es jetzt $n_z(NE+1) + NE \cdot K \cdot (n_z + n_y + n_z)$! Die Zahl der Entscheidungsvariablen wird also wesentlich durch die Zahl der Zustandsgrößen, der finiten Elemente und der Kollokationspunkte mitbestimmt.

Als Gleichheits-Nebenbedingungen treten die durch Kollokation diskretisierten Gleichungen des DAE-Systems auf:

$$\sum_{j=0}^{K} \boldsymbol{x}_{ij} \frac{dL_j(\tau_k)}{d\tau} - h_i f(\boldsymbol{x}_{ik}, \boldsymbol{z}_{ik}, \boldsymbol{u}_{ik}, \boldsymbol{\theta}) = \boldsymbol{0} \quad i = 1, \ldots, NE\,; \; k = 1, \ldots, K \tag{7.60}$$

$$g(\boldsymbol{x}_{ik}, \boldsymbol{z}_{ik}, \boldsymbol{u}_{ik}, \boldsymbol{\theta}) = 0\,. \tag{7.61}$$

Als Ungleichungs-Nebenbedingungen kommen

$$\begin{aligned} \boldsymbol{x}_{\min} &\le \boldsymbol{x}_{ij} \le \boldsymbol{x}_{\max} \\ \boldsymbol{z}_{\min} &\le \boldsymbol{z}_{ij} \le \boldsymbol{z}_{\max} \\ \boldsymbol{u}_{\min} &\le \boldsymbol{u}_{ij} \le \boldsymbol{u}_{\max} \end{aligned} \tag{7.62}$$

hinzu. Zu beachten sind außerdem die „Anschlussbedingungen" beim Übergang zwischen den finiten Elementen

$$\boldsymbol{x}_{i+1,0} = \sum_{j=0}^{K} L_j(1)\boldsymbol{x}_{ij} \quad i = 1, \ldots, NE - 1\,. \tag{7.63}$$

Wie bereits erwähnt, müssen schließlich die aktuellen Werte der Zustandsgrößen $\boldsymbol{x}(t_0)$ durch Messung oder Schätzung bestimmt werden, um Anfangswerte für die Lösung des DAE-Systems zu bekommen.

Für die Lösung des hochdimensionalen nichtlinearen Optimierungsproblems eignen sich Newton-basierte Verfahren, die möglichst genaue erste und zweite Ableitungen der Zielfunktion nach den Variablen benötigen und Ungleichungsnebenbedingungen mit einem Barriere-Verfahren behandeln. Ein Beispiel ist das in IPOPT umgesetzte Innere-Punkt-Suchverfahren (Wächter & Biegler, 2006). Die Ableitungen können wiederum mit CasADi oder anderen Werkzeugen zur automatischen Differenzierung von DAE-Systemen generiert werden. Werkzeuge für die Lösung dynamischer Optimierungsaufgaben werden auch innerhalb von AMPL (Fourer, Gay, & Kernighan, 2002), APMonitor (Hedengren, Shishavan, Powell, & Edgar, 2014), JModelica (Magnussen & Akesson, 2015) und ACADO (Houska, Ferreau, & Diehl, 2011) bereitgestellt.

Einen Eindruck von der Größe des beim simultanen Vorgehen entstehenden nichtlinearen Optimierungsproblems vermittelt die Anwendung auf eine Luftzerlegungsanlage (Huang, Zavala, & Biegler, 2009), (Huang, Biegler, & Patwardhan, 2010). Das theoretische Prozessmodell umfasst hier 320 Differenzial- und 1200 algebraische Gleichungen (Massen-, Komponenten- und Energiebilanzen auf den Böden der Trennkolonne, Phasengleichgewichts-Beziehungen, Hydraulik-Gleichungen). Nach der Diskretisierung mit $NE = 20$ finiten Elementen und je drei Kollokationspunkten entsteht ein NLP mit 117.140 Variablen und 116.900 Nebenbedingungen (!), dessen Lösung mit IPOPT 200s benötigt (2,4 GHz Intel DuoCore PC).

Advanced-Step NMPC

Die im Vergleich zu LMPC-Reglern langen Rechenzeiten zur Lösung des NMPC-Problems führen zu einem größeren zeitlichen Abstand zwischen dem Eintreffen neuer Messwerte und der Bereitstellung und Ausgabe der nächsten Stellgrößenwerte. Das führt zu einer Verschlechterung der Regelgüte und zu einer Verringerung der Stabilitätsreserve (Rawlings & Mayne, 2009). Eine Möglichkeit, dieses Problem zu lösen, ist unter dem Namen „Advanced-Step NMPC (asNMPC)" bekannt geworden (Zavala & Biegler, 2009).

Bei asNMPC werden die Rechnungen in zwei Phasen aufgeteilt:

- Zwischen den Zeitpunkten t_k und t_{k+1} (Hintergrundrechnung):
  Mit den dem aktuell bekannten Werten der Zustandsgrößen $\boldsymbol{x}(k)$ oder $\hat{\boldsymbol{x}}(k)$ (d. h. gemessen oder geschätzt) und der Stellgrößen $\boldsymbol{u}(k)$ werden im Hintergrund offline durch Simulation des DAE-Systems die Werte der Zustands- und Ausgangsgrößen für den nächsten Abtastzeitpunkt $\boldsymbol{x}(k+1)$ und $\boldsymbol{y}(k+1)$ berechnet. Auf dieser Grundlage, d. h. mit einem *vorhergesagten* Zustandsvektor $\boldsymbol{x}(k+1)$, wird die NMPC-Optimierung über den Zeithorizont $[t_k \ldots t_{k+n_P}]$, d. h. ab dem Zeitpunkt t_{k+1} gelöst. Dabei wird angenommen, dass diese Rechnung in einem Abtastintervall abgeschlossen werden kann. Im Ergebnis sind die optimalen Stellgrößenänderungen

  $$\Delta\mathcal{U}_{\text{opt}}(k+1) = [\Delta\boldsymbol{u}(k+1), \Delta\boldsymbol{u}(k+2), \ldots, \Delta\boldsymbol{u}(k+n_C)]^T$$

  ab $(k+1)$ bekannt. Danach werden die ersten partiellen Ableitungen (Empfindlichkeiten) dieser optimalen Lösung nach den Anfangswerten der Zustandsgrößen bestimmt.
- Zum Zeitpunkt t_{k+1} (Online-Update):
  Zu diesem Zeitpunkt wird $\boldsymbol{x}(k+1)$ *gemessen* (oder aus Messwerten geschätzt). Dann können mit Hilfe der vorher berechneten Empfindlichkeiten online sehr schnell Näherungswerte für die optimalen Stellgrößenänderungen

  $$\Delta\mathcal{U}_{\text{approx}}(k+1) = \left[\Delta\boldsymbol{u}_{\text{approx}}(k+1), \Delta\boldsymbol{u}_{\text{approx}}(k+2), \ldots, \Delta\boldsymbol{u}_{\text{approx}}(k+n_C)\right]^T$$

  berechnet werden, von denen das erste Element an den Prozess ausgegeben wird. Schließlich wird $k \leftarrow k+1$ gesetzt und wieder in die Hintergrundrechnung gewechselt. Diese Prozedur wird fortlaufend wiederholt.

Im Fall des Modells der Luftzerlegungsanlage wird eine Reduktion der Online-Rechenzeit auf eine CPU-Sekunde erreicht, diese ist also zwei Größenordnungen kleiner als zuvor. Das asNMPC-Konzept setzt aber immer noch voraus, dass die Optimierungsrechnungen in einem Abtastintervall abgeschlossen werden können. Für größere Probleme kann das nicht immer gewährleistet werden. Eine Vergrößerung der Abtastzeit ist keine sinnvolle Alternative. In (Yang & Biegler, 2013) wird daher eine Weiterentwicklung zu einem „Advanced multi-step NMPC" vorgeschlagen. Hierbei werden die

Vorhersage der Zustandsgrößen und die Lösung des Optimierungsproblems mehrere Abtastintervalle vorher durchgeführt.

7.5 Target-Berechnung und Economic MPC

In den Abschnitten 7.3 und 7.4 wurde die Lösung des dynamischen Optimierungsproblems in NMPC (NMPC-DO) vorgestellt. Dabei wurde davon ausgegangen, dass die in den Zielfunktionen (7.27) und (7.33) auftretenden Referenztrajektorien (bzw. Sollwerte/Targets) vorgegeben sind und der MPC-Regler das Erreichen der Sollwerte und die Einhaltung von Nebenbedingungen sichert („Tracking MPC"). Wie bei LMPC-Reglern muss die Frage beantwortet werden, wie zulässige Targets bestimmt werden können. Dafür sollen im Folgenden zwei Strategien erläutert werden. Die erste besteht darin, betriebswirtschaftlich optimale Sollwerte in einem übergeordneten RTO-System oder Planungssystem zu ermitteln, diese Sollwerte in zulässige Targets für NMPC zu „übersetzen" (Target-Berechnung) und dann an NMPC-DO zu übergeben. Diese Vorgehensweise ist ähnlich zu dem bei LMPC-Reglern (vgl. Abschnitt 6.6), nur dass jetzt die Target-Berechnung ein nichtlineares Problem ist. Die zweite Möglichkeit besteht darin, die regelungstechnisch orientierte Zielfunktion in NMPC-DO durch eine betriebswirtschaftliche Zielfunktion zu ersetzen und damit die Trennung von statischer, betriebswirtschaftlich orientierter und dynamischer, regelungstechnisch orientierter Optimierung aufzuheben. Beide Strategien sind in Abb. 7.12 gegenübergestellt.

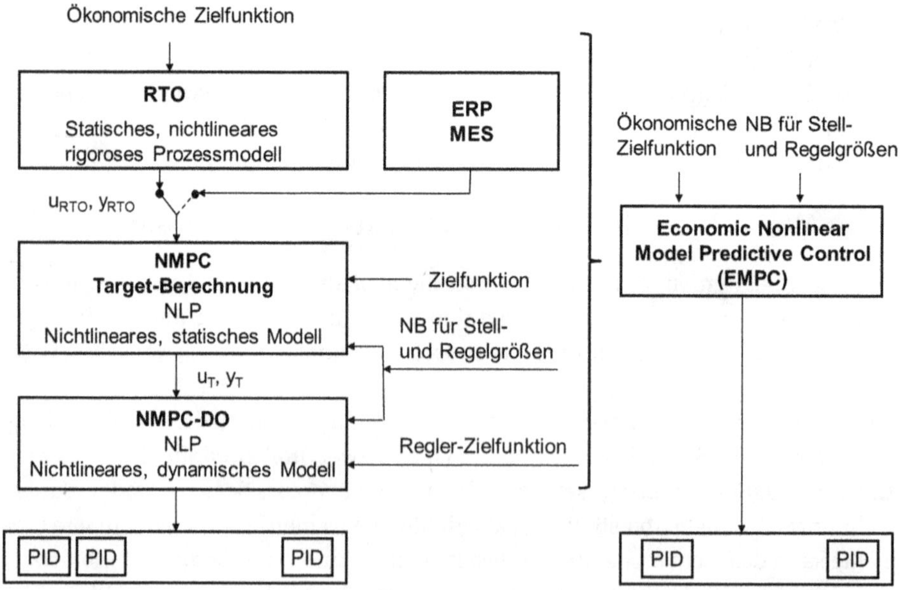

Abb. 7.12: RTO/Target-Berechnung und Economic MPC.

Target-Berechnung bei NMPC

Die Target-Berechnung kann man als einen Mechanismus auffassen, der ökonomische Ziele in zulässige Sollwerte für den MPC-Regler übersetzt. Diese ökonomischen Zielwerte können einem übergeordneten RTO-System oder einem System der operativen Planung (ERP/MES) entstammen. Eine mögliche Vorgehensweise dafür ist in (Tenny, Rawlings, & Wright, 2004) beschrieben. Das nichtlineare Prozessmodell liege in zeitdiskreter Form vor:

$$\begin{aligned} \boldsymbol{x}(k+1) &= \boldsymbol{f}(\boldsymbol{x}(k), \boldsymbol{u}(k) + \boldsymbol{d}_u(k)) \\ \boldsymbol{y}(k) &= \boldsymbol{g}(\boldsymbol{x}(k), \boldsymbol{u}(k)) + \boldsymbol{d}_y(k) \,. \end{aligned} \tag{7.64}$$

Es kann entweder aus der Integration eines DAE-Systems hervorgehen oder durch Identifikation mit Messdaten entstanden sein. Darin bezeichnen $\boldsymbol{f}$ und $\boldsymbol{g}$ nichtlineare Funktionen und $\boldsymbol{d}_u(k)$ sowie $\boldsymbol{d}_y(k)$ Störungen am Ein- bzw. Ausgang des Prozesses. Die Störungen werden wie in Abschnitt 6.4 mit Hilfe der Beziehung $\boldsymbol{d}(k+1) = \boldsymbol{d}(k) + \boldsymbol{\xi}(k)$ modelliert.

Das Ziel der Target-Berechnung besteht nun darin, einen stationären Zustand des Prozessmodells (7.64) zu finden, dessen Ausgangsgrößen den vom übergeordneten RTO- oder Planungssystem vorgegebenen Sollwerten gleich sind (falls ein solcher stationärer Zustand existiert). Falls sich ein solcher Zustand nicht finden lässt, sollen Targets $\boldsymbol{y}_T$ bestimmt werden, die möglichst nahe an Sollwerten liegen, für die ein stationärer Zustand existiert. Falls es mehrere Sätze von Stellgrößen gibt, die zu identischen stationären Werten der Ausgangsgrößen führen (ein Fall, der bei einem linearen Modell nicht auftreten kann), dann soll diejenigen stationären Stellgrößen $\boldsymbol{u}_T$ als Target verwendet werden, die am dichtesten an den Stellgrößen-Targets liegen, die ein Abtastintervall vorher bestimmt wurden. Diese Ziele kann man in einem nichtlinearen (statischen) Optimierungsproblem zusammenfassen:

$$\min_{\boldsymbol{x}_T, \boldsymbol{u}_T, \boldsymbol{s}} \left\{ J = \boldsymbol{s}^T \boldsymbol{Q} \boldsymbol{s} + \boldsymbol{q}^T \boldsymbol{s} + (\boldsymbol{u}_T(k) - \boldsymbol{u}_T(k-1))^T \boldsymbol{R} \, (\boldsymbol{u}_T(k) - \boldsymbol{u}_T(k-1)) \right\} . \tag{7.65}$$

Die Nebenbedingungen sind

$$\begin{aligned} &\boldsymbol{x}_T(k) = f\,(\boldsymbol{x}_T(k),\ \boldsymbol{u}_T(k) + \boldsymbol{d}_u(k)) \\ &\boldsymbol{g}(\boldsymbol{x}_T(k), \boldsymbol{u}_T(k)) + \boldsymbol{d}_y(k) - \boldsymbol{s} \le \boldsymbol{y}_{RTO} \le \boldsymbol{g}(\boldsymbol{x}_T(k), \boldsymbol{u}_T(k)) + \boldsymbol{d}_y(k) + \boldsymbol{s} \\ &\boldsymbol{u}_{\min} \le \boldsymbol{u}_T(k) \le \boldsymbol{u}_{\max} \\ &\boldsymbol{x}_{\min} \le \boldsymbol{x}_T(k) \le \boldsymbol{x}_{\max} \\ &\boldsymbol{s} \ge \boldsymbol{0} \end{aligned} \tag{7.66}$$

Das sind einerseits die Gleichungen des statischen Prozessmodells, andererseits die Forderung nach $\boldsymbol{y}_T = \boldsymbol{y}_{\text{RTO}}$. Letztere wurde in der Ungleichung „weich" – d. h. mit Schlupfvariablen $\boldsymbol{s}$, die eine unzulässige Lösung verhindern – formuliert. Hinzu kommen Beschränkungen für Stell- und Zustandsgrößen und die Schlupfvariablen. $\boldsymbol{Q}$ und $\boldsymbol{R}$ sind Gewichtsmatrizen, $\boldsymbol{q}$ ein Gewichtsvektor. Die nicht messbaren Störungen am Prozesseingang und am Prozessausgang $\boldsymbol{d}_u(k)$ und $\boldsymbol{d}_y(k)$ müssen vor der Lösung des statischen Optimierungsproblems geschätzt worden sein.

Economic Model Predictive Control (EMPC)

„Economic MPC“ ist dadurch gekennzeichnet, dass das Optimierungsproblem

$$\min_{\Delta\boldsymbol{u}(k)\ldots\Delta\boldsymbol{u}(k+n_C-1)} \left\{ \begin{aligned} J(k) = \sum_{i=1}^{n_P} \left\| \boldsymbol{y}_{ref}(k+i) - \hat{\boldsymbol{y}}(k+i|k) \right\|^2_{\boldsymbol{Q}(i)} + \\ + \sum_{i=0}^{n_C-1} \|\Delta\boldsymbol{u}(k+i|k)\|^2_{\boldsymbol{R}(i)} \end{aligned} \right\} \tag{7.67}$$

durch

$$\min_{\Delta\boldsymbol{u}(k)\ldots\Delta\boldsymbol{u}(k+n_C-1)} \left\{ J(k) = \sum_{i=0}^{n_C-1} \|\Delta\boldsymbol{u}(k+i|k)\|^2_{\boldsymbol{R}(i)} - \sum_{j=1}^{n_P} \beta_j \Psi(k+j) \right\} \tag{7.68}$$

ersetzt wird (Idris & Engell, 2012), (Ellis, Duran, & Christofides, 2014). Man sieht, dass der Term $\sum_{i=1}^{n_P} \|\boldsymbol{y}_{\text{ref}}(k+i) - \hat{\boldsymbol{y}}(k+i|k)\|^2_{\boldsymbol{Q}(i)}$, der die Sollwertfolge sichern soll, nicht mehr in der Zielfunktion vorhanden ist. An seine Stelle ist der Term $\sum_{j=1}^{n_P} \beta_j \Psi(k+j)$ getreten, in dem $\Psi(k+j)$ den Wert einer *ökonomischen* Zielfunktion zum Zeitpunkt $(k+j)$ repräsentiert. In dieser Funktion können z. B. Produkterlöse und Kosten für Rohstoffe und Energieträger berücksichtigt werden. Die Koeffizienten β_j bezeichnen (ökonomisch begründete) Gewichtsfaktoren. Das negative Vorzeichen für diesen Term in (7.68) bedeutet, dass die ökonomische Zielfunktion *maximiert* werden soll. Erhalten bleibt hingegen der Term $\sum_{i=0}^{n_C-1} \|\Delta\boldsymbol{u}(k+i|k)\|^2_{\boldsymbol{R}(i)}$, der den Stellaufwand berücksichtigt. Das EMPC-Problem lässt sich dann durch

$$\min_{\Delta\mathcal{U}(k)} \left\{ J(k) = \sum_{i=0}^{n_C-1} \|\Delta\boldsymbol{u}(k+i|k)\|^2_{\boldsymbol{R}(i)} - \sum_{j=1}^{n_P} \beta_j \Psi(k+j) \right\} \tag{7.69}$$

mit den Vorhersagegleichungen (Prozessmodell)

$$\left. \begin{aligned} \hat{\boldsymbol{x}}(k+j|k) &= \boldsymbol{f}(\hat{\boldsymbol{x}}(k+j-1|k), \boldsymbol{u}(k+j-1)) \\ \hat{\boldsymbol{y}}(k+j|k) &= \boldsymbol{g}(\hat{\boldsymbol{x}}(k+j|k), \boldsymbol{u}(k+j-1)) \end{aligned} \right\} \quad j = 1\ldots n_P \tag{7.70}$$

und

$$\begin{aligned} &\left. \begin{aligned} \boldsymbol{u}_{\min}(k) \le \boldsymbol{u}(k+j) \le \boldsymbol{u}_{\max}(k) \\ \Delta\boldsymbol{u}_{\min}(k) \le \Delta\boldsymbol{u}(k+j) \le \Delta\boldsymbol{u}_{\max}(k) \end{aligned} \right\} \quad j = 0,\ 1,\ \ldots n_C - 1 \\ &\boldsymbol{y}_{\min}(k) \le \boldsymbol{y}(k+j) \le \boldsymbol{y}_{\max}(k) \qquad j = 1,\ 2,\ \ldots n_P \\ &\boldsymbol{x}_{\min}(k) \le \boldsymbol{x}(k+j) \le \boldsymbol{x}_{\max}(k) \qquad j = 1,\ 2,\ \ldots n_P\,. \end{aligned} \tag{7.71}$$

als Nebenbedingungen beschreiben. Für die Lösung dieses Problems können die in Abschnitt 7.4.2 beschriebenen Methoden eingesetzt werden. Gegenüber der hierarchisch gegliederten RTO-NMPC-Struktur weist das EMPC-Konzept eine Reihe von Vorteilen auf (Engell, 2007), (Engell, 2015):

- schnellere Reaktion auf Anlagenstörungen, kein Warten auf einen stationären Zustand bis zur nächsten Ausführung des RTO-Programms,
- Vermeidung von Inkonsistenzen durch Verwendung unterschiedlicher Modelle auf verschiedenen Ebenen,

- die Verwendung einer ökonomischen Zielfunktion zielt direkt auf eine optimale Prozessführung ab, statt die Sollwertfolge in den Mittelpunkt zu stellen, alle verfügbaren Freiheitsgarde werden für eine verbesserte Prozessökonomie eingesetzt,
- Nebenbedingungen für die Regelgrößen können ohne „Sicherheitsabstände" implementiert werden,
- EMPC erleichtert die Anwendung von MPC auf Batch-, Fed-Batch- und periodische Prozesse,
- EMPC vereinfacht die Automatisierungshierarchie durch Zusammenfassung bisher getrennter Aufgaben in einem Gesamtkonzept.

Die industrielle Anwendung von EMPC-Technologien steht derzeit noch ganz am Anfang. Fallstudien unter Verwendung von Prozessmodellen mit einigen Tausend DAE-Gleichungen zeigen einerseits das große Potenzial solcher Verfahren. Allerdings werden auch hohe Ansprüche an Modellentwicklung und -pflege und an die Beherrschung der notwendigen Programmierumgebung gestellt.

7.6 Schätzung nicht messbarer Zustands- und Störgrößen

Eine weitere Komponente eines NMPC-Regelalgorithmus ist die Schätzung nicht messbarer Stör- und Zustandsgrößen. In den folgenden Abschnitten sollen die gebräuchlichsten nichtlinearen Zustandsschätzverfahren kurz beschrieben werden. Nichtlineare Zustandsschätzer besitzen auch unabhängig von NMPC-Regelungen Anwendungen in der Prozessautomatisierung, zum Beispiel als Softsensoren (vgl. Kapitel 5).

7.6.1 Nichtlineare Filter

Erweitertes Kalman-Filter (EKF)

Für lineare Systeme ohne Beschränkungen der Zustandsgrößen liefert das bereits in Abschnitt 6 behandelte Kalman-Filter unter bestimmten Voraussetzungen optimale Schätzwerte der Zustandsgrößen. Der älteste und sicher am weitesten verbreitete Algorithmus für nichtlineare Systeme ist das erweiterte Kalman-Filter (kurz EKF). Die Grundidee ist einfach: in jedem Abtastschritt wird das nichtlineare Zustandsmodell linearisiert, danach werden die Gleichungen des Kalman-Filters angewendet. Man wählt als Ausgangspunkt wieder ein nichtlineares zeitdiskretes Zustandsmodell der Form

$$\begin{aligned} \boldsymbol{x}(k+1) &= \boldsymbol{f}(\boldsymbol{x}(k), \boldsymbol{u}(k)) + \boldsymbol{w}(k) \\ \boldsymbol{y}(k) &= \boldsymbol{g}(\boldsymbol{x}(k)) + \boldsymbol{v}(k) \end{aligned} \tag{7.72}$$

mit den in Abschnitt 6.4 erläuterten Störprozessen $\boldsymbol{w}(k)$ und $\boldsymbol{v}(k)$ und Kovarianzmatrizen $\boldsymbol{Q}(k)$ und $\boldsymbol{R}(k)$, einem gegebenen Schätzwert für den Anfangszustand $\hat{\boldsymbol{x}}(0)$ und bekannter Präzisionsmatrix $\boldsymbol{P}(0)$. Die Ein- und Ausgangsgrößen werden in jedem Abtastschritt gemessen, daraus werden Schätzwerte für die (nicht messbaren) Zustandsgrößen berechnet. Wie das lineare Kalman-Filter weist auch das EKF eine Prädiktor-Korrektor-Struktur auf. Die Prädiktionsgleichungen für den Zustandsvektor und die Präzisionsmatrix lauten

$$\begin{aligned}\hat{\boldsymbol{x}}(k|k-1) &= \boldsymbol{f}(\hat{\boldsymbol{x}}(k-1|k-1), \boldsymbol{u}(k-1))\\ \boldsymbol{P}(k|k-1) &= \boldsymbol{F}(k-1)\boldsymbol{P}(k-1|k-1)\boldsymbol{F}^T(k-1) + \boldsymbol{Q}(k-1)\,.\end{aligned} \tag{7.73}$$

Darin ist $\boldsymbol{F}(k-1)$ die Matrix der partiellen Ableitungen (Jacobi-Matrix)

$$\boldsymbol{F}(k-1) = \left.\frac{\partial \boldsymbol{f}(\boldsymbol{x}, \boldsymbol{u})}{\partial \boldsymbol{x}}\right|_{\hat{\boldsymbol{x}}(k-1|k-1),\boldsymbol{u}(k-1)}\,. \tag{7.74}$$

Mit diesen beiden Gleichungen wird eine Vorhersage der Zustandsgrößen und der Präzisionsmatrix über ein Abtastintervall auf der Grundlage der zum Zeitpunkt $(k-1)$ verfügbaren Informationen durchgeführt. Wenn die Zustandsgleichungen nicht in zeitdiskreter Form vorliegen, dann sind die Vorhersagegleichungen (7.73) nicht zeitdiskret. Die Vorhersagen der Zustandsgrößen und der Präzisionsmatrix ergeben sich stattdessen aus der Integration der Differentialgleichungen

$$\begin{aligned}\dot{\hat{\boldsymbol{x}}}(t) &= \boldsymbol{f}(\boldsymbol{x}(t), \boldsymbol{u}(k-1))\\ \dot{\boldsymbol{P}}(t) &= \boldsymbol{F}(t)\boldsymbol{P}(t) + \boldsymbol{P}(t)\boldsymbol{F}^T(t) + \boldsymbol{Q}(t)\end{aligned} \tag{7.75}$$

über ein Abtastintervall.

Darin bezeichnet $\boldsymbol{F}(t) = \boldsymbol{f}(\boldsymbol{x}(t|k-1, \boldsymbol{u}(k-1)/\partial \boldsymbol{x}|_{\hat{\boldsymbol{x}}(k-1|k-1),\boldsymbol{u}(k-1)}$.

Wenn zum Zeitpunkt k neue Messwerte der Ausgangsgrößen $\boldsymbol{y}(k)$ eintreffen, wird eine Korrektur vorgenommen. Die Gleichungen dafür lauten

$$\begin{aligned}\boldsymbol{K}(k) &= \boldsymbol{P}(k|k-1)\,\boldsymbol{G}(k)^T\left(\boldsymbol{G}(k)\boldsymbol{P}(k|k-1)\,\boldsymbol{G}^T(k) + \boldsymbol{R}(k)\right)^{-1}\\ \boldsymbol{P}(k|k) &= (\boldsymbol{I} - \boldsymbol{K}(k)\boldsymbol{G}(k))\,\boldsymbol{P}(k|k-1)\\ \hat{\boldsymbol{x}}(k|k) &= \hat{\boldsymbol{x}}(k|k-1) + \boldsymbol{K}(k)\left(\boldsymbol{y}(k) - \boldsymbol{g}\left(\hat{\boldsymbol{x}}(k|k-1)\right)\right)\,.\end{aligned} \tag{7.76}$$

Darin ist $\boldsymbol{G}(k)$ die Matrix der partiellen Ableitungen

$$\boldsymbol{G}(k) = \left.\frac{\partial \boldsymbol{g}(\boldsymbol{x})}{\partial \boldsymbol{x}}\right|_{\hat{\boldsymbol{x}}(k|k-1)}\,. \tag{7.77}$$

Abb. 7.13 veranschaulicht die Arbeitsweise eines EKF mit zeitkontinuierlicher Dynamik und zeitdiskreter Messung.

Aus der letzten Gleichung von (7.76) kann man ablesen, dass die Korrektur des Schätzwerts für den Zustandsvektor $\hat{\boldsymbol{x}}(k|k)$ proportional zur Differenz zwischen den neu eintreffenden Messwerten der Ausgangsgrößen und der modellbasierten Vorhersage $\left(\boldsymbol{y}(k) - \boldsymbol{g}\left(\hat{\boldsymbol{x}}(k|k-1)\right)\right)$ ist, der Proportionalitätsfaktor ist die Kalman-Verstärkung $\boldsymbol{K}(k)$.

Die angegebenen Gleichungen beschreiben die einfachste Form eines EKF. Zur Verbesserung der Genauigkeit der Schätzung sind viele Modifikationen vorgenommen worden (vgl. (Daum, 2005) und die darin zitierte Literatur).

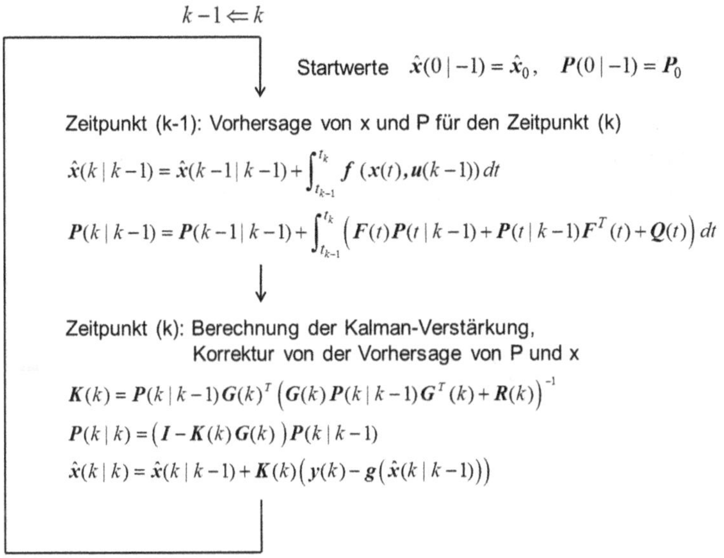

$k-1 \Leftarrow k$

Startwerte $\hat{x}(0\,|\,-1) = \hat{x}_0, \quad P(0\,|\,-1) = P_0$

Zeitpunkt (k-1): Vorhersage von x und P für den Zeitpunkt (k)

$$\hat{x}(k\,|\,k-1) = \hat{x}(k-1\,|\,k-1) + \int_{t_{k-1}}^{t_k} f\,(x(t), u(k-1))\,dt$$

$$P(k\,|\,k-1) = P(k-1\,|\,k-1) + \int_{t_{k-1}}^{t_k} \left(F(t)P(t\,|\,k-1) + P(t\,|\,k-1)F^T(t) + Q(t)\right) dt$$

Zeitpunkt (k): Berechnung der Kalman-Verstärkung,
Korrektur von der Vorhersage von P und x

$$K(k) = P(k\,|\,k-1)G(k)^T \left(G(k)P(k\,|\,k-1)G^T(k) + R(k)\right)^{-1}$$

$$P(k\,|\,k) = \left(I - K(k)G(k)\right)P(k\,|\,k-1)$$

$$\hat{x}(k\,|\,k) = \hat{x}(k\,|\,k-1) + K(k)\left(y(k) - g\left(\hat{x}(k\,|\,k-1)\right)\right)$$

Abb. 7.13: Zur Arbeitsweise eines hybriden erweiterten Kalman-Filters (EKF).

Unscented Kalman Filter (UKF)

In der Praxis hat sich gezeigt, dass das erweiterte Kalman-Filter in einer Reihe von Fällen keine ausreichend genaue Schätzwerte liefert oder sogar ganz versagt. Das ist einerseits in der einfachen Form der Linearisierung begründet. Andererseits pflanzen sich das System- und das Messrauschen in nichtlinearen Systemen nicht als normalverteilte Prozesse fort, wie das beim EKF unterstellt wird. Daher sind in den letzten Jahren Alternativen zum EKF entwickelt worden, die dessen Nachteile zu vermeiden suchen. Besondere Bedeutung hat dabei das „Unscented Kalman Filter" (UKF) erlangt, das durch (Julier & Uhlmann, 2004) entwickelt wurde.

Die Grundidee des UKF besteht darin, die Linearisierung des Zustandsmodells über die Berechnung der Jacobi-Matrizen $\boldsymbol{F}(k)$ und $\boldsymbol{G}(k)$ zu vermeiden und die Verteilungsdichtefunktion der Zustandsvektors durch eine Menge von deterministisch gewählten $\boldsymbol{x}(k)$–Realisierungen anzunähern. Diese Stützstellen werden als „Sigma-Punkte" bezeichnet und in das nichtlineare Zustandsmodell eingesetzt. Die Ergebnisse dieser „Simulationen" werden dann verwendet, um Mittelwert und Kovarianzmatrizen durch gewichtete Mittelung in jedem Schritt neu zu berechnen.

Sigma-Punkte können zum Beispiel nach der Vorschrift

$$\boldsymbol{\chi}(k) = \left[\hat{\boldsymbol{x}}(k) \quad \hat{\boldsymbol{x}}(k) + \gamma\sqrt{\boldsymbol{P}(k)} \quad \hat{\boldsymbol{x}}(k) - \gamma\sqrt{\boldsymbol{P}(k)}\right] \tag{7.78}$$

berechnet werden. Darin ist γ ein Skalierungsfaktor. $\boldsymbol{\chi}(k)$ ist eine Matrix, deren Spalten unterschiedliche „Realisierungen" des Zustandsvektors $\boldsymbol{x}(k)$ beinhalten. Es ergeben sich $(2n + 1)$ Spalten oder Sigma-Punkte: der Mittelwert $\hat{\boldsymbol{x}}(k)$ plus weitere $2n$ Stützstellen, die proportional zu den Elementen der Wurzel aus der Präzisionsmatrix um diesen Mittelwert herum verteilt sind. Die Notation $\hat{\boldsymbol{x}}(k) + \gamma\sqrt{\boldsymbol{P}(k)}$ bedeutet hier, dass der Zustandsvektor $\hat{\boldsymbol{x}}(k)$ zu jeder der n Spalten von $\gamma\sqrt{\boldsymbol{P}(k)}$ addiert wird. Werden alle Sigma-Punkte in die nichtlinearen Funktionen $\boldsymbol{f}$ und $\boldsymbol{g}$, d. h. die Zustands- und Ausgangsgleichungen (7.72) eingesetzt, dann kann man Mittelwert und Kovarianzen der Ergebnisgrößen durch gewichtete Mittelung berechnen. Abbildung 7.14 stellt Fortpflanzung von Mittelwert und Streuung in einem nichtlinearen System der Approximation durch ein EKF (mit Linearisierung) und ein UKF (ohne Linearisierung) einander gegenüber.

Die UKF-Gleichungen sind dann (Simon, 2006):

$$
\begin{aligned}
&\boldsymbol{\chi}(k-1) = \left[\hat{\boldsymbol{x}}(k-1|k-1) \quad \hat{\boldsymbol{x}}(k-1|k-1) \pm \gamma\sqrt{\boldsymbol{P}(k-1|k-1)}\right]\\
&\boldsymbol{\chi}_i(k|k-1) = f(\boldsymbol{\chi}_i(k-1|k-1), \boldsymbol{u}(k-1)) \quad i = 1, \ldots, 2n+1\\
&\hat{\boldsymbol{x}}(k|k-1) = \sum_{i=1}^{2n+1} w_i^x \boldsymbol{\chi}_i(k|k-1)\\
&\boldsymbol{P}_x(k|k-1) = \sum_{i=1}^{2n+1} w_i^c \left(\boldsymbol{\chi}_i(k|k-1) - \hat{\boldsymbol{x}}(k|k-1)\right)\left(\boldsymbol{\chi}_i(k|k-1) - \hat{\boldsymbol{x}}(k|k-1)\right)^T + \boldsymbol{Q}(k)\\
&\boldsymbol{y}_i(k|k-1) = g(\boldsymbol{\chi}_i(k|k-1)) \quad i = 1, \ldots, 2n+1\\
&\hat{\boldsymbol{y}}(k|k-1) = \sum_{i=1}^{2n+1} w_i^x \boldsymbol{y}_i(k|k-1)\\
&\boldsymbol{P}_{yy}(k|k-1) = \sum_{i=1}^{2n+1} w_i^c \left(\boldsymbol{y}_i(k|k-1) - \hat{\boldsymbol{y}}(k|k-1)\right)\left(\boldsymbol{y}_i(k|k-1) - \hat{\boldsymbol{y}}(k|k-1)\right)^T + \boldsymbol{R}(k)\\
&\boldsymbol{P}_{xy}(k|k-1) = \sum_{i=1}^{2n+1} w_i^c \left(\boldsymbol{\chi}_i(k|k-1) - \hat{\boldsymbol{x}}(k|k-1)\right)\left(\boldsymbol{y}_i(k|k-1) - \hat{\boldsymbol{y}}(k|k-1)\right)^T\\
&\boldsymbol{K}(k) = \boldsymbol{P}_{xy}(k|k-1)\boldsymbol{P}_{yy}^{-1}(k|k-1)\\
&\hat{\boldsymbol{x}}(k|k) = \hat{\boldsymbol{x}}(k|k-1) + \boldsymbol{K}(k)\left(\boldsymbol{y}(k) - \hat{\boldsymbol{y}}(k|k-1)\right)\\
&\boldsymbol{P}_x(k|k) = \boldsymbol{P}_x(k|k-1) - \boldsymbol{K}(k)\boldsymbol{P}_{yy}(k|k-1)\boldsymbol{K}^T(k)
\end{aligned}
\tag{7.79}
$$

Obwohl die Gleichungen kompliziert aussehen, ist der Rechenaufwand nicht wesentlich höher als beim EKF. Hinweise zur Wahl des Skalierungsfaktors und der Gewichte, modifizierte Versionen des UKF und die Einbeziehung von Nebenbedingungen in das Schätzverfahren findet man in (Kolas, Foss, & Schei, 2009). Die gemeinsame Schätzung der Zustandsgrößen und der nicht messbaren Zustands- und Ausgangsstörungen mit dem UKF-Verfahren wird in (Kandepu, Foss, & Imsland, 2008) beschrieben.

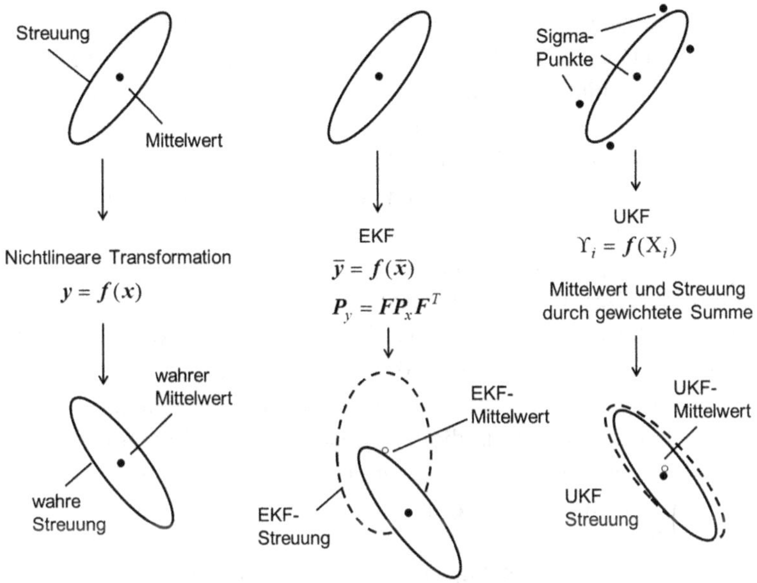

Abb. 7.14: Fortpflanzung von Mittelwert und Streuung in einem nichtlinearen System, Annäherung durch EKF und UKF nach (Wan & van der Merwe, 2001).

7.6.2 Schätzung auf bewegtem Horizont

Einen anderen Zugang zur Ermittlung der nicht messbaren Zustandsgrößen liefern Verfahren zur Schätzung auf bewegtem Horizont (moving horizon estimation, kurz MHE).

Das nichtlineare Prozessmodell sei wieder in der Form

$$\begin{aligned} \boldsymbol{x}(k+1) &= \boldsymbol{f}(\boldsymbol{x}(k), \boldsymbol{u}(k)) + \boldsymbol{w}(k) \\ \boldsymbol{y}(k) &= \boldsymbol{g}(\boldsymbol{x}(k)) + \boldsymbol{v}(k) \end{aligned} \tag{7.80}$$

gegeben. Wenn eine Folge von Messungen für die Ein- und Ausgangsgrößen $\{\boldsymbol{u}(0) \quad \boldsymbol{u}(1) \quad \ldots \quad \boldsymbol{u}(k)\}$ und $\{\boldsymbol{y}(0) \quad \boldsymbol{y}(1) \quad \ldots \quad \boldsymbol{y}(k)\}$ bekannt ist, lässt sich die Aufgabe der Zustandsschätzung als (nichtlineares) Optimierungsproblem formulieren. Es lautet

$$\min_{\hat{\boldsymbol{x}}(0), \boldsymbol{w}(0) \ldots \boldsymbol{w}(k-1)} \left\{ J = \sum_{j=0}^{k-1} \|\boldsymbol{v}(j)\|_{\boldsymbol{R}}^2 + \|\boldsymbol{w}(j)\|_{\boldsymbol{Q}}^2 + \|\hat{\boldsymbol{x}}(0) - \boldsymbol{x}(0)\|_{\boldsymbol{\Pi}}^2 \right\} \tag{7.81}$$

mit den Nebenbedingungen

$$\left. \begin{aligned} \hat{\boldsymbol{x}}(j+1) &= \boldsymbol{f}(\hat{\boldsymbol{x}}(j), \boldsymbol{u}(j)) + \boldsymbol{w}(j) \\ \boldsymbol{v}(j) &= \boldsymbol{y}(j) - \boldsymbol{g}(\hat{\boldsymbol{x}}(j)) \end{aligned} \right\} \quad j = 0 \ldots k-1\,, \tag{7.82}$$

(d. h. dem Prozessmodell) und $\boldsymbol{x} \in \boldsymbol{X},\ \boldsymbol{w} \in \boldsymbol{W}$.

Die Optimierungsaufgabe besteht darin, den Anfangszustand des Systems $\hat{\boldsymbol{x}}(0)$ und die Folge $\{\boldsymbol{w}(0) \quad \boldsymbol{w}(1) \quad \dots \quad \boldsymbol{w}(k-1)\}$ der Zustandsstörungen so zu bestimmen, dass die Zielfunktion J minimiert wird. Die Ausgangsstörungen $\{\boldsymbol{v}(0) \quad \boldsymbol{v}(1) \quad \dots \quad \boldsymbol{v}(k-1)\}$ ergeben sich aus der Differenz der Messwerte und der über das Modell berechneten Werte der Ausgangsgrößen, die Schätzwerte für die Zustandsgrößen $\{\hat{\boldsymbol{x}}(1) \quad \hat{\boldsymbol{x}}(2) \quad \dots \quad \hat{\boldsymbol{x}}(k)\}$ aus der schrittweisen Abarbeitung (Integration) der Zustandsgleichungen. Die Zielfunktion ist eine gewichtete Summe der quadrierten Ausgangs- und Zustandsstörungen und des (quadrierten) Fehlers der Anfangswertschätzung der Zustandsgrößen. Der Vektor $\boldsymbol{x}(0)$ kann als Erwartungswert des Anfangswerts aufgefasst werden und muss vorgegeben werden. Die Matrizen $\boldsymbol{R}$ und $\boldsymbol{Q}$ drücken wiederum das Vertrauen in die Messungen bzw. das Prozessmodell aus. Ist $\boldsymbol{Q}$ groß im Verhältnis zu $\boldsymbol{R}$, dann ist das Vertrauen in das Modell kleiner als in die Messungen bzw. die Modellunsicherheit größer als die Messunsicherheit und umgekehrt. Die Matrix $\boldsymbol{\Pi}$ bewertet die Genauigkeit der Vorkenntnisse über den Anfangszustand. Hinweise zur Wahl der Gewichtsmatrizen $\boldsymbol{R}$, $\boldsymbol{Q}$ und $\boldsymbol{\Pi}$ werden in (Rao & Rawlings, 2002) und (Diehl, 2006) gegeben.

In der angegebenen Form ist das Schätz- bzw. Optimierungsproblem nicht lösbar, weil es immer umfangreicher wird, je mehr Messungen anfallen. In (7.81) wächst die obere Grenze der Summation fortlaufend, und auch die Zahl der Optimierungsvariablen wächst ohne Grenzen. Ein Ausweg besteht darin, die untere Grenze der Summation in der Zielfunktion nicht auf Null zu setzen, sondern die Summanden über einen *endlichen* Zeithorizont zu berechnen, der sich mit fortlaufender Zeit mitbewegt. Das Prinzip ist dasselbe wie bei einem MPC-Regler: auch dort wird das dynamische Optimierungsproblem in jedem Abtastintervall über einen endlichen, zurückweichenden Zeithorizont gelöst. Während dort die optimale Stellgrößenfolge bestimmt wird, sind es hier die optimale Folge der Zustandsstörungen (und damit indirekt auch der Zustandsgrößen und der Ausgangsstörungen) und der Anfangszustand.

Der Zeithorizont sei $t_{k-N} \leq t \leq t_{k-1}$, seine Länge also das N-fache der Abtastzeit. Das Optimierungsproblem (7.81), (7.82) wird dann umformuliert in

$$\min_{\hat{\boldsymbol{x}}(k-N),\boldsymbol{w}(k-N)\dots\boldsymbol{w}(k-1)} \left\{ J = \sum_{j=k-N}^{k-1} \|\boldsymbol{v}(j)\|_{\boldsymbol{R}}^2 + \|\boldsymbol{w}(j)\|_{\boldsymbol{Q}}^2 + \left\|\hat{\boldsymbol{x}}(k-N) - \boldsymbol{x}(k-N)\right\|_{\boldsymbol{\Pi}}^2 \right\} \tag{7.83}$$

mit den Nebenbedingungen

$$\left.\begin{aligned} \hat{\boldsymbol{x}}(j+1) &= \boldsymbol{f}(\hat{\boldsymbol{x}}(j), \boldsymbol{u}(j)) + \boldsymbol{w}(j) \\ \boldsymbol{v}(j) &= \boldsymbol{y}(j) - \boldsymbol{g}(\hat{\boldsymbol{x}}(j)) \end{aligned}\right\} \quad j = k-N\dots k-1 \tag{7.84}$$

und $\boldsymbol{x} \in \boldsymbol{X}, \ \boldsymbol{w} \in \boldsymbol{W}$.

Die Nebenbedingungen für die Zustandsgrößen $\boldsymbol{x} \in \boldsymbol{X}$ können am Einfachsten in der Form

$$\boldsymbol{x}_{\min} \leq x \leq \boldsymbol{x}_{\max} \tag{7.85}$$

vorliegen. Zur Initialisierung des Algorithmus muss eine A-priori-Information über den Zustandsvektor zu Beginn des Schätzhorizonts $\boldsymbol{x}(k-N)$ vorgegeben werden. Im

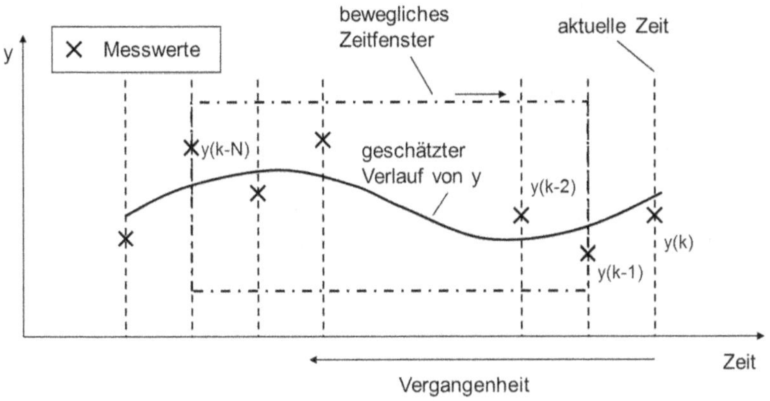

Abb. 7.15: Zur Zustandsschätzung auf bewegtem Horizont.

weiteren Verlauf, d. h. beim Übergang von k zu $(k+1)$, wird gewöhnlich der zum Zeitpunkt k bestimmte Schätzwert für $\hat{\boldsymbol{x}}(k-N+1)$ als A-priori-Anfangswert für die Lösung des Schätzproblems zum Zeitpunkt $(k+1)$ verwendet:

$$\hat{\boldsymbol{x}}(k-N+1|k) \to \boldsymbol{x}(k-N|k+1)\,. \tag{7.86}$$

In $\boldsymbol{x}(k-N)$ und $\boldsymbol{\Pi}$ sind die Informationen über den Prozessverlauf vor dem Zeitpunkt $(k-N)$ verdichtet. Abbildung 7.15 veranschaulicht die Vorgehensweise.

Die Gewichtsmatrizen und die Horizontlänge sind Tuning-Parameter des MHE-Algorithmus. Je größer N, desto genauer die Schätzergebnisse, desto größer aber auch der Aufwand für die Lösung des Optimierungsproblems. Als Faustregel wird in (Rao & Rawlings, 2002) vorgeschlagen, N mindestens doppelt so groß wie die Systemordnung zu wählen.

Ein besonderer Vorteil der MHE-Schätzung gegenüber den im vorhergehenden Abschnitt vorgestellten nichtlinearen Filtern besteht in der einfacheren Einbeziehung von Nebenbedingungen für die Zustandsgrößen Die Lösung des MHE-Problems ist aber aufwändig: wie bei NMPC muss in jedem Abtastintervall ein nichtlineares Optimierungsproblem mit Nebenbedingungen gelöst werden, hinzu kommt die Integration des Zustands-Differenzialgleichungssystems. Es ist daher verständlich, dass zur Rechenzeiteinsparung dieselben Ideen angewendet werden wie bei der Lösung des NMPC-DO-Problems. So findet man auch hier in der Literatur die Anwendung des Mehrzielverfahrens und der Advanced-Step-Methode.

Die Schätzung auf bewegtem Horizont lässt sich auf die Schätzung unbekannter bzw. zeitveränderlicher Modellparameter $\boldsymbol{\theta}$ erweitern. Diese Modellparameter werden in das Prozessmodell aufgenommen:

$$\begin{aligned} \boldsymbol{x}(k+1) &= \boldsymbol{f}(\boldsymbol{x}(k), \boldsymbol{u}(k), \boldsymbol{\theta}(k)) + \boldsymbol{w}_X(k) \\ \boldsymbol{y}(k) &= \boldsymbol{g}(\boldsymbol{x}(k), \boldsymbol{\theta}(k)) + \boldsymbol{v}(k)\,. \end{aligned} \tag{7.87}$$

Zusätzlich muss das Zeitverhalten der Parameter beschrieben werden, am Einfachsten wieder durch das Modell

$$\boldsymbol{\theta}(k+1) = \boldsymbol{\theta}(k) + \boldsymbol{w}_\theta(k)\,, \tag{7.88}$$

den sogenannten „Random-Walk"-Prozess. Es sind aber auch kompliziertere Modelle möglich. Man beachte dass $\boldsymbol{w}(k) = \begin{bmatrix}\boldsymbol{w}_x(k) & \boldsymbol{w}_\theta(k)\end{bmatrix}^T$ in zwei Anteile zerlegt wurde: $\boldsymbol{w}_x(k)$ beschreibt Störungen der Zustandsgrößen, $\boldsymbol{w}_\theta(k)$ der Modellparameter. Das um die Parameterschätzung erweiterte MHE-Problem lautet dann

$$\min_{\hat{\boldsymbol{x}}(k-N),\boldsymbol{\theta}(k-N,\boldsymbol{w}(k-N)\ldots\boldsymbol{w}(k-1)} \left\{ J = \sum_{j=k-N}^{k-1} \|\boldsymbol{v}(j)\|_{\boldsymbol{R}}^2 + \|\boldsymbol{w}(j)\|_{\boldsymbol{Q}}^2 + \left\| \begin{matrix} \hat{\boldsymbol{x}}(k-N) - \boldsymbol{x}(k-N) \\ \hat{\boldsymbol{\theta}}(k-N) - \boldsymbol{\theta}(k-N) \end{matrix} \right\|_{\boldsymbol{\Pi}}^2 \right\} \tag{7.89}$$

mit dem Prozessmodell (7.87), dem „Parametermodell" (7.88), der Beziehung

$$\boldsymbol{v}(j) = \boldsymbol{y}(j) - \boldsymbol{g}(\hat{\boldsymbol{x}}(j), \hat{\boldsymbol{\theta}}(j)) \quad j = k-N \ldots k-1 \tag{7.90}$$

und $\boldsymbol{\theta} \in \boldsymbol{\Theta}$ oder einfacher $\boldsymbol{\theta}_{\min} \leq \boldsymbol{\theta} \leq \boldsymbol{\theta}_{\max}$ als Nebenbedingungen.

7.7 NMPC-Programmsysteme

In Tab. 7.3 sind ausgewählte NMPC-Programmsysteme aufgelistet. Aspen Nonlinear Controller und Profit®NLC sind speziell für Anwendungen in der Polymerindustrie konzipiert und verwenden verfügbare theoretische Prozessmodelle für verschiedene Polymerisationsprozesse (vgl. (Karagoz & andere, 2004), (Naidoo & andere, 2007)). Pavilion 8 wurde in Abschnitt 7.3 näher beschrieben und wird in verschiedenen Bereichen der Prozessindustrie eingesetzt. CENIT wird in (Foss & Schei, 2007) beschrieben und u. a. in der Polymerindustrie und in der Metallurgie verwendet.

Darüber hinaus sind einige In-House-Entwicklungen von NMPC-Programmpaketen bekannt geworden, darunter von ABB zum Anfahren konventioneller Kraftwerksanlagen ((Rode, Franke, & Krüger, 2003), (Franke & Doppelhamer, 2007)), von ExxonMobile Chemical (Bartusiak, 2007) und von Borealis (Saarinen & Andersen, 2003), beide zur Anwendung in Polymerisationsanlagen.

Tab. 7.3: Ausgewählte NMPC-Programmsysteme.

Anbieter	Programmsystem	Webseite
Aspen Technology (USA)	Aspen Nonlinear Controller	www.aspentech.com
Honeywell (USA)	Profit NLC	www.honeywell.com/sites/acs
Rockwell Software (USA)	Pavilion 8	www.rockwellautomation.com
Perceptive Engineering (UK)	ControlMV	www.perceptiveapc.com
Cybernetica (N)	CENIT	www.cybernetica.no
TriSolutions (BRA)	TriNMPC	www.trisolutions.com

In (Lucia, Tatulea-Codrean, Schoppmeyer, & Engell, 2017) wird der Prototyp einer modular aufgebauten Entwicklungsumgebung für robuste NMPC-Lösungen vorgestellt, wie sie zukünftig auch in der Prozessindustrie eingesetzt werden könnte. Ein Merkmal dieser Lösung ist die Koordinierung von zunächst unabhängig voneinander entwickelten, austauschbaren Modulen für das Prozessmodell, die Simulation, die nichtlineare Optimierung und die Zustandsbeobachtung.

7.8 Weiterführende Literatur

Eine Übersicht über die Entwicklung theoretischer Modelle für das dynamische Verhalten verfahrenstechnische Prozesse geben die bereits in Abschnitt 2.5 genannten Quellen. (Luyben, 2002) beschreibt die Anwendung von rechnergestützten Modellierungswerkzeugen für typische Prozesseinheiten. Die Fließschemasimulation des statischen Anlagenverhaltens wird zusammen mit ausgewählten Programmsystemen in (Seider & andere, 2017) behandelt. Die dynamische Anlagensimulation mit AspenDynamics und HYSYS wird in (Luyben, 2002) und speziell für Destillationsprozesse in (Luyben, 2013) vorgestellt.

Der Stand der Arbeiten zu NMPC wird in einer Reihe von Sammelbänden dokumentiert. Dazu gehören (Allgöwer & Zheng, 2000), (Kouvaritakis & Cannon, 2001), (Findeisen, Allgöwer, & Biegler, 2007) und (Magni, Raimondo, & Allgöwer, 2009). Tutorials zu diesem Thema finden sich in (Allgöwer & andere, 1999) und (Rawlings, 2003). Eine gute Übersicht über NMPC-Arbeiten bis Ende der 90er Jahre vermittelt (Henson, 1998). Eine mathematisch orientierte Monografie zu NMPC haben (Grüne & Pannek, 2011) erarbeitet. Seit einigen Jahren organisiert die IFAC eine Nonlinear Model Predictive Control Conference, zuletzt 2012 in Leeuwenhorst/NL und 2015 in Sevilla.

Die Regelung nichtlinearer Systeme ist Gegenstand der Monografien von (Föllinger, 1993), (Slotine & Li, 1990), (Khalil, 2001), (Hangos, Bokor, & Szederkenyi, 2004) und (Adamy, 2014). In (Engell, 1995) und (Henson & Seborg, 1997) finden sich verschiedene Beiträge, die sich mit der Anwendung nichtlinearer Regelungskonzepte auf verfahrenstechnische Prozesse beschäftigen. Die Regelung von nichtlinearen Systemen unter Verwendung multipler linearer Modelle sind Gegenstand des Sammelbands von (Murray-Smith & Johanson, 1997). Die industrielle Anwendung dieses Konzepts wird in (Porfirio, Neto, & Odloak, 2003) beschrieben. Methoden zur Konstruktion einer Bank lokaler linearer Modelle werden in (Nelles, 1997) und (Johansen & Foss, 1997) behandelt.

Adaptive MPC-Regelungen werden in den Monografien von (Mosca, 1994), (Kanjilal, 1995), (Martin-Sanchez & Rodellar, 1996) und (Martin-Sanchez & Rodellar, 2015) beschrieben. Eine Einführung in das Gebiet der robusten Regelung bieten (Ackermann, 1993) und (Zhou, Glover, & Doyle, 1995). Konzepte für robuste MPC-Regelungen besprechen (Bemporad & Morari, 1999), (Rawlings & Mayne, 2009), (Lucia & andere,

2014) und (Kouvaritakis & Cannon, 2016). Eine Monografie über „Economic MPC" haben (Ellis, Liu, & Christofides, 2017) vorgelegt. Über einen Vergleich zwischen der bisher üblichen hierarchischen Struktur „Arbeitspunktoptimierung – MPC mit linearem Prozessmodell" (MPC-SO/MPC-DO) und „Economic MPC" berichten (Olanrewaju & Maciejowski, 2016).

Methoden zur Identifikation nichtlinearer Systeme werden in (Haber & Keviczky, 1999), (Nelles, 2001) und (Billings, 2013) ausführlich behandelt, eine kurzgefasste Übersicht enthält (Zhang, 2015). Methoden der Identifikation nichtlinearer Systeme mit Hilfe von Volterra-Modellen und Anwendungen in der Verfahrenstechnik werden in (Doyle, Pearson, & Ogunnaike, 2002) vorgestellt. Eine Übersicht über Methoden zur Identifikation blockorientierter nichtlinearer Modelle vermitteln (Giri & Bai, 2010). Aus der umfangreichen Literatur über die Anwendung künstlicher neuronaler Netze zur Modellierung der Dynamik nichtlinearer Systeme und zur Prozessregelung seien die Bücher von (Baughmann & Liu, 1995), (Noergaard, Ravn, Poulsen, & Hansen, 2000) und (Kecman, 2001) hervorgehoben. NMPC-Regelungen mit blockorientierten Modellen werden in (Harnischmacher & Marquardt, 2007) vorgestellt.

Die Eigenschaften des „Advanced-step NMPC-Konzepts" werden in (Zavala & Biegler, 2009) untersucht. In (Huang, Biegler, & Patwardhan, 2010) wird die Kombination von as-NMPC und der Schätzung auf bewegtem Horizont (MHE) behandelt. Die Anwendung des „direct multiple shooting" in einer Pilotanlage wird in (Nagy, Mahn, Franke, & Allgöwer, 2007) vorgestellt. Eine Übersicht über schnelle NMPC-Algorithmen geben (Wolf & Marquardt, 2016).

Eine Literaturübersicht zur Zustands- und Parameterschätzung und zur Anwendung von Beobachtern in verfahrenstechnischen Systemen enthalten (Soroush, 1998) und (Ali, Hoang, Hussain, & Dochain, 2015). Eine Einführung in das Problem der nichtlinearen Zustandsschätzung bieten (Krebs, 1980) und (Muske & Edgar, 1997). Eine Übersicht über die in jüngerer Zeit entwickelten nichtlinearen Schätzverfahren geben (Daum, 2005) und (Daum, 2015). Neben EKF und UKF werden auch Partikelfilter für die Zustands- und Parameterschätzung in nichtlinearen Systemen verwendet. Eine Einführung in dieses Gebiet findet man in (Tulsyan, Gopaluni, & Khare, 2016). Die Zustands- und Parameterschätzung auf bewegtem Horizont wird in (Robertson, Lee, & Rawlings, 1996), (Rao & Rawlings, 2002), (Diehl, 2006), (Zavala, Laird, & Biegler, 2008) und (Kühl & andere, 2011) behandelt. Eine kurze Einführung in das Gebiet gibt (Rawlings, 2015). Ein Vergleich von EKF- und MHE-Schätzung wird in (Haseltine & Rawlings, 2005) vorgenommen, zwischen EKF und UKF in (Kandepu, Foss, & Imsland, 2008). Stochastische Störgrößenmodelle, nichtlineare Schätzverfahren und die Least-Squares-Schätzung von Kovarianzmatrizen werden im Zusammenhang mit NMPC in (Lima & Rawlings, 2011) behandelt, und (Zagrobelny & Rawlings, 2015) geben eine Übersicht über die Schätzung von Kovarianzmatrizen aus fortlaufend anfallenden Messdaten.

Literaturverzeichnis

Abel, D., Epple, U., & Spohr, G.-U. (2008). *Integration von Advanced Control in der Prozessindustrie.* Weinheim: Wiley-VCH Verlag.

Ackermann, J. (1993). *Robuste Regelung.* Berlin: Springer-Verlag.

Adamy, J. (2014). *Nichtlineare Systeme und Regelungen. 2. Aufl.* Berlin und Heidelberg: Springer-Verlag.

Adetola, V., & Guay, M. (2010). Integration of real-time optimization and model predictive control. *Journal of Process Control, 20*(2), S. 125–133.

AlGhazzawi, A., & Lennox, B. (2009). Model predictive control monitoring using multivariate statistics. *Journal of Process Control, 19*(2), S. 314–327.

Ali, J. M., Hoang, N. H., Hussain, M. A., & Dochain, D. (2015). Review and classification of recent observers applied in chemical process systems. *Comput. Chem. Eng., 76*, S. 27–47.

Allgöwer, F., & andere. (1999). Nonlinear Predictive Control and Moving Horizon Estimation. In P. M. Frank (Hrsg.), *Advances in Control. Highlights of ECC'99* (S. 391–449). London: Springer-Verlag.

Allgöwer, F., & Zheng, A. (2000). *Nonlinear Model Predictive Control.* Basel: Birkhäuser-Verlag.

Alsop, N., & Ferrer, J. M. (2008). Avoiding plant tests with dynamic simulation. *Hydrocarbon Processing, 87*(6), S. 47–52.

Altmann, W. (2005). *Practical Process Control for Engineers and Technicians.* Amsterdam: Newnes.

Alvarez, J. D., & andere. (2013). Perspectives on control-relevant identification through the use of interactive tools. *Control Engineering Practice, 21*(2), S. 171–183.

Anderson, C. M., & Bro, R. (2010). Variable selection in regression – a tutorial. *Journal of Chemometrics, 24*(11–12), S. 728–737.

Andersson, J., Akesson, J., & Diehl, M. (2010). CasADi: a symbolic package for automatic differentiation and control. In D. Forth, & andere (Hrsg.), *Recent advances in algorithmic differentiation* (S. 297–309). Berlin und Heidelberg: Springer-Verlag.

Andersson, M. (2009). Comparison of nine PLS1 algorithms. *Journal of Chemometrics, 23*(10), S. 518–529.

ARC Advisory Group. (2003). *Real-Time Process Optimization and Training. Market Analysis and Forecast through 2007.* Dedham: ARC Advisory Group.

ARC Advisory Group. (2012). *Advanced Process Control and On-line Optimization. Analysis and Forecast through 2017.* Dedham: ARC Advisory Group.

Ascher, U. M., & Petzold, L. R. (1998). *Computer methods for ordinary differential equations and differential-algebraic equations.* Philadelphia: SIAM.

Aström, K. J., & Hägglund, T. (1988). *Automatic Tuning of PID Controllers.* Research Triangle Park: ISA.

Aström, K. J., & Hägglund, T. (1995). *PID Controllers: Theory, Design and Tuning.* Research Triangle Park: ISA.

Aström, K. J., & Hägglund, T. (2006). *Advanced PID Control.* Research Triangle Park: ISA.

Aström, K. J., Johansson, K. H., & Wang, Q. G. (2002). Design of decoupled PI controllers for two-by-two systems. *IEE Proc. Contr. Theory Appl., 149*(1), S. 74–81.

Aufderheide, B., & Bequette, W. B. (2003). Extension of dynamic matrix control to multiple models. *Comput. Chem. Eng., 27*(8–9), S. 1079–1096.

Backx, T., Bosgra, O., & Marquardt, W. (2000). Integration of model predictive control and optimization of processes. *Proc. IFAC Symp. Advanced Control of Chemical Processes ADCHEM 2000.* Pisa, Italy.

Baldea, M., & Harjunkoski, I. (2014). Integrated production scheduling and process control: a systematic review. *Comput. Chem. Eng., 71*, S. 377–390.

https://doi.org/10.1515/9783110499575-008

Barnett, V., & Lewis, T. (1995). *Outliers in statistical data. 3. Aufl.* Chichester: Wiley.

Bartee, J., & andere. (2009). Industrial application of nonlinear model predictive control technology for fuel ethanol fermentation process. *Proc. American Control Conference*, (S. 2290–2294). St. Louis.

Bartusiak, R. D. (2007). NLMPC: a platform for optimal control of feed- or product-flexible manufacturing. In R. Findeisen, F. Allgöwer, & L. T. Biegler (Hrsg.), *Assessment and Future Directions of Non-linear Model Predictive Control* (S. 367–381). Berlin und Heidelberg: Springer-Verlag.

Bates, D. M., & Watts, D. G. (1988). *Nonlinear regression analysis and its applications.* New York: Wiley.

Bauer, M., & andere. (2016). The current state of control loop performance monitoring – a survey of application in industry. *Journal of Process Control, 38*, S. 1–10.

Bauer, M., & Craig, I. (2008). Economic assessment of advanced process control – a survey and framework. *Journal of Process Control, 18*(1), S. 2–18.

Bauer, M., Craig, I., Tolsma, E., & de Beer, H. (2007). A profit index for assessing the benefits of process control. *Ind. Eng. Chem. Res., 46*(17), S. 5614–5623.

Baughmann, R. D., & Liu, Y. A. (1995). *Neural networks in bioprocessing and chemical engineering.* San Diego: Academic Press.

Bemporad, A., & Morari, M. (1999). Robust model predictive control- a survery. In A. Garulli, A. Tesi, & A. Visino (Hrsg.), *Robustness in Identification and Control. Lecture Notes in Control and Information Sciences* (S. 207–226). London: Springer-Verlag.

Bemporad, A., Morari, M., & Ricker, L. (2014). *Model Predictive Control Toolbox User's Guide.* Natick: The Mathworks Inc.

Bemporad, A., Morari, M., Dua, V., & Pistikopulos, E. (2002). The explicit linear quadratic regulator for constrained systems. *Automatica, 38*(1), S. 3–20.

Bequette, W. B. (1998). *Process Dynamics – Modeling, Analysis and Simulation.* Englewood Cliffs: Prentice Hall.

Bequette, W. B. (2003). *Process Control – Modeling, Design and Simulation.* Upper Saddle River: Prentice Hall.

Berner, J., Hägglund, T., & Aström, K. (2016). Asymmetric relay autotuning – practical features for industrial use. *Control Engineering Practice, 54*, S. 231–245.

Bernstein, D. S. (2005). *Matrix Mathematics.* Princeton: Princeton University Press.

Biegler, L. T. (2010). *Nonlinear Programming.* Philadelphia: SIAM.

Billings, S. A. (2013). *Nonlinear System Identification.* Chichester: John Wiley & Sons.

Björklund, S., & Ljung, L. (2003). A review of time-delay estimation techniques. *IEEE Conference on Decision and Control.* Maui, Hawaii.

Blevins, T. L., & Nixon, M. (2010). *Control Loop Foundation – Batch and Continuous Processes.* Research Triangle Park: ISA.

Blevins, T. L., McMillan, G. K., Wojsznis, W. K., & Brown, M. W. (2003). *Advanced Control Unleashed.* Research Triangle Park: ISA.

Blevins, T., Wojsznis, W., & Nixon, M. (2012). *Advanced Control Foundation. Tools, Techniques and Applications.* Research Triangle Park: ISA.

Bohn, C., & Unbehauen, H. (2016). *Identifikation dynamischer Systeme.* Wiesbaden: Springer-Vieweg.

Bonavita, N., Martini, R., & Grosso, T. (2003). A step-by-step approach to advanced process control. *Hydrocarbon Processing, 82*(10), S. 69–73.

Borelli, F., Bemporad, A., & Morari, M. (2017). *Predictive control for linear and hybrid systems.* Cambridge: Cambridge University Press.

Botelho, V., Trierweiler, J. O., Farenzena, M., & Duraiski, R. (2016). Perspectives and challenges in performance assessment of model predictive control. *Can. J. Chem. Eng., 94*(7), S. 1225–1241.

Botelho, V., Trierweiler, J., Farenzena, M., & Duraiski, R. (2015). Methodology for detecting model-plant mismatches affecting model predictive control performance. *Ind. Eng. Chem. Res., 54*(48), S. 12072–12085.

Box, G. E., Hunter, W. G., & Hunter, S. J. (2005). *Statistics for experimenters. 2. Aufl.* New York: Wiley.

Box, G. E., Jenkins, G. M., Reinsel, G. C., & Ljung, G. (2015). *Time series analysis: forecasting and control. 5. Aufl.* New York: Wiley.

Boyd, S. P., & Vandenberghe, L. (2007). *Convex Optimization.* Cambridge: Cambridge University Press.

Brack, G. C. (1972). *Dynamische Modelle verfahrenstechnischer Prozesse. Reihe Automatisierungstechnik RA 115.* Berlin: Verlag Technik.

Brack, G. C. (1980). *Entwerfen von Automatisierungsstrukturen. Reihe Automatisierungstechnik RA 188.* Berlin: Verlag Technik.

Brambilla, A. (2014). *Distillation control and optimization.* New York: McGraw Hill.

Brasio, A. S., Romanenko, A., & Fernandes, N. C. (2014). Modeling, detection, quantification and compensation of stiction in control loops: the state of the art. *Ind. Eng. Chem. Res., 53*(39), S. 15020–15040.

Breckner, K. (1999). *Regel- und Rechenschaltungen in der Prozessautomatisierung.* München: Oldenbourg-Verlag.

Breimann, L. (1995). Better subset regression using the nonnegative garrote. *Technometrics, 37*(4), S. 373–384.

Brereton, R. G. (2003). *Chemometrics – data analysis for the laboratory and the chemical plant.* Chichester: Wiley.

Bristol, E. (1966). On a new measure of interaction for multivariable process control. *IEEE Trans. on Automatic Control, 11*(1), S. 133–134.

Brosilow, C., & Joseph, B. (2002). *Techniques of Model Based Control.* Upper Saddle River: Prentice Hall.

Brown, S. D., Tauler, R., & Walczak, B. (2009). *Comprehensive Chemometrics.* Amsterdam: Elsevier.

Cagienard, R., Grieder, P., Kerrigan, E. C., & Morari, M. (2007). Move blocking strategies in receding horizon control. *Journal of Process Control, 17*(6), S. 563–570.

Camacho, E. F., & Bordons, C. (2007). *Model Predictive Control. 2. Aufl.* London: Springer-Verlag.

Camacho, J., Pico, J., & Ferrer, A. (2008a). Bilinear modelling of batch processes – part I: theoretical discussion. *Journal of Chemometrics, 22*(5), S. 299–308.

Camacho, J., Pico, J., & Ferrer, A. (2008b). Bilinear modelling of batch processes – part II: a comparison of PLS softsensors. *Journal of Chemometrics, 22*(10), S. 533–547.

Camara, M. M., Quelhas, A. D., & Pinto, J. C. (2016). Performance evaluation of real industrial RTO systems. *Processes, 4*(4), S. 1–20.

Cameron, I., & Hangos, K. M. (2001). *Process Modelling and Model Analysis.* Oxford: Elsevier.

Campo, P. J., & Morari, M. (1989). Model predictive optimal averaging level control. *AIChE Journal, 35*(4), S. 579–591.

Canney, W. (2003). The future of advanced process control promises more benefits and sustained values. *Oil and Gas Journal, 101*(16), S. 48–55.

Canney, W. (2005). Are you getting the full benefit from your advanced process control system? *Hydrocarbon Processing, 84*(6), S. 55–58.

Cao, S., & Rhinehart, R. R. (1995). An efficient method for one-line identification of steady state. *Journal of Process Control, 5*(6), S. 363–374.

Chandola, V., Banerjee, A., & Kumar, V. (2009). Anomaly detection – a survey. *ACM Computing Surveys, 41*(3).

Chang, E. (2005). Pattern recognition displays capture advanced process control benefits. *Hydrocarbon Processing, 84*(6), S. 93–96.

Chatterjee, T., & Saraf, D. N. (2004). On-line estimation of properties for crude distillation units. *Journal of Process Control, 14*(1), S. 61–77.

Chen, D., & Seborg, D. E. (2002). PI/PID controller design based on direct synthesis and disturbance rejection. *Ind. Eng. Chem. Res., 41*(19), S. 4807–4822.

Chen, D., & Seborg, D. E. (2003). Design of decentralized PI control systems based on Nyquist stability analysis. *Journal of Process Control, 13*(1), S. 27–39.

Cheung, T. F., & Luyben, W. L. (1979). Liquid-level control in single tanks and cascades of tanks with proportional-only and proportional-integral feedback controllers. *Ind. Eng. Chem. Fund., 18*(1), S. 15–20.

Chien, I. L., & Fruehauf, P. S. (1990). Consider IMC tuning to improve controller performance. *Chem. Engrg. Progress, 86*(10), S. 33–41.

Chien, K. L., Hrones, J. A., & Reswick, J. B. (1952). On the automatic control of generalized passive systems. *Transactions of the ASME, 74*(2), S. 175–185.

Chitralekha, S. B., & Shah, S. L. (2010). Application of support vector regression for developing softsensors for nonlinear processes. *Can. J. Chem. Eng., 88*(5), S. 696–709.

Choudhury, S. A., Jain, M., & Shah, S. L. (2008). Stiction – definition, modelling, detection and quantification. *Journal of Process Control, 18*(3–4), S. 232–243.

Choudhury, S. A., Shah, S. L., & Thornhill, N. F. (2008). *Diagnosis of process nonlinearities and valve stiction: data-driven approaches.* Berlin: Springer-Verlag.

Choudhury, S. A., Shah, S. L., Thornhill, N. F., & Shook, D. S. (2006). Automatic detection and quantification of stiction in control valves. *Control Engineering Practice, 14*(12), S. 1395–1412.

Choudhury, S. A., Thornhill, N. F., & Shah, S. L. (2005). Modelling of valve stiction. *Control Engineering Practice, 13*(5), S. 641–658.

Christofides, P. D., Scattolini, R., Munoz de la Pena, D., & Liu, J. (2013). Distributed model predictive control: a tutorial review and future research directions. *Comput. Chem. Eng., 51*, S. 21–41.

Clarke, D. W., & Mohtadi, C. (1989). Properties of Generalized Predictive Control. *Automatica, 25*(6), S. 859–875.

Clarke, D. W., Mohtadi, C., & Tuffs, P. S. (1987a). Generalized Predictive Control – Part I: The Basic Algorithm. *Automatica, 23*(2), S. 137–148.

Clarke, D. W., Mohtadi, C., & Tuffs, P. S. (1987b). Generalized Predictive Control Part II: Extensions and interpretations. *Automatica, 23*(2), S. 149–160.

Codrons, B. (2005). *Process modelling for control. A unified framework using standard black-box techniques.* London: Springer-Verlag.

Cominos, P., & Munro, N. (2002). PID controllers: recent tuning methods and design to specification. *IEE Proc. Contr. Theory Appl., 49*(1), S. 46–53.

Conner, J. S., & Seborg, D. E. (2004). An evaluation of MIMO input designs for process identification. *Ind. Eng. Chem. Res., 43*(14), S. 3847–3854.

Cooper, D. G. (2005). *Practical process control using LOOP-Pro software. Firmenschrift.* Tolland: Control Station Inc.

Corriou, J.-P. (2004). *Process Control – Theory and Applications.* London: Springer-Verlag.

Corripio, A. B., & Newell, M. (2015). *Tuning of Industrial Control Systems. 3. Aufl.* Research Triangle Park: ISA.

Craig, I. K., & Henning, R. D. (2000). Evaluation of advanced industrial control projects – a framework for determining economic benefits. *Control Engineering Practice, 8*(7), S. 769–780.

Cutler, C. R., & Ramaker, B. L. (1979). Dynamic Matrix Control – A Computer Control Algorithm. *Proceedings of the AIChE Meeting.* Houston.

Dahlin, E. B. (1968). Designing and tuning digital controllers. *Instruments and Control Systems, 42*(June), S. 77–83.

Damert, K. (1993). Ein universeller Regler für den Praktiker? *Automatisierungstechnische Praxis atp, 35*(3), S. 146–152.

Darby, M. (2015). Industrial MPC of continuous processes. In J. Baillieul, & T. Samad (Hrsg.), *Encyclopedia of Systems and Control* (Bd. 1, S. 552–560). London: Springer-Verlag.

Darby, M. L., & Nikolaou, M. (2012). MPC – current practice and challenges. *Control Engineering Practice, 20*(4), S. 328–342.

Darby, M. L., & Nikolaou, M. (2014). Identification test design for multivariable model-based control: an industrial perspective. *Control Engineering Practice, 22*, S. 165–180.

Darby, M. L., Nikolaou, M., Jones, J., & Nicholson, D. (2011). RTO: An overview and assessment of current practice. *Journal of Process Control, 21*(6), S. 874–884.

Datta, A., Ho, M. T., & Bhattacharyya, S. P. (2000). *Structure and synthesis of PID controllers.* London: Springer-Verlag.

Daum, F. E. (2005). Nonlinear filters – beyond the Kalman filter. *IEEE A&E Systems Magazine, 20*(8/2), S. 57–69.

Daum, F. E. (2015). Nonlinear Filters. In J. Baillieul, & T. Samad (Hrsg.), *Encyclopedia of Systems and Control* (Bd. 2, S. 870–875). London: Springer-Verlag.

De Oliviera, N. M., & Biegler, L. T. (1994). Constraint handling and stability properties of model predictive control. *AIChE Journal, 40*(7), S. 1138–1155.

De Prada, C. (2015). Overview: Control hierarchy of large processing plants. In J. Baillieul, & T. Samad (Hrsg.), *Encyclopedia of Systems and Control* (Bd. 1, S. 147–154). London: Springer-Verlag.

Desborough, L., & Miller, R. (2002). Increasing customer value of industrial control performance monitoring – Honeywell's experience. In J. B. Rawlings, B. A. Ogunnaike, & J. E. Eaton (Hrsg.), *Proceedings of the 6th International Conference on Chemical Process Control (CPC VI). AIChE Symposium Series 326* (S. 169–189). New York: AIChE.

Di Nello, R. (2010). Use advanced process control to add value for your facility. *Hydrocarbon Processing, 89*(10), S. 95–97.

Diehl, M. (2006). Schnelle Algorithmen für die Zustands- und Parameterschätzung auf bewegten Horizonten. *Automatisierungstechnik at, 54*(12), S. 602–613.

Diehl, M. (2015). Optimization algorithms for Model Predictive Control. In J. Baillieul, & T. Samad (Hrsg.), *Encyclopedia of Systems and Control* (Bd. 2, S. 989–996). London: Springer-Verlag.

Diehl, M., & andere. (2002). An efficient algorithm for nonlinear model predictive control of large-scale systems – Part I: Description of the method. *Automatisierungstechnik at, 50*(12), S. 557–567.

Diehl, M., & andere. (2003). An efficient algorithm for nonlinear model predictive control of large-scale systems – Part II: Experimental evaluation for a distillation column. *Automatisierungstechnik at, 51*(1), S. 22–29.

Ding, S. (2013). *Model-based fault diagnosis techniques.* London: Springer-Verlag.

Dittmar, R. (2009). Prädiktivregler Profit Loop als Ergänzung zu PID. *Automatisierungstechnische Praxis atp, 51*(6), S. 22–25.

Dittmar, R. (2014). Modellbasierte prädiktive Regelung (MPC). In K. Früh, U. Maier, & D. Schaudel (Hrsg.), *Handbuch der Prozessautomatisierung. 5. Aufl.* (S. 134–148). München: Deutscher Industrieverlag.

Dittmar, R., & Folkerts, H. (2014). Regelung von Pufferständen – Vergleich von Methoden und Anwendung in einer Raffinerieanlage. *Konferenz „Angewandte Automatisierungstechnik in Lehre und Forschung" AALE 2104* (S. 261–271). München: Deutscher Industrieverlag.

Dittmar, R., & Pfeiffer, B. -M. (2004). *Modellbasierte prädiktive Regelung – eine Einführung für Ingenieure.* München: Oldenbourg-Wissenschaftsverlag.

Dittmar, R., & Pfeiffer, B. -M. (2006). Modellbasierte prädiktive Regelung in der industriellen Praxis. *Automatisierungstechnik at, 54*(12), S. 590–601.

Dittmar, R., Bebar, M., & Reinig, G. (2003). Control Loop Performance Monitoring – Motivation, Methoden, Anwenderwünsche. *Automatisierungstechnische Praxis atp, 45*(4), S. 94–103.

Dittmar, R., Gill, S., Singh, H., & Darby, M. (2012). Robust optimization-based multi-loop controller tuning: a new tool and its industrial application. *Control Engineering Practice, 20*(4), S. 355–370.

Dougherty, D., & Cooper, D. J. (2003a). A practical multiple model strategy for multivariable model predictive control. *Control Engineering Practice, 11*(6), S. 649–664.

Dougherty, D., & Cooper, D. J. (2003b). Tuning guidelines of a Dynamic Matrix Controller for integrating (non-self-regulating) processes. *Ind. Eng. Chem. Res., 42*(8), S. 1739–1752.

Doyle, F. J., Pearson, R. K., & Ogunnaike, B. A. (2002). *Identification and control using Volterra models.* London: Springer-Verlag.

Draper, N. R., & Smith, H. (1998). *Applied regression analysis. 3. Aufl.* New York: Wiley.

Dua, P., Kouramas, K., Dua, V., & Pistikopoulos, E. N. (2008). MPC on a chip – recent advances on the application of multi-parametric model predictve control. *Comput. Chem. Eng., 32*(4–5), S. 754–765.

Eder, H. H. (2003a). Advanced Process Control – unleash its power, step by step. *Control Engineering Europe, 4*(June/July), S. 32–33 und 49.

Eder, H. H. (2003b). How to succeed with your first APC application. *Control Engineering Europe, 4*(April), S. 25–29.

Eder, H. H. (2003c). Advanced process control: opportunities, benefits and barriers. *IEE Computing and Control Engineering, 14*(Oct/Nov), S. 10–16.

Eder, H. H. (2005). The seven most dangerous arguments against Advanced Process Control. *Control Engineering Europe, 6*(October), S. 40–42.

Edgar, T. F., Himmelblau, D. M., & Lasdon, L. S. (2001). *Optimization of chemical processes.* New York: McGraw Hill.

Ellis, M., Duran, H., & Christofides, P. D. (2014). A tutorial review of economic model predictive control methods. *Journal of Process Control, 24*(8), S. 1156–1178.

Ellis, M., Liu, J., & Christofides, P. (2017). *Economic model predictive control.* London: Springer-Verlag.

Engell, S. (Hrsg.). (1995). *Entwurf nichtlinearer Regelungen.* München: Oldenbourg-Verlag.

Engell, S. (2007). Feedback control for optimal process operation. *Journal of Process Control, 17*(3), S. 203–219.

Engell, S. (2015). Model – based performance optimizing control. In J. Bailieul, & T. Samad (Hrsg.), *Encyclopedia of Systems and Control* (Bd. 1, S. 734–740). London: Springer-Verlag.

Engell, S., & Harjunkoski, I. (2012). Optimal operation: scheduling, advanced control and their integration. *Comput. Chem. Eng., 47*, S. 121–133.

Erickson, K. T., & Hedrick, J. T. (1999). *Plantwide process control.* New York: Wiley.

Eriksson, L., & andere. (2006). *Multi- and megavariate data analysis. Part I and II.* Umea: Umetrics AB.

Esbensen, K. H. (2006). *Multivariate data analysis in practice.* Oslo: Camo Software AS.

Espinosa Oviedo, J. J., Boelen, T., & van Overschee, P. (2006). Robust Advanced PID Control (RaPID) – PID Tuning Based on Engineering Specifications. *IEEE Control Systems Magazine, 26*(1), S. 15–19.

Faanes, A., & Skogestad, S. (2003). Buffer tank design fot acceptable control performance. *Ind. Eng. Chem. Res., 42*(10), S. 2198–2208.

Farag, A., & Werner, H. (2006). Structure selection and tuning of multi-variable PID controllers for an industrial benchmark problem. *IEE Proc. Contr. Theory Appl., 153*(3), S. 262–267.

Farres, M., Platikanov, S., Tsakovski, S., & Tauler, R. (2015). Comparison of the variable importance in projection (VIP) and the selectivity ratio (SR) methods for variable selection and interpretation. *Journal of Chemometrics, 29*(10), S. 528–536.

Favoreel, W., de Moor, B., & van Overschee, P. (2000). Subspace state system identification for industrial processes. *Journal of Process Control, 10*(2–3), S. 149–155.
Felleisen, M. (2001). *Prozessleittechnik für die Verfahrenstechnik.* München: Oldenbourg-Verlag.
Findeisen, R., Allgöwer, F., & Biegler, L. (2007). *Assessment and Future Directions of Nonlinear Model Predictive Control.* Berlin: Springer-Verlag.
Fletcher, R. (2006). *Practical Methods of Optimization.* Chichester: Wiley.
Föllinger, O. (1993). *Nichtlineare Regelungen II. 7. Aufl.* München: Oldenbourg-Verlag.
Forsell, U., & Ljung, L. (1999). Closed-loop system identification revisited. *Automatica, 35*(7), S. 1215–1241.
Forsman, K. (2016). Implementation of advanced control in the process industry without the use of MPC. *IFAC-PapersOnLine, 49–7,* S. 514–519.
Fortuna, L., Graziani, S., Rizzo, A., & Xibilia, M. (2007). *Soft Sensors for Monitoring and Control of Industrial Processes.* London: Springer-Verlag.
Foss, B. A., & Schei, T. S. (2007). Putting nonlinear model predictive control into use. In R. Findeisen, F. Allgöwer, & L. T. Biegler (Hrsg.), *Assessment and Future Directions of Nonlinear Model Predictive Control* (S. 407–417). Berlin und Heidelberg: Springer-Verlag.
Fourer, R., Gay, D. M., & Kernighan, B. W. (2002). *AMPL: A Modeling Language for Mathematical Programming.* Pacific Grove: Duxbury Press.
Frank, P. M. (1974). *Entwurf von Regelkreisen mit vorgeschriebenem Verhalten.* Karlsruhe: Braun-Verlag.
Franke, R., & Doppelhamer, J. (2007). Integration of advanced model based control with Industrial IT. In R. Findeisen, F. Allgöwer, & L. T. Biegler (Hrsg.), *Assessment and Future Directions of Nonlinear Model Predictive Control* (S. 400–406). Berlin und Heidelberg: Springer-Verlag.
Freeman, J. (1999). Neural network development and deployment rules-of-thumb. *Hydrocarbon Processing, 78*(10), S. 101–107.
Friedman, Y. Z. (1992). Avoid advanced control project mistakes. *Hydrocarbon Processing, 71*(10), S. 115–120.
Friedman, Y. Z. (1994). Tuning of averaging level controllers. *Hydrocarbon Processing, 73*(12), S. 101–104.
Friedman, Y. Z. (2005a). What is advanced process control? Part 1. *Hydrocarbon Processing, 84*(5), S. 15.
Friedman, Y. Z. (2005b). What is advanced process control. Part 2. *Hydrocarbon Processing, 84*(6), S. 114.
Friedman, Y. Z. (2005c). What is advanced process control? Part 3. *Hydrocarbon Processing, 84*(7), S. 19–20.
Friedman, Y. Z. (2005d). More about inferential control models. *Hydrocarbon Processing, 84*(2), S. 17–18.
Friedman, Y. Z. (2006a). Choosing inferential modelling tools. *Hydrocarbon Processing, 85*(1), S. 15–16.
Friedman, Y. Z. (2006b). Audit your APC applications. *Hydrocarbon Processing, 85*(12), S. 118.
Friedman, Y. Z. (2007a). Inferential models that correlate but do not predict. Part 1. *Hydrocarbon Processing, 86*(3), S. 118.
Friedman, Y. Z. (2007b). Inferential models that correlate but do not predict. Part 2. *Hydrocarbon Processing, 86*(12), S. 134.
Friedman, Y. Z. (2008a). What happened to simple useful APC techniques? Part 1. *Hydrocarbon Processing, 87*(3), S. 126.
Friedman, Y. Z. (2008b). What happened to simple useful APC techniques? Part 2. *Hydrocarbon Processing, 87*(4), S. 17.

Friedman, Y. Z. (2008c). To b(ias) or not to b(ias)? This is the question. *Hydrocarbon Processing, 87*(12), S. 130.
Friedman, Y. Z. (2010a). APC designs for minimum maintenance. Part 1. *Hydrocarbon Processing, 89*(6), S. 90.
Friedman, Y. Z. (2010b). APC designs for minimum maintenance. Part 2. *Hydrocarbon Processing, 89*(7), S. 13.
Friedman, Y. Z. (2010c). APC designs for minimum maintenance. Part 3. *Hydrocarbon Processing, 89*(8), S. 13.
Friedman, Y. Z. (2010d). APC application ownership. *Hydrocarbon Processing, 89*(9), S. 13.
Friedman, Y. Z., & Schuler, M. (2003). First-principles inference model improves deisobutanizer column control. *Hydrocarbon Processing, 82*(3), S. 43–47.
Friedman, Y. Z., Neto, C. R., & Porfirio, C. R. (2002). First-principles distillation inference models for superfractionator product quality prediction. *Hydrocarbon Processing, 81*(2), S. 53–58.
Froisy, B. (2006). Model Predictive Control – building a bridge between theory and practice. *Comput. Chem. Eng., 30*(10–12), S. 1426–1435.
Fruehauf, P. S., Chien, I.-L., & Lauritsen, M. D. (1994). Simplified IMC-PID tuning rules. *ISA Transactions, 33*(1), S. 43–59.
Früh, K. F., Maier, U., & Schaudel, D. (Hrsg.). (2014). *Handbuch der Prozessautomatisierung. 5. Aufl.* München: Deutscher Industrieverlag.
Gagnon, E., Pomerleau, A., & Desbiens, A. (1998). Simplified, ideal or inverted decoupling? *ISA Transactions, 37*(4), S. 265–276.
Gao, J., & andere. (2003). Performance evaluation of two industrial MPC controllers. *Control Engineering Practice, 11*(12), S. 1371–1387.
Garnier, H. (2015). Direct continuous-time approches to system identification. *European Journal of Control, 24*, S. 50–62.
Garnier, H., & Wang, L. (2008). *Identification of Continuous-time Models from Sampled Data.* London: Springer-Verlag.
Garpinger, O., & Hägglund, T. (2015). Software-based optimal PID design with robustness and noise sensitivity constraints. *Journal of Process Control, 33*, S. 90–101.
Garpinger, O., Aström, K. J., & Hägglund, T. (2014). Performance and robustness trade-offs in PID control. *Journal of Process Control, 24*(5), S. 568–577.
Garrido, J., Vazques, F., & Morilla, F. (2011). An extended approach to inverted decoupling. *Journal of Process Control, 21*(1), S. 55–68.
Garriga, J. L., & Soroush, M. (2010). Model predictive control tuning methods: a review. *Ind. Eng. Chem. Res., 49*(9), S. 3505–3515.
Geladi, P., & Kowalski, B. (1986). Partial least squares regression: a tutorial. *Analytica Chimica Acta, 185*, S. 1–17.
Ghadrdan, M., Grimholt, C., & Skogestad, S. (2013). A new class of model-based static estimators. *Ind. Eng. Chem. Res., 52*(35), S. 12451–12462.
Ghraizi, A. R., & andere. (2007). Performance monitoring of industrial controllers based on the predictability. *Comput. Chem. Eng., 31*(5–6), S. 477–486.
Gilman, G. F. (2005). *Boiler Control Systems Engineering.* Research Triangle Park: ISA.
Giovanini, L. L. (2003). Predictive feedback control. *ISA Transactions, 42*(2), S. 207–226.
Giri, F., & Bai, E.-W. (2010). *Block-oriented Nonlinear System Identification.* Berlin und Heidelberg: Springer-Verlag.
Glattfelder, A. H., & Schaufelberger, W. (2003). *Control Systems with Input and Output Constraints.* London: Springer-Verlag.
Goodwin, G. C., Graebe, S. F., & Salgado, M. E. (2001). *Control System Design.* Upper Saddle River: Prentice Hall.

Grancharova, A., & Johansen, T. A. (2004). Explicit approaches to constrained model predictive control: a survey. *Modeling, Identification and Control, 25*(3), S. 131–157.

Grancharova, A., & Johansen, T. A. (2012). *Explicit Model Predictive Control.* Berlin: Springer-Verlag.

Grewal, M. S., & Andrews, A. P. (2001). *Kalman Filtering: Theory and Practice using Matlab.* New York: Wiley.

Grimholt, C., & Skogestad, S. (2012). Optimal PI control and verification of the SIMC tuning rule. *IFAC Conference on Advances in PID Control.* Brescia (Italien).

Grosdidier, P. (2004). Improve APC project success. *Hydrocarbon Processing, 83*(10), S. 37–41.

Grüne, L., & Pannek, J. (2011). *Nonlinear Model Predictive Control – Theory and Algorithms.* London: Springer-Verlag.

Guzman, J. L., & andere. (2008). Interactive tool for analysis of time delay systems with dead-time compensators. *Control Engineering Practice, 16*(7), S. 824–835.

Guzman, J. L., & Hägglund, T. (2011). Simple tuning rules for feedforward compensators. *Journal of Process Control, 21*(1), S. 92–102.

Guzman, J. L., Berenguel, M., & Dormido, S. (2005). Interactive teaching of constrained generalized predictive control. *IEEE Control Systems Magazine, 25*(2), S. 52–66.

Guzman, J. L., Rivera, D. E., Berenguel, M., & Dormido, S. (2012). i-piDtune: An interactive tool for integrated system identification and PID control. *IFAC Proceedings Volumes, 45*(3), S. 146–151.

Guzman, J. L., Rivera, D. E., Berenguel, M., & Dormido, S. (2014). ITCLI: An interactive software tool for closed-loop identification. *IFAC Proceedings Volumes, 47*(3), S. 12249–12254.

Guzman, J. L., Rivera, D. E., Dormido, S., & Berenguel, M. (2012). An interactive software tool for system identification. *Advances in Engineering Software, 45*, S. 115–123.

Haber, R., & Keviczky, L. (1999). *Nonlinear system identification – input/output approach.* Dordrecht: Kluwer Academic Publishers.

Haber, R., Bars, R., & Schmitz, U. (2011). *Predictive control in process engineering.* Weinheim: Wiley-VCH Verlag.

Hagan, M. T., Demuth, H. B., & Beale, M. H. (1996). *Neural network design.* Boston: PWS Publishers.

Hagenmeyer, V., & Piechottka, U. (2009). Innovative Prozessführung – Erfahrungen und Perspektiven. *Automatisierungstechnische Praxis atp, 51*(1), S. 48–64.

Hägglund, T. (1996). An industrial dead-time compensating PI controller. *Control Engineering Practice, 4*(6), S. 749–756.

Hägglund, T. (1999). Automatic detection of sluggish control loops. *Control Engineering Practice, 7*(12), S. 1505–1511.

Hägglund, T. (2001). The blend station – a new ratio control structure. *Control Engineering Practice, 9*(11), S. 1215–1220.

Halevi, Y., Palmor, Z. J., & Efrati, T. (1997). Automatic tuning of decentralized PID controller for multivariable systems. *Journal of Process Control, 7*(2), S. 119–128.

Hang, C. C., Aström, K. J., & Wang, Q. G. (2002). Relay feedback auto-tuning of process controllers – a tutorial review. *Journal of Process Control, 12*(1), S. 143–162.

Hangos, K. M., Bokor, J., & Szederkenyi, G. (2004). *Analysis and Control of Nonlinear Process Systems.* London: Springer-Verlag.

Hansen, P. D. (2003). Adaptive tuning methods for the Foxboro I/A system. In V. van Doren (Hrsg.), *Techniques for Adaptive Control* (S. 23–54). Amsterdam: Butterworth-Heinemann.

Harmse, M., & Dittmar, R. (2009). Robuste Einstellung dezentraler PID-Regler in einer Mehrgrößenumgebung. *Automatisierungstechnische Praxis atp, 51*(12), S. 68–78.

Harnischmacher, H., & Marquardt, W. (2007). Nonlinear model predictive control of multivariable processes using block-structured models. *Control Engineering Practice, 15*(10), S. 1238–1256.

Hartmann, E. (2000). Training neural networks with gain constraints. *Neural Computation, 12*(4), S. 811–829.

Haseltine, E. J., & Rawlings, J. B. (2005). Critical evaluation of Extended Kalman Filtering and Moving-Horizon Estimation. *Ind. Eng. Chem. Res., 44*(8), S. 2451–2460.

Hassel, P. A., Martin, E. B., & Morris, J. (2002). Nonlinear partial least squares – estimation of the weight vector. *Journal of Chemometrics, 16*(8–10), S. 419–426.

Hastie, T., Tibshirani, R., & Friedman, R. (2009). *The Elements of Statistical Learning – Data Mining, Inference and Prediction. 2. Aufl.* New York: Springer-Verlag.

Haugen, F. (2004a). *Dynamic Systems: Modeling, Analysis and Simulation.* Trondheim: Tapir Academic.

Haugen, F. (2004b). *PID Control.* Trondheim: Tappi Academic Press.

Haykin, S. (1999). *Neural Networks – a Comprehensive Foundation.* Upper Saddle River: Prentice Hall.

He, Q. P., Wang, J., Pottmann, M., & Qin, S. J. (2007). A curve fitting method for detecting valve stiction in oscillating control loops. *Ind. Eng. Chem. Res., 46*(19), S. 4549–4560.

Hedengren, J. D., Shishavan, R. A., Powell, K., & Edgar, T. F. (2014). Nonlinear modeling, estimation and predictive control in APMonitor. *Comput. Chem. Eng., 70*(5), S. 133–148.

Henson, M. A. (1998). Nonlinear model predictive control: current status and future directions. *Comput. Chem. Eng., 23*(2), S. 187–202.

Henson, M. A., & Seborg, D. E. (1997). *Nonlinear Proces Control.* Upper Saddle River: Prentice Hall.

Herb, S. M. (1999). *Understanding Distributed Processor Systems for Control Instrumentation.* Research Triangle Park: ISA.

Hill, T., & Lewicki, P. (2006). *Statistics: methods and applications.* Tulsa: StatSoft Inc.

Himmelblau, D. M. (1970). *Process Analysis by Statistical Methods.* New York: Wiley.

Himmelblau, D. M., & Riggs, J. B. (2012). *Basic Principles and Calculations in Chemical Engineering. 8. Aufl.* Upper Saddle River: Prentice Hall.

Hjalmarsson, H. M. (2005). From experiment design to closed-loop control. *Automatica, 41*(3), S. 393–438.

Hjalmarsson, H. M., Gevers, M., & de Bruyne, F. (1996). For model-based control design, closed loop identification gives better performance. *Automatica, 32*(12), S. 1659–1673.

Honeywell. (2010). *Advanced Process Control Linear Identifier Users Guide. Firmenschrift.* Phoenix: Honeywell Inc.

Honeywell. (2010). *Fractionator Toolkit User's Guide. Firmenschrift.* Phoenix: Honeywell Inc.

Hoo, K. A., Piovoso, M. J., Schnelle, P. D., & Rowan, D. (2003). Process and controller performance monitoring: overview with industrial applications. *Int. J. Adapt. Control Signal Process., 17*(7–9), S. 635–662.

Horch, A. (2007). Benchmarking control loops with oscillation and stiction. In A. Ordys, D. Uduehi, & M. A. Johnson (Hrsg.), *Process Control Performance Assessment – from Theory to Implementation* (S. 227–257). London: Springer-Verlag.

Horton, E. C., Foley, M. W., & Kwok, K. E. (2003). Performance assessment of level control loops. *Int. J. Adapt. Control Signal Process., 17*(7–9), S. 663–684.

Höskuldsson, A. (1988). PLS regression methods. *Journal of Chemometrics, 2*(3), S. 211–228.

Houska, B., Ferreau, H. J., & Diehl, M. (2011). ACADO toolkit – an open-source framwork for automatic control and dynamic optimization. *Optim. Control Appl. Meth., 32*(3), S. 298–312.

Hovd, M. (2007). Improved target calculation for model predictive control. *Modeling, Identification and Control, 28*(3), S. 81–86.

Hovd, M., & Skogestad, S. (1993). Improved independent design of robust decentralized controllers. *Journal of Process Control, 3*(1), S. 43–51.

Hovd, M., & Skogestad, S. (1994). Sequential design of decentralized controllers. *Automatica, 30*(10), S. 1601–1607.

Huang, B., & Shah, S. L. (1999). *Performance Assessment of Control Loops: Theory and Applications.* London: Springer-Verlag.

Huang, R., Biegler, L. T., & Patwardhan, S. C. (2010). Fast offset-free nonlinear model predictive control based on moving-horizon estimation. *Ind. Eng. Chem. Res., 49*(17), S. 7882–7890.

Huang, R., Zavala, V. M., & Biegler, L. T. (2009). Advanced step nonlinear model predictive control for air separation units. *Journal of Process Control, 19*(4), S. 678–685.

Hubert, M., & Branden, K. (2003). Robust methods for partial least squares regression. *Journal of Chemometrics, 17*(10), S. 537–549.

Hücker, J. H., & Rake, H. (2000). Selbsteinstellung von Kompaktreglern – Stand der Technik. *Automatisierungstechnische Praxis atp, 42*(11), S. 54–59.

Hurowitz, S., Anderson, J., Duvall, M., & Riggs, J. (2003). Distillation control configuration selection. *Journal of Process Control, 13*(4), S. 357–362.

Idris, E. A., & Engell, S. (2012). Economics-based NMPC strategies for the operation and control of a continuous catalytic distillation process. *Journal of Process Control, 22*(10), S. 1832–1843.

Ingimundarson, A., & Hägglund, T. (2001). Robust tuning procedures of dead-time compensating controllers. *Control Engineering Practice, 9*(11), S. 1195–1208.

Ingimundarson, A., & Hägglund, T. (2002). Performance comparison between PID and dead-time compensating controllers. *Journal of Process Control, 12*(8), S. 887–895.

Isaksson, A. J., & Graebe, S. F. (2002). Derivative filter is an integral part of PID design. *IEE Proc. Contr. Theory Appl., 49*(1), S. 41–45.

Isermann, R. (1992). *Identifikation dynamischer Systeme 1 und 2.* Berlin: Springer-Verlag.

Isermann, R. (2006). *Fault Diagnosis Systems.* Berlin Heidelberg: Springer-Verlag.

Isermann, R., & Münchhof, M. (2011). *Identification of Dynamic Systems – an Introduction with Applications.* London: Springer-Verlag.

Jackson, J. E. (2003). *A User's Guide to Principal Components.* New York: Wiley.

Jelali, M. (2006). An overview of control performance assessment technology and industrial application. *Control Engineering Practice, 14*(5), S. 441–466.

Jelali, M. (2013). *Control Performance Management in Industrial Automation.* London: Springer-Verlag.

Jelali, M., & Dittmar, R. (2014). Control Performance Monitoring (CPM). In K. F. Früh, D. Schaudel, & U. Maier (Hrsg.), *Handbuch der Prozessautomatisierung. 5. Aufl.* (S. 149–163). München: Deutscher Industrieverlag.

Jelali, M., & Huang, B. (2010). *Detection and Diagniosis of Stiction in Control Loops.* London: Springer-Verlag.

Jelali, M., & Karra, S. (2010). Automatische Detektion oszillierender Regelkreise in komplexen industriellen Anlagen. *Automatisierungstechnik at, 58*(7), S. 394–401.

Jelali, M., & Scali, C. (2010). Comparative study of valve-stiction detection methods. In M. Jelali, & B. Huang (Hrsg.), *Detection and Diagnosis of Stiction in Control Loops* (S. 295–358). London: Springer-Verlag.

Ji, G., Zhang, K., & Zhu, Y. (2012). A method of MPC error detection. *Journal of Process Control, 22*(3), S. 635–642.

Johansen, T. A., & Foss, B. A. (1997). Operating regime based process modeling and identification. *Comput. Chem. Eng., 21*(2), S. 159–176.

Johnson, M. A., & Moradi, M. H. (2005). *PID Control: New Identification and Design Methods.* London: Springer-Verlag.

Jolliffe, I. (2002). *Principal Components Analysis.* New York: Springer-Verlag.

Julier, S. J., & Uhlmann, J. K. (2004). Unscented filtering and nonlinear estimation. *IEEE Proceedings, 92*(3), S. 401–422.

Juricek, B., Seborg, D. E., & Larimore, W. E. (2002). Identification of multivariable, linear dynamic models: comparing regression and subspace techniques. *Ind. Eng. Chem. Res., 41*(9), S. 2185–2203.

Kadlec, P., Gabrys, B., & Strandt, S. (2009). Data-driven softsensors in the process industry. *Comput. Chem. Eng., 33*(4), S. 795–814.

Kadlec, P., Grbic, R., & Gabrys, B. (2011). Review of adaptation mechanisms for data-driven softsensors. *Comput. Chem. Eng., 35*(1), S. 1–24.

Kalafatis, A., & andere. (2006). Multivariable step testing for MPC projects reduces crude unit testing time. *Hydrocarbon Processing, 85*(2), S. 93–100.

Kandepu, R., Foss, B., & Imsland, L. (2008). Applying the unscented Kalman filter for nonlinear state estimation. *Journal of Process Control, 18*(7–8), S. 753–768.

Kane, L. A. (Hrsg.). (1999). *Advanced Process Control and Information Systems for the Process Industries.* Houston: Gulf Publishing.

Kanjilal, P. P. (1995). *Adaptive Prediction and Predicitive Control.* Stevenage: Peregrinus.

Kano, M., & Fujiwara, K. (2013). Virtual sensing technology in process industries: trends and challenges revealed by recent industrial applications. *J. Chem. Eng. of Japan, 46*(1), S. 1–17.

Kano, M., & Ogawa, M. (2010). The state of art in chemical process control in Japan – good practice and questionnaire survey. *Journal of Process Control, 20*(9), S. 969–982.

Kantor, J. C., Garcia, C. E., & Carnahan, B. (Hrsg.). (1997). *Proceedings of the 5th International Conference on Chemical Process Control (CPC-V). AIChE Symposium Series 316.* New York: AIChE.

Karagoz, O., & andere. (2004). Advanced control methods improve polymer's business cycle. *Hydrocarbon Processing, 83*(4), S. 45–49.

Karra, S., Jelali, M., Nazmul Karim, M., & Horch, A. (2010). Detection of oscillation control loops. In M. Jelali, & B. Huang (Hrsg.), *Detection and Diagnosis of Stiction in Control Loops* (S. 61–100). London: Springer-Verlag.

Kassmann, D. E., Badgwell, T. A., & Hawkings, R. B. (2000). Robust steady-state target calculation for model predictive control. *AIChE Journal, 46*(5), S. 1007–1102.

Kautzman, G. A., Korchinski, W., & Brown, M. (2006). Faster plant testing and modeling. *Hydrocarbon Processing, 85*(10), S. 89–92.

Kecman, V. (1988). *State Space Models of Lumped and Distributed Systems.* Berlin: Springer-Verlag.

Kecman, V. (2001). *Learning and Soft Computing – Support Vector Machines, Neural and Fuzzy Logic Models.* Cambridge: MIT Press.

Kern, A. G. (2005). Online monitoring of multivariable control utilization and benefits. *Hydrocarbon Processing, 84*(10), S. 43–47.

Kern, A. G. (2009). More on APC designs for minimum maintenance. *Hydrocarbon Processing, 88*(12), S. 82.

Kessler, W. (2007). *Multivariate Datenanalyse für die Pharma-, Bio- und Prozessanalytik.* Weinheim: Wiley-VCH.

Khalil, H. (2001). *Nonlinear Systems. 3. Aufl.* Upper Saddle River: Prentice Hall.

Kim, S., & andere. (2013). Long-term industrial applications of inferential control based on Just-in-time softsensor: economic impact and challenges. *Ind. Eng. Chem. Res., 52*(35), S. 12346–12356.

King, M. J. (1992). How to lose money with advanced controls. *Hydrocarbon Processing, 71*(9), S. 47–50.

King, M. J. (2003). How to lose money with basic controls. *Hydrocarbon Processing, 82*(10), S. 51–54.

King, M. J. (2004). How to lose money with inferential properties. *Hydrocarbon Processing, 83*(10), S. 47–52.

King, M. J. (2011). *Process Control – A Practical Approach.* Chichester: Wiley.

Kleinert, T., Schladt, M., Mühlbeyer, S., & Schocker, A. (2011). Kombination von Prozessanalysentechnik und Sopftsensoren zur Online-Berechnung erweiterter Prozesskenngrößen. *Technisches Messen tm, 78*(12), S. 589–603.

Kleppmann, W. (2008). *Taschenbuch Versuchsplanung. Produkte und Prozesse.* München: Hanser-Verlag.

Knorr, E. M., Ng, R. T., & Tucakov, V. (2000). Distance-based outliers: algorithms and applications. *The VLDB Journal, 8*(3–4), S. 237–253.

Koitka, M., Kahrs, O., van Herpen, R., & Hagenmeyer, V. (2009). SISO-Closed-Loop Identifikation: eine Toolbox für den Einsatz in der industriellen Praxis. *Automatisierungstechnik at, 57*(4), S. 177–186.

Kolas, S., Foss, B. A., & Schei, T. S. (2009). Constrained nonlinear state estimation based on UKF approach. *Comput. Chem. Eng., 33*(8), S. 1386–1401.

Kourti, T. (2002). Process analysis and abnormal situation detection. *IEEE Control Systems Magazine, 22*(5), S. 10–25.

Kourti, T. (2003). Multivariate dynamic data modelling for analysis and statistical process control of batch processes, start-ups and grade transitions. *Journal of Chemometrics, 17*(1), S. 93–109.

Kourti, T., & MacGregor, J. F. (1995). Process analysis, monitoring and diagnosis using multivariate projection methods – a tutorial. *Chemom. Intell. Lab. Syst., 28*(1), S. 3–21.

Kouvaritakis, B., & Cannon, M. (2001). *Nonlinear Predictive Control – Theory and Practice.* London: The Institution of Electrical Engineers (IEE).

Kouvaritakis, B., & Cannon, M. (2016). *Model Predictive Control – Classical, Robust and Stochastic.* London: Springer-Verlag.

Krämer, S., & andere. (2008). Prozessführung: Beispiele, Erfahrung und Entwicklung. *Automatisierungstechnische Praxis atp, 50*(2), S. 68–80.

Krämer, S., & Völker, M. (2014). Einstellregeln für Füllstandregelungen in der industriellen Praxis. *Automatisierungstechnik at, 62*(2), S. 104–113.

Krebs, V. (1980). *Nichtlineare Filterung.* München: Oldenbourg-Verlag.

Kresta, J. V., Marlin, T. E., & MacGregor, J. F. (1994). Development of inferential process models using PLS. *Comput. Chem. Eng., 18*(7), S. 597–611.

Kriegel, H. P., Kröger, P., & Zimel, A. (2010). Outlier detection techniques. *16th ACM SIGKDD Conference on Knowledge Discovery and Data Mining.* Washington.

Kristiansson, B., & Lennartson, B. (2002). Robust and optimal tuning of PI and PID controllers. *IEE Proc. Contr. Theory Appl., 149*(1), S. 17–25.

Kristiansson, B., & Lennartson, B. (2006a). Robust tuning of PI and PID controllers. *IEEE Control Systems Magazine, 26*(1), S. 55–69.

Kristiansson, B., & Lennartson, B. (2006b). Evaluation and simple tuning of PID controllers with high-frequency robustness. *Journal of Process Control, 16*(2), S. 91–102.

Kroll, A. (2003a). Trainingssimulation für die Prozessindustrie – Status, Trends und Ausblick. Teil 1. *Automatisierungstechnische Praxis atp, 45*(2), S. 50–57.

Kroll, A. (2003b). Trainingssimulation für die Prozessindustrie – Status, Trends und Ausblick. Teil 2. *Automatisierungstechnische Praxis atp, 45*(3), S. 55–60.

Kruger, U., & Xie, L. (2012). *Statistical Monitoring of Complex Multivariate Processes – with Applications to Industrial Process Control.* Chichester: John Wiley & Sons.

Kuehl, P., & Horch, A. (2005). Detection of sluggish control loops – experience and inprovements. *Control Engineering Practice, 13*(8), S. 1019–1025.

Kühl, P., & andere. (2011). A real-time algorithm for moving horizon state and parameter estimation. *Comput. Chem. Eng., 35*, S. 71–83.

Kuhn, U. (1995). Eine praxisnahe Einstellregel für PID-Regler: die T-Summen-Regel. *Automatisierungstechnische Praxis atp, 37*(5), S. 10–16.

Kurz, H. (1988). Gehobene Methoden der Regelungstechnik für verfahrenstechnische Prozesse. *Automatisierungstechnik at, 39*(9), S. 341–348.

Kvalseth, T. O. (1985). Cautionary note abour R^2. *The American Statistician, 43*(4), S. 279–285.

Kwak, H. J., Sung, S. W., & Lee, I. B. (2001). Modified Smith predictors for integrating processes. *Ind. Eng. Chem. Res., 40*(6), S. 1500–1506.

Kwon, W. H., & Han, S. H. (2005). *Receding Horizon Predictive Control.* London: Springer-Verlag.

Lakshminarayanan, S., Shah, S. L., & Nandakumar, K. (1997). Modeling and control of multivariable processes: dynamic PLS approach. *AIChE Journal, 43*(9), S. 2307–2322.

Landau, I. D. (2001). Identification in closed loop: a powerful design tool (better design models, simpler controllers). *Control Engineering Practice, 9*(1), S. 51–65.

Landau, I. D., Lozano, R., M'Saad, M., & Karimi, A. (2011). *Adaptive Control – Algorithms, Analysis and Applications. 2. Aufl.* London: Springer-Verlag.

Larsson, C. A., Rojas, C. R., Bombois, X., & Hjalmarsson, H. (2015). Experimental evaluation of model predictive control with excitation (MPC-X) on an industrial depropanizer. *Journal of Process Control, 31*, S. 1–16.

Latour, P. R. (1992). Quantify quality control's intangible benefits. *Hydrocarbon Processing, 71*(5), S. 61–68.

Latour, P. R. (1996). Process control: CLIFFTENT shows it's more profitable than expected. *Hydrocarbon Processing, 75*(12), S. 75–80.

Latour, P. R. (2006). Demise and keys to the rise of process control. *Hydrocarbon Processing, 85*(3), S. 71–80.

Latour, P. R. (2009a). APC for minimum maintenance or max profit. Part 1. *Hydrocarbon Processing, 88*(10), S. 15.

Latour, P. R. (2009b). APC for minimum maintenance or max profit. Part 2. *Hydrocarbon Processing, 88*(11), S. 13.

Latour, P. R., Sharpe, J. H., & Delaney, M. C. (1986). Estimating benefits from advanced control. *ISA Transactions, 25*(4), S. 13–21.

Latzel, W. (1993). Einstellregeln für vorgegebene Überschwingweiten. *Automatisierungstechnik at, 41*(4), S. 103–113.

Lee, B., & andere. (2004). Dynamic optimization of olefin production using Profit Optimizer in an ethylene plant. *Honeywell Users Group Conference.* Phoenix: Honweywell Inc.

Lee, J. H., & Ricker, N. L. (1994). Extended Kalman Filter based Model Predictive Control. *Ind. Eng. Chem. Res., 33*(6), S. 1530–1541.

Lee, J. H., & Yu, Z. (1997). Worst-case formulations of model predictive control for systems with bounded parameters. *Automatica, 33*(5), S. 763–781.

Lee, J. H., Morari, M., & Garcia, C. E. (1994). State-space interpretation of Model Predictive Control. *Automatica, 30*(4), S. 707–717.

Lee, J., & andere. (2011). Relay feedback identification for processes under drift and noisy environments. *AIChE Journal, 57*(7), S. 1809–1816.

Lee, J., Cho, W., & Edgar, T. F. (2014). Simple analytic PID controller tuning rules revisited. *Ind. Eng. Chem. Res., 53*(13), S. 5038–5047.

Lee, K. H., Tamayo, E. C., & Huang, B. (2010). Industrial implementation of controller performance analysis technology. *Control Engineering Practice, 18*(2), S. 147–158.

Lee, Y., Park, S., & Lee, M. (1998). PID controller tuning to obtain desired closed-loop responses for cascade control systems. *Ind. Eng. Chem. Res., 37*(5), S. 1859–1865.

Lee, Y., Park, S., & Lee, M. (2006). Consider the generalized IMC-PID method for PID controller tuning of time delay processes. *Hydrocarbon Processing, 85*(1), S. 87–91.

Li, Y., Ang, K. H., & Chong, G. C. (2006a). PID control system analysis and design. *IEEE Control Systems Magazine, 26*(1), S. 32–41.

Li, Y., Ang, K. H., & Chong, G. C. (2006b). Patents, software and hardware for PID control. *IEEE Control Systems Magazine, 26*(1), S. 42–54.

Liebermann, N. P. (2009). *Troubleshooting of Process Control Systems.* Hoboken: Wiley.

Lima, F. V., & Rawlings, J. B. (2011). Nonlinear stochastic modelling to improve state estimation in process monitoring and control. *AIChE Journal, 57*(4), S. 996–1007.

Lin, M. G., Lakshminarayanan, S., & Rangaiah, G. P. (2008). A comparative study of recent/popular PID tuning rules for stable, first-order plus dead time, single-input single-output processes. *Ind. Eng. Chem. Res., 47*(2), S. 344–368.

Liptak, B. L. (1998). *Optimization of Industrial Unit Processes. 2. Aufl.* Boca Raton: CRC Press.

Liptak, B. L. (2006). *Instrument Engineer's Handbook vol. 2 – Process Control and Optimization. 4. Aufl.* Boca Raton: CRC Press.

Litz, L. (1983). *Dezentrale Regelung.* München: Oldenbourg-Verlag.

Litz, L. (1989). Automatisierung verfahrenstechnischer Prozesse – Anforderungen und Defizite. *Automatisierungstechnik at, 37*(10), S. 370–376.

Liu, T., & Gao, F. (2012). *Industrial Process Identification and Controller Design. Step-test and Relay-experiment-based Methods.* London: Springer-Verlag.

Liu, T., Wang, Q.-G., & Huang, H.-P. (2013). A tutorial review on process identification from step or relay feedback tests. *Journal of Process Control, 23*(10), S. 1597–1623.

Ljung, L. (1999). *System Identification. Theory for the User. 2. Aufl.* Englewood Cliffs: Prentice Hall.

Ljung, L. (2015a). System identification – an overview. In J. Baillieul, & T. Samad (Hrsg.), *Encyclopedia of Systems and Control* (Bd. 2, S. 1443–1457). London: Springer-Verlag.

Ljung, L. (2015b). *System Identification Toolbox R2015a. Getting Started Guide.* Natick: The Mathworks Inc.

Ljung, L., & Glad, T. (1994). *Modeling of Dynamic Systems.* Englewood Cliffs: Prentice Hall.

Loquasto, F., & Seborg, D. E. (2003). Monitoring Model Predictive Control systems using pattern classification and neural networks. *Ind. Eng. Chem. Res., 42*(20), S. 4689–4701.

Lorenz, G. (1976). *Experimentelle Bestimmung dynamischer Modelle. Reihe Automatisierungstechnik RA 172.* Berlin: Verlag Technik.

Lu, J. (2003). Challenging control problems and emerging technologies in enterprise optimization. *Control Engineering Practice, 11*(8), S. 847–858.

Lu, J. (2004). An efficient single-loop MPC algorithm for replacing PID. *AIChE Annual Conference.* Austin.

Lu, J. (2014). Bridging the gap between planning and control: a multiscale MPC cascade approach. In *Proceedings of the 19th IFAC World Congress.* Cape Town, South Africa.

Lucia, S., & andere. (2014). Handling uncertainty in economic nonlinear model predictive control: A comparative case study. *Journal of Process Control, 24*(8), S. 1247–1259.

Lucia, S., Tatulea-Codrean, A., Schoppmeyer, C., & Engell, S. (2017). Rapid development of modular and sustainable nonlinear model predictive control solutions. *Control Engineering Practice, 60*, S. 51–62.

Lundström, P., Lee, J., Morari, M., & Skogestad, S. (1995). Limitations of Dynamic Matrix Control. *Comput. Chem. Eng., 19*(4), S. 409–421.

Lunze, J. (2014). *Regelungstechnik 2 – Mehrgrößensysteme. Digitale Regelung. 8. Aufl.* Berlin: Springer-Vieweg Verlag.

Lutz, H., & Wendt, W. (2014). *Taschenbuch der Regelungstechnik. 10. Aufl.* Haan-Gruiten: Verlag Europa-Lehrmittel.

Luyben, M. L., & Luyben, W. L. (1996). *Essentials of Process Control.* New York: McGraw Hill.

Luyben, W. L. (1986). A simple method for tuning SISO controllers in multivariable systems. *Ind. Eng. Chem. Proc. Des. Devel., 25*(3), S. 654–660.

Luyben, W. L. (1992). *Practical Distillation Control.* London: Springer-Verlag.

Luyben, W. L. (2002). *Plantwide Dynamic Simulators in Chemical Processing and Control.* New York: Marcel Dekker.

Luyben, W. L. (2006). Evaluation of criteria for selecting control trays in distillation columns. *Journal of Process Control, 16*(2), S. 115–134.

Luyben, W. L. (2013). *Distillation Design and Control using Aspen Simulation.* Hoboken: John Wiley & Sons.

Luyben, W. L., Tyreus, B. D., & Luyben, M. L. (1998). *Plantwide Process Control.* New York: McGraw Hill.

MacArthur, W. J., & Zhan, C. (2007). A practical global multi-stage method for fully automated closed-loop identification of industrial processes. *Journal of Process Control, 17*(10), S. 770–786.

Maciejowski, J. (1989). *Multivariable Feedback Design.* Wokingham: Addison-Wesley.

Maciejowski, J. (2002). *Predictive Control with Constraints.* Harlow: Prentice Hall.

Maeder, U., Borelli, F., & Morari, M. (2009). Linear offset-free model predictive control. *Automatica, 45*(10), S. 2214–2222.

Maestre, J. M., & Negenborn, R. R. (2014). *Distributed Model Predictive Control Made Easy.* Dordrecht: Springer-Verlag.

Magni, L., Raimondo, D. M., & Allgöwer, F. (Hrsg.). (2009). *Nonlinear Model Predictive Control – Towards New Challenging Applications.* Berlin: Springer-Verlag.

Magnussen, F., & Akesson, J. (2015). Dynamic Optimization in JModelica. *Processes, 3*(2), S. 471–496.

Maier, U., & Tauchnitz, T. (2009). *Prozessleitsysteme und SPS- basierte Leitsysteme.* München: Deutscher Industrieverlag.

Mandler, J., & andere. (2006). Parametric model predicitve control of air separation. *Proc. IFAC Symp. Advanced Control of Chemical Processes ADCHEM 2006.* Gramado, Brazil.

Marlin, T. E. (2000). *Process Control – Designing Process and Control Systems for Dynamic Performance. 2. Aufl.* New York: McGraw Hill.

Marlin, T., Perkins, J., Barton, G., & Brisk, M. (1987). *Advanced Process Control. Warren Center industrial case studies of opportunities and benefits.* Research Triangle Park: ISA.

Marlin, T., Perkins, J., Barton, G., & Brisk, M. (1991). Benefits from process control: results of a joint industry-university study. *Journal of Process Control, 1*(2), S. 68–83.

Maronna, R. A., Martin, D. R., & Yohai, V. J. (2006). *Robust Statistics – Theory and Methods.* Chichester: Wiley.

Martin, G. D. (2004). Understanding control benefit estimates. *Hydrocarbon Processing, 83*(10), S. 43–46.

Martin, G. D., & Dittmar, R. (2005). Einfache Methoden zur Vorabschätzung des Nutzens von Advanced-Control-Funktionen. *Automatisierungstechnische Praxis atp, 47*(12), S. 32–39.

Martin, G. D., Turpin, L. E., & Cline, R. P. (1991). Estimating control function benefits. *Hydrocarbon Processing, 70*(6), S. 68–73.

Martin, P. (2015). *The value of automation.* Research Triangle Park: ISA.

Martin-Sanchez, J. M., & Rodellar, J. (1996). *Adaptive Predictive Control. From the Concepts to Plant Optimization.* London: Prentice Hall.

Martin-Sanchez, J. M., & Rodellar, J. (2015). *ADEX Optimized Adaptive Controllers and Systems.* London: Springer-Verlag.

Mathur, U., & Conroy, R. J. (2003). Successful multivariable control without plant tests. *Hydrocarbon Processing, 82*(6), S. 55–65.

Mayne, D. Q. (2014). Model Predictive Control: recent developments and future promise. *Automatica, 50*(12), S. 2967–2986.

Mayne, D. Q., Rawlings, J. B., Rao, C. V., & Scokaert, P. O. (2000). Constrained model predictive control: stability and optimality. *Automatica, 36*(6), S. 789–814.

McAvoy, T. J. (1983). *Interaction Analysis – Principles and Applications.* Research Triangle Park: ISA.

McAvoy, T. L., & andere. (2003). A new approach to defining a dynamic relative gain. *Control Engineering Practice, 11*(8), S. 907–914.

McDonald, K. A., McAvoy, T. J., & Tits, A. (1986). Optimal averaging level control. *AIChE Journal, 32*(1), S. 75–86.

McMillan, G. (2015). *Good tuning – a pocket guide.* (4 Ausg.). Research Triangle Park: ISA.

Mehmood, T., Liland, K. H., Snipen, L., & Saeboe, S. (2012). A review of variable selection models in partial least squares regression. *Chemom. Intell. Lab. Syst., 118*, S. 62–69.

Mesbah, A. (2016). Stochastic model predictive control. *IEEE Control Systems Magazine, 36*(6), S. 30–44.

Mikles, J., & Fikar, M. (2007). *Process Modelling, Identification and Control.* London: Springer-Verlag.

Miller, A. (1990). *Subset Selection in Regression.* London: Chapman and Hall.

Monica, T. J., Yu, C.-C., & Luyben, W. L. (1988). Improved multiloop single-input, single-output (SISO) controllers for multivariable process. *Ind. Eng. Chem. Res., 27*(6), S. 969–973.

Montgomery, D. C. (2006). *Design and Analysis of Experiments.* Hoboken: Wiley.

Montgomery, D. C., & Runger, G. C. (2003). *Applied Statistics and Probability for Engineers.* New York: Wiley.

Morari, M., & Zafiriou, E. (1989). *Robust Process Control.* Englewood Cliffs: Prentice Hall.

Mosca, E. (1994). *Optimal, Predictive and Adaptive Control.* Englewood Cliffs: Prentice Hall.

Murray-Smith, R., & Johanson, T. A. (1997). *Multiple Model Approaches to Modeling and Control.* London: Taylor and Francis.

Murrill, P. W. (2000). *Fundamentals of Process Control Theory.* Research Triangle Park: ISA.

Murtaugh, P. A. (1998). Methods of variable selection in regression modelling. *Commun. Statist. Simul., 27*(3), S. 711–734.

Muske, K. R. (2003). Estimating the economic benefit from improved process control. *Ind. Eng. Chem. Res., 42*(20), S. 4535–4544.

Muske, K. R., & Badgwell, T. A. (2002). Disturbance modeling for Model Predictive Control. *Journal of Process Control, 12*(5), S. 617–632.

Muske, K. R., & Edgar, T. F. (1997). Nonlinear State Estimation. In M. A. Henson, & D. E. Seborg (Hrsg.), *Nonlinear Process Control* (S. 311–370). Englewood Cliffs: Prentice Hall.

Muske, K. R., & Rawlings, J. B. (1993). Model Predictive Control with linear models. *AIChE Journal, 39*(2), S. 262–287.

Nagy, Z. K., Mahn, B., Franke, R., & Allgöwer, F. (2007). Evaluation study of an efficient output feedback nonlinear model predictive control for temperature tracking in an industrial batch reactor. *Control Engineering Practice, 15*(7), S. 839–850.

Naidoo, K., & andere. (2007). Experience with nonlinear MPC in polymer manufacturing. In R. Findeisen, F. Allgöwer, & L. T. Biegler (Hrsg.), *Assessment and Future Directions of Nonlinear Model Predictive Control* (S. 383–398). Berlin und Heidelberg: Springer-Verlag.

NAMUR. (2002). *Prozessdiagnose – ein Statusbericht. NAMUR-Arbeitsblatt NA 96.* Leverkusen: Interessengemeinschaft Automatisierungstechnik der Prozessindustrie.

NAMUR. (2014). *Regelgüte-Management: Überwachnung und Optimierung der Basisregelungen von Produktionsanlagen. NAMUR-Empfehlung NE 152.* Leverkusen: Interessengemeinschaft Automatisierungstechnik der Prozessindustrie.

Neelakantan, R., & Guiver, J. (1998). Applying neural networks. *Hydrocarbon Processing, 77*(11), S. 91–96.

Nelles, O. (1997). LOLIMOT- Lokale, lineare Modelle zur Identifikation nichtlinearer dynamischer Systeme. *Automatisierungstechnik at, 45*(4), S. 163–174.

Nelles, O. (2001). *Nonlinear System Identification.* Berlin: Springer-Verlag.

Nelles, O., Ernst, S., & Isermann, R. (1997). Neuronale Netze zur Identifikation nichtlinearer dynamischer Systeme – ein Überblick. *Automatisierungstechnik at, 45*(4), S. 251–262.

Niederlinski, A. (1971). A heuristic approach to the design of linear multivariable interacting control systems. *Automatica, 7*(6), S. 691–701.

Ninnes, B. (2015). System identification software. In J. Baillieul, & T. Samad (Hrsg.), *Encyclopedia of Systems and Control* (Bd. 2, S. 1424–1432). London: Springer-Verlag.

Nocedal, J., & Wright, S. J. (2006). *Numerical Optimization.* New York: Springer-Verlag.

Noergaard, M., Ravn, O., Poulsen, N. K., & Hansen, L. K. (2000). *Neural Networks for Modelling and Control of Dynamic Processes.* London: Springer-Verlag.

Nordfeldt, P., & Hägglund, T. (2006). Decoupler and PID controller design of TITO systems. *Journal of Process Control, 16*(9), S. 923–936.

Normey-Rico, J. E., & andere. (2009). A unified approach for DTC design using interactive tools. *Control Engineering Practice, 17*(10), S. 1234–1244.

Normey-Rico, J. E., & Camacho, E. F. (2008a). Dead-time compensators – a survey. *Control Engineering Practice, 16*(4), S. 407–428.

Normey-Rico, J. E., & Camacho, E. F. (2008b). *Control of Dead-time Processes.* London: Springer-Verlag.

Nortcliffe, A., & Love, J. (2004). Varying time delay Smith predictor process controller. *ISA Transactions, 43*(1), S. 61–71.

Obinata, G., & Anderson, B. D. (2000). *Model Reduction for Control System Design.* Berlin: Springer-Verlag.

Odelson, B. J., Rajamani, M. R., & Rawlings, J. B. (2006). A new autocovariance least-squares method for estimating noise covariances. *Automatica, 42*(2), S. 303–308.

O'Dwyer, A. (2009). *Handbook of PI and PID controller tuning rules. 3. Aufl.* London: Imperial College Press.

Ogunnaike, B., & Mukati, K. (2006). An alternative structure for next generation regulatory controllers Part I: Basic theory for design, development and implementation. *Journal of Process Control, 16*(5), S. 499–509.

Ogunnaike, B., & Ray, W. H. (1994). *Process Dynamics, Modeling and Control.* New York: Oxford University Press.

Olanrewaju, O. I., & Maciejowski, J. M. (2016). Economic equivalence of economic model predictive control and hierarchical control systems. *Ind. Eng. Chem. Res., 55*(41), S. 10978–10989.

Oppelt, W. (1951). Einige Faustformeln zur Einstellung von Regelvorgängen. *Chemie-Ingenieur-Technik, 23*(8), S. 190–193.

Ordys, A. W., Uduehi, D., & Johnson, M. A. (2007). *Process Control Performance Assessment – from Theory to Implementation.* London: Springer-Verlag.

Pandit, M., Walter, H., & Klein, M. (1992). Digitaler PI-Regler: neue Einstellregeln mit Hilfe der Streckensprungantwort. *Automatisierungstechnik at, 40*(8), S. 291–299.

Pannacchia, G., & Rawlings, J. B. (2003). Disturbance Models for Offset-Free model Predictive Control. *AIChE Journal, 49*(2), S. 426–437.

Pannocchia, G. (2015). Distributed model predictive control. In J. Baillieul, & T. Samad (Hrsg.), *Encyclopedia of Systems and Control* (S. 301–308). London: Springer-Verlag.

Pannocchia, G., & Brambilla, A. (2003). Consistency of property estimators in multicomponent distillation control. *Ind. Eng. Chem. Res., 42*(20), S. 4452–4460.

Pannocchia, G., & Brambilla, A. (2005). How to use simplified dynamics in Model Predictive Control of superfractionators. *Ind. Eng. Chem. Res., 44*(8), S. 2687–2696.

Pannocchia, G., & Brambilla, A. (2007). How auxiliary variables and plant data collection affect closed-loop performance of inferential control. *Journal of Process Control, 17*(8), S. 653–663.

Pannocchia, G., De Luca, A., & Bottai, M. (2013). Prediction error based monitoring, degradation diagnostic and remedies in offset-free MPC. *Asian Journal of Control, 16*(4), S. 995–1005.

Pannocchia, G., Laachi, N., & Rawlings, J. B. (2005). A candidate to replace PID control: SISO-constrained LQ control. *AIChE Journal, 51*(4), S. 1178–1189.

Patrinas, P., & Bemporad, A. (2014). An accelerated dual gradient-projection algorithm for embedded linear model predictive control. *IEEE Trans. on Automatic Control, 59*(1), S. 18–33.

Paulonis, M. A., & Cox, J. W. (2003). A practical approach for large scale control performance assessment, diagnosis and improvement. *Journal of Process Control, 13*(2), S. 155–168.

Pearson, R. K. (1999). *Discrete-time Dynamic Models.* Oxford: Oxford University Press.

Pearson, R. K. (2001). Exploring process data. *Journal of Process Control, 11*(2), S. 179–194.

Pearson, R. K. (2002). Outliers in process modeling and identification. *IEEE Trans. on Control Systems Technology, 10*(1), S. 55–63.

Pearson, R. K. (2003). Selecting nonlinear model structures for computer control. *Journal of Process Control, 13*(1), S. 1–26.

Pearson, R. K. (2005). *Mining Imperfect Data – Dealing with Contamination and Incomplete Records.* Philadelphia: SIAM.

Pearson, R. K. (2011). *Exploring Data in Engineering, Sciences and Medicine.* New York: Oxford University Press.

Pearson, R. K., & Pottmann, M. (2000). Gray-box identification of block-oriented nonlinear models. *Journal of Process Control, 10*(4), S. 301–315.

Pfeiffer, B. M. (2000). Towards „plug and control“: self-tuning temperatur controller for PLC. *Int. J. Adapt. Control Signal Process., 14*(5), S. 519–532.

Pfeiffer, B. M., & andere. (2014). Einsatz leitsystemintegrierter Prädiktivregler. *atp edition, 56*(3), S. 28–37.

Pfeiffer, B.-M., & andere. (2002a). Erfolgreiche Anwendungen von Fuzzy Logik und Fuzzy Control. Teil 1. *Automatisierungstechnik at, 50*(10), S. 461–471.

Pfeiffer, B.-M., & andere. (2002b). Erfolgreiche Anwendugen von Fuzzy Logik und Fuzzy Control. Teil 2. *Automatisierungstechnik at, 50*(11), S. 511–521.

Piché, S., Sayyar-Rodsari, B., Johnson, D., & Gerules, M. (2000). Nonlinear Model Predictive Control using Neural Networks. *IEEE Control Systems Magazine, 20*(3), S. 53–62.

Pistikopoulos, E. N. (2012). From multi-parametric programming theory to MPC-on-a-chip multi-scale system applications. *Comput. Chem. Eng., 47*, S. 57–66.

Pistikopoulos, E. N., & andere. (2002). On-line optimization via off-line optimization tools. *Comput. Chem. Eng., 26*(2), S. 175–185.

Porfirio, C. R., Neto, E. A., & Odloak, D. (2003). Multi-model predictive control of an industrial C3/C4 splitter. *Control Engineering Practice, 11*(7), S. 765–779.

Prats-Montalbán, J. M., de Juan, A., & Ferrer, A. (2011). Multivariate image analysis: A review with applications. *Chemom. Intell. Lab. Syst., 107*(1), S. 1–23.

Qin, J. S. (1998). Recursive PLS algorithms for adaptive data modelling. *Comput. Chem. Eng., 22*(4–5), S. 503–514.

Qin, J. S. (2006). An overview of subspace identification. *Comput. Chem. Eng., 30*(10–12), S. 1502–1513.

Qin, J. S., & Badgwell, T. A. (1997). An Overview of Industrial Model Predictive Control Technology. In J. C. Kantor, C. E. Garcia, & B. Carnahan (Hrsg.), *Proceedings of the 5th International Conference on Chemical Process Copntrol (CPC V). AIChE Symposium Series 316* (S. 232–256). New York: AIChE.

Qin, S. J., & Badgwell, T. A. (2003). A survey of industrial model predictive control technology. *Control Engineering Practice, 11*(7), S. 733–764.

Qin, S. J., & Yu, J. (2007). Recent developments in multivariable controller performance monitoring. *Journal of Process Control, 17*(3), S. 221–227.

Quevedo, J., & Escobet, T. (2000). Digital Control – Past, Present and Future of PID Control. *Proceedings of the IFAC Workshop.* Terassa, Spain.

Rajamani, M. R., & Rawlings, J. B. (2009). Achieving state estimation equivalence for misassigned disturbances in offset-free model predictive control. *AIChE Journal, 55*(2), S. 396–407.

Rao, A. S., & Chidambaram, M. (2005). Enhanced Smith predictor for unstable processes with time delay. *Ind. Eng. Chem. Res., 44*(22), S. 8291–8299.

Rao, C. V., & Rawlings, J. B. (1999). Steady states and constraints in model predictive control. *AIChE Journal, 45*(6), S. 1266–1278.

Rao, C. V., & Rawlings, J. B. (2002). Constrained process monitoring: moving horizon approach. *AIChE Journal, 48*(1), S. 97–109.

Rao, G. P., & Unbehauen, H. (2006). Identification of continuous-time systems. *IEE Proc. Contr. Theory Applic., 153*(2), S. 185–220.

Rawlings, J. B. (2003). Tutorial Overview of Model Predictive Control. *IEEE Control Systems Magazine, 20*(3), S. 38–52.

Rawlings, J. B. (2015). Moving Horizon Estimation. In J. Baillieul, & T. Samad (Hrsg.), *Encyclopedia of Systems and Control* (Bd. 1, S. 799–805). London: Springer-Verlag.

Rawlings, J. B., & Mayne, D. Q. (2009). *Model Predictive Control – Theory and Design.* Madison: Nob Hill Publishing.

Rawlings, J. B., & Muske, K. R. (1993). The stability of constrained receding horizon control. *IEEE Trans. on Automatic Control, 38*(10), S. 1512–1516.

Rawlings, J. B., Ogunnaike, B. A., & Eaton, J. W. (Hrsg.). (2002). *Proceedings of the 6th International Conference on Chemical Process Control (CPC-VI). AIChE Symposium Series 326.* New York: AIChE.

Reinisch, K. (1964). Näherungsformeln zur Dimensionierung von Regelkreisen für vorgegebene Überschwingweiten. *Zeitschrift für Messen, Steuern, Regeln msr, 7*(1), S. 4–10.

Reinisch, K. (1996). *Analyse and Synthese kontinuierlicher Steuerungssysteme.* Berlin: Verlag Technik.

Reverter, C. M., Ibarolla, J., & Cano-Izquierdo, J.-M. (2014). Tuning rules for a quick start-up of Dynamic Matrix Control. *ISA Transactions, 53*(2), S. 612–627.

Rhinehart, R. R. (2013). Automated steady and transient state identification in noisy processes. *Proc. American Control Conference*, (S. 4477–4493). Washington.

Rhinehart, R. R., Darby, M. L., & Wade, H. L. (2011). Choosing advanced control – editorial. *ISA Transactions, 50*(1), S. 2–10.

Richalet, J. (1993). Industrial applications of model-based control. *Automatica, 29*(5), S. 1251–1274.

Richalet, J., & O'Donovan, D. (2009). *Predictive Functional Control – Practice and Industrial Applications.* London: Springer-Verlag.

Richalet, J., Lavielle, G., & Mallet, J. (2004). *La Commande Prédictive.* Paris: Eyrolles-Verlag.

Richalet, J., Rault, A., Testud, J. L., & Papon, J. (1978). Model Predictive Heuristic Control: Applications to Industrial Processes. *Automatica, 14*(5), S. 413–428.

Riggs, J. B., & Karim, M. N. (2007). *Chemical and Bio-Process Control.* Boston: Pearson Education.

Rivera, D. E., & Jun, K. S. (2000). An integrated identification and control design methodology for multi-variable process system applications. *IEEE Control Systems Magazine, 20*(3), S. 25–37.

Rivera, D. E., & Morari, M. (1987). Control-relevant model reduction problems for SISO H2-, H∞- and μ-controller synthesis. *Int. J. Control, 46*(2), S. 505–527.

Rivera, D. E., Lee, H., Mittelmann, H. D., & Brown, M. W. (2009). Constrained multisine input signals for plant-friendly identification of process systems. *Journal of Process Control, 19*(4), S. 623–635.

Rivera, D. E., Morari, M., & Skogestad, S. (1986). Internal Model Control 4. PID Controller Design. *Ind. Eng. Chem. Proc. Des. Devel., 25*(1), S. 252–265.

Robertson, D. G., Lee, J. H., & Rawlings, J. B. (1996). A moving horizon-based approach for least squares estimation. *AIChE Journal, 42*(8), S. 2209–2224.

Rode, M., Franke, R., & Krüger, K. (2003). Modellprädiktive Regelung zur optimierten Anfahrt von Dampferzeugenern. *ABB Technik*(3), S. 30–36.

Rodriguez, C., Guzman, J. L., Berenguel, M., & Hägglund, T. (2013). Generalized feedforward tuning rules for non-realizable delay inversion. *Journal of Process Control, 23*(9), S. 1241–1250.

Roffel, B., & Betlem, B. (2003). *Advanced Practical Process Control.* Berlin: Springer-Verlag.

Roffel, B., & Betlem, B. H. (2006). *Process Dynamics and Control: Modeling for Control and Prediction.* Chichester: Wiley.

Rossiter, J. A. (2003). *Model-Based Predictive Control: A practical approach.* Baco Raton: CRC Press.

Rossiter, J. A., & Haber, R. (2015). The effect of coincidence horizon on Predictive Functional Control. *Processes, 3*(1), S. 25–45.

Rothfuß, R., Rudolph, J., & Zeitz, M. (1997). Flachheit: ein neuer Zugang zur Steuerung und Regelung nichtlinearer Systeme. *Automatisierungstechnik at, 45*(11), S. 517–525.

Rousseeuw, P. J., & Leroy, A. M. (2003). *Robust Regression and Outlier Detection.* New York: Wiley.

Saarinen, M., & Andersen, K. S. (2003). Applying model predictive control in a BORSTAR pilot plant polymerization process. *AIChE Spring National Meeting.* New Orleans: AIChE.

Sanders, F. F. (1998). Key factors for successfully implementing advanced control. *ISA Transactions, 36*(4), S. 267–272.

Saxén, H., & Petterson, F. (2006). Method for the selection of inputs and structure of feedforward neural networks. *Comput. Chem. Eng., 30*(6–7), S. 1038–1045.

Sayyar-Rodsari, B., Axelrud, C., & Liano, K. (2004). Model predictive control for nonlinear processes with varying dynamics. *Hydrocarbon Processing, 83*(10), S. 63–69.

Sayyar-Rodsary, B., & andere. (2004). Extrapolating gain-constrained neural networks – effective modeling for nonlinear control. *IEEE Conference on Decision and Control.* Paradise Island, Bahamas.

Scattolini, R. (2009). Architectures for distributed and hierachical Model Predictive Control – a review. *Journal of Process Control, 19*(5), S. 723–731.

Schäfer, J., & Cinar, A. (2004). Multivariable MPC system performance assessment, monitoring and diagnosis. *Journal of Process Control, 14*(2), S. 113–129.

Schaich, D., & Friedrich, M. (2003). Operator-Training Simulation (OTS) in der chemischen Industrie – Erfahrungen und Perspektiven. *Automatisierungstechnische Praxis atp, 45*(2), S. 38–48.

Schuler, H. (1992). Was behindert den praktischen Einsatz moderner regelungstechnischer Methoden in der Prozessindustrie? *Automatisierungstechnische Praxis atp, 34*(3), S. 116–123.

Schuler, H. (1994). Aufwand-Nutzen-Analyse von gehobenen Prozessführungsstrategien. *Automatisierungstechnische Praxis atp, 36*(6), S. 28–40.

Schuler, H. (Hrsg.). (1999). *Prozessführung.* München: Oldenbourg-Verlag.

Schuler, H. (2006). Automation in Chemical Industry. *Automatisierungstechnik at, 54*(8), S. 363–371.

Schuler, H., & Holl, P. (1998). Erfolgreiche Anwendung gehobener Prozessführungsstrategien. *Automatisierungstechnische Praxis atp, 40*(2), S. 37–41.

Schwarze, G. (1968). *Regelungstechnik für Praktiker. Reihe Automatisierungstechnik RA 50. 2. Aufl.* Berlin: Verlag Technik.

Scokaert, P. O., & Rawlings, J. B. (1999). Feasibility issues in linear model predictive control. *AIChE Journal, 45*(8), S. 1649–1659.

Seber, G. A., & Wild, C. J. (2005). *Nonlinear Regression*. Hoboken: Wiley.

Seborg, D. E. (1999). A perspective on advanced strategies for process control. *Automatisierungstechnische Praxis atp, 41*(11), S. 13–31.

Seborg, D. E., Edgar, T. F., Mellichamp, D. A., & Doyle III, F. J. (2011). *Process Dynamics and Control. 3. Aufl.* Hoboken: Wiley.

Segovia, V. R., Hägglund, T., & Aström, K. J. (2014). Measurement noise filtering for common PID tuning rules. *Control Engineering Practice, 32*(1), S. 43–63.

Seider, W. D., & andere. (2017). *Product and Process Design Principles. 4. Aufl.* New York: John Wiley & Sons.

Shamsuzzoha, M. (2013). Closed loop PI/PID controller tuning for stable and integrating process with time delay. *Ind. Eng. Chem. Res., 52*(36), S. 12973–12992.

Shamsuzzoha, M., & Skogestad, S. (2010). The setpoint overshoot method: a simple and fast closed-loop approach for PID tuning. *Journal of Process Control, 20*(10), S. 1220–1234.

Shardt, A. A., & Huang, B. (2012a). Tuning a soft sensor's bias term 1: The open-loop case. *Ind. Eng. Chem. Res., 51*(13), S. 4958–4967.

Shardt, A. A., & Huang, B. (2012b). Tuning a soft sensor's bias term 2: The closed-loop case. *Ind. Eng. Chem. Res., 51*(13), S. 4968–4981.

Shardt, Y., & andere. (2012). Determining the state of a process control system: current trends and future challenges. *Can. J. Chem. Eng., 90*(4), S. 217–245.

Sharpe, P., & Hawkins, G. (2011). Pre-engineered solutions drive down advanced control costs. *Hydrocarbon Processing, 90*(8), S. 87–90.

Sharpe, P., & Rezabek, J. (2004). Embedded APC tools reduce costs of the technology. *Hydrocarbon Processing, 83*(10), S. 53–56.

Shin, J., & andere. (2008). Analytical design of a proportional-integral controller for constrained optimal regulatory control of inventory loop. *Control Engineering Practice, 16*(11), S. 1391–1397.

Shinskey, F. G. (1994). *Feedback Controllers for the Process Industries*. New York: McGraw Hill.

Shinskey, F. G. (1996). *Process Control Systems – Application, Design and Tuning. 4. Aufl.* New York: McGrawHill.

Shinskey, F. G. (2001). PID-deadtime control of distributed processes. *Control Engineering Practice, 9*(11), S. 1177–1183.

Shinskey, F. G. (2006). The power of external reset feedback. *Control (May Issue)*.

Shridhar, R., & Cooper, D. J. (1998). A novel tuning strategy for multivariable predictive control. *ISA Transactions, 36*(4), S. 273–280.

Shunta, J. P. (1995). *Achieving World Class Manufacturing through Process Control*. Englewood Cliffs: Prentice-Hall.

Siemens. (2014). *Projektierung eines MPC 10x10 am Beispiel des Tennessee Eastman Prozesses. Firmenschrift*. Karlsruhe: Siemens AG.

Simon, D. (2006). *Optimal State Estimation*. Hoboken: John Wiley & Sons.

Simon, L. L., Oucherif, K. A., Nagy, Z. K., & Hungerbuhler, K. (2010). Bulk video imaging based multivariate image analysis, process control chart and acoustic signal assisted nucleation detection. *Chemical Engineering Science, 65*(17), S. 4983–4995.

Singh, P., & Seto, K. (2002). Analyzing APC performance. *Chemical Engineering Progress, 98*(8), S. 60–66.

Sjöberg, J., & andere. (1995). Nonlinear black box modeling in system identification: a unified overview. *Automatica, 31*(12), S. 1691–1724.

Skogestad, S. (2003). Simple analytic rules for model reduction and PID controller tuning. *Journal of Process Control, 13*(4), S. 291–309.

Skogestad, S. (2004). Control structure design for complete chemical plants. *Comput. Chem. Eng., 28*(1–2), S. 219–223.

Skogestad, S. (2008). *Chemical and Energy Process Engineering.* Boca Raton: CRC Press.
Skogestad, S., & Postlethwaite, I. (1996). *Multivariable Feedback Control – Analysis and Design.* Chichester: Wiley.
Slotine, J. -J., & Li, W. (1990). *Applied Nonlinear Control.* Englewood Cliffs: Prentice Hall.
Smith, C. A., & Corripio, A. (2006). *Principles and Practice of Automatic Process Control. 3. Aufl.* New York: Wiley.
Smith, C. L. (2009). *Practical Process Control – Tuning and Troubleshooting.* Hoboken: Wiley.
Smith, C. L. (2010). *Advanced Process Control – beyond single loop control.* Hoboken: Wiley.
Smith, O. J. (1957). Closer control of loops with dead time. *Chemical Engineering Progress, 53*(5), S. 217–219.
Smuts, J. F. (2011). *Process Control for Practitioners.* League City: Opticontrols Inc.
Soltanzadeh, A., Bennington, C. P., & Dumont, G. A. (2011). Direct estimation of residence time from input and output data. *Can. J. Chem. Eng., 89*(6), S. 1502–1507.
Soroush, M. (1998). State and parameter estimation and their applications in process control. *Comput. Chem. Eng., 23*(2), S. 229–245.
Souza, F. A., Araujo, R., & Mendes, J. (2016). Review of soft sensor methods for regression applications. *Chem. Intell. Lab. Syst., 152*, S. 69–79.
Srvcek, W., Mahoney, D. P., & Young, B. (2006). *A Real-time Approach to Process Control. 2. Aufl.* Chichester: Wiley.
Stephanopoulos, G. (1984). *Chemical process control: an introduction to theory and practice.* Englewood Cliffs: Prentice-Hall.
Strejc, V. (1959). Näherungsverfahren für aperiodische Übertragungscharakteristiken. *Regelungstechnik, 7*(4), S. 124–128.
Strobel, H. (1975). *Experimentelle Systemanalyse.* Berlin: Akademie – Verlag.
Sundaresan, K. R., & Krishnaswamy, P. R. (1978). Estimation of time delay, time constant parameters in time, frequency and Laplace domains. *Can. J. Chem. Eng., 56*(2), S. 257–262.
Sung, S. W., Lee, J., & Lee, I.-B. (2009). *Process Identification and PID Control.* Hoboken: Wiley.
Takatsu, H., Itoh, T., & Araki, M. (1998). Future needs for the control theory in industries – report and topics of the control technology survey in Japanese industry. *Journal of Process Control, 8*(5–6), S. 369–374.
Tan, K. K., Wang, Q.-G., & Hang, C. C. (2000). *Advances in PID Control.* London: Springer-Verlag.
Tangirala, A. K. (2014). *Principles of System Identification.* Boca Raton: CRC Press.
Tarca, L. A., Grandjean, B. P., & Larachi, F. (2004). Embedding monotonicity and concavity on the training of neural networks. *Comput. Chem. Eng., 28*(9), S. 1701–1713.
Tatjewski, P. (2007). *Advanced Control of Industrial Processes – Structures and Algorithms.* London: Springer-Verlag.
Tatjewski, P. (2008). Advanced control and on-line process optimization in multilayer structures. *Annual Reviews in Control, 32*(1), S. 71–85.
Tavakoli, S., Griffin, I., & Fleming, P. (2006). Tuning of decentralised PI (PID) controllers for TITO processes. *Control Engineering Practice, 14*(9), S. 1069–1080.
Taylor, A. J., & La Grange, T. G. (2002). Optimize surge vessel control. *Hydrocarbon Processing, 81*(5), S. 49–52.
Tenny, M. J., Rawlings, J. B., & Wright, S. J. (2004). Closed-loop behavior of nonlinear model predictive control. *AIChE Journal, 50*(9), S. 2142–2154.
Tessier, J., Duchesne, C., Gauthier, C., & Dufour, G. (2008). Estimation of alumina content of anode cover materials using multivariate image analysis techniques. *Chemical Engineering Science, 63*(5), S. 1370–1380.
Thornhill, N. F. (2005). Finding the source of nonlinearity in a process with plant-wide oscillations. *IEEE Trans. on Control Systems Technology, 13*(3), S. 434–443.

Thornhill, N. F. (2007). Locating the source of a disturbance. In A. W. Ordys, D. Uduehi, & M. A. Johnson (Hrsg.), *Process Control Performance Assessment – from Theory to Implementation* (S. 199–225). London: Springer-Verlag.

Thornhill, N. F., & Horch, A. (2007). Advances and new directions in plant-wide disturbance detection and diagnostics. *Control Engineering Practice, 15*(10), S. 1196–1206.

Thornhill, N. F., Huang, B., & Zhang, H. (2003). Detection of multiple oscillations in control loops. *Journal of Process Control, 13*(1), S. 91–100.

Thornhill, N. F., Oettinger, M., & Fedenczuk, P. (1999). Refinery-wide control loop performance assessment. *Journal of Process Control, 9*(2), S. 109–124.

Tibshirani, R. (1996). Regression shrinkage and selection via the lasso. *J. Roy. Stat. Soc., 58*(1), S. 267–288.

Townsend, S., & Irwin, G. W. (2001). Nonlinear model predictive control using multiple local models. In B. Kouvaritakis, & M. Cannon (Hrsg.), *Nonlinear Predictive Control – Theory and Practice.* London: The Institution of Electrical Engineers (IEEE).

Trierweiler, J. O. (2015). Real-time optimization of industrial processes. In J. Baillieul, & T. Samad (Hrsg.), *Encyclopedia of Systems and Control* (Bd. 2, S. 1132–1141). London: Springer-Verlag.

Trierweiler, J. O., & Farina, L. (2007). RPN tuning strategy for model predictive control. *Journal of Process Control, 13*(7), S. 591–598.

Trierweiler, J. O., Müller, R., & Engell, S. (2000). Multivariable low order structured-controller design by frequency response approximation. *Brazilian J. Chem. Eng., 17*(4–7), S. 793–807.

Tulleken, H. (1990). Generalized binary noise test-signal concept for improved identification experiment design. *Automatica, 26*(1), S. 37–49.

Tulsyan, A., Gopaluni, R. B., & Khare, S. R. (2016). Particle filtering without tears. *Comput. Chem. Eng., 95*, S. 130–145.

Turner, P., & Guiver, J. (2005). Introducing the bounded derivative network – superceding the application of neural networks in control. *Journal of Process Control, 15*(4), S. 407–415.

Uduehi, D., & andere. (2007a). Controller benchmarking procedures – data driven methods. In A. W. Ordys, D. Uduehi, & M. A. Johnson (Hrsg.), *Process Control Performance Assessment – from Theory to Implementation* (S. 81–126). London: Springer-Verlag.

Uduehi, D., & andere. (2007b). Controller benchmarking procedures – model-based methods. In A. W. Ordys, D. Uduehi, & M. A. Johnson (Hrsg.), *Process Control Performance Assessment – from Theory to Implementation* (S. 127–168). London: Springer-Verlag.

Unbehauen, H. (2000). *Regelungstechnik 3. Identifikation, Adaption, Optimierung.* Braunschweig: Vieweg-Verlag.

Valencia-Palomo, G., & Rossiter, J. A. (2011). Efficient suboptimal parametric solutions to predictive control for PLC applications. *Control Engineering Practice, 19*(7), S. 732–743.

van Doren, V. (2002). *Techniques for Adaptive Control.* Amsterdam: Butterworth-Heinemann.

Varmuza, K., & Filzmoser, P. (2009). *Introduction to Multivariate Statistics in Chemometrics.* Boca Raton: CRC Press.

Vilanova, R., & Visiolo, A. (Hrsg.). (2012). *PID Control in the Third Millennium.* London: Springer-Verlag.

Visioli, A. (2005). Design and tuning of a ratio controller. *Control Engineering Practice, 13*(4), S. 485–497.

Visioli, A. (2006). *Practical PID control.* London: Springer-Verlag.

Vlachos, C., Williams, D., & Gomm, J. B. (2000). Genetic approach to decentralised PI controller tuning for multivariable processes. *IEE Proc. Cont. Theory Appl., 146*(1), S. 58–64.

Wächter, A., & Biegler, L. T. (2006). On the implementation of a primal-dual interior point filter line search algorithm for large scale nonlinear programming. *Mathematical Programming, 106*(1), S. 25–57.

Wade, H. L. (1997). Inverted decoupling: a neglected technique. *ISA Transactions, 36*(1), S. 3–10.
Wade, H. L. (2004). *Basic and Advanced Regulatory Control – System Design and Application. 2. Aufl.* Research Triangle Park: ISA.
Walther, A., & Griewank, A. (2012). Getting started wit ADOL-C. In U. Naumann, & O. Schenk (Hrsg.), *Combinatorial Scientific Computing* (S. 181–202). Boca Raton: CRC Press.
Wan, E. A., & van der Merwe, R. (2001). The unscented Kalman filter for nonlinear estimation. In S. Haykin (Hrsg.), *Kalman Filtering and Neural Networks.* New York: John Wiley & Sons.
Wang, J. (2011). What is the outlook for advanced control engineering? *Hydrocarbon Processing, 90*(7), S. 79–84.
Wang, L. (2009). *Model Predictive Control System Design and Implementation using MATLAB.* London: Springer-Verlag.
Wang, L., & Cluett, W. R. (2000). *From Plant Data to Process Control.* London: Taylor and Francis.
Wang, Q. G. (2002). *Decoupling Control.* Berlin: Springer-Verlag.
Wang, Q.-G., Hang, C.-C., & Zou, B. (1997). Low-order modeling from relay feedback. *Ind. Eng. Chem. Res., 36*(2), S. 375–381.
Wang, Q.-G., Lee, T. H., & Lin, C. (2003). *Relay Feedback: Analysis, Identification and Control.* London: Springer-Verlag.
Wang, X., & Zheng, D. -Z. (2007). Load balancing control of furnace with multiple parallel passes. *Control Engineering Practice, 15*(5), S. 521–531.
Wang, X., Krüger, U., & Lennox, B. (2003). Recursive partial least squares algorithms for monitoring of complex industrial processes. *Control Engineering Practice, 11*(6), S. 613–632.
Wang, Y., & Boyd, S. (2010). Fast model predictive control using online optimization. *IEEE Trans. on Control Systems Technology, 18*(2), S. 267–278.
Wang, Z. X., He, Q. P., & Wang, J. (2015). Comparison of variable selection methods for PLS-based soft sensor modeling. *Journal of Process Control, 26*(2), S. 56–72.
Wernstedt, J. (1989). *Experimentelle Prozessanalyse.* Berlin: Verlag Technik.
Willis, M. J., & Tham, M. T. (2009). *Advanced Process Control.* Abgerufen am 27. Juli 2015 von http://lorien.ncl.ac.uk/ming/advcontrl/sect1.htm.
Winter, H., & Thieme, M. (2015). *Prozessleittechnik in Chemieanlagen. 5. Aufl.* Haan-Gruiten: EUROPA-Lehrmittel.
Wise, B. M. (2006). *PLS Toolbox 4.0. Firmenschrift.* Wenatchee: Eigenvector Research Inc.
Wojsznis, W., & andere. (2007). Multi-objective optimization for model predictive control. *ISA Transactions, 46*(3), S. 351–361.
Wojsznis, W., Gudaz, J., Blevins, T., & Mehta, A. (2003). Practical approach to tuning MPC. *ISA Transactions, 42*(1), S. 149–162.
Wold, S., Esbensen, K., & Geladi, P. (1987). Principal components analysis. *Chemom. Intell. Lab. Syst., 2*(1–3), S. 37–52.
Wold, S., Kettaneh-Wold, N., & Skagerberg, B. (1989). Nonlinear PLS modelling. *Chemom. Intell. Lab. Syst., 7*(1–2), S. 53–65.
Wold, S., Sjöström, M., & Eriksson, L. (2001). PLS-regression: a basic tool of chemometrics. *Chemom. Intell. Lab. Syst., 58*(2), S. 109–130.
Wolf, I., & Marquardt, W. (2016). Fast NMPC schemes for regulatory and economic NMPC – a review. *Journal of Process Control, 44*, S. 162–183.
Wolff, F., & Krämer, S. (2014). Regelgütemanagement. *atp edition, 56*(3), S. 56–64.
Würth, L., Hannemann, R., & Marquardt, W. (2011). A two-layer architecture for economically optimal process control and operation. *Journal of Process Control, 21*(3), S. 311–321.
Xiong, Q., Cai, W. J., & He, M. J. (2005). A practical loop pairing criterion for multivariable processes. *Journal of Process Control, 15*(7), S. 741–747.

Xiong, Q., Cai, W. J., & He, M. J. (2007). Equivalent transfer function method for PI/PID controller design of MIMO processes. *Journal of Process Control, 17*(8), S. 665–673.

Yang, X., & Biegler, L. T. (2013). Advanced multi-step nonlinear model predictive control. *Journal of Process Control, 23*(8), S. 1116–1128.

Ying, C. -M., & Joseph, B. (1999). Performance and stability analysis of LP-MPC and QP-MPC cascade control system. *AIChE Journal, 45*(7), S. 1521–1534.

Young, P. C. (2011). *Recursive Estimation and Time-series Analysis.* London: Springer-Verlag.

Yu, C. C. (2006). *Autotuning of PID Controllers – a Relay Feedback Approach. 2. Aufl.* London: Springer-Verlag.

Yu, C. C., & Luyben, W. (1986). Analysis of valve position control for dual-input processes. *Ind. Eng, Chem. Fundam., 25*(3), S. 344–350.

Yu, H., & MacGregor, J. F. (2004). Monitoring flames in an industrial boiler using multivariate image analysis. *AIChE Journal, 50*(7), S. 1474–1483.

Zagrobelny, M. A., & Rawlings, J. B. (2015). Practical improvements to autocovariance least squares. *AIChE Journal, 61*(6), S. 1840–1856.

Zagrobelny, M., Ji, L., & Rawlings, J. B. (2013). Quis custodiet ipsos custodet. *Annual Reviews in Control, 37*(2), S. 260–270.

Zamprogna, E., Barolo, M., & Seborg, D. E. (2005). Optimal selection of soft sensor inputs for batch distillation columns using principal components analysis. *Journal of Process Control, 15*(1), S. 39–52.

Zavala, V. M., & Biegler, L. T. (2009). The advanced-step NMPC controller: optimality, stability and robustness. *Automatica, 45*(1), S. 86–93.

Zavala, V. M., Laird, C. D., & Biegler, L. T. (2008). A fast moving horizon estimation algorithm based on nonlinear programming sensitivity. *Journal of Process Control, 18*(9), S. 876–884.

Zell, A. (1997). *Simulation neuronaler Netze.* München: Oldenbourg-Verlag.

Zhang, Q. (2015). Nonlinear system identification: an overview of common approaches. In J. Baillieul, & T. Samad (Hrsg.), *Encyclopedia od Systems and Control* (Bd. 2, S. 890–899). London: Springer-Verlag.

Zhang, Y., & Edgar, T. F. (2007). Multivariate Statistical Process Control. In M. A. Boudreau, & G. K. McMillan (Hrsg.), *New Directions in Bioprocess Modelling and Control* (S. 247–286). Research Triangle Park: ISA.

Zhao, C., Zhao, Y., Su, H., & Huang, B. (2009). Economic performance assessment of advanced process control with LQG benchmarking. *Journal of Process Control, 19*(4), S. 557–569.

Zhao, F., & Gupta, Y. P. (2005). Disturbance rejection using a simplified predictive control algorithm. *Ind. Eng. Chem. Res., 44*(2), S. 381–390.

Zhou, K., Glover, K., & Doyle, J. (1995). *Robust and Optimal Control.* Upper Saddle River: Prentice Hall.

Zhu, Y. (2001). *Multivariable System Identification for Process Control.* Oxford: Pergamon Press.

Zhu, Y., & Butoyi, F. (2002). Case studies on closed-loop identification for MPC. *Control Engineering Practice, 10*(4), S. 403–417.

Zhu, Y., & Ge, X. H. (1997). Tai-Ji ID: Automatic system identification package for model based process control. *Journal A, 38*(3), S. 42–45.

Zhu, Y., Patwardhan, R., Wagner, S., & Zhao, J. (2013). Towards a low cost and high performance MPC: the role of system identification. *Comput. Chem. Eng., 51*, S. 124–135.

Zhu, Y., Telkamp, H., Wang, J., & Fu, Q. (2009). System identification using slow and irregular output samples. *Journal of Process Control, 19*(1), S. 58–67.

Ziegler, J. G., & Nichols, N. B. (1942). Optimum settings for automatic controllers. *Transactions of the ASME, 64*(11), S. 759–768.

Verzeichnis der Quellen von Abbildungen

Der Nachdruck von Abb. 3.13 aus (Smuts, 2011, S. 62) erfolgt mit Genehmigung des Autors Jaques Smuts (Opticontrols Inc.).

Die Wiedergabe der Abb. 3.20 aus (Aström & Hägglund, 2006, S. 79 und 86) erfolgt mit Zustimmung der International Society of Automation (ISA).

Der Nachdruck der Abb. 4.28 (rechter Bildteil) aus (Smith, 2010, S. 181) und der Abb. 7.14 aus (Wan & van der Merwe, 2001, S. 231) erfolgt mit Zustimmung des Verlags John Wiley & Sons.

Der Nachdruck der Abb. 4.28 (linke Bildhälfte) aus (Yu & Luyben, 1986, S. 345), Abb. 5.21 aus (Pannocchia & Brambilla, 2003, S. 4454), Abb. 6.7 aus (Pannocchia & Brambilla, 2005, S. 2689) und Abb. 6.16 aus (Botelho, Trierweiler, Farenzana, & Duraiski, S. 12073) erfolgt mit Genehmigung der American Chemical Society (ACS).

Die Wiedergabe der Abb. 7.2 aus (Aufderheide & Bequette, 2003, S. 1083) erfolgt mit Zustimmung des Verlags Elsevier.

Der Nachdruck der Abb. 1.2, Abb. 3.23 bis 3.28, 4.1, 4.3, 4.8 und 4.14 sowie der Abb. 6.1 bis 6.3 und 6.11 aus (Früh, Maier, & Schaudel, 2014) erfolgt mit freundlicher Genehmigung des Deutschen Industrieverlags.

https://doi.org/10.1515/9783110499575-010

Stichwortverzeichnis

https://doi.org/10.1515/9783110499575-009

www.ingramcontent.com/pod-product-compliance
Lightning Source LLC
Chambersburg PA
CBHW080654220326
41598CB00033B/5209
9783110499971